污水处理常用设备及应用

蒋克彬　苗刚松　林明磊　宋吕军　编写

中国石化出版社

内容提要

本书以目前国内城市污水处理厂及工业企业污水处理设施主要使用的污水处理设备、有关污水处理设备的标准为前提，对污水处理工程中经常使用的阀门、筛滤设备、流量计、吸泥机与刮泥机、污水处理用填料与滤料、污水处理用风机、曝气设备、潜水搅拌器、消毒(脱色)设备、污水提升泵、气浮设备、厌氧反应器、膜生物反应器、膜分离设备、污水处理高级氧化设备、其他配套设备等进行了比较全面的介绍，介绍了设备的原理及结构、类型、参数、适用范围与应用，以及典型的应用案例等。有关设备采用的资料力求系统、实用，尽可能针对实际工程。

本书可作为水处理工程设计人员、各类污水处理厂技术人员、管理人员日常工作的参考用书，也可作为高等院校环境工程及相关专业师生的参考用书。

图书在版编目(CIP)数据

污水处理常用设备及应用 / 蒋克彬等编写 .
—北京：中国石化出版社，2018. 2(2024. 2 重印)
ISBN 978-7-5114-4344-1

Ⅰ. ①污… Ⅱ. ①蒋… Ⅲ. ①污水处理-机械设备
Ⅳ. ①X703. 3

中国版本图书馆 CIP 数据核字(2018)第 020283 号

中国石化出版社出版发行

地址：北京市东城区安定门外大街 58 号
邮编：100011　电话：(010)57512500
发行部电话：(010)57512575
http://www.sinopec-press.com
E-mail：press@ sinopec.com
北京富泰印刷有限责任公司印刷
全国各地新华书店经销

*

787×1092 毫米 16 开本 29. 5 印张 744 千字
2018 年 3 月第 1 版　2024 年 2 月第 3 次印刷
定价：98.00 元

前　　言

与污水处理工程配套的设备很多，包括控制类设备，如阀门、流量控制、在线监控设备等；用于污水、污泥提升与回流的各类泵；水中悬浮物拦截与过滤设备，如格栅机、筛滤设备；沉淀池污泥的收集与处理设备，如吸泥机、刮泥设备以及污泥脱水设备；与污水处理工艺直接关联的设备如填料、厌氧反应器、膜生物反应器等；好氧系统需要配套供氧设备、曝气器；尾水深度处理设备，如消毒(脱色)设备、膜过滤等；药剂的投加、混合设备；特殊废水处理配套的预处理设备，如高级氧化设备；高浓度含盐废水的结晶蒸发器，其他配套设备等。

污水处理工艺都需要有设备作为支撑，设备是污水处理工程的核心部分，也是工程投资的主要部分之一。污水处理设备的好坏关系到污水处理工艺能否正常运转、运转的效率高低、运转的费用等各个环节。实践表明，工艺中关键设备的升级能使得工艺的工作效率和处理效果得到明显的提高，运行成本得到有效的降低，而设备的改进可以促进处理工艺的发展与完善。

随着我国环境保护事业的发展，我国的污水处理工程所采用的设备从单一、非标准、小型化正在向系列化、成套化、标准化、通用化迈进。本书以目前国内城市污水处理厂及企业污水处理设施主要使用的污水处理设备、有关污水处理设备的标准为前提，对污水处理工程中经常使用的阀门、筛滤设备、流量计、吸泥机与刮泥机、污水处理用填料与滤料、污水处理用风机、曝气设备、潜水搅拌器、消毒(脱色)设备、污水提升泵、气浮设备、厌氧反应器、膜生物反应器、膜分离设备、污水处理高级氧化设备、其他配套设备等多种有关设备进行了比较全面的介绍。有关设备采用的资料力求系统、实用，尽可能针对实际工程。

发达国家污水处理设备目前已达到高度现代化水平，具有以下特点：一是城市污水和工业废水处理设备已实现标准化、定型化、系列化和成套化，已构成门类齐全、商品化程度高的水处理设备工业。二是水处理单元设备已形成专业化规模生产，品种、规格、质量相对稳定，性能参数可靠，用户选择十分方便。三是城市污水成套设备向大型化发展，工业污水处理设备随着工艺的成熟而趋于专门化、成套化、通用化。四是与水处理相配套的风机、水泵、阀门等通用设备已逐步实现专门化设计，并组织生产，以满足特殊需要。五是水资源紧张、水体富营养化、饮水安全导致废水深度处理设备和消毒设备有相当程度的发展。六是厌氧处理技术重新引起重视，促进了厌氧处理设备在高浓度有机废水处理上的应用。

根据有关资料，国产的曝气器、鼓风机、污泥脱水机、各类格栅除污机、刮泥机、污水泵等已基本上能够适应国内市场需求，还有部分产品出口。在产品设计方面，从日处理5万吨到50万吨规模的污水污泥提升系统、机械过滤沉淀系统、曝气处理系统、污泥脱水处理系统等国产设备能够提供成套设备。但与国外先进的同类设备相比，我国现有的水污染处理设备在标准化程度、质量、成本，乃至配套方面都有较大差距。指导我国城市污水处理设备生产与检测标准的有：国家标准 GB、城镇建设行业标准 CJ、机械行业标准 JB、环境保护行业标准 HJ 和中国标准目录 HCRJ 等，其中 HJ 标准中已经有了 45 类设备的标准，表 1 中给出了已有的污水处理设备 HJ 系列标准。

表 1　污水处理设备 HJ 标准

序号	产品类别	标准编号	序号	产品类别	标准编号
1	污泥脱水用带式压榨过滤机	HJ/T 242—2006	24	压力溶气气浮装置	HJ/T 261—2006
2	油水分离装置	HJ/T 243—2006	25	格栅除污机	HJ/T 262—2006
3	斜管(板)隔油装置	HJ/T 244—2006	26	射流曝气器	HJ/T 263—2006
4	悬挂式填料	HJ/T 245—2006	27	臭氧发生器	HJ/T 264—2006
5	悬浮填料	HJ/T 246—2006	28	刮泥机	HJ/T 265—2006
6	竖轴式机械表面曝气装置	HJ/T 247—2006	29	吸泥机	HJ/T 266—2006
7	多层滤料过滤器	HJ/T 248—2006	30	电凝聚处理设备	HJ/T 267—2006
8	水力旋流分离器	HJ/T 249—2006	31	中和装置	HJ/T 268—2006
9	旋转式细格栅	HJ/T 250—2006	32	自动清洗过滤器	HJ/T 269—2006
10	罗茨鼓风机	HJ/T 251—2006	33	反渗透水处理装置	HJ/T 270—2006
11	微孔曝气器	HJ/T 252—2006	34	超滤装置	HJ/T 271—2006
12	微孔过滤装置	HJ/T 253—2006	35	化学法二氧化氯发生器	HJ/T 272—2006
13	电解法二氧化氯发生器	HJ/T 257—2006	36	旋转滗水器	HJ/T 277—2007
14	电解法次氯酸钠发生器	HJ/T 258—2006	37	推流式潜水搅拌器	HJ/T 279—2006
15	转刷曝气装置	HJ/T 259—2006	38	转盘曝气装置	HJ/T 280—2006
16	电渗析装置	HJ/T 334—2006	39	散流式曝气器	HJ/T 281—2006
17	污泥浓缩带式脱水一体机	HJ/T 335—2006	40	浅池气浮装置	HJ/T 282—2006
18	生物接触氧化成套装置	HJ/T 337—2006	41	箱式压滤机和板框压滤机	HJ/T 283—2006
19	鼓风式潜水曝气机	HJ/T 260—2006	42	旋流除砂装置	HJ 2538—2014
20	紫外线消毒装置	HJ 2522—2012	43	中空纤维膜生物反应器组器	HJ 2528—2012
21	膜生物反应器	HJ 2527—2012	44	水处理用加药装置	HJ/T 369—2007
22	电磁管道流量计	HJ/T 367—2007	45	超声波管道流量计	HJ/T 366—2007
23	超声波明渠污水流量计	HJ/T 15—2007			

本书的编写人员有蒋克彬、苗刚松、林明磊、宋吕军。其中蒋克彬编写第一至五章，苗刚松编写第六至九章，林明磊编第十至十二章，宋吕军编写第十三至十六章。

编写过程中，参照、归纳和采用了近年来同行业技术人员公开发表的有关文献与技术资料，在此向原作者们表示衷心的感谢！由于水平和条件有限，书中有些错误或不准确的地方，敬请读者以及行业专家批评指正！

目　录

第一章　阀门 …………………………………………………………………（ 1 ）
　第一节　概述 ………………………………………………………………（ 1 ）
　　一、阀门分类 ……………………………………………………………（ 1 ）
　　二、基本参数 ……………………………………………………………（ 6 ）
　　三、特性 …………………………………………………………………（ 7 ）
　　四、选择阀门的原则、步骤和依据 ……………………………………（ 8 ）
　第二节　污水处理用阀门 …………………………………………………（ 9 ）
　　一、闸阀 …………………………………………………………………（ 9 ）
　　二、球阀 …………………………………………………………………（ 12 ）
　　三、蝶阀 …………………………………………………………………（ 14 ）
　　四、截止阀 ………………………………………………………………（ 16 ）
　　五、止回阀 ………………………………………………………………（ 17 ）
第二章　拦污及筛滤设备 ……………………………………………………（ 21 ）
　第一节　平面格栅除污机 …………………………………………………（ 21 ）
　　一、链传动式格栅机 ……………………………………………………（ 21 ）
　　二、回转式格栅机 ………………………………………………………（ 24 ）
　　三、步进式格栅机 ………………………………………………………（ 26 ）
　　四、移动式格栅除污机 …………………………………………………（ 28 ）
　第二节　曲面格栅机 ………………………………………………………（ 29 ）
　　一、弧形格栅机 …………………………………………………………（ 29 ）
　　二、滚筒型格栅机 ………………………………………………………（ 30 ）
　　三、螺旋式格栅机 ………………………………………………………（ 32 ）
　第三节　筛网 ………………………………………………………………（ 33 ）
　　一、作用 …………………………………………………………………（ 33 ）
　　二、分类 …………………………………………………………………（ 33 ）
　第四节　格栅破碎机 ………………………………………………………（ 35 ）
　第五节　其他拦污设备 ……………………………………………………（ 37 ）
　　一、转盘过滤器 …………………………………………………………（ 37 ）
　　二、精细过滤器 …………………………………………………………（ 41 ）
　　三、纤维球过滤器 ………………………………………………………（ 41 ）
　　四、叠片式过滤器 ………………………………………………………（ 42 ）
　　五、叠片螺旋式固液分离机 ……………………………………………（ 44 ）
　　六、污水磁分离处理器 …………………………………………………（ 46 ）
第三章　流量计 ………………………………………………………………（ 49 ）
　第一节　流量计的分类 ……………………………………………………（ 49 ）

一、测量方法 …………………………………………………………………… (49)
二、结构分类 …………………………………………………………………… (49)
第二节 污水处理工程采用的流量计 ………………………………………… (51)
一、转子流量计 ………………………………………………………………… (51)
二、涡街流量计 ………………………………………………………………… (54)
三、节流式流量计 ……………………………………………………………… (57)
四、电磁流量计 ………………………………………………………………… (58)
五、超声波流量计 ……………………………………………………………… (62)
六、超声波明渠流量计 ………………………………………………………… (65)
第四章 吸泥机与刮泥机 ………………………………………………… (68)
第一节 刮泥机 ………………………………………………………………… (69)
一、中心传动刮泥机 …………………………………………………………… (69)
二、周边传动刮泥(浓缩)机 ………………………………………………… (71)
三、行车式提耙(板)刮泥机 ………………………………………………… (74)
四、链板式刮泥机 ……………………………………………………………… (75)
第二节 吸泥机 ………………………………………………………………… (76)
一、中心传动单管吸泥机 ……………………………………………………… (76)
二、周边传动多管吸泥机 ……………………………………………………… (76)
三、行车式吸泥机 ……………………………………………………………… (78)
第三节 相关设备在辐流式沉淀池中的应用 ………………………………… (81)
一、在中心进水周边出水沉淀池的应用 ……………………………………… (81)
二、在周边进水中心出水沉淀池的应用 ……………………………………… (81)
三、在周边进水周边出水沉淀池的应用 ……………………………………… (82)
四、辐流式沉淀池排泥的设计要点 …………………………………………… (82)
五、无轴螺旋输泥机 …………………………………………………………… (84)
第五章 污水处理用填料与滤料 ………………………………………… (86)
第一节 填料 …………………………………………………………………… (86)
一、悬挂式填料 ………………………………………………………………… (86)
二、悬浮填料 …………………………………………………………………… (89)
三、蜂窝填料 …………………………………………………………………… (93)
四、填料的发展方向 …………………………………………………………… (96)
第二节 滤料 …………………………………………………………………… (97)
一、纤维球滤料 ………………………………………………………………… (97)
二、陶粒 ………………………………………………………………………… (97)
三、无烟煤滤料 ………………………………………………………………… (101)
四、石英砂 ……………………………………………………………………… (101)
五、沸石滤料 …………………………………………………………………… (102)
六、磁铁矿滤料 ………………………………………………………………… (103)
七、锰砂滤料 …………………………………………………………………… (103)
八、果壳滤料 …………………………………………………………………… (103)
九、活性炭 ……………………………………………………………………… (104)

第六章　鼓风机 …………………………………………………………………… (108)
第一节　概述 …………………………………………………………………… (108)
一、国内外发展趋势 ………………………………………………………… (108)
二、污水处理对曝气鼓风机的要求 ………………………………………… (109)
第二节　风机的主要类型与应用 ……………………………………………… (109)
一、轴流压缩风机 …………………………………………………………… (109)
二、离心风机 ………………………………………………………………… (110)
三、三叶罗茨鼓风机 ………………………………………………………… (117)
四、螺杆鼓风机 ……………………………………………………………… (118)
五、磁悬浮鼓风机 …………………………………………………………… (118)
六、空气悬浮鼓风机 ………………………………………………………… (123)
第三节　风机的比较与选型 …………………………………………………… (127)
一、各类风机的比较 ………………………………………………………… (127)
二、风机选型 ………………………………………………………………… (128)
三、风机的选用 ……………………………………………………………… (132)
第七章　曝气设备 …………………………………………………………………… (134)
第一节　曝气设备性能指标与曝气类型 ……………………………………… (134)
第二节　鼓风曝气扩散器 ……………………………………………………… (134)
一、微小气泡扩散器 ………………………………………………………… (134)
二、中气泡扩散器 …………………………………………………………… (140)
三、大气泡扩散器 …………………………………………………………… (140)
四、扩散器的布置 …………………………………………………………… (148)
第三节　机械曝气 ……………………………………………………………… (148)
一、表面曝气机 ……………………………………………………………… (148)
二、潜浮式曝气机 …………………………………………………………… (152)
第四节　其他形式的曝气装置 ………………………………………………… (154)
一、可提升管式微孔曝气器 ………………………………………………… (154)
二、下垂式曝气装置 ………………………………………………………… (155)
三、上浮式曝气装置 ………………………………………………………… (155)
四、柔性曝气装置 …………………………………………………………… (156)
第八章　潜水搅拌器 ………………………………………………………………… (158)
一、分类 ……………………………………………………………………… (158)
二、作用与要求 ……………………………………………………………… (158)
三、结构 ……………………………………………………………………… (160)
四、潜水搅拌机的技术参数 ………………………………………………… (161)
五、潜水搅拌机选型需要考虑的因素 ……………………………………… (162)
六、潜水搅拌机安装 ………………………………………………………… (162)
七、应用 ……………………………………………………………………… (165)
第九章　消毒(脱色)设备 ………………………………………………………… (168)
第一节　臭氧发生器 …………………………………………………………… (168)
一、产生臭氧的方法 ………………………………………………………… (168)

二、大中型臭氧发生器基本组成 …………………………………………………………(169)
三、应用 ……………………………………………………………………………………(177)
第二节　紫外消毒设备 ……………………………………………………………………(180)
第三节　氯系列消毒 ………………………………………………………………………(188)
一、二氧化氯 ……………………………………………………………………………(188)
二、氯消毒 ………………………………………………………………………………(191)
三、常用消毒技术比较 …………………………………………………………………(195)
第十章　污水提升泵 ………………………………………………………………………(196)
第一节　泵的基本情况 ……………………………………………………………………(196)
一、泵的主要参数 ………………………………………………………………………(196)
二、泵的性能曲线图 ……………………………………………………………………(198)
三、泵叶轮结构形式 ……………………………………………………………………(200)
四、污水提升泵类型 ……………………………………………………………………(203)
五、泵选型原则与方法 …………………………………………………………………(210)
第二节　污水提升系统主要组成部分与应用 ……………………………………………(216)
一、污水收集管网以及配套设施 ………………………………………………………(216)
二、调节池 ………………………………………………………………………………(216)
三、集水池 ………………………………………………………………………………(222)
四、泵站 …………………………………………………………………………………(224)
五、水泵机组与管道布置 ………………………………………………………………(226)
六、污水泵站中的其他辅助设备 ………………………………………………………(228)
第十一章　气浮设备 ………………………………………………………………………(231)
第一节　气浮工艺的使用范围 ……………………………………………………………(231)
第二节　气浮设备与应用 …………………………………………………………………(232)
一、分散空气气浮法 ……………………………………………………………………(232)
二、电解气浮器 …………………………………………………………………………(238)
三、加压溶气气浮法 ……………………………………………………………………(242)
第三节　其他气浮装置及其应用 …………………………………………………………(252)
一、溶气泵气浮 …………………………………………………………………………(252)
二、超效浅层气浮设备(Krofta 气浮设备) ……………………………………………(257)
第十二章　厌氧消化器 ……………………………………………………………………(261)
第一节　概述 ………………………………………………………………………………(261)
一、厌氧生物处理工艺的发展历程 ……………………………………………………(261)
二、厌氧生物处理器的主要特征 ………………………………………………………(262)
第二节　厌氧生物反应器介绍 ……………………………………………………………(263)
一、折流式厌氧反应器(ABR) …………………………………………………………(263)
二、完全混合式厌氧消化器(CSTR) ……………………………………………………(266)
三、厌氧接触法(AC) ……………………………………………………………………(274)
四、厌氧生物滤池(AF) …………………………………………………………………(276)
五、升流式厌氧固体反应器 ……………………………………………………………(279)
六、升流式厌氧污泥层(床)(UASB)反应器 …………………………………………(280)

第三节 其他厌氧生物处理器 …… (290)
一、厌氧内循环(IC)反应器 …… (290)
二、厌氧膨胀颗粒污泥床(EGSB)反应器 …… (294)
第十三章 膜生物反应器(MBR) …… (298)
第一节 分类 …… (298)
一、按膜元件结构形式 …… (298)
二、按膜组件的作用 …… (300)
三、其他分类 …… (303)
第二节 工艺类型 …… (303)
一、浸没式膜生物反应器工艺 …… (304)
二、外置式膜生物反应器工艺 …… (304)
三、浸没式与外置式膜系统的比较 …… (305)
第三节 工艺设计的基本要求 …… (305)
一、设计需要解决的问题 …… (305)
二、设计原则 …… (305)
三、工艺设计需要考虑的因素 …… (306)
四、工艺的选择 …… (307)
第四节 工艺设计 …… (310)
一、预处理 …… (310)
二、生化系统 …… (311)
三、膜组件(器)的选取与设计 …… (314)
四、膜池 …… (316)
五、设计案例 …… (319)
六、膜池配套工艺与设计 …… (320)
第五节 应用 …… (332)
一、大中型污水处理厂 …… (332)
二、工业污水 …… (341)
第十四章 膜设备 …… (346)
一、反渗透 …… (346)
二、超滤膜 …… (367)
三、纳滤膜 …… (375)
第十五章 污水处理高级氧化设备 …… (379)
第一节 电化学处理设施 …… (379)
一、基本原理与特点 …… (379)
二、电化学反应器分类与电极类型 …… (380)
三、电絮凝反应器 …… (381)
第二节 超临界水氧化装置 …… (388)
一、超临界水氧化技术机理及工艺流程 …… (388)
二、氧化剂来源 …… (390)
三、特点 …… (390)
四、存在的问题 …… (391)

五、装置 …………………………………………………………………………（392）
六、技术的应用 ……………………………………………………………………（395）
七、成本 …………………………………………………………………………（398）
第三节　湿式氧化技术与应用 ……………………………………………………（399）
一、湿式氧化技术作用机理 ………………………………………………………（399）
二、保证湿式氧化过程的必要条件 ………………………………………………（399）
三、湿式氧化技术的特点 …………………………………………………………（400）
四、影响处理效果的主要因素 ……………………………………………………（400）
五、主要工艺与流程 ………………………………………………………………（401）
六、主要设备组成 …………………………………………………………………（402）
第四节　湿式催化氧化技术与应用 ………………………………………………（403）
一、基本原理与工艺流程 …………………………………………………………（403）
二、主要工艺类型与设备 …………………………………………………………（404）
三、催化剂 …………………………………………………………………………（405）
四、催化剂载体 ……………………………………………………………………（405）
五、应用领域 ………………………………………………………………………（406）
六、应用案例 ………………………………………………………………………（407）
七、湿式氧化工艺的性能比较 ……………………………………………………（409）
第十六章　其他设备 ……………………………………………………………（411）
第一节　药剂的投加与混配设备 …………………………………………………（411）
一、药剂投加设备 …………………………………………………………………（411）
二、药剂混合设备 …………………………………………………………………（416）
第二节　滗水器 ……………………………………………………………………（420）
一、旋转式 …………………………………………………………………………（421）
二、虹吸式 …………………………………………………………………………（422）
三、套筒式 …………………………………………………………………………（422）
四、浮筒式 …………………………………………………………………………（423）
第三节　结晶与蒸发设备 …………………………………………………………（424）
一、结晶 ……………………………………………………………………………（424）
二、蒸发 ……………………………………………………………………………（427）
第四节　连续电除盐设备 …………………………………………………………（438）
一、原理及基本组成 ………………………………………………………………（438）
二、工作过程 ………………………………………………………………………（439）
三、分类 ……………………………………………………………………………（440）
四、设备参数 ………………………………………………………………………（442）
第五节　污泥脱水设备 ……………………………………………………………（443）
一、压滤脱水机 ……………………………………………………………………（443）
二、卧螺离心机 ……………………………………………………………………（454）
三、污泥电渗透脱水机 ……………………………………………………………（460）

第一章　阀　　门

第一节　概　　述

阀门是管路的控制装置，其作用有：接通和截断介质；防止介质倒流；调节介质压力、流量；分离、混合或分配介质；防止介质压力超过规定数值，保证管道或设备安全运行。被控制的介质可以是液体、气体、气液混合体或固液混合体。

一、阀门分类

1. 通用分类法

通用分类法既按原理、作用，又按结构来划分，这是目前国际、国内最常用的分类方法。按通用分类法一般分为闸阀、截止阀、节流阀、仪表阀、柱塞阀、隔膜阀、旋塞阀、球阀、蝶阀、止回阀、减压阀、安全阀、疏水阀、调节阀、底阀、过滤阀、排污阀等。

2. 按作用

根据阀门的作用不同，可分为以下五种：

（1）截断阀

截断阀又称闭路阀，其作用是接通或截断管路中的介质。截断阀包括闸阀、截止阀、旋塞阀、球阀、蝶阀和隔膜阀等。

（2）止回阀

止回阀又称单向阀或逆止阀，其作用是防止管路中介质的倒流，如水泵吸水底阀属于止回阀类。

（3）安全阀

安全阀的作用是防止管路或装置中的介质压力超过规定数值，以保护后续设备的安全运行。

（4）调节阀

调节阀又名控制阀，在过程控制领域中，通过接受控制单元输出的控制信号，借助执行机构去改变介质流量、压力、液位等工艺参数，一般由执行机构、阀门和其他附件组成。按其控制形式可分为调节型、切断型和调节切断型。

调节阀按用途和作用可分为两位阀、调节阀、切断阀。

① 两位阀。两位阀是一种最简单的调节阀，它只有开和关两种状态，通过不断控制阀门的开关位置，达到控制流量、液位和压力的目的，用在工艺要求不高的场合。

② 调节阀。调节阀按结构又可分为以下几种形式：

a. 单座调节阀

单座调节阀只有一个阀座和一个柱塞形阀芯，具有密闭性能好的优点。导向部分采用上下双导向式或衬套顶导向式结构，具有导向面积大、抗震性能强等特点，适用于对介质泄漏量有严格要求的场合。由于阀结构上的原因，阀杆上的不平衡力较大，尤其在公称通径大的工况下更为明显，该类阀只适合于工作压差较小的场合，不适用于有含有颗粒或较脏的介质。

套筒调节阀采用单座调节阀的阀体，在阀体内插入一个圆筒形的套筒，以套筒为导向，安装一个轴向上下动作的阀芯，在套筒上切开具有一定流量特性的孔(窗口)，通过阀芯与套筒孔形成开孔面积的变化，实现调节流量的目的。套筒调节阀见图 1-1。

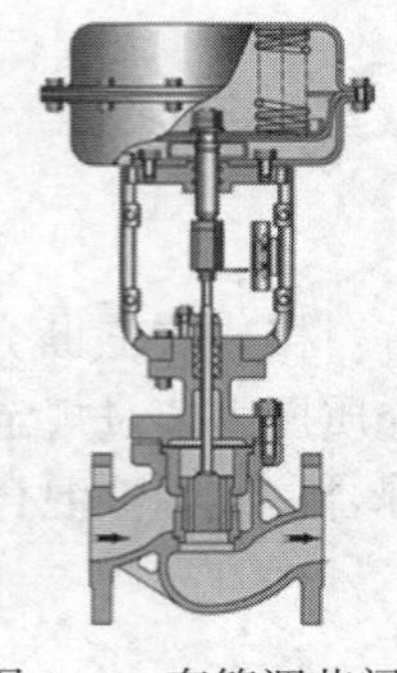

图 1-1　套筒调节阀图

b. 双座调节阀

双座调节阀内有两个阀座和两个柱塞形阀芯，流体介质通过上下阀芯阀座流出，具有流量大、允许压差大、不平衡力小等优点，是一种平衡式结构双座阀，适用于不是很清洁的介质或泄漏量要求不严格的场合。双座调节阀见图 1-2。

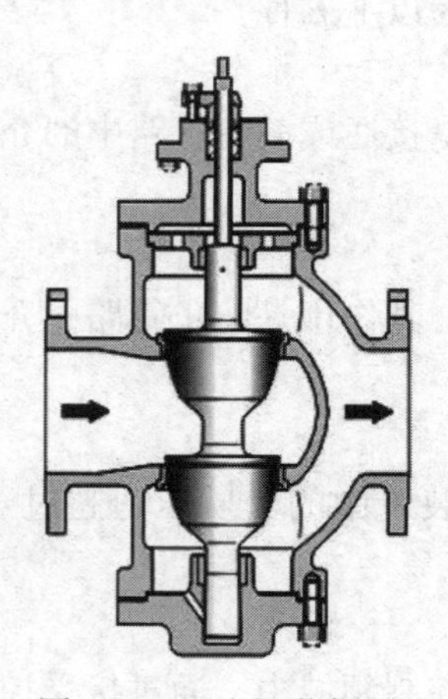
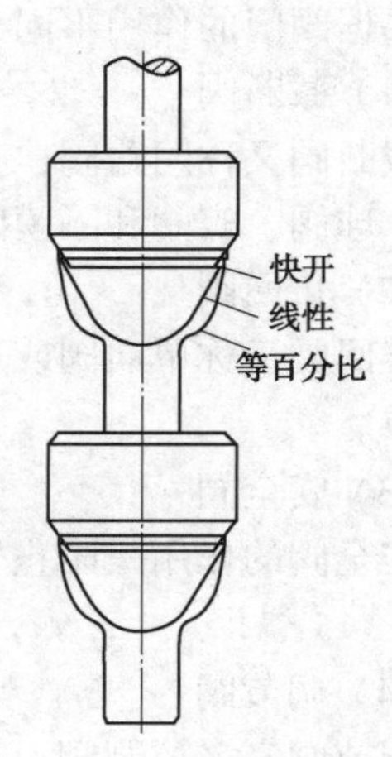

图 1-2　双座调节阀图

c. 角形调节阀

角形阀是直角式单导向结构，其流路简单阻力小，泄漏量小，适用高黏度、含有悬浮和颗粒状介质流体的调节。角形调节阀见图 1-3。

d. 三通调节阀

有三个出入口与管道连接，按作用分为合流阀(两进一通)与分流阀(一进两通)。广泛应用于精确控气体、液体、蒸汽等介质的工艺参数，如压力、流量、温度、液位等参数保持在给定值，适合于把一种流体通过三通阀分成二路流出或把两种流体经三通阀合并成一种流体的工况。三通调节阀见图 1-4。

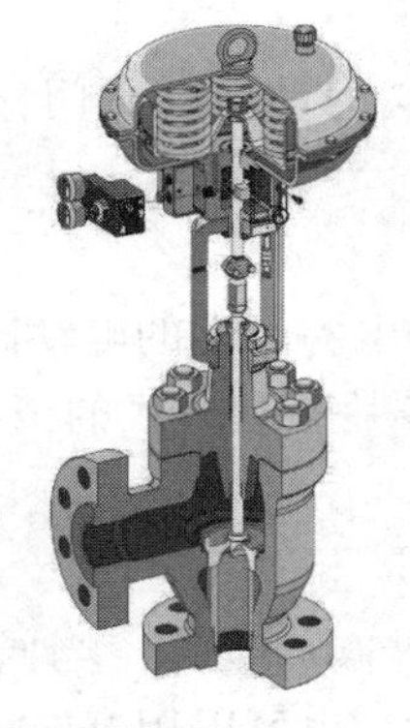

图 1-3　角形调节阀图

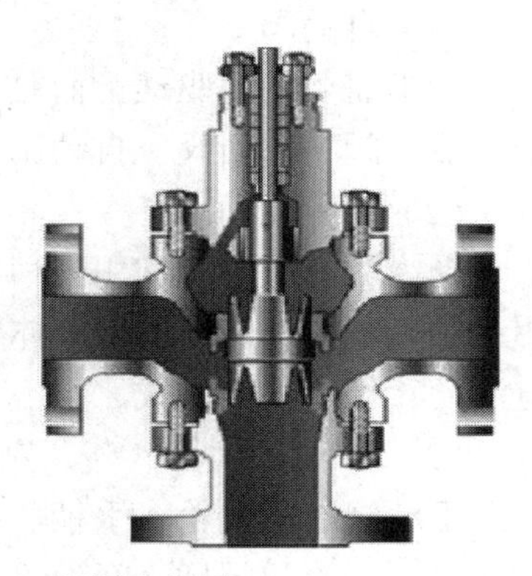

图 1-4　三通调节阀图

e. 隔膜阀

隔膜阀是一种特殊形式的截断阀，它的启闭件是一块由软质材料制成的隔膜，把阀体内腔与阀盖内腔及驱动部件隔开。常用的隔膜阀有衬胶隔膜阀、衬氟隔膜阀、无衬里隔膜阀、塑料隔膜阀，适用于有腐蚀性、黏性、浆液介质，不能用于压力较高的场合。隔膜阀见图 1-5。

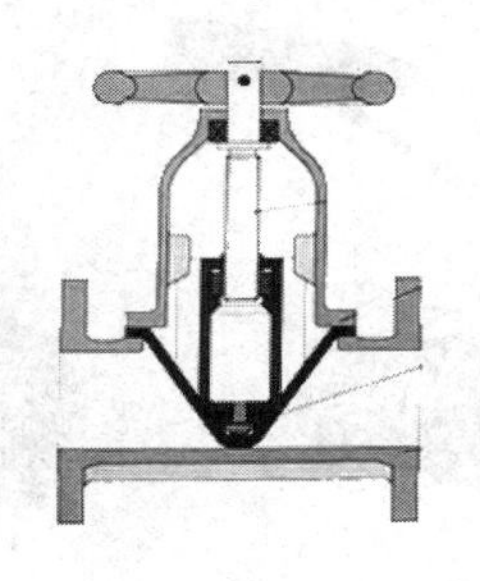
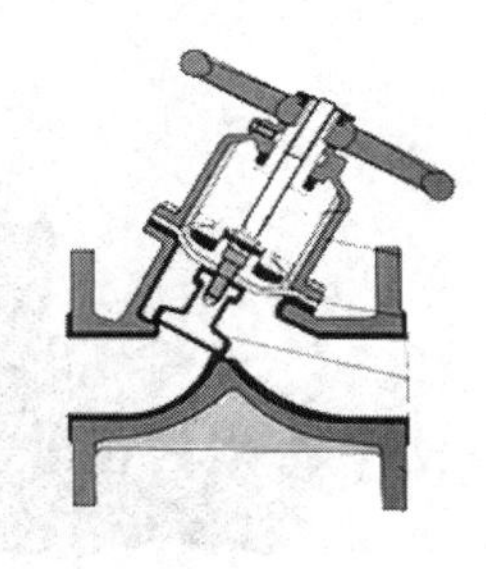

图 1-5　隔膜阀图

f. 蝶阀

蝶阀是指关闭件(阀瓣或蝶板)为圆盘、围绕阀轴旋转来达到开启与关闭的一种阀，在管道上主要起切断和节流作用。蝶阀全开到全关通常是小于 90°，蝶阀的蝶杆本身没有自锁能力，为了蝶板的定位，要在阀杆上加装减速器自锁装置。

g. 球阀

球阀的启闭件(球体)由阀杆带动，并绕球阀轴线作旋转运动的阀门，可用于流体调节、控制。

h. 偏心旋转阀

偏心旋转阀具有直通型的阀体结构，同时阀芯设有导流翼，流体阻力小，适合于流量大、可调范围广的场合，特别适用于含淤浆(溶剂)的系统控制。

③ 切断阀。通常指泄漏率小于十万分之一的阀。切断阀是一种特殊的调节阀，只具有切断能力，没有调节作用。

(5) 分流阀

分流阀包括各种分配阀和疏水阀等，其作用是分配、分离或混合管路中的介质。

3. 按阀门驱动方式

按阀门驱动方式，可分为以下三种：

（1）自动阀

指不需要外力驱动，而是依靠介质自身的能量来使阀门动作的阀门，如安全阀、减压阀、疏水阀、止回阀、自动调节阀等。

（2）动力驱动阀

动力驱动阀可以利用各种动力源进行驱动，包括借助电力驱动的电动阀、借助压缩空气驱动的气动阀、借助油等液体压力驱动的液动阀，还有各种驱动方式的组合，如气电动阀、电液动、气液动等方式。

（3）手动阀

手动阀借助手轮、手柄、杠杆、链轮，由人力来操纵阀门动作。当阀门启闭力矩较大时，可在手轮和阀杆之间设置齿轮或蜗轮减速器。必要时，也可以用万向接头及传动轴进行远距离操作。

4. *按连接方法*

按与管道的连接方法，可分为以下六种。

（1）螺纹连接阀门：阀体带有内螺纹或外螺纹来与管道螺纹连接。外螺纹的阀门见图 1–6。

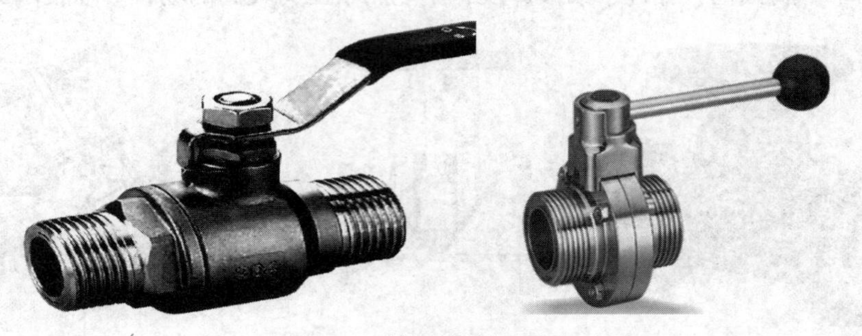

图 1–6　外螺纹的阀门图

（2）法兰连接阀门：阀体带有法兰与管道上的法兰连接。带法兰的阀体与法兰见图 1–7。

图 1–7　带法兰的阀体与法兰图

（3）焊接连接阀门：阀体带有焊接坡口与管道焊接连接。焊接阀门见图 1–8。

（4）卡箍连接阀门：阀体带有夹口与管道夹箍连接。卡箍阀门及卡箍见图 1–9。

（5）卡套连接阀门：与管道采用卡套连接。卡套连接阀门见图 1–10。

（6）对夹连接阀门：用螺栓直接将阀门及两头管道穿夹在一起的连接形式。对夹连接阀门见图 1–11。

图 1-8　焊接阀门图

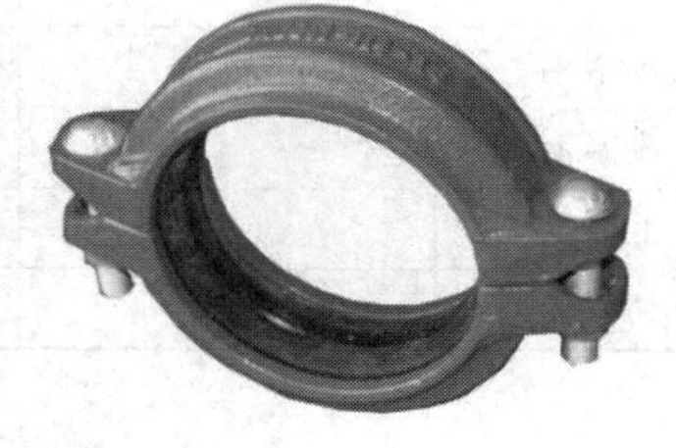

图 1-9　卡箍阀门及卡箍图

图 1-10　卡套连接阀门图

图 1-11　对夹连接阀门图

5. 按阀体材料

（1）金属材料阀门

阀体等零件由金属材料制成，如铸铁阀、碳钢阀、合金钢阀、铜合金阀、铝合金阀、铅合金阀、钛合金阀、蒙乃尔合金阀等。

（2）非金属材料阀门

阀体等零件由非金属材料制成，如塑料阀、陶阀、搪阀、玻璃钢阀等。

（3）金属阀体衬里阀门

阀体外形为金属，内部凡与介质接触的主要表面均为衬里，如衬胶阀、衬塑料阀、衬陶阀等。

依据标准《工业用阀门材料选用导则》(JB/T 5300—2008)，阀门材料与性能见表 1-1，阀门密封面或衬里材料与代号见表 1-2。

表 1-1　阀门材料与性能

阀体材料	适用公称压力/MPa	适用温度/℃	适用介质
灰铸铁	≤10	-10~200	水、蒸汽、空气、煤气、氨气等介质
	≤16	-10~100	油类、一般性质的液体介质
可锻铸铁	≤25	-10~300	一般性质的蒸汽、气体、液体及油类等介质

续表

阀体材料	适用公称压力/MPa	适用温度/℃	适用介质
球墨铸铁	≤25	-10~300	一般性质的蒸汽、气体及油类等介质
铜合金		-40~180	氧气、蒸汽、一般性质气体及油类等介质
钛合金		-30~316	海水、氯化物、氧化性酸、有机酸、碱介质
碳素钢		-29~425	水、蒸汽、空气、氢气、氨、氮及石油产品等介质
高温钢		≥425	蒸汽及石油产品
低温钢		≤-46	乙烯、丙烯、液态天然气及液氮等介质
不锈耐酸钢		-30~200	硝酸、醋酸等介质

表 1-2 阀门的密封面或衬里材料与代号

密封面或衬里材料	代号	密封面或衬里材料	代号
锡基轴承合金(巴氏合金)	B	尼龙塑料	N
搪 瓷	C	渗硼钢	P
渗氮钢	D	衬 铅	Q
氟塑料	F	奥氏体不锈钢	R
陶 瓷	G	塑 料	S
Cr13 系不锈钢	H	铜合金	T
衬胶	J	橡 胶	X
蒙乃尔合金	M	硬质合金	Y

二、基本参数

阀门的基本参数包括工作压力(*PN*)、工作温度(*T*)和公称通径(*DN*)。对于配备于管道上的各类阀门，常用公称压力和公称通径作为基本参数。公称压力是指某种材料的阀门在规定的温度下，所允许承受的最大工作压力。公称通径是指阀体与管道连接端部的名义内径，同一公称直径的阀门与管路以及管路附件均能相互连接，具有互换性。

1. 公称压力(*PN*)

公称压力是指与阀门的机械强度有关的设计给定压力，是阀门在基准温度下允许的最大工作压力。公称压力用 *PN* 表示，它表示阀门的承载能力，是阀门最主要的性能参数。公称压力用 MPa 来度量。公称压力应符合《管道原件公称压力》(GB 1048—90)的规定。

按压力分类有：①工作压力低于标准大气压的真空阀；②公称压力小于 1.6MPa 的低压阀；③公称压力在 2.5~6.4MPa 的中压阀；④公称压力在 10.0~80.0MPa 的高压阀；⑤公称压力 *PN* 大于 100MPa 的超高压阀等。

依据《管道元件 *PN*(公称压力)的定义和选用》(GB/T 1048—2005)，公称压力为与管道系统元件的力学性能和尺寸特性相关、用于参考的字母和数字组合的标识，由字母 *PN* 和后跟无因次的数字组成。*PN* 数值应从表 1-3 所提供的两个标准系列中选择。

表 1-3　公称压力(PN)数值

德国标准系列	美国国家标准系列	德国标准系列	美国国家标准系列
*PN*2. 5	*PN*20	*PN*25	*PN*150
*PN*6	*PN*50	*PN*40	*PN*260
*PN*10	*PN*100	*PN*63	*PN*420
PN16	PN110		

2. 公称通径(DN)

根据标准《管道元件 DN(公称尺寸)的定义和选用》(GB/T 1047—2005)，公称通径用于管道系统元件的字母和数字组合的尺寸标识，由字母 DN 和后跟无因次的整数数字组成。数字与端部连接件的孔径或外径(单位：mm)等特征尺寸直接相关。

按公称通径分有：

① 公称通径 DN<40mm 的为小口径阀门；

② 公称通径 DN50mm～DN300mm 的为中口径阀门；

③ 公称通径 DN350mm～DN1200mm 的为大口径阀门；

④ 公称通径 DN≥1400mm 的为特大口径阀门。

3. 工作温度(T)

阀门的工作温度是由制造阀门的材质所确定的。按介质工作温度分类有：

① T>450℃的为高温阀；

② T 为 120～450℃的为中温阀；

③ T 为-40～120℃的为常温阀；

④ T 为-100～-40℃的为低温阀；

⑤ T<-100℃的为超低温阀。

当阀门工作温度超过公称压力的基准温度时，其最大工作压力必须相应降低；阀门的工作温度和相应的最大工作压力变化表简称阀门温压表(可以在相关的资料上查找)，是设计和选用的阀门基准。

三、特性

阀门的特性一般有使用特性和结构特性两种。

(1) 使用特性

使用特性确定了阀门的主要使用性能和使用范围，属于阀门使用特性的有：

阀门的类别(闭路阀门、调节阀门、安全阀门等)；产品类型(闸阀、截止阀、蝶阀、球阀等)；阀门主要零件(阀体、阀盖、阀杆、阀瓣、密封面)的材料；阀门传动方式等。

(2) 结构特性

结构特性确定了阀门的安装、维修、保养等方法的一些结构特性，属于结构特性的有：

阀门的结构长度和总体高度、与管道的连接形式(法兰连接、螺纹连接、夹箍连接、外螺纹连接、焊接端连接等)；密封面的形式(镶圈、螺纹圈、堆焊、喷焊、阀体本体)；阀杆结构形式(旋转杆、升降杆)等。

四、选择阀门的原则、步骤和依据

1. 原则

(1) 截止和开放介质用的阀门

流道为直通式的阀门，其流阻较小，通常选择作为截止和开放介质用的阀门。向下闭合式阀门(截止阀、柱塞阀)由于其流道曲折，流阻比其他阀门高，故较少选用。在允许有较高流阻的场合，可选用闭合式阀门。

(2) 控制流量用的阀门

通常选择易于调节流量的阀门作为控制流量用。向下闭合式阀门(如截止阀)适于这一用途，因为它的阀座尺寸与关闭件的行程之间成正比关系。旋转式阀门(旋塞阀、蝶阀、球阀)和挠曲阀体式阀门(夹紧阀、隔膜阀)也可用于节流控制，但通常只能在有限的阀门口径范围内适用。闸阀是以圆盘形闸板对圆形阀座口作横切运动，它只有在接近关闭位置时，才能较好地控制流量，故通常不用于流量控制。

(3) 换向分流用的阀门

根据换向分流的需要，这种阀门可有3个或更多的通道。旋塞阀和球阀较适用于这一目的，因此，大部分用于换向分流的阀门都选取这类阀门中的一种。但是在有些情况下，其他类型的阀门，只要能把两个或更多个阀门适当地相互连接起来，也可作换向分流用。

(4) 带有悬浮颗粒的介质用阀门

当介质中带有悬浮颗粒时，最适于采用其关闭件沿密封面的滑动带有擦拭作用的阀门。如果关闭件对阀座的来回运动是竖直的，就可能夹持颗粒，因此这种阀门除非密封面材料可以允许嵌入颗粒，否则只适用于基本清洁的介质。球阀和旋塞阀在启闭过程中对密封面均有擦拭作用，可用于带有悬浮颗粒的介质。

2. 依据

在了解掌握选择阀门步骤的同时，还应进一步了解选择阀门的依据。

① 所选用阀门的用途、使用工况条件和操纵控制方式。

② 工作介质的性质，包括以下方面：工作压力、工作温度、腐蚀性能，是否含有固体颗粒，介质是否有毒，是否是易燃、易爆介质，介质的黏度等。在选定参数时应注意：如果阀门要用于控制目的，必须确定如下额外参数：操作方法、最大和最小流量要求、正常流动的压力降、关闭时的压力降、阀门的最大和最小进口压力。

③ 对阀门流体特性的要求：流阻、排放能力、流量特性、密封等级等；管道的最终控制是阀门，阀门启闭件控制着介质在管道内的流束方式，阀门流道的形状使阀门具备一定的流量特性，在选择管道系统最适合安装的阀门时必须考虑到这一点。

④ 安装尺寸和外形尺寸要求：公称通径、与管道的连接方式和连接尺寸、外形尺寸或重量限制等。

⑤ 对阀门产品的可靠性、使用寿命和电动装置的防爆性能等的附加要求。

3. 步骤

① 明确阀门在装置中的用途，确定阀门的工作条件，如介质类型、工作压力、工作温度等。

② 确定与阀门连接管道的公称通径和连接方式，如法兰、螺纹、焊接等。

③ 确定操作阀门的方式，如手动、电动、电磁、气动或液动、电气联动或电液联动等。

④ 根据管线输送的介质、工作压力、工作温度确定所选阀门的壳体和内件的材料，如灰铸铁、可锻铸铁、球墨铸铁、碳素钢、合金钢、不锈耐酸钢、铜合金等。

⑤ 选择阀门的种类，如闭路阀门、调节阀门、安全阀门等。

⑥ 确定阀门的型式，如闸阀、截止阀、球阀、蝶阀、节流阀、安全阀、减压阀、蒸汽疏水阀等。

除根据上述选择阀门的依据和步骤，选择阀门时还必须对各种类型阀门的内部结构进行详细了解。

第二节　污水处理用阀门

污水处理使用的主要是通用阀门，一般公称压力在 2.5MPa 以下，类型主要包括闸阀、球阀、蝶阀、截止阀和止回阀、底阀等。

一、闸阀

（一）闸阀工作特征

闸阀是指关闭件（闸板）在阀杆的带动下，沿通路中心线的垂直方向上下移动而达到启闭目的的阀门。闸阀是使用范围很广的一种阀门，一般 $DN \geqslant 50$mm 的切断装置都选用，有时口径很小的切断装置也选用。闸阀作为截止介质使用，在全开时整个管路系统直通，此时介质运行的压力损失最小。闸阀通常适用于闸板全开或全闭且不需要经常启闭的工况。闸阀在管路中不适用于作为调节或节流使用，对于高速流动的介质，闸板在局部开启状况下可能引起闸门的振动，因此可能损伤闸板和阀座的密封面，而节流会使闸板受到介质的冲蚀。

如果一个阀体内的通道直径不一样（往往都是阀座处的通径小于法兰连接处的通径），则称为通径收缩。通径收缩能使零件尺寸缩小，开、闭所需力相应减小，同时可扩大零部件的应用范围，但通径收缩后，流体阻力损失增大。

（二）闸阀主要结构

闸阀主要由阀体、阀盖或支架、阀杆、阀杆螺母、闸板、阀座、填料函、密封填料、填料压盖及传动装置组成。对于大口径或高压闸阀，为了减少启闭力矩，可在阀门邻近的进出口管道上并联旁通阀（截止阀）。使用时，先开启旁通阀，使闸板两侧的压力差减少，再开启闸阀。旁通阀公称直径不小于 DN32mm。

（三）分类

1. 按闸板的结构

闸阀按闸板的结构不同分为平行式和楔式两类。

1）平行式闸板

为两个密封面互相平行的闸阀。在平行式闸阀中，以带推力楔块的结构最为常见，即在两闸板中间有双面推力楔块，也有在两闸板间带有弹簧的，弹簧能产生张紧力，有利于闸板密封。平行式闸板闸阀适合于低压、中小口径（DN40mm～DN300mm）管路，平行式明杆双闸板闸阀结构如图 1-12 所示。

2）楔式闸板

密封面与垂直中心线成一定角度，即两个密封面成楔形的闸阀。密封面的倾斜角度一般有2°52′、3°30′、5°、8°、10°等，角度的大小主要取决于介质温度高低。一般工作温度愈高，所取角度应愈大，以减小温度变化时产生楔住的可能性。楔式闸阀一般分为单闸板、双闸板和弹性闸板三种。

（1）单闸板

楔式单闸板闸阀结构简单，使用可靠，但对密封面角度的精度要求较高，加工和维修较困难，易发生卡紧、擦伤现象。图1-13为单闸板明杆闸阀结构示意图。

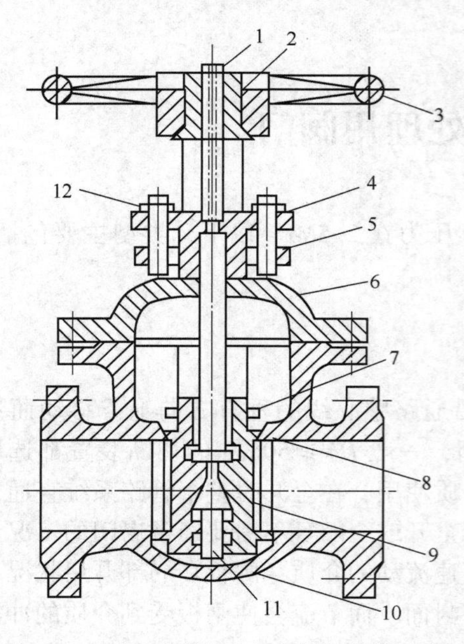

图1-12 平行式明杆双闸板闸阀结构示意图

1—阀杆；2—轴套；3—手轮；4—填料压盖；5—填料；6—上盖；7—卡环；8—密封圈；9—闸板；10—阀体；11—顶楔；12—螺栓螺母

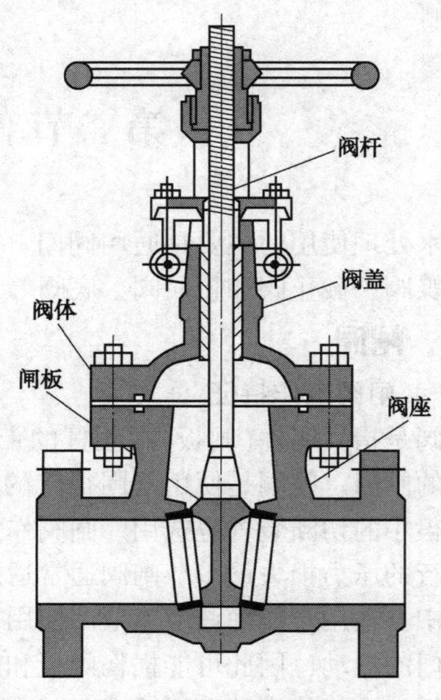

图1-13 单闸板明杆闸阀结构示意图

（2）双闸板

双闸板楔式闸阀在水和蒸汽介质管路中使用较多，优点是对密封面角度的精度要求较低，温度变化不易引起楔住的现象，密封面磨损时可以加垫片补偿。但这种结构零件较多，在黏性介质中易黏结，影响密封，而且上、下挡板长期使用易产生锈蚀，闸板容易脱落。图1-14为楔式双闸板示意图。

（3）弹性闸板

弹性闸板兼有单闸板和双闸板的优点，避免了它们的缺点。它的结构特点是在闸板的周边上有一道环形槽，使闸板具有适当的弹性，能产生微量的弹性变形，以弥补密封面角度加工过程中产生的偏差，改善工艺性，现已被大量采用。图1-15为楔式弹性闸板示意图。

2. 按阀杆的构造

按阀杆构造，闸阀又可分为明杆闸阀和暗杆闸阀。

（1）明杆闸阀

阀杆螺母在阀盖或支架上，开闭闸板时，用旋转阀杆螺母来实现阀杆的升降。这种结构对阀杆的润滑有利，开闭程度明显，因此被广泛采用。明杆闸阀见图1-16。

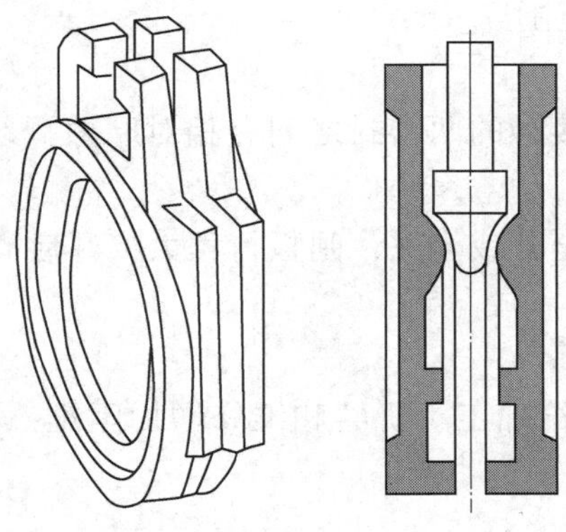

图 1-14　楔式双闸板示意图

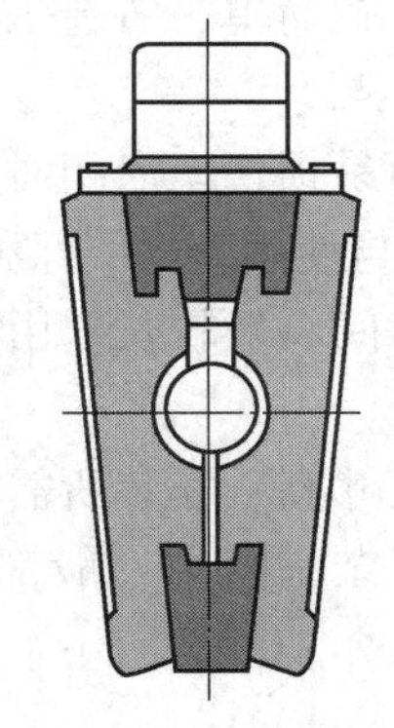

图 1-15　楔式弹性闸板示意图

图 1-16　明杆闸阀

(2) 暗杆闸阀

阀杆螺母在阀体内，与介质直接接触。这种结构的优点是：闸阀的高度总保持不变，因此安装空间小，适用于大口径或安装空间受限制的场合。缺点是：阀杆螺纹无法润滑，直接受介质的侵蚀，容易损坏。此种结构要装有开闭指示器，以指示开闭程度。暗杆闸阀见图 1-17。

(四) 闸阀特点

1. 优点

① 流体阻力小。闸阀阀体内部介质通道是直通的，介质流经闸阀时不改变其流动方向。

② 启闭力矩小，启闭较省力。闸阀启闭时闸板运动方向与介质流动方向相垂直，与截止阀相比，闸阀的启闭较省力。

③ 介质流动方向不受限制，不扰流、不降低压力；介质从闸阀两侧任意方向流过时，均能达到使用的目的，适用于介质流动方向可能改变的管路中。

图 1-17　暗杆闸阀

④ 结构长度较短。闸阀的闸板是垂直置于阀体内的，而截止阀阀瓣是水平置于阀体内的，因而结构长度比截止阀短。

⑤ 密封性能好，全开时密封面受冲蚀较小。

⑥ 体形比较简单，铸造工艺性较好，适用范围广。

2. 闸阀缺点

① 密封面易损伤。启闭时，闸板与阀座相接触的两密封之间有相对摩擦，易损伤，影响密封件性能与使用寿命，维修比较困难。

② 启闭时间一般较长。由于闸阀启闭时须全开或全关，闸板行程大，开启需要一定的时间。

③ 外形尺寸高，安装所需空间较大。

④ 结构复杂。闸阀一般都有两个密封面，给加工、研磨和维修增加困难；零件较多，制造较困难，成本比截止阀高。

⑤ 开闭时间长。

（五）闸阀的安装与维护

闸阀的安装与维护应注意以下事项：

① 手轮、手柄及传动机构不允许作起吊用，并严禁碰撞。

② 双闸板闸阀应垂直安装，即阀杆处于垂直位置，手轮在顶部。

③ 带有旁通阀的闸阀，在开启前应先打开旁通阀。

④ 带传动机构的闸阀，按产品使用说明书规定安装。

⑤ 如果阀门经常开关使用，润滑次数为每月至少一次。

二、球阀

球阀由旋塞阀演变而来，靠旋转阀芯来使阀门畅通或闭塞。当球体旋转 90°时，在进、出口处应全部呈现球面，从而截断流动。球阀只需要用旋转 90°的操作和很小的转动力矩就能关闭严密。完全平等的阀体内腔为介质提供了阻力很小、直通的流道。通常认为球阀最适宜直接作开闭使用；近来的发展已将球阀设计成使它具有节流和控制流量的用途。

（一）球阀的分类

1. 按功能

可分为二通球、三通球、四通球、弯通球、浮动球、固定球、V 型球、偏心半球体、带柄球体、软密封球体、硬密封球体、实心球、空心球等。各种球体形式见图 1-18。

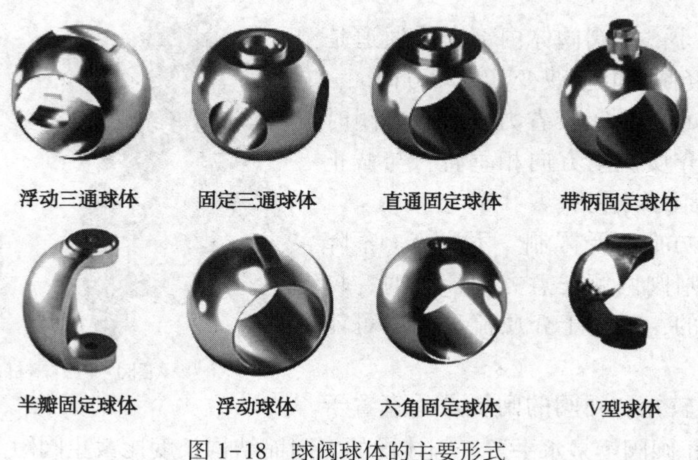

图 1-18 球阀球体的主要形式

2. 按结构形式

可分为浮动球球阀、固定球球阀、弹性球球阀三种。

（1）浮动球球阀

球阀的球体是浮动的，在介质压力作用下，球体能产生一定的位移并紧压在出口端的密封面上，保证出口端密封。浮动球球阀的结构简单，密封性好，但球体承受工作介质的载荷全部传给了出口密封圈，因此要考虑密封圈材料能否经受得住球体介质的工作载荷。此结构广泛用于中低压球阀，浮动球球阀见图 1-19。

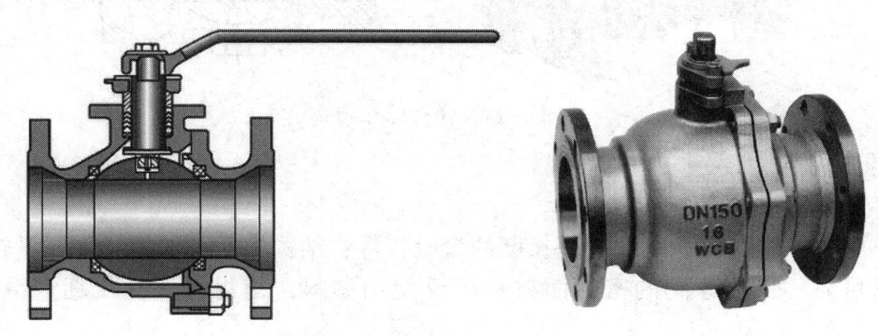

图 1-19 浮动球球阀

（2）固定球球阀

球阀的球体是固定的而阀座能移动，受压后球体不产生移动，阀座产生移动，使密封圈紧压在球体上，以保证密封。固定球球阀通常在球体的上、下轴上装有轴承，操作扭矩小，适用于高压和大口径的场合。为了减少球阀的操作扭矩和增加密封的可靠程度，近年来又出现了油封球阀，即在密封面间压注特制的润滑油，以形成一层油膜，既增强了密封性，又减少了操作扭矩，更适用于高压大口径场合。固定球球阀见图 1-20。

图 1-20 固定球球阀

（3）弹性球球阀

球阀的球体是弹性的，弹性球体是在球体内壁的下端开一条弹性槽而获得弹性。弹性球球阀的球体和阀座密封圈都采用金属材料制造，密封比压很大，依靠介质本身的压力已达不到密封的要求，因此必须施加外力。这种阀门适用于高温高压介质。当关闭通道时，用阀杆的楔形头使球体张开与阀座压紧达到密封。弹性球球阀见图 1-21。

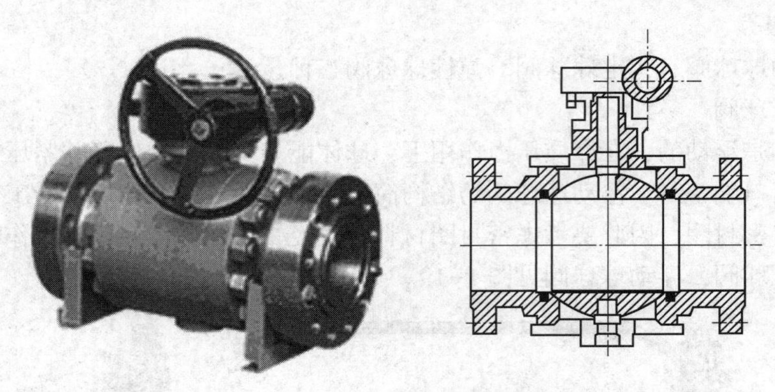

图 1-21 弹性球球阀

（二）球阀特点

球阀具有以下优点：

① 流体阻力小，其阻力系数与同长度的管段相等；结构简单、体积小、质量轻。

② 紧密可靠，目前球阀的密封面材料广泛使用塑料，密封性好，在真空系统中广泛使用。

③ 操作方便，开闭迅速，从全开到全关只要旋转 90°，便于远距离的控制；在全开或全闭时，球体和阀座的密封面与介质隔离，介质通过时，不会引起阀门密封面的侵蚀。

④ 维修方便，球阀结构简单，密封圈一般都是活动的，拆卸更换都比较方便。

⑤ 适用范围广，通径从几毫米到几米，从高真空至高压力都可应用。

三、蝶阀

蝶阀是用圆形蝶板作启闭件并随阀杆转动来开启、关闭和调节流体通道的一种阀门。蝶阀的蝶板安装于管道的直径方向。在蝶阀阀体圆柱形通道内，圆盘形蝶板绕着轴线旋转，旋转角度为 0°~90°，旋转到 90°时，阀门则呈全开状态。

（一）分类

（1）按阀板形式

按阀板形式蝶阀可分为中心对称板、斜置板、偏置板（单偏心、双偏心、三偏心）等，见图 1-22。

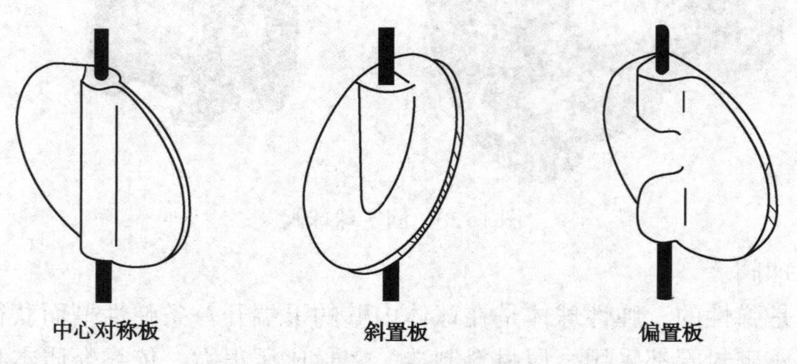

图 1-22 蝶阀阀板形式

（2）按密封形式

可分为软密封型和硬密封型两种。软密封型一般采用橡胶环密封，硬密封型通常采用金属环密封。

（3）按连接型式

有对夹式蝶阀、法兰式蝶阀、对焊式蝶阀三种。对夹式蝶阀是用双头螺栓将阀门连接在两管道法兰之间；法兰式蝶阀是阀门上带有法兰，用螺栓将阀门上两端法兰连接在管道法兰上；对焊式蝶阀的两端面与管道焊接连接。

（4）按传动方式

有手柄传动、蜗轮蜗杆传动、气动、电动、液动等方式，相关传动方式见图 1-23。

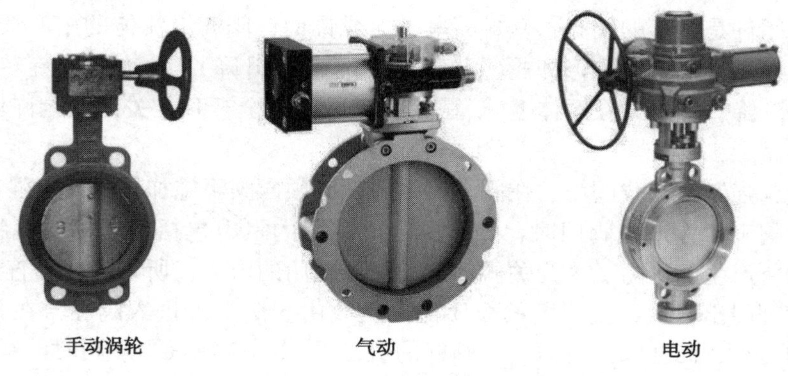

图 1-23　蝶阀相关传动方式

（二）结构特点

蝶阀具有结构简单、体积小、质量轻、材料耗用省、安装尺寸小、开关迅速、90°往复回转、驱动力矩小等特点，用于截断、接通、调节管路中的介质，具有良好的流体控制特性和关闭密封性能。蝶阀处于完全开启位置时，蝶板厚度是介质流经阀体时唯一的阻力，因此通过阀门所产生的压力降小，因此具有较好的流量控制特性。

蝶阀的优点如下：

① 启闭方便迅速、省力，流体阻力小；

② 结构简单，体积小，质量轻；

③ 调节性能好，低压下可以实现良好的密封。

蝶阀的缺点如下：

① 使用压力和工作温度范围小；

② 密封性较差。

（三）蝶阀的选用

蝶阀的结构长度和总体高度较小，开启和关闭速度快，在完全开启时，具有较小的流体阻力，当开启到 15°~70°时，又能进行灵敏的流量控制；如果要求蝶阀作为流量控制使用，应正确选择阀门的尺寸和类型。蝶阀的结构原理也适于制造大口径阀门。在下列工况条件下，推荐选用蝶阀：

① 要求节流、调节控制流量；

② 泥浆介质及含固体颗粒介质；

③ 要求阀门结构长度短的场合；

④ 要求启闭速度快的场合；

⑤ 压差较小的场合。

（四）蝶阀安装与维护

① 在安装时，阀瓣要停在关闭的位置上；

② 开启位置按蝶板旋转角度来确定；

③ 带有旁通阀的蝶阀，开启前应先打开旁通阀；

④ 应按制造厂的安装说明书进行安装，质量大的蝶阀，应设置牢固的基础。

四、截止阀

截止阀启闭件是塞形的阀瓣，密封面呈平面或锥面，阀瓣沿流体的中心线作直线运动。控制阀瓣的阀杆运动形式有升降杆式（阀杆升降，手轮不升降），也有升降旋转杆式（手轮与阀杆一起旋转升降，螺母设在阀体上）。截止阀只适用于全开和全关，不允许作调节和节流之用。截止阀见图 1-24。

截止阀属于强制密封式阀门。在阀门关闭时，必须向阀瓣施加压力，以强制密封面不泄漏。当介质由阀瓣下方进入阀门时，操作所需要克服的阻力包括了阀杆与填料之间的摩擦力、介质压力所产生的推力。因为关阀门的力比开阀门的力大，所以阀杆的直径要大。近年来，自动密封阀门出现后，截止阀的介质流向就改由阀瓣上方进入阀腔，在介质压力作用下，关阀门的力小，而开阀门的力大，阀杆的直径可以相应地减少；同时，在介质作用下，阀门封闭也较严密。

截止阀开启，当阀瓣的开启高度为公称直径的 25%~30%时，流量已达到最大，阀门已达全开位置，所以截止阀的全开位置应由阀瓣的行程来决定。

（一）分类

（1）按阀杆螺纹位置

按阀杆螺纹的位置分为外螺纹式和内螺纹式。

（2）按介质流向

按介质流向分为直通式、直流式和直角式，如图 1-25 所示。

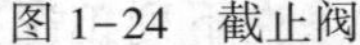

图 1-24　截止阀

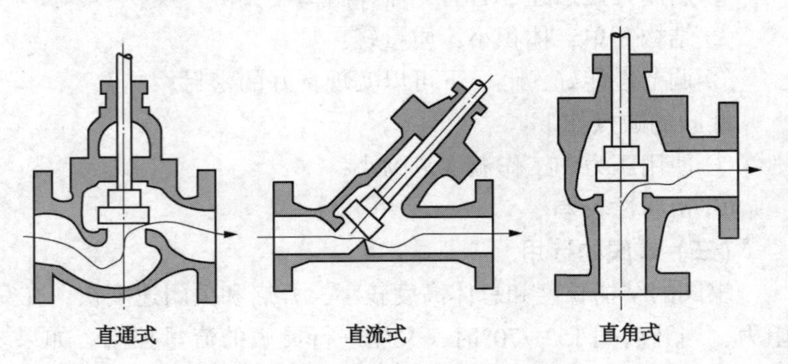

图 1-25　截止阀的三种介质流向形式

在直通式或直流式截止阀中，阀体流道与主流道成一斜线，这样的流动状态对阀体的破坏程度比常规截止阀要小。在直角式截止阀中，流体只需改变一次方向，通过此类阀门的压力降比常规结构的截止阀小。

（3）按密封形式

按密封形式分为填料密封截止阀和波纹管密封截止阀。

（二）特点

截止阀主要起到切断管路中介质的作用，与闸阀相比，截止阀调节性能较好，开启高度小，关闭时间短，制造与维修方便，密封面不易磨损、擦伤，密封性能较好，使用寿命长，但调节性能较差。截止阀的阀体结构设计比较曲折，因此流阻大、能量消耗大。截止阀适用于蒸汽、油品等介质，不宜用于黏度较大、带颗粒、易结焦、易沉淀的介质。

（三）截止阀的安装与维护

截止阀的安装与维护应注意以下事项：

① 手轮、手柄操作的截止阀可安装在管道的任何位置上；

② 手轮、手柄及传动机构不允许作起吊用；

③ 介质的流向应与阀体所示箭头方向一致。

（四）截止阀使用范围与选用原则

截止阀适用于导热油、有毒、易燃、渗透性强、污染环境、带放射性的流体介质管路上作切断阀。

① 高温、高压介质的管路或装置上宜选用截止阀，如火电厂、核电站，石油化工系统的高温、高压管路上；

② 对流阻要求不严的管路，即对压力损失考虑不大的场合；

③ 有流量调节或压力调节，但对调节精度要求不高，而且管路直径又比较小，如公称通径小于 *DN*50mm 的管路；

④ 供水、供热工程。

五、止回阀

止回阀又称为逆流阀、逆止阀、背压阀、单向阀。这类阀门靠管路中介质本身的流动产生的力而自动开启和关闭，属于自动阀门的一种。止回阀在管路系统中的主要作用是防止介质倒流而造成泵及其驱动电机机反转，防止容器内介质的泄放。止回阀还可用于压力可能超过主系统压力的辅助系统管路上。

（一）分类

止回阀根据其结构和安装方式可分为五种形式。

1. 旋启式止回阀

旋启式止回阀的阀瓣呈圆盘状，绕阀座通道的转轴作旋转运动，因阀内通道成流线型，所以流动阻力比升降式止回阀小，适用于低流速和流动不常变化的大口径场合，但不宜用于脉动流，其密封性能不及升降式。

旋启式止回阀分单瓣式、双瓣式和多瓣式三种。单瓣旋启式止回阀一般适用于中等口径的场合，大口径管路选用单瓣旋启式止回阀时，为减少水锤压力，最好采用能减小水锤压力的缓闭止回阀；双瓣旋启式止回阀适用于大中口径管路；多瓣旋启式止回阀适用于大口径管路。旋启式止回阀及其结构如图 1-26 所示。

2. 升降式止回阀

为阀瓣沿着阀体垂直中心线滑动的止回阀。升降式止回阀的阀体形状与截止阀一样（可与截止阀通用），其结构与截止阀相似，阀体和阀瓣与截止阀相同。

升降式止回阀阀瓣上部和阀盖下部有导向套筒，阀瓣导向筒可在阀盖导向筒内自由升降。当介质顺流时，阀瓣靠介质推力开启；当介质停流时，介质作用在阀瓣的压力加上自身

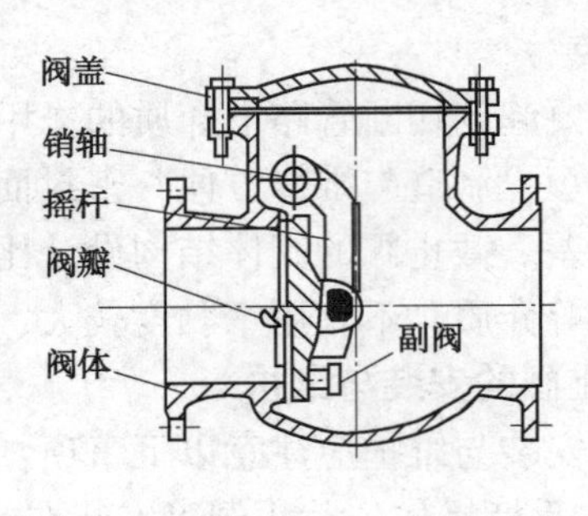

图 1-26 旋启式止回阀及其结构示意图

重力大于阀前的压力时，阀瓣降落在阀座上，起阻止介质逆流作用。直通式升降止回阀介质进出口通道方向与阀座通道方向垂直；对于立式升降式止回阀，其介质进出口通道方向与阀座通道方向相同，其流动阻力较直通式小。直通升降式止回阀及其结构如图 1-27 所示，直通升降式止回阀只能安装在水平管道上；立式升降式止回阀必须安装在垂直管道上，介质为自下而上流动，立式升降式止回阀及其结构如图 1-28 所示。

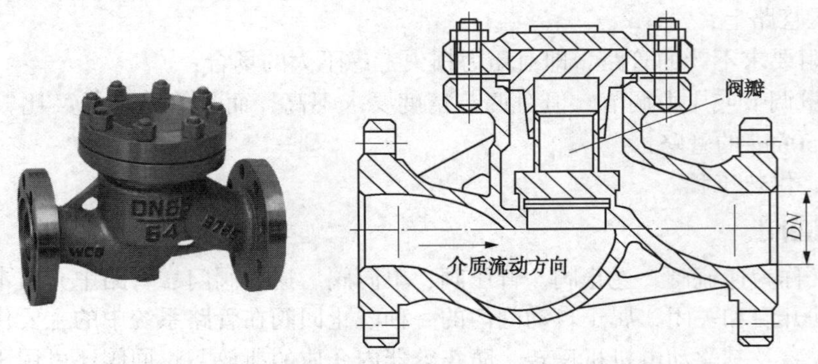

图 1-27 直通升降式止回阀及其结构示意图

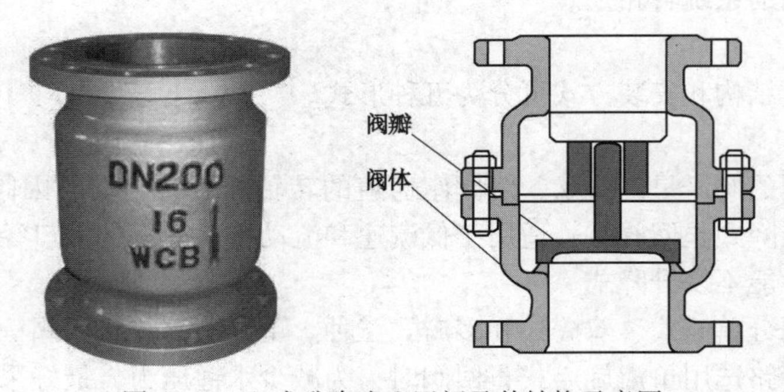

图 1-28 立式升降式止回阀及其结构示意图

3. 碟式止回阀

碟式止回阀为阀瓣围绕阀座内销轴旋转的止回阀。碟式止回阀结构简单，流阻较小，水锤压力亦较小。但只能安装在水平管道上，密封性较差。碟式止回阀见图 1-29。

4. 管道式止回阀

管道式止回阀是一种新出现的、阀瓣沿阀体中心线滑动的阀门，具有体积小、质量较轻、加工工艺性好的优势，是止回阀发展方向之一，但流体阻力系数比旋启式止回阀略大。

管道式止回阀见图 1-30。

图 1-29　碟式止回阀

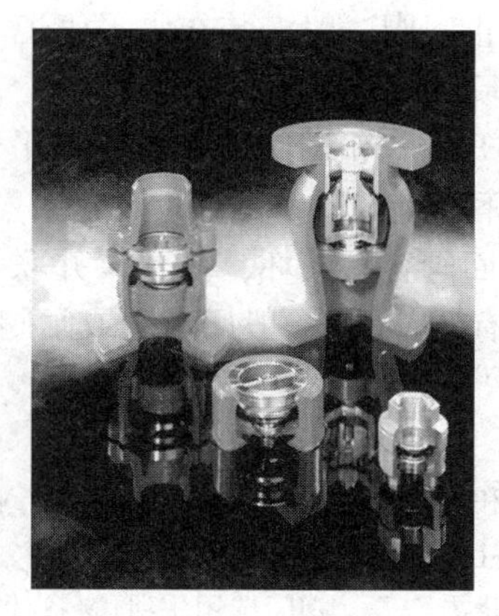

图 1-30　管道式止回阀

5. 底阀

有的泵在吸入口需要安装底阀，以利于泵的启动，底阀及其结构示意图见图 1-31。

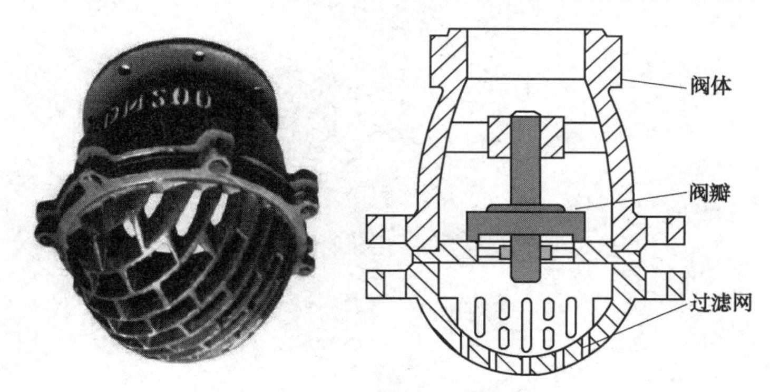

图 1-31　底阀及其结构示意图

（二）特点

止回阀的工作特点是载荷变化大，启闭频率小，只有关闭或开启两种状态，不要求运动部件运动。

止回阀在大多数实际使用中，定性地用于快速关闭，而在止回阀关闭的瞬间，介质是反方向流动的。随着阀瓣的关闭，介质从最大倒流速度迅速降至零，压力则迅速升高，会产生对管路系统可能有破坏作用的“水锤”现象。对于多台泵并联使用的高压管路系统，止回阀的水锤问题更加突出。为了防止管道中的水锤隐患，近年来，人们在止回阀的设计中采用了一些新结构、新材料，在保证止回阀适用性能的同时，将水锤的冲击力减至最小。

（三）止回阀安装

① 在管线中不要使止回阀承受重量，大型的止回阀应独立支撑，使之不受管系统产生的压力的影响。

② 安装时，注意介质流动的方向应与阀体所标箭头方向一致。

③ 升降式垂直瓣止回阀应安装在垂直管道上。

④ 水平阀瓣止回阀应安装在水平管道上。

⑤ 止回阀在泵出口的安装：

a. 旋启式止回阀一般安装在水平管道上；对于口径小于 DN80mm 的止回阀，也可安装在垂直或向上倾斜的管道上。

b. 直通式升降式止回阀应安装在水平管道上；立式升降式止回阀必须安装在垂直管道上，介质为自下而上流动。

c. 由于止回阀容易损坏，多台泵并联使用时，应靠近泵出口安装止回阀，在止回阀上部或者下部设有调节阀(一般用球阀或闸阀)，方便检修。

参 考 文 献

[1] 中华人民共和国国家发展和改革委员会．工业用阀门材料选用导则(JB/T 5300—2008)[S]．北京：中国标准出版社，2008.

[2] 陆培文，孙晓霞，等．阀门选用手册[M]．北京：机械工业出版社，2009.

第二章　拦污及筛滤设备

任何污水处理设施，在提升泵和主体构筑物之前，均需设置格栅等设施以拦截较大杂物，或者设置筛网以截留较细悬浮物，其功能是为了保护水泵叶轮不被垃圾堵塞和损坏，防止管道及处理构筑物的配套设施等不遭杂物的堵塞和卡死，同时也是为了避免因杂物过多造成水流阻力增加，影响流速、流量及水质等问题。

根据具体的用途，污水处理用拦污及筛滤设备可分为格栅除污机、筛网除污机、过滤设备三大类。格栅除污机、筛网除污机在污水的预处理、一级处理、二级处理、甚至三级处理中都是必备的机械。

格栅以及格栅除污机的种类很多，有多种分类形式。按格栅的几何形状，可分为平面型格栅和平面型格栅除污机、弧形–曲面格栅和弧形格栅除污机两种类型。按格栅的形式，可分为弧形格栅和弧形格栅除污机、倾斜格栅和倾斜格栅除污机、垂直格栅和垂直格栅除污机三种类型。按除污机齿耙动作的形式可分为臂式和链式二种。其中臂式有伸缩臂、旋转臂、摆臂等形式；链式有湿式回转臂、干式回转链、钢索牵引式，湿式回转臂包括正面除污机、背抓除污机等，钢索牵引式有二索式、三索式、四索式等，钢丝绳格栅机见图 2–1。按安装形式分为固定式和移动式。按齿耙安装位置可分为外捞式和内捞式。

图 2–1　钢丝绳格栅机

筛滤设备的效率取决于格栅的间距，其中格栅栅条间距在 50~100mm 之间的称为粗格栅；间距在 10~40mm 之间的称为中格栅；小于 10mm 的称为细格栅。筛滤设施在应用中也在不断地得到改进，现在不仅仅用于污水的预处理以及物料的回收、浓缩，也应用到了污水的深度处理方面。

第一节　平面格栅除污机

平面格栅除污机定义为利用平面格栅和齿耙(隔网)清除流体中污渣的设备。平面格栅除污机包括链传动式格栅机、回转式格栅机、步进式格栅机等类型。

一、链传动式格栅机

链传动式格栅机为齿耙插入静止的栅条，通过链的带动将污物与水分离的一种格栅除污机。

(一) 基本参数与设计要求

链传动式格栅机的基本参数与设计要求分别见表 2–1、表 2–2、表 2–3。

表 2-1 基本参数

项目	数据系列
设备宽/mm	800、1000、1200、1400、1600、1800、2000、2200、2400、2600、2800、3000、3200、3400、3600、3800、4000
栅条间距/mm	10、20、30、40、50、60、70、80、90、100
安装倾角/(°)	60~85
齿耙运行速度/(m/min)	2~5

表 2-2 齿耙上耙齿与两侧栅条的间距要求

项目	数据系列							
设备宽/mm	≤1000		1000~2000		2000~3000		>3000	
栅条间距/mm	≤50	>50	≤50	>50	≤50	>50	≤50	>50
耙齿与栅条的间距/mm	≤4	≤5	≤5	≤6	≤6	≤7	≤7	≤8

表 2-3 齿耙顶端与托渣板之间的间距要求

项目	数据			
设备宽/mm	≤1000	1000~2000	2000~3000	>3000
齿耙顶端与托渣板间距/mm	≤4	≤5	≤7	≤8

同时，对于载荷的要求如下：

① 单个齿耙的额定载荷不小于1000N/m。

② 除污机工作平面的额定载荷不小于400N/m^2。

(二) 设备情况

污水处理中经常使用的链传动设备有反捞式格栅机、高链式格栅除污机、内进式细格栅机等。

1. 反捞式格栅机

反捞式格栅主要由架梯、牵引链、传动系统、齿耙组合、主栅、副栅、水下组合导轮等部件组成，齿耙固定于链条上，链条沿导轨运行，从底部运行至栅条前部，齿耙栅前上行为捞渣阶段，从下向上将被栅条拦住的漂浮物顺着挡板捞至卸渣口处。

反捞式格栅一般作为中、粗格栅使用，主要用于电厂、雨水泵站、污水处理厂等设施进水口处，拦截、清除水中的杂物，也适合于泥沙沉积量较大的场合。反捞式格栅机见图 2-2。

2. 高链式格栅除污机

(1) 组成与应用

由传动装置、框架、除污耙、撇渣机构、同步链条、栅条等组成。高链式格栅除污机的应用见图 2-3。

高链式格栅除污机主要用于泵站进水渠(井)，拦截并捞取水中的漂浮物，保证后续设备正常运行，一般作中、粗格栅用，适用水深不超过2m的场合。高链式格栅除污机与一般链条式格栅除污机相比，主要优点是：传动链及链轮等主要部件在水面上，不易腐蚀，易于观察，维护保养方便。

图 2-2　反捞式格栅机

图 2-3　高链式格栅除污机实物图

(2) 设备运行

① 下行

三角形齿耙架的主滚轮处于环形链条的外侧，齿耙张开下行，如图 2-4(a)所示。至下行终端，主滚轮回转到链轮内侧，齿耙插入格栅栅隙内，见图 2-4(b)。

② 上行

耙齿把截留于格栅上的栅渣扒集至卸污料口，由卸污装置将污物推入滑板，排至集污槽内，见图 2-4(c)。此时耙架的主滚轮已上行至环链上端，并回转至环链的外侧，齿耙张开，完成一个工作程序。

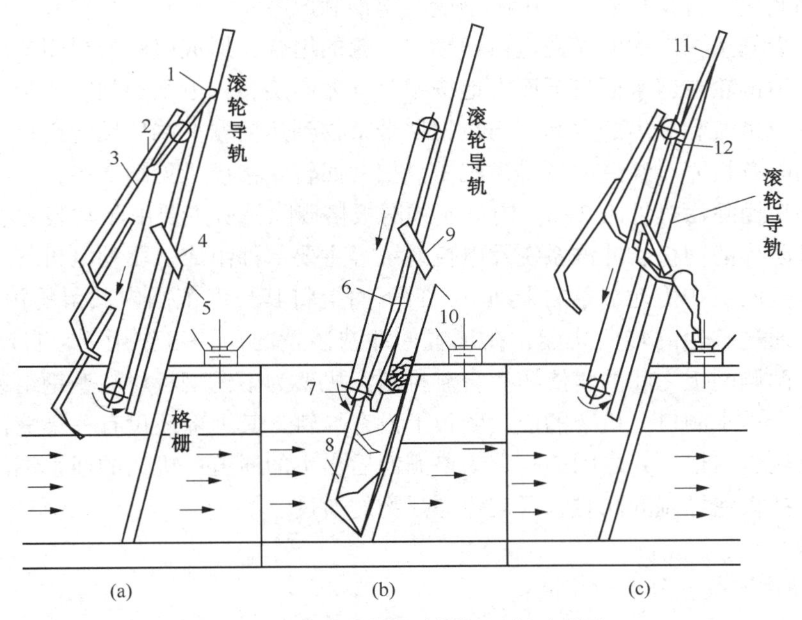

图 2-4　高链式格栅除污机运行示意图

(3) 技术性能参数及外形尺寸

根据图 2-2 和图 2-5，有关类型的设备技术性能参数及外形尺寸见表 2-4。

表 2-4 技术性能参数及外形尺寸

参数及尺寸	型号			
	GL-500	GL-1000	GL-1500	GL-2000
栅条间距/mm	10、20、30、50			
电机功率/kW	1.1	1.5	2.2	3
安装角度/(°)	60~80			
格栅有效宽度/mm	470	970	1470	1970
格栅机最大宽度/mm	1200	1700	2200	2700
沟宽/mm	500	100	1500	2000
格栅机基础宽度/mm	900	1400	1900	2400
沟底埋件宽度/mm	—	500	900	1200
沟槽预埋件宽度/mm	700	1200	1700	2200
沟深/mm	1000~2000			

二、回转式格栅机

回转式格栅机没有静止的栅条，是由密布的齿耙、隔网随着回转牵引链的运动将污水中悬浮物打捞出来的格栅机。

(一) 基本组成及工作程序

回转式格栅机由传动装置、链轮、机架、齿耙(隔网)等组成，齿耙(隔网)材质为塑料、尼龙或不锈钢制成，机架材质一般由碳钢或不锈钢制成。

工作时，齿耙按一定的顺序通过齿耙轴与链轮的组合，形成串联的封闭式齿耙链，由传动装置带动两边链轮在迎水面自下而上地按顺时针方向旋转，齿耙的间距相当于格栅的有效间距，由此形成过流和分离的空间。当齿耙携带杂物到达格栅上端后反向运行时，杂物依靠自重脱落，同时有板刷对经过的每排齿耙做清扫。回转式格栅机见图 2-5。

网板式细格栅除污机见图 2-6。内进流式网板格栅除污机主要由驱动装置、机架、牵引链条、带提升阶梯的网板、冲洗系统及电控系统等主要部件组成。驱动电机安装在机架正向的主轴上，两侧网板在传动链条的带动下，自下而上将其长度范围内截留的污物向上提取，抵达上部时，通过链轮的转向功能，在顶置的冲洗装置的冲洗水作用下，自动完成卸污工作，水则排入两侧网板之间的集渣槽后自流排出。机架为不锈钢板材与型钢组装，其下部的迎水端开有一个进水洞口，机架的前后壁板上设有导轨，其上部还设有一集渣槽，并延伸至机外；机架的两侧与格栅井之间的间隙为格栅滤后出水的通道；机架的迎水端两侧布置了导流挡板，导流挡板在导流的同时，可避免漂浮物的通过。

(二) 结构特点

① 除污动作连续，分离效率高；

② 结构紧凑，电气控制简单，自动化程度高；

③ 耐腐蚀性好，能耗低，噪声低。

(三) 基本参数

基本参数与单个齿耙的额定载荷分别见表 2-5 和表 2-6。

图 2-5　回转式格栅机

图 2-6　网板式细格栅除污机

表 2-5　基本参数

项目	数据
设备宽/mm	300、400、500、600、700、800、900、1000、1200、1500
栅条间距/mm	1、3、5、10、20、30、40、50
安装倾角/(°)	60~85
齿耙运行速度/(m/min)	1.5~3.5

表 2-6　单个齿耙的额定载荷

项目	数据							
栅条间距/mm	1	3	5	10	20	30	40	50
齿耙载荷/(N/m)	360	510	700	900	1000	1100	1200	1300

同时，除污机工作平面的额定载荷不小于 400N/m^2。

（四）设备技术参数

有关生产企业给出的回转式格栅机技术参数见表 2-7，供参考。

表 2-7　回转式格栅机基本技术参数

参数			型号										
			GF300	GF400	GF500	GF600	GF700	GF800	GF900	GF1000	GF1100	GF1200	GF1500
栅前水深/m			1.0										
过栅流速/(m/s)			0.5~1.0										
耙齿栅隙/mm	1	过水流量/(m^3/d)	1850~3700	2080~4160	2900~5800	3700~7400	4500~9000	5300~10600	6000~12000	7000~14000	7800~15600	8600~17200	11000~22000
	3		3700~7400	4100~8200	5700~11400	7500~15000	9000~18000	10600~21200	12300~24600	14000~28000	15600~31200	17200~34400	22000~44000
	5		4500~9000	5200~10400	7100~14200	9200~18400	11200~18400	13000~26000	15000~30000	17400~34800	19400~38800	21000~42000	24000~48000
	10		5300~10600	6200~12400	8800~17600	11000~22000	13500~27000	16000~32000	17400~34800	21100~42200	24000~48000	25000~50000	27000~54000
	20		5500~11000	6650~13000	9000~18000	11500~23000	14000~28000	17000~34000	19000~38000	22000~44000	25000~50000	27000~54000	29000~58000
	30		7100~14200	8600~17200	11700~23400	14900~29800	18200~36400	22100~44200	24700~49400	28600~57200	32500~65000	35100~70200	37700~75400
	40		7800~15600	10200~20400	14500~29000	18800~37600	23000~46000	27000~54000	31500~63000	36000~72000	40400~80800	44500~89000	57500~115000
	50		10200~20400	13250~26500	18850~37700	24450~48900	29900~59800	35100~70200	40950~81900	46800~93600	52000~104000	57200~114400	74100~148200

（五）回转式格栅除污机安装

回转式格栅除污机安装如图 2-7 所示。

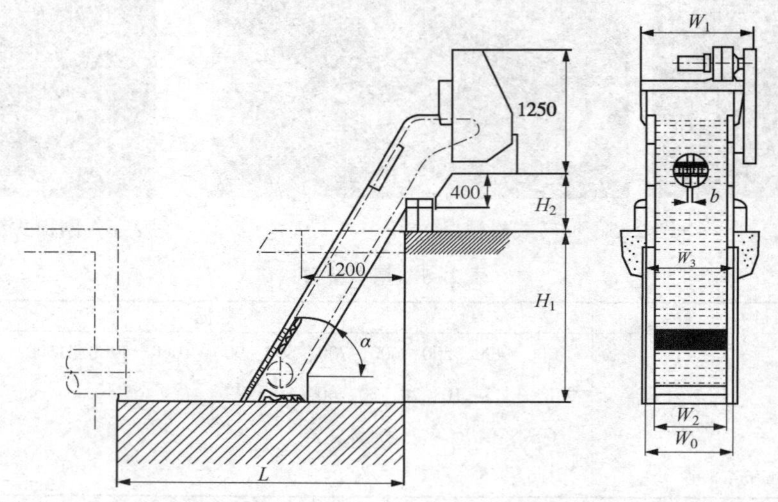

图 2-7　回转式格栅除污机安装示意图（单位：mm）

图 2-7 给出的回转式格栅除污机安装尺寸以及要求见表 2-8。

表 2-8　转式格栅除污机安装尺寸以及要求

符号	含义	数据
a	安装角度/(°)	60~85
h_1	集水渠深/mm	800~10000
L	导流槽长/mm	$L=h_1\text{ctg}a+1500$
W_0	设备宽度/mm	根据设计要求定
W_1	设备外形总宽/mm	$W_1=W_0+350$
W_2	有效总栅宽/mm	$W_2=W_0-160$
W_3	集水渠宽/mm	$W_3\geqslant W_0+70$
b	有效栅隙/mm	1、3、5、10、20、30、40、50
h_2	排渣高度/mm	400~1200

三、步进式格栅机

（一）格栅机的组成、工作原理

格栅机由驱动装置、传动机构、机架、栅片（动、静栅片）等部分组成。

工作原理是通过设置于格栅上部的驱动装置，带动两组分布于格栅机架两边的偏心轮和连杆机构，使一组阶梯形栅片相对于另一组固定阶梯形栅片作小圆周运动，将水中的漂浮渣物截留在栅面上，并将渣物从水中逐步上推至栅片顶端排出，实现拦污、清渣的目的，其结构示意图见图 2-8。步进式格栅机改变了以往机械格栅的直形或弧形栅条拦渣、移动齿耙作单向直线或曲线运动除渣的模式，而是通过两组阶梯形薄栅片的相对运动来实现拦渣清污过程。一般动栅条和静栅条的厚度为 2~3mm，栅条间距一般为 3~6mm，所以在具有同样过水断面的情况下，阶梯式细格栅要比一般的细格栅窄得多。由于栅条间距小(可达到1～2mm)，它可以截留更细小的漂浮物。图2-9为格栅机的运行动作示意图，网板式阶梯细格栅除污机见图2-10。

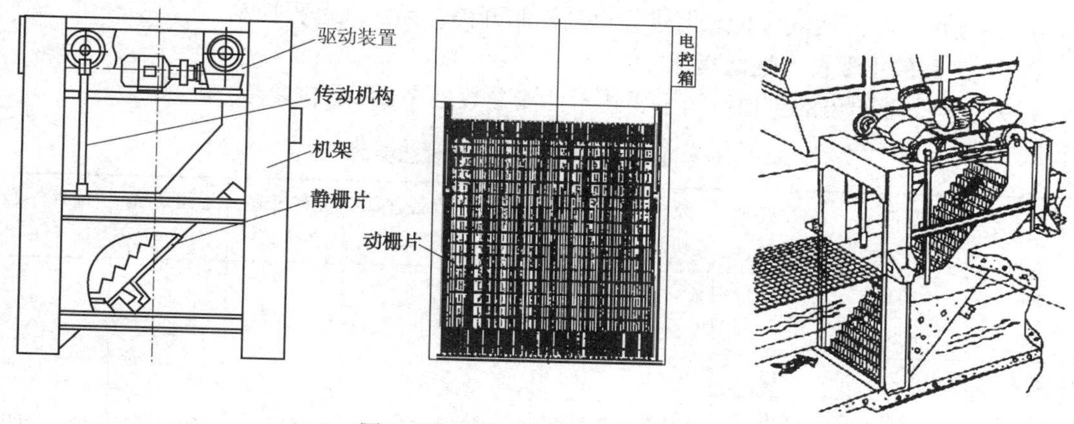

图2-8　步进式格栅机结构示意图

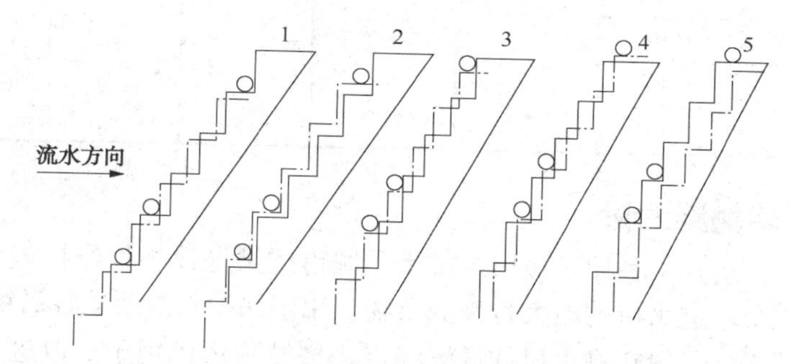

图2-9　格栅机的运行示意图(虚线为动栅条组，实线为静栅条组)

图2-10　网板式阶梯细格栅除污机实物

(二)特点

① 阶梯式格栅除污机在处理过程中，利用截留后稀疏地附在格栅上、已形成一道滤网的固体颗粒层，逐步向上运动，因此比单一依靠格栅间距具有更高的过滤效率，既可防止堵塞又使格栅更可靠地运行。

② 栅片为阶梯形，由静栅片和动栅片间隔组合，静栅片固定在机架上，动栅片则以机架作支点，由电机经减速机和偏心机构等运动机构与连杆机构直联(不用链条传动的形式)，

使动栅片作循环往复运动，将拦截在栅面上的污物由下至上逐级提升至排渣口卸料。

③ 采用背部插入式运动栅片，限位可靠，能确保栅渣收集和提升的最佳状态。静栅片和动栅片间有足够的过水通道，能保证过水面积和流量满足设计要求。

④ 格栅可由时间或液位传感器进行自动控制开停，易实现远程控制。

（三）产品的主要技术性能指标

有关生产企业给出的阶梯格栅主要技术性能参数见表2-9，供参考。

表2-9 阶梯格栅主要技术性能参数

规格型号	格栅名义宽度/mm	格栅有效宽度/mm	配套电机功率/kW	格栅间距/mm	设备总高/mm	允许流速/(m/s)	适用渠深/mm	排渣高度/mm
500	500	310	0.75～3	3～10	1700～2350	0.5～1	850～1500	400～500
600	600	410						
800	800	610						
1000	1000	810						
1200	1200	1010						
1500	1500	1310						
1800	1800	1610						
2000	2000	1810						

四、移动式格栅除污机

移动式格栅除污机是一种用于城市给排水、城市防洪等设施处作拦截污物的清污设备，其主要作用是截取泵站进水口的粗大垃圾等杂物，用于保护水泵及减轻后续处理工艺。

常规泵站设计中，一般在进水口均设置固定式格栅除污机用于截取进水中的悬浮物等，当泵站规模较大时，会出现多台并列布置的情况，如固定格栅数量有的多至6～8台以上，造成工程投资大、设备利用率不高的弊端。《上海城市排水泵站设计规程》中提及当格栅数量超过三组时，建议使用移动式格栅除污机。移动式格栅除污机作为一种高效简约的格栅清污设备，正在国内环保工程项目中被推广应用，其设计理念和有效的清污能力，已成为节能型、环保型、效益型设备的首选。因此，随着今后泵站规模的不断增大，移动式格栅除污机将更多地应用到各种给排水工程中。

（一）分类

移动式格栅除污机按结构形式区分为移动悬挂抓斗式和地面轨道行走移动式两种形式。移动悬挂抓斗式格栅除污机结构简单，但由于移动过程中栅渣产生的污水易造成环境污染，一般常用在水厂的取水口。而地面轨道行走移动式格栅除污机由于截渣后栅渣直接卸至输送设备上，对周边环境影响较小，常用于雨水、污水泵站。

（二）主要机型与应用

在我国，目前移动式格栅除污机的规格品种已有多种，移动式格栅除污机根据具体的使用特性，机型主要形式有耙斗格栅除污机与抓斗格栅除污机。

1. 移动式钢丝绳牵引耙斗格栅机

由卷扬机构、钢丝绳、耙斗、钢丝绳滑轮、耙斗张合装置、机械过力矩保护、移动行车、地面固定式轨道及移动行车定位装置组成。整机定位、耙斗升降、耙斗张合、耙斗污物刮除等，与固定安装的钢丝绳牵引耙斗式格栅除污机相同，不同的是上机架与下机架分体，上机架全部设在移动行车上。

其工作原理为：除污时，通过行程开关控制，使机架移动到需清污的格栅位置，当上下机架对位准确后，耙斗顺利下放除污。对于宽幅格栅，除污机除污完毕后，移动一个齿耙有效宽度，继续除污，直至格栅栅面污物全部清除完毕。对于多沟渠分布格栅，除污机除污完一个沟渠的格栅后，移动至另一沟渠，继续除污，直至所有沟渠格栅栅面污物清除完毕。上海市剑河路污水泵站，采用移动式钢丝绳牵引耙斗粗格栅清污机，投产已多年。图2-11为工程中使用的移动式钢丝绳牵引耙斗粗格栅除污机。

2. *移动式钢丝绳牵引抓斗格栅除污机*

报道较多的移动式抓斗清污机有 Bosker™系列，其适合安装在第一道格栅前，并适用于各种大小和各种形式的进水口，可有效地清除各类垃圾杂物。Bosker™抓斗清污机的特点：

图2-11　移动式钢丝绳牵引耙斗粗格栅除污机

① 单轨系统靠近格栅平台运行，可优化格栅平台上的工作区域；一台清污机可以处理多个进水口的垃圾，可进行全自动控制。

② 无水下活动部件，使用可靠，维修量少；在较宽格栅上使用时，可缩短除污周期。

③ 栅条间距12~200mm；工作负荷范围可达250~3000kg(垃圾质量)。

④ 适用于垂直格栅；能清除最深达50多米深的进水口处栅渣。

移动式钢丝绳牵引抓斗格栅除污机在我国各地都有采用，如上海白龙港污水厂4台抓斗清污机分别独立处理4个污水进口，抓斗采用网孔及齿条组合，见图2-12。

图2-12　抓斗清污机

第二节　曲面格栅机

曲面格栅机有弧形格栅、筒式格栅、螺旋格栅等形式。

一、弧形格栅机

弧形格栅除污机由弧形栅条、齿耙臂及其支座、机架、带过扭保护机构的驱动装置、具有缓冲作用的撇渣耙和导渣板以及控制柜等组成。

耙臂在驱动装置带动下绕弧形栅条中心回转，当齿耙进入栅条间距后，即开始除污动作，将被栅条拦截的渣沿栅条上移，当齿耙触及撇渣耙后，在齿耙和撇渣板相对运动的作用下，把渣撇出并经导渣板卸至输送器，完成一个除污动作，而齿耙在越过撇渣后，撇渣耙在缓冲器的作用下缓慢复位。这种格栅除污机适用于细格栅或较细的中格栅，其结构紧凑，动作简单规范，但是对栅渣的提升高度有限，不适于在较深的格栅井中使用。

弧形格栅除污机主要用于较浅的沟渠，栅条间距 5~40mm，分为旋臂式和摇臂式。由弧形栅条、刮渣臂、清渣板、驱动机构组成，结构简单、运行可靠、维护方便。旋臂式弧形格栅除污机结构如图 2-13 所示，摇臂式格栅除污机及其结构如图 2-14 所示。

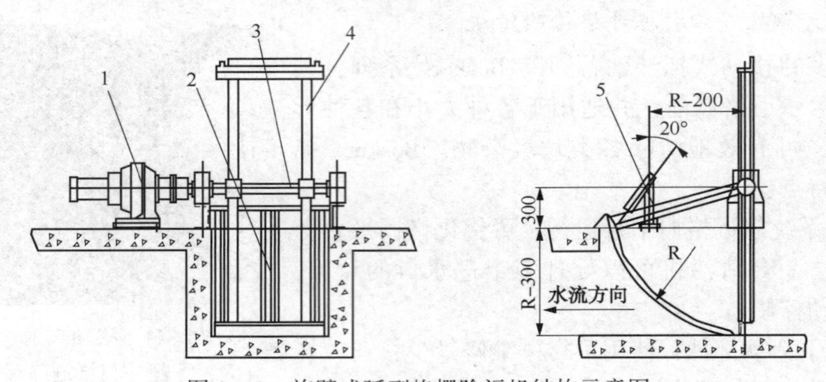

图 2-13 旋臂式弧型格栅除污机结构示意图

1—驱动装置；2—弧形栅条；3—主轴；4—齿耙装置；5—卸料机构

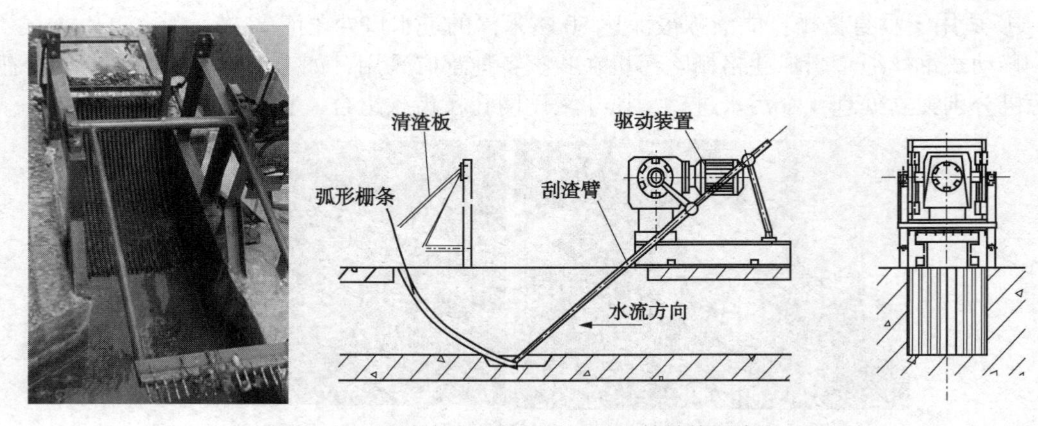

图 2-14 摇臂式弧型格栅除污机及其结构示意图

二、滚筒型格栅机

滚筒形格栅机用于废水处理的预处理，如小型市政污水处理厂或工业废水处理中，可拦截水中各种形状的颗粒杂质及纤维物，可在造纸、制革、屠宰、食品、啤酒、养殖场等污水处理中去除大量的悬浮物、漂浮物及沉淀物。滚筒型格栅机有单向流与双向流等形式。

（一）原理

筛筒采用不锈钢 V 形条缝焊接，利用反切旋转的原理进行固液分离。待处理的液体通过溢流堰均匀分布到反向旋转的筛筒内表面，水流与筛筒内表面产生相对剪切运动，固态物料被截留并由螺旋导向板自动排出，过滤后的液体从筛筒缝隙中流出，从而达到分离目的，筛筒经过压力水冲洗后重新得到疏通。反冲洗系统由内外喷淋管组成，高压水或压缩空气经喷嘴呈扇形高速喷射，疏通栅缝，清除栅网内壁附着的固态物。一般冲洗压力不小于0.3MPa，反冲洗定期操作(自控设定或人工手动)。从栅缝中流出的滤液在保护罩的导向作用下，汇集到栅网正下方，从出水槽中流走，筒形格栅机原理如图2-15所示。

（二）组成与应用

滚筒形格栅机一般由格栅框架、滚筒栅体、栅渣处理系统、驱动装置、冲洗装置组成。

（三）分类

与同规格的螺旋格栅机相比，卧式格栅机具更大的有效过滤面积。根据安装的方式可以分为两种形式：一种安装于进水槽(渠)内，一种安装于进水槽(渠)上。

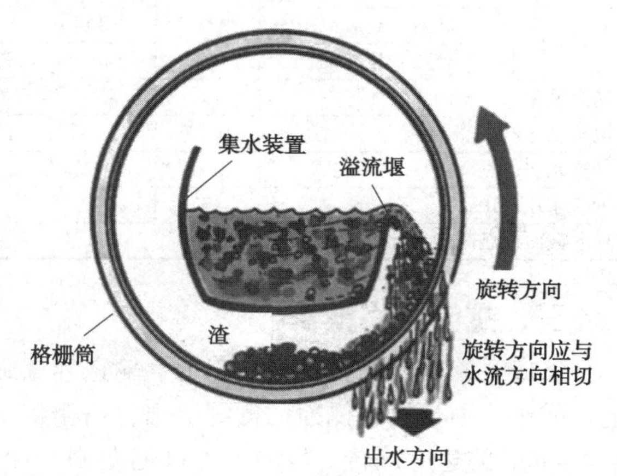

图2-15　滚筒格栅机工作原理图

1. 安装于进水槽(渠)内

设备主要由格栅滚筒、栅渣提升挡板、集渣槽、卸料器、驱动装置组成。栅鼓浸没在污水中，正常浸没深度为栅鼓直径的一半。污水进入格栅入口后，由于栅鼓后端是封闭的，污水流会作90°转向，经V形栅条流出栅鼓。焊接在栅鼓上的栅渣提升挡板将被拦截的栅渣提升至栅鼓的上部，栅渣在重力及冲洗水作用下跌入栅鼓内的集渣槽中，并进入螺旋输送压榨一体机。栅渣在提升过程中，完成输送及压榨脱水功能，最后进入排渣斗，其原理如图2-16所示。

2. 安装于槽(渠)上

设备主要由格栅滚筒、管道、进水缓冲槽、驱动装置组成。废水通过提升系统进入格栅机内的缓冲槽中，通过滚筒内部栅条向外部流出，杂质及纤维类等被格栅挡住并被转动的滚筒带出。一般出渣端设计较长一些，可降低悬浮物的含水率，适合于含渣浓度较高的固液分离。图2-17为安装于槽上的卧式转鼓格栅机。

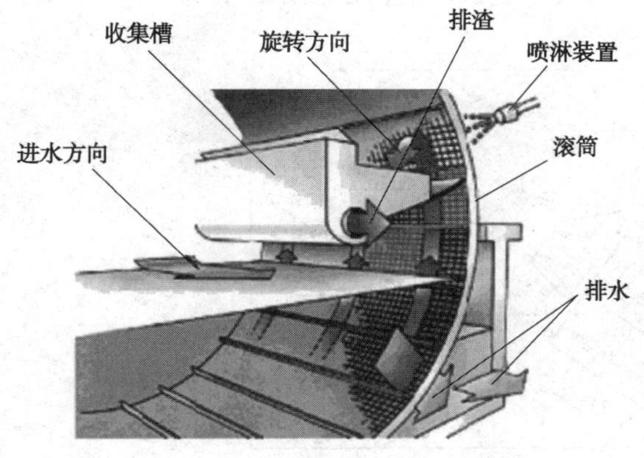

图2-16　卧式圆筒格栅机(槽内安装)原理图

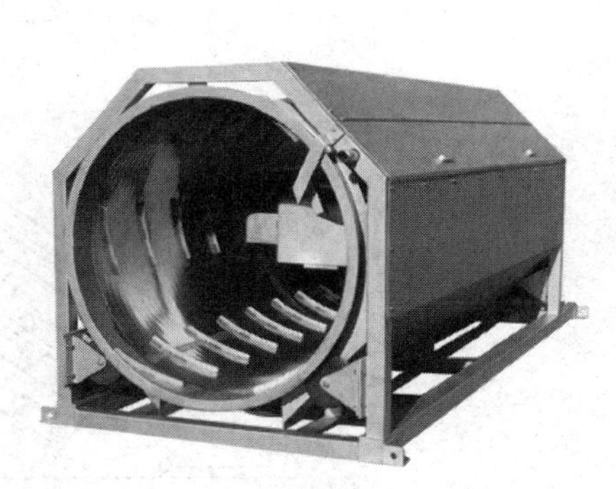
图2-17　卧式转鼓格栅机(槽上安装)

表 2-10 为有关生产企业给出的产品技术参数，供参考。

表 2-10 卧式转鼓格栅机产品技术参数

项目		参数值							
型号 1	转鼓直径(ϕ)/mm	1200	1400	1600	1800	2000	2200	2400	2600
	转鼓长度/mm	1000	1200	1300	1500	1600	1800	2000	2200
型号 2	转鼓直径/mm	800	800	800	1200	1200	1200	1500	1500
	转鼓长度/mm	1000	1400	800	1700	2200	2700	2500	3000
转鼓速率/(r/min)		6	6	6	6	5	5	5	5
电机功率/kW		0.75	0.75	1.1	1.1	1.5	1.5	2.2	2.2
冲洗水量/(m^3/h)		1~2	1~2	2~3	2~3	3~4	3~5	5~6	5~6
冲洗水压/MPa		≥2	≥2	≥3	≥3	≥4	≥4	≥4	≥4
V 形截面栅条间距/mm		0.2~6							

三、螺旋式格栅机

螺旋式格栅机集传统机械格栅、输送和螺旋压榨机三者功能为一体。污水从转鼓的端头进入鼓中，通过转鼓侧面的栅缝流出，格栅将水中的悬浮物、漂浮物等留在转鼓中，转鼓以4~6r/min 的速度旋转，鼓的上方有尼龙刷和冲洗水喷嘴，将栅渣清除，并通过螺旋输送机挤压、脱水后，送至上端料斗，经输送带运走。螺旋式转鼓格栅机一般作为细格栅机用，被较广泛地应用于城市生活污水的预处理，其设备见图 2-18。

图 2-18 螺旋式格栅机

安装时，一般与水平面成 35°安装在水渠中，其安装示意图见图 2-19。

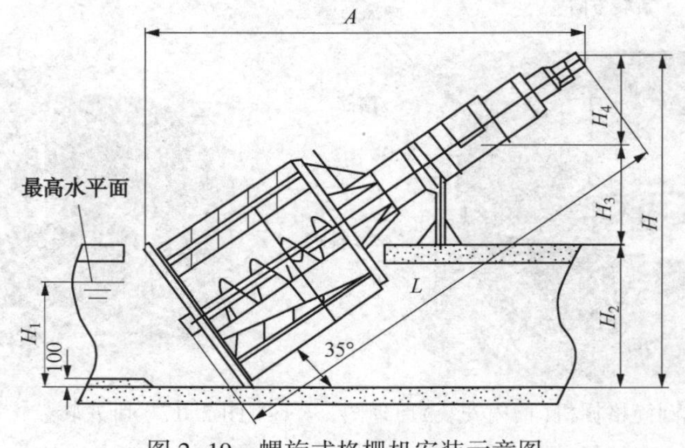

图 2-19 螺旋式格栅机安装示意图

第三节　筛　　网

一、作用

一些工业废水含有较细小的悬浮物，它们不能被格栅截留，也难以用普通沉淀法去除。为了去除这类污染物，工艺上常用筛网。

选择不同尺寸的筛网，能去除和回收不同类型和大小的悬浮物，如纤维、纸浆、藻类等，其装置类型有水力筛网、转鼓式等。筛网由金属丝织物或穿孔板构成，孔径小于 10mm 的筛网主要用于工业废水的预处理，它可将小于 3mm 的漂浮物截留在网上；孔径小于 0.1mm 的细筛网则用于处理后出水的最终处理或用于回用前。

二、分类

1. 振动筛网

振动筛网由振动筛和固定筛组成。污水通过振动筛时，悬浮物等杂质被留在振动筛上，并通过振动卸到固定筛网上，以进一步脱水。

2. 水力筛网

水力筛网示意图见图 2-20，由锥筒回转筛和固定筛组成。水力筛网回转筛的小头端用不透水的材料制成，内壁装设固定的导水叶片。当进水射向导水叶片时，推动锥筒旋转，悬浮物被筛网截留，并沿斜面卸到固定筛上进一步脱水；水穿过筛孔，流入集水槽。水力筛网的动力来自进水水流的冲击力和重力作用。因此水力筛网的进水端要保持一定水压，且一般采用不透水的材料制成。水力筛网在工业废水中已有很多的应用实例，如废水中废纸纤维的回收。

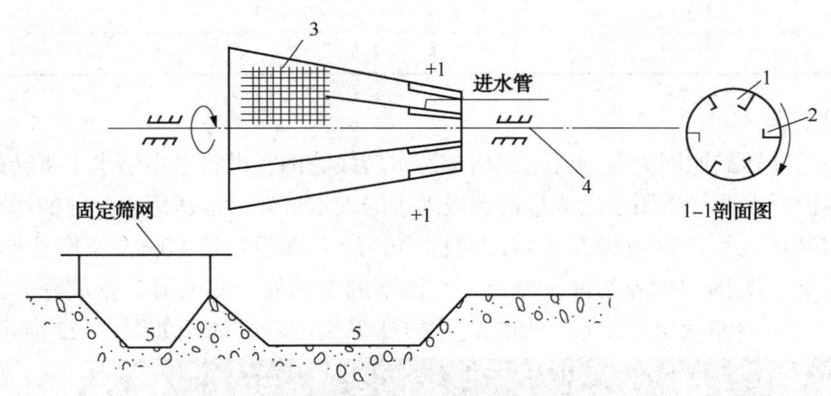

图 2-20　水力筛网示意图

3. 转鼓式筛网

转鼓式筛网由传动装置、溢流堰式布水器、冲洗水装置等主要部件组成，滤网一般采用不锈钢丝或者尼龙材料。工作时，废水从水管口进入溢流堰布水器，经短暂稳流后，溢出并均匀分布在反方向旋转的滤筒滤网上，水流与滤筒内壁产生相对剪切运动，固形物被截留分离，顺着筒内螺旋导向板翻滚，由滤筒另一端排出，废水在滤筒两侧的防护罩导流下，从正下方出水槽流走。转鼓式筛网设备有微滤机、转鼓滤网。

（1）微滤机

一般把采用15~20μm孔隙过滤工艺称为微滤。微滤是机械过滤方法的一种。微滤机占地面积小，操作管理方便，已成功地应用于给水及废水处理，如造纸、纺织印染、化工、食品等污水的过滤，尤其适用于造纸白水的处理。图2-21为有关企业生产的微滤机。

图2-21　微滤机

有关企业生产的微滤机的技术参数见表2-11，供参考。

表2-11　微滤机技术参数

项目	参数值					
处理水量/(m^3/h)	50~100	80~150	100~200	120~240	150~300	170~380
过滤面积/m^2	5	7	9	11	14	18
滚筒转速/(r/min)	4~8					
冲洗水压/MPa	1.5~2.5					
滚筒直径/mm	1000	1250	1250	1500	1500	1500
滚筒长度/m	1.5	2	2.5	3	3.5	4
网孔/目	60~250					
配备动力/kW	1.1	1.5	1.5	2.2	3	4

（2）转鼓滤网

目前有报道的转鼓滤网为英国百莱凯格林污水转鼓滤网，设备是由给水工程转鼓滤网发展起来的，其维护要求低，适用于大流量污水或雨水的入水口处，也适用于一般的污水处理厂。

目前大多数的污水滤网直径在3~7m范围内，最大直径超过20m，宽度达5m。这种污水滤网广泛安装于英国和世界的许多城市，在污水的全面处理和入海口排放等方面持续高效地发挥作用。广东岭澳核电站二期冷却水进水口所采用的转鼓滤网如图2-22所示。

图2-22　转鼓滤网及工程应用图

第四节　格栅破碎机

破碎机能将污水中较大的悬浮固体破碎成较小、均匀的碎块，留在污水中随水流进入后续构筑物处理。破碎机在国外使用非常普遍。目前国内使用的装置有不带转鼓的格栅破碎机和带转鼓的格栅破碎机等形式，图 2-23 为不带转鼓的格栅破碎机构造以及安装示意图，图 2-24 为转鼓格栅破碎机。

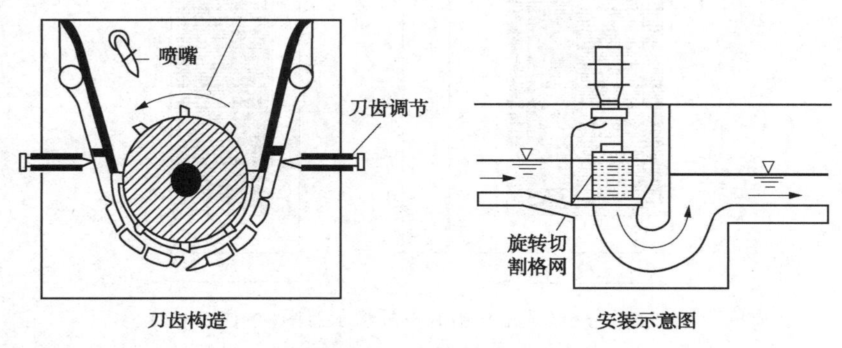

图 2-23　不带转鼓的格栅破碎机构造以及安装示意图

图 2-24　转鼓格栅破碎机构造图

（一）转鼓式格栅破碎机结构

转鼓式格栅破碎机主要包括切割刀片、轴、轴承、转鼓栅网、密封圈、机体、减速器和电机。污水中的固体颗粒随着污水进入格栅区，固体颗粒被转鼓形格栅截留并输送到切割处，被切割刀片粉碎成小颗粒，与污水一起直接通过转鼓区。转鼓式格栅破碎机外型如图 2-25所示，主要技术参数见表 2-12、表 2-13，供参考。

（二）格栅破碎机的应用

破碎机可以安装在格栅后污水泵前，作为格栅的补充，防止污水泵堵塞；为避免无机颗粒损坏破碎机，也可安装在沉砂池之后。该设备在国外已有多年应用历史，在这些泵站中，有小型的完全无人值守的地埋式泵站（$Q=4000\sim8000\text{m}^3/\text{d}$），也有大中型地埋式有人值守的污水泵站（$Q=16.3\times10^4\text{m}^3/\text{d}$）。

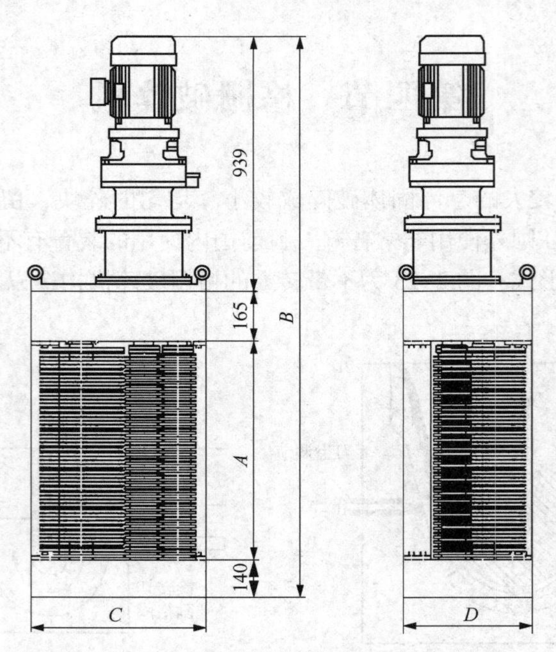

图 2-25 转鼓式格栅破碎机外型示意图(单位：mm)

表 2-12 单鼓式格栅破碎机主要技术参数

型号	处理量/(m^3/h)	A/mm	B/mm	C/mm	D/mm	电机总功率/kW	
						破碎	转鼓
PPGD1-6×8	750	600	1970	800	500	2.2	0.37
PPGD1-8×8	1000	800	2170	800	500	2.2	0.37
PPGD1-10×8	1250	1000	2450	800	500	3.7	0.37
PPGD1-8×9	1100	800	2250	900	540	3.7	0.55
PPGD1-10×9	1400	1000	2450	900	540	3.7	0.55
PPGD1-12×9	1700	1200	2650	900	540	3.7	0.55
PPGD1-10×10	1600	1000	2450	1000	580	3.7	0.55
PPGD1-12×10	1900	1200	2730	1000	580	5.5	0.55
PPGD1-15×10	2400	1500	2930	1000	580	5.5	0.55

表 2-13 双鼓式格栅破碎机主要技术参数

型号	处理量/(m^3/h)	A/mm	B/mm	C/mm	D/mm	电机总功率/kW	
						破碎	转鼓
PPGD2-6×12	1100	600	1970	1200	500	2.2	2×0.37
PPGD2-8×12	1500	800	2170	1200	500	2.2	2×0.37
PPGD2-10×12	1900	1000	2450	1200	500	3.7	2×0.37
PPGD2-8×14	1750	800	2250	1400	540	3.7	2×0.55
PPGD2-10×14	2200	1000	2450	1400	540	3.7	2×0.55
PPGD2-12×14	2650	1200	2650	1400	540	3.7	2×0.55
PPGD2-10×16	2500	1000	2450	1600	580	3.7	2×0.55
PPGD2-12×16	3000	1200	2730	1600	580	5.5	2×0.55
PPGD2-15×16	3600	1500	2930	1600	580	5.5	2×0.55

1. 小型污水泵站

小型污水泵站（$Q \leqslant 8000m^3/d$）一般服务区域较小，流量也较小，从节约工程造价的角度出发，可设置1台破碎机，为避免破碎机故障时影响泵站运行，在破碎机后可再设置一道人工格栅，当破碎机故障修理时用于临时阻挡杂物。

小型地埋式污水泵站选用破碎机时，必须调查管道接入情况。若部分管道为合流式管道，则在雨季时会出现流量突然增大的情况，由于小型破碎机一般不带能过水的转鼓，若不采取相应措施，会发生污水溢流的现象。可采取的措施有采用带转鼓的破碎机，或者设置旁通闸门至泵室，闸后需要设置人工格栅，在雨季时以便开闸过水。

2. 大中型污水泵站

由于大中型污水泵站服务区域相对较大且流量较大，一般设置为2个单元，需安装2台破碎机，确保1台破碎机在检修的情况下另1台破碎机能够通水运行。

3. 设计中的注意事项

（1）根据潜污泵的流量合理选择设备栅条间距

作为污水提升用的水泵主要为无堵塞潜污泵，但其流道对可通过颗粒物的粒径有一定要求，小型潜污泵能通过的杂质粒径较小，大型潜污泵能通过的杂质粒径较大，因此对于格栅机栅条间距的选择很重要。对于不同的破碎机形式，栅距要求也不一样，对于过水格栅为转动式的破碎机，小型泵前可选择6mm的间距，中型泵前可选择8～10mm的间距，可以保证粉碎后的杂质能顺利提升；但对于过水格栅为固定式而在其内设有回转耙拨动固体物至绞刀处的破碎机而言，格栅间距可适当放大。

（2）采用潜水型电机

污水处理站一般水位变化较大，有可能水会漫过除污机的顶部，如果采用常规电机，电机会浸水导电甚至烧毁，所以宜采用潜水型电机。

（3）水头差不能过大

粉碎型格栅除污机的栅前、栅后水位较普通的格栅除污机大，由于杂质的处理需要一定时间，杂质会在栅前聚集，影响过水，栅前、栅后水位落差一般较大。但水头差不能过大，一般控制在2～3kPa左右，过大的水头差不仅会加大泵房深度，也会降低粉碎型格栅除污机抗冲击流量的能力。

（4）增加人工格栅

增加人工格栅可起临时拦污的作用。

（5）根据污水的性质选择产品

如对含油量高的污水必须采用有回转耙的粉碎型格栅，圆筒状的格栅一般没有防堵塞功能。

第五节　其他拦污设备

一、转盘过滤器

转盘过滤属于一种深度过滤技术，能够有效截留几个微米的颗粒物，滤布转盘过滤器主要用于冷却循环水处理、废水的深度处理，适合于城市污水处理厂工程提标改造和污水回用领域。当处理冷却循环水时，一般当进水 SS≤80mg/L 时，出水水质 SS≤10mg/L，过滤后可循环使用；用于污水的深度处理时，可设置于常规活性污泥法、延时曝气法、SBR 系统、氧化沟系统、滴滤池系统、氧化塘系统之后，主要功能有：①去除总悬浮固体；②结合投加药剂除磷；③结合投加药剂去除重金属等。滤布转盘过滤器用于过滤活性污泥终沉池出水，当设计进水 SS 不大于 30mg/L(最高可承受 80~100mg/L)，出水 SS 可小于 5mg/L。

（一）类型

根据进水的形式可分为内进水与外进水转盘过滤器，其中内进水的为半浸没式，外进水的为全浸没式。图 2-26 为内进水形式，图 2-27 为外进水形式。

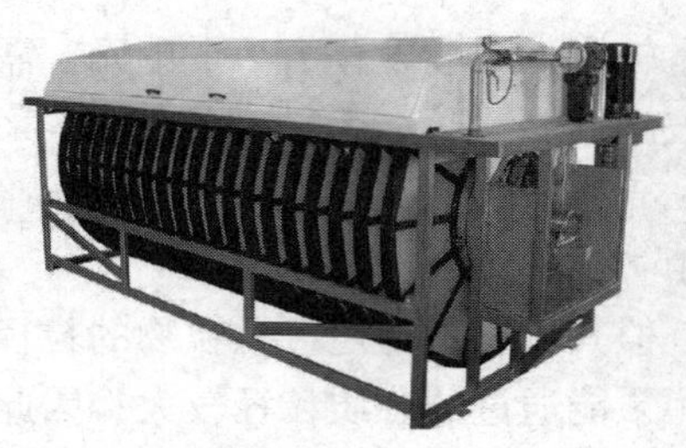

图 2-26 内进水转盘过滤器

图 2-27 外进水转盘过滤器

（二）结构

转盘过滤器主要由过滤转盘、抽吸装置、排泥系统等组成。

1. 过滤转盘

滤布转盘过滤系统由用于支撑滤布、垂直安装于中央集水管中的平行过滤转盘串联组成，一套装置的过滤转盘的单片转盘数量一般为 6~20 个，每个过滤转盘由多个易拆装的扇形小片组成。滤布安装于扇形小片上，材料一般为防腐材料，包括有不锈钢、树脂、纤维等。过滤材料的孔径规格一般在 10~100μm，应用在污水处理厂提标改造的滤布(过滤材料)一般选用 10μm。过滤用材料见图 2-28。

（1）不锈钢丝

用不锈钢丝编织的滤布实际上就是一种超细格栅，一般间隙极不均匀，其号称间隙为 10μm，实际上其间隙在显微镜底下检测达 30μm 以上。由于其间隙达 30μm 以上且不均匀，所以内进水的设备用于过滤，效果差。不锈钢过滤材料见图 2-29。

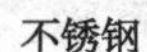
不锈钢　　树脂　　纤维

图 2-28　过滤转盘使用的过滤材料类型

图 2-29　不锈钢过滤材料

(2) 纤维绒毛

采用聚酯和腈纶纤维混纺，疏水性能好，抗拉强度高，耐磨性好。绒毛厚度在 13~15mm，其孔径为 10μm，能形成 3~5mm 的有效过滤厚度，可使固体颗粒在有效过滤厚度中与过滤介质充分接触并实现截获。在运行中，虽有高压水进行冲洗，也会滋生微生物附着在滤布表面，影响过滤效果。聚酯纤维滤布见图 2-30。

聚酯纤维滤布支撑体见图 2-31。

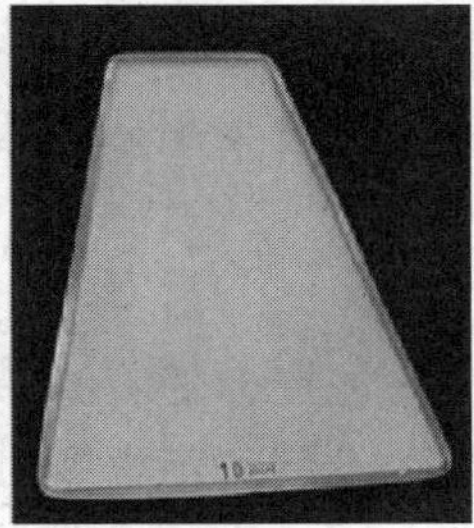

图 2-30　聚酯纤维滤布

图 2-31　聚酯纤维滤布支撑体

2. 抽吸装置

由抽吸泵、吸盘及阀门组成。

3. 反冲洗及排泥系统

(1) 反冲洗系统

由一套反冲管道、反冲泵、反冲洗吸污装置、排泥阀组成。反冲洗系统可根据过滤水头自动冲洗或定时反冲洗，同时可以手动进行反冲洗操作。反冲洗泵一般采用离心泵。

(2) 排泥系统

包括反冲洗吸污装置、排泥电动球阀、法兰连接；阀开关信号反馈至控制系统，排泥泵与抽吸泵一般为同一泵。

(三) 运行

1. 外进内出式转盘过滤器

外进内出式转盘过滤器由一系列水平安装的旋转过滤盘组成，每个过滤转盘由偶数的扇形过滤板组合而成，转盘上装有可拆卸的滤布。

(1) 过滤

污水重力流进入滤池，滤池中设有布水堰。滤布采用全淹没式，污水通过滤布外侧进入，过滤液通过中空管收集，重力流通过出水堰排出滤池。整个过程为连续式。

(2) 清洗

过滤中，部分污泥吸附于滤布外侧，逐渐形成污泥层。随着滤布上污泥的积聚，滤布过滤阻力增加，滤池水位会逐渐升高。池内液位变化的通过压力传感器进行实时监测，当池内液位到达清洗设定值(高水位)时，PLC 可启动反抽吸泵，抽吸泵负压抽吸滤布表面，吸除滤布上积聚的污泥，过滤转盘内的水自里向外被同时抽吸，对滤布起反清洗作用。清洗期间，滤池可连续过滤，过滤转盘以 0.5r/min 的速度旋转，以利于污泥在池底的沉积。

(3) 排泥系统

纤维转盘滤池下设有斗形池底，以利于池底污泥的收集。经过一设定的时间段，PLC 启动排泥泵，通过池底穿孔排泥管将污泥排出。

(4) 特点

① 耐冲击负荷，适应性强；

② 过滤滤速高[可达 $15m^3/(m^2 \cdot h)$]，反冲洗的同时可连续过滤；

③ 有效过滤面垂直摆放，附属设施少，可以减少占地面积；

④ 水头损失小，一般为 0.05~0.2m；

⑤ 系统运行自动化，维护简便，滤盘更换时间短。

2. 内进水式转盘过滤器

(1) 过滤

水由滤布内侧向外流出，流入到清水槽，水中的细小颗粒在滤布的内侧聚积；过滤状态下设备处于静止状态。

(2) 反冲洗

当污水中颗粒在滤布内侧逐步形成污泥层，随着滤布上污泥的积聚，水流过滤盘的速度就被减缓，滤盘内的水位逐渐上升，当上升到一定程度时，将触发液位传感器发出信号并启动转鼓转动，同时反冲洗泵启动。反冲洗用水为过滤器本身的滤出水，冲洗分离出来的杂质在过滤器内部反洗水收集槽得到收集，然后在重力作用下通过排污管排出。

(3) 特点

① 转盘过滤器在反冲洗的同时，过滤正常运行，反冲洗的次数和时间可调；

② 被反冲洗下来的污染物被单独排出，不会对过滤原水造成污染。

3. 两种转盘过滤器的比较

(1) 外进水方式

处理效果一般比较稳定；故障率低，事故恢复能力强。

(2) 内进水方式

① 一般反清洗效率低，反洗不彻底，需要定期人工清洗；内进水转盘滤池反冲洗方式为高压水喷洗，因此需要水泵的压力很大，反冲洗水泵功率是同处理量外进水过滤设备的 5~10 倍；反洗频率是外进水转盘滤池反洗频率的 10~30 倍，其耗电量和耗水量要大于外进水转盘。

② 内进水转盘滤池单盘有效过滤面积小，占地面积大于外进水类转盘。

(四) 设备选型

在设备选型时，应考虑污水处理厂出水 SS 的要求，SS 浓度直接影响设备选型与出水水质。

(五) 工程应用实例

无锡梅村污水处理厂提标改造 3 万 m^3/d 污水过滤处理工程设 2 座 NTHA-16 型滤布转盘滤池，占地面积 $76m^2$。主要设计参数为：进水水质 SS≤20mg/L，出水 SS≤5mg/L，浊度

≤3NTU，滤速≤$15m^3/(m^2 \cdot h)$，单盘有效过滤面积为$5.2m^2$，水头损失内部为0.3m；反冲洗泵$Q=30m^3/h$，$H=9m$，$N=2.2kW$；旋转驱动电机0.75kW。运行期间，当进水SS平均浓度在14mg/L左右时，出水SS平均浓度在4mg/L左右。设备净尺寸为：长1.5~5.8m，宽2.6~2.8m，高3.5~3.6m，过滤器设置在矩形池内。

二、精细过滤器

精细过滤器一般用于特定行业的液体过滤处理，也可以用于处理污水。目前市场上精细过滤器有很多类型的设备，如线缠绕式精细过滤器、聚丙烯纤维毡折叠式精细过滤器、微孔塑料滤芯精细过滤器等。

(1) 线缠绕式精细过滤器

其滤件是由纺织纤维纱精密缠绕在多孔骨架上，控制滤层缠绕密度及滤孔形状而制成不同过滤精度的滤芯，具有优良的深层过滤效果和良好的化学相溶性，过滤精度为0.5~100μm。

(2) 聚丙烯纤维毡折叠式精细过滤器

其滤件是由聚丙烯超细纤维毡经折叠而制成的滤芯。具有处理大、过滤效率高、阻力小、无纤维脱落等特点，过滤精度0.1~100μm。

(3) 微孔塑料滤芯精细过滤器

其滤件是由高相对分子质量聚乙烯烧结成型，具有刚性好、质量轻、空隙率高、可反冲洗再生、无毒、耐腐蚀的优点。过滤精度0.5~100μm。

三、纤维球过滤器

纤维球过滤器是清华大学20世纪90年代初开发的水过滤器，可广泛应用于电力、石油、化工、冶金、造纸、纺织、食品、饮料、自来水、游泳池等各种工业用水和生活用水及其废水的过滤处理。纤维球过滤器的主要优点是原水通过滤层的滤速高，最佳滤速为25~30m/h，当滤速为30m/h时仍可保证稳定的出水水质。

原水由过滤器上部进入设备，经过过滤层将水中颗粒、胶状物等悬浮物质截留于过滤层中的上部，经过滤层由下部流出，在进水SS不大于80mg/L时，可保证出水SS小于5mg/L，以确保后续处理装置如离子交换器的稳定运行。根据具体情况，纤维球过滤器可并联使用，也可串联使用。纤维球过滤器的工作步骤分为正常产水和反冲洗。

滤料一般采用涤纶纤维球滤料，如直径为3m的纤维球过滤器体内一般填充1.2m高涤纶纤维球作为过滤层，涤纶纤维球滤料具有柔性好、密度小、可压缩和空隙率大的特点，过滤时受工作压力、上层截泥和滤料自重的影响，形成上松下密的理想滤层分布状态。纤维球的特点有：比表面积和孔隙率较大、反冲洗容易、具有耐磨损、化学稳定性强，当滤料污染严重时，易于再生。纤维球过滤器结构如图2-32所示，表2-14为有关企业生产的纤维球过滤器技术参数。

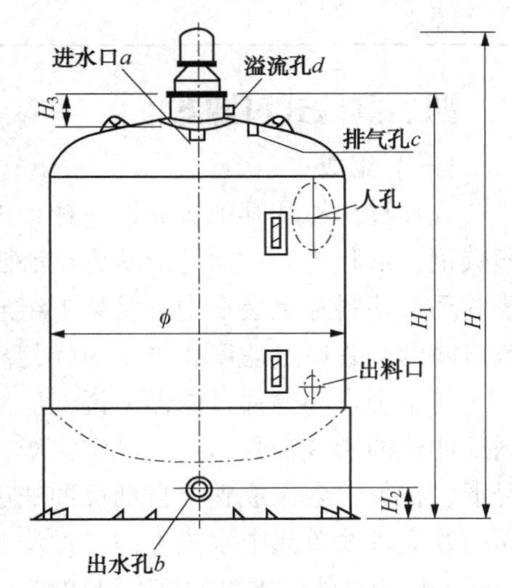

图2-32　纤维球过滤器结构示意图

表 2-14 纤维球过滤器技术参数

型号	处理量/(m^3/h)	功率/kW	进水口管径 a/mm	出水孔管径 b/mm	排气孔口管径 c/mm	溢流孔管径 d/mm	直径 ϕ/mm	H/mm	H_1/mm	H_2/mm	H_3/mm
QXL-800	15	4	DN50	DN50	DN32	DN15	800	3597	2866	250	420
QXL-1000	20	4	DN65	DN65	DN32	DN15	1000	3764	3000	220	450
QXL-1200	30	4	DN80	DN80	DN32	DN15	1200	4098	3280	220	480
QXL-1600	60	7.5	DN100	DN100	DN32	DN15	1600	4364	3480	200	480
QXL-2000	90	15	DN125	DN125	DN32	DN15	2000	4629	3645	210	450
QXL-2400	130	18.5	DN150	DN150	DN40	DN15	2400	5137	3970	210	500
QXL-2600	160	22	DN150	DN150	DN40	DN15	2600	5282	4070	200	520
QXL-2800	180	22	DN200	DN200	DN40	DN15	2800	5407	4170	200	530
QXL-3000	210	22	DN200	DN200	DN40	DN15	3000	5507	4270	200	550

表 2-15 为有关企业生产的纤维球过滤器运行参数，供参考。

表 2-15 纤维球过滤器运行参数

性能项目	具体指标	性能项目	具体指标
单台处理能力/(m^3/h)	15~210	悬浮物去除率/%	85~96
过滤速度/(m/h)	30	反洗强度/[m^3/(m^2·min)]	0.5
设计压力/MPa	0.6	反洗历时/min	20~30
阻力系数/MPa	≤0.3(串联)	周期反洗水量比/%	1~3
	≤0.15(并联)		
工作周期/h	8~48	截泥污量/(kg/m^2)	6~20
粗滤(并联)	进水 SS≤100mg/L，出水 SS≤10mg/L，10μm 粒径的 SS 去除率≥95%		
二级串联	进水 SS≤100mg/L，出水 SS≤2mg/L，5μm 粒径的 SS 去除率≥96%		

四、叠片式过滤器

（一）组成

叠片过滤器和其他过滤器一样，由滤壳和滤芯组成。滤壳材料一般为塑料、不锈钢与涂塑碳钢，形状各异；滤芯形状为空心圆柱体，空心圆柱体由很多两面注有微米级正三角形沟槽的环形塑料片组装在中心骨架上组成。每个过滤单元中，被弹簧和水压压紧的叠片形成无数道滤网。总厚过滤度相当于 30 层普通滤网，不同过滤等级的叠片式过滤芯见图 2-33。

对于全自动叠片过滤器来说，反冲洗由电子控制装置控制，可使用时间间隔和压力差控制反冲洗的所有步骤。一旦设定完毕，即可长期使用。自动反冲洗过滤器在不中断工作的情况下，在数秒内完成整个自动反冲洗过程。由设定的时间或压差信号自动启动反洗时，反洗阀门改变过滤单元中水流方向，过滤芯上弹簧被水压顶开，所有盘片及盘片之间的小孔隙被松开，位于过滤芯中央的喷嘴沿切线方向喷水，使盘片旋转，在水流的冲刷与盘片高速旋转离心力作用下，截留在盘片上的物体被冲洗出去，因此用很少的冲洗水量即可达到很好的清洗效果。冲洗完成后，反洗阀门恢复过滤位置，过滤芯上弹簧再次将盘片压紧，回复到过滤状态。叠片过滤器工作状态与反冲洗状态示意图见图 2-34。

图 2-33 不同过滤等级的叠片式过滤芯

（二）应用

全自动叠片过滤器在发达国家的应用已相当普遍，因其能够在相当苛刻的使用条件下精确稳定地工作并很少需要维护，而被广泛用于灌溉、废水处理与再生、市政供水、自来水厂、大型发电厂、化工企业以及应急过滤处理情况等领域。全自动叠片过滤器采用模块化设计，可按过滤单元进行多种组合使用，一个反冲洗控制器可控制一个或多个站，以满足不同应用场合的需要。反冲洗控制器操作简单，可根据压差、时间或两者组合对过滤器或工作站进行全面控制。叠片过滤器模块化工作站见图 2-35。

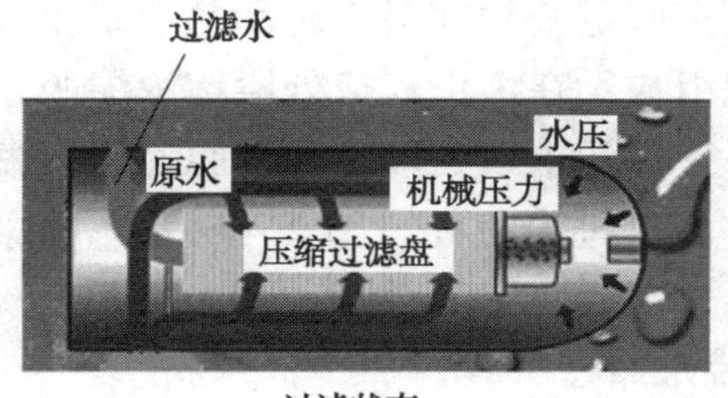

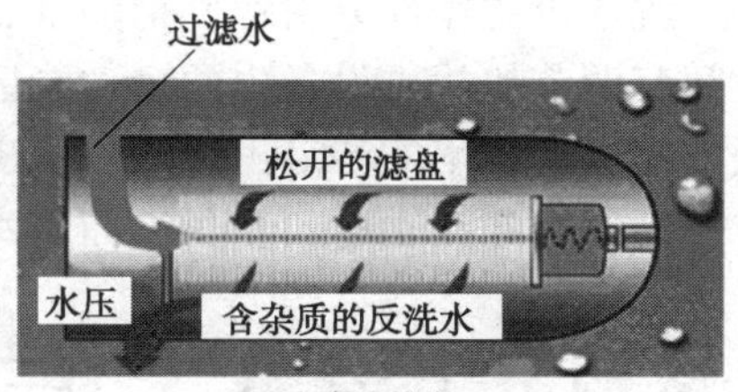

图 2-34 叠片过滤器工作状态与反冲洗状态示意图

图 2-35 全自动叠片过滤器模块化工作站

（三）过滤精度的选择

选择合理的过滤精度，对保证过滤器在工作中发挥应有的作用有着重要意义，只有选择合理合理的过滤精度才能满足后序的水质要求。表 2-16 为常见的几种过滤用途所采用的过滤精度，供参考。

表 2-16 常见的几种过滤用途所采用的过滤精度

过滤的应用	过滤精度/μm
优质供水预处理	20、50
生活饮用水预处理、各种生产工艺用水、喷嘴保护	50、80、100、130

续表

过滤的应用	过滤精度/μm
循环水过滤、给水处理预过滤	80、100、130
各种灌溉用水	100、130、200、400
中水处理、废水处理	130、200、400

五、叠片螺旋式固液分离机

叠片螺旋式固液分离机主要用于污泥的处理。

(一)结构

叠片螺旋式固液分离机是一种既没有滤网装置，又不依靠高速离心力实现固液分离新一代过滤设备，脱水机主体部分由螺旋推动轴、多重固定叠片和多重游动叠片组成，固定叠片与游动叠片间有调节垫片。设备由两个功能区域组成，在污水入口处段称浓缩腔，进入过滤机的污泥经浓缩后，产生的滤液由浓缩腔流出；在污泥出口处段称脱水腔，经浓缩后污泥进入脱水腔，受到螺旋推动轴进一步压缩而脱水成滤饼排出机外。图 2-36 为叠片螺式污泥脱水机。

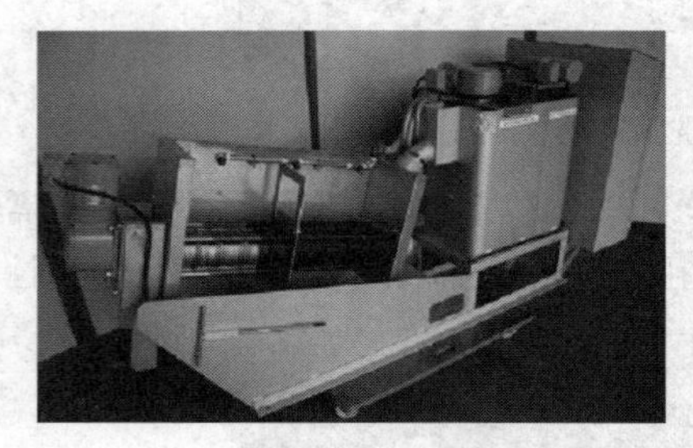

图 2-36　叠片螺旋式污泥脱水机

(二)脱水原理

叠片螺旋式污泥脱水机的核心部分是由螺旋推动轴、多重固定叠片和多重游动叠片构成的一组或几组过滤单元，其单体结构如图 2-37 所示。

叠片螺旋式污泥脱水机的每一组过滤单元都分浓缩段和脱水段两部分，其示意图见图 2-38。

污泥的浓缩和压榨脱水工作在一筒内完成，从浓缩段的污水进口到脱水段的泥饼出口，螺旋轴的螺距逐渐

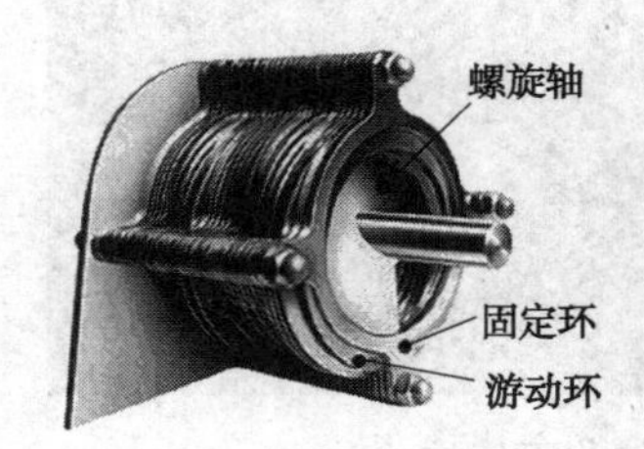

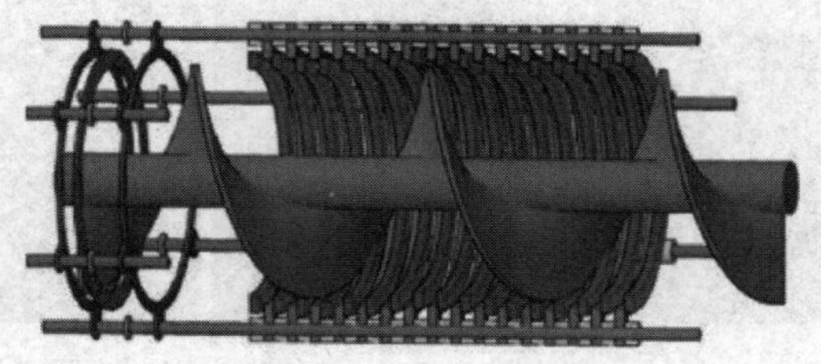

图 2-37　叠片螺旋式污泥脱水机单体结构示意图

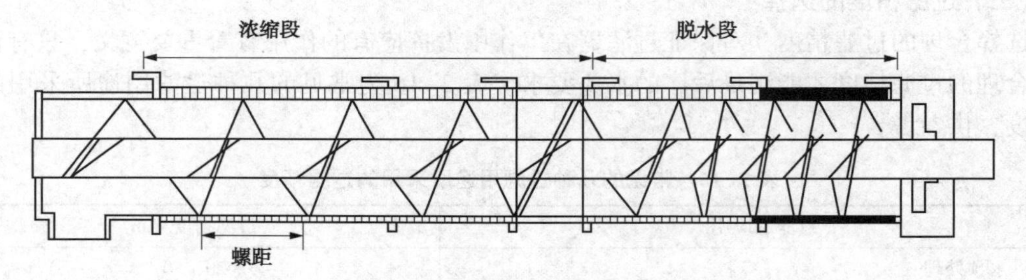

图 2-38　叠片螺旋式污泥脱水机浓缩段和脱水段示意图

变小(由0.5mm缩小至0.15mm)，固定环与游动环之间的间隙也逐渐变小，污泥出口处设有背压板，以调节螺旋腔内的压力。

(三) 工作流程

(1) 浓缩

当螺旋推动轴转动时，设在推动轴外围的多重固定、活动的叠片相对移动，在重力作用下，水从相对移动的叠片中滤出，实现快速浓缩。

(2) 脱水

经过浓缩的污泥随着螺旋轴的转动不断往前移动；沿泥饼出口方向，螺旋轴的螺距逐渐变小，环与环之间的间距也逐渐变小，螺旋腔的体积不断收缩；在出口处背压板的作用下，内压逐渐增强，在螺旋推动轴依次连续运转推动下，污泥中的水分受挤压排出，滤饼含固量不断升高，最终实现污泥的脱水。

(3) 自清洗

螺旋轴的旋转推动游动环不断转动，设备依靠固定环和游动环之间的移动实现连续的自清洗过程，从而避免了传统脱水机存在的堵塞问题。

(四) 设备特点

① 污泥脱水效率高，滤饼含水率75%~85%，污泥回收率>90%；

② 可处理污泥浓度范围广，不但适用于高浓度污泥的处理，还可适用于低浓度污泥的处理，如可直接从沉淀池进泥处理，可不用污泥匀质池和浓缩池，节约投资费用；

③ 结构简单，低速运行，磨损少，噪声小；

④ 维护简单，运行和维修成本低。

(五) 技术参数

有关企业给出的相关技术参数如表2-17所示。

表2-17　叠片螺旋式污泥脱水机技术参数

设备型号	标准量/(kgDS/h)		叠片参数/mm	总功率/kW	外形尺寸			清洗系统	
	曝气池污泥(2000~4000mg/L)	浓缩池污泥(6000~35000mg/L)			长/mm	宽/mm	高/mm	冲洗水压/kPa	冲洗水量/(L/min)
ES-101	≤3	≤5	Φ100×1组	0.65	1745	700	1540	0.1~0.2	25
ES-102	≤6	≤10	Φ100×2组	0.70	1745	900	1540		50
ES-103	≤9	~15	Φ100×3组	0.75	1830	1100	1540		75
ES-104	≤12	≤20	Φ100×4组	0.80	1830	1300	1540		100
ES-105	≤15	≤25	Φ100×5组	0.85	1830	1500	1540		125
ES-202	≤18	≤30	Φ200×2组	1.45	2490	1170	1730		64
ES-203	≤27	≤45	Φ200×3组	1.80	2590	1470	1730		90
ES-204	≤36	≤60	Φ200×4组	2.70	2670	1770	1730		110
ES-205	≤45	≤75	Φ200×5组	2.90	2740	2070	1730		40
ES-302	≤54	≤90	Φ300×2组	1.23	3500	1460	1970		80
ES-303	≤108	≤120	Φ300×3组	1.63	3500	1860	1970		120

六、污水磁分离处理器

1. 工作原理

污水磁分离处理器的基本原理就是通过外加磁场产生磁力，把废水中具有磁性的悬浮颗粒吸出，使之与废水分离，达到去除或回收的目的。

废水中的污染物种类很多，对于具有较强磁性的污染物，可直接用高梯度磁分离技术分离；对于磁性较弱的污染物可先投加磁种(如铁粉、磁铁矿、赤铁矿微粒等)和混凝剂，使磁种与污染物结合，然后用高梯度磁分离技术除去。

2. 磁分离技术的发展

磁分离技术是将物质进行磁场处理的一种技术，该技术是利用污水中污染物磁敏感性的差异，借助外磁场将污染物进行磁化处理，从而达到强化分离过程的一种技术。

磁分离技术是借助磁场力的作用，对不同磁性的物质进行分离的一种技术。一切宏观的物体，在某种程度上都具有磁性，但按其在外磁场作用下的特性，可分为三类：铁磁性物质、顺磁性物质和反磁性物质，其中铁磁性物质是我们通常可利用的磁种。各种物质磁性差异正是磁分离技术的基础。

磁分离法按装置原理可分为磁凝聚分离、磁盘分离和高梯度磁分离法三种：按产生磁场的方法可分为永磁分离和电磁分离(包括超导电磁分离)；按工作方式可分为连续式磁分离和间断式磁分离；按颗粒物去除方式可分为磁凝聚沉降分离和磁力吸着分离。

具有代表性的磁分离设备主要是圆盘磁分离器和高梯度磁分离器、稀土磁盘分离器。

(1) 圆盘磁分离器

圆盘磁分离设备的工作原理是在非磁性的圆板上嵌进永久磁铁，将数块同样的圆板以一定的间隔装在同一轴上。当废水进入装置时，废水中的磁性粒子被圆盘板边上的磁铁所吸附而被捕。随着圆盘的旋转，被捕集的磁性粒子从水中进入空间，再由刮板刮下来。圆盘磁分离器装置简单，所需要的电力仅仅是圆板旋转的动力，具有耗电小的优点。但由于磁场弱、磁场梯度小，因而分离弱磁性的或直径为微米级的颗粒就有困难。圆盘磁分离器与高梯度磁分离器相比，在添加强磁性粒子作为磁种时，必须添加更多的磁性粒子。

(2) 高梯度磁分离器

20 世纪 70 年代初，高梯度磁分离在美国发展起来，它的应用超越了磁选的传统对象(处理磁性矿物)而进入到给水处理、废水处理、废气治理、废渣处理等领域。高梯度磁分离与其他普通磁分离技术相比，具有能大规模、快速地分离磁性微粒，并可解决普通磁分离技术难以解决的许多问题的优点，如微细颗粒(粒度小到 1μm)、弱磁性颗粒(磁化率低到 10^{-6})的分离等。高梯度磁分离器(磁滤器)是一种过滤操作单元，在设备中使用励磁线圈和磁回路形成高强磁场，利用不锈钢毛作为过滤基质来提高磁场梯度，对颗粒杂质有很强的磁力作用。

与普通过滤器相比，高梯度磁分离器具有电磁铁部件和铁磁性纤维状过滤介质(金属球、钢毛、铁鳞等，以钢毛最好)。装置结构如图 2-39 所示，主要由激磁线圈、过滤筒体、磁性滤料层、导磁回路外壳、上下磁极和进出水管组成。运行时，直流电通过激磁线圈，使过滤筒体内的上下磁极产生强背景磁场，钢毛被磁化，使磁场中磁力线紊乱，造成磁通疏密不均，则形成很高的磁场梯度，磁性粒子在磁力作用下，克服水流阻力及重力而被吸附在钢毛表面，从水中分离出来。

其特点有：

① 处理废水速度快、能力大、效率高，当填料被磁性颗粒充满时进行反冲洗即可。

② 设备简易，操作容易，操作及维护费用低。

③ 磁处理可减少或避免使用化学药品，消除二次污染。

④ 处理效果基本不受水温变化影响。

⑤ 适用性强。对于钢铁厂废水，磁场强度要求在 0.3T 左右，铸造厂废水为 0.1T 左右，而河水或含其他弱磁性物质的废水，则要求磁场强度至少达到 0.5T 以上。

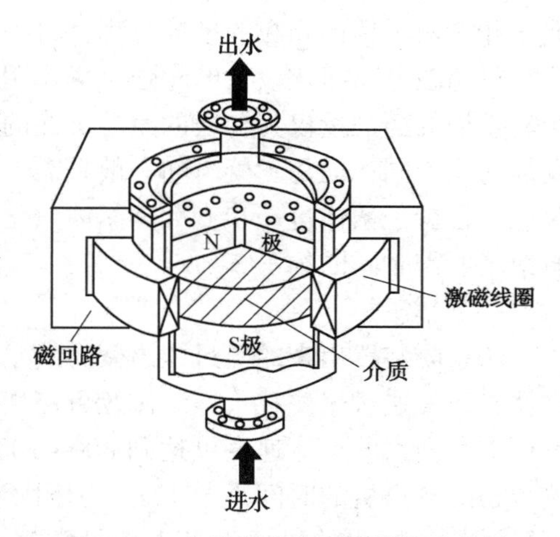

图 2-39　高梯度磁分离器结构示意图

限制高梯度磁过滤技术的主要问题在于磁种的选择、制造及磁种回收工艺需要研究改进。

(3) 稀土磁盘分离器

稀土磁盘分离器是由用稀土永磁材料(稀土汝铁硼)做成的磁盘一片片串装而成。这些永久磁体的排列磁盘间为流水通道，通过对磁盘上磁极的布置，使磁盘间形成强磁场，并垂直于圆盘平面。当水流流经磁盘间的流道时，水中所含的磁性悬浮颗粒受到磁场的吸引力(F_m)的作用，同时也受到重力(F_g)和水流阻力(F_c)的作用，当 F_m 大于(F_g+F_c)在磁力方向上的分量时，颗粒向磁源方向移动，从流体中分离出来，吸附到磁盘上。磁盘以小于 5r/min 的转速运转，让悬浮物脱去大部分水分，运转到刮渣条时，形成隔磁卸渣带，由刮渣轮刮入螺旋输送机，渣被输入渣池。被刮去渣的磁盘又重新转入水中，就形成了周而复始的稀土磁盘分离净化废水过程。

稀土磁盘分离系统是以稀土磁盘分离技术为基础，由微凝聚、磁盘固液分离净化和磁种回收利用三大技术组成的物化法污水处理的技术。20 世纪 90 年代初，稀土磁盘分离净化废水技术成功应用于冶金行业的轧钢、连铸浊环水处理系统。该技术超越了高梯度电磁过滤器(HGMS)技术，并在冶金行业里得到大规模的推广应用。随着对稀土磁盘分离净化废水技术开拓性的优化，该技术用到了更多领域包括污水处理等。稀土磁盘分离器克服了高梯度磁分离器所具有的钢毛易堵塞、反冲洗水不易处理的缺点。

由于磁盘机不需要反洗，免除了澄清步骤，因此缩短了工艺流程及占地，提升了污水处理效率；磁盘机的磁场方式为永磁，因此运行成本较低。超磁分离净化技术改进了磁盘分离系统，多种永磁材料的运用大幅提升了吸附净化效率，并降低了运行的能耗；实现了磁种的高效回收及循环利用，大幅提升了污水中非导磁性污染物形成磁性絮团的效率，使得磁种投加具备经济适用性；化学药剂配方及絮凝技术的改进使得可处理污染物范围大幅拓展。

稀土磁盘分离系统能在较短时间内完成整个微絮凝、固液分离过程，其运行原理主要有以下几方面：

① 微磁絮凝。

稀土磁盘分离系统通过向待处理水中投加磁性介质(或称为磁性载体、磁种、磁粉)，让非磁性悬浮物在混凝剂和助凝剂作用下与磁种结合。一方面，磁种作为絮体的“凝结核”，强化并加速了絮体颗粒的形成过程；另一方面，磁种赋予了絮凝体微磁性。絮体只需微絮凝即可在超磁分离净化设备的超强磁场作用下被吸附，而无需形成大的絮团沉淀去除。因此，所需投加的药剂量仅为普通的絮凝沉淀的1/3~1/2。根据水质不同，投加磁种、混凝剂和助凝剂的量不同，但总絮凝时间一般只需2~3min。与普通絮凝相比，前期由于有“凝结核”易脱稳，且少了絮体进一步变大即絮体熟化以便于后续沉淀的时间，微磁絮凝所需的时间是普通絮凝所需时间的约1/3~1/4。

② 分离。

从絮凝装置出来的经过微磁絮凝的水自流入超磁分离机，超磁分离机采用了稀土永磁强磁性材料，通过聚磁技术，其磁盘可产生大于重力600倍的磁力，瞬间能吸住弱磁性物质，平行磁盘间水的过流速度可达到300~1000m/h，实现微磁絮团与水的快速分离，水流经过整个超磁分离机的时间小于12s。由于固液分离时间很短，就为大幅度减少占地面积提供了可能，其一体化的机械设备占地是常规平流沉淀池1/50~1/300，是高速澄清池的1/10~1/30。

③ 磁性介质回收。

被磁盘分离出来的渣经螺旋输送装置输送到磁种回收系统中，磁性絮团通过高速分散机后再流经磁分离磁鼓，在磁分离磁鼓中磁性介质被筛选出来，剩余污泥从磁鼓的底部排出，排出的污泥被收集送至污泥处理系统中。筛选出来的磁种被再次配制成一定浓度的溶液，配制磁种所需的补充水由补水电磁阀根据磁种液位的高低，自动控制补充；磁种溶液通过磁种计量泵以一定的量投加到混凝系统中，磁种在此完成循环回收及再利用。圆盘磁分离器实物图见图2-40。

图2-40 圆盘磁分离器水体净化设施实物图

磁分离净化技术已经成功运用于食品、印染、冶金、煤炭、石油、电力、河流、湖泊、市政、水污染应急处理等污水处理领域，且应用范围随技术进步继续扩大。

参考文献

[1] 杜朝丹. 细格栅除污机在城市污水处理厂的应用实例[J]. 福建建筑，2008(11)：103-104.

[2] 向继雄，黎增兰. 粉碎型格栅除污机在污水泵站中的应用[J]. 工业安全与环保，2007，33(5)：9-10.

第三章　流　量　计

第一节　流量计的分类

测量流体流量的仪表统称为流量计或流量表。流量计有不同的分类方法，常用的分类方法有两种：测量方法和流量计结构。

一、测量方法

按照测量方法，一般有七个方面的内容：

(1) 力学方法

属于力学方法的仪表有利用伯努利定理的差压式、转子式；利用动量定理的有冲量式、可动管式；利用牛顿第二定律的有直接质量式；利用流体动量原理的有靶式；利用角动量定理的有涡轮式；利用流体振荡原理的有旋涡式、涡街式；利用总静压力差的有皮托管式以及容积式堰、槽等。

(2) 电学方法

利用电学方法的仪表有电磁式、差动电容式、电感式、应变电阻式流量计等。

(3) 声学原理

利用声学方法进行流量测量的有超声波式流量计等。一般有三种类型：一是利用流动方向与反方向的声速差来测量流量的；二是利用流动可使声波波束偏移，通过声场强度改变来测量流量的；三是利用声波的多普勒效应，通过测定流体中粒子的速度来测量流量。由于此方法可实现无接触测量，因而压力损失极微，应用范围很广，是目前较有发展前途的一种流量计。

(4) 热学方法

利用置于流体中某一加热体的温度与流速间的关系来测量流体的流量。常用的有薄膜式热流量计与热敏电阻型流量计两种型式，适用于测定血液流量等特殊场合。

(5) 光学方法

激光式、光电式等流量计是属于此类方法的仪表。

(6) 原子物理方法

核磁共振式、核辐射式流量计等是属于此类方法的仪表。核磁共振式流量计利用在有极化液体流动的变送器中核磁共振信号振幅和流量的关系来测量流量，核辐射式流量计则是利用核子的磁标记法进行液体速度的绝对测量，适用于含有大量氢、氟、锂核或任何具有大回磁比的其他核子的液体，如水、酒精、汽油和石油等。

(7) 其他方法，如示踪方法等。

二、结构分类

根据流量计的结构，按当前流量计产品的实际情况，可归纳为以下几种类型。

(1) 容积式流量计

容积式流量计又称排量流量计，在流量仪表中是精度最高的一类。它利用机械测量元件把流体连续不断地分割成单个已知的体积部分，根据计量室逐次、重复地充满和排放该体积部分流体的次数来测量流量体积总量。容积式流量一般不具有时间基准，为得到瞬时流量值需要另外附加测量时间的装置。

容积式流量计的原理比较简单，适于测量高黏度、低雷诺数的流体。根据回转体形状不同，目前适于测量液体流量的有椭圆齿轮流量计、罗茨流量计、旋转活塞和刮板式流量计。

(2) 差压式流量计(变压降式流量计)

差压式流量计由一次装置和二次装置组成。一次装置称流量测量元件，它安装在被测流体的管道中，产生与流量(流速)成比例的压力差，供二次装置进行流量显示，差压流量计的一次装置常为节流装置或动压测定装置(皮托管、均速管等)；二次装置称显示仪表，它接收测量元件产生的差压信号，并将其转换为相应的流量进行显示。二次装置为各种机械式、电子式、组合式差压计配以流量显示仪表。由于差压和流量呈平方根关系，故流量显示仪表都配有开平方装置，以使流量刻度线性化。多数仪表还设有流量计算装置，以显示累积流量，以便经济核算。

利用差压测量流量的方法比较成熟，一般都用在比较重要的场合，如发电厂主蒸汽、给水、凝结水等的流量测量。

(3) 转子式流量计

放在上大下小的锥形流道中的浮子受到自下而上流动的流体的作用力而移动。当此作用力与浮子的“显示重量”(浮子本身的重量减去它所受流体的浮力)相平衡时，浮子即静止。浮子静止的高度可作为流量大小的量度。由于流量计的通流截面积随浮子高度不同而异，而浮子稳定不动时上下部分的压力差相等，因此该型流量计称变面积式流量计或等压降式流量计。该式流量计的典型仪表是转子(浮子)流量计。

(4) 流体振荡式流量计

流体在流动过程中遇到某种阻碍后在它的下游会产生一系列自激振荡的旋涡，测量流量旋涡的振动频率就可推算出流量值。按照管道内设置阻碍和产生旋涡形式的不同，可分为旋进式旋涡流量计和卡曼旋涡流量计。这类流量计一般以频率输出、以数字显示，它们的转换过程没有可动元件，压力损失小，流量测量范围大，工作可靠，寿命长，由于它兼有无转动部件和脉冲数字输出的优点，很有发展前途。目前典型的产品有涡街流量计、旋进旋涡流量计。

(5) 质量流量计

由于流体的容积受温度、压力等参数的影响，用容积流量表示流量大小时需给出介质的参数，而在介质参数不断变化的情况下，往往难以达到这一要求，而造成仪表显示值失真。因此，质量流量计就得到广泛的应用和重视。质量流量计分直接式和间接式两种。直接式质量流量计利用与质量流量直接有关的原理进行测量，目前常用的有量热式、角动量式、振动陀螺式、马格努斯效应式和科里奥利力式等质量流量计。间接式质量流量计是用密度计测量值与容积流量直接相乘求得质量流量的。

(6) 电磁流量计

电磁流量计是应用导电体在磁场中运动产生感应电动势，而感应电动势又和流量大小成正比，通过测电动势来反映管道流量的原理而制成的。其测量精度和灵敏度都较高，工业上多用以测量水、矿浆等介质的流量。可测最大管径达 2m，而且压损极小。导电率低的介质如气体、蒸汽等则不能应用。

电磁流量计造价较高，且信号易受外磁场干扰，影响了在工业管流测量中的广泛应用。为此，产品在不断改进更新，并向微机化发展。

(7) 超声波流量计

超声波流量计基于超声波在流动介质中传播的速度等于被测介质的平均流速和声波本身速度的几何原理而设计，通过由测流速来反映流量大小。由于它可以制成非接触型式，并可与超声波水位计联动进行开口流量测量，对流体又不产生扰动和阻力，所以很受欢迎，是一种很有发展前途的流量计。

利用多普勒效应制造的超声多普勒流量计近年来得到广泛的关注，被认为是非接触测量双相流的理想仪表。

第二节　污水处理工程采用的流量计

流量计被广泛应用在污水流量的计量与控制、药剂的剂量、风量控制等，常用于污水治理工程的流量计主要有转子流量计、涡轮流量计、电磁流量计、超声波流量计以及堰槽等。

一、转子流量计

转子流量计又称浮子流量计，浮子流量计作为直观流动指示或测量精确度要求不高的现场指示仪表，被广泛地用在电力、石化、化工、冶金、医药等流程工业和污水处理等公用事业。它可测量液体、气体和蒸气的流量。压力损失小且恒定，测量范围比较宽，量程比1:10，工作可靠且刻度线性，使用维修方便，对仪表前后直管段长度要求不高；但受被测液体的密度、黏度、纯净度以及温度、压力的影响，也受安装垂直度的影响，其测量精确度为±2%左右。

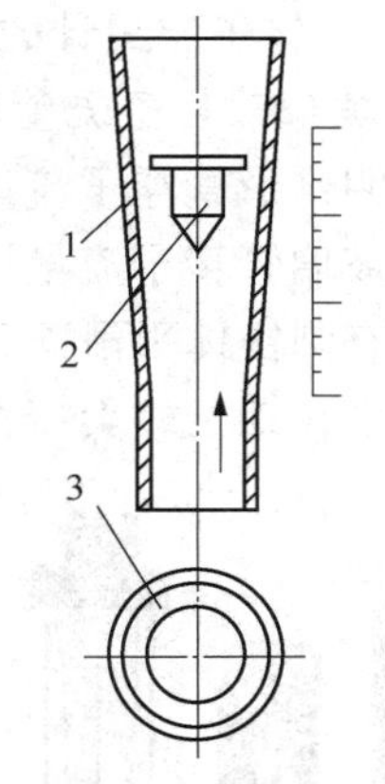

图 3-1　转子流量计工作原理图
1—锤形管；2—浮子；3—流通环隙

(一) 转子流量计工作原理

转子流量计的流量检测元件是由一根自下向上扩大的垂直锥形管和一个沿着锥管轴上下移动的浮子组所组成。工作原理如图 3-1 所示。

被测流体从下向上经过锥管 1 和浮子 2 形成的环隙 3 时，浮子上下端产生差压形成浮子上升的力，当浮子所受上升力大于浸在流体中浮子重量时，浮子便上升，环隙面积随之增大，环隙处流体流速立即下降，浮子上下端差压降低，作用于浮子的上升力亦随着减少，直到上升力等于浸在流体中浮子重量时，浮子便稳定在某一高度。浮子在锥管中高度和通过的流量有对应关系。体积流量 Q (m^3/s) 的基本方程式为：

$$Q = \alpha \in \Delta F \sqrt{\frac{2gV_f(\rho_f - \rho)}{\rho F_f}} \tag{3-1}$$

当浮子为非实芯中空结构时，则基本方程式为：

$$Q = \alpha \in \Delta F \sqrt{\frac{2gV(G_f - V_f\rho)}{\rho F_f}} \tag{3-2}$$

式中　α——仪表的流量系数，因浮子形状而异；

ΔF——流通环形面积，m^2；

g——重力加速度，m/s^2；

V_f——浮子体积，如有延伸体应包括，m^3；

ρ_f——浮子材料密度，kg/m^3；

ρ——被测流体密度，如为气体是在浮子上游横截面上的密度，kg/m^3；

F_f——浮子工作直径(最大直径)处的横截面积，m^2；

G_f——浮子质量，kg。

流通环形面积与浮子高度之间的关系如式(3-3)所示，当结构设计已定，则 d、β 为常量。式中有 h 的二次项，一般不能忽略此非线性关系，只有在圆锥角很小时，才可视为近似线性。

$$\Delta F = \pi\left[dh\text{tg}\frac{\beta}{2} + h^2\text{tg}^2\frac{\beta}{2}\right] = ah + bh^2 \tag{3-3}$$

式中　d——浮子最大直径(即工作直径)，m；

h——浮子从锥管内径等于浮子最大直径处上升高度，m；

β——锥管的圆锥角；

a，b——常数。

(二) 转子流量计的类型

1. 玻璃管转子流量计

透明锥形管浮子流量计如图 3-2 所示。透明锥形管用得最普遍是由硼硅玻璃制成，习惯简称玻璃管转子流量计。流量分度直接刻在锥管外壁上，也有在锥管旁另装分度标尺。锥管内腔有圆锥体平滑面和带导向棱筋(或平面)两种。浮子在锥管内自由移动，或在锥管棱筋导向下移动，较大口平滑面内壁仪表采用导杆导向。

图 3-2　常用玻璃转子流量计图

2. 金属管转子流量计

金属管转子流量计与玻璃转子流量计具有相同的测量原理，不同的是其锥管由金属制成，这样不仅耐高温、高压，而且能选择适当的材质以适合各种腐蚀性介质的流量。流量计采用可变面积式测量原理，应用现代高技术手段及先进的元件和器件。流量计主要由传感器(测量管及浮子)和信号变送器(指示器)两大基本部分组成，浮子的位移量与流量的大小成比例，通过磁耦合系统，以不同接触方式将浮子位移量传给指示器指示出流量的大小，并通过转换器将流量值转换成标准的电远传信号，从而实现远距离显示、记录、积算和控制功能。金属管转子流量计在指示器的设计上可以为各种应用场合提供可靠适用的功能组合，如现场指针显示、LCD

显示瞬时和累计流量等。在指示器供电选择方面有电池供电、24VDC 供电、220VAC 供电，方式根据现场情况选择。金属管转子流量计见图 3-3。

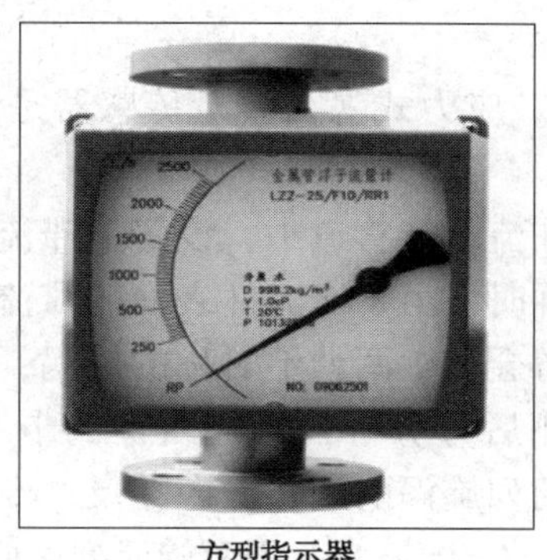

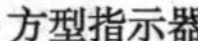

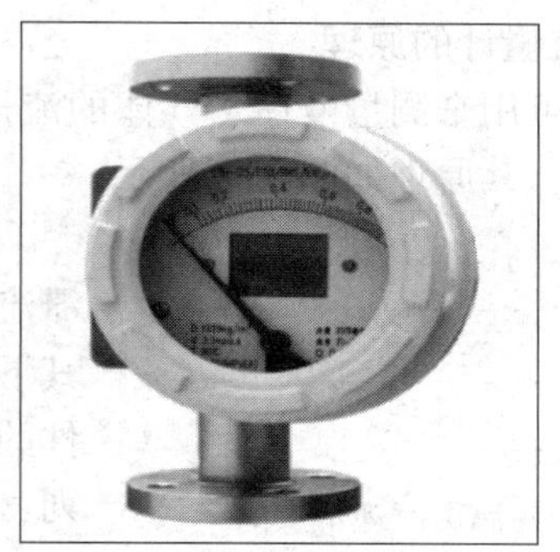

方型指示器　　圆型指示器

图 3-3　金属管转子流量计图

（三）转子流量计的特点

转子流量计是污水处理厂最常用的一种流量计。通过刻有流量标度尺的锥形玻璃管和管内浮子的位置高度，直接观察管道内流体流量，它具有结构简单、直观、压力损失小、维修方便等特点，转子流量计适用于测量通过中小管径（DN4mm ~ DN250mm）的流量，也可以测量腐蚀性介质的流量。其中玻璃管浮子流量计结构简单，成本低，易制成防腐蚀性仪表，但其强度低；而金属管浮子流量计可输出标准信号，耐高压，能实现流量的指示、积算、记录、控制和报警等多种功能。

（四）转子流量计安装与使用

1. 仪表安装方向

绝大部分浮子流量计必须垂直安装在无振动的管道上，不应有明显的倾斜，流体自下而上流过仪表。浮子流量计中心线与铅垂线间夹角 θ 一般不超过 5°，高精度（1.5 级以上）仪表 $\theta \leq 20°$。仪表无严格的上游直管段长度要求，但也有制造厂要求 2 ~ 5D（D 为连接管管径）长度。

2. 用于污脏流体的安装

应在仪表进水方向的上游装过滤器。带有磁性耦合的金属管浮子流量计用于可能含铁磁性杂质流体时，应在仪表前装磁过滤器。浮子洁净程度明显影响测量值，要保持浮子和锥管的清洁，特别是小口径仪表。

3. 扩大范围度的安装

当测量要求的流量范围度宽，范围度超过 10 时，经常采用 2 台以上不同流量范围的玻璃管浮子流量计并联；也可按所测量择其一台或多台仪表串联，小流量时读取小流量范围仪表示值，大流量时读取大流量仪表示值，串联法比并联法操作简便，不需频繁启闭阀门，但压力损失大。也可以在一台仪表内放两只不同形状和重量的浮子，小流量时取轻浮子读数，浮子到顶部后取重浮子读数，范围度可扩大到 50 ~ 100。

4. 要排尽液体用仪表内气体

对于进出口不在直线的角型金属浮子流量计，用于液体时注意外传浮子位移的引申套管内是否残留空气；若液体含有微小气泡流动时极易积聚在套管内，应定时排气，否则影响流量示值明显。

二、涡街流量计

(一) 涡街流量计的原理

涡街流量计可用来测量液体、气体的流量。应力式涡街流量传感器是基于“卡曼涡街”原理研制而成的，其原理如图 3-4 所示。

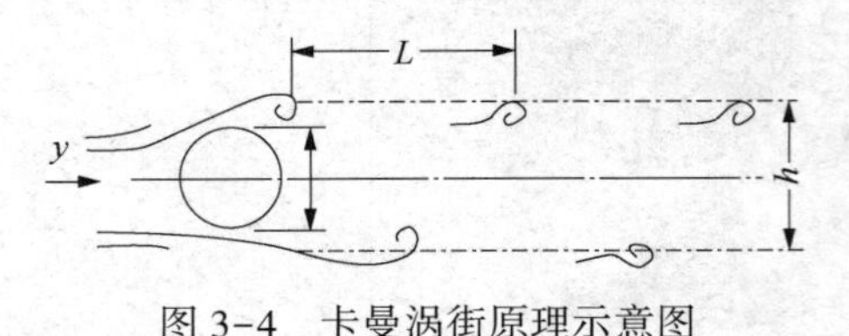

图 3-4 卡曼涡街原理示意图

在流量计管道中，设置一滞流件，当流体流经滞流件时，由于滞流件表面的滞流作用等原因，在其下游会产生两列不对称的旋涡，这些旋涡在滞流件的侧后方分开，形成所谓的卡曼(Karman)旋涡列，两列旋涡的旋转方向相反。卡曼从理论上证明了当 $h/L=0.281$(h 为两旋涡列之间的宽度，L 为两个相邻旋涡间的距离)时，旋涡列是稳定的，在此情况下，产生旋涡的频率 f 与流量计管道中流体流速 V 的关系为：

$$f=\frac{sV}{d} \tag{3-4}$$

$$V=\frac{df}{s} \tag{3-5}$$

式中 d——圆柱形滞流件的直径，mm；

s——无量纲常数，称为 Strouhal 数，与流体流动状态的雷诺数 Re 有关。流量计圆截面管道的雷诺数 Re 如式(3-6)所示。

$$Re=\frac{dV\rho}{\mu} \tag{3-6}$$

式中 V——流体的流速，m/s；

ρ——流体的密度，kg/m^3；

μ——流体的动力黏度，Pa·s。

而流体的流量为：

$$Q=AV \tag{3-7}$$

从所列公式可见，流量 Q 不仅与 f 有关，而且与雷诺数 Re 也有关。雷诺数 Re 是表征黏性流体流动特性的一个无量纲数，其物理意义是流体流动的惯性力与黏滞力的比值。因此，流体的流动状态对涡街流量计的使用也有一定的影响。如果环境参数对流体流动状态有影响，也会影响到涡街流量计的使用性能。

(二) 结构

涡街流量计由传感器和转换器两部分组成，如图 3-5 所示。传感器包括旋涡发生体(阻流体)、检测元件、仪表表体等；转换器包括前置放大器、滤波整形电路、D/A 转换电路、输出接口电路、端子、支架和防护罩等。近年来智能式流量计还把微处理器、显示通讯及其他功能模块亦装在转换器内。

(三) 影响涡街流量计的因素

经过实践，如下几个方面对涡街流量计的使用有影响。

（1）流体的状态

涡街流量计的测量范围较大，一般 10∶1，但测量下限受许多因素限制：$Re>10000$ 是涡街流量计工作的最基本条件；除此以外，它还受旋涡能量的限制，介质流速较低，则旋涡的强度、旋转速度也低，难以引起传感元件产生响应信号，旋涡频率小，会使信号处理发生困难；测量上限则受传感器的频率响应（如磁敏式一般不超过 400Hz）和电路的频率限制，因此设计时一定要对流速范围进行计算、核算，根据流体的流速进行选择。

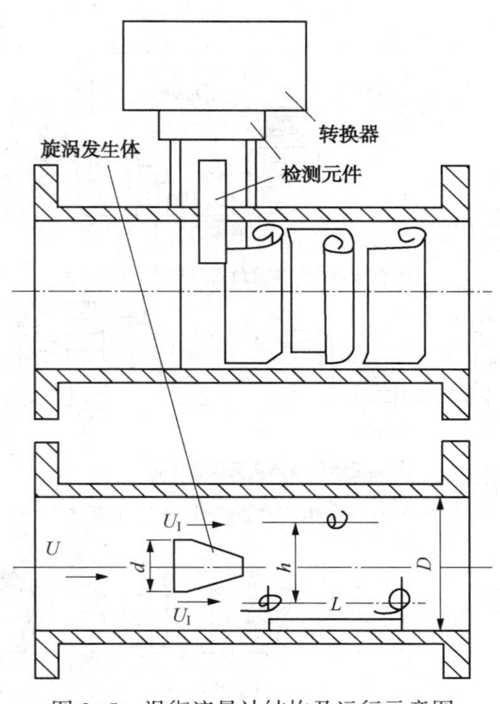

图 3-5　涡街流量计结构及运行示意图

（2）现场的环境因素

使用现场环境条件复杂的，选型时除注意环境温度、湿度等条件外，还要考虑电磁干扰。在强干扰如高压输电电站、大型整流所等场合，磁敏式、压电应力式等仪表不能正常工作或不能准确测量。

（3）振动

在使用涡街流量计时注意避免机械振动，尤其是管道的横向振动（垂直于管道轴线又垂直旋涡发生体轴线的振动），这种影响在流量计结构设计上是无法抑制和消除的。由于涡街信号对流场影响同样敏感，故直管段长度不能保证稳定涡街所必要的流动条件时，不宜选用。即使是抗震性较强的电容式、超声波式，保证流体为充分发展的单向流，也不可忽略。

（4）介质温度

介质温度对涡街流量计的使用性能也有很大的影响。

（四）安装与使用需要注意的问题

涡街流量计属于对管道流速分布畸变、旋转流和流动脉动等敏感的流量计，因此，对现场管道安装条件应充分重视，遵照生产厂使用说明书的要求执行。

涡街流量计可安装在室内或室外。如果安装在地井里，有水淹的可能，要选用掩水型传感器。传感器在管道上可以水平、垂直或倾斜安装，但测量液体和气体时为防止气泡和液滴的干扰，安装位置要注意。安装要求如图 3-6 所示。

涡街流量计必须保证上下游直管段有必要的长度，如图 3-7 所示。在各种资料中数据有差异，其原因可能是：①旋涡发生体尚未标准化，形状尺寸的差异有多少影响尚待验证；②对各类阻流件必要的直管段长度试验研究尚不够，即还不成熟。

传感器与管道的连接如图 3-8 所示。

在与管道连接时要注意以下问题：

① 上、下游配管内径 D 与传感器内径 D' 相同，其差异满足下述条件：$0.95D \leqslant D' \leqslant 1.1D$。

② 配管应与传感器同心，同轴度 r 应小于 $0.05D$。

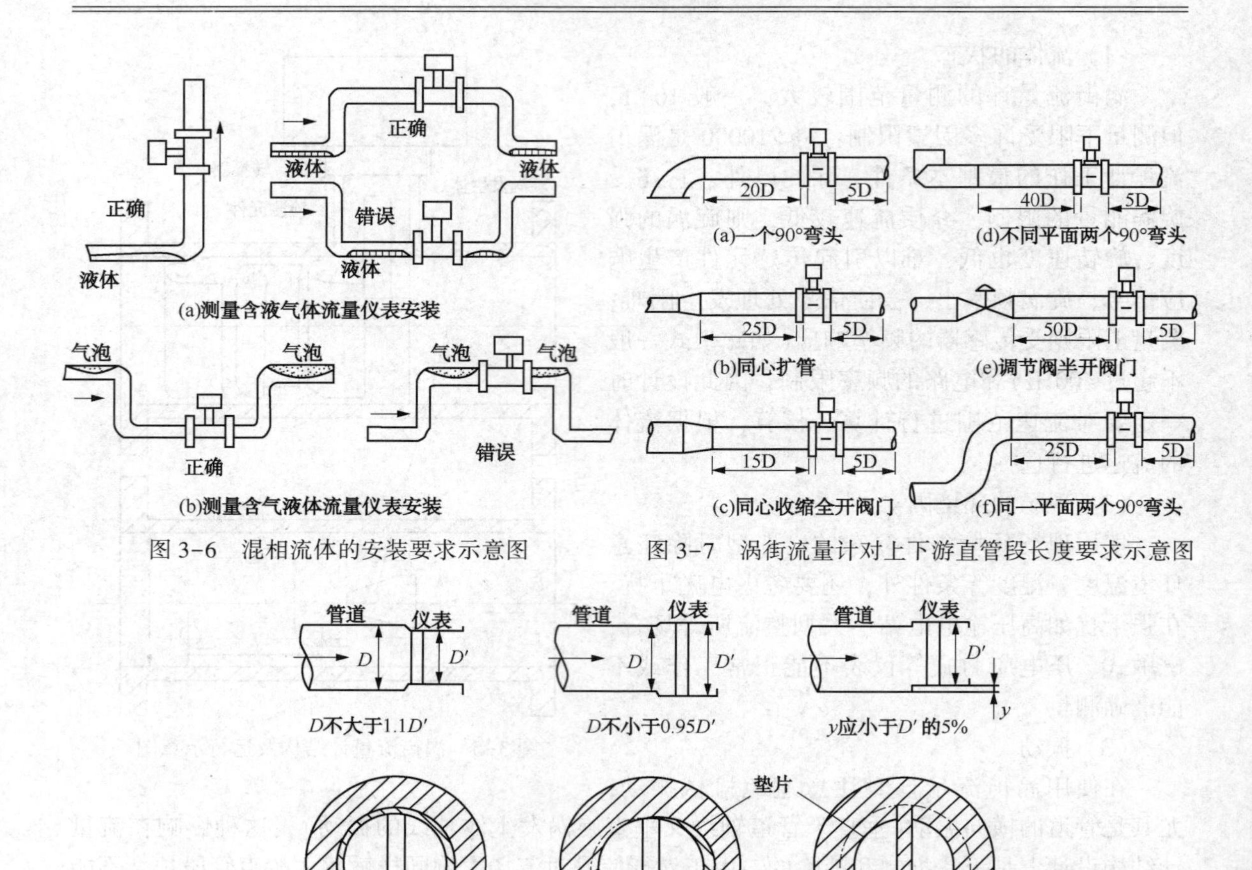

图 3-6　混相流体的安装要求示意图

图 3-7　涡街流量计对上下游直管段长度要求示意图

图 3-8　传感器与管道的连接示意图

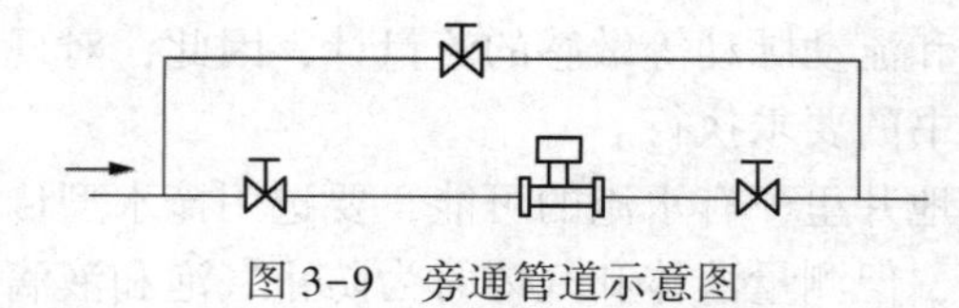

图 3-9　旁通管道示意图

③ 密封垫不能凸入管道内，其内径可比传感器内径大 1~2mm。

④ 如需断流检查与清洗传感器，应设置旁通管道，如图 3-9 所示。

⑤ 减小振动对流量计的影响应作为现场安装的一个突出问题来关注。首先在选择传感器安装场所时尽量注意避开振动源；其次采用弹性软管连接在小口径中可以考虑；第三，加装管道支撑物是有效的减振方法。管道支撑方法如图 3-10 所示。

成套安装，包括前后直管段、流动调整器等是保证获得高精确度测量的一个措施，特别是配件在制造厂进行组装更能保证安装的质量。图 3-11 所示为一安装示意图。

电气安装应注意传感器与转换器之间采用屏蔽电缆或低噪声电缆连接，其距离不应超过使用说明书的规定。布线时应远离强功率电源线，尽量用单独金属套管保护。应遵循“一点接地”原则，接地电阻应小于 10Ω。整体型和分离型都应在传感器侧接地，转换器外壳接地点应与传感器“同地”。

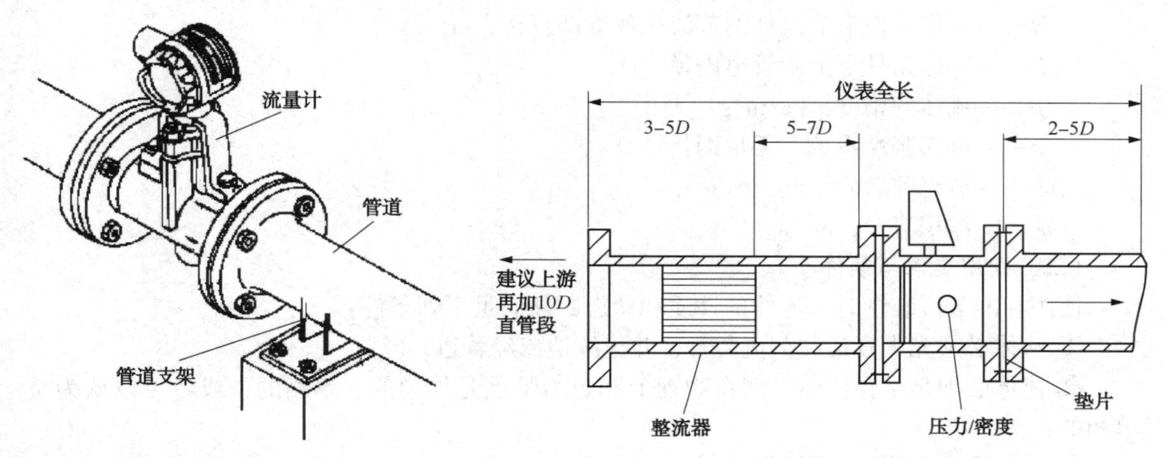

图 3-10　安装管道支撑示意图　　　　图 3-11　高精度测量配管安装示意图

涡街流量计是一种比较新型的流量计，处于发展阶段，还不成熟，如果选择不当，性能也不能很好发挥。只有经过合理选型、正确安装后，还需要在使用过程中认真定期维护，不断积累经验，提高对系统故障的预见性以及判断、处理问题的能力，从而达到令人满意的效果。

三、节流式流量计

节流式流量计见图 3-12。

（一）一体化流量测量装置原理

充满管道的流体流经管道内的节流装置，流束将在节流件处形成局部收缩，从而使流速增加，静压力降低，于是在节流件前后产生了静压力差(或差压)。流体的流速愈大，在节流件前后产生的差压也愈大，因此通过测量差压的方法可测量流量。节流式流量计原理见图 3-13。

图 3-12　节流式流量计实物图

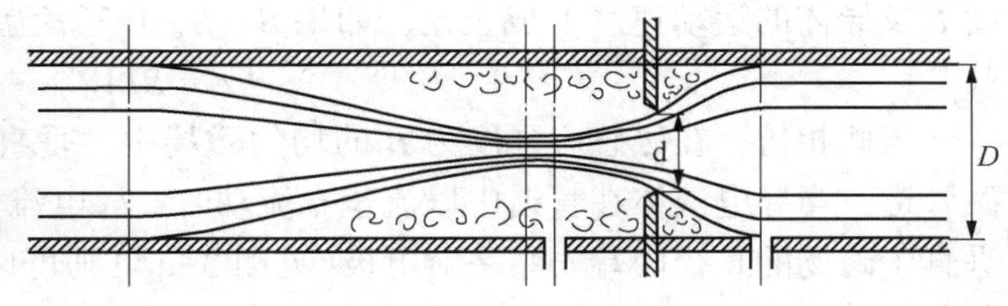

图 3-13　节流式流量计原理图

在已知有关参数的条件下，根据流动连续性原理和伯努利方程可以推导出差压与流量之间的关系而求得流量。其基本公式如下：

$$q_{m} = \frac{C}{\sqrt{1 - \beta^{4}}} \varepsilon \frac{\pi}{4} d^{2} \sqrt{2 \Delta P \times \rho_{1}} \tag{3-8}$$

$$q_{v} = \frac{q_{m}}{\rho} \tag{3-9}$$

式中　q_{m}——质量流量，kg/s；

C——流出系数，无量纲；

β——孔径比 d/D，无量纲；

d——工作条件下节流件的节流孔或喉部直径，m；

D——工作条件下上游管道内径，m；

ρ——流体的密度，kg/m^3；

ε——可膨胀性系数，无量纲；

ΔP——节流前后静压差，N/m^2；

q_v——体积流量，m^3/s。

（二）使用要求与条件

使用标准节流装置时，流体的性质和状态必须满足下列条件：

① 流体必须充满管道和节流装置，并连续地流经管道；

② 流体必须是牛顿流体，即在物理上和热力学上是均匀的、单相的，或者可以认为是单相的；

③ 流体流经节流件时不发生相交；

④ 流体流量不随时间变化或变化非常缓慢；

⑤ 流体在流经节流件以前，流束是平行于管道轴线的，无旋流；

⑥ 测量较脏的污水时，孔板需经常清洗。

四、电磁流量计

电磁流量计是利用电磁感应原理造成的流量测量仪表，可用来测量导电液体体积流量（流速）变送器几乎没有压力损失，内部无活动部件，用涂层或衬里易解决腐蚀性介质流量的测量。检测过程中不受被测量介质的温度、压力、密度、黏度及流动状态等变化的影响，没有测量滞后的现象。

（一）测量原理

根据法拉第电磁感应定律，当一导体在磁场中运动切割磁力线时，在导体的两端即产生感生电势 Ue，其方向由右手定则确定，其大小与磁场的磁感应强度 B、导体在磁场内的长度 L 及导体的运动速度 V 成正比，如果 B、L、V 三者互相垂直，则

$$Ue = BLV \tag{3-10}$$

与此相仿，在磁感应强度为 B 的均匀磁场中，垂直于磁场方向放一个内径为 D 的不导磁管道，当导电液体在管道中以流速 u 流动时，导电流体就切割磁力线。如果在管道截面上垂直于磁场的直径两端安装一对电极（见图 3-14）则可以证明，只要管道内流速分布为轴对称分布，两电极之间也会产生感生电动势，如式（3-11）所示。

$$Ue = BDV \tag{3-11}$$

式中　V——管道截面上的平均流速。

由此可得管道的体积流量如式（3-12）所示。

$$q_v = \frac{\pi DUe}{4B} \tag{3-12}$$

由上式可见，体积流量 q_v 与感应电动势 Ue 和测量管内径 D 成线性关系，与磁场的磁感应强度 B 成反比，与其他物理参数无关，这就是电磁流量计的测量原理。需要说明的是，要使式（3-12）严格成立，必须使测量条件满足下列假定：

① 磁场是均匀分布的恒定磁场；

② 被测流体的流速轴对称分布；

③ 被测液体是非磁性的；

④ 被测液体的电导率均匀且各向同性。

（二）电磁流量计结构

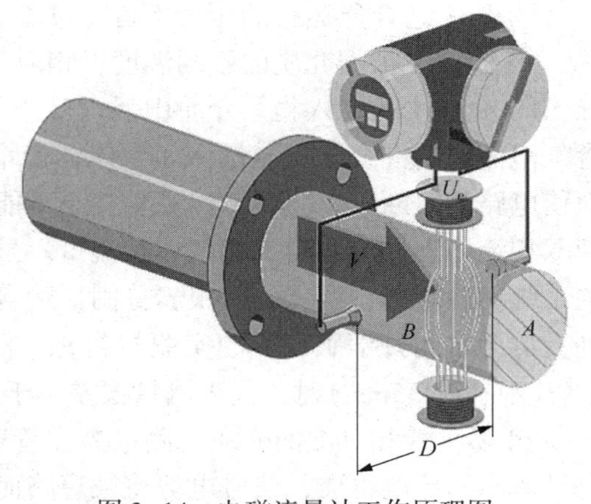

图 3-14　电磁流量计工作原理图

电磁流量计一般由四部分组成：测量管、励磁系统、检测部分、变送部分。考虑到防腐蚀的要求，测量管内部一般都加衬里材料。电磁流量计的励磁方式主要有高频励磁、低频励磁、脉冲DC励磁。由于工业的不断发展，有的厂家已经采用了双频励磁方式，它克服了高频、低频励磁的缺点，具有不受流量噪声影响、响应速度快、零点稳定性高、精度高等优点。检测部分主要包括电极和干扰调整部分，由于电极要和被测介质直接接触，要具有较强的抗腐蚀性。变送器的主要作用是将传感器信号转换成与介质体积流量成正比的标准信号输出（0~20mA、4~20mA、0~10kHz），并且要有较高的稳定性、精度和较强的抗干扰能力。

市场上电磁流量计的功能差别也很大，简单的就只是测量单向流量，只输出模拟信号带动后位仪表；多功能仪表有测双向流、量程切换、上下限流量报警、空管和电源切断报警、小信号切除、流量显示和总量计算、自动核对和故障自诊断、与上位机通信和运动组态等功能。有些型号仪表的串行数字通信功能可选多种通信接口和专用芯片ASIC，以连接HART协议系统、PROFTBUS、MODBUS、FF现场总线等。

（三）电磁流量计特点

（1）测量导管内没有可动部件和阻流体，因而无压损，无机械惯性，反应灵敏。

（2）测量范围宽，量程比一般为10:1，最高可为100:1；流速0.3~10m/s；流量范围可测几十mL/h到十几万m^3/h；测量管径可为2~2000mm。

（3）可测含有固体颗粒、悬浮物或酸、碱、盐溶液等具有一定电导率的液体体积流量；也可进行双向测量。

（4）仪表具有均匀刻度，且流体的体积流量与介质的物性（温度、压力、密度、黏度等）、流动状态无关，所以电磁流量计只需用水标定后，即可用来测量其他导电介质的体积流量而不用修正。

（四）选型与安装

1. 选型

选型需要考虑的因素如下。

（1）介质

① 电导率。使用电磁流量计的前提是被测介质电导率不能低于规定的下限值，低于下限值会产生测量误差直至不能使用，超过上限值即使变化也可以测量，示值误差变化不大，通用型流量计电导率的阈值在$5\times10^{-6}\sim10^{-4}$S/cm之间，视型号而异。工业用水及其水溶液的电导率大于10^{-4}S/cm，酸、碱、盐液的电导率在$10^{-4}\sim10^{-1}$S/cm之间，使用不存在问题；低度蒸馏水为10^{-5}S/cm，也不存在问题；石油制品和有机溶剂电导率过低就不能使用。

② 腐蚀性。根据介质腐蚀性的不同，选择不同内衬和电极材料。

③ 压力。介质运行的压力不得超过流量计的耐压要求。

④ 温度。根据介质的不同温度，相应地选择不同内衬的流量计。

⑤ 介质中的混入物。介质中混入微小气泡成泡状流态时，仍可正常工作，但测得的是含气泡体积的混合体积流量；如气体含量增加到形成弹(块)状流，因电极可能被气体盖住而使电路瞬时断开，出现输出晃动甚至不能正常工作的情况。含有非铁磁性颗粒或纤维的固液双相流体同样可测得二相的体积流量。虽然还未见到其应用于固液双相流体中固形物影响的系统实验报告，但国外有报告称固形物含量有14%时，误差在3%范围以内；我国黄河水利委员会水利科学研究所的实验报告称，测量高沙含量水的流量，含沙量体积比在17%~40%(粒径0.35mm)时，仪表测量误差小于3%。

⑥ 易附着和沉淀的介质。测量易在管壁附着和沉淀物质的介质时，若附着的是比液体电导率高的导电物质，信号电势将被短路而不能工作；若是非导电层，则首先应注意电极的污染，譬如选用不易附着尖形或半球形突出电极、可更换式电极、刮刀式清垢电极等。刮刀式电极可在传感器外定期手动刮出沉垢。对易产生附着的场所可提高流速以达到自清扫的目的，还可以采取方便于易清洗的管道连接方式，可不拆卸清洗传感器。

(2) 口径、流速、量程比的选择

① 口径。根据计算公式或者经验可以首先确定选定的流量计的口径。选定仪表口径不一定与管径相同，应视流量而定。对于新建工程，运行初期流量可能偏低，仪表口径小于管径，则应以异径管连接。目前国内外可提供的定型产品的口径从*DN*6mm~*DN*3000mm，虽然实际应用还是以中小口径居多，但与大部分其他原理流量仪表(如容积式、涡轮式、涡街式或科里奥利质量式等)相比，大口径仪表还是占有较大比重。

② 流速。

a. 如果过程是工业输送水等液体，管道流速是经济流速1.5~3m/s，一般电磁流量计用在这样的管道上，传感器口径与管径相同即可。

b. 电磁流量计满度流量时，液体流速可在1~10m/s范围内选用。上限流速在原理上是不受限制的，通常建议不超过5m/s，除非衬里材料能承受液流冲刷。满度流量的流速下限一般为1m/s，有些型号仪表则为0.5m/s。

c. 用于有易黏附、沉积、结垢等物质的流体，选用流速不低于2m/s，最好提高到3~4m/s或以上，起到自清扫、防止水中物质黏附沉积的作用。

d. 用于矿浆等磨耗性强的流体时，常用流速应低于2~3m/s，以降低对衬里和电极的磨损。在测量接近阈值的低电导液体时，尽可能选定较低流速(小于0.5~1m/s)。

③ 量程比。电磁流量计的量程比通常不低于20，带有量程自动切换功能的仪表，可超过50~100。

2. 安装

(1) 安装场所的选择

为了使电磁流量计工作稳定可靠，在选择安装地点时应注意以下几方面的要求：

① 尽量避开铁磁性物体及具有强电磁场的设备(大电机、大变压器等)，以免磁场影响传感器的工作磁场和流量信号；

② 应尽量安装在干燥通风之处，避免日晒雨淋，环境温度应在-20~60℃，相对湿度小于85%；

③ 流量计周围应有充裕的空间，便于安装和维护。

(2) 与管道的连接要求

传感器安装方向水平、垂直或倾斜均可，不受限制，但应确保避免沉积物和气泡对测量电极的影响，电极轴向以保持水平为好。垂直安装时，流体应自下而上流动。传感器不能安装在管道的最高位置，否则容易聚集气泡。水平和垂直安装的方式与要求如图 3-15 所示。

同时应注意确保管道中充满被测介质，如管道存在非满管或是出口有放空状态，传感器应安装在一根虹吸管上。确保满管安装的方式见图 3-16。

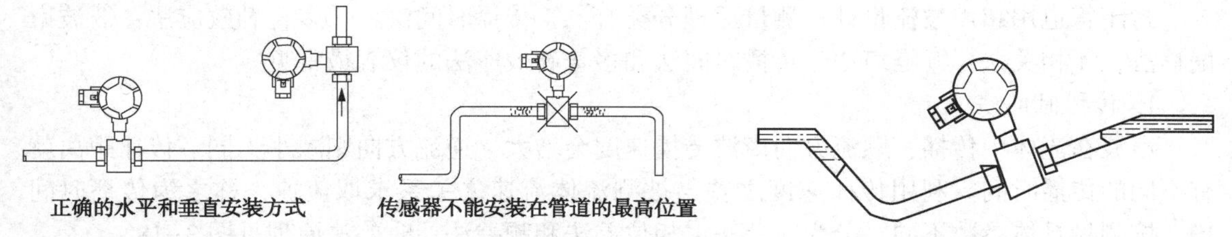

图 3-15　水平和垂直安装的方式与要求示意图　　图 3-16　确保满管安装的方式

(3) 与弯管、阀门和泵连接的要求

为获得正常测量精确度，与弯管、阀门和泵连接时，应在传感器的前后设置直管段，其长度根据连接件的不同有不同的要求，如图 3-17 所示。

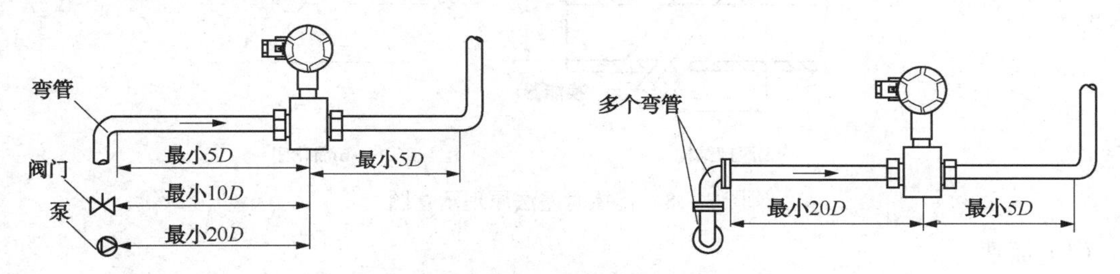

图 3-17　弯管、阀门和泵之间的长度安装要求

一般电磁流量计规定上游至少有 5 倍管径长度的直管段，流量计的下游至少有 5 倍管径长度的直管段。当然在条件允许的情况下，前面有调节阀时，在流量计前置直管道长度在 10 倍管径以上；当前面有泵时，根据经验最好在流量计前置直管道长度在 20 倍管径以上；也可以在直管内安装整流器或减小测量点的截面积，以达到稳定液流流态、提高计量准确度的目的。

有些型号仪表尽管精确度能达到$(\pm0.2\%\sim\pm0.3\%)R$，但却有严格的安装条件，对环境温度及前后直管段长度都有很高要求。因此在安装前要详细阅读制造厂样本或说明书，并按规定来安装，否则就不能保证其测量精度。

(4) 接地

流量计外壳要求接地，使被测量液体与地连接，处于零电位，因而在传感器两电极上感应出大小相同、但极性相反的对称电势信号；同时流量计外壳接地，可起到屏蔽效果，以抑制外界和励磁系统的电磁干扰。接地电阻要小于 10Ω，否则可能造成无指示或者报警。

(5) 其他

当管道中附有强杂散电流时，应阻断杂散电流流过流量计。安装时先在管道与流量计之间加装绝缘短管，然后用面积不低于 16mm^2 的铜导线将管道两端连接起来，这样管道中的电流从铜导线上分流，不再通过流量计，从而干扰减少。

五、超声波流量计

（一）工作原理

超声波流量计是一种非接触式流量计。超声波流量计的工作原理是：超声波在流体中传播时传播速度要受到介质流速的影响，通过测量超声波在流体中传播速度可以检测出流体的流速而换算出流量来。

封闭管道用超声波流量计按测量原理分类有：①传播时间法；②多普勒效应法；③波束偏移法；④相关法；⑤噪声法。传播时间法和多普勒效应法的仪表最常见。

1. 传播时间法

声波在流体中传播，顺流方向声波传播速度会增大，逆流方向则减小，同一传播距离就有不同的传播时间。利用传播速度之差与被测流体流速之关系求取流速，称之为传播时间法。按测量具体参数不同，分为时差法、相位差法和频差法。时差法原理见图 3-18。

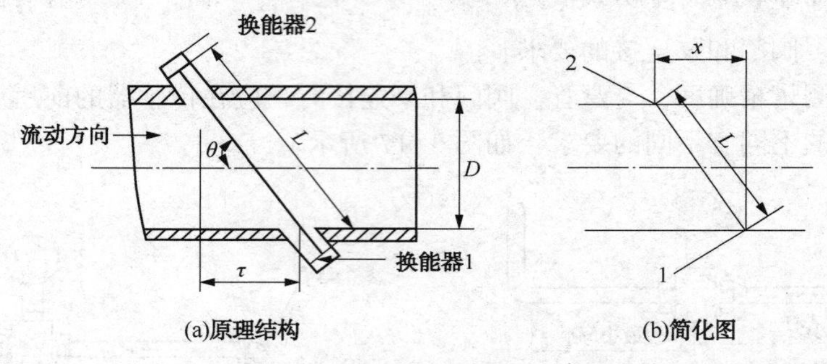

图 3-18 传播时差法原理示意图

（1）流速

如图 3-18 所示，超声波逆流从换能器 1 送到换能器 2 的传播速度 c 被流体流速 V_m 所减慢，其流速方程式如式(3-13)。

$$\frac{L}{t_{12}} = c - V_m\left(\frac{X}{L}\right) \tag{3-13}$$

反之，超声波顺流从换能器 2 传送到换能器 1 的传播速度则被流体流速加快，如式(3-14)。

$$\frac{L}{t_{12}} = c + V_m\left(\frac{X}{L}\right) \tag{3-14}$$

式(3-14)减式(3-13)，并变换之，得式(3-15)。

$$V_m = -\frac{L^2}{2X}\left(\frac{1}{t_{12}} - \frac{1}{t_{21}}\right) \tag{3-15}$$

式中 L——超声波在换能器之间传播路径的长度，m；

X——传播路径的轴向分量，m；

t_{12}，t_{21}——从换能器 1 到换能器 2 和从换能器 2 到换能器 1 的传播时间，s；

c——声波在静止流体中的传播速度，m/s；

V_m——流体通过换能器 1、2 之间声道上平均流速，m/s。

时(间)差法与频(率)差法和相差法间原理方程式的基本关系为：

$$\Delta f = f_{21} - f_{12} = \frac{1}{t_{21}} - \frac{1}{t_{12}} \tag{3-16}$$

$$\Delta\phi = 2\pi f(t_{12} - t_{21}) \tag{3-17}$$

式中　Δf——频率差；

$\Delta\phi$——相位差；

f_{21}，f_{12}——超声波在流体中的顺流和逆流的传播频率；

f——超声波的频率。

从中可以看出，相位差法本质上和时差法是相同的，而频率与时间有时互为倒数关系，三种方法没有本质上的差别。目前相位差法的仪表已不采用，频差法的仪表也不多。

(2) 流量

传播时间法所测量和计算的流速是声道上的线平均流速，而计算流量所需是流通横截面的面平均流速，二者的数值是不同的，其差异取决于流速分布状况。因此，必须用一定的方法对流速分布进行补偿。此外，对于夹装式换能器仪表，还必须对折射角受温度变化进行补偿，才能精确地测得流量。体积流量 q_v 可按式(3-18)计算。

$$q_v = \frac{V_m}{K} \times \frac{\pi D_N^2}{4} \tag{3-18}$$

式中　K——流速分布修正系数，即声道上线平均流速 V_m 和平面平均流速 v 之比，$K = V_m/v$；管道雷诺数变化，K 值将变化；仪表范围度为 10 时，K 值变化约为 1%；范围度为 100 时，K 值约变化 2%。流动从层流转变为紊流时，K 值要变化约 30%。所以要精确测量时，必须对 K 值进行动态补偿；

D_N——管道内径，mm。

2. 多普勒(效应)法

多普勒(效应)法的原理为利用超声波发射声源被一个相对运动的介质反射时，反射信号与发射信号的频率出现频移，而与介质的流速存在一定的关系，从而可以利用频移与介质的流速的关系求取流量。

(1) 流速

多普勒法超声波流量计原理如图 3-19 所示。

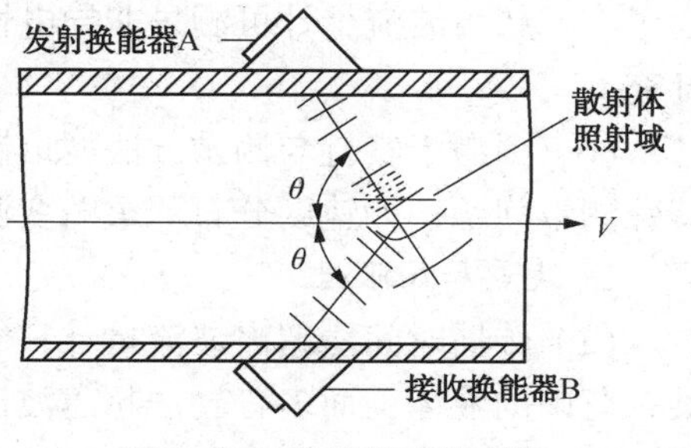

图 3-19　多普勒法超声波流量计原理示意图

超声换能器 A 向流体发出频率为 f_A 的连续超声波，经照射域内液体中散射体悬浮颗粒或气泡散射，散射的超声波产生多普勒频移 f_d，接收换能器 B 收到频率为 f_B 的超声波，其值如式(3-19)所示。

$$f_B = f_A\left(1 - \frac{V\cos\theta}{c}\right) \tag{3-19}$$

式中　V——散射体运动速度。

多普勒频移 f_d 正比于散射体流动速度，如式(3-20)。

$$f_d = f_A - f_B = f_A \frac{2V\cos\theta}{c} \tag{3-20}$$

测量对象确定后，式(3-21)右边除 V 外均为常量，移行后得式(3-21)。

$$V=\frac{c}{2\cos\theta}\times\frac{f_d}{f_A} \tag{3-21}$$

(2) 流量

多普勒法超声波流量计的流量方程式形式上与式(3-18)相同，只是式中所测得的流速是各散射体的速度 V，与载体管道平均流速数值并不一致，如式(3-22)所示。

$$q_v=\frac{V}{K_d}\times\frac{\pi D_N^2}{4} \tag{3-22}$$

式中 K_d——散射体的“照射域”在管中心附近的系数，其值不适用于在大管径或含较多散射体达不到管中心附近就获得散射波的系数；

D_N——管道内径，mm。

(二) 特点

1. 优点

(1) 可作非接触测量。

夹装式换能器超声波流量计可无需停流、截管安装，只要在既设管道外部安装换能器即可。这是超声波流量计在工业用流量仪表中具有的独特优点，因此可作移动性(即非定点固定安装)测量，适用于管网流动状况评估测定。流量计可无流动阻挠测量，无额外压力损失。

(2) 流量计的仪表系数是可从实际测量管道及声道等几何尺寸计算求得的，即可采用干法标定，除带测量管段外，一般不需作实流校验。

(3) 超声波流量计适用于大型圆形管道和矩形管道，且原理上不受管径限制，其造价基本上与管径无关。对于大型管道不仅带来方便，在无法实现实流校验的情况下，可认为是优先考虑的选择方案。

(4) 多普勒超声波流量计可测量固相含量较多或含有气泡的液体。

(5) 超声波流量计可测量非导电性液体，在无阻挠流量测量方面是对电磁流量计的一种补充。

(6) 因易于实行与测试方法(如流速计的速度-面积法、示踪法等)相结合，可解决一些特殊测量问题，如速度分布严重畸变测量、非圆截面管道测量等。

2. 缺点和局限性

(1) 传播时间法超声波流量计只能用于清洁液体和气体，不能测量悬浮颗粒和气泡超过某一范围的液体；而多普勒法超声波流量计只能用于测量含有一定异相的液体。

(2) 外夹装换能器的超声波流量计不能用于衬里或结垢太厚的管道，以及不能用于衬里(或锈层)与内管壁剥离(若夹层夹有气体会严重衰减超声信号)或锈蚀严重(改变超声传播路径)的管道。

(3) 多普勒法超声波流量计多数情况下测量精度不高。

(三) 超声波流量计的应用

1. 多普勒式超声波流量计

多普勒法超声波流量计依靠水中杂质的反射来测量水的流速，因此适用于杂质含量较多的脏水和浆体，如城市污水、污泥、工厂排放液、杂质含量稳定的工厂过程液等，而且可以测量连续混入气泡的液体；但根据测量原理，被测介质中必须含有一定数量的散射体(颗粒或气泡)，否则仪表就不能正常工作。

2. 时差式超声波流量计

目前生产最多、应用范围最广泛的是时差式超声波流量计，它主要用来测量洁净的流体流量，在自来水公司和工业用水及江河水、回用水领域得到广泛应用。此外可以测量杂质含量小于10g/L、粒径小于1mm的均匀流体，如污水等介质的流量，但不能测量含有影响超声波传播的连续混入气泡或体积较大固体物的液体。如果在这种情况下应用，应在换能器的上游进行消气、沉淀或过滤。在悬浮颗粒含量过多或因管道条件致使超声信号严重衰减而不能测量时，有时可以试着降低换能器频率来予以解决。实际应用表明，选用时差式超声波流量计，对相应流体的测量都可以达到满意效果的基本适用条件。

多普勒式超声波流量计与时差式超声波流量计的比较如表3-1所示。

表3-1　多普勒式与时差式超声波流量计的比较

条件	时差式		多普勒式
适用液体	水类(江河水，海水农业用水等)，油类(纯净燃油，润滑油，食用油等)，化学试剂，药液等		含杂质多的水(下水，污水，农业用水等)，浆类(泥浆，矿浆，纸浆、化工料浆等)，油类(非净燃油，重油，原油等)
适用悬浮颗粒含量	体积含量<1%(包括气泡)时不影响测量准确度		浊度>50~100mg/L
仪表基本误差	带测量管段式	±(0.5~1)%R	±(3~10)%FS 固体粒子含量基本不变时±(0.5~3)%
	湿式大口径多声道		
	湿式小口径单声道	±(1.5~3)%R	
	夹装式(范围度20:1)		
重复性误差	0.1%~0.3%		1%
信号传输电缆长度	100~300m，在能保证信号质量的前提下，可以<100m		<30m
价格	较高		一般较低

六、超声波明渠流量计

超声波明渠流量计与量水堰槽配用，用来测量具有自由流条件的渠道内的污水流量。仪表工作时，传感器不与被测流体接触，避免了渠道内污水的玷污和腐蚀。用于测量污水流量，可以比其他形式的仪表具有更高的可靠性。图3-20为一种超声波明渠流量计的应用示意图。

(一) 超声波测液位原理

采用超声波回声测距法测液位，图3-21为超声波流量计用于测污水流量的原理图。

超声波明渠流量计探头需要固定安装在量水堰槽水位观测点上方，探头对准水面。探头向水面发射超声波，超声波经过一段时间后，走过E_1距离，碰到校正棒，一部分超声波能量被校正棒反射，并被探头接收，仪表记下这段时间的长度t_1；超声波的另一部分能量绕过校正棒，经过一段时间到达水面，这部分能量被水面反射后，被探头接收，仪表记下这段时间的长度t_2。而校正棒已经固定在探头上。校正棒的长度E_1不会变化，仪表根据t_1与t_2的比例，再乘以E_1，就可以求出水面到探头的距离D，$D=E_1\times t_2/t_1$。

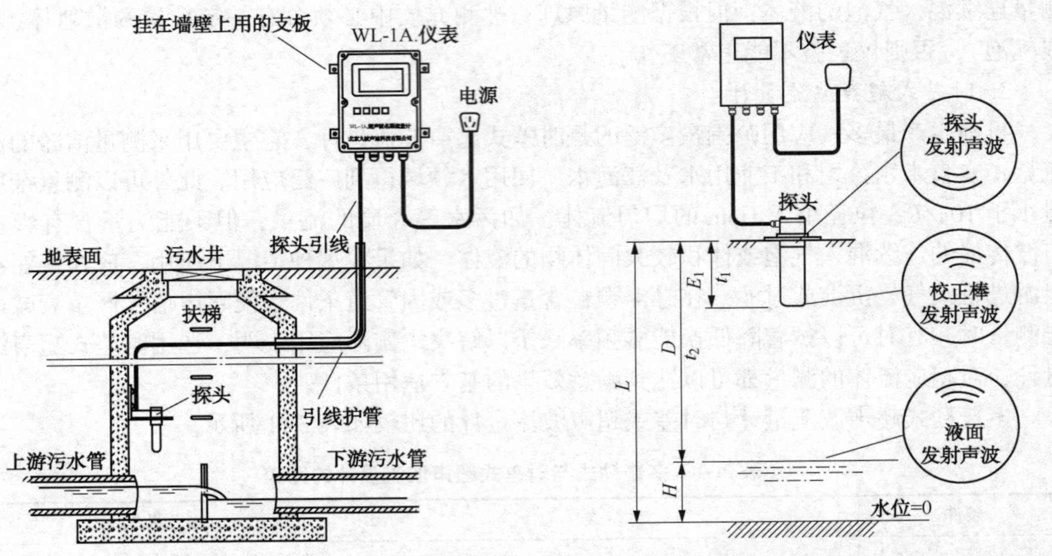

图 3-20　超声波明渠流量计用于测污水流量示意图　　图 3-21　超声波流量计用于测污水流量的原理图

（二）应用的限定条件

（1）明渠内水流要有自由流条件；

（2）使用堰板时，堰板下游的水位要低于上游；

（3）使用巴歇尔槽，水的流态要自由流；巴歇尔槽的淹没度要小于规定的临界淹没度；巴歇尔槽的中心线要与渠道的中心线重合，使水流进入巴歇尔槽不出现偏流；巴歇尔槽的上游应有大于 5 倍渠道宽的平直段，使水流能平稳进入巴歇尔槽，即没有左右偏流，也没有渠道坡降形成的冲力。

（三）量水堰槽

1. 量水堰槽种类

量水堰槽包括三角堰、矩形堰、巴歇尔槽，三种量水堰槽如图 3-22 所示。

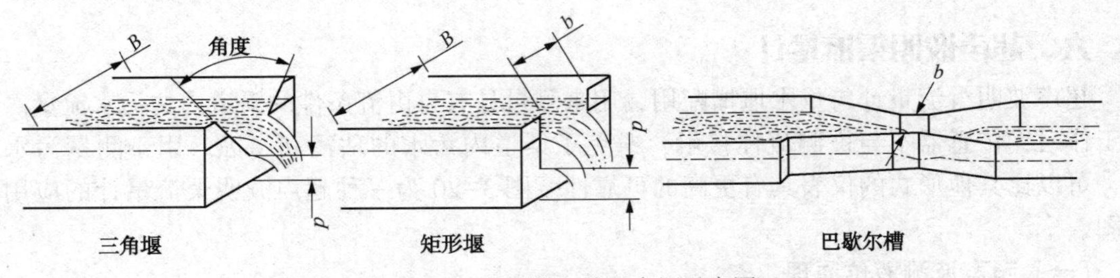

图 3-22　常用的三种量水堰示意图

其中巴歇尔量水槽由上游收缩段、短直喉道和下游扩散段三部分组成。收缩段的槽底向下游倾斜，扩散段槽底的倾斜方向与喉道槽底相反。巴歇尔槽形状复杂，比三角堰、矩形堰的价格高，为了提高精度要求量水槽的各部分尺寸准确，其优点是水位损失小（约为堰的四分之一）、水中即使有固态物质也几乎不沉淀、对下流侧的水位影响比较小等，被广泛用来测量农业用水、工业用水等其他液体的流量。

不同类型的量水堰槽，都有自己的固定水位-流量对应关系。确定水位流量关系时，三角堰要求要有渠道宽 B、开口角度、渠底面到缺口下缘的高度 p 的参数；矩形堰要有渠道宽 B、开口宽 b、渠底面到缺口下缘的高度 p 的参数；巴歇尔槽只要求有喉道宽度的参数 b。量水堰槽的水位-流量关系可以从国家计量检定规程《明渠堰槽流量计》中查到。

2. 测流量原理

明渠内的流量越大，液位越高；流量越小，液位越低。测流量原理如图 3-23 所示。

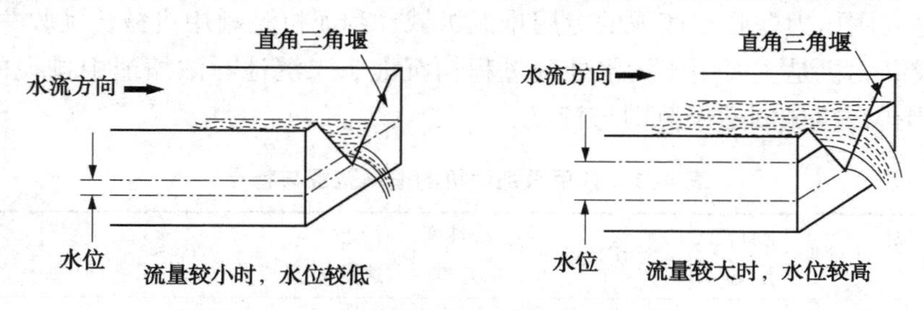

图 3-23　量水堰槽将流量转成液位示意图

在渠道内安装量水堰槽，由于堰的缺口或槽的缩口比渠道的横截面积小，因此，渠道上游水位与流量的对应关系主要取决于堰槽的几何尺寸。同样的量水堰槽放在不同的渠道上，相同的液位对应相同的流量，量水堰槽把流量转成了液位，通过测量流经量水堰槽内水流的液位，可以根据相应量水堰槽的水位-流量关系，求出流量。

3. 堰式流量计的特点

（1）结构简单，一般情况下价格便宜，测量精度和可靠性好；

（2）因水头损失大，不能用于接近平坦地面的渠道；

（3）堰上游易堆积固形物，要定期清理。

4. 量水堰槽的选择

选择量水堰槽，要考虑渠道内流量的大小与渠道内水的流态是否能形成自由流。流量小于 40L/s 时，一般应使用直角三角堰；大于 40L/s 时，一般应使用巴歇尔槽；流量大于 40L/s、渠道内水位落差又较大时，可以使用矩形堰。

参考文献

[1] 任溢．电磁流量计的应用[J]．化学工程与装备，2009(6)：78-79.
[2] 王婕，王丽．电磁流量计选型安装中常见问题及处理[J]．仪表技术，2009(10)：53-55.
[3] 董德明，彭新荣．超声波流量计的原理及应用[J]．机电产品开发与创新，2009，22(5)：161-162.

第四章　吸泥机与刮泥机

吸泥机是利用压力差收集底泥的专用排泥机械，刮泥机是利用机械传动收集底泥的专用排泥机械。吸刮泥机是主要用于污水处理过程初沉池、二沉池、浓缩池中排泥的专用机械。表 4-1 为常用排泥机械的适用范围与特点。

表 4-1　常用吸刮泥机的适用范围与特点

序号	吸、刮泥机种类	池形	池直径或池宽/m	适用范围	池底坡度要求/%	行走速度	优点	缺点
1	行车式虹吸、泵吸泥机	矩形	8~30	平流沉淀池 斜管沉淀池	平底	0.6~1m/min	边行进边吸泥，效果较好；根据污泥量多少灵活调节排泥次数，往返工作，排泥效率高	除采用液下泵外，吸泥前须先引水，操作不方便
2	行车式提板刮泥机	矩形	4~30	平流沉淀池	1~2	0.6m/min	排泥次数可由污泥量确定；传动部件可脱离水面，检修方便；回程收起刮板，不扰动沉泥	电器原件如设在户外易损坏
3	链板式刮泥机	矩形	≤6	沉砂池	1	3m/min	机构简单；排泥效率高；在循环的牵引链上，每隔 2m 左右装有一块刮板，因此整个链上的刮板较多，使刮泥保持连续	池宽受到刮板的限制；链条易磨损，对材质要求较高
4	螺旋输送式刮泥机	矩形 圆形	≤5 Φ≤4	沉砂池（最大安装倾角≤30°，最大输送水平距离为 20m，倾斜时为 10m）	长槽	10~40r/min	排泥彻底，污泥可直接输出池外，输送过程中起到浓缩的效果，连续排泥	螺旋槽精度要求较高，输送长度受限制
5	悬挂式中心传动刮泥机		Φ6~12					
6	垂架式中心传动吸泥机、刮泥机	圆形	Φ14~60	初沉池 二次沉淀池 污泥浓缩池	1~2	最外缘刮板端 1~3r/min	结构简单 运转连续	刮泥速度受刮板外缘的速度控制，管理不方便
7	周边传动吸泥、刮泥机		Φ14~100					

第一节　刮泥机

一、中心传动刮泥机

中心传动式刮泥机是把所有的传动机构设置于池心支墩上或工作桥中心，即电机、减速机及所有传动部件都作用于中心支墩上或工作桥中心，只需一套传动机构即可完成完整的传动动作。中心传动式刮泥机对电机没有同步的要求，无需设置电刷。因为没有轮子，所以也没有打滑的问题存在；不设轨道，对池边的土建施工的精度要求也不严格。中心传动刮泥机的型式有悬挂式和垂架式两种，其运转方式又分半桥和全桥方式。

（一）悬挂式

用于污水处理工程中的沉淀池排泥，中心传动悬挂式整机载荷都作用于工作桥中心，不需中心支墩，简化了土建结构，一般用于直径不大于16m的池体。

中心传动悬挂式刮泥机整机主要由桥架、驱动装置、立轴、水下轴承、双刮臂和刮泥板组成。其工作流程为：沉淀池污水经工作桥下的进水管流入导流筒，在导流筒伞形罩的均匀分配下呈扩散状流向池周，污泥依靠自重沉降于池底，刮板在刮臂的带动下缓慢旋转，经分离后的上清液通过出水堰板排出池外，沉淀后的污泥由刮板沿池周刮向中心集泥坑，依靠液体静压作用经排泥管排至池外。

对于中心传动浓缩刮泥机，其刮臂上带有浓缩栅条，一般用于污水处理厂中、小型辐流式浓缩池中，将进一步分离的浓缩污泥排出浓缩池。其设备及结构如图4-1所示。

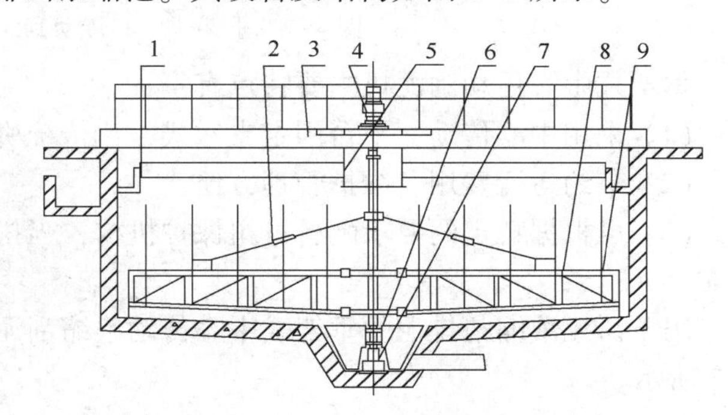

图4-1　中心传动浓缩刮泥机（全桥、悬挂式）及结构示意图

1—出水堰板；2—拉紧调整系统；3—工作桥；4—驱动装置；5—稳流筒；6—小刮泥板；7—水下轴承总成；8—刮集装置；9—浓缩栅条

有关企业给出的中心传动悬挂式浓缩刮泥机规格与性能参数见表4-2，供参考。

表4-2　中心传动刮泥机（悬挂式）技术参数

参数型号	池径（Φ）/m	池深 H/m	周边线速度/（m/min）	驱动功率/kW
STC6	6	3.0~4.0	1.0	0.37
STC8	8	3.5~4.5	1.5	0.55
STC10	10	3.5~4.5	1.5	0.55
STC12	12	4.0~5.0	1.5	0.5

续表

参数型号	池径(Φ)/m	池深 H/m	周边线速度/(m/min)	驱动功率/kW
STC14	14	4.0~5.0	2.0	1.1
STC16	16	4.0~5.0	2.0	1.1

(二) 垂架式

垂架式中心传动刮泥机适用于有中心支墩的圆形沉淀池的排泥除渣。设备固定在旋转竖架上，刮臂在驱动装置带动下绕池中心轴线旋转，将沉积在池底的污泥由刮泥板刮集至池中心集泥池坑，同时液面上的浮渣向随导流筒旋转的撇渣板和池周边挡渣堰形成的渐缩区域内集中，当摆臂抵达集渣斗时，由摆臂上的刮渣板将浮渣刮至集泥斗排出池外。中心传动刮泥机(半桥、垂架式)结构如图 4-2 所示。

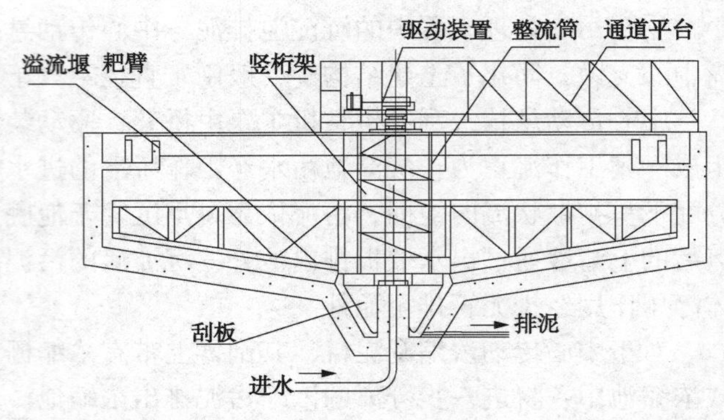

图 4-2 垂架式中心传动刮泥机结构示意图

垂架式中心传动刮泥机主要特点有：

(1) 采用中心传动，平台固定支墩式，比传统机构简单、质量减轻；

(2) 节约运行费用、维护管理方便；

(3) 可根据特定的要求配备过扭保护机构，当扭矩值到达设定值时自动报警停机，安全可靠。

用于污泥浓缩与排泥的垂架式中心传动浓缩刮泥机的刮臂上带有浓缩栅条，其结构如图 4-3 所示。

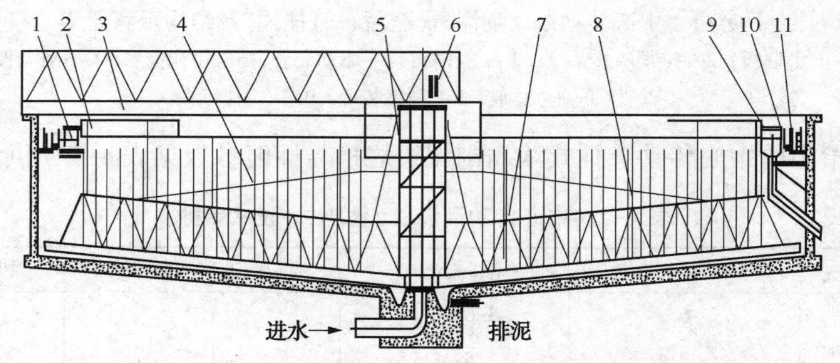

图 4-3 中心传动浓缩刮泥机(半桥、垂架式)结构示意图

1—浮渣耙板；2—浮渣刮板；3—工作桥；4—刮臂提拉杆；5—刮泥架；6—驱动装置；7—栅条；8—刮臂；9—浮渣漏斗；10—浮渣挡板；11—溢流装置

有关企业给出的中心传动浓缩刮泥机(垂架式)规格与性能参数见表4-3，供参考。

表4-3　中心传动浓缩刮泥机(垂架式)技术参数

参数型号	池径(D)/m	池深(H)/m	周边线速度/(m/min)	驱动功率/kW
STC-Ⅰ14	14	2.5~3.5	1.3	1.1
STC-Ⅰ16	16	2.5~3.5	1.4	1.1
STC-Ⅰ18	18	2.5~3.5	1.5	1.5
STC-Ⅰ20	20	2.5~3.5	1.6	1.5
STC-Ⅰ22	22	2.5~3.5	1.6	1.5
STC-Ⅰ25	25	2.5~3.5	1.8	2.2
STC-Ⅰ30	30	2.5~3.5	2	2.2

二、周边传动刮泥(浓缩)机

周边传动式刮泥机是把传动装置布置在沉淀池的边缘上，一般采用对称布置，所以需要在池子的两边各设置一套传动装置，包括电机、减速机、齿轮组、传动轴、轴承及轮子等。对称布置时，两套机构同时绕池转动。由于两个电机分别带动两组轮子转动，所以，必须保证两部电机同步，否则，在整机启动后刮泥机会产生一个额外的、不必要的扭矩，从而影响整机的受力情况。周边传动式刮泥机在中心支墩上必须设一中心支座，其内部不仅需要有完成机械支持的机件，而且还必须要有一个电刷完成交流电的传导。周边传动式刮泥机一般两组轮子或采用橡胶轮，或采用轨道式钢轮，由于较大直径的回转运动，橡胶轮应设计有一符合回转运动要求的倾角。目前国内所产的橡胶轮的强度与寿命较差，需要经常更换；轨道式要求在池边铺设钢轨，由于运动速度很低，而且刮泥负荷较大的原因，轮子打滑成为一大难题。

周边传动刮泥机包括全桥式周边传动刮泥机、半桥式周边传动刮泥机和周边传动浓缩机三种形式。

(一) 全桥式周边传动刮泥机

1. 结构及适用范围

全桥式周边传动刮泥机主要由工作桥、中心支座，刮板桁架、驱动装置、稳流筒、撇渣板、浮渣斗、刮泥板、集电装置等部件组成。全桥式周边传动刮泥机结构如图4-4所示，实物图见图4-5。

此设备适用于大型(一般指水量大于600m^3/h，池径大于20m)污水厂的初沉池及二沉池中，刮、集池底沉泥，一般上部设浮渣(或浮沫)刮集系统，工艺一般为中心进水，周边出水，中心排泥。

2. 工作原理

全桥式周边传动刮泥机在动力装置的驱动下，刮板桁架和刮泥板装置围绕中心支座缓慢旋转，将沉淀于池底的污泥向中心集泥坑刮集，通过池内的水位压力差将泥斗内的污泥排出池外，同时撇渣板将浮渣撇至浮渣斗内，经浮渣斗自动冲水或自流将浮渣排出池外。

3. 规格与性能参数

有关企业给出的全桥式周边传动刮泥机规格与性能参数见表4-4，供参考。

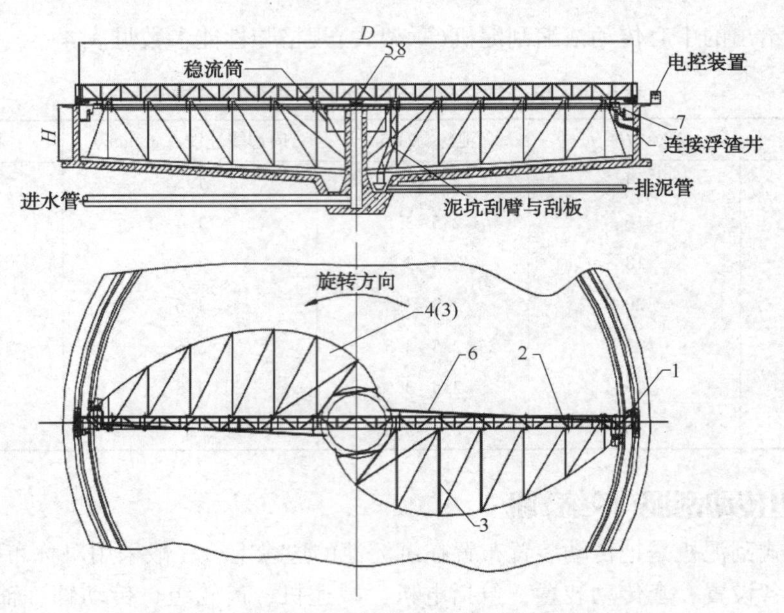

图 4-4　全桥式周边传动刮泥机结构示意图

1—驱动装置；2—工作桥；3—主刮泥装置；4—辅助刮泥装置；5—中心转盘；6—撇渣装置；7—溢流堰板，浮渣挡板；8—集电装置

图 4-5　全桥式周边传动刮泥机图

表 4-4　全桥式周边传动刮泥机技术参数

型号	池径(D)/m	池深(H)/m	周边线速度/(m/min)	功率/kW
SZG-20	20	2.5~3.5	2~3	0.75
SZG-25	25	2.5~3.5	2~3	0.75
SZG-30	30	2.5~4.0	2~3	1.1
SZG-35	35	2.5~4.0	2~3	1.1
SZG-40	40	2.5~4.5	2~3	1.5
SZG-45	45	2.5~4.5	2~3	1.5
SZG-50	50	2.5~4.5	2~3	2.2
SZG-55	55	2.5~5.0	2~3	2.2
SZG-60	60	2.5~5.0	2~3	3
SZG-80	80	2.5~5.5	2~3	4
SZG-100	100	2.5~5.5	2~3	4

（二）半桥式周边传动刮泥机

整机主要由桥架、驱动装置、立轴、水下轴承、双刮臂和刮泥板组成，沉淀池污水经工作桥下的进水管流入导流筒，在导流筒伞形罩的均匀分配下，呈扩散状流向池周，污泥依靠自重沉降于池底，刮板在刮臂的带动下缓慢旋转，经分离后的上清液通过出水堰板排出池外，沉淀后的污泥由刮板沿池周刮向中心集泥坑，依靠液体静压作用经排泥管排至池外。半桥式周边传动刮泥机结构如图 4-6 所示。

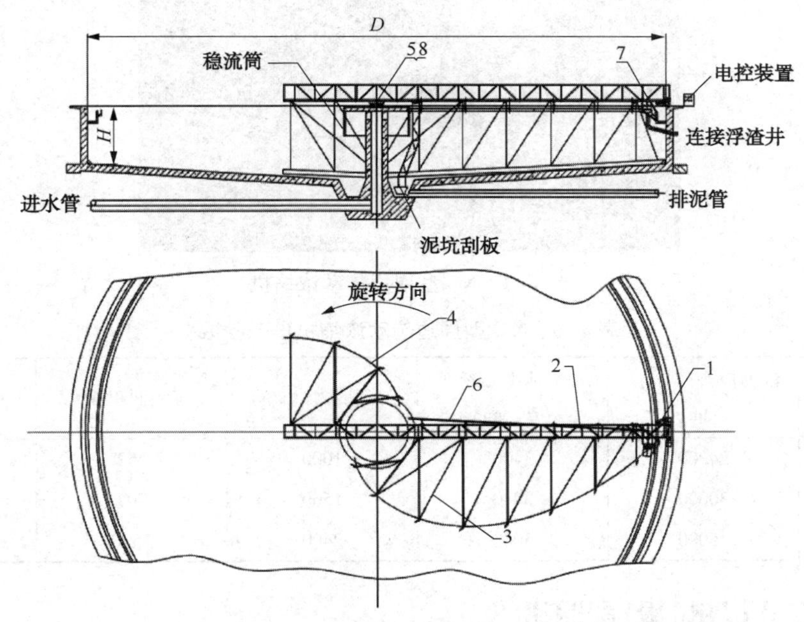

图 4-6 半桥式周边传动刮泥机结构示意图

1—驱动装置；2—工作桥；3—主刮泥装置；4—辅助刮泥装置；5—中心转盘；6—撇渣装置；7—溢流堰板，浮渣挡板；8—集电装置

半桥式周边传动刮泥机主要用于大型(一般指水量大于 600m³/h，池径大于 20m)污水厂。工艺一般为中心进水，周边出水，中心排泥。

半桥式周边传动刮泥机技术参数见表 4-5，供参考。

表 4-5 半桥式周边传动刮泥机技术参数

型号规格	池径(*D*)/m	标准池径/m	池深(*H*)/m	周边线速度/(m/min)	驱动功率/kW
BZG20-30	20~28	20	3.0~4.0	≤2.0	0.37
		25			0.55
		30			
BZG30-40	30~40	35	3.0~4.0	≤3.0	0.55
		40			0.75
BZG45-55	45~55	45	3.0~4.4	≤3.0	0.75

（三）NG 型周边传动浓缩机

NG 型周边传动浓缩机主要用于钢厂、采矿、煤炭等尾水的分离，一般为池径大于 20m、污泥密度大、沉降快且易板结的场合，刮泥负荷相对较大，传动机构一般需增加齿轮齿条，以保证足够的传递力矩。中心部位排泥一般需配套高压水使用，防止堵塞，一般不设浮渣刮集装置。NG 型周边传动浓缩机见图 4-7，有关设备参数见表 4-6。

图 4-7　NG 型周边传动浓缩机

表 4-6　NG 型周边传动浓缩机设备参数

型号	浓缩池直径(D)/mm	浓缩池中心深度(H)/mm	处理能力/(t/h)	沉淀面积/m^2	电机功率/kW
NG-24	24000	3400	1000	452	7.5
NG-30	30000	3940	1560	707	7.5
NG-45	45000	5060	2400	1590	11

三、行车式提耙(板)刮泥机

1. 组成与工作过程

行车式刮泥机用于平流式沉淀池，可将沉降在池底的污泥刮集至集泥槽，并将池面的浮渣撇向集渣槽。可根据要求设置浮渣刮板，具有结构简单、安装方便等优点。

按水流方向，可分为逆向刮泥逆向排渣和逆向刮泥同向排渣两种方式。其工作原理如下：刮泥机工作桥横跨在平流池两边的轨道上，由两台电动机通过减速机分别驱动行走轮进行行走。刮泥机的来回往复及往返次数由电气控制。刮泥机向前运行时，在刮泥板的作用下，将污泥收集至沉淀池一端的集泥坑内。当刮板到达集泥坑时，通过行程开关使刮泥机停止前进，然后抬耙驱动电机开始工作，刮泥机构在不刮泥回程时刮泥耙全部抬起。行走驱动电机反向运行(向出发端)，当回到刮泥的起始位置时，刮泥耙落下，这样周而复始地工作。

行车式提耙(板)式刮泥机由传动机构、卷扬机构、撇渣机构、刮泥机构、电控装置及限位装置等部件组成。行车式提耙(板)刮泥机及结构示意图见图 4-8。

根据不同的要求，可将集泥槽、集渣槽设置在沉淀池的同一端或分两端设置，刮泥机的工作过程如下：

(1) 刮泥机由池端(出水端)始点向泥、渣槽端行驶，将污泥、输送直至终点(进水端)。

(2) 刮泥耙(板)上提。

(3) 逆向流刮泥、顺流排渣，刮泥机终端向始端换向行驶，抵达始端后进行另一循环。刮泥机构在回程时刮泥耙(板)全部抬起。当回到刮泥的起始位置时，刮泥耙(板)落下。

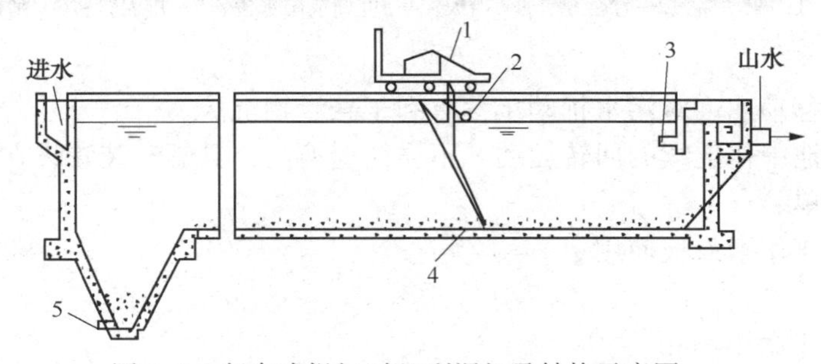

图 4-8　行车式提耙(板)刮泥机及结构示意图

1—驱动装置；2—刮渣板；3—浮渣槽；4—刮泥板；5—排泥管

2. 适用范围

该机适用于逆向流平流式沉淀池及沉砂池中污泥、砂及浮渣的排除，多用于初次沉淀池。

3. 技术参数

有关企业给出的行车式提耙(板)刮泥机主要技术参数如表 4-7 所示，供参考。

表 4-7　行车式提耙(板)刮泥机主要技术参数

池长/mm	池宽/mm	池深/mm	轨距/mm	行车机构电机型号	电机功率/kW	行走速度/(m/min)	提耙机构减速机型号	电机功率/kW	卷扬速度(m/min)	制动器型号
16000	5000	2580	5400	YDS90-3. 5-0. 25	0. 25	1	YDS112-2. 8-0. 55	0. 55	1. 9	TJ2-100

四、链板式刮泥机

1. 组成与工作过程

链板式刮泥机由驱动装置、传动链条与链轮、牵引链与链轮、刮板、导向轮、张紧装置、导轨支架等组成。通过驱动装置带动链条运动，从而牵引链条上刮板移动，将沉于底部的泥沙刮集到集泥槽，浮渣刮集到除渣管。链板式刮泥机适于平流沉淀池、隔油池的集泥、排泥、除砂、除渣、除油之用，可安装在带顶盖的池内。

如平流沉淀池，当采用机械排泥时，一般可以采用多种方式结合，如采用泵虹吸式机械排泥和穿孔管排泥相结合的形式，排泥管内也可增设冲洗管，解决排泥管易堵塞的问题。浮渣的收集与排除可一并结合考虑；还有如单口扫描式吸泥机、吸泥机往复行走吸泥，无需成排的吸口和吸管装置。图 4-9 为链带式刮泥机及结构示意图。

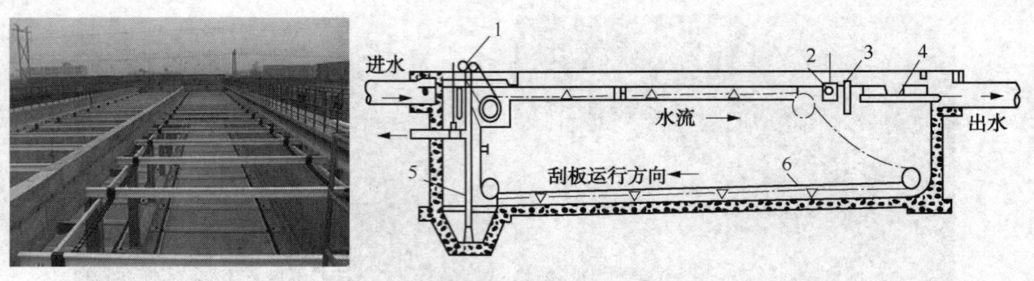

图 4-9　链带式刮泥机及结构示意图

1—驱动器；2—浮渣槽；3—挡板；4—可调节出水偃；5—排泥管；6—刮板

2. 特点

（1）刮板的移动速度对污水扰动小，有利于悬浮物沉淀。

（2）刮板在池中作连续的回转运动，不需往返换向，且驱动装置设在池顶的平台上，配电和维修都很简单。

（3）刮板可兼作撇渣板使用。

3. 技术参数

（1）适合的池宽 2~6m。

（2）适合的池长 10~30m。

（3）刮泥速度小于 16mm/s。

（4）池底要求。

池底沿刮泥方向浇筑成 1%的坡度，池内两端与两侧墙脚有大于泥沙安息角的坡度，处理污水前须先经过格栅。

第二节　吸泥机

一、中心传动单管吸泥机

中心传动单管式吸泥机主要由中心驱动装置组合、固定半桥式工作桥、中心柱、转笼、双侧桁架、集泥筒、单侧吸管、撇渣装置、排渣斗及就地控制箱等组成，适用于污水处理厂直径一般不大于 18m 的辐流式(圆形)沉淀池的污泥刮集和排泥。

其工作原理是：污泥混合液经进水槽的配水孔流入导流区，经挡水裙板底部向池中心流动，污泥逐渐沉降于池底部，在水压的作用下流入吸泥管内，并向中心集泥筒流动，经集泥筒下部的集泥坑和管道流入二沉池外的集泥井，经套筒阀调节流量排出。上清液从池体周边的出水槽溢流出去，浮渣由撇浮渣机构收集、刮入浮渣漏斗中，通过管道排放到池外。图 4-10为中心传动单管吸泥机结构示意图，实物图见图 4-11。

二、周边传动多管吸泥机

周边传动多管吸泥机用于污水处理厂直径大于 20m 的辐流式(圆形)沉淀池，以排出沉降在池底的污泥和撇除池面的浮渣。图 4-12 为周边传动单管吸泥机结构示意图，实物图见图 4-13，有关设备参数见表 4-8。

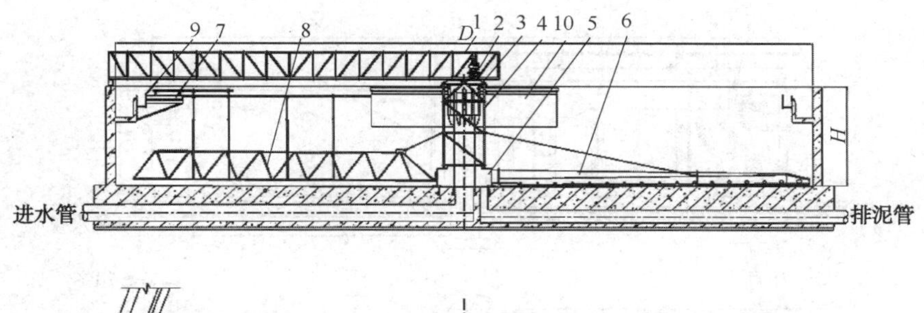

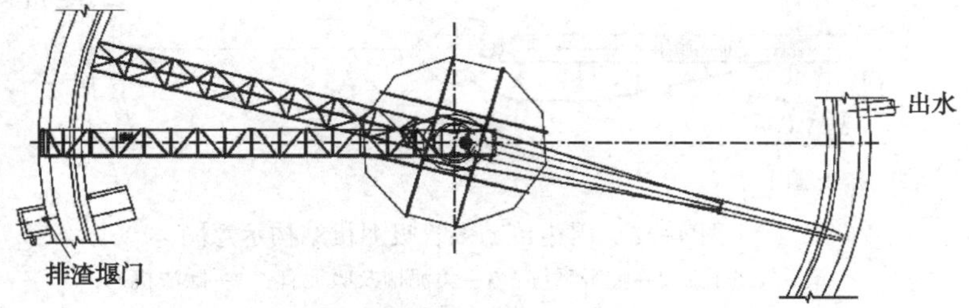

图 4-10　中心传动单管吸泥机结构示意图

1—工作桥；2—驱动系统；3—中心柱；4—竖架；5—密封圆筒；6—吸泥管；7—撇渣；排渣装置；8—桁架；9—浮渣挡板；10—稳流筒

图 4-11　中心传动单管吸泥机实物图

表 4-8　周边传动多管吸泥机设备参数

型号	池径/m	池边深/m	周边速度/(m/min)	电机功率/kW
ZGXJ-20	20	3~3.5	1.6	0.37×2
ZGXJ-25	25	2.75~3.25	1.7	
ZGXJ-30	30	2.5~3	1.8	0.75×2
ZGXJ-37	37		2.0	
ZGXJ-45	45	2.25~2.75	2.2	1.5×2
ZGXJ-55	55		2.4	
ZGXJ-60	60	2.25~2.75	2.6	2.2×2
ZGXJ-80	80		2.7	
ZGXJ-100	100		2.8	4.0×2

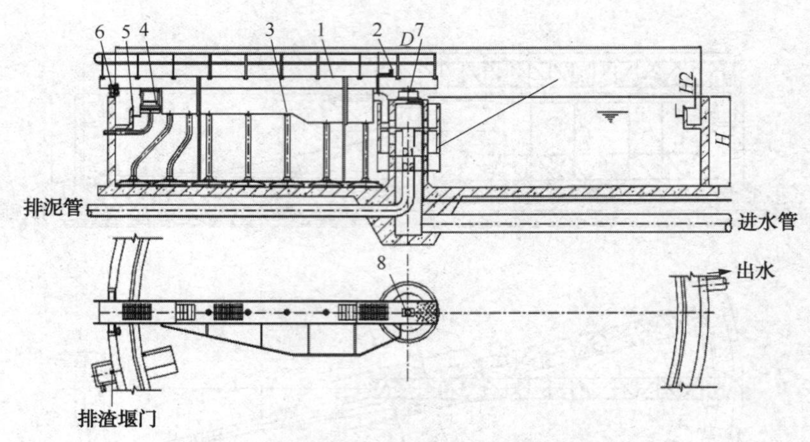

图 4-12　周边传动多管吸泥机结构示意图

1—工作桥；2—虹吸系统；3—集泥槽及吸泥管；4—撇渣机构；
5—挡渣板；6—驱动装置；7—中心支撑；8—中心泥罐

图 4-13　周边传动多管吸泥机实物图

三、行车式吸泥机

行车式吸泥机适用于给水工程中的平流式沉淀池、排水二次沉淀池等平底矩形池的吸泥和排泥，其排泥的方式有虹吸、泵吸和空气提升等三种。在行车式吸泥机中，主要采用虹吸排泥与泵吸排泥两种形式。行车式吸泥机可边行走边吸泥，可依据泥量的多少来确定排泥次数，具有排泥效率高、操作方便的特点。

(一) 虹吸排泥机

1. 主要结构及工作原理

虹吸吸泥机主要由电控系统、输配电装置、主梁、端梁、桁架、吸泥系统、传动装置、真空系统、撇渣装置(刮渣板、刮渣支架)等部件组成。

(1) 主梁、端梁

采用钢板焊接成箱形梁结构，其钢材抗拉强度不低于 410MPa。主梁在各方面载荷的作用下(包括活动载荷 1500N/m)，有足够的强度和刚度，安全系数为 5，主梁两侧上部设置不锈钢栏杆。

端梁采用型钢焊接结构件，端梁与主梁采用螺栓连接，端梁下部装有主动轮、从动轮及驱动装置。工作桥应具有足够的强度和刚度，主梁、桁架等型材焊接件的设计、制造、拼装、焊接等应符合有关国家标准的要求。

桥架两侧面直线度、平面度和平行度均在制造时应得到控制，桥架预置上拱度，除能承受最大的刮吸泥扭矩外，还可承受悬挂的全部设备及每米长度的均布载荷，桥架挠度应控制在1/750之内。

（2）驱动装置（电机、减速机）

采用的摆线针轮减速机应具有运行平稳、能源消耗少、检修方便简单等特点，能在各种工况下传递所需的功率和扭矩，在最不利的条件下能连续工作。

（3）真空系统

真空系统由潜水泵、水射器、电极点真空表、破坏虹吸电磁阀、水封箱等组成，设置在出泥端的工作桥端部，以便于操作和观察。

（4）吸泥系统

排泥管均匀排列在主梁下部，由螺栓固定在钢结构件上，一端伸入池底与扁嘴吸口相连，并设有型钢支撑，另一端伸向桥一端的排泥槽内的水封箱中。桥端吸泥管上部有管与虹吸系统相连。虹吸排泥机吸泥系统与组成见图4-14。

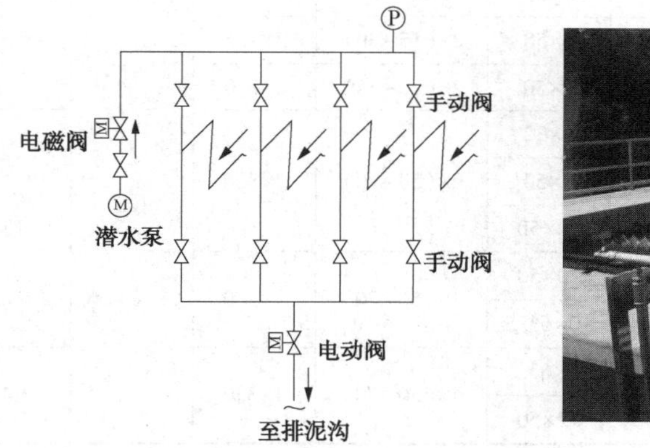

图4-14　虹吸排泥机吸泥系统与组成

开启虹吸引水时，只要开启潜水泵、打开电磁阀即可向吸泥管注水，排除空气生成虹吸。潜水泵一般安装在沉淀池水面下1m处，真空表安装在管路系统顶端，由真空表发出电信号，通过PLC控制潜水泵的运行、打开电磁阀自动引水。虹吸管在池外一般并成一根管径大的排泥管。

（5）刮泥板

刮泥板采用菱形刮板，与吸泥管轴线成30°~45°布置，各吸口之间的间距约1.0m。

2. 虹吸排泥运行方式

运转前，水位以上的排泥管内的空气可用真空泵或水射器抽吸或用压力水倒灌等方法排除，从而在大气压的作用下，使泥水充满管道，开启排泥阀后形成虹吸式连续排泥。

虹吸式排泥机一般停驻在沉淀池的进水端，首先向水封箱内注水，浸没住管口上方约100mm，同时启动潜水泵为水射器提供压力水，形成水射器中负压，水射器的抽气口与吸泥管道上部抽气管相连，抽取管内空气。管道内形成一定真空后泥水则会通过吸泥管源源不断地抽向池外排出。此时电极点压力表的触点信号关闭潜水泵，同时启动驱动电机使排泥机沿钢轨前进时，吸泥管不断吸泥排泥，到达沉淀池另一端，碰触返程行程开关时，驱动电机先停止然后反向运转，排泥机开始返程运行排泥，当运行到初始位置时，碰触行程开关，吸泥机停止，电磁阀自动打开，使空气进入虹吸系统，将真空破坏，停止排泥。以上为一个排泥循环，等待设定的时间后(0~24h)排泥机自动进行第二个排泥循环，每个循环之间的等待时间由工艺需要确定。

吸泥机的运行方式设定为先半个行程排泥，然后接一个全程排泥，再进入时间等待，以满足沉淀池进水端沉泥量多的排泥需要。

3. 主要技术性能

虹吸排泥机的主要技术参数见表 4-9，供参考。

表 4-9　虹吸排泥机的主要技术参数

<table>
<tr><th>沉淀池宽度/m</th><th>吸泥机轮距/m</th><th>工作桥宽度/m</th><th>行车速度/(m/min)</th><th>驱动方法</th><th>驱动功率/kW</th><th>虹吸收泥管数量/根×直径/mm</th><th>泵吸式排泥量/(m^3/h)</th><th>泵吸式吸泥泵功率/kW</th><th>虹吸式真空泵功率/kW</th><th>配用轻轨/(kg/m)</th></tr>
<tr><td>4</td><td>1.2</td><td>0.80</td><td rowspan="10">1</td><td>集中驱动</td><td>0.37</td><td>3×50</td><td>20~35</td><td>3</td><td rowspan="10">1.5</td><td rowspan="3">15</td></tr>
<tr><td>6</td><td>1.6</td><td>0.80</td><td rowspan="9">二边同步</td><td rowspan="4">2×0.37</td><td>5×50</td><td>2×(15~30)</td><td>2×1.5</td></tr>
<tr><td>8</td><td>1.8</td><td>1.00</td><td>6×50</td><td>2×(20~35)</td><td>2×3.0</td></tr>
<tr><td>10</td><td>2.0</td><td>1.20</td><td>8×32</td><td rowspan="3">2×(50~70)</td><td rowspan="3">2×3.0</td><td rowspan="5">18</td></tr>
<tr><td>12</td><td>2.2</td><td>1.20</td><td>8×50</td></tr>
<tr><td>14</td><td>2.2</td><td>1.25</td><td rowspan="2">2×0.55</td><td>10×50</td></tr>
<tr><td>16</td><td>2.4</td><td>1.50</td><td>10×50</td><td rowspan="2">3×(50~70)</td><td rowspan="2">3×3.0</td></tr>
<tr><td>18</td><td>2.4</td><td>1.50</td><td rowspan="3">2×0.75</td><td>10×63.5</td></tr>
<tr><td>20</td><td>2.6</td><td>1.80</td><td>10×63.5</td><td rowspan="2">4×(50~70)</td><td rowspan="2">4×3.0</td><td rowspan="2">24</td></tr>
<tr><td>22</td><td>2.6</td><td>2.00</td><td>12×50</td></tr>
</table>

(二) 泵吸排泥机

1. 主要结构及工作原理

泵吸排泥机主要由泵和吸泥管组成。各根吸泥管在水下(或水上)相互联通后，再由总管接入水泵，吸入管内的污泥经水泵出水管输出池外，泵吸排泥机以及结构如图 4-15 所示。行车泵吸式吸泥机适用于污水处理二次沉淀池等。

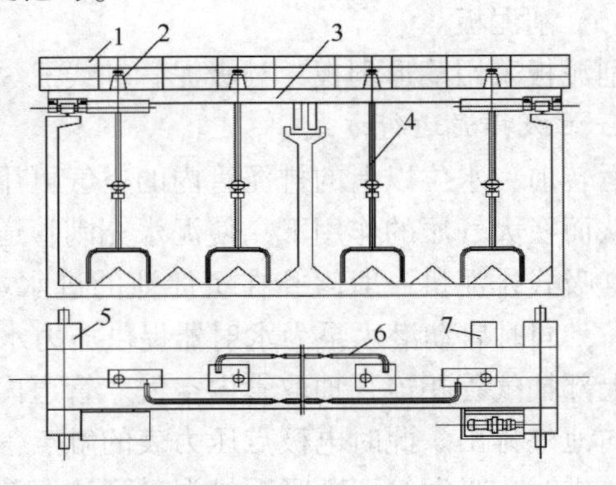

图 4-15　泵吸式吸泥机及结构示意图

1—栏杆；2—液下污水泵；3—主梁；4—吸泥管路；5—端梁；6—排泥管路；7—电缆卷筒

2. 特点

（1）可以克服污泥密度小，含沙量大，其他设备难以刮集的缺点，能将沉淀于池底的污泥经吸泥管及泵排出池外，对于有浮渣的沉淀池可同时在水面进行撇渣。

（2）采用液下排污泵排泥，污泥通过能力强，无堵塞、无泄漏；往返工作，边行进边排泥，排泥效率高，并可调节排泥量。

（3）根据需要既可间歇运行，又可连续运行。

（4）吸口有扁嘴吸口和圆吸口，并可根据需要在两吸口之间安装集泥刮板。

（5）集电方式可选用电缆卷筒、悬挂式移动电缆、滑触线三种方式。

（6）机械电器双重过载保护，运行安全可靠；操作简单，可实现远程控制。

（7）采用桁架结构，比传统机构质量减轻；维护简单方便，运行费用低。

3. 性能参数

泵吸排泥机的主要技术参数见表 4-10，供参考。

表 4-10　泵吸排泥机的主要技术参数

<table>
<tr><th rowspan="2">池宽/m</th><th rowspan="2">轨距/m</th><th rowspan="2">轮距/m</th><th rowspan="2">行驶速度/(m/min)</th><th colspan="2">驱动装置</th><th rowspan="2">钢轨型号</th><th colspan="3">排泥泵</th><th rowspan="2">轮压/t</th></tr>
<tr><th>电机功率/kW</th><th>车轮直径 D/mm</th><th>流量/(m³/h)</th><th>扬程/m</th><th>台数</th></tr>
<tr><td>8</td><td rowspan="7">根据池宽池形确定</td><td rowspan="2">1.5</td><td rowspan="2">1.12</td><td rowspan="7">1.5</td><td rowspan="2">270</td><td rowspan="2">P18</td><td rowspan="2">15~30</td><td rowspan="2">8</td><td rowspan="2">2</td><td rowspan="4">2.5</td></tr>
<tr><td>10</td></tr>
<tr><td>12</td><td rowspan="2">2.0</td><td rowspan="2">1.12 或 1.27</td><td rowspan="2">270 或 400</td><td rowspan="2">P18 或 P24</td><td rowspan="5">20~40</td><td rowspan="5">12</td><td rowspan="2">3</td></tr>
<tr><td>14</td></tr>
<tr><td>16</td><td>2.5</td><td rowspan="3">1.27</td><td rowspan="3">400</td><td rowspan="3">P24</td><td rowspan="3">4</td><td rowspan="3">3</td></tr>
<tr><td>18</td><td rowspan="2">3.0</td></tr>
<tr><td>20</td></tr>
</table>

第三节　相关设备在辐流式沉淀池中的应用

一、在中心进水周边出水沉淀池的应用

排泥设备在中心进水周边出水辐流式沉淀池的应用如图 4-16 所示。

乌鲁木齐市河东污水处理厂中沉池采用中心进水周边出水辐流式沉淀池，池直径 47m，中心转动排泥。为使布水均匀，进水管设穿孔挡板，穿孔率为 10%~20%，出水堰采用三角堰，堰前设挡板，拦截浮渣，单池设计流量 1896m^3/h，表面负荷 0.97m^3/(m^2·h)，沉淀时间 2h，有效水深 2m，池边水深 4m，边高 0.5m。

北京市高碑店污水处理厂二沉池是水深为 4m、直径为 50m 的辐流式中心进水周边出水圆形二沉池，共 24 座，采用桥式刮吸结合虹吸式静压排泥、连续运行的排泥方式。配套的回流污泥泵房 4 座，采用进口螺旋桨式潜水泵共 16 台，其余污泥泵采用潜污泵共 12 台。

二、在周边进水中心出水沉淀池的应用

排泥设备在周边进水中心出水沉淀池的应用如图 4-17 所示。

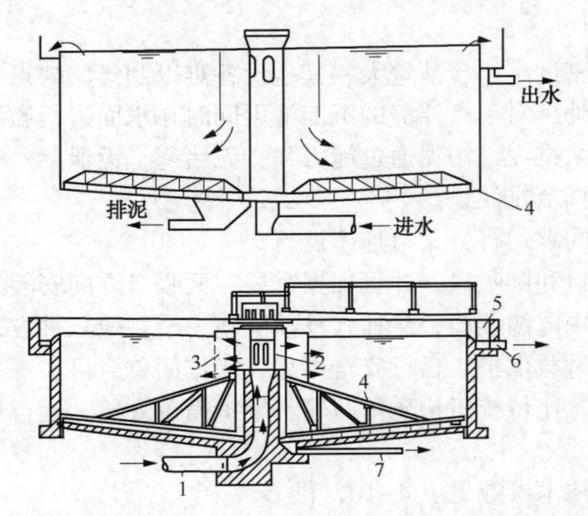

图 4-16 排泥设备在中心进水周边出水池中的应用示意图

1—进水管；2—中心管；3—穿孔挡板；4—刮泥机；5—出水槽；6—出水管；7—排泥管

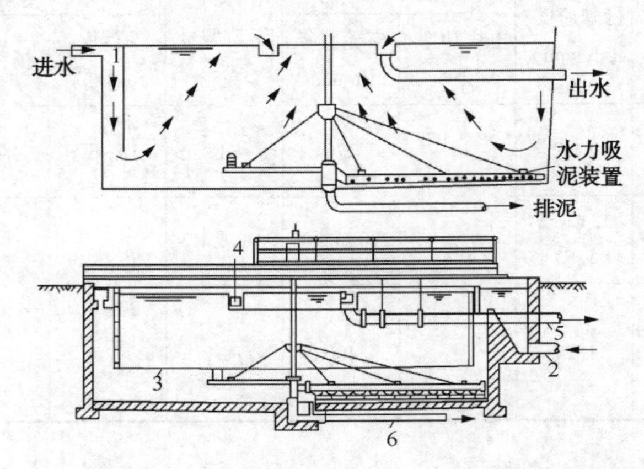

图 4-17 排泥设备在周边进水中心出水出水池中的应用示意图

1—进水槽；2—进水管；3—挡板；4—出水槽；5—出水管；6—排泥管

对于大直径辐流式沉淀池，因中间设置出水堰，阻碍刮吸呢机排泥，清除浮渣困难。中间出水堰的清理维护不便。

三、在周边进水周边出水沉淀池的应用

排泥设备在周边进水周边出水沉淀池中的应用如图 4-18 所示。

无锡市城北污水处理厂三期工程泥水分离系统采用周边进水周边出水辐流式沉淀池，设计池径为 50m，池边水深 4. 87m，表面负荷 q_{max} = 1. 38m^3/(m^2 · h)，沉淀时间 3h。池内安装全桥式中心传动吸泥机 1 台。为确保配水均匀，防止固体物质在进出水渠内的沉积，保持水流在渠内的等速流动，采用变断面的进出水渠及变化的配水孔口尺寸和间距。进水渠宽 1067mm 减缩至 427mm，相应的出水渠宽由 427mm 渐扩至 1067mm，配水孔口尺寸为 165mm，间距为 700~1800mm 不等。

四、辐流式沉淀池排泥的设计要点

（1）池径小于 20m 时，一般采用中心转动的刮泥机，其驱动装置设在池子中心走道上。

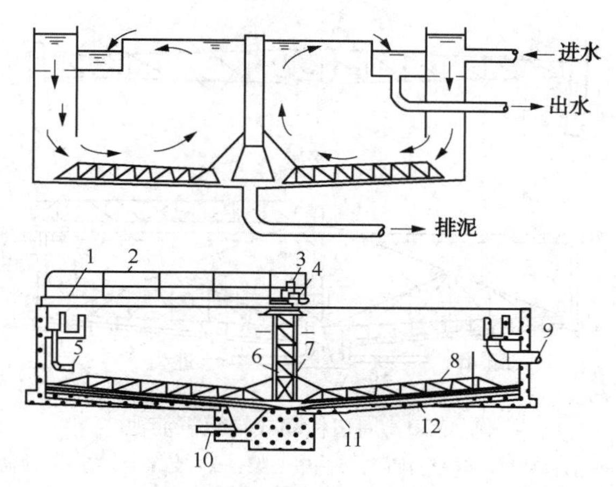

图 4-18　排泥设备在周边进水周边出水池中的应用示意图

1—过桥；2—栏杆；3—驱动器；4—转盘；5—进水布水管；6—中心支架；7—桁架；8—耙架；9—出水管；10—排泥管；11—刮板；12—可调节的橡皮刮板

池径大于 20m 时，一般采用周边传动的刮泥机，其驱动装置设在外缘，如图 4-19、图 4-20 所示。

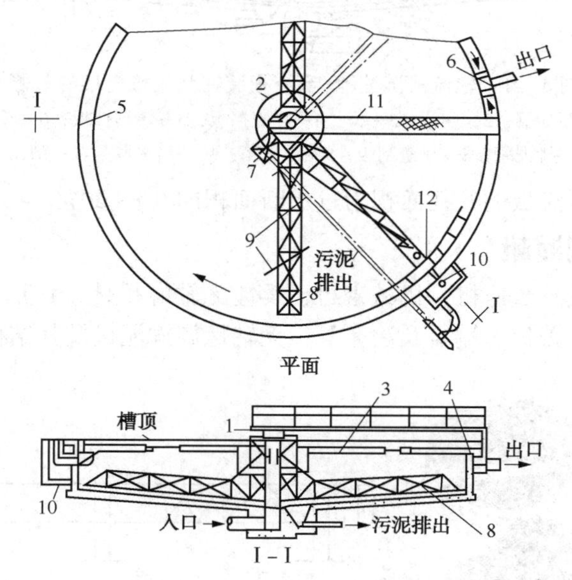

图 4-19　中心传动式辐流沉淀池

1—驱动器；2—整流器；3—挡板；4—偃板；5—周边出水槽；6—出水口；7—污泥斗；8—刮泥板桁架；9—刮板；10—污泥排口；11—固定桥；12—撇渣机构

(2) 刮泥机的旋转速度一般为 1～3r/h，外周刮泥板的线速不超过 3m/min，一般采用 1.5m/min。

(3) 在进水口的周围应设置整流板，整流板的开口面积为过水断面积的 6%～20%。

(4) 浮渣用浮渣刮板收集，刮渣板装在刮泥机桁架的一侧，在出水堰前应设置浮渣挡板，如图 4-21 所示。

(5) 非机械刮泥时，缓冲层高 0.5m；机械刮泥时，缓冲层上缘宜高出刮泥板 0.3m。

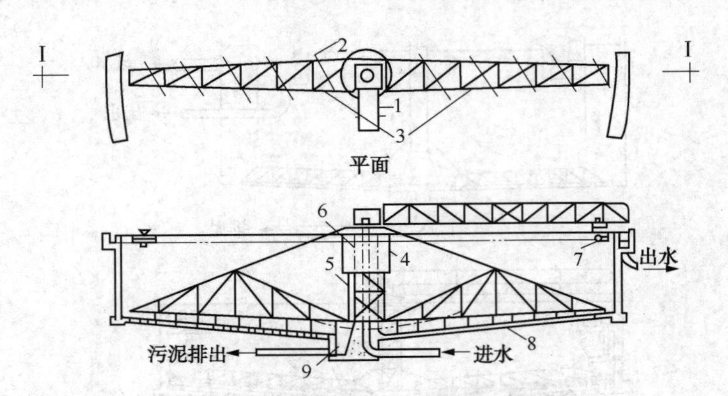

图 4-20 周边传动式辐流沉淀池

1—步道；2—刮板；3—刮板悬臂；4—整流筒；5—中心架；6—支撑台；7—驱动器；8—池底；9—泥斗

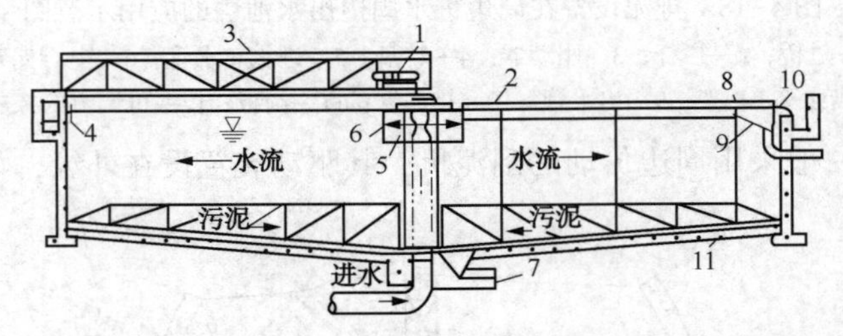

图 4-21 辐流式沉淀池（刮渣板装在刮泥机桁架的一侧）

1—驱动器；2—刮板；3—桥；4—浮渣挡板；5—转动挡板；6—转筒；

7—排泥管；8—浮渣刮板；9—浮渣箱；10—出水偃；11—刮泥板

（6）进水口周围整流板的开孔面积为过水断面积的 6%～20%。

五、无轴螺旋输泥机

通常主要由电动机、减速机、机械密封、柔性无轴螺旋体、U 形槽及保护衬套等组成，其他套附件还有支腿、盖板、端盖及法兰等，无轴螺旋输泥机及其结构示意图见图 4-22。

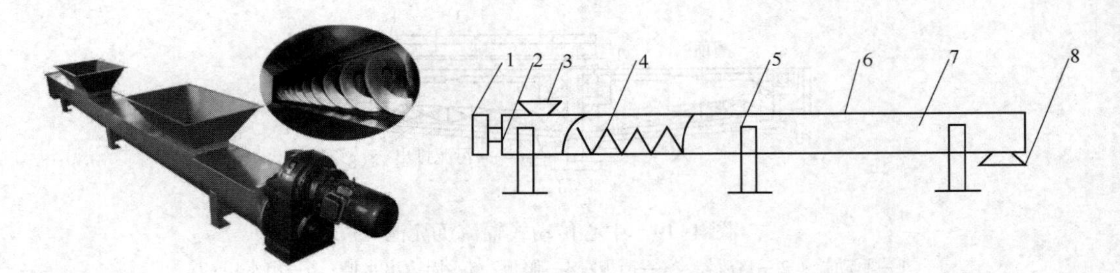

图 4-22 无轴螺旋输泥机及其结构示意图

1—电动机及减速机；2—机械密封；3—进料口；4—无轴螺旋体；

5—支腿；6—盖板；7—U 形槽及保护衬套；8—出料口

螺旋输泥机输送物料的有效流通断面较小，故适宜输送小颗粒泥沙，不宜输送大颗粒石块，不宜输送黏性大易结块的物体或细长织物等。水平布置时输送距离一般不宜超过 20m，倾斜布置时输送距离小于 10m。

有关企业给出的无轴螺旋输泥机技术参数如表 4-11 所示，供参考。

表 4-11　无轴螺旋输泥机技术参数

<table>
<tr><th colspan="3" rowspan="2">参数</th><th colspan="6">型号</th></tr>
<tr><th>WLS150</th><th>WLS200</th><th>WLS250</th><th>HDWLS300</th><th>HDWLS400</th><th>HDWLS500</th></tr>
<tr><td colspan="3">螺旋体直径/mm</td><td>150</td><td>184</td><td>237</td><td>284</td><td>365</td><td>470</td></tr>
<tr><td colspan="3">外壳管直径/mm</td><td>180</td><td>219</td><td>273</td><td>351</td><td>402</td><td>500</td></tr>
<tr><td colspan="3">允许工作角度</td><td colspan="6">0~30°</td></tr>
<tr><td colspan="3">最大输送长度/m</td><td>12</td><td>13</td><td>16</td><td>18</td><td>22</td><td>25</td></tr>
<tr><td colspan="3">最大输送能力/(t/h)</td><td>2.4</td><td>7</td><td>9</td><td>13</td><td>18</td><td>28</td></tr>
<tr><td rowspan="4">电机</td><td>型号</td><td rowspan="2">L≤7</td><td>Y90L-4</td><td>Y100L1-4</td><td>Y100L2-4</td><td>Y132S-4</td><td>Y160M-4</td><td>Y160M-4</td></tr>
<tr><td>功率/kW</td><td>1.5</td><td>2.2</td><td>3</td><td>5.5</td><td>11</td><td>11</td></tr>
<tr><td>型号</td><td rowspan="2">L>7</td><td>Y100L1-4</td><td>Y100L2-4</td><td>Y112M-4</td><td>Y132M-4</td><td>Y160L-4</td><td>Y160L-4</td></tr>
<tr><td>功率/kW</td><td>2.2</td><td>3</td><td>4</td><td>7.5</td><td>15</td><td>15</td></tr>
</table>

螺旋输泥机是一种无挠性牵引的排泥设备，在输送过程中可对泥沙起搅拌和浓缩作用。螺旋排泥机适用于中小型沉淀池、沉砂池(矩形和圆形)的排泥除砂，如各种斜管(板)沉淀池、沉砂池。螺旋输泥机可单独使用，也可与行车式刮泥机、链条刮泥机等配合使用。

参 考 文 献

[1] 韩志强，原培胜，李勇华．中心传动刮泥机驱动功率的计算方法[J]．舰船防化，2008(1)：48-51.
[2] 丛安生，姜春波，邓威等．大型中心传动浓缩(刮泥)机的应用与发展[J]．中国环保产业，2009(5)：41-45.

第五章　污水处理用填料与滤料

第一节　填　　料

污水处理用填料的主要作用是容纳附着微生物，是微生物生长的载体，为微生物提供栖息和繁殖的稳定环境，其丰富的内表面为微生物提供附着的表面和内部空间，使反应器尽可能保持较多的微生物量。一般来说填料比表面积越大，附着的微生物量越多，可承受的有机负荷也相对较高。

填料也是反应器中生物膜与污水接触的场所，对水流有强制性的紊动作用，使水流能够重新分布，改变其流动方向，从而使水流在反应器横截面卜分布更为均匀。同时，水流在填料内部形成交叉流动混合，为废水和生物体的接触创造了良好的水力条件。并且填料对好氧反应器中的气泡有重复切割作用，使水中的溶解氧浓度提高，从而强化微生物、有机体和溶解氧三者之间的传质。

填料也对水中的悬浮物有一定的截留作用。由于反应器中有填料存在，使出水中悬浮物的浓度减少，填料对悬浮物的截留作用是通过对污水中悬浮物的拦截、沉淀、惯性、扩散、水动力等诸多因素来实现的。

一、悬挂式填料

安装时，把两端分别拴扎在各种类型支架上使用的填料称为悬挂式填料，例如软性填料、半软性填料、组合填料、弹性立体填料、自由摆动填料等。由于其结构简单、造价低、比表面积大、不易堵塞、耐冲击负荷等优点，几乎占领了目前绝大部分的污水生物处理填料市场。但是这些填料最大的问题是填料支架的腐蚀倒塌、填料中心绳的互挠断裂以及无法入池维修造成填料报废。市场上出售的产品如半软性填料的模片厚度，由最初的 2mm 改为现在的 0. 34mm，强度弱，挂膜后弯曲下垂，中心绳在挂膜后弹性伸长，使串片在鼓风吹动下摆动且缠绕在一起。

（一）软性填料

软性填料由中心绳和软性纤维组合而成，以软性纤维作为挂膜(微生物附着)主体，填料的材质采用高醛化度维纶丝。软性填料之间的空隙可以随着水和气的流动而变化，避免了堵塞现象；组成软性填料的纤维丝具有很大的比表面积，相对容易挂膜。

软性填料具有加工方便、造价低、空隙可变不易堵塞、适应性强、耐酸、耐碱、抗生物侵蚀、成膜快、质量轻、比表面积大、组装简易、管理方便等优点，广泛用于废水厌氧、兼氧、好氧各类生物处理。上海石化总厂涤纶厂采用装有这种软性填料的接触氧化工艺处理污水，容积负荷达到 3. 28kgCOD/m^3，COD 去除率 80%。软性填料问世最早，在当时看来具有很高的推广价值，并得到了广泛应用。软性填料见图 5-1。

软性填料在长时间使用之后易出现结团现象，降低了填料的实际使用面积，并且在结团区的中心易形成较大的厌氧区，影响处理效果。填料的使用寿命较短，一般为两年左右。其技术规格如表5-1所示。

图5-1　软性填料

表5-1　软性填料技术规格

材　质	密度/（g/cm³）	抗拉强度/（g/单丝）	伸长率/%	耐酸碱性（pH值2~12）	失重率（100℃）/%
合成纤维	1.02	6.8~7.1	4	无变化	≤1

（二）半软性填料

半软性填料是由北京纺织科学研究院在20世纪80年代开发的，它由填料单片、塑料套管和中心绳三部分组成，所有组成部分均采用耐酸、耐碱、耐老化性能较好的低密度聚乙烯为原料，经熔融注塑成由中心孔向外放射的形状，针刺状的圆形单片是半软性填料的主体，由中心绳依次穿过各单片的中心孔，单片间嵌套塑料管以固定片距串连成所需长度。半软性填料见图5-2。

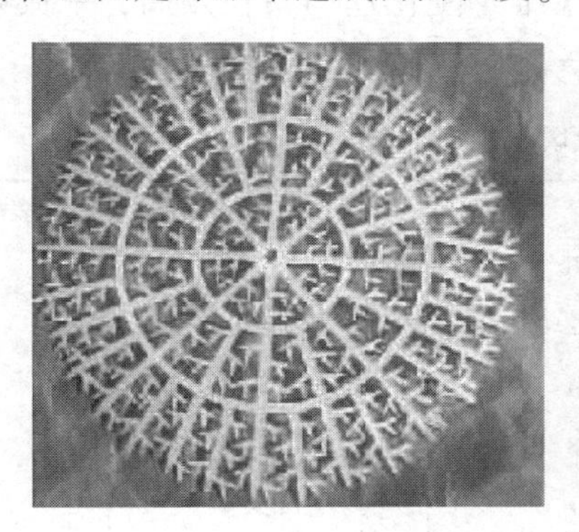

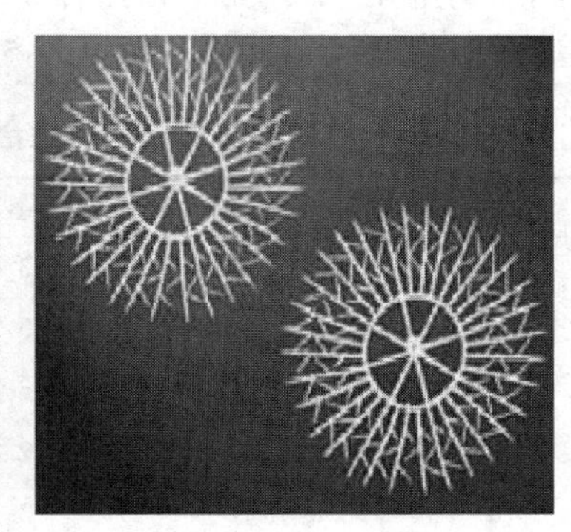

图5-2　半软性填料

半软性填料具有特殊的结构和水力性能，孔隙率大（大于96%），流阻小，并且当水流通过填料层时可产生明显的湍流流态，提高水与生物膜的接触效率，增大了去除污染物的能力。该填料有一定的刚性及柔性，具有较强的重新布水、布气能力。对于鼓风曝气中的大气泡供气而言，它具有多层次、反复切割气泡的作用，从而提高了氧的转移率。比表面积大（可达到130m^2/m^3），为微生物的生长提供了充足的空间。具有传质效率高、节能、不易堵塞、耐腐蚀、耐老化等特点，使用寿命可达5~10年，但造价偏高。

（三）组合填料

组合填料集中了软性及半软性填料的结构特点，填料单元中间是一个尺寸较小的半软性填料，周边连接软化纤维束。这类填料大多是在中心环的结构和纤维束的数量上有所不同，其结构是将塑料圆片压扣改成双圈大塑料环，将醛化纤维或涤纶丝压在环圈上，使纤维束均匀分布；内圈是雪花状塑料枝条，既能挂膜，又能有效切割气泡，提高氧的转移速率和利用率。组合填料综合了软性填料易挂膜，半软性填料不易缠结、堵塞的优点，克服了半软性填料难挂膜的缺点，因而广泛应用于接触氧化法和厌氧法，处理各种废水。组合填料分为组合式双环填料和组合式多孔环填料，组合填料见图5-3。

图 5-3 组合填料

1）组合式双环填料

以塑料环作为骨架，中间是一个尺寸比较小的半软性填料，外围连接软化的纤维束，维纶丝紧绷在塑料环上。在污水中丝束分散均匀，易挂膜、脱膜，对污水浓度变化适应性好。

2）组合式多孔环填料

塑料环片四周均置 40 个方孔，方孔有 8 束维纶醛化丝均布在四周，呈放射状。纤维束丝串通 8 个方型孔，组合填料规格参数见表 5-2。

表 5-2 组合填料规格参数

型 号	单位串数/(串/m^3)	单位重量/(kg/m^3)	成膜质量/(kg/m^3)	比表面积/(m^2/m^3)
Φ120	77	3.6	84	380
Φ150	44	3.2	69	310
Φ150	44	3.4	65	296
Φ180	30.8	2.8	62	265
Φ180	30.8	3.1	57	250
Φ200	25	2.8	55	260

(四) 弹性填料

弹性填料筛选用聚烯烃类和聚酰胺中的几种耐腐、耐温、耐老化的品种，混合以亲水、吸附、抗热氧等助剂，采用特殊的拉丝、丝条制毛工艺，将丝条穿插固着在耐腐、高强度的中心绳上，由于选材和工艺配方精良，刚柔适度，使丝条呈立体均匀排列辐射状态，制成了悬挂式立体弹性填料的单体。填料在有效区域内能立体全方位均匀舒展满布，使气、水、生物膜得到充分混渗接触交换，生物膜不仅能均匀地着床在每一根丝条上，保持良好的活性和空隙可变性，而且能在运行过程中获得大的比表面积。

立体弹性填料与硬性类蜂窝填料相比，孔隙可变性大，不堵塞；与软性类填料相比，材质寿命长，不粘连结团；与半软性填料相比，表面积大、挂膜迅速、造价低廉。因此，该填料可确认是继各种硬性类填料、软性类填料和半软性填料后的第四代高效节能新颖填料。目前较多应用在难降解有机物处理过程中的水解酸化段，提高废水的可生化性。弹性填料及应用见图 5-4。

立体弹性填料技术参数见表 5-3。

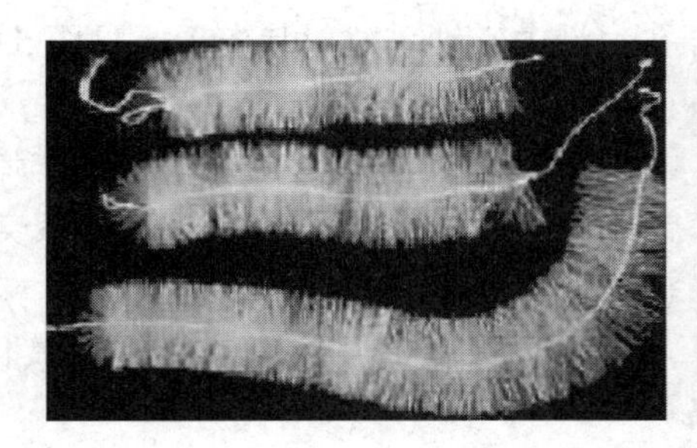

图 5-4　弹性填料及应用

表 5-3　立体弹性填料技术参数

型号	直径/mm	丝条直径/mm	丝条密度/(根/m)	成品重/(kg/m^3)	比表面积/(m^2/m^3)	容积负荷/[kgCOD/(m^3・d)]
120	120	0.4~0.5	3200~3400	4.3~4.9	116.5~133.2	2~2.5
150	150	0.4~0.5	3200~3400	3.5~4.0	93.2~107.6	1.6~2.0
180	180	0.4~0.5	3200~3400	3.0~3.3	85.5~90.0	1.5~1.9
200	200	0.4~0.5	3200~3400	2.7~3.1	69.9~80.9	1.4~1.7

二、悬浮填料

为了使载体的堆积密度小，比表面积大，易于清理，开发出了在被处理的水体中处于悬浮、流化状态的填料，这就是悬浮填料。悬浮填料以球形和短柱形居多。

悬浮式填料是分散式填料的一种，将其投加于曝气池中，在气流的推动下，该填料能够在全池中流化。填料表面生长有微生物，填料在流化过程中，其表面上的微生物能够充分利用溶解氧，提高氧的利用率，且微生物活性增强，系统的去除效果提高。在曝气过程中，填料具有公转和自转，可以提高氧的传递速率，易于生物膜脱落。在停止曝气时，填料悬浮于曝气池表面。

悬浮填料的共同优点是：结构简单、比表面积大，填充率一般为70%左右；悬浮球在水中上下左右滚动，不易堵塞，能使气、水和生物膜得到充分的接触交换，不粘连、不结团。悬浮填料在运行中最大的缺点是：悬浮球被空气吹浮的过程中往往挤成一堆，很难做到填料在池中均匀地悬浮，这样池内形成了许多死角，造成厌氧状态，生物膜变黑，不利于污水的硝化反应。设计中采用绳网将池分成小格，限制悬浮球乱跑，但实际应用中绳网安装制作均有困难。

（一）球形悬浮填料

球形悬浮填料，又称多孔旋转球形悬浮填料，是针对国内污水处理技术采用的多种填料中开发的最新系列产品，在污水的生化处理中具有全立体结构、比表面积大、直接投放、无须固定、易挂膜、不堵塞的优点。球形悬浮填料挂膜后密度接近于水，在曝气池中以悬浮形式存在，其用量(以体积计)约为曝气池体积的20%~70%。工程中应用较多的球形悬浮填料主要有以下几种。

1. 多面空心球形填料

在球中部沿整个周长有一道加固环，环的上、下各有 12 片球瓣，球瓣开孔成网片状或

图 5-5 多面空心球形填料

不开孔，沿中心轴呈放射状布置，见图 5-5。

(1) 性能

① 气速高，叶片多，阻力小，操作弹性大；

② 比表面积大，可以充分解决气液交换。

(2) 用途

广泛用于除氯气、除氧气、除二氧化碳等环保设备中。

(3) 技术参数

多面空心球填料技术参数见表 5-4。

表 5-4 多面空心球填料技术参数

直径/mm	比表面积/(m^2/m^3)	空隙率/%	堆积重量/(kg/m^3)	堆积密度/(个/m^3)	耐温/℃
75	206	0.90	80	3000	最高 150
50	236	0.90	81	11500	
38	320	0.88	114	28500	
25	500	0.84	145	85000	

2. 内置式悬浮球填料

(1) 组成

内置式悬浮球填料由网格球形壳体与内置载体两部分组成。壳体由高分子聚合物注塑而成，球面呈网格状。内置载体的材料有醛化维纶丝及聚乙烯扁丝等，前者是在壳体内设一轴杆，轴杆上有两个塑料扣，每个扣上固定有 1 束醛化维纶丝，纤维丝在水体中能随水流自由摆动；后者是以聚乙烯为原料拉成薄扁丝后呈刨花状成团填入壳体，见图 5-6。网格孔大小适中，既有一定的机械强度，又不致被脱落生物膜堵塞。

图 5-6 内置式悬浮球填料

内置式悬浮球填料具有投资小、适应性强、易挂膜、比表面积大、无需再生处理、运转管理方便等优点。

(2) 适用范围

可广泛应用于接触氧化工艺处理化工、纺织、印染、制药、造纸、食品加工等行业的废水及生活污水。

(3) 产品技术指标

内置式悬浮球填料技术参数见表 5-5。

表 5-5　内置式悬浮球填料技术参数

规格/mm	耐酸碱性	连续耐热/℃	脆化温度/℃	比表面积/(m^2/m^3)	孔隙率/%	材料密度/(g/cm^3)	堆积密度/(个/m^3)
Φ100	稳定	80~90	≥-10	680	98	0.91	1000
Φ80	稳定	80~90	≥-10	680	98	0.91	2000

(三) MBBR 专用悬浮填料

(1) Linpor 填料

Linpor 填料由德国 LINDE 公司研发，由聚氨酯泡沫塑料制成，规格一般为 10mm×10mm×10mm 的正方体，呈多孔状，具有较高的比表面积(5000~35000m^2/m^3)，可使系统的固定微生物质量浓度分别达 10~18kg/m^3，适用于高浓度工业废水的处理。Linpor 填料见图 5-7。

(2) LEVAPOR 填料

由德国拜耳公司研发，通过对 Linpor 载体表面处理，吸附 30%活性炭粉，比表面积可达 20000m^2/m^3，有长方体(从 14mm×14mm×7mm 到 20mm×20mm×10mm)与正方体形状(14mm×14mm×14mm 到 40mm×40mm×40mm)，研发的初始目的是处理拜耳集团下属化工厂的废水废气中难降解的化学品，Levapor 填料适合于高浓度难降解有机物和高氨氮有机废水处理。LEVAPOR 填料见图 5-8。

图 5-7　Linpor 填料

(3) Kaldnes 悬浮填料

Kaldnes 悬浮填料由挪威 KaldnesMijecptek-nogi 公司与 SINTEF 研究所联合开发，其中 KMT 型系列

图 5-8　LEVAPOR 填料

填料应用最多、最广。该填料由聚乙烯材料制成，大小不超过 11mm，呈外棘轮状，内壁由十字筋连接，在水中能自由漂动。在悬浮填料长有生物膜的情况下，其密度接近于水。Kaldnes 悬浮填料目前主要用作流动床生物膜工艺(MBBR)的填料，悬浮填料在反应器内最大填充率可达 67%，其有效生物膜面积可达 350m^2/m^3。Kaldnes 悬浮填料见图 5-9。

(4) Natrix(诺趣思)悬浮填料

Natrix(诺趣思)填料由锥型件和聚乙烯片组装而成，锥型件采用高密度聚乙烯和碳酸钙

图 5-9 Kaldnes 悬浮填料

为原料通过灌注、压制而成，并将较小或较大的聚乙烯片(通常为 6 大 6 小)组装在一起，在每个端部用箍固定。其直径一般有 31mm、32mm、33mm、34mm、35mm 共五种规格，长 31mm，密度大于水，每种规格适用一种类型的废水。$1m^3$直径为 31~35mm 的 Natrix 填料一般可容纳 23000~25000 个填料元件。Natrix 悬浮填料见图 5-10。

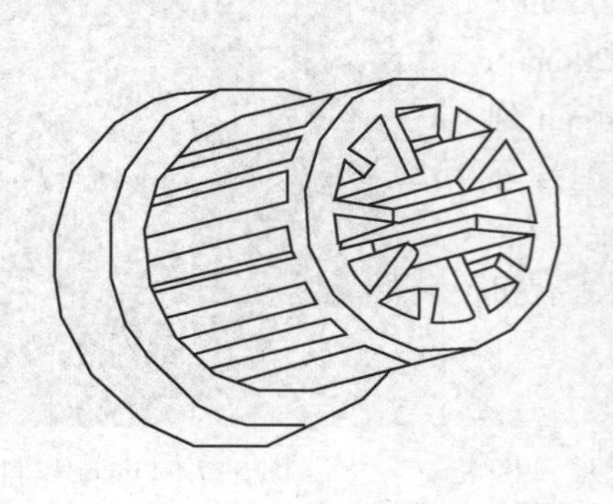

图 5-10 Natrix 悬浮填料

1998 年瑞典的 U. WELANDER 等采用悬浮载体生物膜工艺，取得了理想的实验室规模的渗沥液生物脱氮效果。实验装置是容积为 $5m^3$的塑料池，内装填料(Natrix6/6C)，其容积占池容积的 60%，渗沥液温度范围为 10~26℃时，硝化效果良好，硝化容积负荷率为 $24gNH_3-N/(m^3 \cdot h)$，反硝化容积负荷率为 $55gNO_x/m^3 \cdot h$。当工艺运行稳定后，无机氮几乎全部去除，总氮去除率达到 90%。

(5) 其他形式

其他大量使用的柱形 MBBR 填料形式见图 5-11。

图 5-11 其他形式的 MBBR 填料

几种形式的 MBBR 填料性能比较见表 5-6。

表 5-6　几种形式的 MBBR 填料性能比较

比较内容	填料类型		
	LEVAPOR 填料	Linpor(PUR 泡沫)填料	聚乙烯(聚丙烯)填料
比表面积/(m^2/m^3)	≥20000	5000~35000	10~1200
吸附能力	强	强	弱
空隙率/%	75~90	75~90	50~75
反应池填充率/%	12~15	20~40	30~70
润湿性	两天之内	3 个月	很长
吸水性	可到自身重量 2.5 倍	少	很少
带电负荷	从(+)到(-)可变化	不能变化	不能变化
挂膜时间	1~2h	几个星期	10~15d
流化度大于 90% 条件下的空气流量/[m^3/(m^2·h)]	4~7	—	需穿孔管曝气
过量污泥的去除	通过流化	通过挤压	通过流化
物理性能的可变性	很强	很少	无

MBBR 填料与传统载体性能比较见表 5-7。

表 5-7　MBBR 填料与传统载体性能比较

比较内容	填料类型				
	活性污泥	蜂窝填料	组合填料	多面空心球	MBBR 填料
规格/mm	—	Φ25	Φ150	Φ25	Φ25
填料填充率/%	—	70	70	40	40
停留时间/h	5	5	5	5	5
溶解氧/(mg/L)	2~3	2~3	2~3	2~3	2~3
水温/℃	26~30				
进水 NH_3-N/(mg/L)	100~130				
出水 NH_3-N/(mg/L)	70~90	90~110	60~80	40~70	0.1~5
去除率/%	30	15	46	54	96

三、蜂窝填料

蜂窝填料指填料已加工成足够大的棱柱体，安装和检修时只需整体放入或取出。蜂窝填料包括蜂窝斜管、蜂窝直管、波纹板、立体网状填料等，其共同的优点是比表面积大、安装检修方便、不易堵塞、使用寿命长等。对于斜管、斜板等，由于其表面光滑，生物膜易脱落，不易坐床，因此很少在接触氧化工艺中使用，多作为给水沉淀或循环水冷却降温用。而立体网状填料由于其特殊的结构，使得生物膜附着量大，且无短路区，为接触氧化工艺极佳的整体型填料。

蜂窝填料的材质一般有聚氯乙烯、聚丙烯、乙丙共聚三种。特别是乙丙共聚斜管，韧性强、组装刚度好、不变形、不脆裂、抗老化、使用寿命长，是目前在给水排水工程中采用最广泛而且成熟的水处理装置。但是由于固定式填料比表面积小、生物膜量少，且表面光滑，生物膜易脱落，致使这些填料在使用中常会遇到堵塞、结团、布气布水不均匀、充氧性能差等问题。此外，上述填料均需安装在辅助支架上，造成安装更换诸多不便，使工程投资和运转费用相对提高。

（一）蜂窝直管填料

蜂窝直管填料用于塔式生物滤池、高负荷生物滤池和接触氧化池以及生物转盘，作为微生物载体。

（二）立体网状填料

1. 结构特征

立体网状填料的材质以聚丙烯高分子聚合物为主，并添加疏水性、亲水性、阻燃性、耐热性、抗冻性、抗老化性等不同助剂，以适应各种性质的污水和不同处理工艺的要求。填料的结构是将合成树脂加热熔融后，由喷丝头喷出，使丝条在不规则的旋转运动中重叠堆积，并将其相互交接点在冷却时融接成整体型立体网状结构。由于聚丙烯类合成树脂质量轻，且具有较高的机械强度，在水中不会变形；又因其不含可塑剂，故在水中不会分解或溶出有害物质。该填料的形状可为棱柱体、圆柱体或扁平体，视不同需求而定。

2. 物理特征

根据纤维密度不同，填料孔隙率为95%~98%，纤维丝径为0.8~1.5mm，纤维密度为0.9~0.92g/cm^3。填料容重随形状和空隙率不同而异，一般为9~20kg/m^3。填料抗压强度较高，一般不会变形，最大载荷400kg/m^2条件下压缩变形不超过8%，且为弹性变形。适应温度范围为5~40℃，当温度在0℃以下时，填料硬度较大变脆，抗冲击性能差，必须加入特殊的添加剂，因此一般不用于冷冻水处理。

3. 生物处理特征

（1）填料挂膜量

立体网状填料的结构为一种丝条多重交叉的螺旋结构，污水在填料中呈三维流动状态，因此立体网状填料是最适宜微生物附着繁衍的填料之一。根据有关实测数据，填料的挂膜量为：好氧生物膜190~316kg/m^3，厌氧生物膜80.4~133.1kg/m^3。

（2）填料的容积负荷及处理效果

① 在内循环接触氧化条件下，当填料容积负荷为4.43kgCOD/(m^3·d)时，COD去除率为31.5%~43.2%；

② 在折流板厌氧反应器中，在进水COD为300~900mg/L、污泥负荷为0.06~0.18kgCOD/(kgMLSS·d)的条件下，厌氧COD去除率为60%~75%，产甲烷率可达250~300mLCH_4/(gVSS·d)。

4. 产品规格

有关填料产品规格见表5-8。

5. 应用

（1）用于各种污水的接触氧化二级处理或三级处理，容积负荷在0.15~4.0kgBOD_5/(m^3·d)时可获得良好且稳定的出水水质。

表 5-8　立体网状填料的产品规格

型号	外形尺寸/mm	中心孔数/个	填料比表面积/(m^2/m^3)	断面形状	主要用途	备注
RC-4020	400×200，长任意	10	60		污水处理	
RC-4020J	400×200，长任意	27	82		微污染源给水处理	给水
RC-5025	500×250，长任意	10	68		污水处理	
RC-5025J	500×250，长任意	27	93		微污染源给水处理	给水
RC-203B	200×30，长任意		85		过滤	
RC-305B	300×50，长任意		100		过滤	
RC-505B	500×50，长任意		175		过滤	
RC-1518G	ϕ150×180	3	60		悬浮填料	管状
RC-1015G	ϕ100×150	3	82		悬浮填料	管状
RC-710G	ϕ70×100	3	90		悬浮填料	管状

(2) 用于流动床生物滤池；用于污水处理的水解池、厌氧生物滤池和复合厌氧反应器中，作为兼氧菌或厌氧菌的固定生物床。

(3) 用于微污染给水生物处理中的固定生物床，去除有机物，利于后续的常规处理工艺。

(4) 用于污水的深度处理，容积负荷 0.15kgBOD_5/(m^3 · d)，进水 BOD_5<15mg/L，处理后出水 BOD_5<3mg/L，可作为回用水。

(5) 用于沉淀池

斜板(斜管)沉淀池是根据浅池沉淀理论设计出的一种高效组合式沉淀池，因其在沉降区域设置许多密集的斜管或斜板填料使水中悬浮杂质在斜板或斜管中进行沉淀而得名。目前在实际工程中应用较多的是异向流斜板(斜管)沉淀池，斜板(斜管)在沉淀池中的应用示意图见图 5-12。

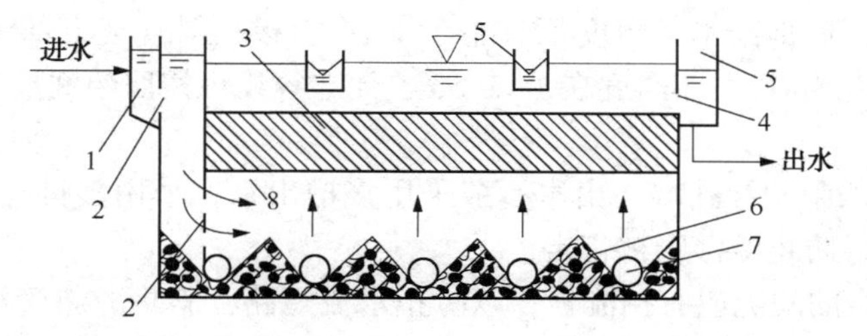

图 5-12　斜板(斜管)在沉淀池中的应用示意图

1—配水槽；2—整流墙；3—斜管或斜板；4—淹没孔；5—集水槽；6—泥斗；7—排泥管；8—斜管或斜板支架

为了充分离用沉淀池的有限容积，斜板、斜管设计成密集型几何图形，其中有正方形、长方形、正六边形和波形等，见图 5-13。实际应用中，采用斜管较多，斜管一般采用正六边形和波形。

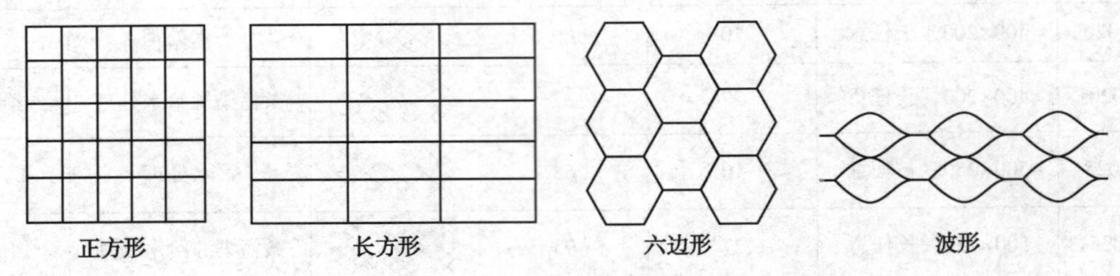

图 5-13　斜板、斜管形状

有关斜管(斜板)沉淀池的设计如下：

① 设计要求：

a. 斜板净距为 80~100mm，斜管孔径 d 为 50~80mm。

b. 斜板(管)斜长为 1m。

c. 斜板(管)倾角为 60°。

d. 斜板(管)区上部水深为 0.7~1.0m。

e. 斜板(管)区底部缓冲层高度为 1.0m。

② 设计参数：

a. 斜管沉淀池的池数应根据处理能力确定，一般不少于 2 个。

b. 表面负荷。

初沉池、沉淀池 2~3m^3/(m^2·h)，活性污泥法后的二次沉淀池 2~3m^3/(m^2·h)，生物膜法后的沉淀池 2~4m^3/(m^2·h)，根据处理能力与表面负荷可确定沉淀池所需的面积。

c. 水力停留时间一般为 1.5~2.5h，根据水力停留时间与处理能力可确定(指在斜管以及斜管上部的清水区部分的有效高度。

d. 进水段的配水流速宜控制在 0.02~0.05m/s，根据处理能力与配水流速确定沉淀池的池宽(B)。

e. 采用斜板时斜板净距为 80~100mm；斜管孔径一般为 50~80mm，用于污水处理时，一般选大值。

f. 单个的斜板、斜管的斜长在 1~1.2m；根据实际情况，斜板或斜管可分 1~2 层布置，斜板、斜管的倾角为 60°，一般向进水一端倾斜布置。

g. 斜板、斜管区底部配水区高度不宜小于 1m；斜板、斜管区上部清水区高度为 0.7~1m；池超高不少于 0.3m；泥斗高度在 1~1.5m，泥斗容积可按照药剂投加量与污水中 SS 去除量核算。

h. 进水方式一般采用穿孔墙，出水一般采用多槽出水；采用多排孔管集水时，孔眼应在水面以下 2cm 处，防止漂浮物被带走。

i. 在池壁与斜板的间隙应有挡流板，以防止水流短路；斜板、斜管沉淀池应设置斜管、斜板冲洗设施。

四、填料的发展方向

用于污水处理的生物填料门类齐全，产品繁多。随着污水处理工艺的不断推陈出新，必将会有性能更为优越、运行更加可靠的生物填料出现。综合各种填料的性能可以看出，以下几种类型的填料将会成为生物填料的发展方向。

（1）悬浮填料

悬浮填料易挂膜，比表面积大，挂膜后的密度接近于水，在水中自由漂浮，使微生物与水中的有机物有更多的接触机会，可以使溶解氧分布更加均匀，并且可省去固定填料用的支架，节约工程造价。

（2）微生物密集型填料

此类填料可使微生物膜密集、均匀地占满整个池体，并能够进行良好的新陈代谢，如酶促填料。因此可使接触氧化池中的微生物总量提高，最大限度地提高生化池容积负荷，减少接触氧化池的占地，节省工程基建投资。

（3）固定化微生物型填料

用化学或物理的手段，将游离细胞或酶定位于限定的区域，使其保持活性并可反复利用。固定化微生物型填料的应用，能克服因生物细胞太小与水分离较难易而造成二次污染的缺点，具有效率高、稳定性强、能纯化和保持高效菌种的优点，在废水处理领域有着广阔的应用前景。

第二节　滤　　料

一、纤维球滤料

纤维球滤料是由纤维丝扎结而成的，它与传统的钢性颗粒滤料相比，具有弹性效果好、不上浮水面、孔隙大、水头损失小、耐酸碱、可再生等优点；在过滤过程中，滤层空隙沿水流方向逐渐变小，滤速快，截污能力大，适用于直接过滤的过滤设备，用于电力、油田、化工、冶金、电子等行业的高标准用水以及循环水、旁滤水、废水的回收与利用。其物理、化学性能数据见表5-9，纤维球滤料见图5-14。

表5-9　纤维球滤物理、化学性能数据

项目	数据	项目	数据
密度/(kg/m^3)	1.38	滤速/(m/h)	20~85
充填密度/(kg/m^3)	60~80	载污量/(kg/m^3)	6~10
比表面积/(m^2/m^3)	3000	球径/mm	15~25、25~30
孔隙率/%	96	球体外观	白色球状椭圆状
常用规格/mm	0.5~1.0、0.5~0.8、0.6~1.2、0.8~1.6、1.0~2.0、2.0~4.0		

二、陶粒

（一）陶粒滤料的定义与要求

1. 定义

根据《水处理用人工陶粒滤料》（CJ/T 229—2008），水处理陶粒滤料是指用黏土、粉煤灰、页岩等材料为主要原料，经破碎、配方，成形后经高温烧成陶质的颗粒产品。陶粒表面

图 5-14 纤维球滤料

坚硬，呈球形颗粒状，具有发达的微孔和大比表面积、孔隙率高，从而截污能力强、滤速高。根据用途的不同，水处理用陶粒可分为给水处理滤料和污水处理滤料两种。

2. 要求

(1) 人工陶粒滤料不应使滤后水产生有毒、有害成分。

(2) 人工陶粒滤料的粒径范围一般为 0.5~9.0mm，确定的陶粒滤料粒径范围中，小于最小粒径和大于最大粒径的量均不应大于 5%。

① 给水用陶粒粒径为 1~2.5mm，其中大于 2.5mm 粒径的筛余量≤5%，小于 1.0mm 粒径的筛余量≤5%；

② 污水处理陶粒粒径分为 2~4mm、3~6mm、5~8mm、6~9mm 三种规格，同时应满足标准的有关要求。

(3) 其他技术指标：陶粒滤料破碎率与磨损率之和、含泥量、盐酸可溶率、空隙率与比表面积的指标应符合表 5-10 中的规定。

表 5-10 人工陶粒滤料的有关技术指标

项 目	指 标	项 目	指 标
破碎率与磨损率之和/%	≤6	空隙率/%	≥40
含泥量/%	≤1	比表面积/(cm^2/g)	≥0.5×10^4
盐酸可溶率/%	≤2		

(一) 种类

1. 黏土陶粒

黏土陶粒以黏土、亚黏土等为主要原料，经加工制粒、烧胀而成。如采用红黏土、粉煤灰、页岩为主要原料，加入适量的化工原料，可生产出多孔球形轻质陶粒滤料。多孔陶粒滤料具有强度好、孔隙率大、比表面积大、化学稳定性好的优点，可以作为滤料用于污水和自来水的处理工艺中。

2. 粉煤灰陶粒与粉煤灰陶砂

粉煤灰陶粒与粉煤灰陶砂是以工业废料粉煤为主要原料，加入一定量的胶结料和水，加工成球形后烧结而成的。其粒径为 5mm 以上的轻粗骨料称为烧结粉煤灰陶粒；料径小于 5mm 的轻细骨料称为粉煤灰陶砂。

粉煤灰陶粒一般呈球状，堆积密度不大于 1100kg/m^3，粒径在 5~20mm 之间，表皮粗糙坚硬，内部有许多细微气孔，具有体轻、高强等优点。煤灰陶粒规格要求如下：

(1) 粉煤灰陶粒的吸水率不应低于 22%，软化系数不应小于 0.80。

(2) 粉煤灰陶粒的抗冻性要求如下：经 15 次冻融循环后的重量损失不应大于 5%；也可用硫酸钠溶液法测定其坚固性，经 5 次特环试验后的重量损失不应大于 5%。

(3) 重量损失要求如下：用煮沸法检验时，其重量损失不应大于 2%。

(4) 粉煤灰陶粒的烧失量不应大于 4%。

（5）粉煤灰陶粒中有害物质应符合表5-11的规定。

表5-11　粉煤灰陶粒中有害物质规定指标

项目名称	指　标
硫酸盐（按 SO_3 计）/%	<0.5
氯盐（按 Cl^- 计）/%	<0.02
含泥量/%	<2
有机杂质（用比色法检验）	不深于标准色，应在30%~70%范围内

粉煤灰陶粒具有比表面积大、表面能高，且内部存在着铝、硅氧化物等活性点，具有良好的吸附性能，易于再生便于重复利用，因此是一种廉价的吸附剂，在废水处理中具有广阔的应用前景。

3. 页岩陶粒

页岩陶粒又称膨胀页岩，采用黏土质页岩、板岩等为原料，经破碎、筛分或粉磨成球，烧胀而成。该陶粒滤料具有孔隙率高、比表面积大，化学性能稳定、机械强度高、过滤水质好、不含有害物质、渗透能力强、滤速高、产水量高等特点，可作为水厂滤池和污水处理过滤的滤料，有关企业给出的技术指标如表5-12所示，供参考。

表5-12　页岩陶粒主要技术指标

指标名称	数　值	指标名称	数　值
容重/（t/m^3）	0.65~1.1	浊度去除率/%	>85
密度/（t/m^3）	2.4~2.6	截污量（kg/m^3）	13
孔隙率/%	65~78	耐压强度/MPa	40
磨损破碎率/%	<5	形状系数	1.5~2.5
渗透系数/（cm/s）	1.0~4.5	比表面积/（cm^2/g）	>1000

4. 河底泥陶粒

大量的江河湖水经过多年的沉积形成了很多泥沙，利用河底泥替代黏土，经挖泥、自然干燥、生料成球、预热、焙烧、冷却制成陶粒。河底泥陶粒可以作为填料用于生物滤池处理污水。

5. 硅藻土陶粒

硅藻土是由较细的硅藻壳聚集、经生物化学沉积作用形成的沉积岩，硅藻土呈疏松状，吸水和吸附能力强，熔点高，具有多孔结构。目前生产硅藻土陶粒有焙烧法和免烧法。如果硅藻土成岩程度较高，已呈块状，可以采用直接焙烧，然后破碎至所需粒度。免烧法是将粉碎好的硅藻土配入CaO含量大于80%的石灰和模数为2.8的硅酸钠混合拌匀，在成球盘中加水滚动成球，经一定时间养护即成硅藻土陶粒。有人应用硅藻土陶粒作为滤池的填料，对城市污水处理厂尾水进行末端脱氮除磷深度处理的研究，结果表明，处理后出水水质可稳定达到《城镇污水处理厂污染物排放标准》一级A标准。

6. 煤矸石陶粒

有人利用煤矸石作为主要原料，制备了生物滤池用陶粒滤料。将该滤料用于曝气生物滤池反应器的实验，结果表明，煤矸石陶粒滤料挂膜快、易于反冲洗，对水中有机物和 NH_3-N 的去除效果良好。煤矸石含有较高的碳及硫，烧失量较大。实际生产时，可根据煤矸石特性、产品的性能要求、生产成本等确定煤矸石陶粒滤料的制备工艺。

7. 生物污泥陶粒

以生物污泥为主要原材料，经过烘干、磨碎、成球后，烧结成型。与石英砂相比，生物污泥陶粒的比表面积为同体积石英砂的 2~3 倍，孔隙率为石英砂的 1.3~2 倍。生物陶粒滤料可作为工业废水高负荷生物滤料池的生物膜载体、自来水微污染水源预处理用生物滤池的滤料。生物污泥陶粒可以用来铺设于景观水底，以吸收水中的氨氮和磷等污染物。

8. 纳米改性陶粒

合成新型的纳米陶粒是水处理填料用陶粒的一个新的尝试，它对传统陶粒比表面积小、难挂膜、生物亲和力低、易堵塞等缺点有一定的改变。通过对陶粒生产原料配比、比表面积、孔隙尺寸及内部结构的综合考虑，不断优化制备工艺，并添加纳米材料和适当的膨胀剂进行改性，使陶粒朝增大空隙率、减少压降、增大比表面积、改善润湿性能和功能多样化的方向发展，不断提高填料的性能，以促进水处理工艺特别是生物膜法处理工艺的发展。

（二）特点

（1）采用无机惰性材料高温烧成，长期浸泡不会向水体释放任何物质，无二次污染。

（2）比表面积大，作为填料适合各类微生物的生长，在其表面能形成稳定的、高活性的生物膜，处理出水水质好。

（3）表面微孔多，生物亲和性好，微生物在其多孔的表面繁殖速度快，处理效率高。

（4）具有很好的表面吸附性能，如在生物滤池系统中，陶粒表面不仅存在着生物氧化作用，还具有截留悬浮物和生物膜的作用。

（5）形状规则，滤料层孔隙分布均匀，反洗效果好；能有效克服不规则滤料因滤料层孔隙分布不均匀而引起的水头损失、易堵塞、板结等缺陷。

（6）采用一定的粒径级配，能提高纳污能力和滤料利用率，减少水头损失。

（7）强度大、耐摩擦，物理、化学稳定性高，寿命长。

（8）可规模化生产，价格便宜。目前，已开发出多种档次、不同价格的陶粒滤料，可根据水处理具体工程情况，满足用户的不同需求。

（三）具体应用

陶粒采用无机惰性材料经烧胀或烧结而成，长期浸泡不会向水体释放任何物质，无二次污染，内部具有大量空隙，当水从陶粒层穿过时，可以吸收和拦截水中大量的杂质，因此，陶粒可以作为一种优质过滤材料使用于过滤工艺中，同时又具有质轻、比表面积大的特点，适合作为微生物的载体用于污水的处理以及深度处理。陶粒在污水处理方面的应用主要有以下几个方面：

（1）作为生物填料

在微污染水源的预处理工艺中，目前一般采用生物膜法，主要包括生物接触氧化、生物滤池、生物转盘、生物流化床等。利用附着生长在填料表面的生物膜吸收水中的有机物、氮磷等营养物质进行新陈代谢，达到净化水质的目的。在山西大同册田水库、滏阳河、官厅水库、绍兴青甸湖等地，对受污染的水源进行生物预处理试验研究结果表明，采用生物污泥陶粒预处理可有效去除浊度、细菌、大量溶解性有机物、氨氮、色度等污染物质，能改善后续处理工艺对污染物的去除效果。

作为生物接触氧化、生物滤池、生物转盘、生物流化床等微生物载体处理污水，如可以作为填料用于曝气生物滤池，处理城市生活污水。

（2）污水深度处理

因其有多孔、比表面积大，因此吸附性能好，加上对酸碱的化学和热稳定性好等优点，可以作为吸附材料用于污水的深度处理。有资料表明，陶粒滤料对铬、镍、锌和磷具有较强的去除作用，在一些场合可替代活性炭作廉价的吸附剂。

三、无烟煤滤料

1. 加工与使用

无烟煤滤料采用优质无烟煤为原料，经精选、破碎、筛分等工艺加工而成。无烟煤滤料具有以下特点：化学性能稳定，不含有毒物质，耐磨损，在酸性、中性、碱性水中均不溶解；颗粒表面粗糙，有良好的吸附能力；孔隙率大（>50%），有较高的纳污能力；质轻，所需反冲洗强度较低，可节省反冲洗用水及电能。

无烟煤滤料同石英砂滤料配合使用，可以提高滤速，增加单位面积出水量，提高截污能力，降低工程造价和减少占地面积最有效的途径，广泛应用于化工、冶金、热电、制药、造纸、印染、食品等行业的水处理过程中。

2. 选择无烟煤滤料滤料的要求

无烟煤滤料在过滤过程中所起作用直接影响着过滤的水质，故选择必须达到以下几点要求：

（1）机械强度高，破碎率和磨损率之和不应大于3%（按质量计）；

（2）化学性能稳定，不含有毒物质，在一般酸性、中性、碱性水中均不溶解；

（3）粒径级配合理，比表面积大；

（4）粒径范围：小于指定的下限粒径不大于3%（按质量计），大于指定的上限粒径不大于2%（按质量计）。

3. 产品规格与技术指标

常用规格有0.8~1.2mm、0.8~1.8mm、1~2mm、2~4mm等，无烟煤滤料技术参数见表5-13。

表5-13　无烟煤滤料技术参数

项　目	数　据	项　目	数　据
含碳量/%	≥80	盐酸可溶率/%	≤3.5
密度/(g/cm^3)	1.4~1.6	磨损率/%	≤1.4
容重/(g/cm^3)	0.95	破碎率/%	≤1.6
含泥量/%	≤4	空隙率/%	47~53

四、石英砂

石英砂是一种坚硬、耐磨、化学性能稳定的硅酸盐矿物，其主要矿物成分是SiO_2，含量可高达99%。石英砂的颜色为乳白色带红色或无色半透明状，莫氏硬度7，性脆无解理，贝壳状断口，油脂光泽，相对密度为2.65，其化学、热学和机械性能具有明显的异向性，不溶于酸，微溶于碱溶液，熔点1750℃。目前，生产石英砂采用的原料有两种：

(1) 利用天然的河砂、海砂分筛而成，优点是就地取材、造价低；缺点是：因受水的侵蚀时间过长，强度降低、磨损率与破损率高、使用周期短、机械强度差，这些缺点是影响滤速的首要因素。

(2) 利用天然石英矿床，经破碎、分筛、精选而成，具有密度大、机械强度高、颜色纯正的优点，适用于生活饮用水过滤、循环水处理以及污水的回收利用。

石英砂常用的规格有0.5~1.0mm、0.6~1.2mm、1~2mm、2~4mm、4~8mm、8~16mm、16~32mm。

五、沸石滤料

(一) 天然沸石

天然沸石大部分由火山凝灰岩和凝灰质沉积岩在海相或湖相环境中发生反应而形成，为铝硅酸盐类矿物，外观呈白色或砖红色，属弱酸性阳离子交换剂。如经人工导入活性组分，使其具有新的离子交换或吸附能力，则吸附容量可相应增大。天然沸石主要用于中小型锅炉用水的软化处理，以去除水中的硬度，从而减少锅炉内水垢的生成。在废水处理中，可用于去除水中的磷以及铅、六价铬等重金属，失效后的沸石可经浓盐水逆流再生后重复使用。

(二) 活化沸石特性

活化沸石是天然沸石经过多种特殊工艺活化而成，其吸附性能强，离子交换性能好，有利于去除水中的各种污染物。活化沸石是工业给水、废水处理及自来水过滤的新型理想滤料。沸石滤料技术参数见表5-14。

表5-14 沸石滤料技术参数

项 目	参数值	项 目	参数值
密度/(g/cm^3)	1.8~2.18	全交换工作容量/(mg/g)	2.2~2.5
堆密度/(g/cm^3)	1.4	滤速/(m/h)	4~12
空隙率/%	≥50	粒径/mm	视工程要求而定，一般为0.5~20
比表面积/(m^2/g)	300~500	磨损率/%	0.04
含泥量/%	0.02	破损率/%	0.5
盐酸可溶率/%	小于0.10	水浸出液	不含有毒物质
粒径规格/mm	1~2、2~4、4~8、8~16、16~32、32~64、64~128、128~256		

(三) 合成沸石

1. 分子筛

分子筛按骨架元素组成可分为硅铝类分子筛、磷铝类分子筛和骨架杂原子分子筛；按孔道大小划分，孔道尺寸小于2nm、2~50nm和大于50nm的分子筛分别称为微孔、介孔和大孔分子筛。大孔分子筛由于具有较大的孔径，成为较大尺寸分子反应的良好载体。分子筛具有很高的脱水能力，可应用于石油化学、制冷剂脱水、医药品保存剂等。同时，也可用作工业制气吸附剂(制氧PSA、制氢PSA、深冷分离)及半导体工业废气处理剂等。

2. 高硅沸石

高硅沸石主要为斜发沸石和丝光沸石，它们分散在白垩纪和第三纪的正常海相条件下形成的沉积岩中，如细粒砂、硅质黏土、蛋白土、碳酸盐类岩石和磷块岩等，这些岩石中通常富含生物化学成因的氧化硅，其硬度一般在4~5，性脆质软且轻，易碎易磨。高硅沸石具有优异的疏水性、耐热性，主要用于石油精制、石油化学用催化剂载体。另外，对烃类、有机溶剂等也有优异的吸附能力，被应用于汽车尾气处理系统催化剂及各类工厂废气去除装置。

六、磁铁矿滤料

磁铁矿滤料是三层滤料滤池的必备材料，具有过滤速长快、截污能力强、使用周期长等特点。其规格参数见表5-15。

表5-15　磁铁矿滤料技术参数

项目	参数值	项目	参数值
密度/(t/m^3)	4.5	英氏硬度/度	6
含硫率/%	0.26	含泥量/%	<2.5
磨损率/%	0.04	破碎率/%	≤0.05
Fe_2O_3含量/%	70	堆密度/(g/cm^3)	2.95
铁含量/%	20~40	不均匀系数	≤1.8

七、锰砂滤料

采用天然锰矿石经机械破碎、水洗、多次筛分加工而成，外观呈褐色，表面粗糙。锰砂密度大，硬度高，不易磨损与破碎，化学性能稳定、不含有毒物质，是一种很强的氧化剂。

天然锰砂中含有MnO_2，是Fe^{2+}氧化成Fe^{3+}的良好催化剂。对于生活饮用水、地下水除铁、除锰有独特的效果，常用于除铁除锰的过滤装置。

含锰量(以MnO_2计)不小于35%的天然锰砂滤料，既可用于地下水除铁，又可用于地下水除锰；含锰量为20%~30%的天然锰砂滤料，只宜用于地下水除铁；含锰量低于20%的则不宜采用。

锰砂滤料的技术参数见表5-16。

表5-16　锰砂滤料的技术参数

MnO_2含量/%	密度/(g/cm^3)	堆密度/(g/cm^3)	磨损率/%	破碎率/%	含泥量/%
25~45	3.6	2.0	<1.2	<1.0	<2

常用规格有0.5~1.0mm、1~2mm、2~4mm。

八、果壳滤料

果壳滤料采用植物果壳为原料，经破碎、抛光、蒸洗、药物处理和多次筛选加工而成，可采用的植物果壳有核桃壳、椰子壳等。果壳滤料具有耐磨、抗压、不在酸碱性水中溶解、不腐烂、不结块、易再生、较强的除油性能等优点，被广泛运用在各种废水处理(特别是含油废水)中。果壳滤料是取代石英砂滤料来提高水质、大幅度降低水处理成本的新一代滤料。果壳滤料的有关技术参数见表5-17。

1. 果壳滤料的特点

(1) 具有多孔和多面特性，截污力强，油和悬浮物去除率高。

(2) 具有多棱性和不同粒径，形成深床过滤，增强了除油能力和滤速。

（3）具有亲水不亲油和适宜的密度，易反洗，再生力强。

（4）硬度大，且经特殊处理不易腐蚀，不用更换滤料，每年只补充少量，可节省维修费用和维修时间，提高利用率。

表 5-17 果壳滤料的有关技术参数

项　目	参数值	项　目	参数值
油去除率/%	90~95	反洗强度/[m^3/(m^2·h)]	25
悬浮物去除率/%	95~98	水冲洗压力/MPa	0.32
滤速/(m/h)	20~25	每年补充比例/%	5~10
密度/(g/cm^3)	1.5	堆密度/(g/cm^3)	0.8
常用规格/mm	10~1、0.8~1.2、1.2~1.6、1.6~2.0		

2. 果壳滤料用途

（1）油田含油污水处理：去油和悬浮固体。

（2）其他工业含油污处理：去油和悬浮固体。

（3）工业用水处理：去除水中悬浮固体，提高水质。

九、活性炭

活性炭是一种非常优良的吸附剂，它是利用木炭、竹炭、各种果壳和优质煤等作为原料，通过物理和化学方法对原料进行破碎、过筛、催化剂活化、漂洗、烘干和筛选等一系列工序加工制造而成。活性炭具有物理吸附和化学吸附的双重特性，可以有选择地吸附气相、液相中的各种物质，以达到脱色精制、消毒除臭和去污提纯等目的。

（一）活性炭吸附性

吸附性质是活性炭的首要性质。活性炭具有像石墨晶粒却无规则地排列的微晶，在活化过程中微晶间产生了形状不同、大小不一的孔隙。按 IUPAC 方法分：微孔小于 1.0nm、中孔 1~25nm、大孔大于 25nm。活性炭微孔的孔隙容积一般只有 0.25~0.9mL/g，孔隙数量约为 1020 个/g，全部微孔比表面积约为 500~1500m^2/g，也有称高达 3500~5000m^2/g 的。由于这些孔隙特别是微孔提供了巨大的比表面积。

活性炭几乎 95%以上的表面积都在微孔中，因此微孔是决定活性炭吸附性能高低的重要因素。中孔的孔隙容积一般约为 0.02~1.0mL/g，比表面积最高可达每克几百平方米，能为吸附物提供进入微孔的通道，又能直接吸附较大的分子。大孔的孔隙容积一般约为 0.2~0.5mL/g，比表面积约 0.5~2m^2/g，其作用一是使吸附质分子快速深入活性炭内部较小的孔隙中去；二是作为催化剂载体。作为催化剂载体时，催化剂只有少量沉淀在微孔内，大都沉淀在大孔和中孔之中。

（二）影响活性炭吸附的主要因素

由于活性炭水处理所涉及的吸附过程和作用原理较为复杂，因此影响因素也较多，主要与活性炭的性质、水中污染物的性质、活性炭处理的过程原理以及选择的运转参数与操作条件等有关。

1. 活性炭的性质

用于水处理的活性炭应有三项要求：吸附容量大、吸附速度快、机械强度好。活性炭的吸附容量除其他外界条件外，主要与活性炭比表面积有关，比表面积大，微孔数量多，可吸附在细孔壁上的吸附质就多。吸附速度主要与粒度及细孔分布有关，水处理用的活性炭，要求过渡孔(半径2.0~100nm)较为发达，有利于吸附质向微细孔中扩散。活性炭的粒度越小吸附速度越快，但水头损失要增大，一般在8~30目范围较宜。活性炭的机械耐磨强度直接影响活性炭的使用寿命。

2. 吸附质(溶质或污染物)性质

同一种活性炭对于不同污染物的吸附能力有很大差别。

(1) 溶解度

对同一族物质的溶解度随链的加长而降低，而吸附容量随同系物的系列上升或相对分子质量的增大而增加。溶解度越小，越易吸附，如活性炭从水中吸附有机酸的次序是按甲酸→乙酸→丙酸→丁酸依次增加。

(2) 分子大小与化学结构

吸附质分子的大小和化学结构对吸附也有较大的影响。因为吸附速度受内扩散速度的影响，吸附质(溶质)分子的大小与活性炭孔径大小成一定比例，最利于吸附。在同系物中，分子大的较分子小的易吸附。不饱和键的有机物较饱和的易吸附。芳香族的有机物较脂肪族的有机物易于吸附。

(3) 极性

活性炭基本可以看成是一种非极性的吸附剂，对水中非极性物质的吸附能力大于极性物质。

(4) 吸附质浓度

吸附质的浓度在一定范围时，随着浓度增高，吸附容量增大。因此当吸附质(溶质)的浓度变化时，活性炭对该种吸附质(溶质)的吸附容量也变化。

3. 溶液pH值

溶液pH值对吸附的影响，要与活性炭和吸附质(溶质)的影响综合考虑。溶液pH值控制了酸性或碱性化合物的离解度，当pH值达到某个范围时，这些化合物就要离解，影响了对这些化合物的吸附。溶液的pH值还会影响吸附质(溶质)的溶解度，以及影响胶体物质吸附质(溶质)的带电情况。由于活性炭能吸附水中的氢、氧离子，因此影响了对其他离子的吸附。活性炭从水中吸附有机污染物质的效果，一般随溶液pH值的增加而降低，pH值高于9.0时，不易吸附；pH值越低时效果越好。在实际应用中，应通过试验确定最佳pH值范围。

4. 溶液温度

因为液相吸附时，吸附热较小，所以溶液温度的影响较小。吸附是放热反应，吸附热越大，温度对吸附的影响越大。另外，温度对物质的溶解度有影响，因此对吸附也有影响。用活性炭处理水时，温度对吸附的影响不显著。

5. 多组分吸附质共存

应用吸附法处理水时，通常水中不是单一的污染物质，而是多组分污染物的混合物。在吸附时，它们之间可以共吸附，互相促进或互相干扰。一般情况下，多组分吸附时分别的吸附容量比单组分吸附时低。

6. 吸附操作条件

因为活性炭液相吸附时，外扩散(液膜扩散)速度对吸附有影响，所以吸附装置的型式、接触时间(通水速度)等对吸附效果都有影响。

(三) 应用

1. 用于印染废水的处理

采用缺氧-好氧-混凝沉淀-亚滤-富氧生物炭工艺处理漂染厂印染废水处理，废水的进水 COD 600~1200mg/L、色度 300~600 倍、pH 值 11~13，混凝沉淀的药剂采用 $FeCl_3$ 与 NaOH，亚滤利用陶粒微孔分离细小大分子的机理去除难处理的有机物，富氧生物炭工艺利用生物炭对低浓度的有机物进行吸附。工程运行结果表明，其中的缺氧-好氧对 COD 的去除率达到 50%，亚滤-富氧生物炭工艺对 COD 的去除率达到 65%，对色度的去除率达到 75%，活性炭更换周期长，文献中的处理成本为 0.7 元/m^3废水，但没有提供具体的工艺参数与运行情况。

采用水解-接触氧化-气浮+生物炭工艺处理 COD 浓度为 2550mg/L 的印染废水，水解设计水力停留时间为 9h，为提高水解的处理效果，池中配备有穿孔管布水，同时设置填料挂膜。接触氧化设计水力停留时间为 6.7h，气水比为 25∶1。气浮使用的药剂为聚铝，设计停留时间为 60min，其中反应段时间为 10min。沉淀段水力停留时间为 1h，生物炭池内进行曝气，气水比为 5∶1。总排放口水质能稳定达到《废水综合排放标准》(GB 8978—1996)一级排放标准，工程投资费用为 960 元/m^3废水，当时的运行费用为 2.04 元/m^3废水，其处理工艺流程如图 5-15 所示。文献中提出了由于气浮水中存在的气泡导致后段沉淀效果不佳，影响生物炭池。可以在沉淀段加一个管道器，投加少量的高效混凝药剂加强沉淀效果，减轻对生物炭池的影响。改造后可以形成了一个生化+二级物化+其他深度处理的工程措施，适应高浓度的印染废水的处理。

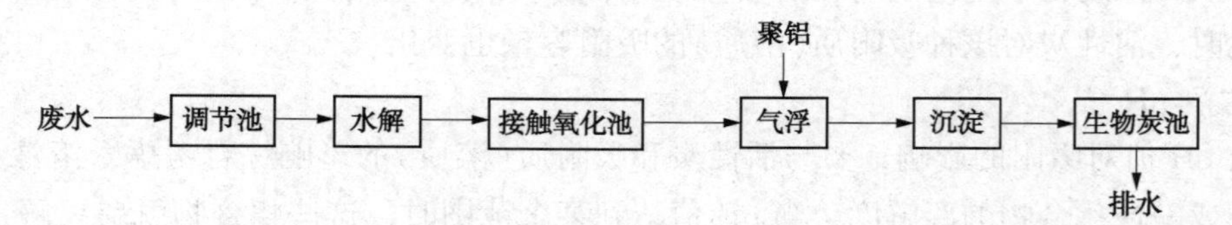

图 5-15　水解-接触氧化-气浮-生物炭工艺处理印染废水流程示意图

2. 用于废水深度处理

某玻璃纤维生产企业生产污水主要来自玻璃纤维表面处理工序，水中的污染物质主要是“浸润剂”组分(环氧乳液、PVAC 乳液、聚氨酯乳液、润滑剂及抗静电剂、各种偶联剂等)以及微细玻璃纤维等悬浮物。除溶剂外，大部分是热稳定性高、难溶于水的高分子有机物，具有密度轻、颗粒细、可生化性差等特点。日排放废水量 800t，设计采用的工艺为气浮+接触氧化+炭砂过滤工艺，出水排放执行国家《污水综合排放标准》(GB 8978—1996)的一级排放标准。工艺流程如图 5-16 所示。

由于废水表面活性物质较多，悬浮物疏水性较强且质量轻，预处理采用气浮工艺。气浮工艺采用进口气液混合泵；炭砂过滤器承托层采用石英砂，内装 $\Phi 2$~3mm、h=6mm 规格的柱状活性炭粒，反冲洗根据过滤器内压力控制(正常运行为 0.02~0.06MPa)，一般周期为 3~5d，当原水浓度较低时，终沉后已能达标，可跨越生物炭床直接排放。其工程主要构筑物设计见表 5-18。

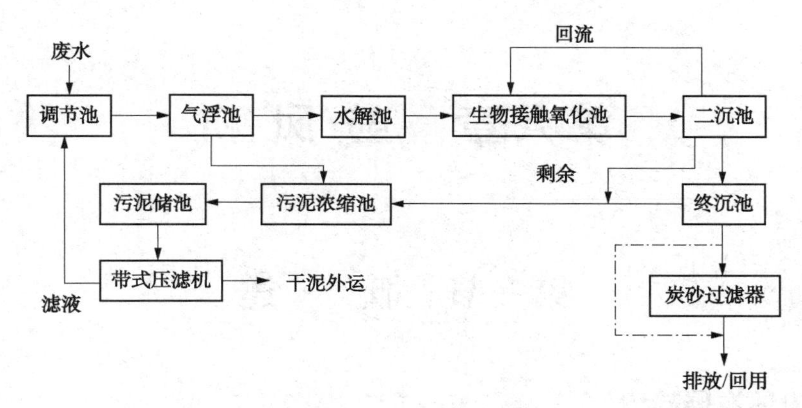

图 5-16　颗粒状活性炭深度处理玻璃纤维废水工艺流程示意图

表 5-18　主要构筑物设计

编号	构筑物	说明
1	调节池	半地上式钢砼结构；8.0m×7.5m×3.5m，容积 $210m^3$，停留时间约 6h；环状穿孔管曝气
2	气浮池	地上钢制成套设备；2.5m×4.5m×2.5m，停留时间 0.8h；表面负荷 $3.1m^3/(m^2 \cdot h)$；不锈钢链轮刮泥机
3	生物接触氧化池	半地上式钢砼结构；15m×13m×3.5m，有效容积约 $600m^3$，停留时间 18h；内置立体填料
4	二沉池	半地上式钢砼；Φ8m×4.1m；中间进水周边出水；表面负荷 $0.7m^3/(m^2 \cdot h)$
5	炭砂过滤器	钢制，数量两个；Φ3m×3.5m，炭层有效高度 1.2m，石英砂高度 0.3m；滤速 2.5m/h，气水比为 3∶1，连续供气；采用气水联合反冲洗方式[反冲气强度为 $10L/(m^2 \cdot s)$、反冲水强度为 $3.2L/(m^2 \cdot s)$]；每年需要补充反洗损失活性炭

参 考 文 献

[1] 徐竟成，何文源，金兆丰，等．丝绸印染废水深度处理技术及工程应用[J]．印染，2009，35(3)：34-36.
[2] 冯敏，刘永德，赵继红．污水处理用生物陶粒滤料的研究进展[J]．河北化工，2009，32(1)：64-66.
[3] GB 2838—81，粉煤灰陶粒和陶砂[S]．中国建筑科学研究院．

第六章 鼓风机

第一节 概 述

一、国内外发展趋势

在二级污水处理工艺系统中，鼓风机是曝气流程系统的重要设备，鼓风机的效率是最重要的技术经济指标，其电耗占污水处理厂全部电耗的50%~70%，也是最大的噪声源。因此，在曝气系统中，鼓风机的运行要根据污水处理量、溶解氧浓度、压力变化条件下，自动调节所需的风量，而且要求风量调节范围广、效率高，以保证系统经济运行。

（一）制造技术的发展

在国外早期的污水处理系统中，一般使用罗茨鼓风机。由于罗茨鼓风机存在容量小、效率低、噪声大、供气不均匀、运行维护费用高等问题，已逐步被低速多级离心鼓风机所取代。低速多级离心鼓风机具有噪声低、运行平稳、供气均匀、效率较高等优点，但依然存在体积大、质量重、流量调节性能差、效率不高、能耗大、维护不方便等缺陷。

20世纪90年代，随着“三元流动理论”在鼓风机设计上的应用，有关生产企业设计制造了曝气用的单级、高速离心式鼓风机，它们具有体积小、质量轻、效率高、节约能源、性能调节范围广泛、自动化水平高等特点，已取代了多级、低速离心式鼓风机，并得到广泛应用。同时随着科技进步的飞速发展，已经将航天领域的磁力轴承技术应用到鼓风机产品上，并通过电子控制系统对磁力装置进行监控，提高了机组运行可靠性，转速可高达80000r/min，功率高达3000~4000kW。如齿轮增速组装型曝气离心鼓风机是20世纪90年代发展起来的产品，当今，日本等国家制造了具有磁力轴承的高速电机驱动的曝气单级离心式鼓风机，这种鼓风机无齿轮增速机，叶轮直接安装在电机轴上，转速高达50000r/min，无润滑油和冷却水系统，低噪声，已经投放市场。

（二）大容量和高风压发展趋势

在国外，随着污水处理厂的大型化，作为污水处理用的曝气鼓风机有向大容量发展的趋势。如瑞士苏尔寿公司制造的双级离心式鼓风机，每级都设有进口可调导叶，调节范围为额定流量的35%~107%；为适应欧美国家需要，该公司的轴流式鼓风机流量范围为1800~6000m^3/min、压缩比可达2、级数5~15，多级效率达82%。美国英格索兰公司的混流式鼓风机流量范围为20~1600m^3/min、压力范围为0.04~0.27MPa，设备采用整体齿轮增速结构，进口处安装可调导叶，高效率机壳，采用混流式叶轮，使得整机效率高，根据需要，叶轮也可选用离心式以适应高压力需要；日本川崎重工株式会社的单级、高速离心式鼓风机为齿轮增速单级结构，叶轮为混流式，进口安装可调导叶，可以在低负荷条件下保持较高效率运行，流量范围为30~1600m^3/min，最高压力范围为0.11~0.15MPa，效率高达83%~85%。

对于深池曝气、高浓度氧曝气鼓风机有 MGM 型齿轮增速组装离心压缩机，流量范围为 62～920m^3/min，压力范围为 0.2～1MPa；德国德马克公司的单级、高速离心式鼓风机，流量范围为 10～2500m^3/min，最高压力为 0.29MPa。

在我国，目前用于污水处理的鼓风机，多数还是罗茨鼓风机和低速多级离心鼓风机。根据目前的调查资料，单级、高速离心式鼓风机的生产企业只有十家，如沈阳鼓风机厂、杭州制氧机厂和陕西鼓风机厂制造等。沈阳鼓风机厂与日本川崎重工作为合作伙伴，合作生产齿轮增速组装 GM 型单级、高速曝气离心式鼓风机，流量范围为 50～1400m^3/min，最高压力 0.196MPa，效率可达 82%，风机进口安装自动调节导叶，流量调节范围广，为高效节能产品，已应用到 5 万～50 万 t/d 的污水处理厂中。

二、污水处理对曝气鼓风机的要求

当污水处理工艺采用活性污泥法工艺时，鼓风机是流程中的核心设备之一，在城市污水处理中，鼓风机风量与污水处理量之比为气水比，一般生活污水的气水比为 3～10，在我国通常为 6.7～7；而在工业污水处理中，由于废水污染物浓度大，气水比有的可高达 35。在污水处理过程中，由于地理位置不同、季节的变化、昼夜污水量的变化，污水处理量(负荷)和溶解氧浓度也变化，因此，要求鼓风机在恒定压力下具有较广的流量调节性能和范围，以确保污水处理厂合理、经济地运行。曝气鼓风机应具有良好的调节性能和在低负荷时较高的运行效率，这是污水处理厂对曝气鼓风机最重要的要求。

国内二级生化处理污水厂大多采用鼓风曝气工艺，而鼓风机是此工艺中最为关键的设备，鼓风机的电耗有时占污水厂总电耗的 50%～70%左右，因此选用何种形式的风机是污水处理厂设计时应考虑的一个重要的因素，风机选择正确与否与投资大小和运行管理费用密切相关，涉及到投资是否合理、长期效益高低的问题。

第二节　风机的主要类型与应用

有关资料表明，城市污水处理厂使用的鼓风机经历了往复式风机、罗茨风机、多级离心风机等过程，随着污水处理规模的日益扩大，近年又出现了单级离心风机、螺杆风机、气悬浮风机、磁悬浮风机的报道。下面主要针对目前污水厂应用得较多的轴流压缩机、罗茨风机、多级离心风机和单级离心风机、螺杆风机、气悬浮风机、磁悬浮风机等进行阐述。

一、轴流压缩风机

(一) 轴流压缩机的结构与原理

轴流压缩机动叶列与后面的导流器组成级，压缩机通常由若干个级构成级组。

轴流压缩机的进气管、收敛器、进口导流器、级组、出口导流器、扩压器和排气管等元件合称为通流部分。导流器固定在机壳内，组成定子；动叶均匀地安置在轮盘或转轴上组成转子。转子两端密封，整个转子支承在两端的径向轴承上，其中一端装推力轴承，以承受由于压缩气体作用在转子上的轴向推力。

气体由进气管均匀地引至收敛器和进口导流器，以一定的速度进入第一级。气体在级中受到叶片的动力作用，因获得能量而提高压力。气体沿各级依次压缩，逐步提高压力，经出口导流器、扩压器和排气管送出。轴流压缩机及其结构示意图见图 6-1。

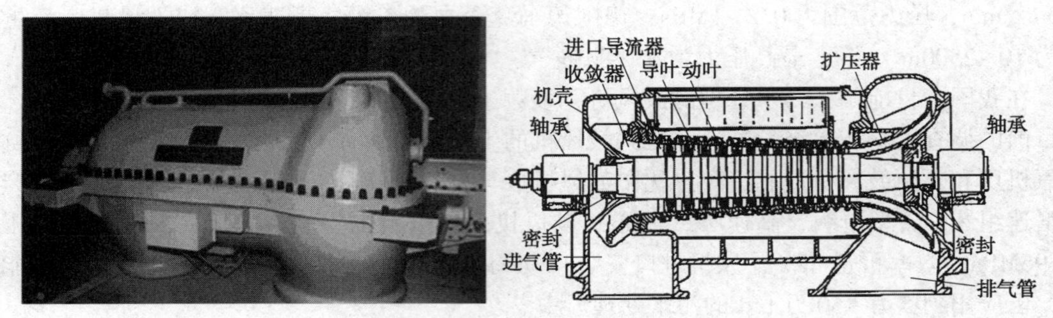

图 6-1 轴流压缩机及其结构示意图

(二) 特点

轴流压缩机具有以下特点:

(1) 轴流压缩机气体动力学设计采用最先进的三元流理论和优化设计方法;采用效率高、压头大的新型叶栅;在同样参数的条件下,产品一般比国外原进口产品级数少 1~2 级,效率平均提高 5%以上,比一般离心压缩机的效率高出 10%。

(2) 将产品安放基础和轴承转子作为一个系统进行各种计算与分析,提高了产品运转的平稳性、安全性和可靠性;采用了便于用户安装调试的公共底座整体结构;定子组件采用三层缸结构,改善了产品内部零部件的热应力分布,提高了产品的抗震性,降低了机组的噪声。

(3) 采用全静叶可调机构,将原静叶调节角度从 37°~79°拓展到 22°~79°,扩大了工况调节范围;全静叶可调加变转速调节技术拓宽工况范围 15%以上,能有效地避免能耗损失。

(4) 调节机构和滑动支撑部件大量运用 DU 型合金和石墨轴承,具有良好的无油自润滑功能。

(三) 应用

发达国家已率先采用轴流风机用于鼓风曝气。根据有关文献报道,瑞士苏尔寿(SULZER)公司生产的轴流式曝气鼓风机,流量范围为 1800~6000m^3/min,压比可达 2,采用 5~15 级叶片适应不同压比的需要。美国德莱赛兰(DRESSER-RAND)公司的轴流式曝气鼓风机也有用于污水处理厂的记录。目前世界先进国家大型污水处理厂采用轴流曝气鼓机的有美国芝加哥市西部南区 $454\times10^4 m^3/d$ 特大型污水处理厂、法国巴黎阿谢尔 $210\times10^4 m^3/d$ 污水处理厂、莫斯科新库里杨诺夫 $200\times10^4 m^3/d$ 污水处理厂、日本东京森崎 $128\times10^4 m^3/d$ 污水处理厂。

二、离心风机

(一) 离心风机工作原理与特性

离心风机为依靠输入的机械能、提高气体压力并排送气体的机械,是一种从动的流体机械。由于风机的作用,气体从叶轮进口流向出口的过程中,其速度能(动能)和压力能都得到增加,被叶轮排出的气体经过压出室,大部分动能转换成静能,然后沿排出管路输送出去。而叶轮进口处因气体的排出而形成真空或低压,气体在大气压的作用下被压入叶轮的进口,被旋转着的叶轮连续不断地吸入进而排出气体。

离心风机一般由叶轮、机壳、集流器、电机和传动件(如主轴、带轮、轴承、三角带等）组成。叶轮由轮盘、叶片、轮盖、轴盘组成，机壳由蜗板、侧板和支腿组成。大型离心风机通过联轴器或皮带轮与电动机联接。

（二）离心风机的性能参数

主要有流量、压力、功率，效率和转速。另外，噪声和振动的大小也是离心风机的主要技术指标。流量也称风量，以单位时间内流经离心风机的气体体积表示；压力也称风压，是指气体在离心风机内压力升高值，有静压、动压和全压之分；功率指的是离心风机的输入功率，即轴功率，风机有效功率与轴功率之比称为效率，离心风机全压效率可达90%。

（三）多级离心风机

1. 多级离心风机结构

多级低速风机是气体通过多级串联的叶轮经过几级连续压缩，获得所需要的压力和风量。当气体通过进气室均匀地进入叶轮后，在旋转的叶片中受离必力作用以及在叶轮中的扩压作用，使气体获得压力能和速度能，由叶轮高速流出的气体经扩压器的扩压作用，使一部分速度能转变成压力能，气体经过如此几级连续压缩，获得所要求的压力而排出。多级离心风机及其结构示意图见图6-2。

图6-2　多级离心风机以及结构示意图

2. 特点

（1）低转速机械，可靠性高，使用寿命长。

（2）成本较低；备件为标准件，费用低，不需要复杂的润滑系统。

（3）易于采用全风冷式设计，无冷却水相关故障和维保费用；操作维护简单，不需要特别训练的操作维修人员。

（4）满载效率高于罗茨风机，略低于单级离心风机；电机功率小于400kW的机型可选用变频调速和直连驱动方式，可大大提高部分负载的工作效率。在大部分工况下，变频调速的多级离心机效率会高于单级离心机，由于部分负载是污水处理厂最典型的工况，因此多级离心风机对于中小型污水处理厂来说具有更好的性能价格比和良好的长短期效益。

（5）噪声低于罗茨风机和单级离心风机。

（6）单机流量在100～400m^3/min时具有最好的性价比。

（四）单级高速离心风机

1. 单级离心风机工作原理

原动机通过轴驱动叶轮高速旋转，气流由进口轴向进入高速旋转的叶轮后变成径向流动被加速，然后进入扩压腔，改变流动方向而减速，这种减速作用将高速旋转的气流中具有的动能转化为压能(势能)，使风机出口保持稳定压力。单级高速离心风机图见图 6-3。

图 6-3 单级高速离心风机图

2. 技术特征

(1) 鼓风机出口压力 p(表压)为：0.03~0.15MPa；或其压比 ε 为 1.3~2.5。

(2) 鼓风机的叶轮一般为半开式和闭式两种。叶轮应采用不锈钢材料，必须保证叶轮有足够的强度。

(3) 鼓风机的效率应不低于 80%。

(4) 鼓风机连续正常运转时间应不小于 8400h。

3. 特点

(1) 单级高速离心式鼓风机采用了单级叶轮，因此能有效克服多级离心鼓风机因叶轮级数多、流道长、风压损失大的缺点，减少了泄漏损失，使风机的效率得以提高。此类风机还具有风量调节范围宽、外形尺寸小、质量轻等特点，是污水处理中较为理想的产品。

(2) 单级高速风机具有调节进风口导叶角度或变频调速达到 45%~100%的风量调整范围。在出口压力变化不大的情况下，单级高速风机在设计工况点上运行时，其鼓风机效率比多级风机高约 3%~5%，比罗茨风机高约 15%~20%。单级风机由于其采用高速风机，不需多级传动，在需风量较大的情况下，具有明显的体积和质量优势，但噪声较大。

(3)单级高速风机的压力和流量性能曲线相对较陡，若鼓风机在偏离设计工况点运行时，效率变化比较大。虽然进口导叶调节比进口节流方式节省功率，但其齿轮变速系统直接影响了鼓风机的整机效率；磁悬浮、空气悬浮技术配合变频调速控制方式有效地提高了鼓风机的运行效率，但磁悬浮和空气悬浮均需要通过电能转化为磁场能，在提高效率的同时，直接受消耗电能以维持所需磁场的制约。另外，磁场供电安全需附加 UPS 不间断电源实施保证，因此造成了配套功率偏高。从有关使用企业的污水风机选型分析，其配套电机功率不占明显优势，反而偏高。

(4) 风机出口压力受管网背压的影响，在管网压力波动的情况下，高速旋转的叶轮轴向力将发生很大的波动，对于在 15000~32000r/min 的转数下高速旋转的鼓风机，容易造成其叶轮和轴承损坏，不利于安全运行。

(5)设备投资大；单机流量大于 400m^3/min 的性价比高。单级高速风机其价格在各类风机中属于最高的，因风机结构复杂，技术含量较高，备品备件的更新更换费用也居于较高水平，并且备品备件为非标产品，对供货商依赖性较强，不利于降低维修成本。

4. 适用范围

该类风机需要油冷、水冷等辅助设施，当压力条件、气体相对密度变化时，对送风量及动力影响较大，设计时应考虑风压和空气温度变动带来的影响。单级高速离心式风机适用于水深相对稳定不变的生物反应池。

5. 设备介绍

(1) GM 型齿轮组装式离心鼓风机

GM 型齿轮组装式离心鼓风机是日本川崎重工株式会社开发的单级高速离心鼓风机，风机采用三元半开式混流叶轮，轴向进气、径向排气结构。设有进口导叶调节器，设置于叶轮前，以保证机组在设计压力下，工作流量可在设计流量的 65%～100% 内实现调节并高效稳定运行。采用了最佳形状的叶片扩压器，可使气流的动能有效地转变为静压，进一步提高了设备的整体效率。鼓风机高速轴承采用可倾轴瓦滑动轴承，以防止油膜振荡。鼓风机内设有独立的润滑油系统，为齿轮和轴承提供干净的润滑油，所有润滑油系统部件均与鼓风机底座组装成一体。高速转子间为精密动平衡，确保稳定运行。多头螺旋密封与拉比令密封的组合，可实现机组中无油，避免二次污染。

GM 型齿轮组装式离心鼓风机特点：

①采用三元流动理论设计，节省能耗

通过对单级半开式叶轮进行子午面切割，可覆盖的工作区域为：体积流量 60～1500m³/min、压力 0.13～0.25MPa。三元流动叶轮与普通的二元流动叶轮相比，直径小 30%～40%，鼓风机转速可达 10000～30000r/min，风机效率大于 82%。转子的转动惯量小，机组的启动以及停车时间短，同时无需高位油箱和蓄能器。普通的二元流动叶轮与三元流动叶轮比较见图 6-4。

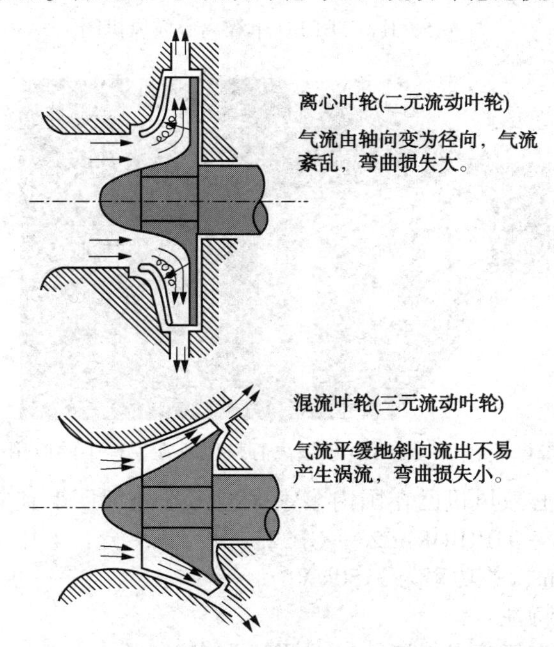

图 6-4　普通的二元流动叶轮与三元流动叶轮比较

② 采用组装式整体结构

该鼓风机本体组装在齿轮增速机的壳体上，润滑油系统安装在机组的底座内，只要底座油箱油位符合要求，电机转动时，大齿轮就能带动轴头泵工作，从而保证了各润滑点的润滑，以避免因错误动作或其他故障而造成的关键部件损坏。与相同流量和压力的多级离心鼓风机相比，GM 系列鼓风机质量可减少 70%左右，占地面积小 50%左右，并且节约能耗。

③ 自动化水平高

根据需要可配置 PIC 仪表控制系统，监控系统具有自动校验、开车、停车、报警、保护、运行参数显示与设定等功能，并且与污水处理厂中央控制室的 DCS 上位机控制系统实现了通信，可满足集散控制系统要求。

（2）HV-TURBO 单级离心鼓风机

HV-TURBO 单级离心鼓风机广泛应用于污水处理厂的鼓风作业（市政和工业污水处理）、酵母发酵以及类似的生物过程、热电厂烟尘的脱硫处理、原油及天然气的脱硫出硫处理、气动传输等方面。其生产企业宣称 HV-TURBO 鼓风机能比同流量的罗茨风机节能约 30%~40%，比同流量的多级鼓风机节能 25%~30%。HV-TURBO 单级离心鼓风机以及在工程中的应用分别见图 6-5、图 6-6。

图 6-5 HV-TURBO 单级离心鼓风机图

图 6-6 HV-TURBO 单级离心鼓风机在工程中的应用

HV-TURBO 单级离心鼓风机已在国内多家大型污水处理厂得到应用。北京清河污水处理厂采用的型号为 HV-TURBOKA22S-GL225，设计 5 台，4 用 1 备，总的进风量为 12000m^3/h，压力为 7.6m，总功率为 3150kW。

HV-TURBO 鼓风机特性：

① 在恒速运转下，空气流量能连续向下调节至 45%；

② 由于在整个工作范围效率高，使得该机具有较低的运行成本；

③ 由于没有压力脉冲，鼓风机具有很低的运转噪声；

④ 设计紧凑、质量轻，降低了对厂房空间的要求和安装成本；

⑤ 鼓风机可长期运行而维护成本低。

常用的 HV-TURBO 鼓风机类型及结构性能见表 6-1。

表 6-1　常用的 HV-TURBO 鼓风机类型及结构性能

设备类型	型　号	结构、性能	备　注
单级高速离心式鼓风机	KA2S-GK190 KA2SV-GK190 KA5S-GK200 KA5SV-GK200	（1）叶轮采用锻造铝合金材质，效率可达 90%，叶轮转子部分可拆卸； （2）齿轮箱的齿轮服务系数≥1.8； （3）排气方位：KA2 型沿径向每 30°可调，KA5 型每 15°可调； （4）迷宫式气封和油封，轴封采用多段、非接触型迷宫密封，干式运行	中小型污水处理单位
	KA2S/SV-GL180 KA5S/V/SV-GL210 KA5S/V/SV-GL285 KA10S/V/SV-GL210 KA10S/V/SV-GL285 KA22S/V/SV-GL225 KA22S/V/SV-GL315 KA44S/V/SV-GL225 KA44S/V/SV-GL315 KA66S/V/SV-GL315	（1）叶轮采用锻造铝合金材质，效率可达 90%，叶轮转子部分可拆卸； （2）齿轮箱的齿轮服务系数≥1.8； （3）排气方位：沿径向每 15°可调； （4）迷宫式气封和油封，轴封采用多段、非接触型迷宫密封，干式运行； （5）高速齿轮采用特殊加硬处理，且加工精度高； （6）高速齿轮径向轴承是多瓦块滑动轴承，驱动轴的径向轴承是滑动轴承；高速轴和径向轴的止推轴承都采用多瓦块轴承，所有轴承设计中，只有一个是可剖分结构； （7）齿轮和轴承通过电动油泵润滑，也可根据用户需求配备机械油泵	适用性广，节能效果显著，节省占地，安装操作维护简便
	KA80S/V/SV-GL500 KA100S/V/SV-GL500	（1）为非悬挂设计，避免在启动中发生共振； （2）可以采用任何驱动方式，包括电动机驱动和沼气机驱动	大中型污水处理单位
	KA2S-GB255 KA2V-GB255 KA2SV-GB255 KA5S-GB400 KA5V-GB400 KA5SV-GB400	（1）叶轮采用锻造铝合金材质，效率可达 90%，叶轮转子部分可拆卸； （2）排气方位：沿径向每 30°可调； （3）迷宫式气封和油封，轴封采用多段、非接触型迷宫密封，干式运行； （4）高速齿轮径向轴承是多瓦块滑动轴承，驱动轴的径向轴承是滑动轴承； （5）高速轴和径向轴的止推轴承都采用多瓦块轴承，所有轴承设计中，只有一个是可剖分结构	中小型污水处理单位小流量、高水头（大于 8m）的鼓风曝气
	KA5S/V/SV-GC150 KA10S/V/SV-GC150 KA22S/V/SV-GC150 KA22S/V/SV-GC215 KA44S/V/SV-GC215 KA66S/V/SV-GC215	（1）叶轮采用锻造铝合金材质，效率可达 90%，叶轮转子部分可拆卸； （2）排气方位：沿径向每 30°可调； （3）齿轮服务系数≥1.8，加工精度达到 AGMA12 级； （4）驱动轴由 2 个高品质滚柱轴承支撑，并消除来自联轴器的轴向和径向载荷，6 个滑动轴承和止推轴承支撑 3 个行星分布的侧轴； （5）叶轮转子由置于压缩机入口蜗壳处的高速多块瓦止推轴承进行轴向支撑	针对低速驱动装置设计，结构紧凑，抗冲击，对启动力矩无特殊要求

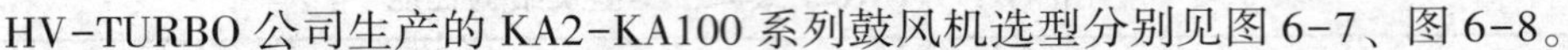

HV-TURBO 公司生产的 KA2-KA100 系列鼓风机选型分别见图 6-7、图 6-8。

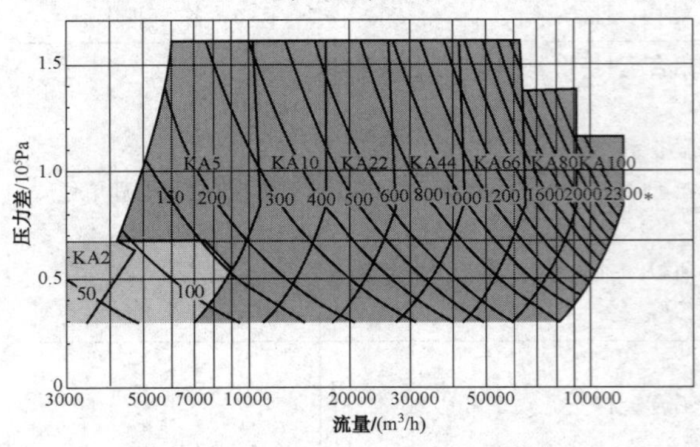

图 6-7　KA2-KA100 系统鼓风机选型图

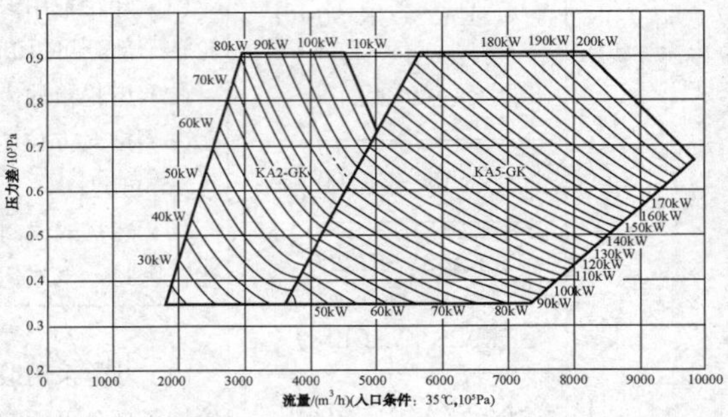

图 6-8　KA2-GK 与 KA5-GK 系列鼓风机选型图

（五）离心风机的使用注意事项

1. 选型

离心鼓风机是污水处理中常用的充氧设备，实际使用中，鼓风机的环境工况如温度、压力、气体成分以及海拔高度等与标准状态不同时，其性能将发生很大变化，在设计选型时必须充分考虑，如果选型不当，将导致整个生产工艺无法达到预期的设计效果。因此，在鼓风机的选型时，必须对离心鼓风机在其使用工况下的性能进行详细计算，以期达到最佳运行状态。

在污水处理厂的鼓风机选型时，风机厂家产品样本上给出的均是在标准进气状态下的性能参数，我国规定的风机标准进气状态为：压力 98. 07kPa，温度 20℃，相对湿度 50%，空气密度 1. 2kg/m^3。但风机在实际使用中并非标准状态，在风机进口温度、大气压力发生变化的情况下，风机的流量、出口压力等性能也将发生很大变化，设计选型时不能直接使用产品样本上的性能参数，而是需要根据实际使用状态对风机的性能要求，换算成标准进气状态下的风机参数来选型。

2. 辅助设施要求

在风管系统的阻力损失中，管道的局部阻力损失要比沿程阻力损失大许多倍，因此在设计中要力求管路敷设简单化，减少管道局部阻力的损失，选用管道配件时，尽量选用低阻力的球阀，止回阀应选用轻型风道止回阀，计量装置宜选用涡街式流量计代替孔板流量计，以减少阻力损失，提高效率。为防止风机启动时启动电流过大，风机宜设置独立的旁通空气管道系统，当风机启动时，旁通风管阀门打开，主风管阀门关闭，使风机处于无负荷状态下启动，降低启动的电流负荷。

3. 冷却水选用

优先选用中水作为水源，以节约水耗、降低处理成本。

（六）离心风机的应用实例

1. 造纸厂

某造纸厂污水处理工程设计处理规模 5. 5 万 m^3/d，曝气采用了 C150-1. 5 型单级高速离心式鼓风机 3 台，2 用 1 备，单台性能参数为：Q = 150m^3/min，P = 98. 07kPa，W = 185kW；高速离心式鼓风机 3 台，2 用 1 备，单台性能参数为：Q = 250m^3/min，P = 98. 07kPa，N =

350kW，气水比为21：1。

2. 化工厂

根据某化工企业污水处理厂设计方案对鼓风机曝气风量风压的要求，按照采用低速多级鼓风机和高速单级透平鼓风机提出两个方案。

（1）方案一：采用6台D150-51型低速多级鼓风机，4开2备，电动机功率200kW/台；轴功率175kW/台；出口风压5kPa。

（2）方案二：采用3台1TCY-30型高速单级离心鼓风机，2开1备，电动机功率355kW/台；轴功率314kW/台；出口风压5kPa。

最终，工程选择高速单级离心鼓风机作为供气设备。

三、三叶罗茨鼓风机

（一）三叶罗茨鼓风机工作原理

三叶罗茨鼓风机在机体内通过同步齿轮的作用，使转子相对地呈反方向旋转，由于转子之间和转子与机壳之间都有适当的工作间隙，所以构成进气气腔，借助转子旋转，形成无内压缩地将机体内气体由进气腔输送到排气腔后排出机体，达到鼓风作用。三叶罗茨鼓风机为容积式风机，输送的风量与转数成比例，其工作原理图见图6-9。

图6-9　三叶罗茨鼓风机工作原理图

（二）三叶罗茨鼓风机结构

三叶罗茨鼓风机以及风机的主要结构件（转子）见图6-10。

图6-10　三叶罗茨鼓风机以及风机主要结构件（转子）

（三）三叶罗茨鼓风机特点

（1）回转机械简单，易于控制和维护。罗茨鼓风机其价格在城镇中小型污水处理厂应用中综合经济指标较低，但因其单机价格最低，风机结构简单，风机的日常维护量较小，备品备件的更新更换费用较低，备品备件易于购买和外委加工，为有效降低维修成本提供了条件，在城镇小型污水处理厂中被广泛应用。

（2）效率低于单级、多级离心风机。

（3）罗茨鼓风机采用皮带传动结合同步齿轮传动来输送介质，造成能量逐级衰减较大。在风机出口流量较大时，选择罗茨鼓风机一般不占经济与实用性优势。

四、螺杆鼓风机

螺杆鼓风机属于容积式鼓风机，其通过一对啮合转子相向高速转动，利用其齿间容积周期性的变化实现气体压缩与输送。螺杆式鼓风机的转子见图 6-11。

图 6-11 螺杆式鼓风机转子图

螺杆式鼓风机系统包括风机主体、进气管、出气管等，见图 6-12。

螺杆鼓风机工作过程如图 6-13 所示。

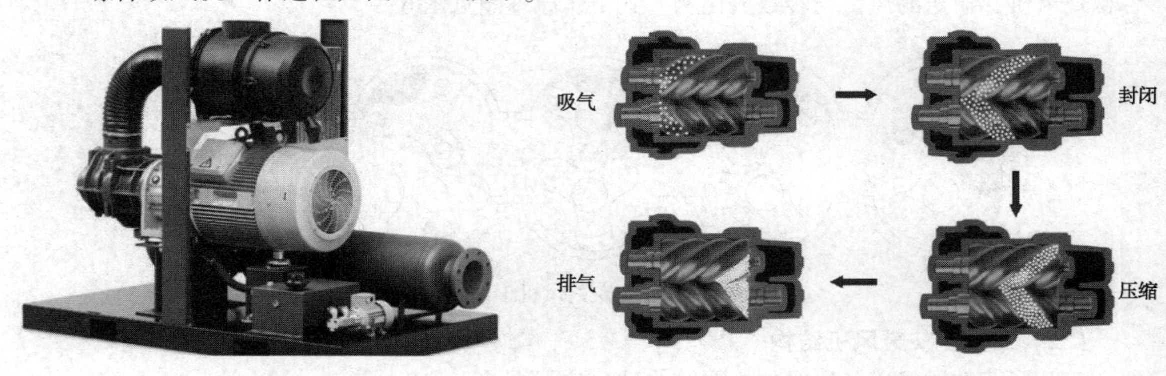

图 6-12 螺杆式鼓风机系统图　　图 6-13 螺杆鼓风机工作过程示意图

（1）吸气过程：当转子经过入口时，空气从轴向吸入主机。

（2）封闭过程：转子经过入口后，一定体积的空气被密封在两个转子形成的压缩空腔内。

（3）压缩及输送：随着转子的转动，压缩腔的体积不断减少，空气压力升高。

（4）排气过程：空气到达另一端的出口，压缩完成。

螺杆风机是一种高效节能的容积式风机，技术成熟可靠，维护方便简单。能耗与单级离心风机相当，比罗茨风机节能。其流量调节范围为 0~100%，工作压力一般在 3~12m 水柱。由于具有结构简单、节能低噪声等优点，小型污水处理厂可以选用。

五、磁悬浮鼓风机

磁悬浮鼓风机是采用磁悬浮轴承的透平设备的一种，其主要结构是鼓风机叶轮直接安装在电机轴延伸端上，而转子被垂直悬浮于主动式磁性轴承控制器上，不需要增速器及联轴器，实现由高速电机直接驱动，由变频器来调速，磁悬浮鼓风机见图6-14。

图 6-14　磁悬浮鼓风机

该类风机的高速电机、变频器、磁性轴承控制系统和配有微处理器的控制盘等均采用一体设计和集成，其核心技术是磁悬浮轴承和永磁电机。同步永磁电机采用了无机械磨损的磁悬浮轴承技术，可最大程度地降低机械传动损耗，转速可达 36000r/min。

1. 主要组成

磁悬浮风机主要由叶轮、蜗壳、高速电机、轴承等部件组成，其结构示意图见图 6-15。

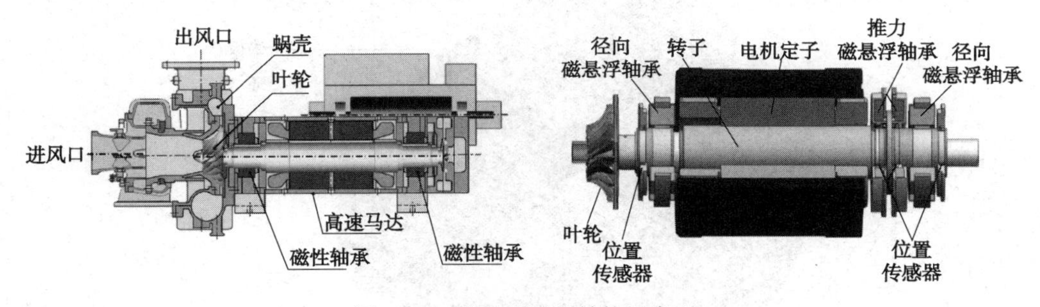

图 6-15　磁悬浮风机结构示意图

（1）叶轮

采用三元流后弯式叶轮，其材料一般采用高强度铝合金。高强度铝合金能在保证强度的同时可降低转动惯量，具有效率高、工况范围广的特点。叶轮见图 6-16。

（2）磁悬浮轴承

磁悬浮轴承是利用磁力作用将转子悬浮于空中，使转子与定子之间没有机械接触。其原理是磁感应线与磁浮线成垂直，轴芯与磁浮线是平行的，转子的重心能固定在运转的轨道上。与传统的滚珠轴承、滑动轴承以及油膜轴承相比，磁轴承不存在机械接触，转子可以运行到很高的转速，具有机械磨损小、噪声小、寿命长、无需润滑、无油污染等优点。

图 6-16　叶轮

磁悬浮风机采用的磁悬浮轴承从原理上可分为两种，一种是主动磁悬浮轴承（AMB），另一种是被动磁悬浮轴承（PMB），风机应用主要采用主动磁悬浮轴承。

磁悬浮风机的轴承系统主要由转子、径向轴承、轴向轴承、位置传感器、控制器和执行器等部分组成，执行器包括电磁铁和功率放大器两部分。磁悬浮轴承结构如图 6-17 所示，其中前后两个径向轴承控制转子前后端的 x、y 向两个自由度，磁悬浮风机径向磁悬浮轴承结构示意图见图 6-18，实物图见图 6-19。轴向轴承也叫推力轴承，控制转子在轴向 z 向自由度，轴向轴承见图 6-20。

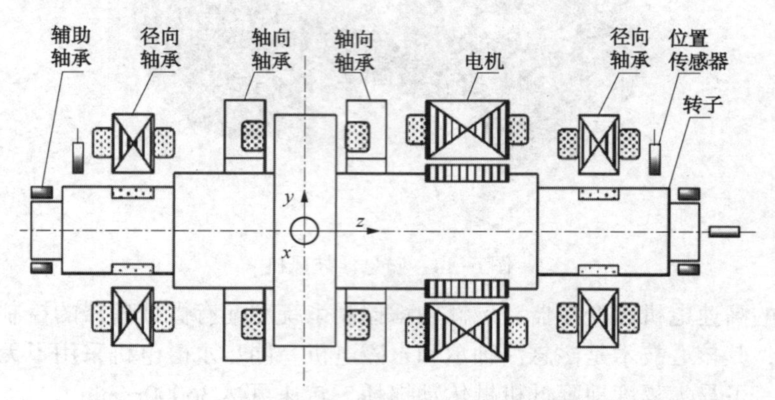

图 6-17 磁悬浮轴承系统结构示意图

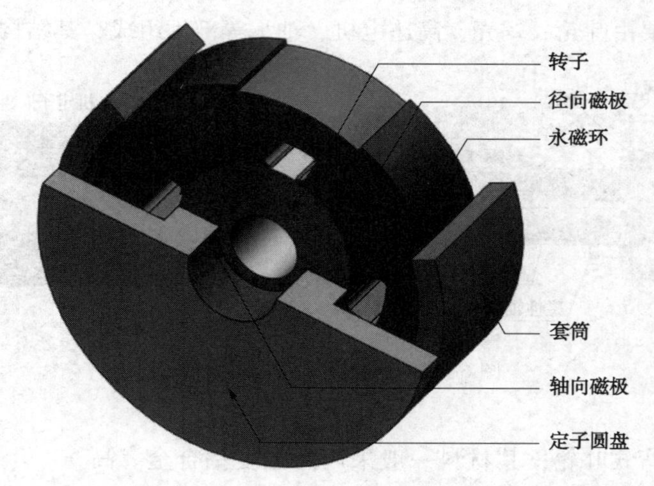

图 6-18 径向磁悬浮轴承结构示意图

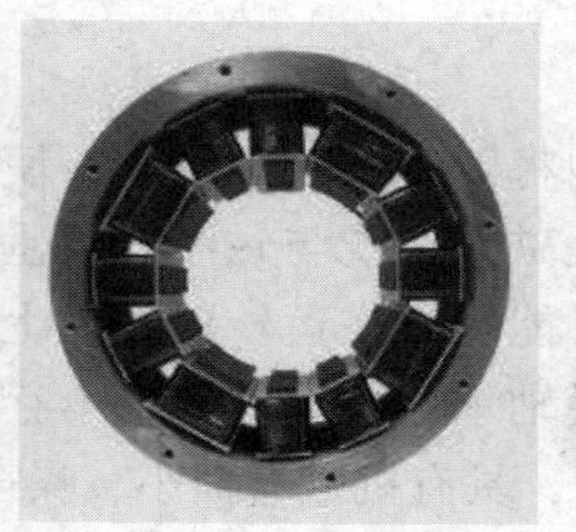

图 6-19 径向磁悬浮轴承实物图

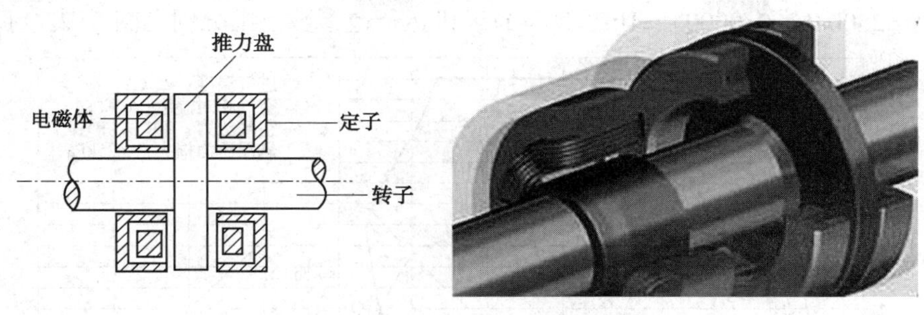

图 6-20　磁悬浮轴承轴向轴承图

（3）高速电机

由永磁体励磁产生同步旋转磁场的同步电机，称为永磁同步电机。磁悬浮风机采用高速永磁同步电机，一般电机和磁悬浮轴承结合为一体，具有体积小、效率高、启动力矩大、温升低等特点。高速永磁同步电机见图 6-21。

图 6-21　高速永磁同步电机

2. 风机主要技术特点

（1）风机采用高速稀土永磁电机，其额定转速可达 15000~36000r/min；

（2）采用主动磁悬浮轴承，其功耗损失小；

（3）变频器效率高；

（4）冷却系统采用风冷和水冷结合的方式，能够有效保护电机。

3. 产品介绍

（1）芬兰艾伯斯集团(ABS)HST 系列

HST 高速磁悬浮离心鼓风机主要用于污水处理厂和工业低压工艺，流量 700~10000m^3/h，升压范围 40~125kPa。HST S9000-1-H-4 型风机的相关参数如表 6-2 所示。

表 6-2　HST S9000-1-H-4 型风机的相关参数

项　目	系数值	项　目	系数值
鼓风机级数	1 级	机壳密封形式	O 型圈
叶轮转速	21000r/min	机壳材质	AlMg3
叶片数量	7 片长，7 片短	进口法兰	*DN*400mm 垂直
叶轮直径	332　mm	出口法兰	*DN*300mm 水平
叶轮材质	铝合金		

HST 型(2500/6000/9000)、HST 型(40)风机运行范参数范围分别见图 6-22、图 6-23。

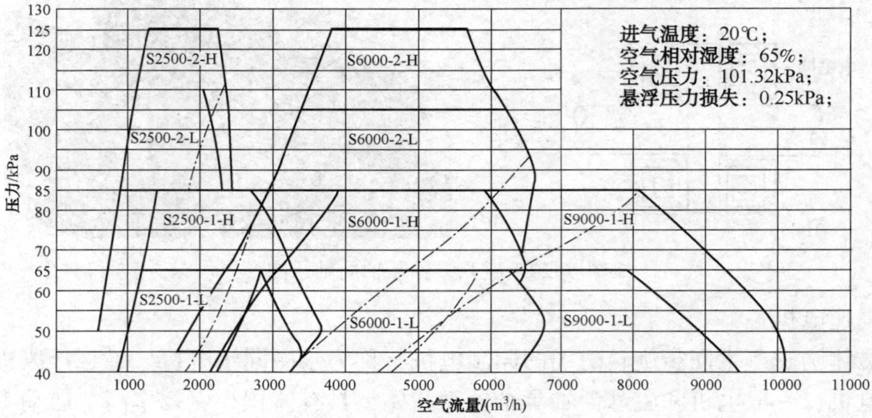

图 6-22　HST 型(2500/6000/9000)风机运行参数范围图

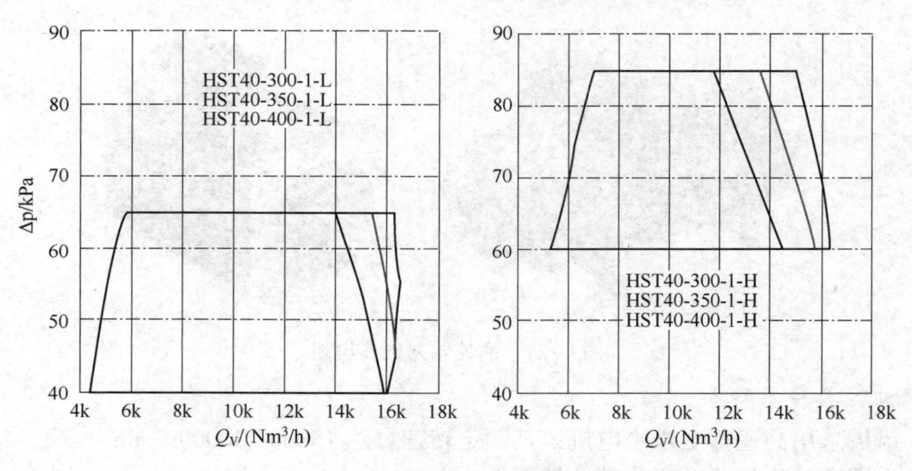

图 6-23　HST 型(40)风机参数范围图

某 10 万 t/d 污水处理厂使用 HST 6000-1-H-4/5/6 型磁悬浮单级离心鼓风机(功率 190kW)，其设备性能参数和运行数据见表 6-3。

表 6-3　工程使用中的设备性能参数和运行数据

进风温度 20℃，相对湿度 75%，出口压力 0.75MPa					
风量/(m^3/h)	48.2%	60%	80%	100%	105.7%
	3467	4320	5760	7200	7612
输入功率/kW	90.7	107.6	137.5	176.1	190
转速/(r/min)	19798	20012	20731	21625	21989
进风温度 0℃，相对湿度 65%，出口压力 0.75MPa					
风量/(m^3/h)	46.4%	60%	80%	100%	104.4%
	3338	4320	5760	7200	7519
输入功率/kW	87.4	106.8	137.3	178.2	190
转速/(r/min)	19062	19327	20112	21037	21368

（2）日本川崎系列

其高速磁悬浮鼓风机有 2500、6000、9000 三个系列，流量在 800～10600m^3/h，升压范围在 40～130kPa。

（3）亿昇 YG 系列

相关产品参数见表 6-4。

表 6-4　相关产品参数

规格	YG75	YG100	YG150	YG200	YG250	YG300	YG350	YG400	YG700（高压）
升压	流量/（m^3/min）（101kPa，20℃，湿度 65%）								
40kPa	90	120	180	235	278				
50kPa	76	100	148	190	235	288	335	390	600
60kPa	65	85	128	162	210	245	290	330	560
70kPa	53	75	106	146	170	220	252	298	520
80kPa	43	68	90	128	150	185	215	256	450
90kPa	35	60	80	115	135	165	195	240	420
100kPa	—	55	70	108	120	150	178	220	380

六、空气悬浮鼓风机

空气悬浮鼓风机配置了永磁同步电机、空气悬浮轴承和高精度单级离心式叶轮等设施，风机采用一体化紧凑型设计。叶轮、高速电机、变频器、空气轴承及其控制系统配有 CPU 微处理器的控制面板集于一体。其叶轮直接与电机结合，轴悬浮于主动式空气轴承控制器上。当转子高速旋转时，轴承周围的空气由于自身的黏滞度，被转入轴与轴圈之间的楔形区，在轴达到一定的回转速度时（3000～5000r/min），空气形成强大的浮力足以支持径向荷载，使转轴可以在悬浮状态下高速运行。

空气轴承与滚珠轴承等不同，无物理接触点，无需润滑油，能源损失小，因而可以提高系统的运行效率。空气悬浮鼓风机具有高效、节能、低噪声、运行可靠的优点，其基本结构示意图见图 6-24。

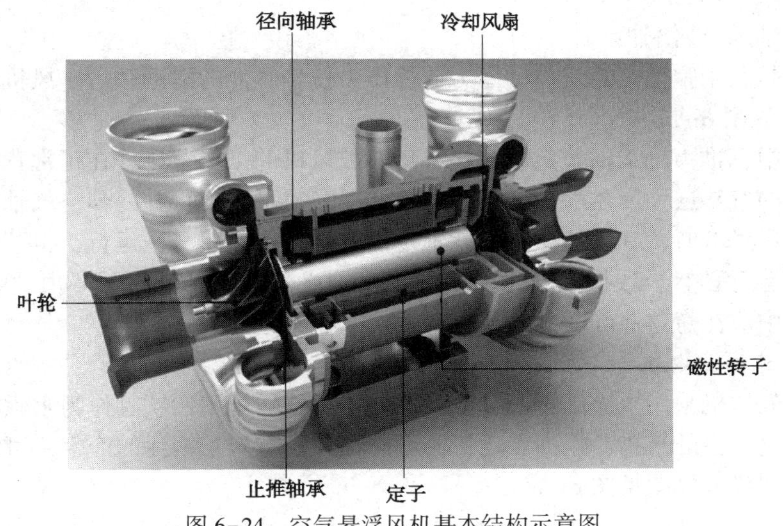

图 6-24　空气悬浮风机基本结构示意图

（一）主要组成

1. 叶轮

风机叶轮采用铝合金 AL7075 或钛合金等材质，机轴采用钛、镍等金属合金。其上下圈大小接近的叶形构造使得风量大且风压较小。叶轮形式见图 6-25。

图 6-25 叶轮形式

2. 空气悬浮轴承

采用流体动力学原理设计，利用高速旋转的转轴，在转轴与轴承之间产生空气膜能形成足够的气动压力支撑转动部件无摩擦地运转。空气悬浮轴承主要包括径向轴承以及止推轴承等部件，空气轴承系统包括多个径向轴承和推力轴承。

（1）止推轴承

风机使用的止推轴承见图 6-26。

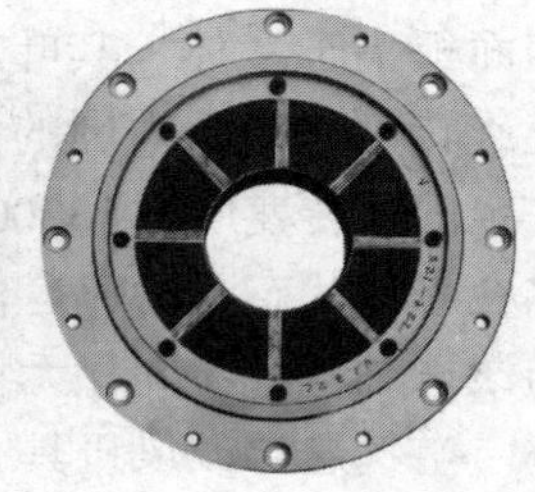

图 6-26 止推轴承

（2）径向轴承(波箔轴承)

径向轴承是利用弹性箔靠流体动压力或静压力使轴悬浮的滑动轴承。风机使用的径向轴承(波箔轴承)见图 6-27。

实际运行中，推力轴承的稳定性取决于离心鼓风机的工作背压。在正常背压条件下，由推力轴承形成的气垫层强度足够大，可以支持转子高速平稳运行并冷却空气轴承。但离心鼓风机的工作背压过低时，其气垫层强度就不足以支持转子高速平稳运行，也不足以冷却空气轴承。不平稳运行必然导致振动异常，冷却不足则必然导致轴承过热。由此会导致轴承受损，因此运行中应注意这些问题。

3. 永磁高速同步电机

空气悬浮鼓风机采用永磁高速同步电机，其永磁铁转子用钕铁硼作为永磁材料。采用永磁材料简化了电动机的结构，提高了运行的可靠性，没有转子铜耗的产生，可提高电机的效率。永磁高速同步电机图见图 6-28。

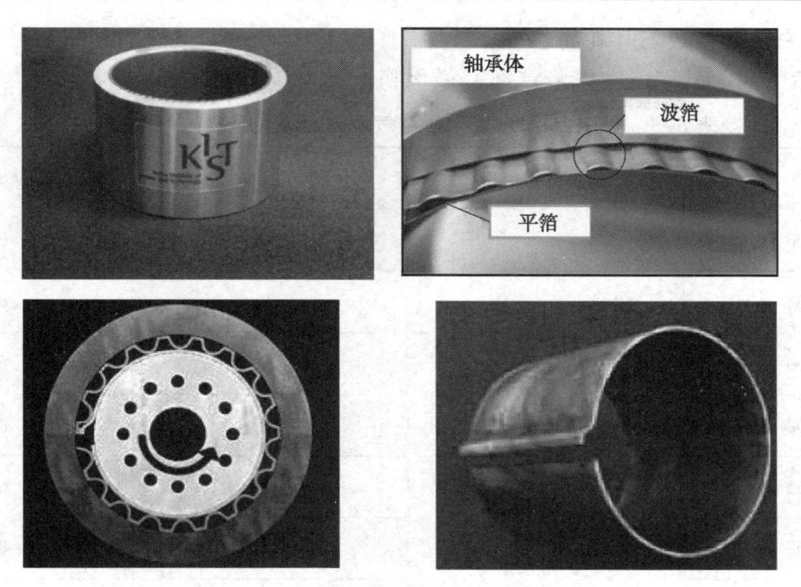

图 6-27　径向轴承(波箔轴承)

图 6-28　永磁高速同步电机

4. 冷却系统

风机主体设备的冷却形式有 2 种，一种是空气冷却，利用主进风穿越电机冷却翅片组队电机实施冷却；另一种是闭路循环水冷却，即采用电机外设置螺旋冷却水夹套进行冷却的方式，适用于空气冷却效果不佳的工作场合，一般采用内置式或外置式闭路循环水冷系统。电机的闭路循环冷却形式见图 6-29。

图 6-29　电机的闭路循环冷却形式

(二) 相关设备参数与叶轮特性曲

有关 TURBO BLOWER 空气悬浮离心鼓风机的基本参数如表 6-5 所示。

表 6-5 TURBO BLOWER 空气悬浮离心鼓风机的基本参数

型 号	配套马达功率/kW	出口风量/(m^3/min)	出口风压/mm 水柱
WL3006	30	20	6000
WL3008		17	8000
WL5006	50	34	6000
WL5008		28	8000
WL7506	75	51	6000
WL7508		42	8000
WL7510		34	10000
WL10006	100	69	6000
WL10008		55	8000
WL10010		45	10000
WL12506	125	85	6000
WL12508		70	8000
WL12510		—	10000
WL20004	200	200	4000
WL20006		140	6000
WL20008		109	8000
WL20010		87	10000
WL30006	300	210	6000
WL30008		164	8000
WL30010		133	10000
WL40006	400	280	6000
WL40008		218	8000

其有关型号的叶轮特性曲线如图 6-30 所示。

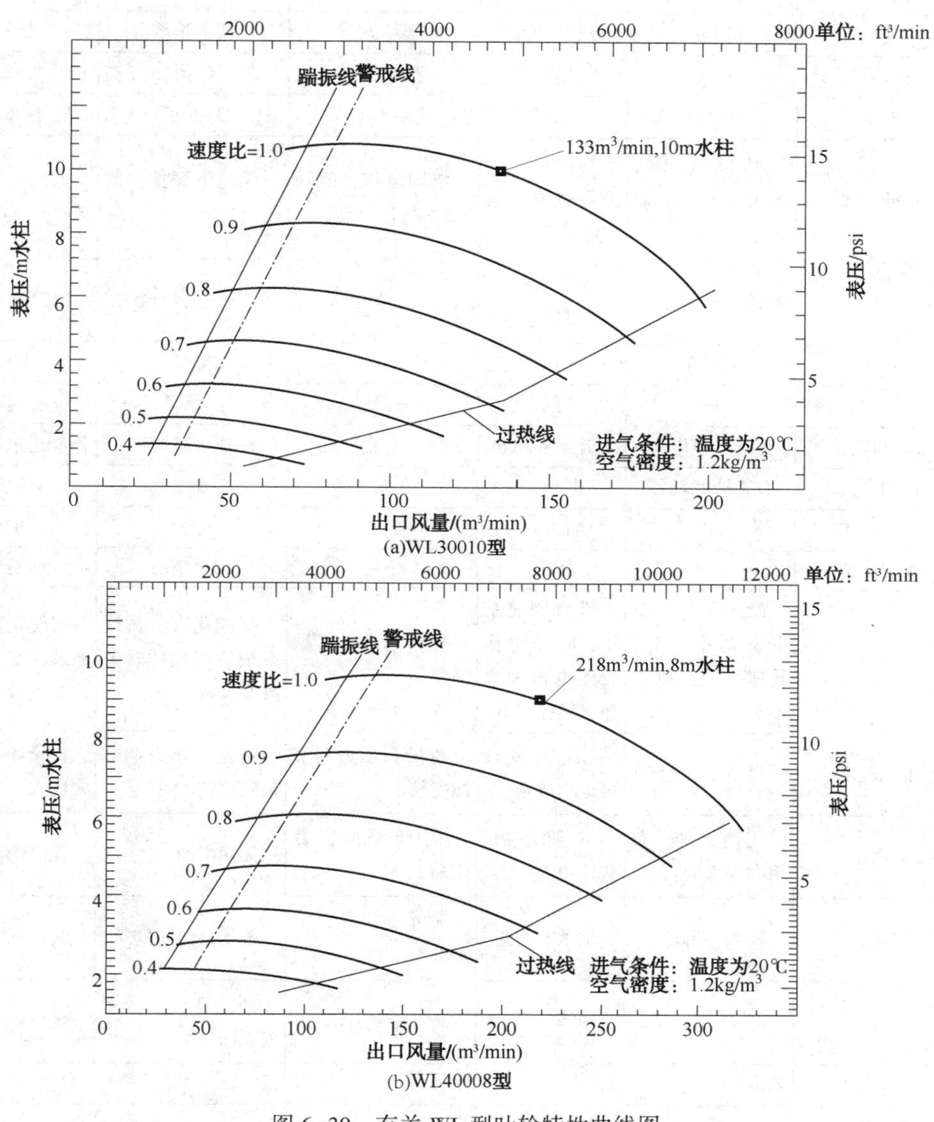

图 6-30　有关 WL 型叶轮特性曲线图

第三节　风机的比较与选型

一、各类风机的比较

实际上，当前市场上主流的曝气鼓风机有罗茨鼓风机、低速多级离心鼓风机、单级高速离心鼓风机、空气悬浮离心鼓风机、磁悬浮离心鼓风机五大类，市场竞争激烈。各类曝气鼓风机的主要性能比较见表 6-6。

表 6-6 各类风机的主要性能比较

性能比较		罗茨鼓风机	多级离心鼓风机	单级离心鼓风机	空气悬浮鼓风机	进口磁悬浮鼓风机
轴承	轴承	滚珠轴承	滚珠轴承	可倾瓦轴承	波箔轴承	磁轴承
	技术来源	国产	国产	进口/国产	韩国	S2M
	寿命	1~2 年	2~3 年	3~5 年	3~5 年	半永久性
	机械损失	轴能耗 3%，随寿命增加而降低	轴能耗 3%，随寿命增加而降低	滑动摩擦，能耗 3.5%以上	低速干摩擦，能耗大	电磁感应，轴能耗小
叶轮	形式	铸造二叶或三叶	焊接碳钢或铸铝	三元流叶轮	三元流叶轮	三元流叶轮
	寿命	5~8 年	10 年	15 年	20 年	20 年
	空气动力学效率	低	低	较高	高	高
高速电机	电动机类型	低速异步电机	低速异步电机	异步交流电机	高速永磁电机	高速永磁电机
	传动形式	皮带或联轴器	联轴器	联轴器	直连	直连
	电机效率	86%	87%	94%	95%	97%
	控制转速	不能	不能	不能	调速精确	调速精确
	类型	没有调速系统，电机功率一定，转速一定，风量不变	没有调速系统，除非更换变频电机和增加变频控制器	导叶调节，机械损失	智能化直流调速系统改变轴的转速改变风量	智能化直流调速系统改变轴的转速改变风量
	工作范围	很小	小，加变频可适当放宽	流量和压力调节幅度较小	流量和压力调节幅度比较大	流量和压力调节幅度大
维护	润滑油	定期添加，费用中等	定期添加，费用中等	定期添加，费用高	无润滑油	无润滑油
	易损件	轴承、齿轮	轴承、密封	轴承、齿轮、润滑油泵	轴承、过滤网	过滤网
	费用	低	中等	高	高，进口设备国内无法维修	低
运行	运行费用	最高	高	中	低	最低
	投资费用	最低	中	高	高	高
整机效率		≤49%	≤61%	≤68%	≤73%	≤77%
整机价格		低	较低	进口设备价格高	价格适中，技术封闭	进口设备价格高

二、风机选型

(一) 考虑的因素

风机选型中首先必须考虑适用性、能耗、噪声及价格因素。

1. 适用性

(1) 规模

城镇污水处理厂初期建设规模一般都在日处理 10 万 t 以下，从规模上划分属于中小型污水处理厂。城镇污水处理厂中日处理量3万t以下的划分为城镇小型污水处理厂，日处理量3万~10万t的划分为城镇中型污水处理厂。建设规模直接影响项目投资成本，其中生产成本各项比例都发生相应的变化，比如城镇中型污水处理厂人工成本和管理成本占的比例较小，运行成本中电费、水费、药剂费占的比例较大，因此节能降耗直接影响投资回报期；城镇小型污水处理厂人工成本和管理成本所占比例有所增加，而运行成本中电费、水费、药剂费所占比例相对减小，控制前期设备投资费用直接影响投资回报期。

（2）选型的工艺

鼓风机的应用主要受污水处理厂曝气系统工艺类别影响，其中根据曝气池的运行特点分为恒液位系统和变液位系统，其中具有代表性的有：

① 恒液位系统，有A/O、A^2/O、A/B、BAF、Uni-TANK、氧化沟工艺等；

② 变液位系统，有SBR、CASS、ICEAS(间歇式循环延时曝气活性污泥法)工艺等。

恒液位系统和变液位系统直接影响的是鼓风机的压力和流量性能曲线，出口压头的波动以及对出口流量的波动均会导致鼓风机选型的较大差异。

（3）运行中的阻力变化

一般的污水处理系统在新启用时系统压力基本上在设计范围内，但随着使用时间的延长，由于曝气头损坏、曝气孔的堵塞、阀门管道等的锈蚀等原因，可能会导致大量污泥进入管道并沉积，从而使整个系统阻力增加，这种现象在系统设计风机选型时必须加以考虑。在阻力变化适应性上，罗茨鼓风机优于离心式风机，因为罗茨鼓风机的流量是硬特性，当外界系统阻力增加时，其出口压力也随着增加，从而在流量几乎不变的情况下将气体排出(在风机强度及电机功率满足的情况下)；而离心式风机则不同，由于离心式风机压力是硬特性，风量随阻力的增加而减少，当阻力增加到一定压力时将无法曝气。

因此在污水处理系统中选用离心式鼓风机要特别注意选用风机的压力一定要留有余地，特别要防止风机产生喘振现象。所谓的喘振现象是：在风机运行中由于系统阻力的增加，造成风量的减小，当流量减小到某一最小值时就会在风机流道中出现严重的旋转脱离，流动严重恶化，使风机出口压突然下降，由于风机总是和水处理管网系统联合工作的，这时管网中的压力并不马上降低，于是管网的气体压力反大于风机出口处的压力，从而气体发生倒流，一直至管网中的压力下降至风机的出口压力为止，这时倒流停止，风机又开始向管网供气，经过风机的流量重新增大，风机恢复正常工作，当网管中的压力又恢复原来压力时，风机的流量又减少，系统中的气流又减小，系统中又产生倒流，如此周而复始就在系统中产生了周期性的气流震荡现象，这就是风机的喘振现象，喘振现象往往造成风机的重大事故。喘振现象是否发生与系统管网有关，管网的容量越大，则喘振的振幅越大，频率越低；管网的容量越小，则喘振的振幅越小，频率越高。当几台风机并网使用时，有时还会出现单台机出现喘振的现象，因为一个系统当设计施工完毕后其系统的阻力将随着系统内所流通的风量增加而增加，当系统阻力增加至某台风机的喘振点时，就会产生风机的喘振现象。因此设计时除对风机的压力保留一定的余地外，还必须对管网系统作一定的设计计算。

对于罗茨鼓风机，在管网中必须安装止回阀，以防止突然断电时管路中高压气体突然倒流入风机中，造成叶轮突然反转，损坏叶轮。

2. 能耗

（1）三叶罗茨鼓风机与多级离心风机的比较

三叶罗茨鼓风机与多级离心风机的能耗比较见表6-7[2]。

表6-7 三叶罗茨鼓风机与多级离心风机的能耗比较

型 号	类 型	转速/(r/min)	升压/kPa	流量/(m^3/min)	轴功率/kW	比功率/[kW/(m^3/min)]	节能效果/%
C125-1.5	多级离心风机	2950	49	125	140	1.12	—
3L73WC	罗茨风机	1050	49	124.3	132.3	1.0644	5
GC120-61-686	多级离心风机	2980	68.6	120	220	1.8333	—
3L73WC	罗茨风机	1050	68.6	122.8	179.5	1.4617	20

国内罗茨鼓风机的设计制造水平近年来有了长足的进步，中小型罗茨鼓风机由二叶型发展成三叶型，各项指标特别是噪声和能耗大幅度下降。由表6-7可看出，3L型三叶罗茨鼓风机的能耗已比多级离心鼓风机要低。

(2) 三叶罗茨鼓风机与单级高速离心风机的比较

图6-31为HV-TURBO鼓风机与罗茨鼓风机节能的比较图。其中三叶罗茨鼓风机选用的是南通市3L型罗茨鼓风机，与3L型风机对比的数据来源于丹麦HV-TURB0公司提供的KA2-GK、KA5-GK型鼓风机曲线样本图。图示曲线表示了两台HV-TURBO鼓风机(每台流量4500m^3/h)与三台罗茨鼓风机(每台流量3000m^3/h)的功率消耗比较，并得到HV-TURBO鼓风机比罗茨鼓风机节能30%~40%的结论。

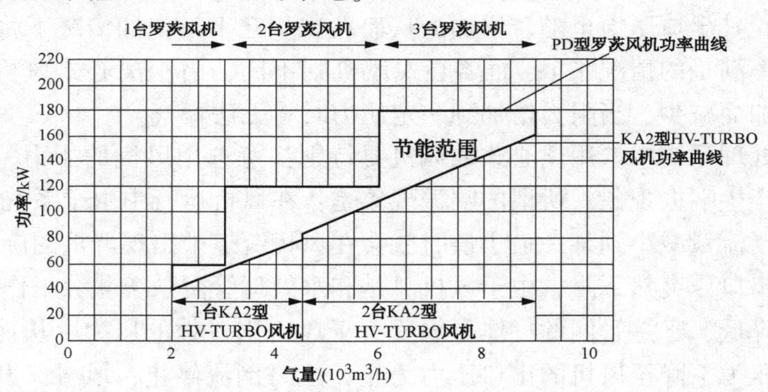

图6-31 HV-TURBO鼓风机与罗茨鼓风机的节能比较

在实际应用中，单级高速离心风机确实具有很好的节能效果，但并不像HV-TURBO公司样本所宣传的那样节能达30%~40%。有行业人士对不同的厂家生产的风机作了比较，其具体比较参数和比较结果见表6-8[2]。

表6-8 三叶罗茨鼓风机与单级高速离心风机的能耗比较

型 号	类 型	产 地	升压/kPa	流量/(m^3/min)	轴功率/kW	比功率/[kW/(m^3/min)]	节能效果/%
3L63WC	罗茨风机	南通	50.96	73.7	82.7	1.1221	参照样本
KA5-GK	高速离心风机	丹麦	50.96	75	80	1.0667	5
3L63WC	罗茨鼓风机	南通	68.6	72.1	108	1.4979	参照样本
GM20L	离心风机	沈阳	68.6	75	100	1.3333	11
BCD80	高速离心风机	重庆通用工业	68.6	80	132	1.65	-10.1

（3）三叶罗茨鼓风机与二叶型罗茨鼓风机及国外三叶型罗茨鼓风机的能耗比较

三叶罗茨鼓风机选用3L型三叶罗茨鼓风机，其与二叶罗茨鼓风机及国外三叶罗茨鼓风机能耗比较的具体参数见表6-9[2]。

表6-9 三叶罗茨鼓风机与二叶罗茨鼓风机及国外三叶罗茨鼓风机的能耗比较

型 号	类型	转速/(r/min)	升压/kPa	流量/(m^3/min)	轴功率/kW	比功率/[kW/(m^3/min)]	节能效率/%	噪声/dB(A)
L32LD	二叶	1450	49	5.99	9.2	1.5358	参照样本	>80
3L32WD	三叶	1450	49	7.65	9.28	1.2131	21	76.2
L74WD	二叶	980	49	112	121	1.0804	参照样本	≥100
3L73WD	三叶	980	49	115	122.7	1.0670	1.2	90
L73WD	二叶	980	49	92.7	101	1.0895	参照样本	≥98
3L73WD	三叶	980	49	115	122.7	1.0670	2	90
GM200L	二叶	1040	49	114	123	1.0789	参照样本	96
3L73WD	三叶	980	49	115	122.7	1.0670	1.1	90
GM130L	二叶	2120	49	113	122	1.0796	参照样本	104
3L73WD	三叶	980	49	115	122.7	1.0670	1.2	90

从表6-9中可看出，3L型罗茨鼓风机的能耗较传统二叶型要低1%~21%，3L73WD三叶型罗茨鼓风机的能耗要较德国AERZEN公司GM型三叶罗茨鼓风机低1%以上。

（4）磁悬浮鼓风机与单级离心鼓风机的比较

① 传统单级离心鼓风机采用低速电机+增速齿轮箱+滚动或滑动机械轴承+机械导叶结构，通过机械导叶调节风量，即使是变频调节，当流量在70%设计流量下，仍需节流阀调节流量，存在阻力损失。磁悬浮鼓风机采用变频器调速调节风量，相对节能。

② 传统单级离心鼓风机采用滚动或滑动机械轴承，轴承寿命短，需要复杂的润滑油和轴密封系统，存在磨损和无用功消耗；磁悬浮鼓风机轴承在运行中无接触，磨损和无用功消耗较小。

③ 传统单级离心鼓风机有多个机械运动部件，发生故障的频率高，维护保养相对繁琐，各种直接维护费用较高。磁悬浮单级离心鼓风机维护费用较低。

④ 传统单级离心鼓风机需要防振装置，对地基需要进行特殊处理，结构尺寸大，占地面积大，噪声高(90dB以上)，需要设隔声罩。磁悬浮离心鼓风机占地面积小，无振动，无需进行特殊的地基处理，噪声80dB以下。

（5）价格对比

各种风机的价格对比见表6-10，价格为经销商的参考报价。

表6-10 各种风机的价格对比

类 型	风机型号	流量/(m^3/min)	风压/kPa	轴功率/kW	价格/(万元/台)
多级离心鼓风机	C125	125	63.75	150	24.3
	GC120	120	68.6	220	22.3
3L型罗茨鼓风机	3L73WC	122.8	68.6	179.5	12
单级高速	GM20L	110	49	100	65

续表

类 型	风机型号	流量/(m³/min)	风压/kPa	轴功率/kW	价格/(万元/台)
离心鼓风机	BCD125	125	68.6	185	64
3L 型罗茨鼓风机	3L73WC	122.8	68.6	179.5	12
丹麦进口高速离心鼓风机	KA5-GK	75	50.96	80	100
3L 型罗茨鼓风机	3L63WC	74.3	50.1	80.7	7.41
空气悬浮鼓风机	WL300-08	210	40~100	242	85
磁悬浮鼓风机	HST	110~170	40~125		100

从表 6-10 可看出，3L 系列的风机价格是多级离心鼓风机的一半左右，是国产单级高速离心鼓风机的 1/5 左右，是空气悬浮风机的 1/7 左右，是进口单级高速离心鼓风机及磁悬浮鼓风机的 1/8 左右，在价格上罗茨鼓风机有一定的优势。

三、风机的选用

1. 小型污水处理厂风机选用

在日处理量低于 3 万 t 的小型污水处理厂的选型中，风机一般选用罗茨风机。主要原因有：

(1) 降低前期设备投资费用可能成为主要影响因素，而罗茨风机在各类风机中具有较高的性价比优势，因此选用罗茨风机可以有效降低初期投资费用。

(2) 罗茨风机结构简单，技术含量低，日常维护量小，能为运行维护降低成本提供条件。

(3) 罗茨风机设备投资回收期较短，整机更新更换周期较短，对于污水厂扩建及改造鼓风系统提供了方便条件；

(4) 不论是恒液位系统还是变液位系统，罗茨风机均能满足设计和运行要求。较离心风机运行安全可靠，同时采用变频控制方式调整转速可以达到提高过程效率、节约能耗的目的。

因此罗茨风机是城镇小型污水处理厂首选的鼓风曝气设备。

2. 中型污水处理厂风机选用

对于处理量 3 万~10 万 t/d 的城镇中型污水处理厂，随着污水处理厂设计规模的增加，价格因素可能不再是首要因素，需综合考虑风机性能、效率以及调控方式的选择，一般选用多级低速离心鼓风机，主要原因如下：

(1) 多级低速离心鼓风机在各类风机中具有较高的性价比优势。选用多级低速离心风机在初期投资费用上虽较罗茨风机稍高，但较单级高速风机节省很多，在流量变化的情况下相比其他类别风机可以维持较高效率。

(2) 结构简单，技术含量适中，操作简便，日常维护量小，能够有效降低运行维护成本。

(3) 整机使用寿命长，运行成本低，缩短了设备投资回收期。

(4) 对恒液位系统，多级低速离心鼓风机能够充分满足设计和运行要求。在出口压头变化不大的情况下，运行安全可靠，可以提高整机运行效率，达到节约能耗的目的。运行过程中噪声很小，不用采取其他辅助降噪措施。

(5) 对变液位曝气系统，为避免变压头过程中多级低速离心鼓风机风量产生较大变化甚至因选型不当造成鼓风机发生喘振，在鼓风机选型时，必须仔细审核生产厂家提供的鼓风机性能曲线，以保证鼓风机在高液位和低液位时都能在正常的工作区域运行。一般通过变频调速，随着压头变化而平滑地调整出口流量，可有效避免湍震的发生。

由于城镇中型污水处理厂采用变液位曝气系统的工程实例不多，而采用恒液位系统的工程占主要地位，因此多级低速离心鼓风机仍旧是城镇中型污水处理厂首选的鼓风曝气设备。

3. 大型污水处理

对于大型污水处理厂，单级高速离心风机、悬浮式风机可能是最佳选择。

参 考 文 献

[1] 黄君来．青州造纸厂污水处理工程鼓风机房设备与工艺的设计优化[J]．煤炭工程，2009(10)：24-25.
[2] 曹彭年，曹旦．水处理用风机的选型及能耗分析[J]．通用机械，2009(2)：25-28.
[3] 谢荣焕，梁文逵．磁悬浮离心式鼓风机在污水厂节能降耗中的应用[J]．中国给水排水，2014，30(15)：108-110.
[4] HJ/T 278—2006，环境保护产品技术要求-单级高速曝气离心鼓风机[S]．国家环保总局．

第七章　曝气设备

第一节　曝气设备性能指标与曝气类型

曝气设备性能的主要指标有：一是氧转移率，单位为 $mgO_2/(L \cdot h)$ 或 $kgO_2/(m^3 \cdot h)$；二是充氧能力(或动力效率)，即每消耗 1kW·h 动力能传递到水中的氧量(或氧传递速率)，单位为 $kgO_2/(kW \cdot h)$；三是氧利用率，通过鼓风曝气系统转移到混合液中的氧量占总供氧的百分比，单位为%。机械曝气无法计量总供氧量，因而不能计算氧利用率。

曝气类型大体分为两类：一类是鼓风曝气，另一类是机械曝气。鼓风曝气是采用曝气器在水中引入气泡的曝气方式。机械曝气是指利用叶轮等器械引入气泡的曝气方式。所有的曝气设备，都应该满足下列 3 种功能：

① 产生并维持有效的气-水接触，并且在生物氧化作用不断消耗氧气的情况下保持水中一定的溶解氧浓度；

② 在曝气区内产生足够的搅拌和混合能力，使活性污泥、废水、溶解氧充分接触；

③ 使水中的生物固体处于悬浮状态，防止污泥沉淀。

第二节　鼓风曝气扩散器

鼓风曝气系统由鼓风机、空气输配管系统、空气净化器、浸没于混合液中的扩散器组成。鼓风机供应一定的风量，风量要满足生化反应所需的氧量和能保持混合液悬浮固体呈悬浮状态；风压则要满足克服管道系统和扩散器的摩阻损耗以及扩散器上部的静水压；空气净化器的目的是改善整个曝气系统的运行状态和防止扩散器阻塞。

扩散器是整个鼓风曝气系统的关键部件，它的作用是将空气分散成气泡，增大空气和混合液之间的接触界面，把空气中的氧溶解于水中。根据分散气泡直径的大小，分为小气泡(气泡直径在 2mm 以下)、中气泡(气泡直径为 2～6mm)、大气泡三种。不同大小的气泡则需要不同类型的扩散器来产生，相应把空气扩散器也分为微小气泡扩散器、中气泡扩散器、大气泡扩散器。

一、微小气泡扩散器

常用的微孔曝气器按膜的材料可分为陶瓷(刚玉)、橡胶膜、聚乙烯；按照结构形式可分为板式、钟罩式、膜片式、软管式。其具体的类型与性能参数如表 7-1 所示，供参考。

表 7-1　微小气泡扩散器具体的类型与性能参数

扩散器类型		氧的利用率(E_A)/%	供氧动力效率/[kgO_2/(kW·h)]
平板型微孔扩散器		20~25	4~6
钟罩型微孔扩散器		20~25	4~6
膜片式	盘式微孔扩散器	27~38	5.1~9.2
	管式微孔扩散器	18~36	4.8~5.7
软管式	曝气软管	25.3~35.2	4.5~8.6

(一) 板式扩散器

平板型微孔扩散器多采用刚玉制作，平板型微孔扩散器及其结构如图 7-1 所示。

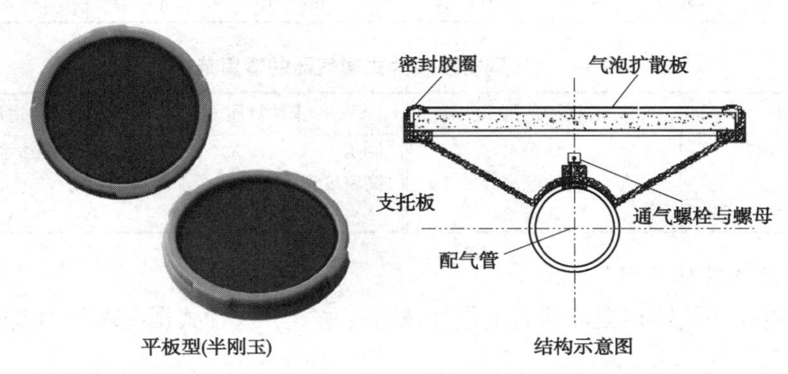

图 7-1　平板型微孔扩散器及其结构示意图

(二) 钟罩型扩散器

钟罩型微孔空气扩散器及其结构如图 7-2 所示。

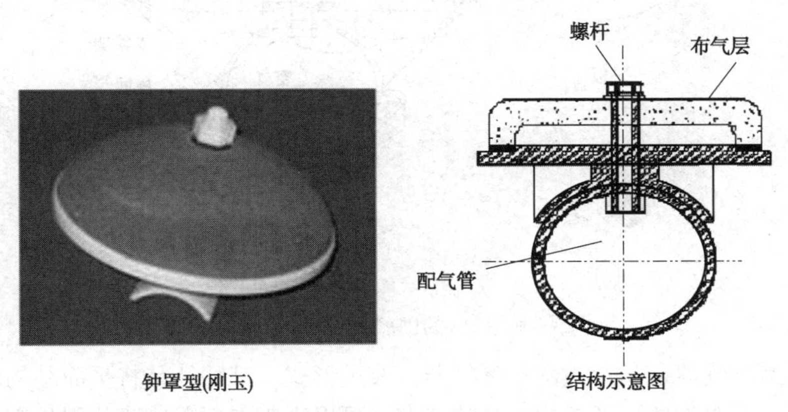

图 7-2　钟罩型微孔空气扩散器及其结构示意图

平板型微孔扩散器和钟罩型扩散器一般采用刚玉、半刚玉布气层。刚玉是由氧化硅、氧化铝高温烧结制成，布气层较脆，表面较为粗糙，同时，布气层较厚，空气通道较长，且多为尖锐和粗糙的孔道，因此，其表面容易滋生微生物，内部容易被空气中杂质颗粒所堵塞，所以刚玉曝气器对空气洁净度的要求很高。一般需对进入鼓风机的空气进行专门的除尘处理，所用的净化设备主要是静电除尘器，投资大。

(三) 膜片式

膜片式微孔曝气器有盘式与管式之分，常用的膜片式微孔曝气器的技术参数见表 7-2，供参考。它们的技术性能差异大，主要由材料和结构形式的不同决定的。不同材质曝气器的适用范围见表 7-3。

表 7-2 常用膜片式微孔曝气器技术参数

结构形式	材 料	规格/mm	水深/m	单位通气量	单位服务面积	气泡直径/mm	氧利用率/%	阻力损失/Pa
盘式	橡胶膜	$\phi215$	4	2~3m³/个·h	0.5m²/个	2	21.7~23.5	3800~4700
盘式	陶瓷(刚玉)		4~5	2~3m³/个·h	0.3~0.6m²/个	2	20~28.6	3840~4050
管式	聚乙烯	$\phi120$	4	5~25m³/m·h	3m²/m	2.8~3.1	22~28	1500~2500

表 7-3 不同材质膜片式曝气器的适用范围

膜片材质	适用范围	膜片材质	适用范围
三元乙丙合成聚合物	生活污水	刚玉	生活污水或工业废水
硅腈合成聚合物	含油废水	高密度聚乙烯	生活污水
氨基甲酸聚合物	工业废水		

1. 盘式膜片微孔曝气器

盘式膜片微孔曝气器根据形状有平板和球冠等形式，膜片式微孔曝气器及其结构示意图见图 7-3。

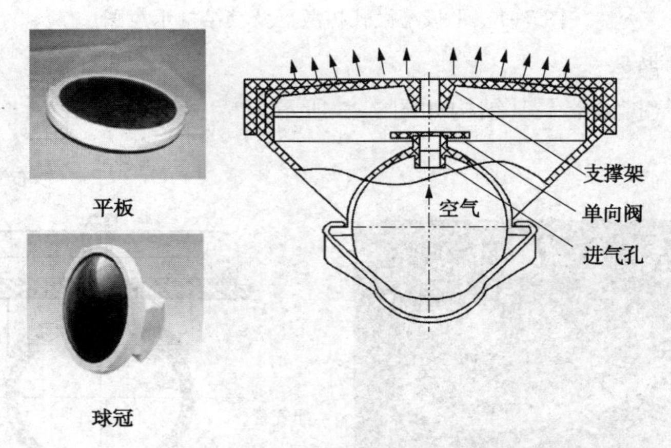

图 7-3 膜片式微孔曝气器及其结构示意图

其中球冠型曝气器是膜片式微孔曝气器的改进形式。其特征是将平面结构的圆盘式曝气膜片及膜片支承座改为球冠形结构，其特点有：可以克服平面曝气膜片因长期使用疲劳松弛而不能紧贴于支承座，易产生漏水倒灌的缺陷；使得停气后水体中污泥不容易沉淀积聚在曝气器表面，从而减轻了曝气器启动时的阻力；同时球冠形曝气器还增加了有效曝气服务面积，降低了膜片开孔密度，延长了使用寿命。

不管采用何种形式，目前膜片式曝气器主要存在以下几方面问题：

(1) 橡胶膜易撕裂

橡胶膜的撕裂使曝气器使用寿命降低，造成污水处理厂为更换曝气器或者橡胶膜而必须停止曝气池运行并清除污水，直接导致污水处理厂减少处理量，同时加大检修工作量和经济损失。

（2）曝气阻力损失大

曝气器阻力损失直接影响到污水处理厂的运行成本费用。曝气器阻力损失越大，需要鼓风机的功率就越大或者鼓风机台数越多，所以尽量减小曝气阻力损失是曝气器技术设计的关键之一。

（3）曝气器自闭性能差

曝气器自闭性能不好，在曝气系统停止曝气时，导致污水回流至曝气器内并进入系统管道，造成系统气流不畅通甚至管道堵塞。

（4）曝气器安装和拆卸繁琐

通常污水处理厂少则需要安装 3000~4000 个曝气器，多则上万个。这么多的曝气器，在施工安装或更换曝气器时需要投入大量的人力和时间，直接影响施工和运行效率，增加成本。

（5）存在曝气死区。

2. 管式微孔扩散器

管式微孔曝气器主要由微孔曝气管、支撑母管、布气层和连接附件组成，这种结构特点实现了将输气和布气合二为一的功能。支撑母管中间设定通气孔，输气时由通气孔轻松进入曝气缓冲带布气，缓冲带布满气，微孔曝气器上部整体均匀曝气。支撑母管设定通气孔较小，中间又相隔布气缓冲带。风机停机时，微孔曝气管回流慢，不会出现回流倒灌现象。当风机重新启动时，曝气器内部的水可通过下面布气层被空气挤出。因此管式微孔曝气器不需设置专门泄水管、泄水阀，其设备与结构示意图见图 7-4。

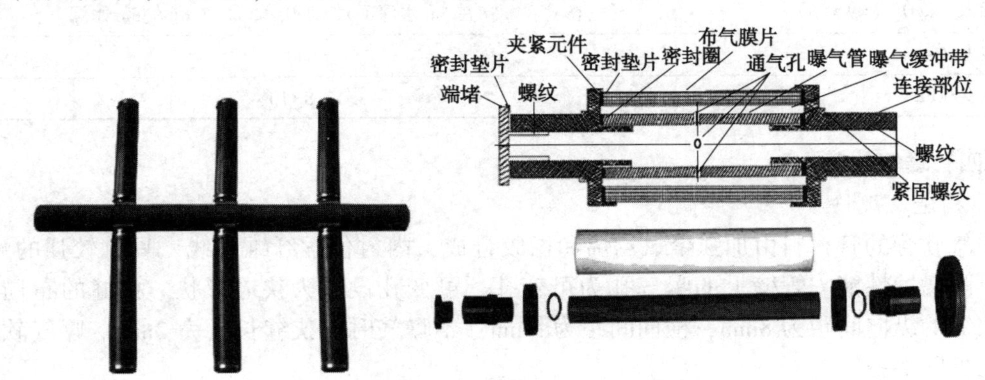

图 7-4　管式微孔扩散器及其结构示意图

由于管式曝气器在材料、构造、技术性能等一系列方面的优越性能，所以其应用范围广泛，可应用于各种好氧生化反应池，其中包括传统活性污泥法曝气池、MBR 反应池、生物接触氧化池、稳定塘、间歇式活性污泥法及其变形、天然河道、水体的长期或短期曝气复氧等。管式曝气器的安装既可采用传统的安装方式，也可采用提升式安装方式。

其特点有：

（1）管式微孔扩散器相对一般传统曝气器，具有氧利用率高、单个扩散器服务面积大的优点。

（2）曝气管安装方法灵活，可以采用固定式、悬挂式、可提升式等，安装与维修方便。

（3）采用聚乙烯材料的管式曝气器，具有良好的化学稳定性，耐酸碱，机械强度高，抗冲击能力强，能够承受风机频繁启用产生的水击。

（4）布气层表面经过专门的静电处理，较为光滑，不易被微孔生物附着，曝气器表面不易被堵塞，使用寿命长。

表 7-4 为有关管式微孔扩散器生产企业给出的技术参数，供参考。

表 7-4　管式微孔扩散器技术参数

项　目			规　格		
			67-500	67-750	67-1000
外形尺寸 $\phi \times L$/mm			67×500	67×750	67×1000
水深/m	1.5	氧的转移率/%	14~17		
	3.0		15~23		
	5.0		23~32		
	6.0		34~39.5		
	7.0		31~45		
通气量/(m^3/h)			1.7~6.8	3.4~13.6	3.4~17.0
服务面积/m^2			0.82~1.26	0.98~2.11	0.98~2.35
开孔数/个			8080	10300	13880
气泡直径/mm			0.8~2.0	0.8~2.0	0.8~2.0
压力损失/cm			17~42	17~41.5	17~40
充氧能力/[kgO_2/(kW·h)]			微孔：7.5（在 5m 水深下）；细孔：3.5~4.8（在 5m 水深下）		
延伸能力/%			>600		
张力强度/kPa			>13.8×10^3		

（四）曝气软管

1. 构造及规格

曝气软管的管材料由加强聚氯乙烯和橡胶合成，内衬化学纤维网线，具有较强的耐酸、耐碱、耐腐蚀性能。管壁上的曝气孔为可变孔，可变孔设计为狭缝形状。狭缝的布局为菱形，狭缝的纵向间距为 8mm，横向间距为 5mm，不曝气时，狭缝长度为 2mm。曝气软管及其应用见图 7-5。

图 7-5　曝气软管及其应用

2. 特点

① 薄壁、直通道，因此能降低曝气阻力损失；

② 软管为线状曝气，使布气更均匀，并形成竖向环流，搅拌混合更均匀；
③ 气泡小，氧的利用率和动力效率较高。

3. 主要技术指标

曝气软管的主要技术指标见表 7-5，供参考。

表 7-5 曝气软管的主要技术指标

项 目	参 数
气孔密度/(个/m)	≥3600
服务面积/(m^2/m 管)	0.5~1
软管耐压强度/(kg/cm^2)	2
曝气量/[m^3/(h·m)]	小于 5
充氧能力(气量 1~3m^3/h)/(kgO_2/h)	0.140~0.385
氧利用率(气量 1~3m^3/h)/%	19.50~21.70
阻力损失(气量 1~3m^3/h)/Pa	1985~3865
理论动力效率(气量 1~3m^3/h)/[kgO_2/(kW·h)]	4.336~4.929

4. 使用范围

① 各种工业废水及城市生活污水生化处理工程；
② 用于污水调节池的预曝气；
③ 在已运行的曝气器的效率低或堵塞频繁时，可用其进行改造；
④ 用于水产养殖业，为高密度养鱼系统和普通鱼池提供增氧。

可变孔曝气软管与可变孔曝气盘性能比较见表 7-6。

表 7-6 可变孔曝气软管与可变孔曝气盘性能比较

序 号	项 目	可变孔曝气软管	可变孔曝气盘
设备的安全性			
1	是否易撕裂	内衬网线，不易撕裂	曝气不均匀时，容易撕裂
2	管线是否易漏气	管接头处的喉箍卡紧就不会漏气	曝气盘与管线的安装连接处易漏气
3	抗堵塞性	(1)曝气时膨胀，不曝气时被压扁污水不易进入管内； (2)表面光滑不易生长生物膜； (3)圆形管线不易沉积污物	(1)曝气时膨胀，不曝气时被压扁污水不易进入管内； (2)表面光滑不易生长生物膜
4	排污性能	排污性能优良：曝气软管兼输气管线，并且软管内壁光滑，渗入软管内的污水很容易通过排污阀排出	排污性能较差：曝气膜片与支撑板间的污染物不能通过排污阀排出
设备的技术指标			
1	动力效率/[kgO_2/(kW·h)]	6.58	6.30
2	阻力损失/Pa	1600	1800
3	氧转化率/%	22.48	23
4	充氧能力/(kgO_2/h)	0.147	0.145

续表

序 号	项 目	可变孔曝气软管	可变孔曝气盘
其 他			
1	设备的寿命	一般为5年	一般为4年
2	维修	使用不锈钢喉箍，不需要维修	需要更换部分管线
3	安装	不需要装输气管线，安装简单	需要大量输气管线，安装复杂

二、中气泡扩散器

中气泡扩散器常用穿孔管和莎纶管。穿孔管的孔眼直径为2~3mm，孔口的气体流速不小于10m/s，以防堵塞。莎纶是一种合成纤维，莎纶管以多孔金属管为骨架，管外缠绕莎纶绳。金属管上开了许多小孔，压缩空气从小孔逸出后，由于莎纶富有弹性，可以从绳缝中以气泡的形式挤入混合液。

三、大气泡扩散器

大气泡扩散器的气泡大，氧的传递速率低。然而它的优点是堵塞的可能性小，空气的净化要求也低，维护、管理比较方便。常用的大气泡扩散器有水力冲击式空气扩散装置、水力剪切型扩散器，如散流式曝气器、固定螺旋空气扩散器。

（一）水力冲击式空气扩散装置

水力冲击式空气扩散装置为射流空气扩散，射流曝气系统的核心设备是射流器。射流器是利用射流紊动扩散作用来传递能量和质量的流体机械和混合反应设备，由喷嘴、吸气室、喉管及扩散管等部件构成。图7-6为射流器结构示意图。

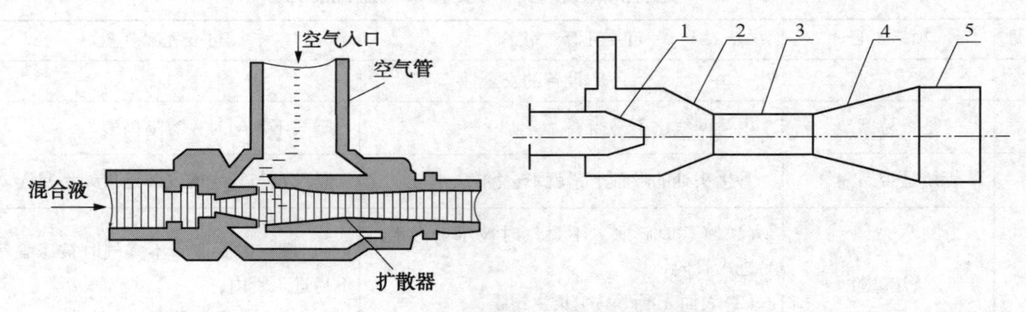

图7-6 射流扩散装置示意图

1—喷嘴；2—吸气室；3—喉管；4—扩散管；5—尾管

1. 射流曝气器的类型

根据供气方式的不同，射流曝气可分为压力供气与自吸(负压)供气两大类。

(1) 压力供气

即用鼓风机向射流器供给空气。其特点是：空气由鼓风机供给，空气量的控制比较方便；可以根据需要把射流器安装在曝气池的底部位置，射流器数最多。一般淹没在水中，维护不方便。

(2) 自吸(负压)供气

由射流器喷嘴喷出的高速射流使吸气室形成负压，将空气吸入并混合。这种射流器通常称为自吸式射流器，其特点是不需要鼓风设备。

根据工作压力分类，自吸供气可分为高压型与低压型两种。高压射流的工作压力为0.2MPa，低压的为0.07MPa。高压型射流器喷嘴流速的为20m/s左右，低压的为12m/s左右。低压型射流器理论上的能量消耗为高压型的1/3，而实际上可能还要少一些。根据单级射流器结构分类，又分为单喷嘴和多喷嘴两种形式。

① 单级单喷嘴射流器

单级单喷嘴射流器包括喷嘴、吸气室、混合管(又称喉管)、扩散管等部分，自吸供气，动力效率为14~20kgO_2/(kW·h)。单级单喷嘴射流器为西安污水厂、同济大学、北京市政设计院、北京建工学院等单位所研究和采用的主要类型，也是国内生产和应用较为广泛的形式，如图7-6所示。

② 单级多喷嘴射流器

单级多喷嘴射流器为早年联邦德国的Raver化学公司采用的射流器，结构见图7-7。每单体有四个喷嘴，设在曝气池底部，一般池深4.8m，有效淹没深度4.2m。这种射流器属于压力供气，喷嘴直径为8mm，每立方曝气池体积设一个喷嘴。射流器的氧利用率为7.7%，充氧能力340kgO_2/h，耗能115 kW·h，充氧动力效率2.95 kgO_2/(kW·h)。这种装置的缺点是构造比较复杂，制造、安装、检修比较困难。

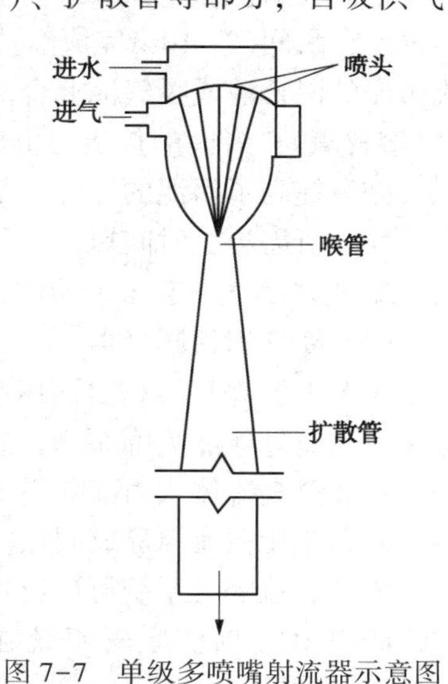

进水
进气
喷头
喉管
扩散管
图7-7 单级多喷嘴射流器示意图

③ 双级射流器

武汉轻工院、武汉水电学院及武汉建材学院等单位研制的双级射流器见图7-8。其特点是采用了两级喷射的形式，即利用第一级混合管作为第二级的喷嘴，使水射流的能量得到充分的利用。当工作压力为1kg/cm²时，喷射系数约为0.8~0.9，动力效率为20kgO_2/(kW·h)，二级与一级进气比约为1:(15~17)，随着工作压力的增加，比例逐渐增加。图7-9为美国产的一种射流器，从射流器形式来看，没有混合管与两级喷射。

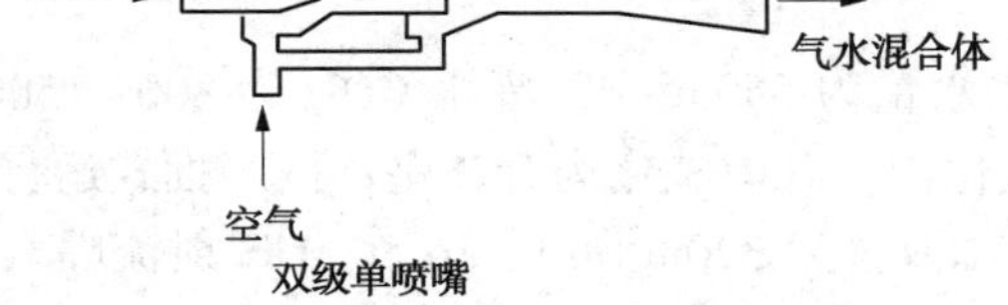

工作液体
气水混合体
空气
双级单喷嘴
图7-8 双级射流器示意图

工作液体
空气
美式射流器
图7-9 美式两级射流器示意图

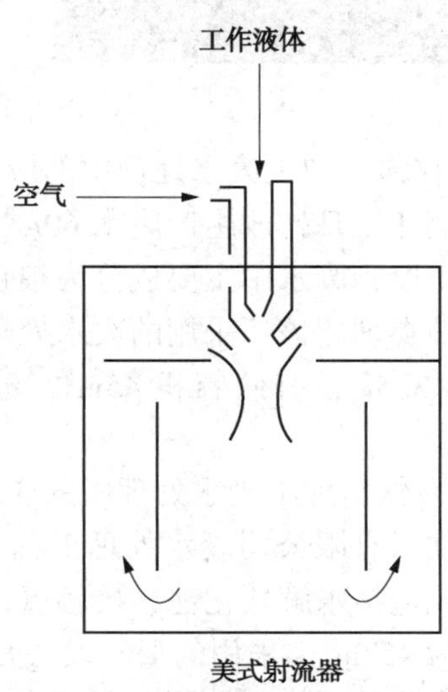

2. 射流曝气技术的主要性能特点

(1) 射流曝气器混合搅拌作用强，具有较高的充氧能力、氧利用率和氧动力转移效率；

(2) 构造简单，工作可靠，运转灵活，便于调节，不易堵塞，易维修管理；

(3) 当采用自吸式射流曝气器时，可取消鼓风机，消除噪声污染；

(4) 在射流曝气器喉管内，由于射流的紊动及能量交换作用，形成了剧烈的混掺现象，不仅能在瞬间(2~10s)完成氧从气相向液相中的转移，而且射流曝气的工作水流是进水和回流污泥的混合液或曝气池混合液，因此在混合液内迅速地进行着泥(微生物)-水(有机物)-气(溶解氧)三者间的传质与生化反应；

(5) 提高了污泥的活性，基质降解常数较其他活性污泥法高；

(6) 所需曝气时间短，土建投资省，运转费用低，占地面积小。

3. 射流曝气器设备的应用

(1) MTS射流曝气器

MTS射流曝气器是由两组喷嘴组成，其原理与双吸式射流器相同。运行时，循环水和低压空气通过外部喷嘴泵入，在外部喷嘴里，流体产生高速的涡流，将吸入的空气充分混合。气液混合流体从内部喷嘴中释放出来，将周围液体卷入，气液混合液具有横向和竖向的能量，因此能在池内形成剧烈的混合。

MTS射流曝气系统可广泛地应用于大型的食品加工、纸浆造纸、化工、医药等企业中，实践证明MTS射流曝气系统在降低生物处理成本方面有显著优势。MTS射流曝气器见图7-10。

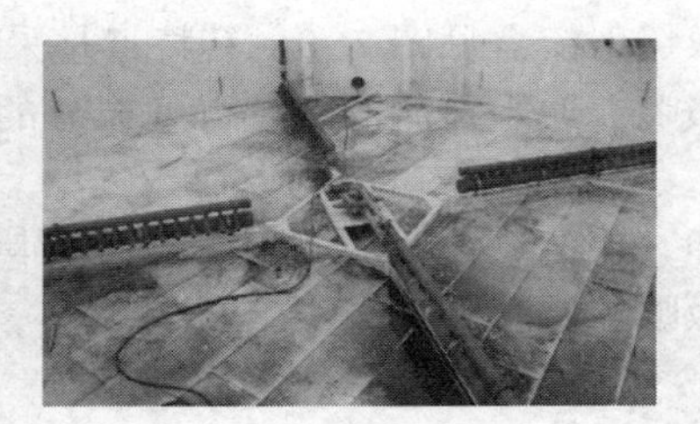

图7-10 MTS射流曝气器

① 在酱油加工废水处理中的应用

某调味厂日排放生产废水60m^3，废水主要来自包装车间、生产车间的制曲、发酵回淋等生产工段，废水中主要成分为粮食残留物、各种微生物分泌的酶和代谢产物，还有微量洗涤剂、消毒剂。该厂采用的废水处理工艺为水解酸化+射流曝气+煤渣吸附，曝气池尺寸为3m×3m×3.5m，有效容积45m^3，池中安装一个射流曝气器，喷嘴直径20mm，充气能力30m^3/h。

② 在饮料加工废水处理中的应用

某饮料有限公司废水处理工程处理废水水量为550m^3/d，废水COD为800~1500mg/L，处理系统包括水解酸化池、接触氧化池、氧化沟。其中氧化沟有2座，按序批式运行，总有效容积为457m^3，采用的曝气设备是工作液总流量为320m^3/h的16支MTS射流曝气器。运行结果表明，MTS射流曝气器不仅能满足曝气充氧的要求，而且能满足搅拌推流的要求，曝气搅拌阶段沟内混合液平均水平流速大于0.25m/s，活性污泥呈完全悬浮状态，没有沉淀现象发生。

(2) GW 射流曝气

GW 射流曝气由成都绿水科技有限公司开发，已成功地应用于焦化、生活、垃圾渗滤液、化工、屠宰、皮革、医院、纺织印染的污水处理。GWQ/B 射流曝气器主要由水泵、文丘里射流器、增效喷嘴及二次射流导流筒组成。其文丘里射流器见图 7-11，增效喷嘴见图 7-12(资料来源于成都绿水科技有限公司网)。

图 7-11　文丘里射流器

图 7-12　增效喷嘴

混合液被水泵吸入后，在文丘里射流器内与空气进行射流混合形成混合液，混合液通过一套增效喷嘴在水池或二次射流导流筒中进行射流，增效喷嘴的二次射流借助水泵提供的能量，在水池或沟中形成相当于水泵 5 倍流量的推动力，使处理水在池中的水力循环中得到充氧，从而能提高氧的传递效率和利用率。企业提供的 GW 射流器吸空气性能技术参数见表 7-7,供参考。

表 7-7　GW 射流器吸空气性能技术参数

型　号	规格参数					
	动力流量/(m^3/h)	进口压力/(kg/cm^2)	装机功率/kW	最大吸空气能力/(m^3/h)		制造材质
				吸气口压力(1atm)	吸气口压力(1.6atm)	
GW200	7.5~33	0.35~7.03	0.11~9	37	94	PVDF/304/316/316L
GW300	17~74	0.35~7.03	0.3~20	56	142	PVDF/304/316/316L
GW400	30~103	0.35~4.22	0.5~18	111	284	304/316/316L
GW800	82~303	0.35~4.92	1.5~58	383	980	304/316/316L
GW1200	140~480	0.35~4.92	2~92	608	1556	304/316/316L
GW3600	274~1010	0.35~4.57	4~180	1277	3269	304/316/316L

射流曝气器在废水处理中已得到一定的应用，但由于其充氧能力和动力效率较低，限制了该技术的推广应用。射流曝气技术的应用与完善，关键在于射流曝气器的研究与发展。因

此，针对现有射流器的不足之处研制开发新型射流器，不断提高其充氧效率，提高氧利用率，改善氧转移动力效率，是推进射流曝气技术发展的关键。

(3) 科尔庭射流曝气器在水处理中的应用

科尔庭射流曝气器既可以抽吸压缩空气，又可以抽吸常压大气。其特殊设计可以抽吸常压空气，将其压缩排到池底。应用一般是需氧量不高和水深较浅的池子，如混合池子和均衡池子。既可以安装在池底，也可以通过池壁安装。该曝气器实物图见图 7-13。

图 7-13　科尔庭射流曝气器实物图

射流曝气器系统包含有一个污水接口和一个压缩空气接口，其壳体上可以安装 4~18 个曝气臂。动力流体和压缩空气通过管道在池子内部连接到曝气系统。污水的提供的动力可由外置离心泵或潜水泵来完成。应用情况如图 7-14 所示。

图 7-14　科尔庭射流曝气器应用图

科尔庭射流曝气器的性能特点如下：

① 充氧效率高(约 34.5%)，比传统射流曝气效率(一般为 28%)高；

② 气水比可达 4∶1，比传统射流曝气气水比(2∶1)高；

③ 所用循环水泵数量为传统射流曝气循环水泵数量的一半；

④ 所用风机数量少，能耗约为传统射流曝气器的一半左右。

(二) 水力剪切型扩散器

1. 散流式曝气器

(1)结构

散流式曝气器由齿形曝气头、齿形带孔散流罩、导流板、进气管及锁紧螺母等部件组成。曝气器采用玻璃钢或 ABS 整体成形，具有良好的耐腐蚀性。带有锯齿的散流罩为倒伞型，伞型中圆处有曝气孔，起到补气再度均匀整个散流罩的作用，可减少能耗，并将水气混合均匀分流，减少曝气器对安装水平度的要求。散流罩周边布有向下微倾的锯齿以期进一步切割气泡。空气由上部进入，经反复切割，氧的利用率得到提高。散流式曝气器及其结构示意图见图 7-15。

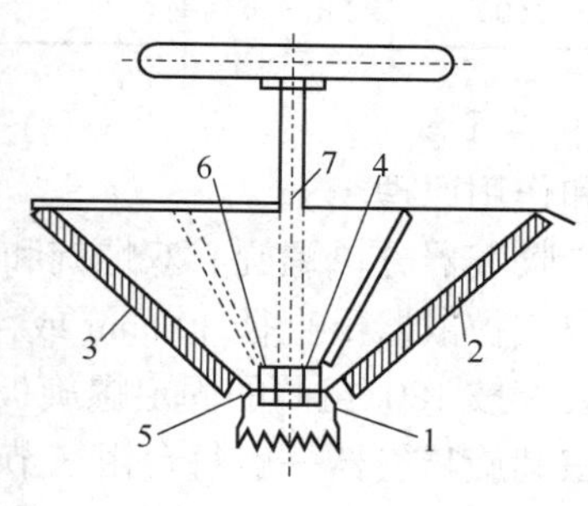

图 7-15　散流式曝气器及其结构示意图

1—锯齿形布气头；2—散流罩；3—导流隔板；4—外螺母；5—垫圈；6—内螺母；7—进气管

有关生产企业给出的结构参数如下：

① 锯齿形布气头

直径 $D=100$mm，高度 $H=120$mm，锯齿 18 个，作用是切割分散空气。

② 带有锯齿的散流罩

散流罩设计成倒伞型，伞型中圆处一般有 12 个 $\Phi12\sim25$mm 的曝气孔。散流罩直径 $D=600$mm，周边一般布有 60 个向下微倾的锯齿以进一步切割水泡。

（2）布气与充氧的途径

① 液体的剧烈混掺作用

气体由管道输送至曝气器，经过内孔后通过锯齿布气头，作为水气第一次切割。然后空气经散流罩并被周边锯齿第二次切割，并带动周围静止水体上升。除此外，由于曝气器分布池底，曝气后上升的气泡与下降的水流发生对流，增加了气液的混掺，加速了气液界面处水膜的更新。

② 气泡切割作用

气体经过两次锯齿切割及气液混掺作用，气泡直径变小，从而增加了气液接触面积，有利于氧的转移。

③ 散流罩的扩散作用

散流罩将供气管中出来的气体扩散成圆柱状，不仅能改变池底部的布气状态，增大布气面积，而且能加剧底部气泡的扩散与底部的气液混掺，利于曝气充氧。

散流曝气器对气流的二次切割与分散，加大了布气范围，改变了池内流态，因此具有较好的充氧性。

（3）主要技术参数

散流曝气器主要技术参数见表 7-8，供参考。

表 7-8　散流曝气器主要技术参数

型　号	规格/mm	材　质	质量/（g/个）	服务面积/（m^2/个）	充氧效率（水深 4m）/%	充氧能力（水深 4m）/（kgO_2/h）
PSB-400A	ϕ400	ABS	725	0.8	8	0.3
PSB-600F	ϕ600	FRP（玻璃钢）	897	1.5	9	0.41

2. 固定螺旋曝气器

（1）构造和作用原理

固定螺旋空曝气器分单螺旋、双螺旋和三螺旋。

固定螺旋空气扩散器由直径 300mm 或 400mm、高 1500mm 的圆筒组成。扩散器由 5~6 段组成，每段装着按 180°扭曲的固定螺旋板，上下相邻段的螺旋方向相反。

双螺旋和三螺旋曝气器一般每台由三节组成。双螺旋曝气器每节有两个圆柱形通道（又称二通道），三螺旋曝气器则有一个圆柱形通道（又称三通道）。每个通道内均有 180°扭曲的固定螺旋叶片。在同一节螺旋中叶片的旋转方向相同，相邻二节中的螺旋叶片旋转方向相反。曝气器节与节之间的圆柱形通道相错 60°或 90°，双螺旋和三螺旋均有椭圆形过渡室，用以收集、混合和分配流体。固定螺旋空气扩散器结构示意图见图 7-16。

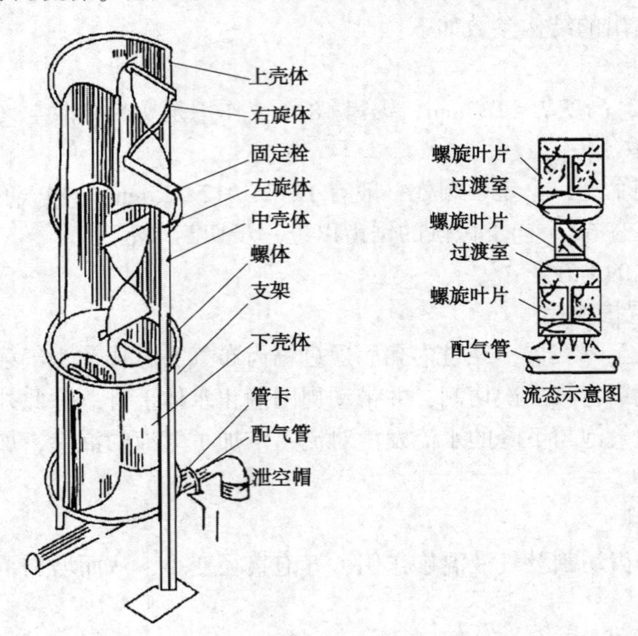

图 7-16　固定螺旋空气扩散器结构示意图

空气由底部进入曝气筒，形成气、水混合液在筒内反复与器壁碰撞，迂回上升。由于空气喷出口口径大，故不会堵塞。水气混合剧烈，氧的吸收率高；该类扩散器可均匀布置在池内，污水混合好，不会发生污泥沉积池底的现象。

曝气器安装在水中，无转动部件。空气从曝气器底部进入，气泡经旋转，径向混合、反向旋转，从而多次被切割，气泡不断变小，气液不断掺混，接触面积不断增加，有利于氧的转移。同时因气水混合液密度变小，可形成较大的上升流速和提升作用，使曝气器周围的水向池底流动，形成水流大循环。曝气状态和流速分布见图 7-17。

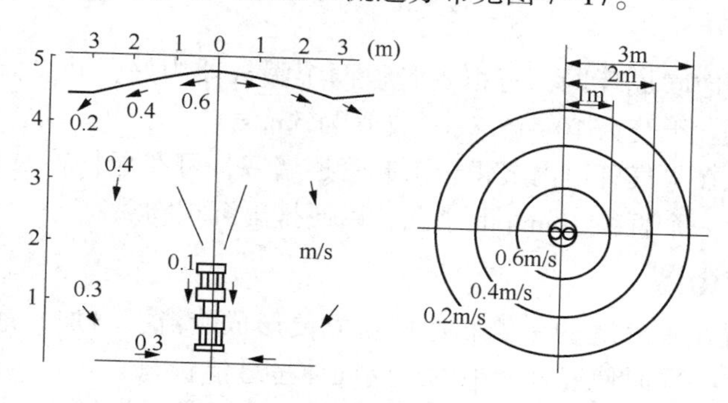

图 7-17　曝气状态和流速分布

（2）适用范围

① 城市污水和各种工业废水的活性污泥法曝气处理；

② 可用于污水调节池的预曝器，防止大颗粒泥沙沉积。

（3）曝气器规格和设计参数

固定螺旋空气扩散器主要技术参数见表 7-9。

表 7-9　固定螺旋空气扩散器主要技术参数

曝气器型式	规格（直径×高）/mm	材质	适用水深/m	每个曝气器服务面积/m^2	每个曝气器需气量/(m^3/min)	氧转移效率/%	动力效率/[kgO_2/(kW·h)]	阻力/mm水柱
单螺旋曝气器	ϕ300 × 1830（共五节）	玻璃钢	3.0~8.0	3~5	0.5~1.0	7.4~1.0	2.0~2.4	<250
双螺旋曝气器	ϕ315×1200（螺旋孔ϕ150 二个）	玻璃钢	3.0~8.0	3~6	0.5~1.0	9~10.5	2.0~2.5	<250
双螺旋曝气器	ϕ420×1740（螺旋孔ϕ200 二个）	玻璃钢	3.5~8.0	4~8	0.5~1.3	9.5~11.0	2.0~2.5	<250
三螺旋曝气器	ϕ420×1740（螺旋孔ϕ185 三个）	玻璃钢	3.5~8.0	4~8	0.5~1.3	10~12	2.2~2.6	<200

（4）使用要点

固定螺旋曝气器在国内多用于活性污泥法，适用于推流式和完全混合型曝气池，一般推流式运行效果更好。也可用于调节池的预曝气，防止大颗粒泥沙的沉积。

为提高曝气器的充氧效率，曝气池设计水深最好 4m 以上。为减少动力费用，可在曝气器底部增加导流筒，以加强污泥回流提升作用。导流筒高度可采用 0.5~1m，导流筒吸口离池尽量减少，一般为 250~300mm。当调节池和曝气池水深较浅（2.5~3m），可选用二节双螺旋曝气器。

每个曝气器服务面积：单螺旋 3~5m^2/个，ϕ315 型双螺旋为 3~6m^2/个，ϕ420 型双螺旋和三螺旋为 4~8m^2/个（一般城市污水为 4~6m^2/个，工业废水为 6~8m^2/个）。离池边 1~1.5m。曝气器设置数量主要根据曝气池水深、有效容积、空气量等因素综合考虑确定。

需气量应根据原水中 BOD_5 含量计算。每个曝气器需气量为 0.5~1.3m^3/min，城市污水一般为每个 0.5～$1m^3$/min，工业废水为每个 0.7～$1.3m^3$/min。曝气器阻力随空气量而变化，不大于 250mm 水柱。

空气管设计应考虑联成环网，每根支管设两个曝气器为好，并设阀门，便于调节空气量。空气管设计流速：干管为 10～15m/s，支管为 5m/s。

为防止活性污泥在空气管道内沉积，引起管道堵塞，可在配气管末端加一个 90℃ 弯头，管顶端朝池底方向开一个直径 10mm 的小孔，以便排出沉积物。

四、扩散器的布置

扩散器一般布置在曝气池的一侧和池底，以便形成旋流，增加气泡和混合液的接触时间，有利于氧的传递，同时使混合液中的悬浮固体呈悬浮状态。

扩散器的布置形式多样，一般布置为环状与枝装。空气管设计应考虑压力平衡，最好联成环状网，每组进气管应设置阀门，便于调节空气量。具体有如下的布置与安装要求：

(1) 膜片式微孔曝气器一般均匀布置于曝气池底部，根据国外资料介绍，对推流曝气池多采用渐减的曝气方式，一般为 35%、27%、23%、15%的四段布置，这种布置方式能使曝气器系统进一步达到优化运行和节能的效果。

(2) 膜片式微孔曝气器竖向布置时，曝气器的表面距池底为 200mm 或空气管的中心距池底 120mm。

(3)空气管设计流速：干管为 10～15m/s；支管为 5m/s；空气管安装时，应保持水平，管道沿池壁和池底敷设时应设支架固定；空气管和气室连接处要用橡胶软管连接。

曝气管道的连接方式和安装示意图见图 7-18。

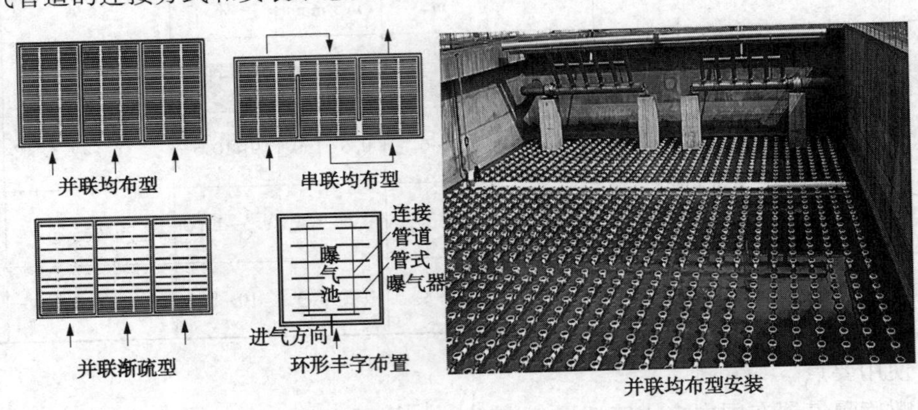

图 7-18　曝气管道的连接方式和安装示意图

第三节　机械曝气

一、表面曝气机

机械表面曝气是用安装在曝气池表面的表面曝气机来实现的，表面曝气机分竖式和卧式两类。

竖式曝气机的转动轴与水面垂直，装有叶轮，当叶轮转动时，使曝气池表面产生水跃，把大量的混合液水滴和膜状水抛向空气中，然后挟带空气形成水气混合物回到曝气池中，由于气水接触界面大，从而使空气中的氧很快溶入水中。随着曝气机的不断转动，表面水层不断更新，氧气不断地溶入，同时池底含氧量小的混合液向上环流和表面充氧区发生交换，从而能提高整个曝气池混合液的溶解氧含量。

表面曝气机叶轮的淹没深度一般在10~100mm，并可以实现吃水深度的调节，淹没深度大时提升水量大，但所需功率也会增大。表曝机叶轮转速一般为20~100r/min，电机需通过齿轮箱变速，可进行二档、三档调速，以适应进水水量和水质的变化。根据叶轮结构形式，我国目前应用的这类表面曝气机有泵型、倒伞型、K型叶轮型。

（一）泵型叶轮曝气器

泵(E)型表面曝气机由电动机、传动装置和曝气叶轮三部分组成。泵型表面曝气机的工作原理和性能与水泵相似，通过叶轮旋转，使水急剧上下循环而形成强大回流，使液面不断更新与空气接触而充氧，具有动力效率较普通倒伞曝气机高、充氧量高、提升力强和结构简单等优点。但叶轮制造工艺复杂，叶片偏多或偏少、分布位置稍有误差等都会引起运动失衡，如果负压区控制或处理不好，会明显导致充氧量急剧下降，动力消耗陡增。按叶轮浸没度可调与否分为可调式与不可调式，其中可调式为用调节手轮通过调节机构调节叶轮的浸没度或采用螺旋调节器调整整机的高度，从而调整叶轮浸没度。泵型叶轮曝气器结构如图7-19所示。

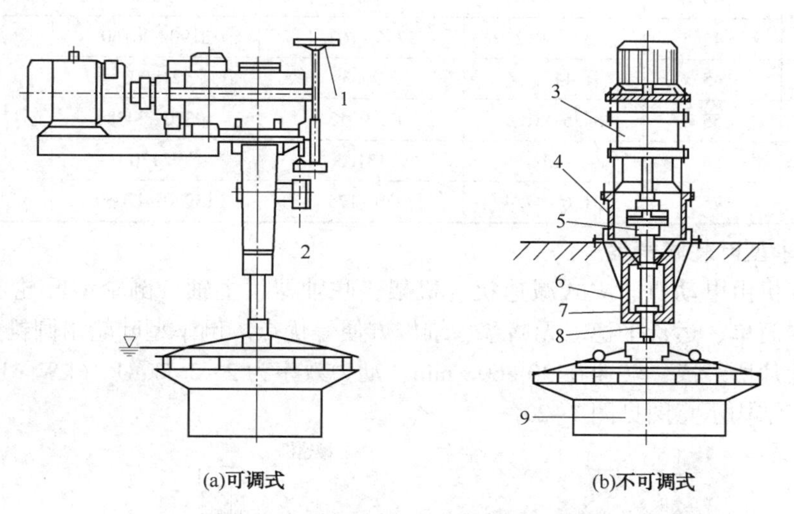

图7-19　泵型叶轮曝气器结构示意图

1—浸没度调节手轮；2—浸没度调节机构；3—减速机；4—机座；
5—浮动联轴器；6—轴承座；7—轴承；8—传动轴；9——叶轮

对于泵型叶轮曝气器，其充氧量和轴功率可按下列经验公式计算：

$$R_0 = 0.379K_1 \cdot V^{2.8} \cdot D^{1.88} \tag{7-1}$$

$$N_{轴} = 0.0804K_2 \cdot V^3 \cdot D^{2.8} \tag{7-2}$$

式中　R_0——在标准状态下清水的充氧能力，kgO_2/h；

V——叶轮周边线速度，m/s；

D——叶轮公称直径，m；

K_1——池型结构对充氧量的修正系数；

$N_{轴}$——叶轮轴功率，kW；

K_2——池型结构对轴功率的修正系数。

有关企业给出的泵型叶轮曝气器性能参数见表 7-10。

表 7-10　泵型叶轮曝气器性能参数

叶轮直径/mm	电机功率/kW	转速/(r/min)	清水充氧/(kgO_2/h)	提升力/N	叶轮升降动程/mm
400	1.5	216	5	680	120(升)、80(降)
	2.2	167~252	2.5~8.0	420~1420	
760	5.5	110	15.7	3010	140(升、降)
	7.5	88~126	8.3~23.4	1530~4530	
1000	11	84.8	27.2	5510	180(升)、100(降)
	15	67~97	13.9~28.2	2690~8250	
1240	18.5	70	43.8	9160	
	22	54~79.5	21~62.9	4180~13470	
1500	22	55	55	11680	
	30	44.5~63.9	30~82.7	6180~18280	
1720	30	49	74.5	16260	
	45	39~57.2	37.6~102.4	8190~26160	
1930	45	44.4	96.3	21900	
	55	34.5~51.6	47.7~131	10370~34380	
2160	55	43	131.5	35130	
	75	31.6~47.4	56~175	13970~47060	

（二）倒伞型叶轮曝气器

此类曝气机由电动机、立式减速机、机架、联轴器、主轴、倒伞型叶轮和控制柜等组成，具有结构简单、运行平稳、无堵塞、维修方便等优点。倒伞型叶轮由圆锥形壳体及连接在外表面的叶片所组成，转速在 30~60r/min，动力效率为 2~2.5kgO_2/(kW·h)。倒伞型叶轮曝气器及其结构示意图见图 7-20。

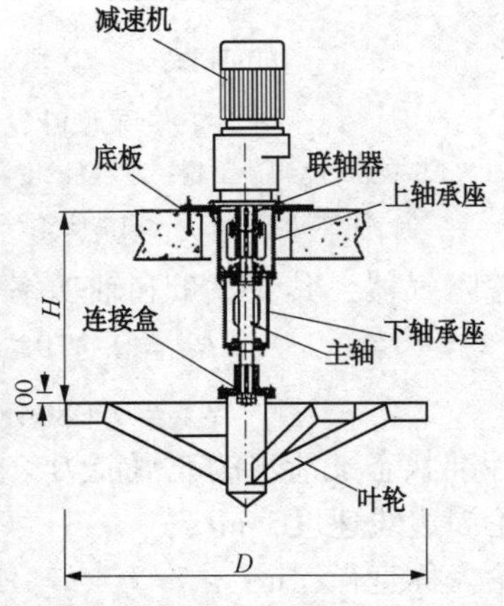

图 7-20　倒伞型叶轮曝气器及其结构示意图

有关企业给出的倒伞型叶轮曝气器性能参数见表 7-11，供参考。

表 7-11　倒伞型叶轮曝气机性能参数

型　号	叶轮直径（D）/mm	叶轮高度/mm	功率/kW	充氧量/（kgO_2/h）	最大服务沟宽/m	最大服务水深/m
DSC300	3000	960	75	174	8.0	4.2
			90	210	8.5	4.4
			110	256	9.0	4.6
DSC325	3250	974	90	215	8.8	4.5
			110	259	9.2	4.8
			132	315	9.6	5.0
DSC350	3500	1050	160	377	10.5	5.5
DSC300	3000	960	75	104~174	8.0	4.2
			90	126~210	8.5	4.4
			110	154~256	9.0	4.6

（三）K 型叶轮表面曝气机

K 型曝气叶轮结构如图 7-21 所示，主要由后轮盘、叶片、盖板和法兰组成。后轮盘近似于圆锥体，锥体上的母线呈流线型，与若干双曲率叶片相交成水流通道。通道从始端至末端旋转 90°。后轮盘端部外缘与盖板相接，盖板大于后轮盘及叶片，其外伸部分与后轮盘出水端构成压水罩，无前轮盘。

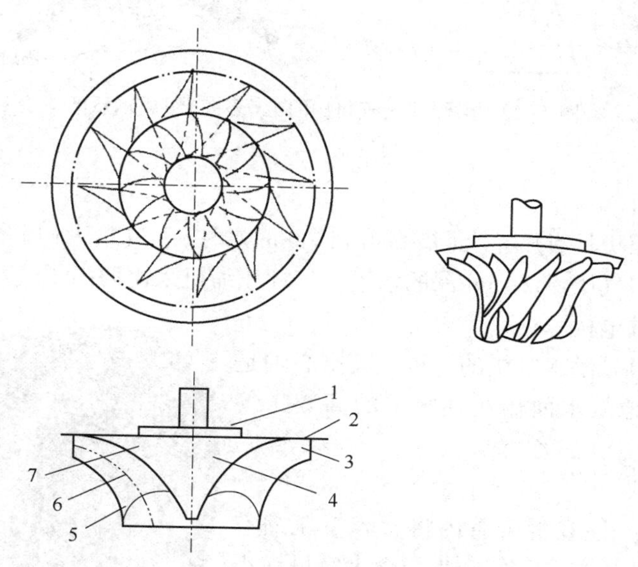

图 7-21　K 型曝气叶轮结构示意图

1—法兰；2—盖板；3—叶轮；4—后轮盘；5—后流线；6—中流线；7—前流线

K 型叶轮叶片数随叶轮直径大小不同而不同，叶轮直径越大则叶片数最多。根据高效率离心式泵最佳叶片数目的理论公式，1000mm 叶轮的较佳叶片数为 20~30 片。理论上叶片越多越好，考虑到叶轮的阻塞，推荐的叶轮直径与叶片数的关系如表 7-12 所示。

表 7-12 叶轮直径与叶片数的关系

叶轮直径/m	200~300	500	600~1000	1200
叶片数/片	12	14	16	18

二、潜浮式曝气机

潜浮式曝气机的工作原理是气环压缩机产生的有压力的空气流通过潜水电机空心传动轴的轴孔进入水下，在螺旋桨总成内的喷射混合器内与污水混合，并经混合器分化为微小气泡，再由螺旋桨搅拌、推流，向池的更深和更远的区域扩散。潜浮式曝气机的构成包括潜水空心轴电机、气环压缩机、螺旋桨总成、回转装置。潜浮式曝气机组成示意图见图 7-22。

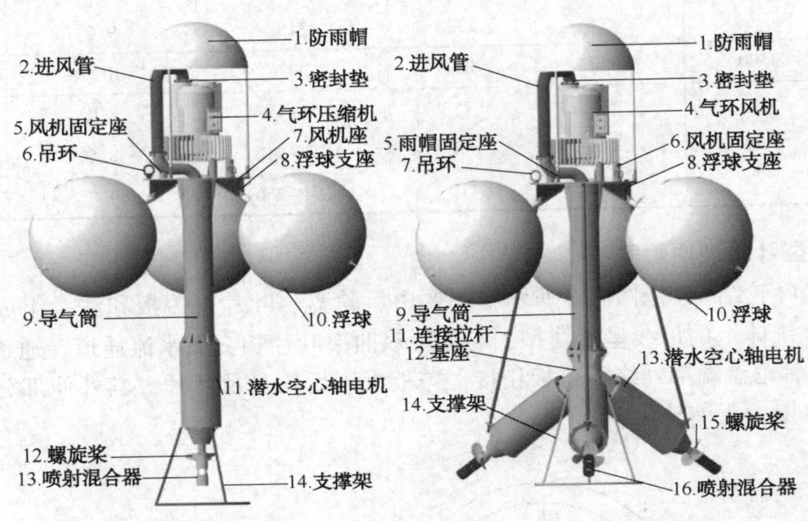

图 7-22 潜浮式曝气机(单向、多向)组成示意图

1. 主要结构

(1) 气环压缩机

配备的气环压缩机具有压差大(最高可到 7.8m 水柱)、气量大(风量可达 2500m^3/h)的特点，能有效地将空气压入 2~5m 深的水下。气环压缩机采用西门子气环泵，见图 7-23。

(2) 潜水空心轴电机

潜水空心轴电机是潜水电机的一种，其空心轴是将压缩空气无阻碍地从水面输送到水下的高效送气通道。

(3) 螺旋桨总成

① 喷射混合器。能在混合管内将大容量压缩空气与等比例的污水快速混合，瞬间生成含大容量微小气泡的气水混合物。

② 螺旋桨。推流螺旋桨具有优良的裹挟能力，把气水混合物强制推进到指定的深度后再扩散到深水区域，延长了气泡停留时间，提高了氧利用率和溶解

图 7-23 气环泵

度，使曝气池上、中、下部的DO均衡分布。

(4) 回转装置

带动曝气机360°顺时针或逆时针旋转，进行全方位曝气、搅拌、推流，使曝气池不再存在死区及沉积污泥。

2. 有关参数

相关产品参数见表7-13。

表7-13　相关产品参数

型　号	供气量/(m^3/h)	供氧量/(kgO_2/h)	氧转移率/%	充氧能力/(kgO_2/h)	水平推距/m	垂直推距/m
QF7.5-3	180~245	52~66	12.8~15.5	6~10	7~15	3~8
QF11-4	350~430	70~103	12.8~15.5	9~16	8~22	
QF15-4	350~430	70~103	12.8~15.5	9~16	20~35	
QF18.5-5.5	350~430	78~109	12.8~15.5	10~17	25~50	
QF30-8.5	750~900	203~232	12.8~15.5	26~36	45~75	
QF45-12.5	850~1100	242~264	12.8~15.5	31~41	65~100	

3. 安装方式

包括浮球式、桥架式、壁挂式、摇臂式等，不受池型限制，见图7-24。

浮球安装

桥架安装

壁挂安装

回转式安装

图7-24　潜浮式曝气机安装方式

第四节　其他形式的曝气装置

为了运行的方便，在原有曝气器的基础上，进行了曝气装置构造的改进，在工程中出现一些新的曝气装置。

一、可提升管式微孔曝气器

1. 产品特性

（1）采用抗浮力技术、两头四点同时进气、悬挂可提升方法安装；

（2）曝气均匀、气泡细小、氧利用率高、动力效率高；

（3）有较好的流速、流态；阻力小、能耗低；

（4）曝气时曝气器会产生左右摆动，可减少池底污泥沉积、减少死区现象，增加了曝气面积，提高了充氧能力；

（5）安装方便，池内有水无水均可安装，池内无需其他配置，长时间曝气如需维修，可自由提升维修，无需放水，无需关停风机，不影响正常运行。

2. 产品规格

可提升管式微孔曝气器外径65mm，长度2000mm；2根/套，每套长为4000mm，通气量20~40m^3/(套·h)，每套服务面积4~8m^2。可提升管式微孔曝气器与结构示意图见图7-25。

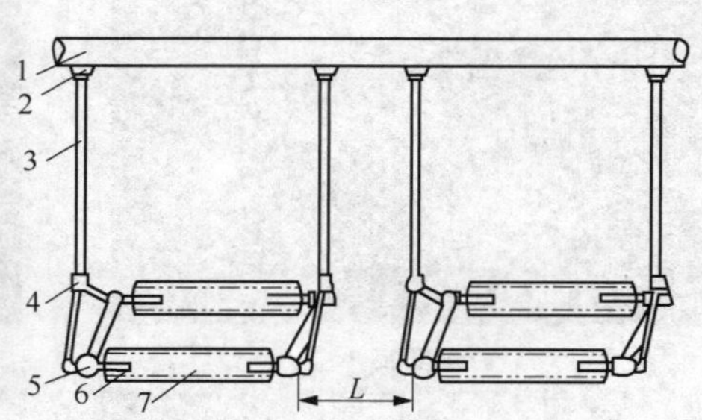

图7-25　可提升管式微孔曝气器与结构示意图

1—进气分管；2—三通；3—进气软支管；4—进气分支件；5—固定垂重连接管；6—卡箍；7—管式曝气器

3. 技术参数

其相关生产企业给出的技术参数如表7-14所示，供参考。

表7-14　可提升管式微孔曝气器技术参数

水深/m	服务面积/(m^2/m)	通气量/[m^3/(m·h)]	氧利用率/%	动力效率/[kgO_2/(kW·h)]	供氧量/(kgO_2/h)	阻力损失/Pa	气孔密度/(个/m)	气泡行程/m
4.5	2	8	30.36	6.24	0.68	3600	14000~15000	0.5~5

二、下垂式曝气装置

可变微孔下垂式曝气装置是根据水中氧气的转移原理及目前各种充氧曝气装置的特点而开发出来的，该曝气装置具有溶氧效率高、检修方便、操作可靠的优点，其空气支管装在池体水面以上，避免与污水接触，不易被腐蚀。曝气器再通过连接管与空气支管相连接。下垂式曝气装置结构示意图见图 7-26。

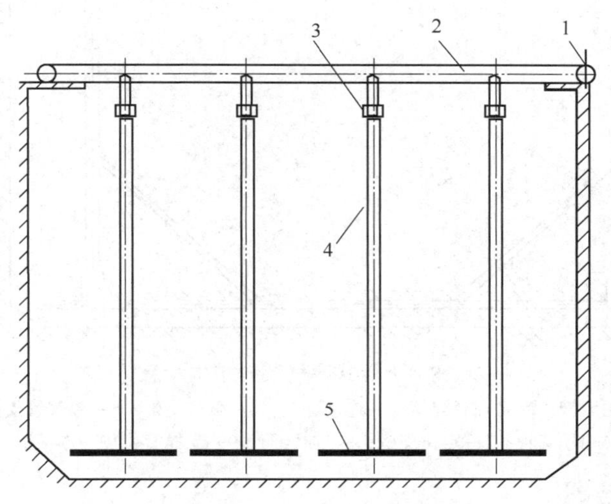

图 7-26　下垂式曝气装置结构示意图

1—曝气主管；2—曝气支管；3—活接头；4—曝气支管；5—曝气器

检修时，先关闭阀门，打开活接头，将要检修的曝气器同连接管从空气支管上取下，把曝气器同连接管从水中提上来即可进行检修、更换，无需排掉池中的污水。目前该曝气装置已有示范工程，使用情况见图 7-27。

图 7-27　下垂式曝气装置的实际使用

三、上浮式曝气装置

可变微孔上浮式曝气平台是根据工程实践及客户需求，在下垂式曝气系统的基础上开发出来的另一种布气装置。它的曝气单元是采用一条空气支管伸入池底，在池底部通过“丰”字型空气支管分别与管式曝气器相连组成。在“丰”字型平台的另一端设一条支管作为辅助支撑，支撑水管上端铰接于池顶面的池体上。空气支管、支撑管的底端在池底部有定位的结构，以保证每个单元的确定位置。在检修时，关闭通往检修单元的气阀，打开连接法兰和铰接销，将空气支管、“丰”字型平台、支撑管等组成的单元部件提出水面即可进行检修、更换。上浮式曝气装置结构示意图见图 7-28。

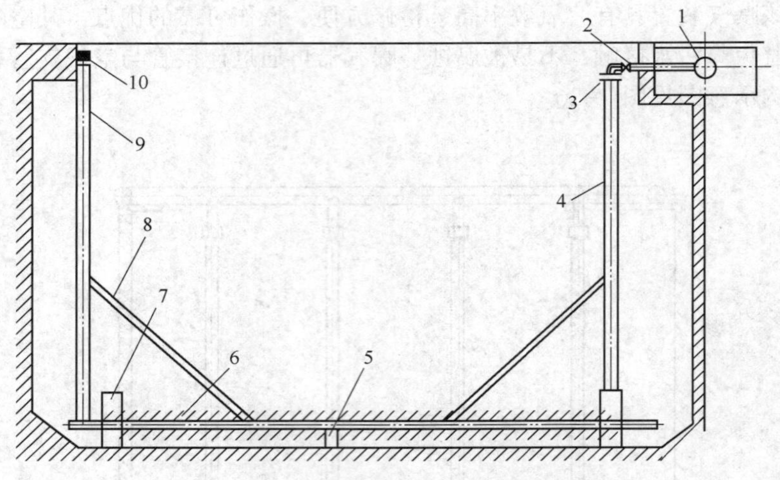

图 7-28 上浮式曝气装置结构示意图

1—曝气主风管；2—控制阀门；3—连接法兰；4—曝气支管；5—曝气管支撑平台；
6—曝气管；7—定位支墩；8—加强筋；9—支撑管；10—连接销

四、柔性曝气装置

漂浮式曝气悬链技术是对引进的德国百乐克悬链曝气技术加以改进而成的，其装置主要有可变微孔曝气管、漂浮链。

装置使用时，将可变微孔曝气管通过空气支管连接在水面的漂浮链(水平漂浮的空气管)上。停留在设计好的水深处；漂浮链用接头铰接在鼓风机送空气的主管路上，浮动链被松弛地固定在曝气池两侧。曝气时，每条漂浮链可在池中的一定区域内作蛇形摆动，气泡从曝气器表面逸出时，在向上运动的过程中不断受到水流流动、浮链摆动等扰动，气泡并不是垂直向上的运动，而是斜向运动，因此可以延长气体在水中的停留时间，提高氧气传递效率。

此类曝气系统没有水下固定部件，移动部件和易老化部件都很少。在选择设备和材料时，均采用耐用的材料。系统运行时既不需要任何易损的探测器，也不需要任何复杂的控制系统，运行管理方便。维修时只需将曝气链下的曝气器提起即可，不用排干池中的水。当曝气器必须维修时，也不影响整个污水处理系统的运行。漂浮式曝气结构在百乐克工艺中的应用见图 7-29。

与其他曝气装置相比，柔性曝气装置具有以下优点：

(1) 曝气均匀，节省动力，效果好。

(2) 维护简单，检修方便，能实现不停产检修。

(3) 不易被腐蚀，使用寿命长等。水下安装材料均采用防腐耐用管材，可延长曝气设备的使用寿命；同时由于可变曝气管布置于池底部，对池体的泥水会起到很好的搅动作用，可使污水和氧气混合更均匀，反应更彻底，从而使系统曝气均匀、效率高，提高好氧系统的运行效率。

图 7-29　漂浮式曝气器在百乐克工艺中的应用

参　考　文　献

[1] 湛蓝，栾兆坤，芦钢，等．盘式曝气器的结构优化设计[J]．环境污染防治与设备，2006，7(2)：142-144.

[2] 郝建昌，张安龙．射流曝气技术在工业废水处理中的应用[J]．化工环保，2005，25(6)：451-454.

[3] 王建国，章万喜．不停产检修曝气系统在污水处理中的应用[J]．中国环保产业，2007(7)：45-48.

第八章　潜水搅拌器

潜水搅拌器作为一种在全浸没条件下连续工作，兼搅拌混合和推流功能为一体的浸没式设备，在污水处理领域有着广泛的应用。在活性污泥工艺中，采用潜水搅拌器可防止污泥沉积在池底部，将污水与回流液和再循环水流混合在一起使悬浮固体均匀分布，从而使微生物与污水之间有充分的接触。在城市污水处理厂污水处理过程中，由于污水处理工艺的需要，污水和污泥的混合液必须以一定的流速在池体内循环流动，如果流速过低，会导致混合液中的污泥絮凝沉淀，使池底大量积泥，大大减少池体的有效容积，降低处理效果，影响出水水质。因此，需要借助潜水搅拌器的搅拌、推动，使得混合液保持一定流速，防止污泥沉积在池底部，并将污水与回流和再循环水流混合在一起使悬浮固体均匀分布，从而使微生物与污水之间有充分的接触，达到混合搅拌、推进的作用。

一、分类

潜水搅拌机的转速范围一般为 15～1450r/min，可按转速分为低速型和高速型。潜水搅拌器设备图见图 8-1。

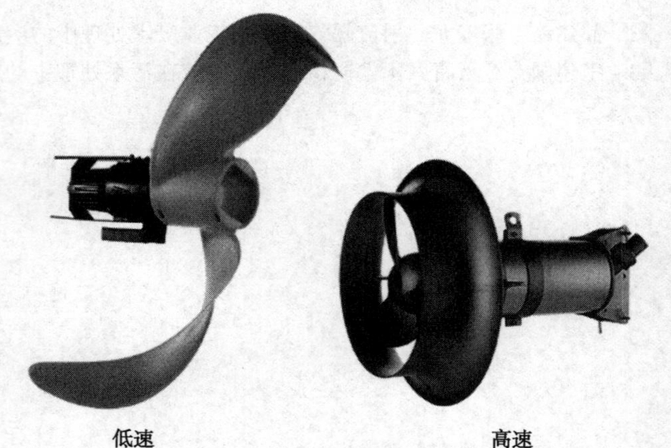

图 8-1　潜水搅拌器设备

1. 低速型

低速型潜水搅拌机转速在 15～120r/min，叶轮直径大，一般在 1200～2500mm 之间；直径大于 1800mm 的最为常用，其功能则突出地表现在推动水力循环方面。

其特点是：流场分布较为均匀，流速低缓，但作用范围大，适用于对 GT 值没有要求、且池体空间较大、以推动水力循环与保持流速为目的的处理构筑物中。设备的单位池容功率消耗指标主要取决于池体的水力学设计与设备的效率。低速型潜水搅拌机广泛应用于工业和城市污水处理厂厌氧池搅拌、曝气池和氧化沟推流，产生低速切向流，为脱氮和除磷工艺创建水流条件。

2. 高速型

高速型潜水搅拌机转速在 300～1450r/min，叶轮小，直径通常在 900mm 以下，其作用偏重于混合搅拌，其特点是：流速高，紊流强烈，流场的流速梯度大，作用范围小，适于池体空间小或对 GT 值有一定要求、以混合搅拌为主的处理单元，如物化处理工艺中的混合池、反应池及生化处理系统中的选择池、厌氧池等。

二、作用与要求

(一) 作用

1. 推动水力循环

用推进器进行水力循环是高效节能的手段，尤其在污水生化处理中的厌氧池、缺氧池和氧化沟中应用广泛。由于在这类池中只需提供必要的循环流速，就可以保持池内的混合液呈悬浮状态，使微生物与其基质充分接触，因此池型多采用氧化沟池型，通过推进器输入的能量，形成连续循环水流。这种设计不仅能有效地保持混合液悬浮，而且由于池内循环水流的流量通常高于进水流量数十倍，甚至上百倍，使池内流产生巨大的稀释匀化能力，因而使得工艺具有耐冲击负荷的特性。同样在氧化沟设计中，表曝设备兼有充氧与水力循环的双重功能。在工程中往往会因水质和水量变化而需要调整充氧能力时，难于兼顾池内的循环流速，造成沟内沉泥积泥的问题，而增设推进器便可以有效地解决其积泥问题，而且进行这项技术改造并不复杂，投资又很少。

这种设计不仅可以应用于生化处理系统中，还可以应用到污水预处理系统中。在某污水处理工程的污水泵站建成之前，设置了贮水池以均衡出水流量，保证放流管系统的平稳运行。贮水池池容为 $8000m^3$，分两组，每组水池池长 64m，池宽 7m，有效水深 6m，设计最小循环流速 0.3m/s。在贮水池中按廊道分别布置 4 台搅拌推进器，单台单位池容输入功率为 $1.5\sim2W/m^3$。

2. 提高传氧效率

在污水生化处理系统中，曝气是维持好氧微生物正常代谢的基本手段，水下曝气系统的传氧效率又与水深有着直接的关系。在曝气池中，采用推进器将曝气池设计成上述连续循环流池型，就会在循环流速的作用下，改变由曝气头释放气泡的路径，增大传氧水深，提高传氧效率。采用这种设计通常可使曝气系统的传氧效率提高 15%左右，污水处理的能耗与运行费用随之节省。如氧化沟采用倒伞型曝气机，有人认为国外的曝气机推力大，可省去潜水推流器，这是不正确的。倒伞型曝气机在实际运行时，提升力很小，不同的浸没深度直接影响着平推能力和充氧效果，没有相应的搅拌和提升能力，完全依靠平推能力是不可能完全阻止污泥在氧化沟中的沉降的。曝气机的主要功能是曝气充氧、混合；动力效率是考核设备的主要技术指标，将曝气机完全浸没在水中运行时，它的推力可能最大，但充氧效果也最差，最经济实用的设计方案是在 1 万 m^3 容量的氧化沟中增加 1 台功率为 7.5kW、叶轮直径为 2500mm 的潜水推流搅拌器，运行中，实际电耗仅增加 10.08kW·h，而运行效果可以得到提高。

3. 促进混合搅拌

随着污水生化处理技术的发展，出现了分格、分段处理的工艺。当单格池容较小时，可将每格设计成正方形平面或圆形平面，并在每格中设置一台搅拌器。这类反应器的布置方式十分灵活，在圆形池中可以任意布置位置，只要产生的推力与水流方向一致即可。在矩形池中则要布置在池壁的夹角处，设计中应注意水流方向的选择。当单池容积较大（如超过 $800m^3$）时，就应当通过对技术方案进行分析比较，来选择确定是采用搅拌型还是推进型设备。一般而论，单池池容越大，池面越大，采用推进型设备越经济。

（二）要求

1. 运行环境要求

推流式潜水搅拌机在下列条件下应能保证正常运行：

（1）搅拌介质温度为 0~40℃。

（2）搅拌介质 pH 值为 6~9。

（3）搅拌介质的密度不超过 $1150kg/m^3$。

（4）最大潜入水深不大于20m。

2. 水力学性能要求

（1）水体推流搅拌的工作有效区内的流速应大于0.3m/s。

（2）在水体推流搅拌的工作有效区内(保持流速≥0.3m/s的条件下)，低速推流式潜水搅拌机的轴向有效推进距离应符合表8-1中的规定。

表8-1 低速型推流式潜水搅拌机水力学性能要求

电机功率/kW	截面有效扰动半径/m	轴向有效推进距离/m
1.1	≥4	≥16
1.5	≥5	≥25
2.2	≥2.3	≥25
3	≥2.5	≥25
4	≥3.5	≥35
5.5	≥4	≥40
7.5	≥4.5	≥55
15	≥5.5	≥60
18.5	≥5.5	≥60

（3）在水体推流搅拌的工作有效区内(保持流速≥0.3m/s的条件下)，高速推流式潜水搅拌机的水体截面有效扰动半径应符合表8-2中的规定。

表8-2 高速型推流式潜水搅拌机水力学性能要求

电机功率/kW	截面有效扰动半径/m	轴向有效推进距离/m
0.75	≥0.5	≥5
1.1	≥0.8	≥7.5
1.5	≥1.0	≥10
2.2	≥1.2	≥12
3	≥1.5	≥15
4	≥2.0	≥25
5.5	≥2.5	≥30
7.5	≥2.5	≥35
11	≥4.5	≥50
15	≥5.5	≥50

三、结构

（1）壳体

考虑到污水处理厂的污水具有酸碱、有机物、热污染、腐蚀性溶液等工作环境因素，潜水搅拌器壳体的主要材质应为不锈钢；而所有的螺母、螺钉和垫圈则应为不锈钢或更好的材质。

（2）电机

电机应根据水深工作的需要，一般选用高绝缘等级(F级)的标准定子和标准转子组件组装到设计紧凑的潜水搅拌机壳体内。电机功率等级和安装尺寸均应符合 IEC 国际标准，特别是对接线端口设计应完全密封，能把电机和外界分隔。

（3）减速传动装置

减速传动装置主要由一对斜齿轮、轴承和油箱组成。驱动齿轮安装在电机输出轴上，被动齿轮安装在搅拌器轴上，材料一般采用优质钢。

（4）搅拌螺旋桨

搅拌螺旋桨的设计根据潜射流理论，采用水力平衡的无堵塞的拽后设计，它能有效传递对应电动机输出的最大搅拌效率，在叶片设计时需考虑到防止异物缠绕桨叶的因素。为了获得远流程的流场要求，设有导管式罩。制造完毕后需进行静平衡校验。

（5）密封装置

搅拌器由于长期在水下工作，故其密封性是非常重要的。静压密封均采用"O"型橡胶圈，在搅拌器端轴的动密封采用内装单端面大弹簧非平衡的机械密封动、静环，材料为碳化钨或碳化硅。

（6）监控系统

在每相定子绕组线圈中装入热敏开关，当热敏开关断开时，电机停止运行并报警。在潜水电机油室设置油室漏水传感器：当水渗入油室时，传感器将发出报警信息。在潜水电机定子室设置漏水传感器：当定子室中渗入水分时，电机停止运行并报警。热敏开关、油室漏水传感器和定子室漏水传感器经导线引至电机接线盒（接线盒内有端子板，而端子板则应使用弹性"O"型环与电机密封）。

（7）动力和控制电缆

潜水控制电缆和动力电缆的尺寸应符合 IEC 标准并提供足够的长度以接入接线箱，且不能拼接。电缆外护套应是低吸水性的防泄漏氯丁橡胶，并且其机械柔性应能承受电缆进线处的压力。电缆至少能在水下 20m 处连续使用而不失其防水性能。采用远程的监控工作站则可以利用编程进行远程的实时数据调用、参数修改功能，以达到远程监控的目的。

四、潜水搅拌机的技术参数

1. 技术参数

技术参数是设备选型的主要依据。以 QJB 型搅拌器为例，对设备的参数作具体说明。见表 8-3，供参考。

表 8-3　QJB 型搅拌器技术数据

搅拌器型号		功率/kW	叶轮直径/mm	叶轮转速/(r/min)
高速系列	QJB0.85/8-260/3-740	0.85	260	740
	QJB1.5/6-260/3-980	1.5	260	980
	QJB2.2/8-320/3-740	2.2	320	740
	QJB4/6-320/3-960	4	320	960
	QJB5.5/6-640/3-303	5.5	640	303
	QJB11/6-790/3-303	11	790	303
	QJB15/6-790/3-368	15	790	368

续表

搅拌器型号		功率/kW	叶轮直径/mm	叶轮转速/(r/min)
低速系列	QJB1.5/4-1800/2-42	1.5	1800	42
	QJB2.2/4-1800/2-42	2.2	1800	42
	QJB3/4-1100/2-115	3	1100	115
	QJB3/4-1800/2-56	3	1800	56
	QJB4/4-1800/2-56	4	1800	56
	QJB4/4-1800/2-63	4	1800	63
	QJB4/4-2500/2-42	4	2500	42
	QJB5/4-2500/2-56	5	2500	6

2. 流速与距离的关系

QJB 型系列潜水搅拌机流速与距离的变化关系见图 8-2。

五、潜水搅拌机选型需要考虑的因素

1. 能量密度和整体流速

搅拌器设计中通常需要考虑的因素是能量密度（W/m^3）和整体流速（m/s），特别是在污水处理中。由于已经出现新的高效搅拌系统，故能量密度标准已经转而用来表示最大能耗。

潜水搅拌机选型的正确与否直接影响设备的正常使用，选型的目的就是要让搅拌机在适合的容积里发挥充分的搅拌功能，一般可用流速来确定选型。根据污水处理厂不同的工艺要求，搅拌机最佳流速应保证在 0.15~0.3m/s 之间，如果低于 0.15m/s 的流速则达不到推流搅拌效果，超过 0.3m/s 的流速则会影响工艺效果且造成浪费，所以在选型前首先确定潜水搅拌机运用的场所，如厌氧池、兼氧池、曝气池；其次是介质的参数，如悬浮物含量、黏度、温度、pH 值；还有水池的形状、水深等。

2. 工作环境

在选型前，还要确定潜水搅拌机的工作环境，包括：

（1）运用的场所，如厌氧池、兼氧池、曝气池。

（2）运用目的，即搅拌还是推流。

（3）池型及尺寸，包括水深等。

（4）搅拌介质的特性，包括黏度、密度、温度、固体物含量等。

六、潜水搅拌机安装

（一）设备的基本要求

（1）机轴的径向跳动允差不得大于 0.2mm，轴向位移允差不得大于 1mm。

（2）对于叶轮端面摇摆允差，直径小于等于 800mm 的叶轮不得大于 3mm，直径大于 800mm 的叶轮不得大于 5mm。

（3）对于叶轮径向跳动允差，直径小于等于 800mm 的叶轮不得超过 3mm，直径大于 800mm 的叶轮不得超过 8mm。

（二）安装方式

潜水搅拌器可以在池壁边、池角等位置安装，受周围安装条件的限制比较小，影响池壁

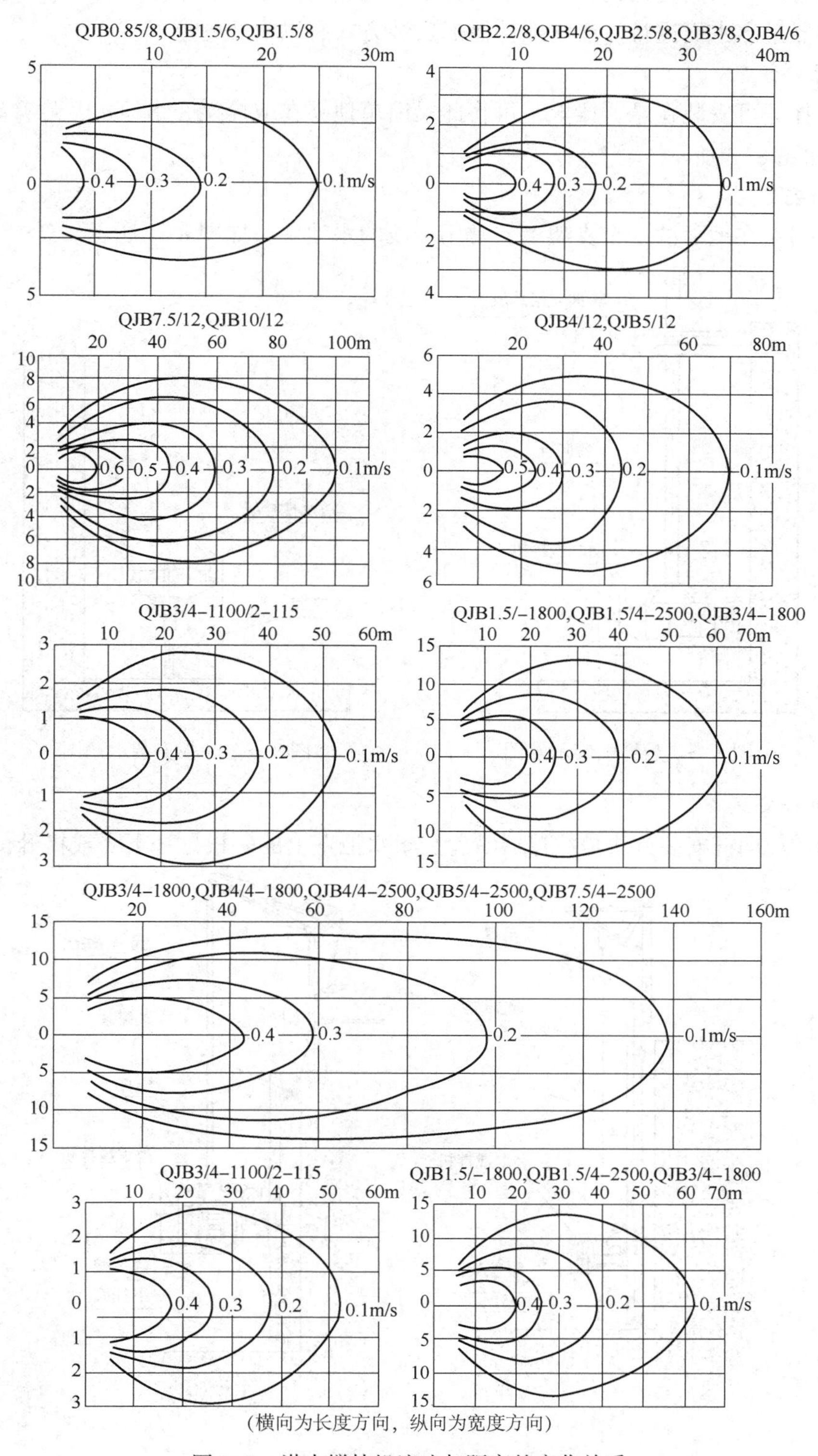

(横向为长度方向，纵向为宽度方向)

图 8-2　潜水搅拌机流速与距离的变化关系

等土建结构很小。采用支架的安装可以有池壁和池底两种形式，维修或者日常维护时，可以将潜水搅拌器吊出水面进行。潜水搅拌器的安装方式有以下几种形式：

1. 悬臂安装

小型搅拌器可安装在悬臂梁上，可将此梁简单地夹在或栓接在水池边，悬臂导杆长度不超过 3m。如图 8-3 所示。

2. 地面安装

搅拌器固定在地面的一个支架上，常用于浅的水池中，如图 8-4 所示。

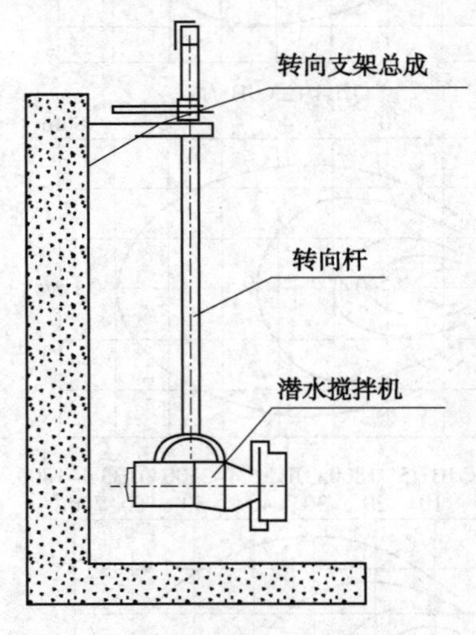

图 8-3　悬臂安装示意图

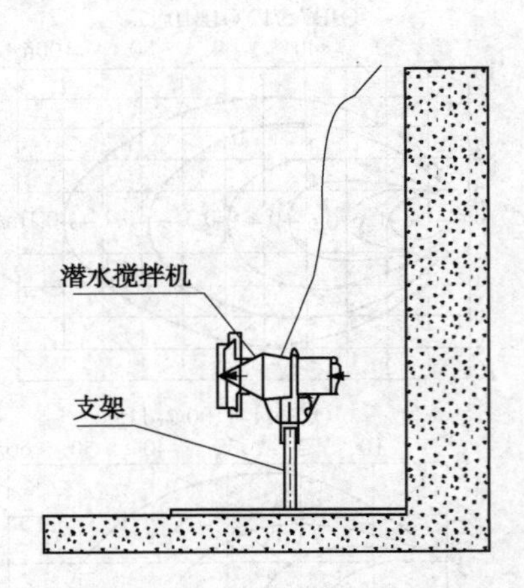

图 8-4　底板安装示意图

3. 单导杆安装

最常用的单向杆安装方法是搅拌器沿着装于水池壁上的一根导杆下降或提升，见图 8-5。

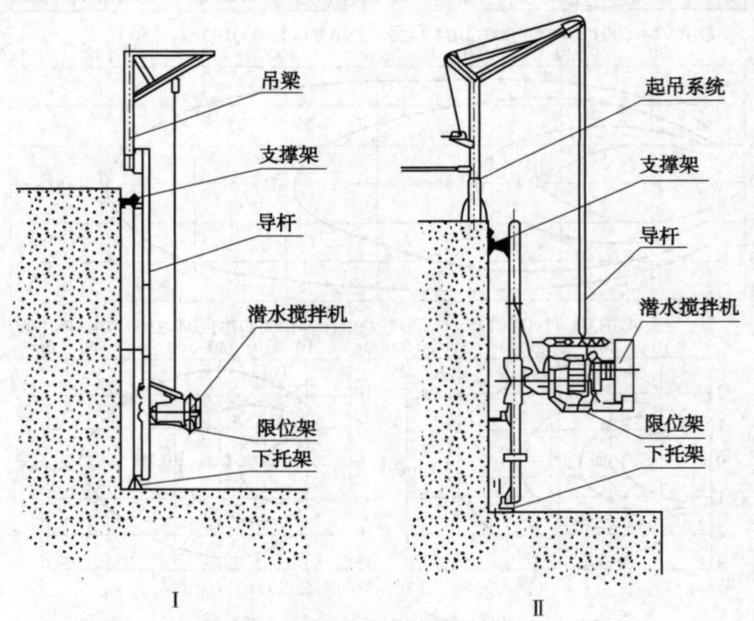

图 8-5　单导杆安装示意图

当池深小于4m时建议采用安装系统Ⅰ。潜水搅拌机的潜水深度可以根据需要进行垂直方向的调节，而且在水平面内可绕导杆旋转的最大角度为±60°，起吊系统底座、支撑架和下托架与池的有关联接面均采用膨胀螺栓固定，无需预留孔。当池深大于4m时建议采用安装系统Ⅱ，需在池底做一混凝土基础(或钢结构底座)。起吊系统底座、钢绳固定架和导向底座与池的有关联接面均采用膨胀螺栓固定，无需预留孔。安装系统Ⅱ用导向钢绳替代导杆，具有运输方便、现场安装简单等特点。该系统可以避免由于运输引起的导杆弯曲、变形而影响正常使用的情况；可有效改善池深过深情况下，由于导杆的安装误差而导致的无法正常起吊等现象的发生，在有悬臂池顶的安装条件下，操作更方便可靠。

4. 双导杆系统

双导杆系统为刚性设计，可实现不同深度的搅拌器安装。安装示意图见图8-6。

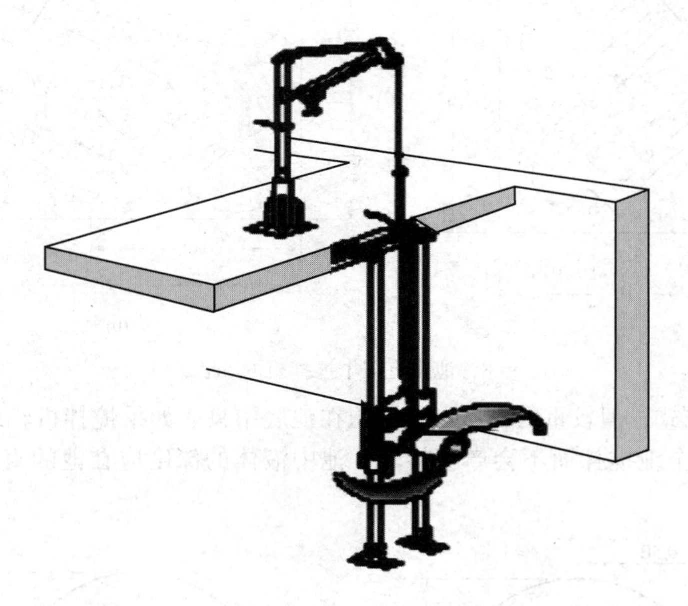

图8-6　双导杆系统安装示意图

5. 法兰安装

搅拌器固定在一个转接法兰上，此法兰安装在水池观察孔内。

七、应用

1. 长方形池

长方形池中潜水搅拌机如按图8-7安装时，可在方形池形成高效的搅拌效果。当使用一台搅拌机时池长宽比应不大于5，否则需安装多台搅拌机。在池长、宽小于5~8倍叶轮的情况下，可按图8-7(a)安装。在较大池中，搅拌机可按图8-7(b)安装。

当使用多个搅拌机时，可以用图8-8所示的两种安装方式。

2. 圆形池

图8-9(a)给出了潜水搅拌机在圆形池中安装的一种方式。该旋转流动模式是最简单的一种，在相对较短的运行时间内就可形成高的流速，在非溶性固体物含量高的介质中，这是

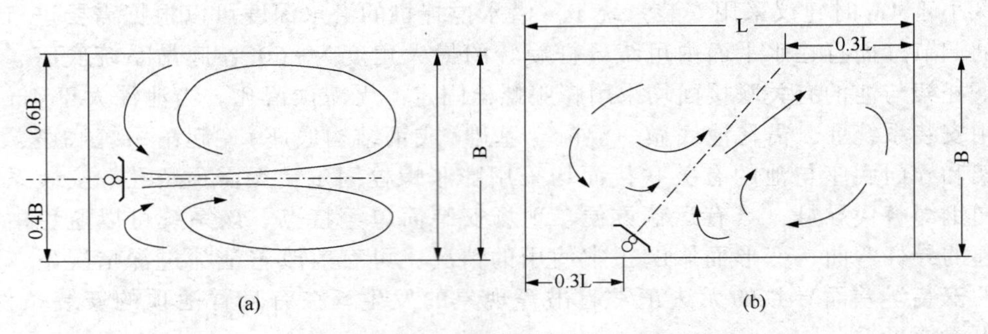

图 8-7　长方形池中潜水搅拌机安装示意图

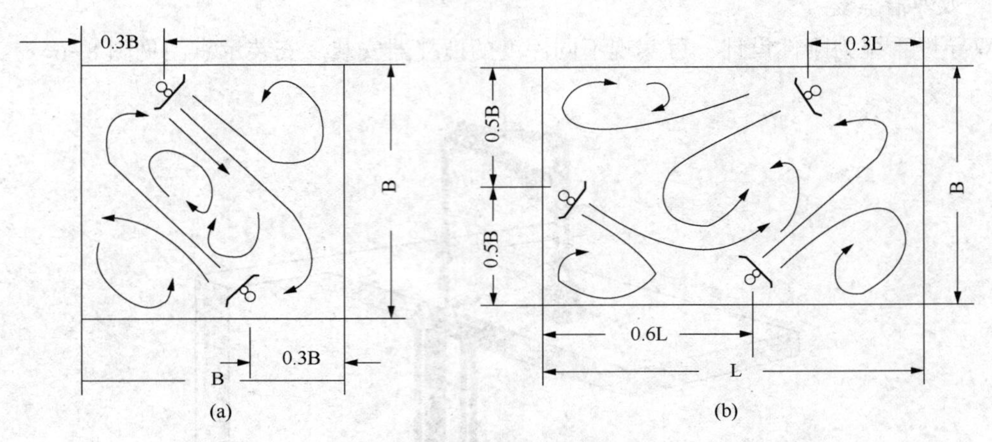

图 8-8　池中有多个搅拌机的安装方式

一种高效的搅拌方式，但较重的物质可能沉积在池底中央。如果搅拌机轴线与池中线成 7~10°安装，可形成全池搅拌而不会产生旋转。池中液体的深度应在池的直径的 0.3~1 倍之间，如图 8-9(b)。

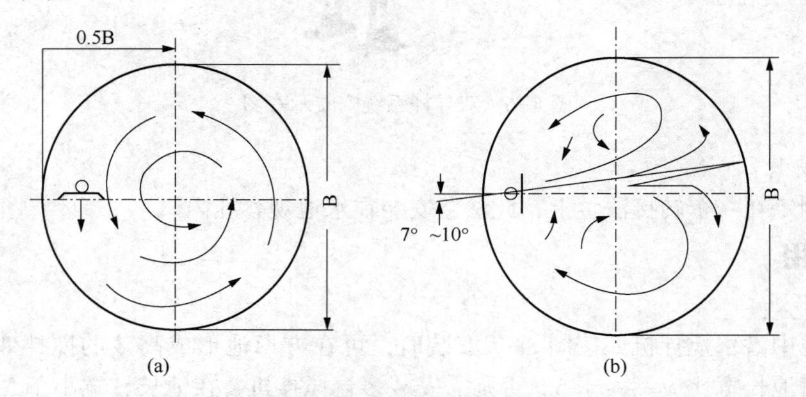

图 8-9　潜水搅拌机在圆形池中的安装方式

3. 其他池型

其他池型，可参照图 8-10 所示进行安装。

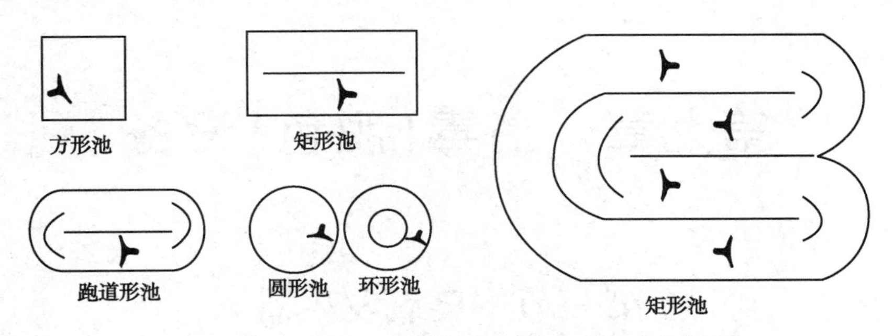

图 8-10　潜水搅拌机在其他形式池型中的安装方式

参　考　文　献

[1] LarsUby. 潜水搅拌器的选用[J]. 中国给水排水，2002，18(12)：91-92.

[2] 易春林，翟红卫. 潜水搅拌器在污水处理领域中的应用[J]. 漯河职业技术学院学报(综合版)，2003，2(2)：17-19.

[3] 张鑫珩，钱卫霞. 国内外的潜水搅拌机与倒伞曝气机能效比较[J]. 中国环保产业，2006(12)：28-30.

第九章　消毒(脱色)设备

第一节　臭氧发生器

一、产生臭氧的方法

臭氧(O_3)是一种强氧化性气体，广泛应用于城市污水、再生水厂、纺织废水、印刷废水、石油废水、化工废水垃圾渗透液等污水处理中，主要用于污水的脱色、杀菌消毒、降低COD或BOD、除臭等。与其他的传统工艺(如加氯消毒等)相比，臭氧具有更多的优势，如氧化能力更强，它不会产生对人体有害的消毒副产品，如三氯甲烷(THMS)等。国外大型臭氧发生器应用于工业生产当中已有上百年历史，单机臭氧产量目前已有500kg/h的超大型臭氧发生器的出现，广泛应用于水处理、化工氧化、包装、造纸等行业，在国民经济的诸多领域发挥着举足轻重的作用。臭氧发生器在上百年的发展中，技术水平不断进步，在臭氧的产生机理、发生器材料、结构、系统、驱动电源、气源处理技术、检测以及不同领域臭氧的应用等方面都建立了完善的理论与规范。目前，臭氧在欧美日等发达国家的污水处理、自来水厂的应用日益普遍，在我国供水行业的应用也日见普遍，尤其是水源微污染的区域。

臭氧的利用与人类健康生活密切相关，与人类环境改善息息相关。臭氧的发生技术主要是通过自然界产生臭氧的方法模拟而来，伴随不断的研究和科技发展，臭氧的发生技术已具备相当高的水平，其方法不外乎以下几种。

(一) 光化学法

光波中的紫外光会使氧分子分解并聚合为臭氧，大气上空的臭氧层即是由此产生的。人工生产臭氧即采用光电法，产生出波长$\lambda=185nm$的紫外光谱，这种光最容易被O_2吸收而达到产生臭氧的效果。光化学法产生臭氧的优点是纯度高，对湿度温度不敏感，具有很好的重复性，这些特点对于臭氧用于人体治疗及作为仪器的臭氧标准源是非常合适的，缺点是能耗较高。

(二) 电化学法

电化学法是利用直流电源电解含氧电解质产生臭氧气体的方法。20世纪80年代以前，电解液多为水内添加酸盐类电解质，电解面积小，臭氧产量低。由于人们在电极材料、电解液与电解机理过程方面大量的研究，生产技术取得了很大进步，现在已经能够利用纯水电解得到高浓度臭氧。电解法产生臭氧具有浓度高、成分纯净、水中溶解度高的优势，将会有较好的应用前景。

(三) 电晕放电法

电晕放电法是模仿自然界雷电产生臭氧的方法，通过人为的交变高压电场在气体中产生电晕，电晕中的自由高能离子离解O_2分子，经碰撞聚合为O_3分子。

电晕放电型臭氧发生器是目前应用最广泛、相对能耗较低、单机臭氧产量最大、市场占有率最高的臭氧发生装置。世界上现在单机产气量达500kg/h，就是使用电晕放电原理，这种方法的能耗一般为氧气源6~7kW·h/kgO_3、空气源14~16kW·h/kgO_3。

1. 沿面放电

沿面放电型发生器原理属于电晕放电，其放电区发生在高压电极边缘表面，由高压闪络形成。沿面放电区空气电晕能量集中，功率密度较高，需要良好的冷却。此类发生器有充惰性气体氖(Ne)或(Ar)的玻璃放电管和陶瓷片两种。

沿面放电器件作为医疗、家电产品微型发生器的臭氧源具有很大优势，其电耗在40kW·h/kgO_3上下，由于产量在克级以下，电耗高。沿面放电器件产生的臭氧浓度低，作水净化应用的臭氧源较为困难。

2. 气隙放电

气隙放电臭氧发生器是目前工业应用最多、单机产量最大、技术较成熟的臭氧产品，它分为板式结构和管式结构两种。

板式结构臭氧发生器以俄罗斯为代表，采用冲压盘式搪瓷技术，放电气隙小，加工精度高，臭氧浓度高，运行较稳定，工业已有规模应用。板式结构适合中小型臭氧产品，大型臭氧产品需要多个放电室串联和并联来实现，对系统要求较高。

管式结构臭氧发生器是目前臭氧市场广泛采用、技术最为成熟的，以奥宗尼亚和威德高两公司的产品为代表，占据我国大部分大型机臭氧市场。

管式臭氧发生器一般采用玻璃和非玻璃两种介质，电源采用可控硅和IGBT，频率800~5000Hz。

臭氧发生器的气源有空气、液态氧(LO_x)、气态氧。

(1) 空气制臭氧

设备投资高，臭氧浓度一般在3%~4%，耗电量为23~25kW·h/kgO_3。

(2) 液态氧制臭氧

设备投资低，臭氧发生浓度可达18%甚至更高，耗电量为10~13kW·h/kgO_3。试验表明，当氧气含量为97.7%时臭氧产率最高。

(3) 气态氧制臭氧

设备投资比空气制臭氧低，但比液态氧制臭氧要高，臭氧发生浓度可达到18%甚至更高，耗电量为11~14kW·h/kgO_3。气态氧现场制取(VPSA、VSA和PSA法)，氧气纯度为90%~93%，能耗为0.3~0.4kW·h/kgO_2。

二、大中型臭氧发生器基本组成

电晕放电法产生臭氧的装置包括高压电极、地电极、介电体与放电间隙四部分，高浓度的臭氧发生装置还要同时配备冷却、气源预处理等技术。

一般大中型臭氧发生器由四大系统组成，包括气源处理系统、冷却系统、电源系统、臭氧合成系统。

(一) 气源处理系统

根据原料气源的不同，气源处理系统一般有三种类型。

(1) 空气源系统

空气源臭氧发生器系统是指以空气为原料，经过简单的干燥处理后送入臭氧合成系统产生臭氧的装置。空气源技术指标要求如下：露点小于-45℃，粉尘浓度不大于0.01ppm。

（2）臭氧发生器富氧源系统

富氧源系统是指空气经过压缩干燥等多道工序处理后，以高纯氧气的形态送入臭氧合成系统的装置。富氧源系统技术指标要求如下：气源露点小于-50℃，氧气纯度为60%~90%，粉尘浓度不大于0.01ppm。

（3）臭氧发生器纯氧源系统

纯氧源系统是指用制作好的液态氧经汽化器汽化、气源处理系统处理后，送入臭氧合成系统的装置。

生产中选用何种形式的气源作为原料，应根据臭氧系统的产量和臭氧浓度指标及系统运行条件来确定。

（二）臭氧发生器冷却系统

臭氧合成过程中，大约90%电功率被转换成热能，因此具有稳定高效的冷却系统是发生器长期运行的根本保障。冷却系统主要对放电单元外电极进行冷却和对进入放电单元的气体进行调节，以保证臭氧产量的稳定。

冷却的形式有水冷型和风冷型。风冷型冷却效果不够理想，臭氧衰减明显；风冷一般只用于臭氧产量较小的中低档臭氧发生器；而总体性能稳定的高性能臭氧发生器通常都是水冷式的。水冷型发生器冷却效果好，工作稳定，臭氧无衰减，并能长时间连续工作，但结构复杂，成本稍高。水冷型系统通常分为开路循环和闭路循环两种，通常情况下大型臭氧系统采用闭路循环冷却，中小型臭氧系统采用开路循环冷却。

（1）开路循环

开路循环是指冷却水经放电室进入交换器直接排放，如图9-1所示。

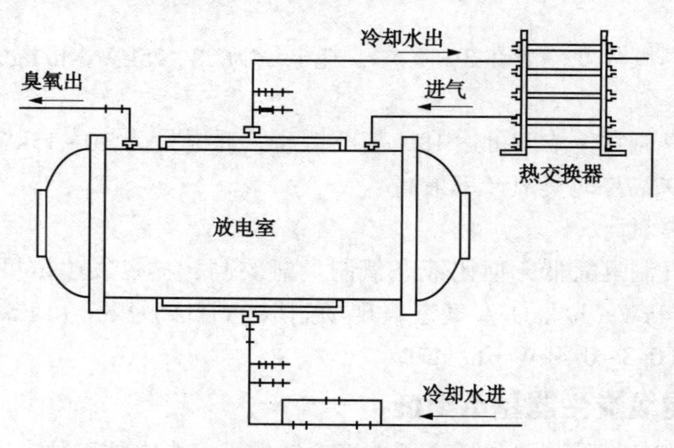

图9-1 臭氧发生器开路循环冷却系统示意图

（2）闭路循环

闭路循环是指冷却水经循环泵加压后通过放电室交换器闭路循环的系统，如图9-2所示。

（三）臭氧发生器电源系统

1. 电源系统

电源系统是臭氧合成过程中最关键的部分，不仅与臭氧系统稳定可靠工作有关，而且与

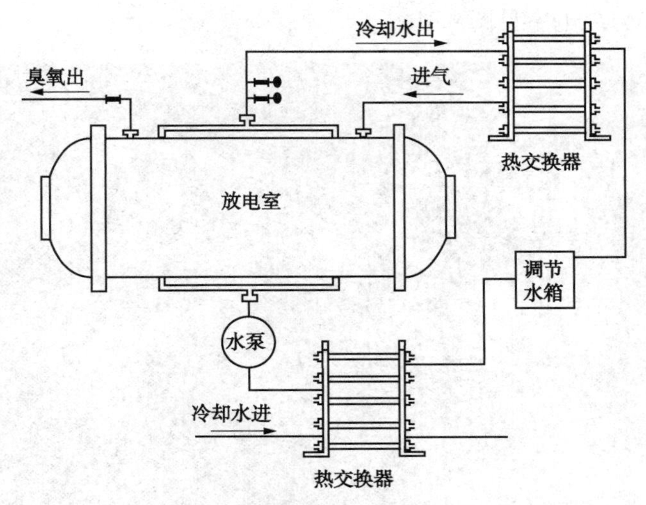

图 9-2 臭氧发生器闭路循环冷却系统示意图

臭氧合成效率运行成本有关。臭氧电源有工频电源、中频电源、高频电源三种。

(1) 工频电源系统

工频电源系统工作流程为：电源→控制柜→电压调→高压变压器→高压。工频发生器由于体积大、功耗高等缺点，目前已基本退出市场。

(2) 中频电源系统

中频电源系统工作流程为：电源→控制柜→整流器→变频器→电抗器→高压变压器→高压，其频率一般在 400~1000Hz 之间，分固定中频和可调中频两种。

(3) 高频电源系统

高频电源系统工作流程为：电源→控制柜→整流器→变频器→电抗器→高压变压器→高压。其频率一般在 1000Hz 以上，分固定高频和可调高频两种。

中、高频发生器具有体积小、功耗低、臭氧产量大等优点，是现在最常用的产品。

2. 电源控制系统

臭氧电源控制系统是一项较为复杂且技术含量很高的系统，它既要保证电源主电路能够在任何情况下恒流恒压运行，又能实现系列化的在线检测控制。臭氧电源控制系统具体要求如下。

(1) 可实现远近程控制。

(2) 可实现臭氧气体浓度的在线检测和控制。

(3) 可实现水溶度在线检测和控制。

(4) 可实现气体流量压力自动检测和调节。

(5) 可实现进气出气进水出水温度在线检测和报警。

(四) 放电室

在臭氧发生器中，臭氧放电室是一个非常重要的部件，它的性能决定了臭氧发生器的总体性能。放电室工作时放电状态、热分布及放电间隙的选定，介电材料与性能，放电室工作条件与原料气的选择等，都是决定放电室臭氧发生效率的重要因素。放电室由放电管、筒体、进出水口、进出气口、视镜、蜂窝端板、连接件、高压保险、高压接线柱组成。臭氧合成发生系统见图 9-3，放电室见图 9-4。

图 9-3 臭氧发生器系统

图 9-4 臭氧发生器放电室

放电单元是产生臭氧的最基本元件，包括电极、介质管、冷却系统。

（1）电极

是与具有不同电导率的媒质形成导电交接面的导电部分，在臭氧发生单元中系指分布高压电场的导电体。

（2）介质管

是基本电磁场性能受电场作用而极化的物质所构成的零部件，在臭氧发生单元中系指位于两电极间，造成稳定的辉光放电的绝缘体。多管并联可组成公斤级臭氧发生器。

（3）冷却系统

臭氧管工作时会产生很多热量，必需对其进行有效的冷却才能保证正常工作，冷却效果越好臭氧管的寿命越长，性能也就越稳定。臭氧管的冷却方式可分为风冷、水冷、单极冷却、双极冷却、风水双极冷却、双极液冷。

理想的放电式臭氧电介质应具有良好的绝缘和导热性能，但导热性和导电性常是物质兼有的性质，因此，一般按绝缘的要求选择。为了取得较好的散热功能，尽可能减薄电介质。

臭氧放电按材料分类，常见的有石英、陶瓷、玻璃和搪瓷等几种类型。

(1) 石英

石英由于具有介电常数高、壁厚均匀、椭圆度好、耐高温、耐潮湿等特点而最常被一些高性能的臭氧发生器使用。石英放电管见图 9-5。

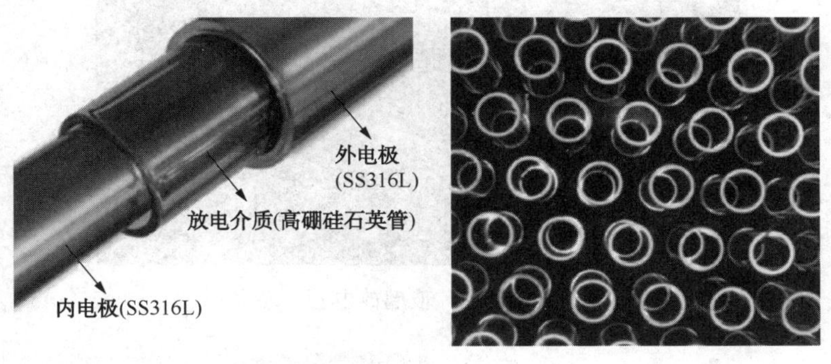

图 9-5　石英放电管

(2) 陶瓷板

陶瓷类不易加工，陶瓷板易脆裂，在大型臭氧机中使用受到限制，只适用一些小型发生器。陶瓷放电板，见图 9-6。

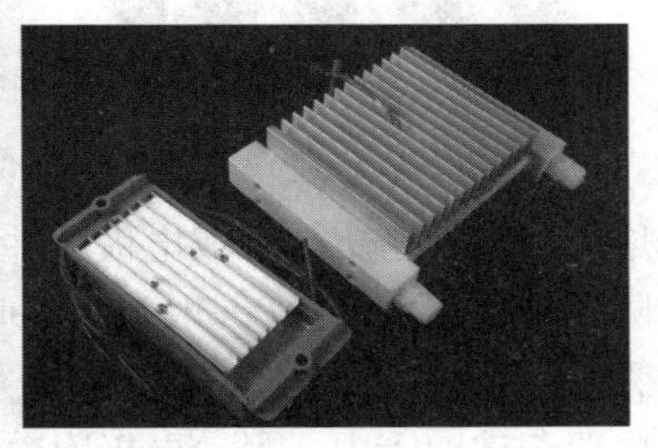

图 9-6　陶瓷放电板

(3) 玻璃

玻璃介电体成本低、性能稳定，是人工制造臭氧使用最早的材料之一，但机械强度差，主要用于空气消毒和一些要求浓度不高的小型臭氧发生器。据研究，玻璃管的厚度每增加 1mm，臭氧产量将减少一半左右，但过薄的电介质易被高压击穿，因此必须根据使用电压来考虑电介质的机械强度、绝缘性能和耐压性能以及导热性能等因素。玻璃放电管见图 9-7。

(4) 搪瓷

搪瓷是一种新型介电材料，一般介质和电极于一体，机械强度高，可精密加工，精度较高，在大中型臭氧发生器中广泛使用，但制造成本较高。搪瓷放电管见图 9-8。

(五) 玻璃管、陶瓷片、搪瓷管臭氧发生器比较

1. 放电方式

均可制成沿面电晕放电方式，玻璃管、金属搪瓷管还可以制成气隙放电方式。

2. 制造工艺

(1) 陶瓷片

利用丝网漏印的方法，将金属粉末印在薄的陶瓷基片上，厚约 0.8～1.2mm，然后高温

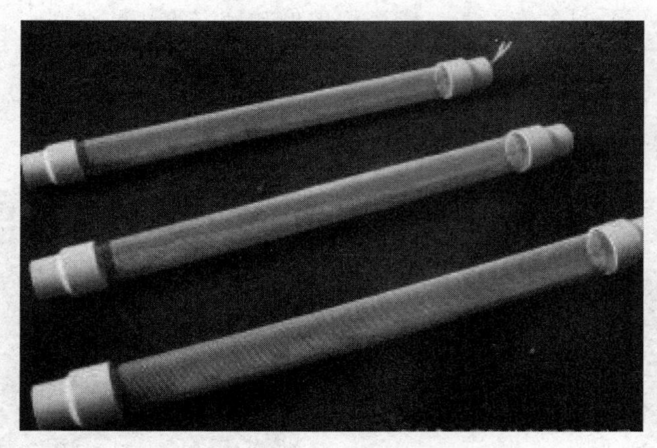

图 9-7 玻璃放电管

图 9-8 搪瓷放电管

烧结，使金属熔化，相互密集，形成电极，并附着在陶瓷片的两个对面上。这样陶瓷就成了电介质。这种陶瓷片使用寿命短(一般为 2000h 以下)，产量低，功耗大。

（2）玻璃管

将一个电极置于玻璃管内，另一电极附着在玻璃管表层，就成为玻璃沿面放电的臭氧产生器，若另一电极为金属管，罩在玻璃管的外层间距 0.3~3mm 时就成为气隙放电的臭氧产生器。这种玻璃管易碎，使用寿命较短(一般在 10000h 以下)。

（3）搪瓷管

采用干粉静喷涂工艺，将电介质与纳米材料喷涂在金属管的外层，经高温烧结后，电介质的表层形成玻璃釉，内层牢牢地附着在金属管上，“融”为一体，耐冲击，永不脱落。这种金属搪瓷管有三个作用：一是一个电极；二是电介质的附着体；三是通冷却水冷却气的管道，是一个散热器。另一个电极用耐氧化的金属网紧固在搪瓷管的外层，配上高效的高频电路，使该臭氧发生器具有明显的特点，即臭氧产生量大，浓度高，寿命长。臭氧产生量单管可以做到 60g/h，搪瓷管本身不受限制，关键的是与之配套的驱动电路。用氧气源臭氧浓度可达 130mg/L，用空气源臭氧浓度可达 22mg/L 以上，寿命长，为一般臭氧发生器的 5~6 倍以上，使用寿命高达 20000h 以上。

3. 介电体

陶瓷片：导热系数 20~27W/(m·K)，散热较好；介电常数 7~60。

玻璃片：导热系数 0.52~1.01W/(m·K)，散热不好；介电常数 3.7~3.9。

搪瓷片：导热系数 0.87~1.16W/(m·K)，散热不太好；介电常数 2~6。

4. 耐击穿电压

(1) 陶瓷片在 8~10kV;

(2) 玻璃片在 9~12kV;

(3) 搪瓷管在 10~30kV。

5. 产生 1g/h 臭氧消耗的功耗

(1) 陶瓷片为 25W;

(2) 玻璃管为 28W;

(3) 搪瓷管为 15W。

(六) 影响臭氧产量的有关因素

臭氧发生器的构造和臭氧产量及电耗关系密切相关，而臭氧的产量主要取决于以下条件。

(1) 电介质

具有良好的绝缘和导热性能是理想的电介质应用的条件，而导热性和导电性常是兼有的性质，因此，主要按绝缘的要求选择玻璃、陶瓷、搪瓷、云母等高阻抗的材料。为了取得较好的散热功能，尽可能减薄电介质。根据有关文献，玻璃管的厚度每增加 1mm，臭氧产量将减少一半左右，但过薄的电介质易被高压击穿，因此必须根据使用电压来考虑电介质的机械强度、绝缘性能和耐压性以及导热性能等因素，如普通玻璃仅为 5~20kV/mm。中频管式臭氧发生器常用的有稀土玻璃管等，耐电压性能在 30~150kV/mm；生产上常用的玻璃管厚度为 2.5mm 左右。高频管式臭氧发生器电介质一般采用陶瓷、搪瓷等介质，厚度一般在 0.3~1mm。

电介质愈薄、放电间隙愈小，产生放电所需的电压愈小，故电耗量愈小，相对臭氧的产量就愈大。但电介质愈薄，对电介质的加工要求愈高(包括耐电压性能、电介质加工的致密程度、厚度的均匀性等)，因此一般的陶瓷电介质厚度在 0.3~0.5mm，搪瓷电介质厚度在 0.5~1.0mm，云母介质在 0.5~1.0mm。

(2) 放电间隙

一般情况下，放电间隙对臭氧量和耗电量起重要作用。放电间隙越小，产生放电的电压越小，耗电量越小，相对臭氧产量越高。然而放电间隙愈小导致气流通过放电区的阻力变大，所以，工频-中频臭氧发生器一般采用 2~3mm 即可。高频沿面放电发生器一般线间距采用 5mm 左右，放电间隙小于 1mm。

(3) 温度

温度对于臭氧的形成和分解起着关键作用，故冷却方式必须根据使用情况选取；理论上臭氧的生成热为 0.835kW·h/kgO_3。假设用氧气来制造 2%臭氧(质量浓度)需要的热能是 7kW·h/kgO_3，那么供给电晕电能的 12%被用来生产臭氧，而 88%最终从臭氧发生器内以热的形式排出被浪费，对于使用空气气源 15.5kW·h/kgO_3的热能来说，电晕功率的 95%必须以热的形式予以排出，因此，发生器的冷却系统对于发生器的臭氧产量及其能否长期稳定运行是极其重要的因素。冷却系统设计时应考虑把电晕的能量全部作为废热来处理，这样才能确保发生器的正常有效的运行使用。否则，由于空气和其他类似气体是不良热导体，电晕内的气体能达到足以使臭氧热分解的高温，从而会降低净臭氧产量。为此，在臭氧发生器构造设计时，必须把有利于电晕散热作为设计其结构的先决条件。

对于空气冷却的发生器来说，冷却剂通常是周围的空气。水冷却的或水/油冷却的装置，多余的热量最终消散到水中。据试验得知，随着冷却水温的升高，相对臭氧产率明显下降。因此，一般臭氧发生器所用的冷却水温均控制在15~25℃之间。由于水和油的吸热系数远远大于空气的吸热系数，因此大部分企业的工业臭氧发生器均优先选用油冷却和水冷却两种形式。

除冷却剂温度外，冷却剂的流量往往也是重要的。一般水冷式臭氧发生器，每生产1kg臭氧需要15~20℃的冷却水2500~4000L。提高冷却剂流量有助于补充因高功率密度(气体温度)引起的产量下降，以及由于介电体温度升高使电介体损坏这两方面的损失。

(七) 臭氧发生器主机参数

(1) 大型空气源臭氧发生器(表9-1)

表9-1　各类大型空气源臭氧发生器参数

型　号	产量/(kg/h)	气量/(m^3/h)	臭氧浓度/(mg/L)	冷却水流量/(m^3/h)	能耗/(kW·h/kgO_3)	外形尺寸/mm	接管口径/mm
HH-NY-1000B	1	42~56	18~24	2~3	18~20	2000×2200×1900	*DN*32
HH-NY-1500B	1.5	63~84	18~24	3~4	18~20	2100×2300×1900	*DN*40
HH-NY-2000B	2	84~111	18~24	4~6	18~20	2400×2600×2100	*DN*50
HH-NY-3000B	3	125~166	18~24	6~8	18~20	2500×2800×2200	*DN*65
HH-NY-4000B	4	167~222	18~24	8~12	18~20	3000×3000×2200	*DN*80
HH-NY-5000B	5	209~278	18~24	12~15	18~20	3000×3000×2200	*DN*80
HH-NY-6000B	6	250~333	18~24	15~18	18~20	3600×3000×2300	*DN*80
HH-NY-8000B	8	334~445	18~24	19~24	18~20	3600×3200×2300	*DN*100
HH-NY-10000B	10	417~556	18~24	25~30	18~20	3800×3200×2300	*DN*100
HH-NY-15000B	15	625~833	18~24	40~45	18~20	4000×3600×2500	*DN*100
HH-NY-20000B	20	834~1111	18~24	55~60	18~20	4600×3800×2800	*DN*100

(2) 大型氧气源臭氧发生器(表9-2)

表9-2　各类大型氧气源臭氧发生器参数

型　号	产量/(kg/h)	气量/(m^3/h)	浓度/(mg/L)	冷却水流量/(m^3/h)	能耗/(kW·h/kgO_3)	外形尺寸/mm	接管口径/mm
HH-NY-1000A	1	8~13	80~120	1.5~2	7~9	1800×800×2000	*DN*32
HH-NY-2000A	2	16~25	80~120	2.2~3	80~120	2000×2200×1900	*DN*32
HH-NY-3000A	3	25~38	80~120	3.5~5.5	80~120	2100×2300×1900	*DN*40
HH-NY-4000A	4	34~50	80~120	6~7.5	80~120	2400×2600×2100	*DN*50
HH-NY-5000A	5	42~63	80~120	8~9	80~120	2400×2600×2100	*DN*65
HH-NY-6000A	6	50~75	80~120	9.5~11	80~120	2500×3000×2200	*DN*65
HH-NY-8000A	8	66~100	80~120	13~15	80~120	3000×3000×2200	*DN*80
HH-NY-10000A	10	84~125	80~120	16~19	80~120	3000×3100×2200	*DN*80
HH-NY-15000A	15	125~188	80~120	26~30	80~120	3600×3200×2300	*DN*100
HH-NY-20000A	20	166~250	80~120	35~39	80~120	3800×3200×2300	*DN*100
HH-NY-30000A	30	250~375	80~120	55~60	80~120	4000×3600×2500	*DN*100
HH-NY-40000A	40	333~500	80~120	65~90	80~120	4600×3800×2800	*DN*100

三、应用

(一) 消毒

1. 消毒特点

主要靠·OH的作用，它的氧化作用极强($E_0=3.06V$)。但作为消毒剂，由于臭氧在水中不稳定，易散失，因此在O_3消毒之后，往往需要投加少量的氯等以维持水中剩余消毒剂。臭氧消毒的副产物比氯消毒时少，但也有可能产生三卤甲烷、溴酸盐等副产物。此外臭氧消毒的生产设备复杂，投资较大，电耗也较高。

2. 影响因素

(1) 水质影响

主要是水中pH值、COD、氮氧化物、悬浮固体、色度对臭氧消毒的影响。在水质呈酸性时，臭氧的存在时间要长于水质偏碱性的，因此水质显酸性时的消毒效果优于碱性条件的。COD、氮氧化物、悬浮固体、色度等会消耗水中的臭氧，有时还出现污水臭氧消毒后COD增加的现象，因此在臭氧消毒之前，尽量去除残余污染物是必要的。

(2) 臭氧投加量和剩余臭氧量

剩余臭氧量像余氯一样在消毒中起着重要的作用，在饮用水消毒时要求剩余臭氧浓度为0.4mg/L，此时饮用水中大肠菌可满足水质标准要求。在污水消毒时，剩余臭氧只能存在很短时间，如在二级出水臭氧消毒时臭氧存留时间只有3~5min。所测得的剩余臭氧除少量的游离臭氧外，还包括臭氧化物、过氧化物和其他氧化剂，在水质好时游离的臭氧含量多，消毒效果最好。

(3) 接触时间

臭氧消毒所需要的接触时间是很短的，但这一过程也受水质因素的影响，研究发现在臭氧接触以后的停留时间内，消毒作用仍在继续，在最初停留时间10min内臭氧有持续消毒作用，30min以后就不再产生持续消毒作用。

(4) 臭氧与污水的接触方式

臭氧与污水的接触方式对消毒效果也会产生影响，如采用鼓泡法，则气泡分散的愈小，臭氧的利用率愈高，消毒效果愈好。气泡大小取决于扩散孔径尺寸、水的压力和表面张力等因素。

通过多孔管鼓泡投加法是最广泛用于水臭氧化的接触装置，特别在净水处理中。扩散元件一般是多孔陶瓷管，不锈钢底板或塑料扩散头也可以用。扩散器装于喷射或接触池的底部，在池内必须保持充分的反应时间，如水力停留时间达到20min以上。其标准的布置是隔成一连串的4~6间径流室，采用此方法，扩散器能产生具有平均有效直径约2mm的气泡。实际应用中一般将孔径大小50~100μm的扩散器安装在水深4~6m的池底上，此种淹没式多孔扩散器的水头损失必须保持在300~500mmH_2O，每座接触池内平均气体流量一般保持在水流量的10%以下，每m^3水气液交换总有效面积约等于0.15m^2/m^3水。

采用机械混合器、反向螺旋固定混合器和水射器均有很好的水气混合效果，可用于臭氧对污水的消毒。有关资料汇总的臭氧消毒接触器及其特性见表9-3。

表 9-3 臭氧消毒接触器及其特性

类型	运行方式	优点	缺点
填料塔	液体和气体相互逆流通过由填料形成的同一通道	能连续运行，处理运行范围广，耐强腐蚀	设施造价高，难以保持温度分布。易堵塞
板塔	液体和气体相互逆流通过板塔，连续运行	运行范围广，易清洗	设施造价高，设计复杂，易堵塞
鼓泡塔	气体扩散成气泡，上升穿过液柱，能连续顺流或逆流，交替逆流，或反复逆流或顺流运行，可以是半批量的	低能耗	喷头可能堵塞，引起气泡的不均匀分布。混合差、接触时间长
喷淋塔	流体扩散到含 O_3 的气体内	气相均匀	高能耗，喷嘴易堵塞
搅拌塔	能连续、半批量或批量运行	高度灵活性，能处理悬浮物高的污水	搅拌需要动力
喷射器	气体和液体被加压或抽吸顺流通过小孔隙	混合好，接触时间短，接触室小	能耗大
管道接触器	可顺流或逆流运行	低造价，易操作	能耗大，为促进气液接触需要用固定混合器

3. 应用

1）医院废水

医院污水臭氧消毒的主要工艺参数如表 9-4 所示。

表 9-4 医院污水臭氧消毒的主要工艺参数

项目	一级处理出水	二级处理出水
臭氧投加量/(mg/L)	30~50	10~20
接触时间/min	30	5~15
大肠菌去除率/%	99.99	99.99

（1）处理水质

某医院污水处理系统改造工程采用了臭氧消毒工艺，处理水量为 $15m^3/h$。处理前水质为：COD≤250mg/L，BOD_5≤150mg/L，SS≤150mg/L，粪大肠菌群数≤3.5×10^3个/L；污水经沉淀及臭氧消毒后，排放水质为：COD≤150mg/L，BOD_5≤80mg/L，SS≤70mg/L，粪大肠菌群数≤500 个/L。

（2）臭氧发生装置设备

① 普罗名特 BONa3A 臭氧发生器一台。臭氧总发生量为 240g/h；冷却水量为 $0.32m^3/h$。

② 臭氧氧化塔 1 台。$\phi2600\times3000$mm，用陶瓷鲍尔环为填料，填料容积 $4.5m^3$；填料塔的有效容积为 $5m^3$，接触时间为 15min。

2）游泳池水的消毒

（1）臭氧发生器产量

臭氧发生器产量(g/h)=循环水流量(m^3/h)×臭氧投加浓度(g/m^3)。例如容积为 $380m^3$ 的游泳池，臭氧投加量为 0.4mg/L(g/m^3)，游泳池水循环周期采用 6h，循环水流量为 380/

6≈63m³/h，则臭氧发生器的最小产量应为 63×0.4=25.2(g/h)。

(2) 反应罐

反应罐用来使水中污染物被溶解的臭氧氧化并进行消毒杀菌，因此设计反应罐时应消除水的短路，保证水在罐内有一定的停留时间。为了使臭氧在水中的溶解度高，含臭氧的水应从反应罐上侧进罐，下侧出水。反应罐上部的排气阀应与臭氧破坏装置连接，使未溶解的臭氧在进入大气前除去，反应罐的容积按以下计算方法确定：

反应罐容积(m^3)=循环水流量(m^3/h)×旁流水百分比(%)×反应时间(h)。例如 380m^3 游泳池池水循环周期采用 6h，循环水流量为 63m^3/h，旁流水流量为循环水流量的 25%，接触时间 4min，则反应罐最小容积为 63×0.25×0.067=1.05(m^3)。

3) 自来水

(1) 臭氧的投加方式

某自来水深度处理改造一期工程设计供水能力为 20 万 m^3/d，臭氧需求量为 40kgO_3/h。其投加方式有预臭氧投加及后臭氧投加方式，其中预臭氧投加位于送水泵房与沉淀池之间，后臭氧投加在砂滤池之后。

① 预臭氧投加

预臭氧采用水射器及静态混合器投加方式，将臭氧投加入水中。预臭氧共有 3 个投加点，一个点最大加注量为 5.0kg/h，另两个点最大加注量为 2.5kg/h。

② 后臭氧投加

主臭氧扩散采用圆形扩散系统。接触系统设计为水流与臭氧气流逆流混合方式。臭氧系统按 *CT* 值 1.6(mg/L×min)、余留臭氧最低浓度值 0.4mg/L 设计。

CT 值是臭氧消毒系统的主要设计参数，其中 *C* 代表臭氧浓度，以 mg/L 计；*T* 代表接触时间，以 min 计；两者的积 *CT* 值表示消毒过程的有效性。例如臭氧浓度为 0.4mg/L，接触时间为 4min 时的 *CT* 值等于 1.6。水温越高，反应时间越短，所需的 *CT* 值越低。

设 1 座接触池，分 2 格，每格均可独立运行；每格 $L×B×H$=27.1m×6.5m×7.89m。臭氧分 3 段投加，第 1 段投加比例为 50%(调节范围 45%~55%)，第 2 阶段投加比例为 30%(调节范围 25%~35%)；第 3 阶段投加比例为 20%(调节范围 15%~25%)。

(2) 臭氧发生器

按照 20 万 t/d 规模设计，共设计 2 套臭氧发生器，总发生量 40kg/h。臭氧发生器采用液氧汽化气源(LOX)。在发生浓度 10%，冷却水温度 25℃，按照单台 20kg/hO_3的生产规模布置。

① 臭氧发生器参数

产量：22kg/h O_3(10%)；

产量调节范围：10%~100%；

浓度调节范围：6%~13%；

运行方式：24h 连续运行；

尺寸规格：长×高×宽=3450mm×1550mm×1900mm。

② PSU 供电单元参数

供电条件：380VAC，50Hz；

装机功率：257kVA；

最大功耗：209kW；

外型尺寸：长×宽×高＝3000mm×1000mm×2000mm。

冷却方式：闭路循环冷却水系统。

（3）尾气破坏系统

后臭氧尾气破坏器采用IK-50，数量2只，1用1备。臭氧车间故障冲洗管线（气体）接入后臭氧尾气破坏器。当存在二氧化锰（MnO_2）等催化剂时，即便在大气温度下，臭氧也会在顷刻间分解。

（二）印染废水的脱色

臭氧用于印染废水处理中的作用主要是脱色，实际上水中COD、BOD均同时下降，由于链断裂、芳烃开环，B/C比有所提高。

印染工厂使用的染料主要是活性染料、分散染料、还原染料、可溶性还原染料和涂料，其中，活性染料占40%，分散染料占15%。废水主要来源于退浆、煮练、染色、印花和整理工段，废水经生物处理后进行臭氧氧化法脱色处理。脱色处理水量为600m^3/d。

臭氧发生器选3台，臭氧总产量2kg/h，电压15kV，变压器容量50kVA。反应塔两座，填聚丙烯波纹板，填料层高5m，底部进气，顶部进水，水力停留时间20min，臭氧投加50g/m^3水，塔径1.5m，高6.2m，采用硬聚氯乙烯板制成。尾气吸收塔两座，直径1.0m，高6.8m，硬聚氯乙烯板制，内装聚丙烯波纹板填料，层高4m，活性炭层高1m。

进水pH值6.9、COD 201.5mg/L、色度66.2倍、悬浮物157.9mg/L，经臭氧氧化处理后COD、色度、悬浮物的去除率分别为13.6%、80.9%和33.9%。

臭氧氧化法对于含水溶性染料废水，如活性、直接、阳离子和酸性等染料，其脱色率很高，但对硫化、还原、涂料等不溶于水的染料脱色效果较差。该法脱色效果好，但耗电多，大规模推广应用有一定困难。

研究表明，臭氧用量为0.886 gO_3/g染料时，淡褐色染料废水脱色率达80%；研究还发现，连续运转所需臭氧量高于间歇运行所需臭氧量，而反应器内安装隔板，可减少臭氧用量16.7%。因此，利用臭氧氧化脱色，宜设计成间歇运行的反应器，并可考虑在其中安装隔板。

第二节 紫外消毒设备

（一）紫外线消毒的机理

紫外光（UV）是波长在100～380nm的电磁波谱的一部分。紫外光按照波长范围又可以分为UV-A（315～380nm）、UV-B（280～315nm）、UV-C（200～280nm）和真空紫外线（100～200nm）4部分，其中具有杀菌消毒功能的紫外波段为200～300nm，即紫外C和紫外B中的部分。消毒使用的紫外线是C波紫外线，其波长范围是200～275nm，杀菌作用最强的波段是250～270nm。

紫外线具有杀菌作用主要是因为紫外线对微生物的核酸可以产生光化学危害的结果。微生物细胞核当中的核酸可以分为核糖核酸（RNA）和脱氧核糖核酸（DHA）2大类，其共同点是由磷酸二酯键按嘌呤和嘧啶碱基配对原则而连接起来的多核苷酸链。细胞核中的这两种核酸能够吸收高能量的短波紫外辐射，对紫外光能的这种吸收可以使相邻的核苷酸之间产生新的键，从而形成双分子或二聚物。相邻嘧啶分子，尤其是胸腺嘧啶的二聚作用是紫外线引起的最普遍的光化学损害。细菌和病毒DNA中众多的胸腺嘧啶形成二聚物阻止了DNA的复制及蛋白质的合成，从而使细胞死亡，细胞损坏的数量取决于微生物吸收紫外光能的剂量以及微生物对紫外光的抵抗能力。大多数细菌和病毒仅需较低的紫外剂量就可失活。杀菌所需紫外光的剂量随着细胞内DNA或DHA的数量和细胞尺寸的增加而增加，例如，同样条件下原生动物胞囊对紫外光的耐受力要比肠侵袭性大肠杆菌高10~15倍。

(二) 紫外线消毒的特点

紫外线消毒具有以下优点：

(1) 物理消毒、无二次污染，对环境、生态和人类无害；

(2) 运行、维护简单方便；使用安全，无需储存、运输及使用任何有毒、腐蚀性化学物品。

(3) 与化学消毒相比，紫外消毒性能稳定不受环境条件(如温度和水中酸碱度变化)的影响，对微生物作用的广谱性，运行成本低。

(4) 紫外消毒接触时间短，一般只要1~15s；

(5) 开方式渠道、无需接触池，占地面积少；所有设备均可在室外安装运行，无需房屋建筑。

但紫外消毒应用于自来水厂中尚存在一些不足之处。由于紫外消毒不能像含氯消毒剂那样在管网当中提供持续的消毒作用，因而对于应用紫外线消毒的自来水而言，出厂之前还必须采取一些附加措施，如投加适量的新型消毒剂ClO_2来保证管网中水的生物稳定性，防止因滋生细菌而引起二次污染。

(三) 影响紫外线消毒的因素

1. 紫外透光率

紫外透光率是反映废水透过紫外光能力的参数，它是设计紫外消毒系统尺寸的重要依据。一般来说，随着消毒器深度的增加紫外透光率降低；另外，当溶液中存在着能够吸收或散射紫外光的化合物或粒子时，紫外透光率值也会降低，这就使得用于消毒的紫外光能量降低。由于紫外剂量是紫外辐射强度与接触时间的乘积(其单位为$mW \cdot s/cm^2$)，因而此时可以通过延长接触时间或增加紫外消毒系统中的紫外灯数目的方式来加以补偿。一般来说，活性污泥处理工艺出水透光率范围为60%~65%，生物膜工艺的为50%~55%，三级处理出水的紫外透光率值较高，其范围为65%~85%。一些工艺过程也会影响水的紫外透光率，如纺织、印刷、纸浆造纸、食品工艺以及化学工艺等。当消毒前出水的浊度较高时，一般要在过滤工艺之前加絮凝剂进行混凝沉淀处理，通常采用石灰或铝盐絮凝剂来增加水的紫外透光率。而铁盐能够吸收紫外光，从而使紫外透光率值降低。

2. 悬浮固体

悬浮固体是由数目、大小、结构、细菌密度和化学成分各异的粒子组成的，这些粒子通过吸收和散射紫外光使废水中的紫外光强度降低。由于悬浮固体浓度的增加同时伴随着粒子数目的增加，另外，有某些细菌还可吸附在粒子上，这种细菌不易受到紫外光的照射和化学消毒剂的影响，因而难被灭活，所以，用于紫外消毒的废水出水的悬浮固体浓度要严格控制，基于100mL水中含有100~200个粪大肠菌群的消毒要求，有专家推荐TSS应不超过

20mg/L。表 9-5 为废水处理工艺对紫外线处理出水水质的影响。

表 9-5　废水处理工艺对紫外线处理出水水质的影响

工　艺	紫外线透光率/%	悬浮物含/(mg/L)	粒子尺寸分布/μm
初沉	5~25	50~150	20~30
铝盐强化一级处理	40~50	15~40	25~35
铁盐强化一级处理	25~45	15~40	20~30
氧化塘	30~50	15~50	20~30
SBR	45~65	10~30	25~40
生物膜	30~55	10~30	25~45
二级处理+过滤	65~85	<50	15~25

3. 粒子尺寸分布

溶液中所含粒子的大小不同则杀菌所需的紫外光的剂量也不同，这是因为粒子尺寸对紫外光的穿透能力有影响。尺寸<10μm 的粒子容易被紫外光穿透，因而杀菌所需紫外光的剂量较低。尺寸在 10~40μm 之间的粒子可以被紫外光穿透，紫外需求量增加。而尺寸>40μm 的粒子则很难被紫外光穿透，紫外需求量比较高。在实际生产过程中为了提高紫外光的利用率，应对二级处理出水过滤，去除掉大粒子之后再进行消毒处理。

4. 无机化合物

在废水的处理过程中，为了提高处理效果，有时会在某些池子中投加金属盐，以降低废水中磷的含量并控制气味。比较常用的是铝盐或铁盐絮凝剂。一般来说溶解性铝盐不影响紫外透光率，而且含有铝的悬浮固体对于紫外杀菌也没有阻碍作用；而水中的铁可直接吸收紫外光使消毒套管结垢，另外，铁还可以吸附在悬浮体或细菌凝块上，形成保护膜，妨碍紫外线的穿透，这都不利于紫外光对细菌的灭活。

(四) 紫外消毒装置

1. 紫外消毒系统类型

紫外线消毒系统可以有两种方式：敞开重力式和封闭压力式。目前，以封闭压力式使用居多。这种设计是由外筒、紫外线灯管、石英套管及电气设施等部分组成。筒体常用不锈钢或铝合金制造，内壁多作抛光处理以提高对紫外线的反射能力和增强辐射强度，还可根据处理水量的大小调整紫外灯的数量。在这两种系统中，紫外线灯管都可以布置成同水流水平或垂直的方向上。这两种设计都适于装入现有典型的接触箱内。其中平行于水流的消毒系统的压头损失可能更小、水流形式更均匀，而垂直系统则可以使水流紊动，提高消毒效率。

2. 紫外消毒灯

紫外消毒灯有低压低强灯、低压高强灯和中压高强灯 3 种。低压低强灯和低压高强灯均发出单色光，输出波长为 253. 7nm，灯管的寿命为 8000~12000h，而中压高强灯发出复色光，波长为 230~300nm，灯的寿命为 5000h。低压高强灯单根灯管紫外能输出功率为 90~100W，要比低压低强灯的输出功率 30~60W 高，但比中压高强灯的输出功率 420~25000W 低。在照射到微生物上的紫外剂量相同的条件下，三种类型紫外灯的消毒效果是相同的。但低压低强紫外灯的光强相对较弱，穿透力不高，对总悬浮固体>30mg/L 的二级处理出水消毒效果不好。而中压紫外灯的光强最强、穿透力高，比较适合低浓度污水的处理。处理相同的水量时，若采用中压高强灯系统则需要的灯管数最少，低压高强灯次之。灯管数量少，相应地设备占地也省，基建费用和灯管维护费用少。但中压高强灯的光电转换率低(只有15%左右)、能耗大、电费高；低压低强灯和低压高强灯的光电转换率为30%~40%。目前，污水处理厂多采用低压高强灯和中压高强灯系统，设计时需根据实际情况进行技术经济比较。三种紫外消毒灯的比较见表9-6。

表9-6　三种紫外消毒灯的比较

比较项目	灯　型		
	低压常规灯	低压高强灯	中压(高强)灯
定　义	0.13~1.33Pa的内压下工作，输入电功率约为每0.5W/cm弧长，杀菌紫外能输出水银蒸气灯在约为0.2W/cm弧长，杀菌紫外能在253.7nm波长单频谱输出	0.13~1.33Pa的内压下工作，输入电功率约为1.5W/cm弧长，杀菌紫外能输出水银蒸气灯在功率约为0.6W/cm弧长，杀菌紫外能在253.7nm波长单频谱输出	中压灯的灯管中所有的汞以气体状态存在，一般在10^4~10^6Pa压力下运行，发出复色光。相对来说，中压灯的能量转化率比低压灯要低得多，这是因为中压灯发出光的波长范围很宽，在其输入能量中大约有30%~40%可以转化成光，而这部分光中只有25%左右位于具有杀菌作用的UV-C范围内
特　点	253.7nm>90% 灯管运行温度小于40℃；单根灯管紫外能输出为30~50W	253.7nm>90% 灯管运行温度小于100℃；单根灯管紫外能输出小于108W	200~300nm消毒波段； 灯管运行温度600~800℃ 单根灯管紫外能输出为420W以上
适用水质	SS≤20mg/L，UVT(穿透率)≥50%	SS≤20mg/L，UVT≥50%	SS>20mg/L，UVT<50%
清洗方式	人工清洗/机械清洗	人工清洗/机械加化学清洗	机械加化学清洗
电功率消耗	较低	较低	较高
灯管更换费用比较	较高	较高	较低
水力负荷/(m^3/d·根灯)	100~200	250~500	1000~2000
应　用	适用于小型污水处理厂	适用于中型污水处理厂	适用于大型或低质污水处理厂

3. 紫外消毒装置的维护

对于紫外消毒装置的维护而言，主要有两个问题需要考虑：紫外灯的寿命和石英套管结垢。

(1) 寿命

紫外灯在使用过程中，随着时间的增加，紫外灯放出紫外线的强度会逐渐降低，因而在设计紫外消毒系统的过程之中，就需要考虑在灯的使用末期能够保证足够的杀菌剂量。在国外的消毒系统之中推荐使用的紫外灯替换时间大约是5000h，但在很多水厂中紫外灯的寿命超过了8000h，而我国国产的紫外灯的寿命比较短，一般为1000~3000h。在运行中当灯管的紫外线强度低于2500μW/cm^2时，就应该更换灯管，但由于测定紫外线强度较困难，实际上灯管的更换都以使用时间为标准，计数时除将连续使用时间累积之外，还需加上每次开关灯管对灯管的损耗，一般开关一次按使用3h计算。

(2) 结垢

在紫外消毒的过程中，由于水中存在的许多无机杂质会沉淀黏附在石英套管外壁上，引起套管结垢，从而使经过套管进入水中的紫外光的强度降低，不利于消毒过程的进行，所以石英套管结垢也是一个需要特别考虑的问题。处理水的类型不同、处理工艺过程不同，则套管的结垢速率不同。当水中存在有高浓度的铁、钙或锰时，套管结垢非常迅速。因此，一般应每3个月对石英套管清洗一次，清洗时，先用纱布沾酒精擦洗，然后用软布擦净。国外已经成功开发出石英套管自动清洗系统，可以采用化学和机械方法进行清洗，节省了大量的劳动力，而我国在这方面仍需加大开发研制力度。

(五) 实际应用

随着对氯消毒缺陷的认识，人们在寻求氯消毒的替代技术。紫外线消毒由于具有杀菌快速高效、安全、易操作及占地小等优点，在美国和加拿大已广泛应用，目前大部分的紫外线污水消毒系统都采用明渠水下照射式。在我国，紫外线消毒在污水处理中的应用刚刚起步，对明渠水下照射式的污水紫外线消毒技术的研究及其系统设计的报道不多。

1. 紫外线消毒技术标准

《城镇给水和污水紫外线消毒设备》规定：城镇生活饮用水不小于40 mW·s/cm^2；城镇污水不小于20 mW·s/cm^2(一级A)；城镇污水不小于15mW·s/cm^2(一级B)；城镇污水不小于15mW·s/cm^2(二级标准)。《室外排水设计规范》规定：二级处理的出水为15~22mW·s/cm^2；再生水为24~30mW·s/cm^2。医院污水消毒常用紫外剂量为25~30mW·s/cm^2。

2. 紫外线消毒系统及系统组成

紫外线消毒系统可采用明渠型或封闭型。相对而言，明渠型比封闭型更易于监测和维护，对水流阻力也小。

明渠水下照射式紫外线消毒系统如图9-9所示。紫外灯平行放置于支架上并浸没在水中。各模块之间彼此独立，每个模块可配置2、4、6、8或16支紫外灯管，紫外线消毒系统若采用自动清洗则还要安装有清洗设施。污水重力流经紫外灯，渠道下游设水位控制器。

图9-9 明渠紫外线消毒系统

3. 紫外剂量的确定

紫外线消毒系统的消毒性能是消毒器所能实现的有效紫外剂量，即由消毒器的生物验定剂量实验实际测得的紫外剂量而不是消毒器的理论计算剂量。

紫外灯数量取决于灭活微生物所需的紫外剂量。微生物的灭活与紫外照射剂量的关系可以用数学模型表达。若大肠杆菌数量在通常的消毒范围内，则灭活速率与紫外剂量的关系表达如式(9-1)。

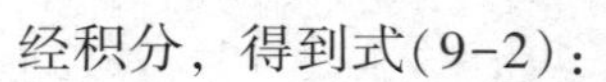

$$\frac{dN}{dt} = -kN^2I \qquad (9-1)$$

经积分，得到式(9-2)：

$$\frac{1}{N}-\frac{1}{N_0}=kIt \tag{9-2}$$

式中 N——某时刻 t 的大肠杆菌含量，最大可能数量/100mL；

N_0——初始大肠杆菌含量，最大可能数量/100mL；

k——速率常数，大肠杆菌数/s；

I——消毒反应器中紫外平均强度，mW/cm^2；

t——消毒时间，s。

大肠杆菌初始含量常常比消毒后大得多，以致 $1/N_0$ 项可以忽略不计，故式(9-2)可以简化为：

$$\frac{1}{N}=kIt \quad 或 \quad N=\frac{1}{kIt}=\frac{1}{kD} \tag{9-3}$$

式中 D——紫外剂量，为紫外平均强度与消毒时间的乘积，$mW\cdot s/cm^2$。

式(9-3)可以用于计算在已知速率常数下不同紫外强度与消毒时间时的大肠杆菌数。另外，Scheible 等的研究表明，紫外剂量和粪大肠菌群含量之间的关系符合经验公式(9-4)：

$$消毒后粪大肠菌群含量=(1.26\times10^{13})(It)^{-2.27} \tag{9-4}$$

此外，Loge 等研究得到可以用来计算粪大肠菌群在紫外光照下数量变化的经验公式(9-5)：

$$N=A(SS)^a(N_0)^b(UFT)^c(I)^n(t)^n \tag{9-5}$$

式中 N——在紫外辐射后的粪大肠菌群含量，最大可能数量/mL；

I——紫外平均强度，mW/cm^2；

t——消毒时间，s；

SS——水中悬浮固体浓度，mg/L；

N_0——粪大肠菌群的初始含量，最大可能数量/100mL；

UFT——在 253.7nm 处的紫外透射率，%；

A，a，b，c，n——经验系数，分别是 102.919、1.947、0.3233、0、-2.484。

式(9-3)~式(9-5)表达了紫外剂量与消毒后污水中的大肠杆菌或粪大肠菌群浓度的关系。其中式(9-5)考虑了悬浮固体、透射率等因素对紫外线消毒的影响，能较合理地预测达到一定的粪大肠菌群杀灭指标时所需的紫外剂量。例如，美国国家污染物排放系统(NPDES)的消毒标准要求粪大肠菌<200 个/100mL，对于总悬浮固体 TSS<20mg/L、65%透射率的二级处理出水，在通常的消毒范围内，用式(9-5)计算得到的紫外剂量与报道的 20~30$mW\cdot s/cm^2$基本一致。

确定紫外剂量时，应考虑紫外灯管老化和灯管的石英套管表面结垢问题。使用寿命周期终点时的紫外输出与新灯管紫外输出之比为灯管的老化系数，大多数灯管的老化系数在 0.5 左右。另外，污水中的某些成分会使灯管的石英套管表面结垢而影响紫外透射率，结垢系数与灯管的清洗方式有关，如人工清洗为 0.7，纯机械清洗为 0.8，机械加化学清洗为 1.0。因此，在确定紫外剂量时，通过上述方法求得的紫外剂量还应计入灯管老化系数以及结垢系数，才能得到在灯管寿命周期内达到微生物消毒标准所需要的紫外剂量。紫外剂量也可以采用经验计算公式计算，经验计算公式和剂量计算实例如下：

(1) 参数

① 总处理流量 $Q=130000m^3/d=90278L/min$(按峰值流量计);

② 设备灯管总数 $N=144$;

③ 平均每根灯管处理流量 $q=90278/N=626.93L/min$。

(2) 计算有效紫外剂量

有效紫外剂量 $D=5320.2\times q^{-0.9839}=9.4134(mW\cdot s/cm^2)$。

(3) 有效剂量修正

$$D_{老化}=有效紫外剂量/(C_{老化}\times C_{结垢})$$

其中,$C_{老化}$ 取 0.5,采用机械加化学清洗时,$C_{结垢}$ 为 1;根据以上参数得到 $D_{老化}=9.4134\times(0.5\times1)=18.8m(Ws/cm^2)$。

4. 设计流量及光照时间

(1) 设计流量

紫外消毒系统必须在紫外灯的寿命期内按最大流量设计,否则,当流量增大时将不能保证消毒要求;同时,也必须满足最小流量时的消毒要求。许多较小的污水处理厂在晚上流量接近于零,这期间在石英套管周围的污水会升温而在套管上产生沉积,也有可能使石英套管露出水面而暴露在空气中,留在套管上的物质会被烤干,从而形成沉积物,因此设计时必须确定最大与最小流量。

(2) 光照时间

光照时间也是个重要的设计参数。在相同的紫外强度下灭活不同种类的微生物需要的光照时间不同,目前的设计是采用高强度的紫外能而取较短的光照时间,如光照时间为 6~10s。

5. 消毒明渠的设计

消毒明渠可根据紫外消毒系统的大小用混凝土或不锈钢建成。国外的经验是,16 根或更少灯管的紫外消毒系统应采用不锈钢渠道,但也可以采用混凝土渠道。每条渠道模块数不宜太多,比较多时,可将模块组并联或串联。

图 9-10 为 5 万 t/d 城市污水处理紫外线消毒池设计图纸(按照每万吨的生活污水大约需要 14 根 250W 的低压高强灯确定)。

当渠道中有多个紫外灯组时,紫外灯组的最佳间距是 1.22m。如果渠道流量变化大,则渠道最好不少于 1 道,这样可根据流量变化开通或关闭某些渠道,以节省电耗和延长灯的寿命。渠道需用水位控制器来控制水位,以防灯管以上的水层厚度太大而影响消毒效果,或避免低于设定的流量范围时紫外灯暴露于空气中。在任何流量时,位置最高的紫外灯石英套管顶以上的水层厚度需维持在 1.9~2.54cm,污水不应超出这一高度,否则紫外强度太小,不能使所有的病原体灭活。

水位控制器可以采用锐顶堰或者水力自动控制翻板闸门。锐顶堰既可保持高峰流量时间的最高水位,也可保证在零流量时紫外灯浸没在水中,其缺点是在堰的上游底沉积固体,这可通过安装冲洗阀来解决。水力自动控制翻板闸门是通过重力和污水流过渠道的冲力进行工作的,以翻板闸门上放置的重锤来限制闸门的开启度,合理设计的翻板闸门将使水位保持在一个较宽的流量变化范围内,其缺点是在零流量或接近零流量时会发生渗漏,以致紫外灯露出水面,影响消毒效果,翻板闸门与紫外灯组的最小距离一般为 2m。在两种水位控制器中,

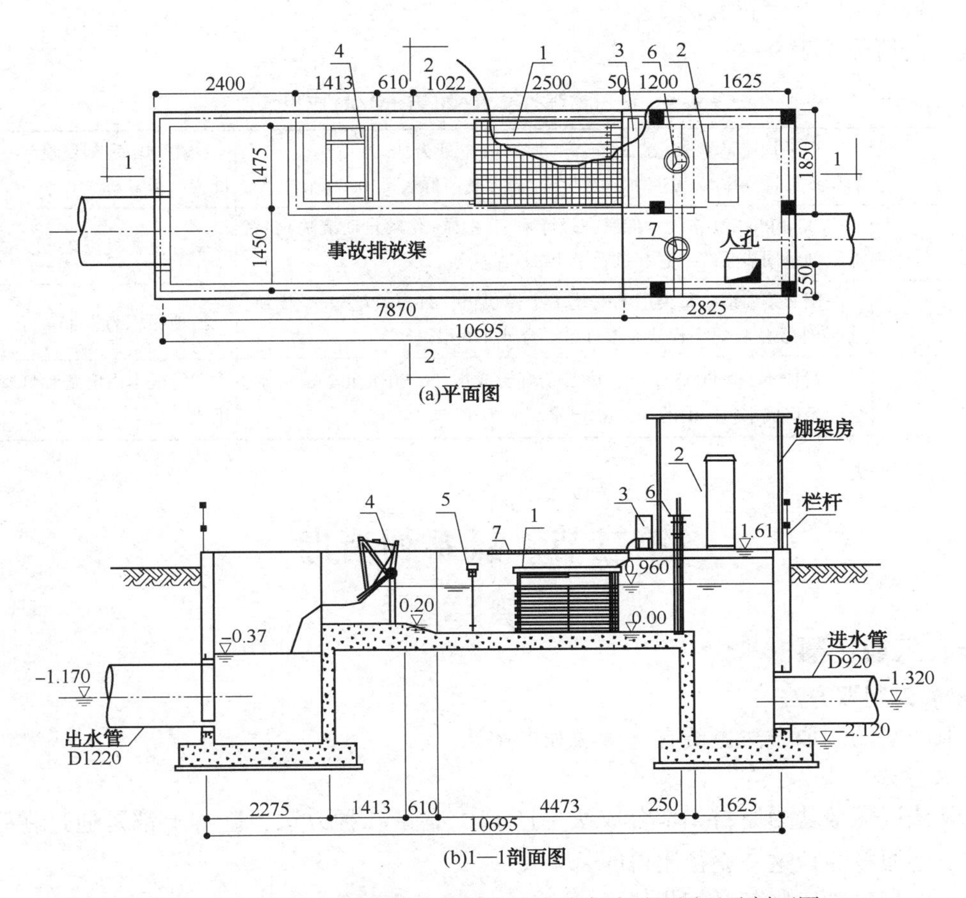

图 9-10　5 万 t/d 城市污水处理紫外线消毒池平面图以及剖面图

采用使紫外灯在零流量时仍能保持完全浸没的堰可能更好，一般地，锐顶堰用于小于 20 根紫外灯的小型消毒系统，而翻板闸门则用于大型的紫外消毒系统。

明渠水下照射式污水紫外线消毒系统的合理设计是紫外线消毒技术在污水处理中应用的关键，选择合适的紫外灯型式有利于节省投资和运行费用，正确确定紫外剂量、最大和最小流量以及合理设计水位控制器是保证消毒效果的重要方面。

(六) 工程案例

(1) 低压灯装置案例

项目规模：3. 7 万 t/d；设备类型：低压灯系统；灯管数目：176 根；灯管功率输出：小于 40W/根；接触池尺寸：8m×1. 2m×0. 84m；运行成本：0. 012 元/m^3废水；投资成本：22 元/m^3废水；消毒效果：粪大肠菌群≤10000 个/L。因此可以说明小规模污水处理厂使用低压灯系统(带人工清洗系统)在我国现阶段还具有较强的投资经济性。

(2) 低压高强灯装置案例 1

项目规模：3. 1 万 m^3/d；设备类型：低压高强灯系统；灯管数目：88 根；灯管功率输出：112W/根，尺寸：接触池 5m×1. 47m×0. 98m；运行成本：0. 01 元/m^3 废水；投资成本：26 元/ m^3废水；消毒效果：粪大肠菌群≤10000 个/L。

(3) 低压高强灯装置案例 2

其应用情况见表 9-9。

表 9-9 低压高强灯装置(26 万 m^3/d)应用情况

设计参数	一期平均流量为 20 万 m^3/d；一期峰值流量为 26 万 m^3/d；出水的紫外线透光率为>65%；排放标准/粪大肠菌群数≤10000 个/L	按生物验定剂量设计；排放标准为一级 B 标
设备选型	UV3000PlusTM 系统；低压高强灯系统(机械+化学自动清洗)；紫外线剂量同步系统；总装机容量 108kVA	紫外设备投资 25 元/ m^3 废水
项目状况	一期 2 条渠道；每渠道各安装 1 个模块组；每模块组 26 个模块，共 52 个模块；每个模块 8 根灯管，合计 416 根灯管	占地面积约为 $45m^2$
运行成本	电费成本：0.0065 元/ m^3 废水；灯管成本：0.0038 元/ m^3 废水；合计运行成本：0.0103 元/ m^3 废水	运行成本由电费和灯管更换费组成

第三节 氯系列消毒

一、二氧化氯

(一) 二制取方法

二氧化氯的制取方法主要有化学法和电解法。

1. 化学法

化学法以氯酸盐为原料化学合成法生产 ClO_2 有十几种方法，基本上都是通过在强酸介质存在下还原氯酸盐这一途径制得的。

(1) 亚氯酸钠法制备二氧化氯

$NaClO_2$ 具有氧化性，它在弱碱性溶液中是非常稳定的，然而在强碱性中加热，它会分解成 ClO_3^- 和 Cl^-；在酸性条件下，ClO_2^- 分解成 ClO_2、ClO_3^- 和 Cl^-。盐酸-亚氯酸钠反应原理如下：

$$5NaClO_2+4HCl = 4ClO_2+5NaCl+2H_2O$$

(2) 氯酸钠法制备二氧化氯

其氯酸钠-盐酸反应原理如下：

$$2NaClO_3+4HCl = 2ClO_2+Cl_2+2NaCl+2H_2O$$

(3) 化学法二氧化氯发生器的组成

二氧化氯发生器由反应系统、吸收系统、温控系统、原料供给系统、安全系统及投加系统等组成。将氯酸钠溶液与盐酸按一定比例通过原料投加系统输送到发生系统中，在特定温度条件下，反应生成二氧化氯和氯气的混合气体，经收集系统收集后，通过抽取系统直接进入消毒系统。投加比例可根据水质的不同，调整投加量。

运行时，两台计量泵分别将事先配制好的原料罐中的氯酸钠溶液和稀硫酸溶液按一定比例输送到发生器反应器中，在一定温度和负压下进行反应，生成的二氧化氯气体，在水射器抽吸作用下与水充分混合形成杀菌、消毒液后，通过出药管投加至被消毒水中。反应生成的二氧化氯气体被水射器抽走后，反应器内形成一定的负压，在大气作用下，空气随进气管吸入反应室底部，再从底部向上透过反应液形成鼓泡，使两种原料充分混合、反应。为了维持一定的负压，水射器动力水压力要维持在 0.35MPa 以上。在发生器工作过程中，水射器由于停水、动力水压力不够或水射器堵塞时，发生器将由负压变为正压。为了防止发生器爆炸或二氧化氯从发生器漏出造成事故，装置设置了欠压保护装置，即当水射器动力水压力低于 0.3MPa 时，装置发出报警声并停止计量泵运行，当水射器动力水压力低于 0.2MPa 时，自动控制系统将自动打开电磁阀，使高位水箱水流入反应器内立即阻止反应。在反应器上腔内还装设了安全塞，在异常情况下，当发生器反应器内压力升高时，安全塞被冲开，多余的气体通过排气管排到室外，以避免引起人身伤亡事故的发生。反应器放在由电加热管加热的水浴中，温度控制器自动控制电加热管的启停，以保证反应温度在 70℃左右。没有完全反应的残液通过分离器排出。二氧化氯发生器见图 9-11。

图 9-11　二氧化氯发生器实物图

(4) 化学法制备二氧化氯应注意的问题

① 二氧化氯消毒系统设计和发生器选型应根据污水的水质水量和处理要求确定，并考虑备用；

② 因原料为强氧化性或强酸化学品，储存间必须考虑分开安全储放；储存量为 10~30d 的用量；

③ 二氧化氯溶液浓度应小于 0.4%，其投加量应与污水定比或用余氯量自动控制；

④ 应设计二氧化氯监测报警和通风设备。

2. 电解法

(1) 工作原理

将一定浓度或饱和盐液加入电解槽阳极室，同时将清水加入电解槽阴极室，接通 12V 直流电源开始电解，即可产生 ClO_2、Cl_2、O_3、H_2O_2 等混合消毒剂，气体经水射器负压管路吸入水中消毒。其反应原理如下：

$$4NaCl+8H_2O = 2ClO_2+Cl_2+4NaOH+6H_2$$

电解产生的上述混合气体，是一种氧化能力很强的气体。但这种气体中二氧化氯的含量很低，而氯气的含量仍很高，所以仍会导致很多问题，例如产生三卤甲烷，影响饮用水处理的质量问题。

(2) 设备组成

由电解槽、直流电源、盐溶解槽及配套管道、阀门、仪表等组成。

（3）电解法制备二氧化氯应注意的问题

① 电解法制备二氧化氯设备的溶盐装置一般与发生器一体化，但因二氧化氯为混合消毒气体，为了能定比投氯，必须设置溶液箱；

② 二氧化氯是由水射器带出并溶于水的，所以设备间必须有足够的压力自来水，如水压不够0.2MPa，需加设管道泵；

③ 应注意设计排氢管，及时排除运行过程中产生的可爆炸气体。

（二）二氧化氯消毒的特点

（1）二氧化氯能直接氧化水中的腐殖酸（HA）或黄腐酸（FA）等天然有机物，不与其形成三卤甲烷等氯化物，能大大降低消毒后水中三卤甲烷（THMs）等氯化消毒副产物的含量。

（2）二氧化氯与氯气不同，在水中不发生水解，不与水中的氨氮反应，因此其杀菌效率不受水中pH值和水中氨氮浓度的影响。

（3）二氧化氯能有效地氧化去除水中的藻类、酚类及硫化物等有害物质，对这些物质造成的水的色、嗅和味，具有比氯气更佳的处理效果，出水水质更好。

（4）二氧化氯能有效杀灭水中用氯消毒效果较差的病毒和孢子等。

（5）能在水中维持较长时间的持续杀菌能力，具有可检出的残余量。

（三）应用

1. 水的消毒剂

二氧化氯的杀菌活性在很宽的pH值范围内都比较稳定。当pH值为6.5时，0.25mg/L的二氧化氯和氯对大肠杆菌1min的灭杀率相似。pH值为8.5时，二氧化氯保持相同的灭杀效率，而氯气则需要5倍的时间，故二氧化氯对于高pH值水无疑是合适的消毒剂；二氧化氯同样能有效地杀死其他的传染性细菌，如葡萄球菌和沙门氏菌。在处理脊髓灰质炎病毒和厚生杆菌时，2mg/L剂量的二氧化氯产生的存活率比10mg/L剂量的氯低得多。作为消毒剂，二氧化氯具有足够的稳定性。

2. 对THMs的控制

THMs（三卤甲烷）被怀疑是致癌物质，它是在用氯气进行饮用水消毒时，水中溶解的有机物的氯化形成的有机衍生物。其原理是氯气与THMs前体如腐殖物和灰黄霉素发生氧化反应，同时发生亲电取代反应，产生易挥发的和不易挥发的氯化有机物（THMs）。而氧化氯不会产生氯化反应，二氧化氯对THMs控制是其在被氯取代前就被氧化，THMs的前体被能二氯化氯氧化分解成小的分子，可以防止THMs的形成，从而保持水中THMs处于最低浓度。二氧化氯加入原水主要是为了消毒和氧化，然后自由氯或化合氯或二氧化氯作为消毒剂在过滤后加入，经过这样的氯化过程组合，THMs可减少50%~70%。

3. 对水中酚类化合物的破坏

用氯气消毒时，生成氯化酚，导致有异味产生。二氧化氯能经济而有效地破坏水中的酚类，而且不形成副产物。当pH值小于10时，1份质量的苯酚可被1.5份质量的二氧化氯氧化成对苯醌；当pH值>10时，3.3份质量的二氧化氯能将1份质量的苯酚氧化成小相对分子质量的二元脂肪酸；二氧化氯能彻底破坏氯酚，完全作用是1份氯酚要求7份二氧化氯，当pH值为7时，所有的酚都反应完全。

4. 氧化饮用水中的铁离子和锰离子

在pH值大于7.0的条件下，二氧化氯能迅速氧化水中的铁离子和锰离子，形成不溶解的化合物。

5. 藻类的控制

二氧化氯对藻类的控制主要是因为它对苯环有一定的亲和性，能使苯环发生变化。叶绿素中的吡咯环与苯环类似，二氧化氯也同样能作用于吡咯环，这样，植物新陈代谢终止，使得蛋白质的合成中断。这个过程不可逆，最终导致藻类死亡。

6. 二氧化氯在其他领域的应用

二氧化氯的化学性质非常活泼，一般在酸性条件下具有很强的氧化性，可氧化水中多种无机和有机物。

（1）二氧化氯是唯一可以在较弱的碱性 pH 条件下氧化氰化物的氧化剂。二氧化氯可用于含氰废水的破氰处理，将氰化物(游离的氰化物和不稳定的金属-氰化物的络合物)氧化成为二氧化碳和氮气。用氯气来氧化氰化物时，易于形成极毒的易挥发的氯化氰气体(CNCl)，而用二氧化氯对氰化物进行处理时，不会形成氯化氰气体。

（2）二氧化氯可用于对硫化物、有机硫气味的控制。硫化物、硫化氢以及硫醇在许多工业生产中形成，它们都能产生出令人厌恶的气味。这些气体都可以被二氧化氯氧化去除。

二、氯消毒

氯气是传统的水处理用消毒剂，但氯气消毒具有如下缺点：①氯会与水中腐殖酸类物反应形成致癌的卤代烃(THMs)；②氯会与酚类反应形成具有怪味的氯酚；③氯与水中的氨反应形成消毒效力低的氯胺，排入水体后对鱼类有危害；④氯在 pH 值较高时消毒效力大幅度下降；⑤长期使用氯会引起某些微生物的抗药性；⑥氯气为受压的液化气体，一般需用罐瓶、槽车、罐车、驳船等压力容器装运，存在一定的事故风险。

（一）液氯消毒系统的组成

液氯消毒系统主要是由贮氯钢瓶、加氯机、水射器、电磁阀、加氯管道及加氯间和液氯贮藏室等组成。

1. 氯瓶

（1）充装量为 500kg 和 1000kg 的重瓶，应横向卧放，防止滚动。存放高度不应超过两层。空瓶和重瓶应分开放置，不应与其他气瓶混放，不应同室存放其他危险物品。重瓶存放期不应超过三个月。

（2）对于医院的废水，一般情况下，宜采用小容量的氯瓶。单位时间内每个氯瓶的氯气最大排出量应符合下述规定：容积为 40L 的氯瓶：750g/h；500kg 的氯瓶：3000g/h。

2. 加氯机

采用液氯消毒时，必须采用真空加氯机，并将投氯管出口淹没在污水中。

（1）真空式加氯机原理

压力水流经水射器喉管形成一个真空，从而开启水射器中的止回阀。真空通过真空管路到真空调节器，形成压差使真空调节器上的进气阀打开，促使气体流动，真空调节器中的弹簧膜片调节真空度。气体在真空作用下经流量管、流量控制阀和真空管路到达水射器，在水射器里与水安全混合，形成氯水溶液。

① 差压稳压器调节类

水流经水射器喉管形成一个真空，从而开启水射器中的单向阀。真空通过负压管路传至真空调节器，负压使真空调节器上的进气阀打开，压力气源的气体流入。真空调节器中弹簧作用的膜片调节真空度。气体在负压抽吸下经过流量计和调节阀。差压稳压器控制流过调节阀的压差，在一定范围内保持稳定。通过负压管路，气体被送至水射器，与水完全混合后形成氯水溶液。从水射器到真空调节器上的进气阀整个系统完全处于负压状态。不论什么原因水射器的给水停止或负压条件一旦被破坏，真空调节器中弹簧支承的进气阀就会立刻关闭，隔断压力气体供给。差压稳压器调节的真空加氯机原理图见图 9-12。

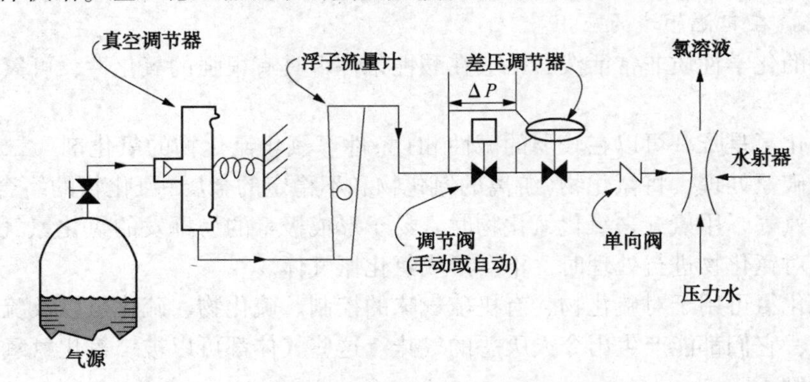

图 9-12　差压稳压器调节的真空加氯机原理图

② 音速流原理调节类

当气体流速达到或接近声音的传输速度时，可压缩的气体流体特性变成了不可压缩流体；同时，要使其流速超过音速，也存在一个耗能很大的音障区。因此一旦加氯机水射器抽吸力将气体流过调节阀口的流速达到音速，则此时流过调节阀口的气体流量仅同阀口开度成比例(音速喷嘴原理，可用来测量气体质量流量)，即使水射器抽吸力进一步增大(即系统压力变化)，流经调节阀口的气体流速也不会变化。当调节阀口开度同气体流量完全成比例时，其阀位开度输出信号准确代表气体流量，音速流原理调节的真空加氯机示意图见图 9-13。

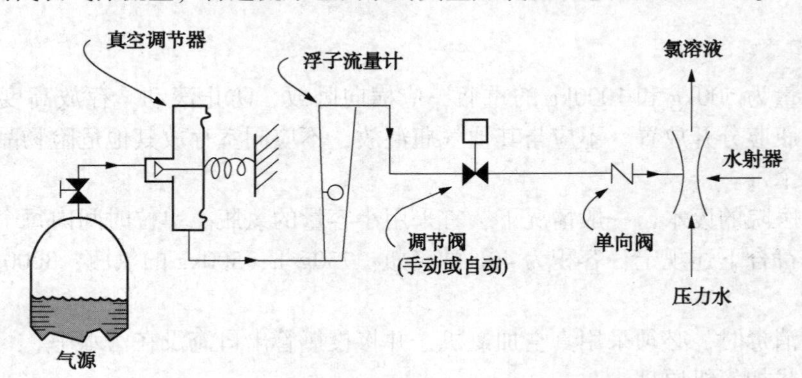

图 9-13　音速流原理调节的真空加氯机示意图

在运行中，从水射器到真空调节器上的进气阀系统完全处于负压状态，不论什么原因导致水射器的给水停止或负压条件被破坏，真空调节器中弹簧支承的进气阀就会立刻关闭，隔断压力气体供给。采用音速流原理的系统机械结构简化，系统可靠性得到提高，目前加氯机的最大投加量已达到 300kg/h。

(2) 真空加氯机介绍

真空加氯机系统是由真空调节器、流量调节器和水射器三大主要部件实现对气体压力和流量两个参数的调节控制。加氯机系统结构图见图 9-14。

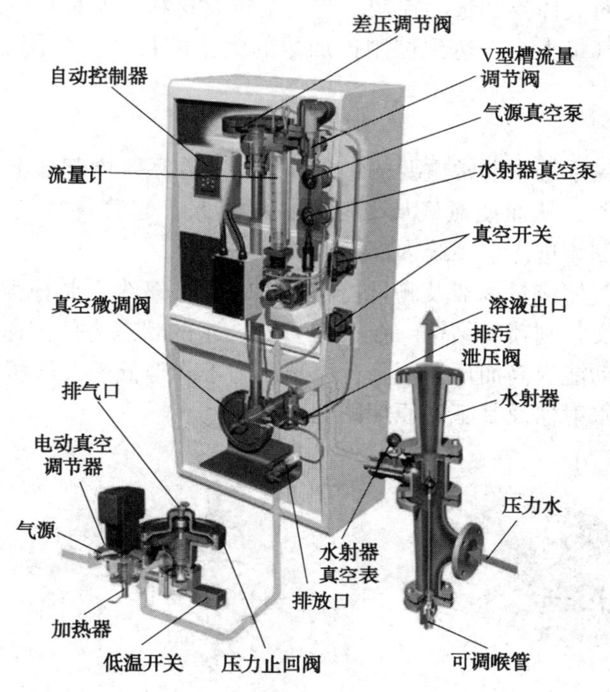

图 9-14　加氯机系统结构图

① 真空调节器

真空调节器是将正压转变成负压的执行机构。倒装阀与隔膜组合相连，隔膜两边承受不同的压力，一边为氯气的压力，另一边为水射器抽吸的负压，当水射器工作时产生的负压通过加氯机的控制器传到真空调节阀时，隔膜组合在压差的作用下将倒装阀打开，氯气成工作负压，为整个系统供气。当真空调节器下游的真空度低于设定的最小值，其入口阀自动关闭。若气源供气不足时，真空调节器能自动关闭。

其基本结构包括压力气体入口、负压气体出口、排气口、倒装阀、复位弹簧、“O”型密封圈、隔膜组合等，加氯机真空调节器图见图 9-15。

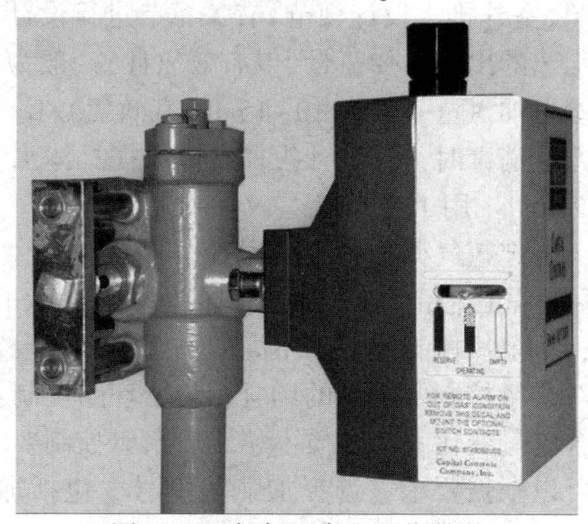

图 9-15　加氯机真空调节器图

② 流量调节器

流量调节器用于对气体投加量的控制，它是由抗腐材料的流量管及调节针阀构成，能稳定准确连续地调节加气量大小，达到控制投加量的大小的目的。常用的 V 型槽流量控制装置见图 9-16。

③ 水射器

水射器是真空加氯系统中非常重要的一个部件，它在系统中起如下至关作用：为整个真空加氯系统创造真空源，从而使氯气从氯瓶中抽吸出来，起着将氯气等与水充分混合的效果。保护系统不使水倒流进入该系统内部。

水射器是加氯机气体流量调节及测量控制系统的动力部件。水射器基本工作原理是根据能量守恒定律，采用文丘利喷嘴结构。在 A 位置时，水的状态为低流速、高水压；在喉部 B 位置时，流速增大，动能提高而压能下降，以至压力下降至低于大气压而产生抽吸作用，将气体抽入同水混合。水射器及其工作原理图见图 9-17。

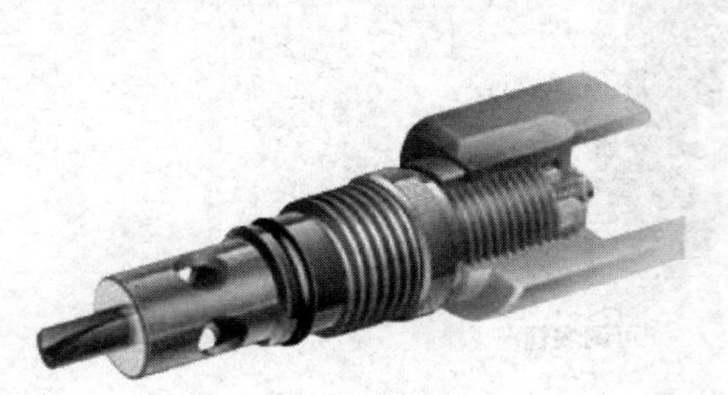

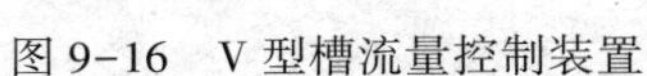

图 9-16 V 型槽流量控制装置

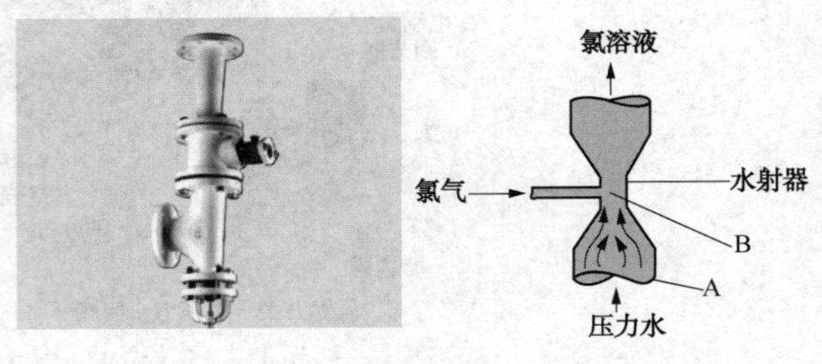

图 9-17 水射器及其工作原理图

(3) 加氯系统管材

① 输送氯气的管道应使用紫铜管；输送氯溶液的管道宜采用硬聚氯乙烯管，阀门采用塑料隔膜阀。

② 加氯系统的管路应设耐腐蚀的压力表，水射器的给水管上应设压力表。

③ 加氯系统的管道应明装，埋地管道应设在管沟内，管道应有一定的支撑和坡度。

(二) 氯消毒设计要点

当污水采用氯消毒工艺时，其设计加氯量可按下列要求来确定：

(1) 液氯消毒系统参照《室外排水设计规范》有关章节进行设计。

(2) 只采用一级处理工艺的出水，加氯量(以有效氯计)一般为 30~50mg/L。

(3) 二级处理出水的参考加氯量一般为 10~15mg(有效氯)/L。

(4) 当污水采用其他方法消毒时，其设计投加量应根据具体水质确定。

(5) 加药设备一般为 2 套，1 用 1 备。

(6) 确定氯气投加量，确定氯气调节系统的配置。

(7) 确定加氯机的控制方式(流量配比控制：即根据流量信号自动前馈控制，适用于流量变化大、水质相对稳定、对余氯控制值要求不高的场合；直接余氯控制：根据余氯反馈信号控制，适合流量稳定、对余氯控制要求高的场合；复合环路控制：根据流量前馈信号和余氯反馈信号同时控制，适合流量变化大、水质不稳定、余氯控制要求高的场合)。

(8) 加氯机的选取。可以根据要求，选择加氯机型号，包括加氯机的运行原理(声速、差压调节)、结构(一体式、分体式)、最大投加量、设备的控制方式要求、价格等各方面因素来选择合适的加氯机。

(9) 确定气源供应系统的配置，包括确定氯瓶的配置、确定是否使用蒸发器、确定真空调节器的数据与规格。其中氯瓶设置2组，1用1备；氯瓶的数量根据以下要求确定：每个小时的总氯气需求量、每个氯瓶的蒸发量、换瓶周期。

(10) 确定氯气投加系统。确定水射器的规格与数量；确定升压水泵的规格与数量；确定投加点扩散器的数量与规格(管道式、明渠式)。

三、常用消毒技术比较

常用消毒技术的比较见表9-10。

表9-10 常用消毒技术的比较

消毒方式	优　点	缺　点	适用条件
紫外线消毒	符合环境保护要求，不会产生三卤甲烷等"三致"物质；杀菌迅速，无化学反应，接触时间短，土建费用少；运行成本低，占地面积小	杀菌效果受出水水质影响较大，没有持续杀菌能力	大、中、小型污水处理厂二级生化处理后的污水
液氯消毒	效果可靠，成本较低；投配设备简单，投量准确	易产生"三致"物质，氧化形成的余氯及某些含氧化合物对水生物有毒害	大、中、小型污水处理厂二级生化处理后的污水、再生水
二氧化氯消毒	具有较好的消毒效果，不会产生"三致"物质	不能储存，现制现用，制取设备复杂，成本较高	中、小型污水处理厂二级生化处理后的污水、再生水
臭氧消毒	消毒效率高，不产生难处理的或生物积累性余物	投资大，成本高，设备管理复杂	常规二级生化处理后的污水、再生水

参 考 文 献

[1] 马效民．水处理中臭氧氧化技术的探讨[J]．水利技术监督，2009(4)：12-14.
[2] 陈亚鹏，霍鹏，黄永茂，等．二氧化氯发生器在二次供水消毒系统中的应用[J]．工业水处理，2009(1)：84-85.
[3] 徐尔东．奥宗尼亚臭氧发生系统在连云港第三水厂的应用[J]．硅谷，2012(17)：121-122.

第十章　污水提升泵

泵是污水处理系统的主要耗能设备之一，其能耗约占整个设备耗电量的30%以上。提升泵的高效运行与否，对污水处理厂的污水处理效率和运行成本有着重要的影响。

第一节　泵的基本情况

一、泵的主要参数

泵的性能参数主要有流量、扬程、功率，此外转速和必需汽蚀余量、吸程、效率、比转数等，泵的主要性能指标也用这些主要参数来表示。

1. 流量

流量为单位时间通过水泵出口截面的液体量，一般采用体积流量，计量单位为m^3/h或m^3/s。泵的流量取决于泵的结构尺寸(主要为叶轮的直径与叶片的宽度)和转速等。操作时，泵实际所能输送的液体量还与管路阻力及所需压力有关。由于能量的转换是在叶轮内进行的，因此只有经叶轮做功的高压液体全部送出去才使水泵充分发挥效益。实际上，水泵的转动部件叶轮和固定部件之间总是有空隙的，在叶轮四周的液体由高压侧沿间隙漏向低压侧面未经泵出口截面流出而产生负效益，所以实际产生效益的流量小于通过叶轮输送的理论流量。污水提升泵的流量范围一般为$0.2\sim10000m^3/h$。

2. 扬程

单位质量液体通过泵获得的有效能量就是泵的扬程，通常用H表示，计量单位为m，用于污水处理提升的泵的扬程一般为10~100m。

3. 轴功率

泵在一定流量和扬程下，电机单位时间内给予泵轴的功称为轴功率，即轴将动力(电机功率)传给做功部件(叶轮)的功率。

轴功率跟联轴器有很大的关系，电机通过联轴器连接泵头叶轮，当电机转动时，带动联轴器，联轴器和泵头内的叶轮连接，进而带动叶轮旋转。因为有联轴器这个部件，那么电机功率就不能完全转化为叶轮转动的实际效率，所以轴功率小于电机功率(额定功率)。

4. 泵的效率

泵的效率不是一个独立性能参数，它可以由别的性能参数例如流量、扬程和轴功率按公式计算求得。反之，已知流量、扬程和效率，也可求出轴功率。

泵的总效率是反映泵耗能的主要指标，有关资料给出的泵总效率的计算公式(10-1)为：

$$\eta = \eta_h \times \eta_v \times \eta_m \tag{10-1}$$

式中　η——离心泵总效率，%；

η_h——水力效率，%；

η_v——容积效率,%;

η_m——离心泵的机械效率,%。

$$\eta_h = \frac{H}{H_T} \tag{10-2}$$

式中　H——水泵的实际扬程，m；

H_T——水泵的理论扬程，m。

$$\eta_v = \frac{Q}{Q_T} \tag{10-3}$$

式中　Q——水泵的实际流量，m^3/s；

Q_T——水泵的理论流量，m^3/s。

$$\eta_m = \frac{N_h}{N} \tag{10-4}$$

式中　N_h——叶轮传给水的全部功率，kW；

N——水泵的轴功率，kW。

5. 汽蚀余量

汽蚀余量是指在泵吸入口处单位重量液体所具有的超过汽化压力的富余能量，单位为m，用(NPSH)r表示。

提高离心泵抗汽蚀性能有下列措施：

① 提高离心泵本身抗汽蚀性能。

② 提高进液装置有效汽蚀余量。如减小吸上装置泵的安装高度；减小泵前管路上的流动损失，如在要求范围尽量缩短管路，减小管路中的流速，减少弯管和阀门，尽量加大阀门开度等。

6. 吸程(H_s)

吸程即泵允许吸上液体的真空度，也就是泵允许的安装高度。

吸程=标准大气压-汽蚀余量-安全量，如某泵必需汽蚀余量为4m，安全量为0.5m，则吸程 H_s=10.33-4-0.5=5.83(m)。

7. 转速

泵的转动部分包括叶轮和轴，单位时间叶轮旋转的次数称为转速，以 n 表示，其单位为r/min。泵由电动机直接带动时，与电动机转速相同；当经过传动装置驱动轴时，可按泵的最优运行工况选定转速。

泵的各个性能参数之间存在着一定的相互依赖变化关系，可以通过对泵进行试验，分别测得和算出参数值，并画成曲线来表示，这些曲线称为泵的特性曲线。每一台泵都有特定的特性曲线，由泵制造厂提供。通常在工厂给出的特性曲线上还标明推荐使用的性能区段，称为该泵的工作范围。

泵的实际工作点由泵的曲线与泵的装置特性曲线的交点来确定。选择和使用泵时，应使泵的工作点落在工作范围内，以保证运转经济性和安全。此外，同一台泵输送黏度不同的液体时，其特性曲线也会改变。通常，泵制造厂所给的特性曲线大多是指输送清洁冷水时的特性曲线。对于动力式泵，随着液体黏度增大，扬程和效率降低，轴功率增大。工业上有时将黏度大的液体加热使黏性变小，以提高输送效率。

8. 泵的比转数

在离心泵中，常将比转数定义为：泵在最高效率下运转，产生扬程为 1m、流量为 0.075m³/s 所消耗的功率为 0.735kW 时所必须具有的转数。比转数较全面地反映了泵的特性，综合了泵的流量、扬程、转速三者之间的关系，是反映叶轮机械综合性能的指标。公式为：

$$N_s = 3.65\frac{n(Q)^{1/2}}{(H)^{3/4}} \tag{10-5}$$

式中 n——转速，r/min；

Q——流量，m³/s；

H——扬程，m。

按比转数从小到大，泵分为离心泵、混流泵和轴流泵。不同类型的泵所对应的比转数如表 10-1 所示，低比转数泵意味着高扬程、小流量，高比转数泵意味着低扬程、大流量。

表 10-1 泵的类型与比转数

离心泵	混流泵	轴流泵
$30<n_s<300$	$300<n_s<500$	$500<n_s<1500$

一般来说，低比转数泵的叶轮窄而长，高比转数泵的叶轮宽而短；同时低比转数泵在零流量时轴功率小，高比转数泵（混流泵、轴流泵）零流量时轴功率大，因此前者应关阀启动，后者开阀启动。

二、泵的性能曲线图

1. 离心式水泵

离心式水泵的性能曲线图包含有 Q-H（流量-扬程）图、Q-N（流量-功率）图、Q-η（流量-效率）及 Q-H_s（流量-允许吸上真空高度）图等。每一个流量 Q 都相应于一定的扬程 H、轴功率 N、效率 η 和允许吸上真空高度 H_s。如图 10-1 所示，水泵的性能曲线图上水平坐标表示流量，垂直坐标表示扬程。在流量与扬程（Q-H）曲线中，一般情况下，当扬程升高时流量下降，同时可以根据扬程查到流量，也可从流量查到扬程；效率曲线的特点是中间高、两边低，表明流量与扬程在中间段是效率最高的，因此在选泵时要注意泵运行时的扬程与流量处于效率曲线最高附近；功率（轴功率）曲线中，功率一般随流量增加而增加，运行中应注意轴功率不应超过电机功率；汽蚀余量曲线中，一般随流量增加而增加，要注意工作条件对汽蚀余量的要求。

2. 轴流泵、混流泵

图 10-2 所示为 315ZLB-125 轴流泵的性能曲线图，水平坐标表示流量 Q，垂直坐标表示扬程 H，图中 D 为叶轮直径，虚线表示电机功率，随着中心往外扩散的曲线为效率曲线。由图知：①根据叶片安装角度的不同，泵所对应的流量、扬程不一样（一般随着角度的增加，泵的流量、扬程也相应增大）；②随着中心往外扩散，泵的效率逐渐降低，因此选泵时要注意泵运行时的扬程与流量，尽量处于效率曲线最高点附近，即图中中心区域。

图 10-3 所示为 500QH-35G 混流泵的性能曲线图。

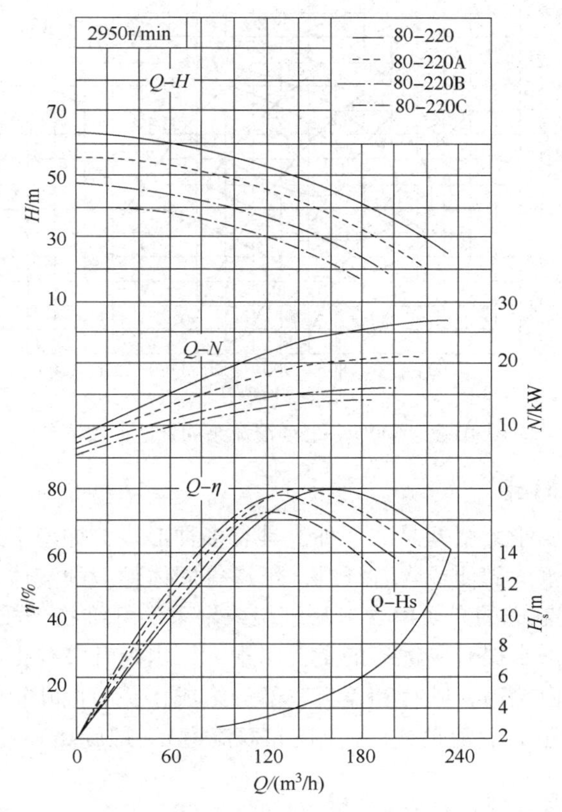

图 10-1　离心式水泵性能曲线图

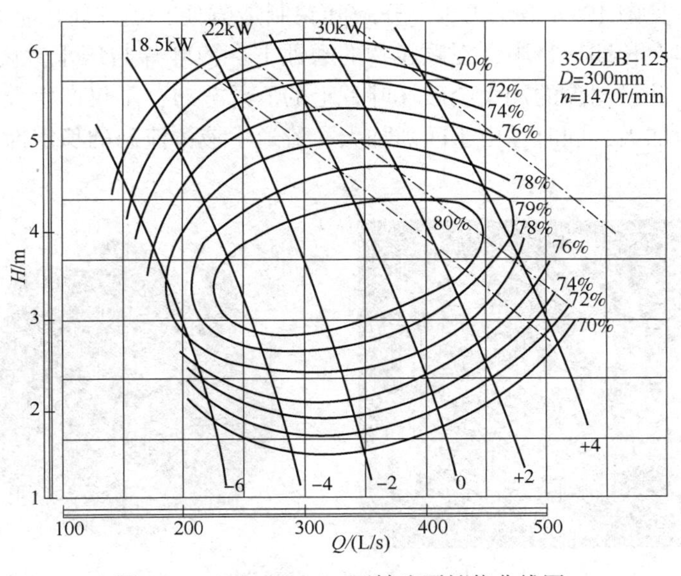

图 10-2　315ZLB-125 型轴流泵性能曲线图

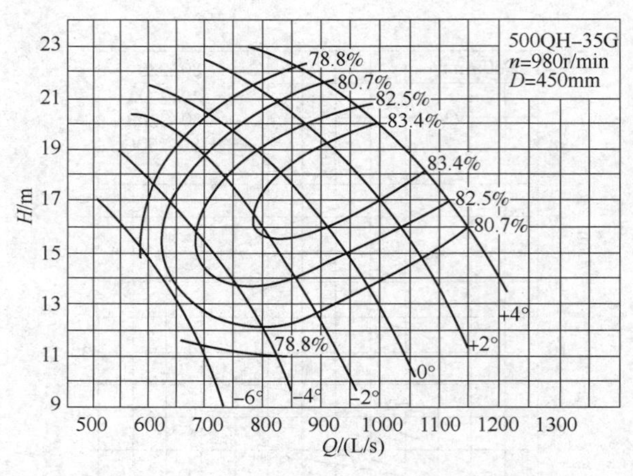

图 10-3　500QH-35G 混流泵的性能曲线图

三、泵叶轮结构形式

用于污水提升的泵属于无堵塞泵的一种，具有多种形式，如潜水式和干式，主要用于输送市政、企事业单位污水、粪便或含有纤维、纸屑等固体颗粒的液体，通常被输送介质的温度不大于 80℃。由于被输送的介质中含有易缠绕或聚束的纤维物，故该类泵的流道易堵塞，因此抗堵性和可靠性是污水提升泵优劣的重要因素。污水提升泵要提高抗堵性能，关键在于叶轮的结构形式。叶轮由轮毂、叶片和盖板三部分组成，一般把叶轮的结构分为六大类：叶片式(开式、闭式)、旋流式、流道式(单流道和双流道)、螺旋离心式、轴流式、混流式。

1. 叶片式叶轮

(1) 开式、半开式叶轮

开式叶轮叶轮两侧均没有盖板，叶片通过筋板连接在轮毂上；半开式叶轮只有后盖板。开式、半开式叶轮见图 10-4。开式、半开式叶轮制造方便，当叶轮内造成堵塞时，容易实现清理及维修，但在长期运行中，在颗粒物的磨蚀下会使叶片与压水室内侧壁的间隙加大，从而使效率降低；并且间隙的加大会破坏叶片上的压差分布，不仅产生大量的旋涡损失，而且会使泵的轴向力加大，同时，由于间隙加大，流道中液体流态的稳定性受到破坏，使泵产生振动。

图 10-4　开式及半开式叶轮

开式、半开式叶轮不适于输送含大颗粒和长纤维的介质。从性能上讲，该形式叶轮效率低，最高效率约相当于普通闭式叶轮的92%左右，扬程曲线比较平坦。

（2）闭式叶轮

闭式叶轮的两侧均有盖板，盖板间有4~6个叶片，见图10-5。闭式叶轮正常效率较高，且在长期运行中情况比较稳定。采用该形式叶轮的泵轴向力较小，且可以在前后盖板上设置副叶片。前盖板上的副叶片可以减少叶轮进口的旋涡损失和颗粒对密封环的磨损，后盖板上的副叶片不仅起平衡轴向力的作用，而且可以防止悬浮性颗粒进入机械密封腔，对机械密封起保护作用。

图10-5　闭式叶轮

该形式叶轮的抗堵性差，易被缠绕，不宜抽送含大颗粒、长纤维等未经处理的污水介质。

2. 旋流式叶轮

旋流式叶轮泵的吸入口和出口与泵的轴线均成直角，叶轮采用半开式结构，置于蜗室的一侧，叶轮前的蜗室流道十分宽敞，所以能输送带各种杂质的流体而不致堵塞，具有良好的通过性能。当叶轮旋转时，泵内产生强烈的轴向旋涡作用，使吸入腔内的介质连续不断地流入泵腔，叶轮和泵体无密封间隙，运行中不会因磨损而使泵的效率降低。该泵制造简单，成本低，实用性强。从性能上讲，该叶轮效率较低，仅相当于普通闭式叶轮的70%左右，扬程曲线比较平坦。常见的旋流泵叶轮叶片有多种结构形式，主要有直叶片、斜叶片和弯曲叶片，见图10-6。不同的叶片对泵的性能有一定的影响。

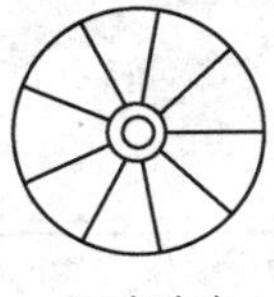

(a)直叶片

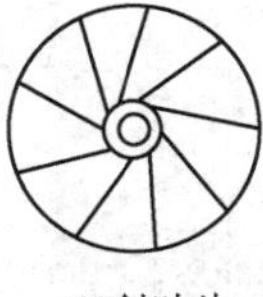

(b)斜叶片

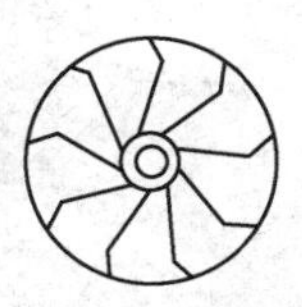

(c)弯曲叶片

图10-6　旋流式叶轮叶片示意图

弯曲叶片效率较高，但抗堵塞性差；斜叶片效率较差但抗堵塞性较好；直叶片抗堵塞性最好但效率比前两种差。

旋流泵弯曲叶轮叶片及泵见图10-7。

图10-7 旋流泵弯曲叶轮叶片及泵图

3. 流道式叶轮

流道式叶轮见图10-8。该形式叶轮属于无叶片的叶轮，叶轮流道是一个从进口到出口的弯曲流道，所以适宜于抽送含有大颗粒和长纤维的介质，抗堵性好。从性能上讲，该形式叶轮效率高和普通闭式叶轮相差不大，但用该形式叶轮泵扬程曲线较为陡降，功率曲线比较平稳，不易产生超功率的问题；该形式叶轮的汽蚀性能不如普通闭式叶轮，适宜用在有压进口的泵上。

图10-8 流道式叶轮图

流道式叶轮可分为单流道式叶轮与双流道式叶轮两种形式。单流道式叶轮对输送物料的无损性好，无堵塞性能好，适于输送大颗粒长纤维物质，且耐磨性较好，但对平衡要求高，运行平衡性差；双流道式叶轮通过能力比单流道稍差，但因是对称流道，平衡性能好，运行平稳，适合于高扬程、大流量泵。

4. 螺旋离心式叶轮

螺旋离心式叶轮的叶片为扭曲的螺旋叶片，在锥形轮毂体上从吸入口沿轴向延伸。该型叶轮的泵兼有容积泵和离心泵的功能。悬浮性颗粒在叶片中流过时，不撞击泵内任何部位，对输送物的破坏性小。由于螺旋的推进作用，悬浮颗粒的通过性强，所以采用该形式叶轮的泵适宜于抽送含有大颗粒、长纤维、高浓度的介质。在对输送介质的破坏有严格要求的场合下具有一定的适用性。螺旋离心式叶轮及其结构示意图见图10-9。

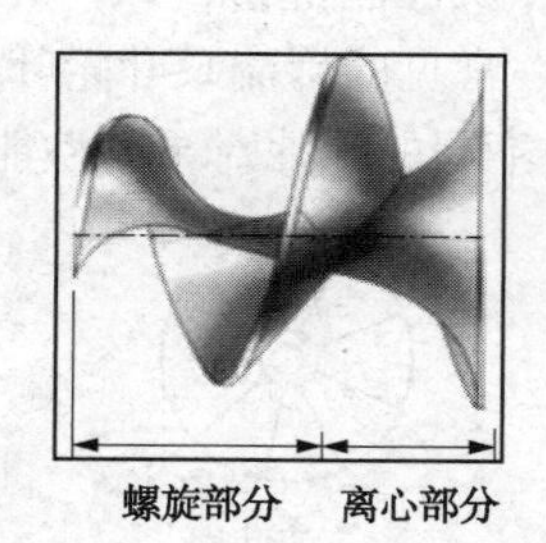

图10-9 螺旋离心式叶轮及其结构示意图

5. 轴流式叶轮

轴流式叶轮一般由2~6片弯曲叶片组成，外形图见图10-10。

图 10-10　轴流式叶轮图

此类型叶片的结构有固定的和螺旋角可以调节的两种。可调节叶片又有半调节式和全调节式的两种。固定式轴流泵的叶片和轮毂体是一体的，叶片的安装角度是不能调节的。半调式轴流泵的叶片是用螺母栓紧在轮毂体上，在叶片的根部上刻有基准线，而在轮毂体上刻有几个相应的安装角度的位置线，如-6°、-4°、-2°、0°、+2°、+4°等。在使用过程中，可以根据流量和扬程的变化需要，调整叶片的安装角度，确保水泵在区工作。但调节叶片安装角度，只能在停机的情况下完成。全调式轴流泵可以根据不同的扬程与流量要求，在停机或不停机的情况下，通过一套油压调节机构来改变叶片的安装角度，从而来改变其性能，以满足使用要求，这种全调式轴流泵调节机构比较复杂，一般应用于大型轴流泵站。

在轴流泵中，液体流经叶轮时，除有轴向运动以外，还随叶轮有一个旋转运动，液体流出叶轮后继续旋转，而这种旋转运动是不需要的。导叶的作用就是把叶轮中向上流出的水流旋转运动变为轴向运动，把旋转的动能变为压力能，从而提高泵的效率，导叶装置外形呈圆锥形或圆柱形，一般轴流泵中有 6~10 片导叶。图 10-11 为潜水轴流泵叶轮结构示意图。

6. 混流式叶轮

导叶式潜水混流泵的泵叶轮结构示意图见图 10-12。

混流泵的叶轮形状介于离心泵叶轮和轴流泵叶轮之间，因此混流泵既有离心力又有升力，靠两者的综合作用，输送介质以大于 90°的角度流经管路将水提升。根据其压水室的不同，通常可分为蜗壳式和导叶式两种。与离心泵相比，其扬程较低、流量较大；与轴流泵相比，其扬程较高、流量较低。

四、污水提升泵类型

（一）基本类型

用于污水提升的泵从结构形式上可分为卧式泵、立式泵、潜水泵。

（1）卧式泵

卧式泵要求的安装精度比立式泵低，同时也便于检修，但一般在启动前要进行排气充水，要求泵房有较大的平面尺寸，适用于水源水位变幅不大的场合。

（2）立式泵

立式泵要求泵房的平面尺寸较小，水泵叶轮浸没于水下，启动方便，电动机安装在上层，有利于散热、采光、防潮、通风，适用于水源水位变幅较大的场合。

（3）潜水泵

潜水排污泵是一种泵与电机连体，并潜入液面下工作的泵类产品，它结构简单，使用方便。与一般卧式泵或立式污水泵相比，潜水排污泵明显具有以下几个方面的优点：

① 结构紧凑、占地面积小。潜水排污泵由于潜入液面下工作，因此可直接安装于污水

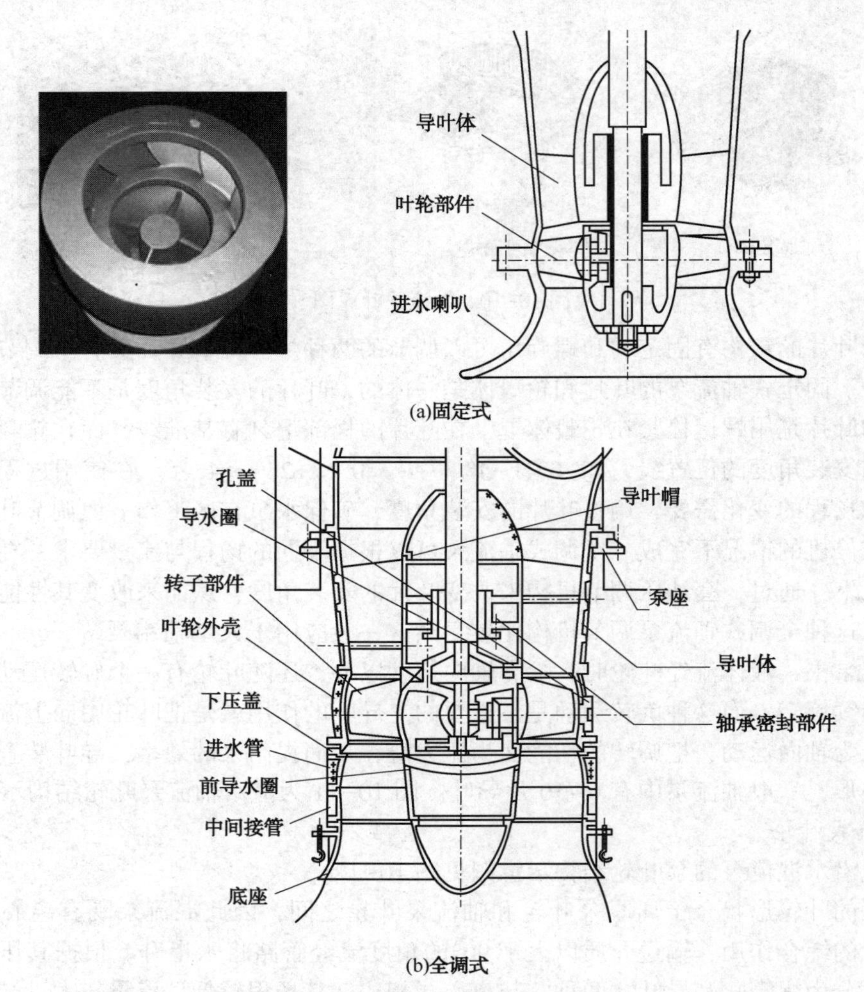

图 10-11　潜水轴流泵叶轮结构示意图

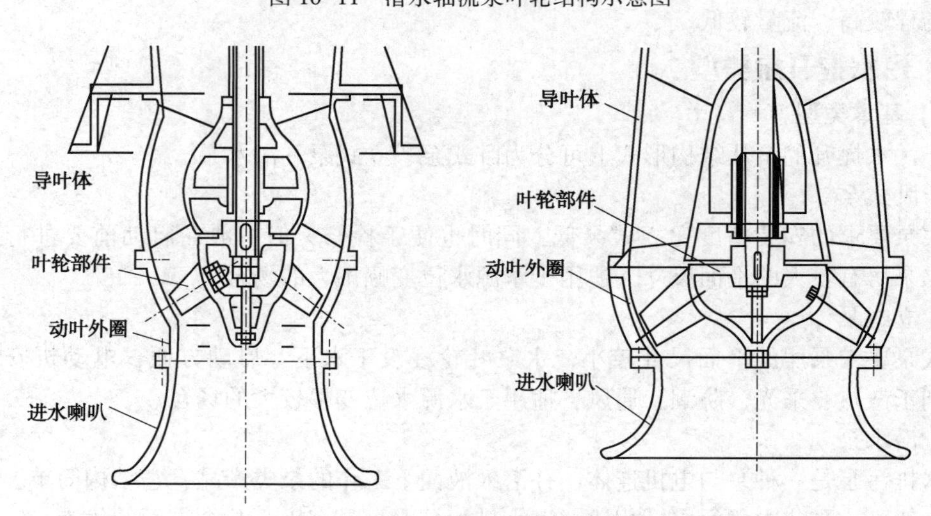

图 10-12　导叶式潜水混流泵叶轮示意图

池内，无需建造专门的泵房用来安装泵及电机，可以节省用地及基建费用。

② 安装维修方便。小型的潜水排污泵可以自由安装，大型的潜水排污泵一般都配有自动耦合装置可以进行自动安装。自动耦合装置是潜污泵的一种常用安装方式，池底固定耦合架，竖直安装两根导杆，可以方便地将泵提起放下，而不用在池底安装泵。泵的出口能和排出管自动锁紧安装，维修方便。

③ 连续运转时间长。潜水排污泵由于泵和电机同轴，轴短，转动部件重量轻，因此轴承上承受的载荷相对较小。

目前，国内生产潜水泵的厂家很多，各种流量、扬程范围均有，有的厂家的产品质量已达到国际水平。

（二）具体类型与用途

1. PW、PWF 型离心污水泵

PW、PWF 型污水泵是单级、单吸、悬臂式离心污水泵。泵吸入口为轴向水平方向，泵排出口可根据需要装成水平或垂直方向，主要由泵盖、泵壳、叶轮、轴封、轴、托架等零部件组成。轴封采用新颖的双端面机械密封结构形式，泵与电机安装在共同底盘上，通过弹性联轴器由电机直接驱动。PW 型离心污水泵见图 10-13。该类泵具有效率高、节能显著、运行平稳、性能可靠、维修方便等优点。

图 10-13　PW 型离心污水泵

其中 PW 污水泵为普通型泵，泵体为铸铁材质，可输送含有悬浮固体颗粒、长纤维物质及生活用污水；不适于吸送酸性和碱性以及含有多盐分的其他能引起金属腐蚀的化学混合物液体。相关泵的参数如下：流量 $Q=36\sim180m^3/h$；扬程 $H=8.5\sim48.5m$；电机功率 $N=4\sim30kW$；转速 $n=960\sim2950r/min$；口径为 65～100mm；介质温度≤100℃。

而 PWF 型污水泵为耐腐蚀泵，泵体及过流部件采用 304 不锈钢材质制造，可输送带有酸性、碱性或其他腐蚀性的污水。

2. GW 型管道排污泵

GW 型管道排污泵是采用国内外先进技术开发成功的一种高效节能排污泵，该排污泵安装方便，用途广，既可作一般管道泵为高层建筑加压送水之用，又可输送含有颗粒纤维污水，除适用于输送污水外，还用作疏水、过滤冲洗、循环等用途。GW 型管道式排污泵见图 10-14。

相关泵的参数为：流量 7~4500m³/h；扬程 7~60m；管径 ϕ25~500mm、输送介质温度范围为 0~40℃。

3. LW 型立式排污泵

LW 型立式无堵塞排污泵具有节能效果显著、防缠绕、无堵塞等特点，在排送固体颗粒和长纤维垃圾方面，具有独特效果。LW 型立式无堵塞排污泵既可移动，亦可固定安装，除适用输送污水外，还适于作疏水泵、纸浆泵、灌溉泵之用等。LW 型立式排污泵见图 10-15。

图 10-14　GW 型管道式排污泵

图 10-15　LW 型立式排污泵

其特点有：

①大流道抗堵塞水力部件设计，提高了污物通过能力；

②设计合理，配套电机合理，效率高，噪声低，节能效果显著；

③机械密封采用单端面密封，材质为高硬度耐磨耐腐碳化钨，具有耐用、耐磨等特点，可以使泵安全连续运行 8000h 以上；

④泵与电机直联同轴，属机电一体化产品，结构紧凑，性能稳定；

⑤占地面积小，无需建泵房，可节省大量基建费用；在电机风叶端加上防护罩，整机可置于室外工作。

其技术参数如下：

流量 $Q=8\sim2600\text{m}^3/\text{h}$，扬程 $H=5\sim60\text{m}$，功率 $N=0.75\sim250\text{kW}$，转速 $n=580\sim2900\text{r/min}$，口径为 25~500mm，介质温度≤60℃。

4. 潜水污水泵

WQ/QW 型潜水污水泵为目前污水处理提升最常用的泵种，该系列潜水式污水提升泵具有节能、防缠绕、无堵塞、自动控制等特点。该系列泵采用独特结构和新型机械密封，能有效地输送含有固体物和长纤维。与传统叶轮相比，该泵叶轮采用单流道或双流道形式，具有非常好的过流性，通过配以合理的蜗室，使得该泵效率高，泵在运行中无明显振动。潜水污水泵见图 10-16。

图 10-16　潜水污水泵

其特点有：

①采用单流道或双流道叶轮形式，提高了污物通过能力；

②整体结构紧凑、体积小、噪声小、检修方便、节能效果显著，无需建泵房因而减少了工程造价；

③密封油室内设置有高精度抗干扰漏水检测传感器，定子绕组内设置了热敏元件，对水泵电机自动保护。

其技术参数如下：

泵排出水口径：50～600mm，流量 $Q=10\sim7000m^3/h$，扬程 $H=5\sim60m$，转速 $n=1450\sim2900r/min$，功率 $N=1.5\sim315kW$，通过固体颗粒直径为20～145mm。

6. 潜水混流泵与潜水轴流泵

（1）潜水混流泵

在叶轮轴面流道中，液体从进口轴向流入，流经叶轮从出口倾斜流出，具有这种叶轮的泵叫作混流泵。混流泵比转速 n_s 范围通常为300～500，有的最高达到1110；其口径为100～1500mm，有的可达到5000mm；扬程3～30m，有的可达到60m；流量 $Q=12.5\sim20000L/s$ 或者更大；转速的范围为100～2900r/min。北京高碑店污水处理厂进水泵房设计规模为100万 m^3/d，设置4台立式污水混流泵，其参数为：$Q=10800m^3/s$，$H=15m$，$n=492r/min$，水泵输出功率为600kW。

（2）潜水轴流泵

轴流泵是一种高比转速的水泵，其比转速 n_s 一般为500～1000。近年来，轴流泵的比转速有提高的趋势，已研制出的轴流泵水力模型比转速 n_s 为2000左右，甚至更高。轴流泵的特点是流量大、扬程低，轴流泵叶轮直径 $D=150\sim6000mm$，扬程 $H=1\sim20m$，流量 $Q=0.02\sim100m^3/s$。

潜水混流泵或潜水轴流泵的特点有：

① 驱动水泵的电动机所用的潜水电机采用双重或三重机械密封，可以长期浸入水中运行。

② 由于电机与水泵构成一体，无须在安装现场进行耗工、耗时的电机、传动机构、水泵轴线对中的装配工序，现场安装方便、快速。

③ 由于潜入水中运行，可以简化泵站的土建及建筑结构工程，减少安装面积，节约工程造价。

目前许多污水处理厂的外回流泵使用潜水混流泵或潜水轴流泵产品，外回流泵是污水处理厂生物处理法工艺中的关键设备之一。导叶式潜水轴流（混流）泵及其结构示意图见图10-17。

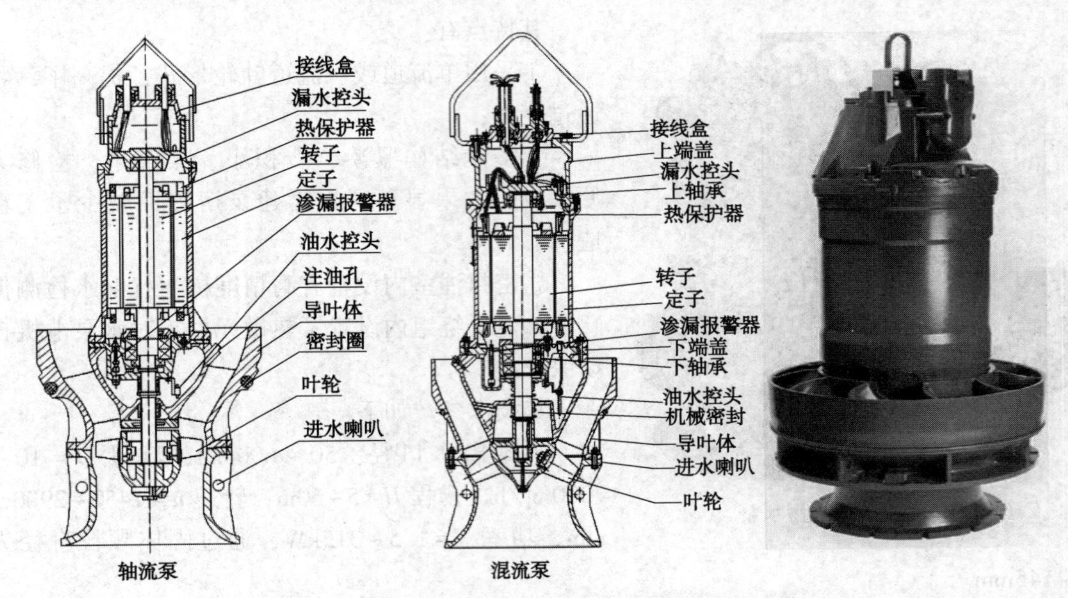

图 10-17 导叶式潜水轴流（混流）泵及其结构示意图

有关潜水轴流泵性能参数见表 10-2，有关潜水混流泵性能参数见表 10-3。

表 10-2 有关潜水轴流泵性能参数

型 号	流量/(m^3/s)		扬程/m		转速/(r/min)	电机功率/kW
	设计点	使用范围	设计点	使用范围		
QZ6. 4-30	0. 26	0. 2~0. 36	6. 4	3. 18~8. 24	1455	30
QZ6. 3-55	0. 6	0. 38~0. 79	6. 3	3. 8~9. 4	980	55
QZ4. 3-55	0. 75	0. 5~0. 9	4. 3	2. 35~6. 5	980	55
QZ3. 5-45	0. 79	0. 45~1. 0	3. 5	1. 9~5. 1	980	45
QZ3. 6-55	1. 02	0. 7~1. 2	3. 6	2. 5~5. 5	730	55
QZ1. 8-45	1. 16	0. 8~1. 3	1. 8	1. 4~3. 1	730	45
QZ9. 2-155	1. 3	0. 8~1. 4	9. 2	5. 1~11. 3	740	155
QZ5-155	1. 7	1. 05~2. 17	5	2. 9~8. 2	740	155
QZ4-132	1. 85	1. 2~2. 2	4	1. 9~6. 5	740	132
QZ6. 7-155	1. 84	1. 4~2. 3	6. 7	4. 4~8. 1	590	155
QZ3. 7-130	1. 7	1. 2~2. 2	3. 7	2. 2~6	590	130
QZ6. 8-280	2. 8	2. 1~3. 4	6. 8	3. 5~8. 4	495	280
QZ4-180	2. 72	1. 9~3. 3	4	2. 8~6. 6	495	180
QZ4. 4-400	5. 4	3. 5~6. 6	3. 4	2. 5~7. 3	370	400

表 10-3　有关潜水混流泵性能参数

叶片安装角度/(°)	流量/(m³/h)	扬程/m	转速/(r/min)	率/kW		效率/%	叶轮外径/mm
				轴功率	电机功率		
-6	2120.3	15.06	980	110.3	132	78.8	450
	2508.7	11.36		98.5		78.8	
-4	2193.4	17.68		134	160	78.8	
	2864.2	12.23		118.3		80.7	
-2	2392.9	19.42		160.6	185	78.8	
	3224.7	12.64		137.7		80.7	
0	2552.2	20.35		179.5	200	78.8	
	3531	13.62		162.4		80.7	
+2	2832.2	21.45		210	250	78.8	
	3843.9	14.87		191.9		80.7	
+4	3080.2	22.11		235.3	280	78.8	
	4114.9	15.9		221		80.7	

(3) 潜水混流泵(轴流泵)的安装方式

① 井筒式安装

潜水泵在垂直的井筒内起吊，井筒的下端有直径比筒径略小的座环，潜水泵落下后，在自重的作用下，其密封圈与座环压紧，而且在水泵运行后在压力作用下越压越紧。潜水泵在井筒内连接后，没有地脚螺栓，可方便地将潜水泵安装后吊出。该安装形式除了有节省空间的优点，还具有维护简单，有利于保养的功能。也可利用钢制井筒或者预制混凝土井筒，建成全地下泵站。该安装形式适合城市给排水工程，其钢制井筒式安装示意图见图 10-18，混

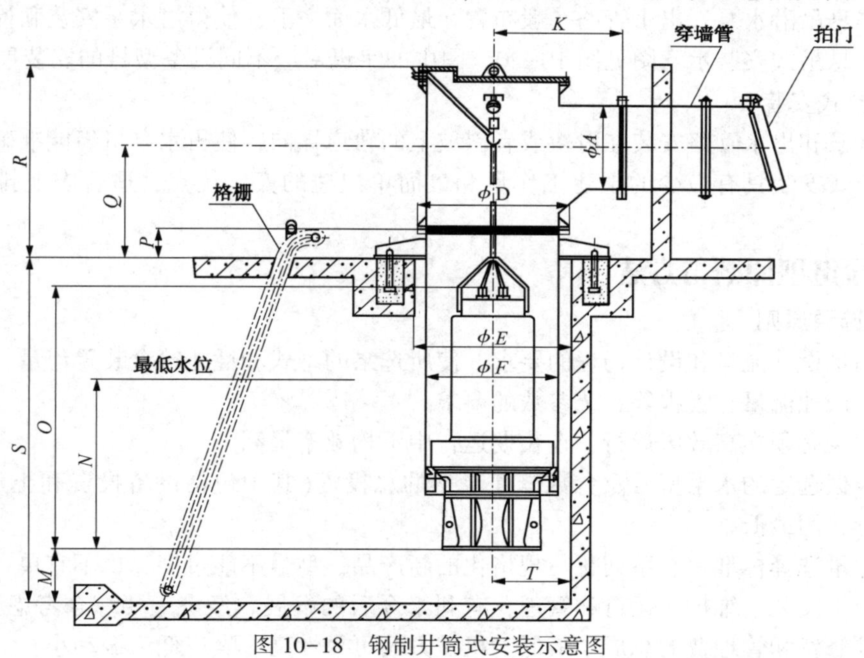

图 10-18　钢制井筒式安装示意图

凝土预制井安装示意图见图 10-19，图中的字母对应不同设备型号的安装尺寸数据。

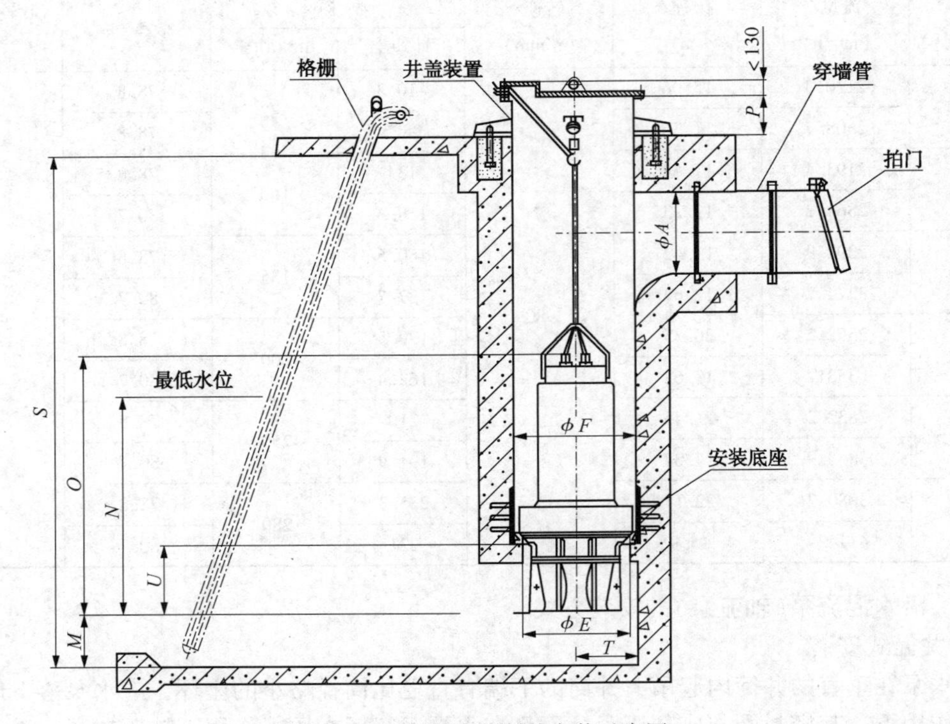

图 10-19　混凝土预制井安装示意图

② 悬吊式安装

潜水泵本身没有安装底座，是通过泵的出水法兰被出水管悬挂在水中的，也就是通过固定出水管来悬吊潜水泵。出水管路一般布置在最低水面之上，使得潜水泵安装和检修均可在水上进行。悬吊式安装示意图见图 10-20，图中的字母对应不同设备型号的安装尺寸数据。

③ 斜拉式安装

将潜水泵和出水管路安装在滑轨或者斜坡上的轨道导向，使得水泵机组能准确到达指定位置。斜拉式安装具有最少的土建工作量和最简单快速的安装优点，适合农业排灌和工业应用。

五、泵选型原则与方法

（一）选泵原则

（1）满足设计流量和设计扬程的要求，使所选泵的型式和性能符合装置流量、扬程、压力、温度、汽蚀流量、吸程等工艺参数的要求。

（2）水泵必须在高效区运行，在长期运行中平均效率最高。

（3）根据选定的水泵型号及台数修建泵站的总投资(其中包括设备投资和土建投资)最小，年运行费用最低。

（4）尽量选择标准化、系列化、规格化的新产品，型号不能过多，也不宜单一。

（5）便于安装、维护、运行和管理，有利于今后的发展。经济上要综合考虑到设备费、运转费、维修费和管理费的总成本最低。机械方面可靠性高、噪声低、振动小。

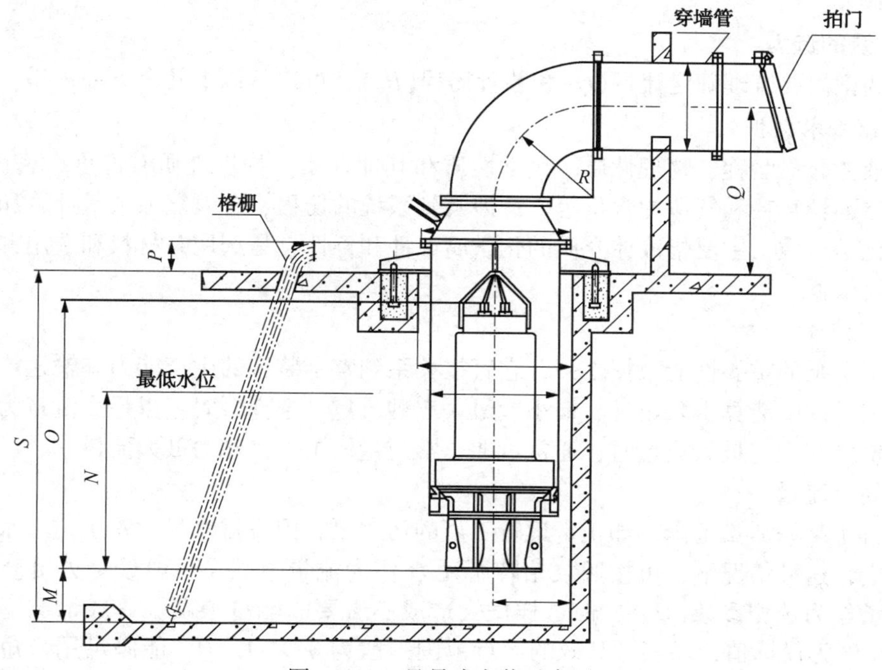

图 10-20　悬吊式安装示意图

（6）其他选泵注意因素：

① 因水泵常年运行，应使水泵的工况点落在水泵的最高效率段，可采用节能性能优越的潜水泵，并配套选用变频调速装置，节约电能。

② 水泵可根据近远期结合的方式，预留发展位置或远期增大水泵的提升流量能力。尽量选用同一型号的，检修及维护都比较方便；水量变化较大时可采用大小泵搭配。水泵并联设置时，小流量时台数最好为一用一备，大流量且水量变化较大时，可采用两用一备，最多三用一备，避免因并联台数过多，降低机组效率。

③ 必须满足介质特性的要求。

对输送易燃、易爆有毒或贵重介质的泵，要求轴封可靠或采用无泄漏泵，如磁力驱动泵、隔膜泵、屏蔽泵；对输送腐蚀性介质的泵，要求对流部件采用耐腐蚀性材料，如 AFB 不锈钢耐腐蚀泵、CQF 工程塑料磁力驱动泵；对输送含固体颗粒介质的泵，要求对流部件采用耐磨材料，必要时轴封采用清洁液体冲洗。

④ 离心泵具有转速高、体积小、重量轻、效率高、流量大、结构简单、输液无脉动、性能平稳、容易操作和维修方便等特点。因此除以下情况外，应尽可能选用离心泵：

a. 有计量要求时，应选用计量泵。

b. 扬程要求很高、流量很小且无合适小流量高扬程离心泵可选用时，可选用往复泵。

c. 扬程很低、流量很大时，可选用轴流泵和混流泵。

d. 介质黏度较大（大于 650～1000mm²/s）时，可考虑选用转子泵或往复泵（齿轮泵、螺杆泵）。

e. 介质含气量 75%、流量较小且黏度小于 37.4mm²/s 时，可选用旋涡泵。

f. 对启动频繁或灌泵不便的场合，应选用具有自吸性能的泵，如自吸式离心泵、气动

(电动)隔膜泵。

(二) 泵的选型

泵的选型需要合理确定流量(Q)和装置扬程(H_e)，可以从以下几个方面入手。

1. 列出基本数据

包括液体介质名称、物理性质、化学性质和其他性质，物理性质有温度、密度、黏度、介质中固体颗粒直径和气体的含量等，这涉及到系统的扬程、有效气蚀余量计算和合适泵的类型；而化学性质，主要指液体介质的化学腐蚀性和毒性，是选用泵材料和选用哪一种轴封型式的重要依据。

2. 确定流量

流量是选泵的重要性能数据之一，它直接关系到整个装置的生产能力和输送能力。如设计院在工艺设计中能算出泵正常、最小、最大三种流量，选择泵时，以最大流量为依据，兼顾正常流量，在没有最大流量时，通常可取正常流量的1.1倍作为最大流量。

(1) 固定流量

泵运行于某一流量范围。如正常运行工厂的污水泵，因日排水量比较恒定，水泵的流量也比较稳定，这种情况下，可按照泵铭牌所注 Q 作为流量参数。一般设计人员会习惯地留有一定余量作为选型参数(Q_c)，但这样做会造成不必要的能量浪费。一般情况下，泵铭牌所注 Q、H 值为设计值，而实际高效的运行范围一般为 $0.7 \sim 1.3Q$，能满足用户短时大流量点运行的需要。

(2) 变化流量

要求泵运行于某一流量范围，如在排水高峰时，有一峰值 Q_{max}，按设计规范就会将 Q_{max} 作为泵选型时所需的流量 Q 值，这样所选泵大部分时间都运行在小流量工况点，这种不合理的选型会造成以下几方面的浪费：①由于 Q 选择偏大，造成泵选型偏大，增加设备购置费用；②泵机组运行偏离高效区，造成运行费用的增加；③由于 Q 偏大，为了使泵能稳定运行于 Q_c点，只有减小出口调节阀的开度，人为增加水力损失。因此对于变化流量情况，根据实际运行的工程，取流量 $Q = Q_{max}/1.2$ 即可。

3. 扬程的确定

泵流量 Q 确定后，设计人员就能确定泵的进出口管径，完成整个管路系统的布置，装置扬程 H_e也能确定，H_e与 Q 的特性曲线通式一般如式(10-6)所示。

$$H_e = H_a + S_k Q^2 \tag{10-6}$$

式中 H_a——流体通过系统的势能提升，即泵吸水口到泵出水口的高度差，m；

S_k——管路阻抗，对特定的管路，S_k为常数；

Q——泵的流量，m^3/h。

对一特定的管路，S_kQ^2可以按照管路沿程水头损失来计算。管路系统的沿程水头损失大小可以按照以下方法计算。

(1) 确定管道系统数据

包括泵吸水口到泵出水口的高度差、管径、长度、管道附件种类及数目。在设计和布置管道时，应注意如下事项：

① 合理选择管道直径，管道直径大，则在相同流量下，液流速度小、阻力损失小，但价格高；管道直径小，会导致阻力损失增大，使所选泵的扬程增加，配备功率增加，成本和

运行费用都增加，因此应从技术和经济的角度综合考虑。

② 排出管及其管接头应考虑所能承受的最大压力。

③ 管道布置应尽可能布置成直管，尽量减小管道中的附件和尽量缩小管道长度，必须转弯的时候，弯头的弯曲半径应该是管道直径的 3~5 倍，角度尽可能大于 90°。

④ 泵的排出侧必须装设阀门(球阀或截止阀等)和止回阀。阀门用来调节泵的工况点，止回阀在液体倒流时可防止泵反转，并使泵避免水锤的打击。

(2) 水头损失计算

① 选管径

根据流量和经济流速初选管径，可按式(10-7)计算。

$$d = 18.8\sqrt{\frac{Q}{v}} \tag{10-7}$$

式中 d——管道内径，mm；

Q——泵的流量，m^3/h；

v——管内经济流速，m/s，压力管道的经济流速一般为 2~3m/s。

② 水头损失计算

管道沿程水头损失可按式(10-8)计算。

$$h_f = f\frac{Q^m}{d^b}L \tag{10-8}$$

式中 h_f——沿程水头损失，m；

L——管长，m；

Q——流量，m^3/s；

d——管道内径，mm；

f、m、b——与管材有关的参数。

也可以采用式(10-9)计算。

$$h_{沿} = \xi_{沿} \times L \times Q^2 \tag{10-9}$$

式中 $h_{沿}$——沿程水头损失，m；

L——管长，m；

$\xi_{沿}$——与管材有关的参数；

Q——流量，m^3/s。

管路水头损失也可根据表 10-4 估算。

表 10-4　管路水头损失估算

实际扬程/m	管径/mm			备注
	<200	250~350	>350	
	管路水头损失占实际扬程的比例/%			
10	30~50	20~40	10~25	管径在 200mm 以下时，管路水头损失包括底阀损失在内
10~30	20~40	15~30	5~15	
>30	10~30	10~20	3~10	

4. 泵稳定运行工况点确定

对于具体的一台泵，稳定运行时的工况点由泵性能曲线(H-Q)与管路特性曲线(H_e-Q_e)决定，如图 10-21，两曲线的交点(Q_c、H_c)即为运转工况点。H-Q 曲线由生产厂家提供，H_e-Q_e曲线由具体的管路系统自形成，具有固定性，可根据 $H_e=H_a+S_kQ^2$计算。η-Q 为泵的工作效率曲线，其上有一最高点为泵的最佳效率点，通常泵的工作点应位于泵的最高效率区域内，通常认为在最高效率的 92%左右，泵才能高效运行。

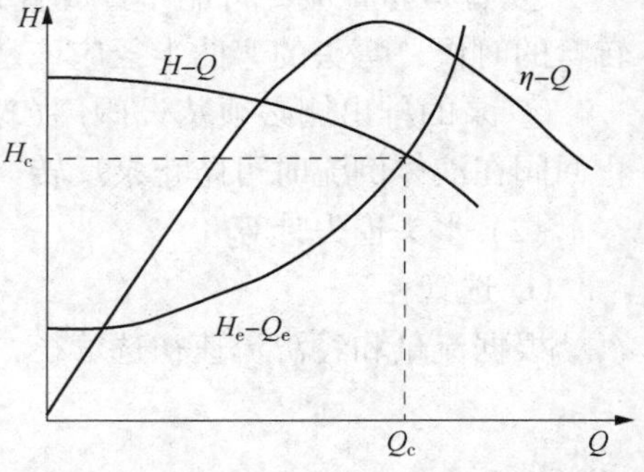

图 10-21 泵与管路特性曲线关联示意图

选型参数 Q、H 确定后，用户可据此选用一种泵来满足使用要求。但实际选型时，会碰到这样的问题：样本中没有正好符合所需参数的泵，而有几种相近的规格可供选择。单纯就性能而言，选用一个最优规格，其参数 Q、H 应接近 H-Q 曲线与 H_e-Q_e曲线的交点。

(三) 泵的选取

确定了泵站的设计流量和设计扬程后，就可以利用有关技术图表，确定泵型号和规格。

1. 选择合理的水泵种类

拿潜水泵来说，潜水泵种类丰富，可以满足不同工况的使用要求，不同的使用场合可以选用不同类型的潜水泵，如常用潜水泵的适用场合如下：

① 潜水排污泵属于离心式水泵，适合小流量、高扬程、最高单级扬程低于 60m 的场合；

② 潜水轴流泵适合扬程为 110m，大流量的情况；

③ 潜水混流泵的扬程介于上述两种泵之间，扬程为 8~20m；

④ 潜水贯流泵适合扬程为 0.5~5m、超大流量的情况。

2. 使用水泵性能规格表选泵型

水泵厂在产品介绍中都提供了泵性能规格，如表 10-5 所示。

表 10-5 泵性能规格样本表

型号	流量(Q)/(m^3/h)	扬程(h)/m	功率/kW		效率/%	转速/(r/mim)	必需汽蚀余量/m
			轴功率	电机功率			
IH125-100-250	120	90	47.4	75	63.2	2900	3.7
	200	80	58.1		77.5		4.5
	240	73	64.5		86		5.5
IH125-100-250A	112	78	40.3	75	53.7	2900	3.7
	186.5	69.5	48.35		64.4		4.5
	224	63.5	54.5		72.7		5.5

表中每一个型号的性能都有三行数据，一般设计流量和设计扬程应与性能表列出的中间一行的数值相一致或是相接近，必须落在上、下两行的范围内，因为这个范围是水泵运转的高效率区域，选取这个型号的泵是符合实际需要的。

3. 使用水泵选型表选泵型

根据确定的设计扬程和设计流量，在选型表中，横表头查找出与设计扬程相符合或相接近的扬程数值；再在纵表头找出与设计流量相一致或相接近的流量数值，纵横相交于小方块，它标出了水泵的型号，初步选出泵型。但有时会出现两种泵型都满足设计要求，此时，可把这两种泵型作方案比较，进行技术经济分析，然后选定其中一个合适的泵型。这种选择水泵的方法简便快捷。

4. 使用水泵性能综合型谱图选泵型

水泵性能综合型谱图的作用是便于用户选择水泵。将需要选择的泵种的工作区域全部综合画在同一张图上，这就构成了水泵系列综合型谱图，该图绘制比较复杂，但使用方便。根据确定的设计流量和设计扬程，在型谱图上，首先在纵坐标上以设计扬程查找出符合扬程要求而流量不等的几种水泵，然后再在横坐标上以设计流量来确定选用哪一种水泵。如果设计流量较大时，单泵未能符合要求，可考虑多机作业，但应注意尽量采用相同型号的水泵，以利于施工安装、管理维修。

图 10-22 为某型号水泵性能综合型谱图，其横坐标为流量、纵坐标为扬程，左上角标的是转速。由图可知：每个泵型号在图上都有曲线所包含的一个区域面积，那么这个区域面积就表示此型号泵在高效区所适用的一个流量、扬程工作范围。例如：流量在 400m³/h、扬程为 50m、转速为 1480r/min 时所对应的泵型大致为 150-450。

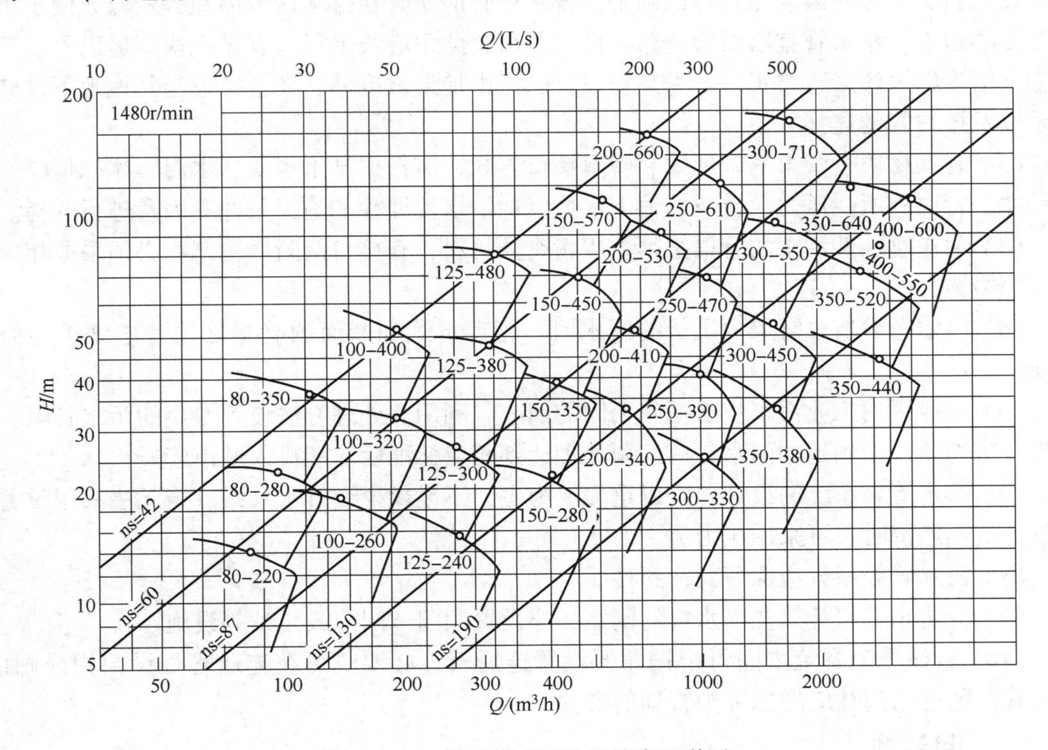

图 10-22 某型号水泵性能综合型谱图

具体选泵流程是：

① 根据泵站设计扬程，在该谱图上找出扬程符合要求而流量不等的几种泵型；

② 根据泵站设计流量，初步确定几种泵型水泵(当单台泵流量不能满足时，可选用多台水泵)。

③为了进一步选定泵型，可根据上述初选的几种泵型性能从水泵性能的优劣、建站投资的大小、运行管理的方便与否等进行技术经济性比较，最后选效率高、投资少、维护方便的水泵。

第二节 污水提升系统主要组成部分与应用

污水提升系统的主要组成部分包括收集管渠及配套设施、调节池(集水池)、悬浮物拦截设施、泵房与泵机组、泵机组辅助设施、出水管渠与配套设施。

一、污水收集管网以及配套设施

对于城市污水收集管网与配套设施，设计规范中一般有如下规定：

(1) 排水管渠系统应根据城市规划和建设情况统一布置，分期建设。排水管渠断面尺寸应按远期规划的最大设计流量设计，并考虑城市远景发展的需要。

(2) 管渠平面位置和高程应根据地形、土质、地下水位、道路情况原有的和规划的地下设施以及施工条件等因素综合考虑确定。排水干管应布置在排水区域内地势较低或便于雨污水汇集的地带。排水管宜沿城市道路敷设，并与道路中心线平行，宜设在快车道以外。截流干管宜沿受纳水体岸边布置。管渠高程设计除考虑地形坡度外，还应考虑与其他地下设施的关系以及接户管的连接方便。

(3) 管渠材质、管渠基础形式、管道接口方式，应根据排水水质、水温、冰冻情况、断面尺寸、管内外所受压力、土质、地下水位、地下水侵蚀性和施工条件等因素进行选择。

(4) 输送腐蚀性污水的管渠必须采用耐腐蚀材料，其接口及附属构筑物必须采取相应的防腐蚀措施。

(5) 当输送易造成管渠内沉析的污水时，管渠形式和断面的确定必须考虑维护检修的方便。

(6) 工业区的工业污水应根据其不同的回收、利用和处理方法设置专用的污水管渠。经常受有害物质污染场地的雨水，应经预处理达到相应标准后才能排入城市管渠。

(7) 排水管渠系统的设计，应以重力流为主，不设或少设排水泵站。当无法采用重力流或重力流不经济时，可采用压力流。

(8) 污水管渠系统应保证其密封性。

(9) 为防止排水管渠在出水口的倒灌，应设置潮门、闸门或泵站等设施。

(10) 合流管道系统之间可根据需要设置连通管，必要时可在连通管处设闸槽或闸门。连接管及附近闸门井应考虑维护管理的方便。

二、调节池

(一) 调节池的作用

调节水量和水质的构筑物称为调节池。

从工业企业和居民排出的污水，其水量和水质都是随时间而变化的，为了保证后续处理构筑物或设备的正常运行，需对污水的水量和水质进行调节，使其水量和水质都比较稳定，这样就可为后续的水处理系统提供一个稳定和优化的操作条件。

一般来说，工业企业污染源排放的污水通常具有污染物成分复杂，水质水量波动变化的特点，而水处理系统的工艺流程以及具体设施都是按照某一确定的水质、水量设计的，需要在较为稳定的工艺参数指标下运行，因此设置调节池的作用有：

(1) 提供对有机物负荷的缓冲能力，防止生物处理系统负荷的急剧变化；对于有些反应，如厌氧反应对水质、水量和冲击负荷较为敏感，所以对于工业污水适当尺寸的调节池，对水质、水量的调节是厌氧反应稳定运行的保证。

(2) 在控制污水的 pH 值、稳定水质方面，可利用不同污水自身的中和能力，减少中和作用中化学品的消耗量。

(3) 减小对物理化学处理系统的流量波动，使化学品添加速率适合加料设备的定额。

(4) 当工厂或其他系统暂时停止排放污水时，仍能对处理系统继续输入污水，保证系统的正常运行。

(5) 可避免或防止高浓度的有毒物质直接进入生物化学处理系统。

(二) 调节池设置的有关规定

(1) 调节池的超高不应小于 0.3m。

(2) 调节池池壁应设置爬梯，底部应设集泥坑，池底应有不小于 0.05 的坡度坡向集泥坑。

(3) 设有盖板的调节池顶部应设置入孔和排气管。

(4) 调节池的结构可采用混凝土、钢筋混凝土、石结构和自然体等。有一定的抗渗性能和抗腐蚀性能，寒冷地区还应考虑抗冻性能。根据实际污水水质，有的需要做防腐设计；有的需要做防渗漏底层和铺设防渗漏设施。

(5) 调节池可兼作提升泵的吸水井；兼作隔油池时，应考虑涉重除油设施。

(6) 调节池的形状宜为方形或圆形，以利于完全形成混合状态。长形水池宜设多个进口和出口。

(7) 调节池中应设冲洗装置、溢流装置、排除漂浮物和泡沫装置以及洒水消泡装置。

(8) 为使在线调节池运行良好，宜设混合和曝气装置。混合所需功率为 0.004～0.008kW/m^3池容，所需曝气量约为 0.01～0.015m^3空气/(min · m^2池表面积)。

(9) 调节池出口可设测流装置，以监控所调节的流量。

(三) 调节池的类型

工业污水或者小型生活污水都有必要设置调节池，调节池按其主要调节功能分为水量调节和水质调节两类。

1. 水量调节

水量调节池实际是一座变水位的贮水池，如图 10-23 所示，水量调节一般只需设置一个具有容积的水池，保持池的出水均匀即可。污水处理中单纯的水量调节有两种方式，一种为线内调节，进水一般采用重力流，出水用泵提升，池中最高水位不高于进水管的设计水位，最低水位为死水位，有效水深一般为 2～3m。

另一种为线外调节，如图 10-24 所示。水量调节池设在旁路上，当污水流量过高时，多余污水用泵打入调节池，当流量低于设计流量时，再从调节池回流至集水池，并送去后续处理。

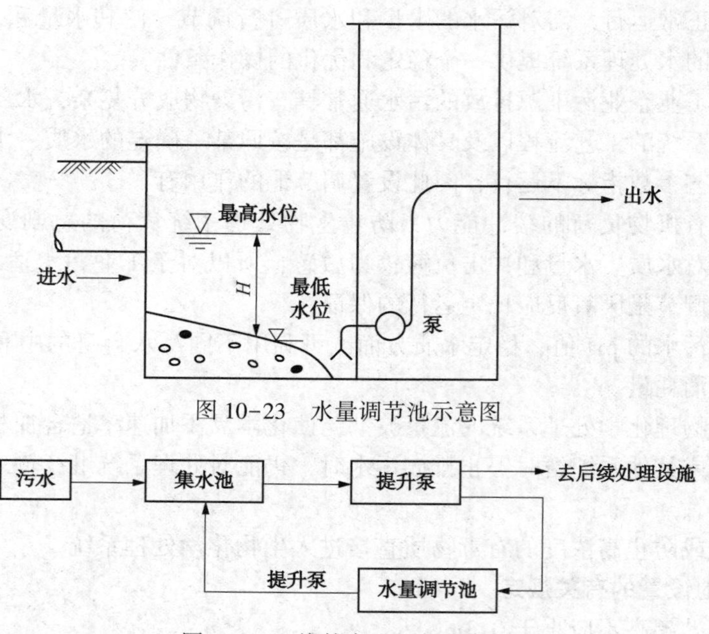

图 10-23　水量调节池示意图

图 10-24　线外水量调节示意图

线内调节的优点是被调节水量只需一次提升，消耗动力小；缺点为调节池受进水管高度限制。

线外调节与线内调节相比，其调节池不受进水管高度限制，施工和排泥较方便，但被调节水量需要两次提升，消耗动力大。一般都设计成线内调节。

2. 水质调节

水质调节的任务是对不同时间或不同来源的污水进行混合，使水质比较均匀，避免后续处理设施承受冲击负荷。

水质均化池可分为两种类型，一种为既可均化水质也可均化水量的均质池，水力特征为完全混合型，可再分为连续运行和间歇运行两种；另一种为只均化水质不均化水量的均质池，可再分为完全混合型和异程式两种均化池，异程式均质池的水位固定，因此只能均质；异程式均质池能使不同时间和不同浓度的污水进行水质自身水力混合，这种方式运行费用少，但池体或池内有关配置较复杂。

1）差流式

差流式是指进入调节池的污水，由于流程长短不同，使前后进入调节池的污水相混合，以均和水质。采用差流方式进行强制调节，使不同时间和不同浓度的污水进行水质自身水力混合，这种方式基本上没有运行费用，但设施较复杂。

（1）折流墙式

如图 10-25 所示为一种折流墙式均质池，其中配水槽设置在池上部，池内设置一定数量的折流板，污水通过配水槽上的孔口溢流至池内不同折流板间，从而使某一时间的出水包含不同时间内流入的污水，从而达到调节水质的目的。

（2）上下折流式

如图 10-26 所示为一种常见的上下折流式均质池。池内设置一定数量的隔板，使来水形成紊流，从而使污水充分混合。

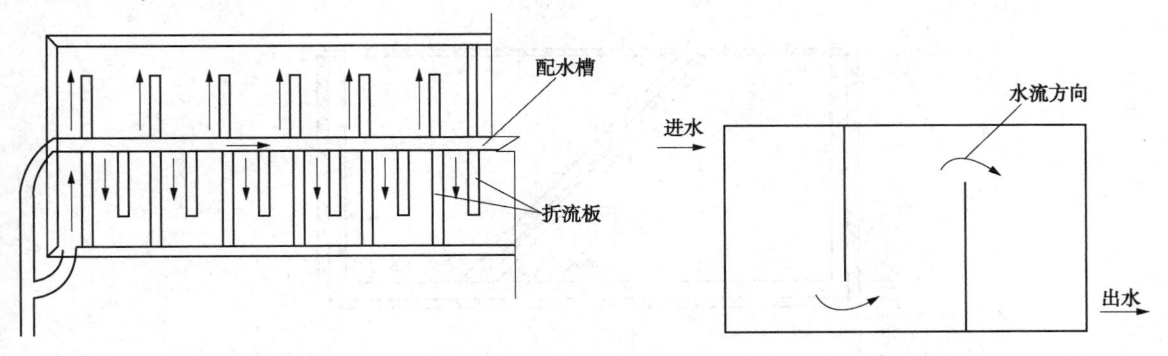

图 10-25 折流墙式水质调节池示意图　　图 10-26 上下折流式水质调节池示意图

（3）对角线调节池

对角线调节池是常用的差流方式调节池的类型。对角线调节池的特点是出水槽沿对角线方向设置，污水由左右两侧进入池内，经不同的时间流到出水槽，从而使先后过来的、不同浓度的污水混合，达到自动调节均和的目的。

① 无隔墙式

无隔墙式对角线调节池见图 10-27。

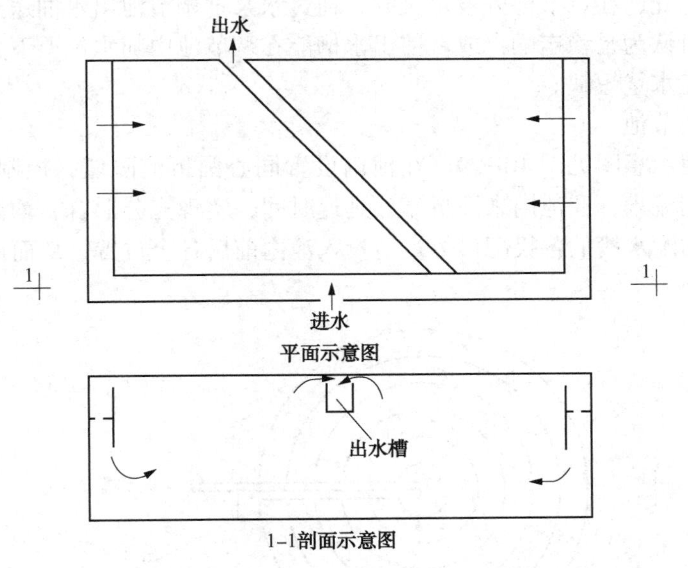

图 10-27 无隔墙式对角线调节池

② 有隔墙式

污水通过配水槽沿程配水，然后通过出水槽流出，出水槽可以设置在两端，也可以设置在池的其他各个部位。有隔墙式对角线调节池见图 10-28。对角线上的出水槽接纳的污水来自不同的时间，因此不同浓度的污水能得到有效混合。为防止池内污水短路，可以在的进水槽周边设置挡流板。

如果调节池采用堰顶溢流出水，则这种形式的调节池只能调节水质的变化，而不能调节水量和水量的波动。如果后续处理构筑物要求处理水量比较均匀和严格，可把对角线出水槽

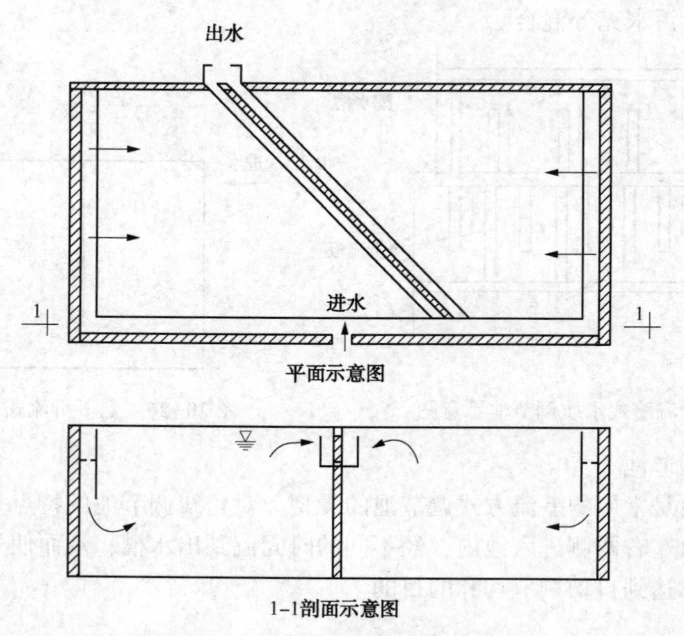

图 10-28 有隔墙式对角线调节池

放在靠近池底处开孔，在调节池外设水泵井，通过水泵把调节池出水抽送到后续处理构筑物中，水泵出水量可认为是稳定的；或者使出水槽能在调节池内随水位上下自由波动，以便贮存盈余水量，补充水量短缺。

（4）同心圆调节池

同心圆调节池示意图见图 10-29。在池内设置同心圆折流隔墙，控制污水 1/4～1/3 流量从调节池的起端流入，在池内来回折流，延迟时间，实现充分混合、均衡；剩余的流量通过设在调节池上的配水槽的各投配口等量地投入池内前后各个位置，从而使先后过来的、不同浓度的污水混合。

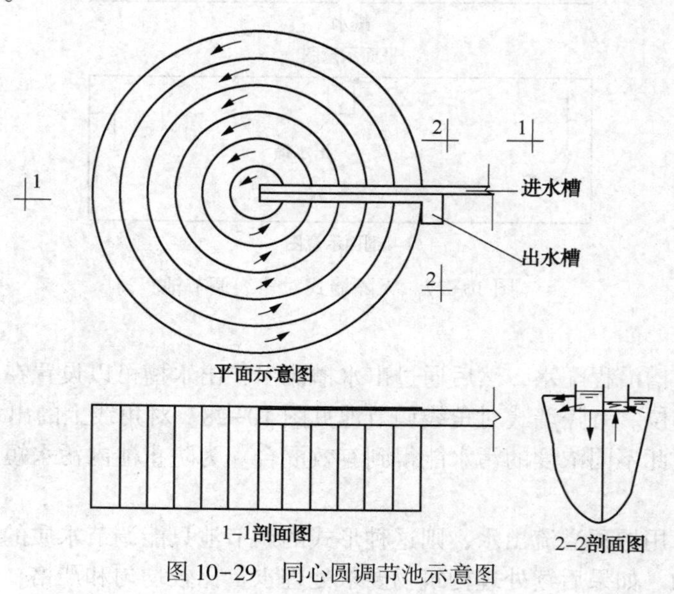

图 10-29 同心圆调节池示意图

2）外加动力式

外加动力就是在池内采用外加叶轮搅拌、鼓风空气搅拌、水泵循环等设备对水质进行强制调节，它的设备比较简单，运行效果好，但运行费用高。外加动力调节示意图见图 10-30。

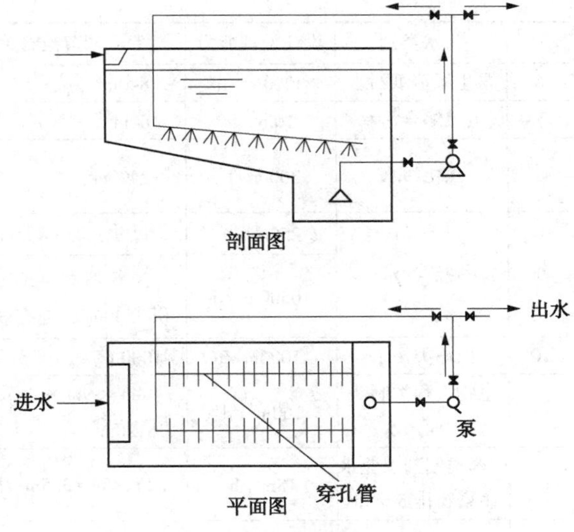

图 10-30　外加动力调节示意图

如果污水中含有易挥发性物质，则不宜使用空气搅拌，此时可以改用叶轮搅拌，但叶轮搅拌适宜于污水流量不大的情况。

（四）调节池的设计

调节池的设计主要是确定其容积，可根据污水浓度和流量变化的规律以及设计所要求的调节均和程度来计算。

对于水量调节，计算平均流量作为出水流量，再根据流量的波动情况计算出所需调节池的容积。在一般场合，往往水质和水量都要考虑，而且有时水质的均和更重要些，此时调节池容积可按流量和浓度比较大的连续 4~8h 的污水水量计算。若水质水量变化大时，可取 10~12h 的流量，有些特殊水质的污水或者排放方式，甚至采取 1 天或几个月甚至更长的处理能力。采用的调节时间越长，污水水质越均匀，但调节池的容积也大，工程造价也会相应高，应根据具体条件和处理要求来选定合适的调节时间。

污水中的悬浮物会在池内沉淀，对于小型调节池，可考虑设置沉渣斗，通过排渣管定期将污泥排出池外；如果调节池的容积很大，需要设置的沉渣斗过多，这样管理太复杂，可考虑将调节池做成平底，用空气搅拌，以防止沉淀，同时设置隔板。空气用量一般为 1.5~$3m^3/(m^2 \cdot h)$，调节池的有效水深 2~2.5m，纵向隔板间距为 1~1.5m。表 10-6 给出了不同工业污水的有关调节池的设计参数，供参考。

表 10-6　不同工业污水调节池的设计参数

序号	污水类别	设计处理能力	调节池有关数据	停留时间/h	备注
1	医院污水	$800m^3/d$	17.4m×4.4m×2.85m，有效容积 $125m^3$，有效水深 2.6m	3~5	
2	制糖工业污水	$18000m^3/d$	尺寸：$1430m^2$×4.7m，有效容积：$V=6006m^3$	8	
		$15050m^3/d$	共两座，每池的池容为 $12000m^3$	38	沉淀调节池，用于沉淀污水中 SS 及泥沙，同时兼有调节水量和预酸化的功能
3	食用油脂类污水	$72m^3/d$	$36m^3$	12	
4	含油食品加工类污水	$150m^3/d$	$50m^3$	8	砖混结构，调节污水水质水量及水解酸化
5	生猪屠宰类污水	$1500m^3/d$	9m×25m×4.5m，有效容积 $1000m^3$		主要调节晚上 8h 屠宰时间内产生的污水

续表

序号	污水类别	设计处理能力	调节池有关数据	停留时间/h	备注
6	再生纸造纸污水	$3000m^3/d$	$840m^3$	6	按 $140m^3/h$ 设计，地下式
7	电镀综合污水	$10m^3/h$	$80m^3$	8	规范要求在 4~8h
8	焦化污水	$300m^3/h$	$2400m^3$	8	先经气浮处理后再进入调节池
9	啤酒污水	$250m^3/h$	尺寸：25m×25m×3.8m	8	
		$10500m^3/d$	建筑容积 $4200m^3$，有效容积 $3500m^3$，池有效深度 4.5m	8	预曝气，曝气量为 1.5~3.0$m^3/(m^2 \cdot h)$
10	白酒类污水	$41000m^3/d$	$41000m^3$	24	
11	生物工程类制药工业污水	$160m^3/d$	4m × 9m × 3.5m，有效容积 $120m^3$	18	
12	中药类制药工业水污染物排放标准	$18m^3/h$	5m×5m×3.5m(H)	4	
13	化学合成类制药工业污水	$6000m^3/d$	$2000m^3$	8	
		$10m^3/h$	6m × 5m × 4m，有效容积 $100m^3$	10	气水比为 3:1
		$35m^3/h$	14m × 6m × 4m，有效容积 $280m^3$	8	
		$1200m^3/d$	8m×28m×5.5m(H)	20	空气搅拌，$2m^3/(m^2 \cdot h)$
14	发酵类制药工业污水	$200m^3/d$，8.3m^3/h	4.5m×2.0m×4.2m(H)	4	预沉淀用，表面负荷为 1.0$m^3/(m^2 \cdot h)$
15	纺织染整污水	$2880m^3/d$，$120m^3/h$	18m×10m×4.5m	6	预曝气
16	羽绒工业污水	$4000m^3/d$	$720m^3$	4	兼酸化处理
17	制浆造纸工业污水			大于4(日最大时平均流量)	设置混合搅拌设施，4-8W/m^3；设置曝气装置：$4m^3/(m^2 \cdot h)$
18	养猪场污水	$75m^3/d$	$75m^3$	24	调节池前需要设置沉砂池
19	生活垃圾垃圾填埋场渗漏液	$25m^3/d$	$1200m^3$	48	
		$200m^3/d$	$25000m^3$	125	
		$40m^3/d$	$19000m^3$	475	
20	化学机械制浆 BCTMP 污水	$3740m^3/d$	732	4.7	
21	化工园区污水处理厂			12~24	

实际上，由于调节池池容受水质和水量两个方面的不均匀性共同影响，其复杂性超出了直观和经验方法所能确定的范围。

三、集水池

对大、中型城市污水处理厂而言，因其服务区域大，区域内住宅、商店、办公楼、机关等不同类型建筑物的排水变化规律不同，有互补作用，再加上污水管网对水量水质的均衡作用，因此一般认为城市污水处理厂不设调节池，而是设置集水池。

1. 集水池容积要求

(1) 污水泵站集水池的容积，不应小于最大一台提升泵 5min 的出水量。当泵机组为自动控制时，每小时开动水泵不得超过 6 次，其最小有效容积不应低于水泵机组 10min 的出水量。

(2) 合流污水泵站集水池的容积不应小于最大一台提升泵 30s 的出水量。

实际设计中，对于大型排水泵站，一般根据设计流量设 3~6 台泵，在确定了集水池容积后，由水位计分别确定各台泵启动的水位。大型水泵的功率很大，甚至可达 250~280kW，电气上一般实行降压启动，启动一台水泵至正常运行一般需用 20~70s。如果各个水位标高过于接近，当发生设计流量时，势必造成在极短时间内连续启动几台水泵，这对系统和安全运行显然是不利的。根据水泵的特点，建议每一水位的容积不小于设计流量 1min 的容积，根据设计流量及泵站内所设泵站的台数可以确定集水池的有效容积，一般为设计流量 5~10min 的容积。而对于企业内部的小型污水泵站，如果夜间的流入量不大，通常在夜间停止运行。在这种情况下，必须使集水池容积能够满足储存夜间流入量的要求。如工业企业在生产淡季时，总进水流量有时不足设计流量的 1/4，甚至断流，此时即使只启动一台泵，也会很快到达停泵水位。一段时间的小流量进水后又须启泵。频繁的启动泵不仅会浪费电能，而且形成的水锤会对管路系统造成损害。在这种工况下，为减少水泵全停的情况，启泵水位可设在集水池容积一半的水位上，其启泵水位以下的容积应能满足单泵连续运行 30min 左右。

2. 集水池水位

(1) 合流污水泵站集水池的设计最高水位，应采用与进水管管顶相平；当进水管渠为压力管时，集水池的设计最高水位可高于进水管管顶，但不得使管道上游地面冒水。

(2) 集水池的设计最低水位可采用一台水泵流量相应的进水管水位，同时满足所选水泵吸水头的要求；自灌式泵房应满足提升泵叶轮浸没深度的要求。

(3) 集水池的有效水深为其设计的最高水位到最低水位，一般取 1.5~2m。

3. 配套设施要求

(1) 泵站集水池前应至少布置一道闸门，一般设置两道(工作闸门，检修闸门)，检修闸门在前，工作闸门在后，检修闸门可不需全部购置，但闸门槽必须预留，一般用平面闸门；进水闸的宽度选用引渠底宽，高度选用引渠深度，当高度较大时，可设胸墙，以减少闸门和启闭设备的高度和造价，闸门高一般取渠深的 1/3~1/2。

(2) 集水池水流均匀顺畅，集水池进口流速和水泵吸入口处的流速尽可能缓慢。

(3) 集水池内应设置格栅。进水管底与栅前流道应有 0.5m 以上的跌水，以弥补过栅水头损失。因安装及检修格栅需要，格栅底部前端距井壁尺寸应大于 1.5m。

(4) 集水池池底应设集水坑，倾向坑的坡度不宜小于 10%；集水坑的大小应保证水泵有良好的吸水条件。当集水坑使用带有喇叭口的吸水管时，喇叭口一般朝下安设，其下缘在集水池中最低水位以下 0.4m，离坑底的距离不小于喇叭口进口直径的 0.8 倍，吸水管喇叭口边缘距离池壁不小于喇叭口进口直径的 0.75~1 倍，在同一吸水坑中安装几根喇叭口时，吸水喇叭口之间的距离不小于喇叭口进口直径的 1.5~2 倍。

(5) 集水池应设冲洗和清泥装置。

(6) 泵站应设置事故排放口和污水事故收集池。

四、泵站

污水泵站的类型取决于进水管渠的埋设深度、来水流量、泵机组的型号与台数、水文地质条件以及施工方法等因素。选择排水泵站的类型应从造价、布置、施工、运行条件等方面综合考虑。如一般情况下应采用正向进水，同时泵房应考虑改善水泵吸水管的水力条件，减少滞流或涡流。

（一）合建式

1. 圆形泵站

合建式圆形污水泵站适合于中、小型水量，泵不超过 4 台。圆形结构受力条件好，便于采用沉井法施工，可降低工程造价，泵启动方便，易于根据吸水井中的水位实现自动操作。缺点是：机器内机组与附属设备布置较困难，当泵房很深时，操作人员上下不便，且电动机容易受潮。由于电动机深入地下，需考虑通风设施，以降低机器间的温度。图 10-31 为合建式圆形污水泵站，装设卧式泵，自灌式工作。由于这种类型能减少泵房面积，降低工程造价，并使电气设备运行条件和工人操作条件得到改善，故在国内仍广泛采用。

如果将此类型泵站中的卧式泵改为立式离心泵或轴流泵，就可避免上述缺点。但立式离心泵安装技术要求较高，特别是泵房较深，传动轴较长时，须设中间轴承及固定支架，以免泵运行时传动轴发生振荡。

2. 矩形泵站

图 10-32 为合建式矩形污水泵站，装设立式泵，自灌式工作。大型泵站用此种类型较合适。泵台数为 4 台或更多时，采用矩形机器间，在机组、管道和附属设备的布置方面较为方便，启动操作简单，易于实现自动化。电气设备置于上层，不易受潮，工人操作管理条件良好。缺点是建造费用高。但当土质差、地下水位高时，因不利施工，不宜采用。

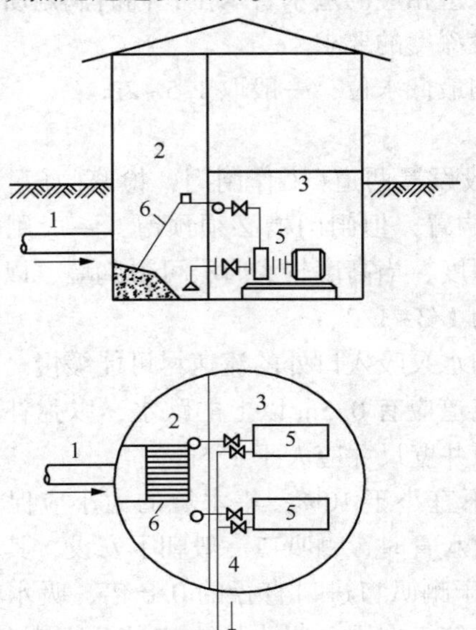

图 10-31 合建式圆形排水泵站

1—排水管渠；2—集水池；3—机器间；4—压水管；5—卧式污水泵；6—格栅

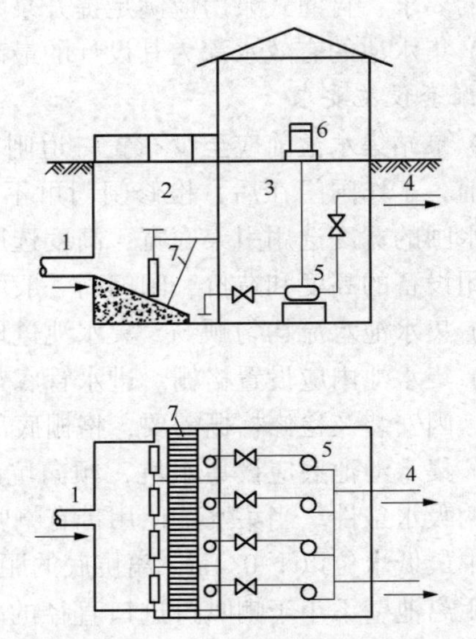

图 10-32 合建式矩形排水泵站

1—排水管渠；2—集水池；3—机器间；4—压水管；5—立式污水管；6—立式电动机；7—格栅

合建式污水泵站中，当泵的轴线标高高于集水池中的水位时(即机器间与集水池的底板不在同一标高时)，泵也要采用抽真空启动。这种类型适应于土质坚硬、施工困难、为了减少挖方量而不得不将机器间抬高的情况。

(二) 分建式

图 10-33 为分建式污水泵站。当土质差、地下水位高时，为了减少施工困难和降低工程造价，应将集水池与机器间分开修建，将一定深度的集水池单独修建，施工上会相对容易些。为了减小机器间的地下部分深度，应尽量利用泵的吸水能力，以提高机器间标高。但应注意，泵的允许吸上真空高度不要利用到极限，以免泵站投入运行后吸水发生困难。因为在设计当中对施工时可能发生的种种与设计不符情况和运行后管道积垢、泵磨损等情况都无法事先准确估计，所以允许吸上真空高度适当留有余地是必要的。

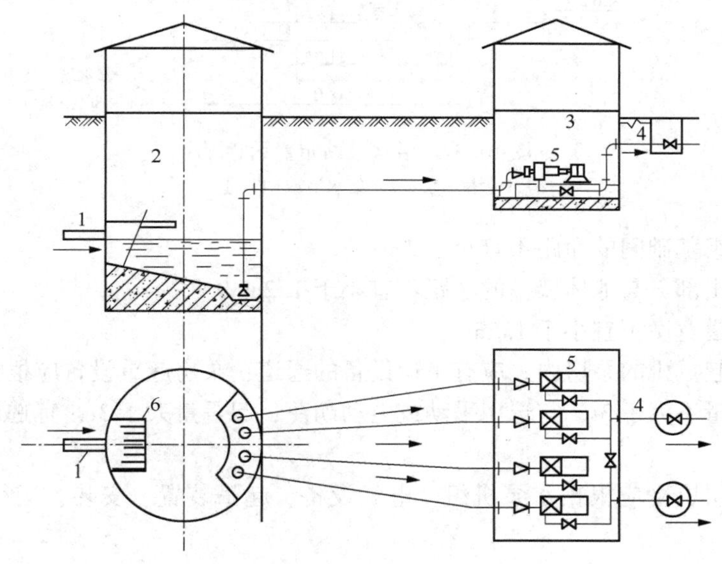

图 10-33 分建式圆形排水泵站

1—排水管渠；2—集水池；3—机器间；4—压水管；5—水泵机组；6—格栅

分建式泵站的主要优点是，结构上处理比合建式简单，施工较方便，机器间没有污水渗透和被污水淹没的危险。最大缺点是要抽真空启动，为了满足排水泵站来水的不均匀，启动泵较频繁，给运行操作带来困难。

(三) 潜水泵站

随着各种国产潜水泵质量的不断提高，越来越多的新建或改建的排水泵站都采用了各种型式的潜水泵，包括排水用潜水轴流泵、潜水混流泵、潜水离心泵等，潜水泵站最大的优点是不需要专门的机器间，将潜水泵直接置于集水井中，但对潜水泵尤其是潜水电机的质量要求较高。

图 10-34 为潜水泵站布置示意图，将集水井与机器间合建，使用潜水电泵，将潜水泵机组直接置于集水井中，也可以采用开放式泵房，不需上部结构和固定吊车，机组结构紧凑，泵直接吸水，出水经泵出口从原水管口排出。

潜水泵房机组的布置和通道宽度，一般应符合下列要求：

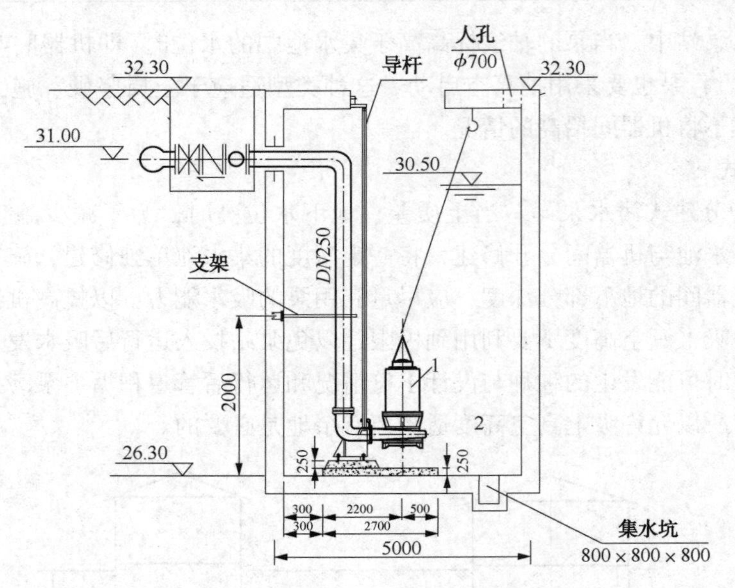

图 10-34 潜水泵站布置示意图

1—潜水泵；2—集水池或调节池

（1）水泵机组基础间的净距不宜小于 1m。

（2）机组突出部分与池体墙壁的净距不宜小于 1. 2m。

（3）主要通道宽度不宜小于 1. 5m。

（4）有电动起重机的泵房内，应有吊运设备的通道；泵房起重设备应根据需吊运的最重部件确定。起重量不大于 3t，宜选用手动或电动葫芦；起重量大于 3t，宜选用电动单梁或双梁起重机。

（5）泵房各层层高应根据水泵机组、电气设备、起吊装置、安装、运行和检修等因素确定。

在工程实践中，排水泵站的类型是多种多样的，例如：合建式泵站，集水池采用半圆形，机器间为矩形；合建椭圆形泵站；集水池露天或加盖；泵站地下部分为圆形钢筋混凝土结构，地上部分用矩形砖砌体等。究竟采取何种类型，应根据具体情况，经多方案技术经济比较后决定。

根据设计和运行经验，凡泵台数不多于 4 台的污水泵站，其地下部分结构采用圆形最为经济，其地面以上构筑物的形式，应与周围建筑物相适应。当泵台数超过上述数量时，地下及地上部分都可采用矩形或由矩形组合成的多边形；地下部分有时为了发挥圆形结构比较经济和便于沉井施工的优点，也可以采取将集水池和机器间分开为两个构筑物的布置方式，或者将泵分设在两个地下的圆形构筑物内，地上部分可以处理为矩形或腰圆形。这种布置适用于流量较大的雨水泵站或合流泵站。对于抽送会产生易燃易爆和有毒气体的污水泵站，必须设计为单独的建筑物，并应采用相应的防护措施。

五、水泵机组与管道布置

（一）水泵配置要求

水泵的选择应根据设计流量和所需扬程等因素确定且符合下列要求：

（1）提升泵宜选用同一型号，台数不应少于2台，不宜大于8台。当水量变化很大时，可配置不同规格的水泵，但不宜超过2种；可采用变频调速装置，或采用叶片可调式提升泵。

（2）污水泵房和合流污水泵房应设备用泵，当工作泵台数不大于4台时，备用泵宜为1台。工作泵台数不小于5台时，备用泵宜为2台。

（3）选用的水泵应满足设计扬程时在高效区运行；在最高扬程与最低扬程的整个工作范围内应能安全稳定运行。2台以上水泵并联运行合用一根出水管时，应根据水泵特性曲线和管路工作特性曲线验算单台水泵工况，使之符合设计要求。

（4）多级串联的污水泵站和合流污水泵站应考虑级间调整的影响。

（二）泵的布置形式

污水泵一般从轴向进水，一侧出水，所以常采取并列的布置形式，泵常见的布置形式如图10-35所示。其中图10-35(a)适用于卧式污水泵；图10-35(b)及图10-35(c)适用于立式污水泵。

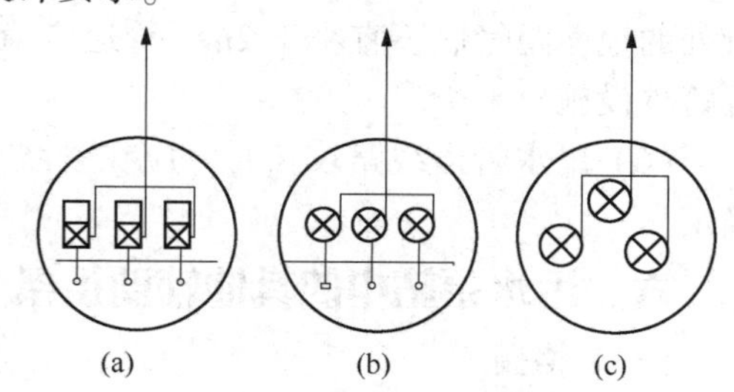

图10-35　泵常见的布置形式

（三）管道的设计与布置

1. 管道的设计与布置

（1）每台泵应设置一条单独的吸水管，这不仅可以改善水力条件，而且可减少杂质堵塞管道的可能性。

（2）吸水管的设计流速一般采用1~1.5m/s，最低不得小于0.7m/s，以免管内产生沉淀。吸水管很短时，流速可提高到2~2.5m/s。

（3）吸水管进口端装设喇叭口的，其直径为吸水管直径的1.3~1.5倍，喇叭口安设在集水池的集水坑内。吸水管路在集水池中的位置和各部分之间的距离要求如图10-36所示。当泵房设计成自灌式时，在吸水管上应设有闸阀(轴流泵除外)，以方便检修。非自灌式工作的水泵，采用真空泵引水，不允许在吸水管口上装设底阀。因底阀极易被堵塞，影响水泵启动，而且增加吸水管阻力；如果泵为非自灌式工作的，应利用真空泵或水射器引水启动，不允许在吸水管进口处装置底阀，因为底阀在污水中易被堵塞，影响泵的启动，且增加水头损失和电耗。

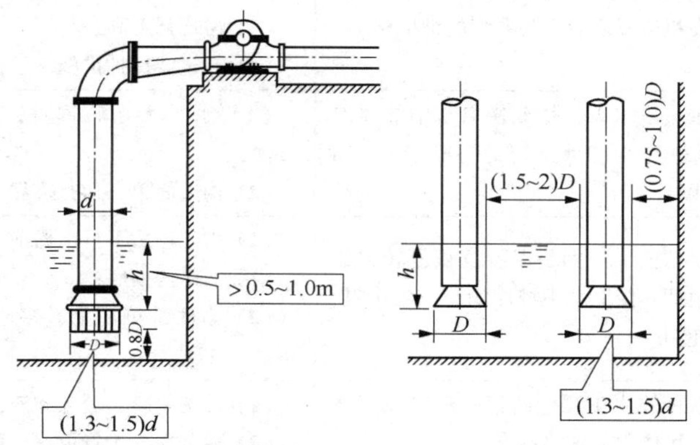

图10-36　吸水管路在集水池中的位置及各部分间距示意图

(4) 压水管的流速一般不小于1.5m/s，当两台或两台以上泵合用一条压水管而仅一台泵工作时，其流速也不得小于0.7m/s，以免管内产生沉淀。各泵的出水管接入压水干管(连接管)时，不得自干管底部接入，以免泵停止运行时，该泵的压水管内形成杂质淤积。当两台及两台以上水泵合用一条出水管时，每台水泵的出水管上应设置闸阀，并且在闸阀与水泵之间设止回阀；如采用单独出水管口，并且为自由出流时，一般可不设止回阀和闸阀。

(5) 泵站内管道一般采用明装。吸水管一般置于地面上。压水管多采用架空安装，沿墙设在托架上。管道不允许在电气设备的上面通过，不得妨碍站内交通、设备吊装和检修，通行处的地面距管底不宜小于2m，管道应稳固。在泵房内地面敷设管道时，还应根据需要设置跨越设施。

(6) 出水管道线路较长时，应在管线最高处设置排(补)气阀，其数量和直径应经计算确定。

六、污水泵站中的其他辅助设备

(一) 格栅

格栅是由一组平行的金属或非金属材料的棚条制成的框架，斜或垂直置于污水流经的渠道上，用以截阻大块呈悬浮或飘浮状的污染物。不同类型格栅的适用条件与特点见表10-7。

表10-7 不同类型格栅的适用条件与特点

设备名称	适用条件	特点
钢丝绳牵引式格栅除污机	主要用于雨水泵站或合流制泵站，拦截粗大的漂浮物或较重的沉积物，一般作粗、中格栅使用	(1) 捞渣量大，卸渣彻底，效率高； (2) 宽度可达4m，最大深度可达30m； (3) 易损件少，水下无运转部件，维护检修方便，运行极其安全可靠
内进式鼓形格栅除污机	主要用于去处城市污水和工业污水中的漂浮物，该机集截污、齿耙除渣、螺旋提升、压榨脱水四功能于一体	(1) 集多种功能于一体，结构紧凑； (2) 过滤面积大，水头损失小； (3) 清渣彻底，分离效率高； (4) 全不锈钢结构，维护工作小，单设备价格相对较高
旋转式齿耙格栅除污机	主要用于城市污水和工业污水处理中截取并自动清除污水中的漂浮物和悬浮物，一般设在粗格栅之后，为典型的细格栅	(1) 无栅条，诸多小齿耙相互连接组成一个较大的旋转面，捞渣彻底； (2) 卸渣效果好； (3) 齿耙强度高； (4) 有过载保护措施，运行可靠
高链式格栅除污机	用于泵站进水渠，拦截捞取水中的漂浮物，以保护水泵正常运行，一般作中、细格栅使用	(1) 水下无运转部件，使用寿命长，维护检修方便； (2) 构造简单，运行可靠，适用水深不大于2m
反捞式格栅除污机	用于泵站前，特别是泥沙沉积量较大的场合，拦截、捞取水中漂浮物，一般作粗、中格栅使用	(1) 齿耙栅后下行，栅前上行捞渣，不会将栅渣带入水下，捞渣彻底； (2) 当底部沉积物较多时，不会堵耙，避免造成事故
回转式格栅除污机	捞取各种原水中漂浮物，一般设在粗格栅之后，用作中、细格栅	(1) 结构紧凑，缓冲卸渣； (2) 耐磨损，运行可靠，可全自动运行

续表

设备名称	适用条件	特　　点
阶梯式格栅除污机	适用于井深较浅、宽度不大于 2m 的场合	（1）水下无传动件，结构合理，使用寿命长，维护保养方便； （2）可有效避免杂物卡阻及缠绕

有关格栅设计参数的规定如下：

（1）格栅的栅条间隙要求粗格栅大于 40mm、中格栅 15~25mm、细格栅小于 10mm，栅条的间距一般随水泵类型不同而异；

（2）栅前流速为 0.4~0.8m/s，过栅流速为 0.6~1m/s，过栅水头损失为 0.2~0.5m；

（3）栅条的强度要求能够承受在完全被堵塞的情况下栅前后水位差为 1m 的水压力；

（4）一般拦污栅与水平面成 70°~80°的倾角设置，最大倾角不宜超过 85°。

（二）水位控制器

水位控制器的作用是通过机械式或电子式的方法来进行高低液位的控制，可以控制电磁阀、水泵等，从而来实现半自动化或者全自动化。水位控制器根据选用不同的产品而不同，主要有以下几种方式：

（1）通过电子式液位开关和搭配的水位控制器来控制液位，实现泵的开停自动化。

（2）通过浮球开关来控制液位。

（3）采用液位继电器。

为适应污水泵站开停频繁的特点，往往采用自动控制机组运行。图 10-37 为污水泵站中常用的浮子液位控制器工作原理。浮子置于集水池中，通过滑轮用绳与重锤相连，浮子略重于重锤。浮子随着池中水位上升与下落，带动重锤下降与上升。在绳上有夹头，水位变动时，夹头能将杠杆拨到上面或下面的极限位置，使触点接通或切断线路，从而发出讯号。当继电器接受讯号后，即能按事先规定的程序开车或停车。国内使用较多的有浮球液位控制器、浮球行程式水位开关、浮球拉线式水位开关。

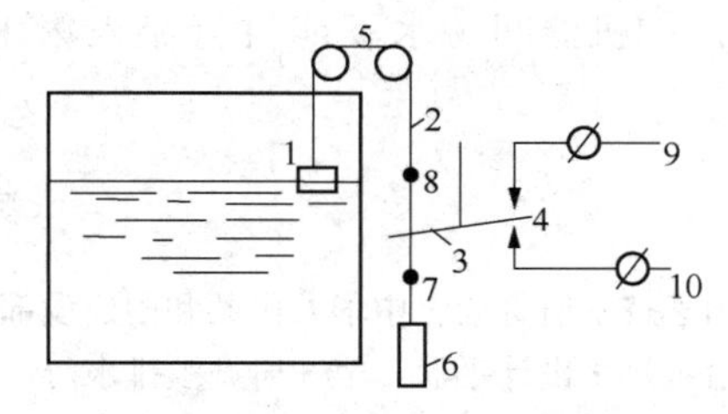

图 10-37　浮子水位继电器工作原理示意图

1—浮子；2—绳；3—杠杆；4—触点；5—滑轮；6—重锤；7—下夹头；8—上夹头；9，10—线路

除浮子液位控制器外，还有电极液位控制器，其原理是利用污水具有导电性，由液位电极配合继电器实现液位控制；与浮球液位控制器相比，由于它无机械传动部分，从而具有故障少、灵敏度高的优点。

（4）通过非接触式的液位开关，如超声波液位计来控制。

（三）计量设备

单独设立的污水泵站可采用电磁流量计，也可以采用弯头水表或文氏管水表计量，但应注意防止传压细管被污物堵塞。

（四）引水装置

污水泵站一般设计成自灌式，无须引水装置。当泵为非自灌工作时，可采用真空泵或水射器抽气引水，也可以采用密闭水箱注水。当采用真空泵引水时，在真空泵与污水泵之间应设置气水分离箱，以免污水和杂质进入真空泵内。

（五）反冲洗设备

污水中所含杂质，会部分地沉积在集水坑内，时间长了腐化发臭，填塞集水坑，影响泵的正常吸水。为了松动集水坑内的沉渣，一般在坑内设置压力冲洗管，如从泵压水管上接出一根直径为50~100mm的支管伸入集水坑中，定期将沉渣冲起，由泵抽走。也可在集水池间设一自来水龙头，作为冲洗水源。

上海市地铁工程一号线车站采用了潜水排水泵，每台均配套一台反冲洗阀(即潜水电动冲洗阀门)进行泵坑自动清理。潜水电动反冲洗阀连接在各类潜水排污泵、排水泵的蜗壳上，其阀门为常开型。当泵启动时，阀门是开启的，泵的压力促使液流通过阀门强力喷射出来，冲向泵坑周边，产生激烈搅动的液流反复冲刷泵坑，淤泥及覆盖层污物被迅速冲散、搅拌成悬浮液流。约1min左右关闭阀门(阀门开、闭的时间可由各泵站按需自行设定)，淤泥、污物即随着液流一起排出泵坑。阀门按规定的时间周而复始地工作，使泵坑达到自动，高效、省力的清理目的，从而降低泵站的维护量和费用。

（六）排水设备

当泵为非自灌式时，机器间高于集水池。机器间的污水能自流泄入集水池，可用管道把机器间的集水坑与集水池连接起来，其上装设闸门，排集水坑污水时，将闸门开启，污水排放完毕，即将闸门关闭，以免集水池中的臭气逸入机器间内。当吸水管能形成真空时，也可在泵吸水口附近(管径最小处)接出一根小管伸入集水坑，泵在低水位工作时，将坑中污水抽走。如机器间污水不能自行流入集水池，则应设排水泵(或手摇泵)将坑中污水抽到集水池。

参考文献

[1] 国家技术监督局，中华人民共和国建设部．GB/T50265—97泵站设计规范[S].
[2] 给水排水设计手册：第5册城镇排水[M]. 2版．北京：中国建筑工业出版社，2004.
[3] 中华人民共和国建设部．GB50014—2006，室外排水设计规范[S].

第十一章　气浮设备

气浮是指利用高度分散的微小气泡黏附污水中的污染物，形成密度小于水的气浮体，实现固-液分离和液-液分离的过程，适用于去除水中密度小于 $1t/m^3$ 的悬浮物、油类和脂肪，可用于污水处理的预处理与深度处理，也可用于污泥浓缩以及其他。

第一节　气浮工艺的使用范围

气浮法是向污水中通入空气或其他气体产生气泡，使水中的一些细小悬浮物或固体颗粒附着在气泡上，随气泡上浮至水面被刮除，从而完成固、液分离的一种净水工艺。气浮往往借助混凝、絮凝、破乳等预处理措施来完成。自 20 世纪 80 年代以来，气浮净水技术在国内得到了迅速发展，该技术已广泛地应用在以下方面并取得了良好的环境效益。

（1）石油、化工及机械制造业中含油(包括乳化油)污水的油水分离。

（2）污水中有用物质的回收，如造纸厂污水中纸浆纤维及填料的回收。

（3）取代二次沉淀池，适用于易于产生活性污泥膨胀的情况。

（4）剩余活性污泥的浓缩，便于压滤处理。

（5）处理电镀污水和含重金属离子污水。

（6）处理纺织印染污水，如用在生物处理工艺之前作为预处理工艺，或者用在生物处理工艺之后的深度处理工艺。

（7）处理制革污水。

（8）富营养化前驱物，如藻类。

近年来，很多地区由于水体富营养化导致藻类繁殖严重，出现水华和赤潮现象，高藻水处理成为一个亟待解决的问题。采用气浮工艺处理高藻水、低温低浊水，其优势在水处理界已经达成共识，并且作为一种经济有效的水处理工艺，在给水厂逐渐得到推广和应用。

（9）气浮法用于水厂改造，主要有三种形式：

① 简单地将沉淀池改为气浮池；

② 将沉淀池改为可切换交替运行的沉浮池；

③ 将滤池改为气浮滤池。

第一种方式虽可有效改善低温、低浊、高藻、高色和受有机物污染原水的处理效果，但不适应高浊期水质；第二种方式可根据原水水质，随时将沉浮池切换为沉淀池或气浮池使用，对原水水质有较强的适应性；第三种方式通过将滤池改造为气浮滤池，形成混凝-沉淀-气浮-过滤处理流程，进一步增强了对水质变化的适应性，可有效地改善处理效果。气浮工艺已成功用于低温、低浊、高藻水的处理，但与之有关的设计及运行参数基本上都是靠试验的方法获取的，如选择不合理则会引起诸如资源浪费、运行效果较差等问题。

（10）污泥浓缩。

第二节　气浮设备与应用

气浮工艺有很多种，根据微细气泡产生的方式可分为分散空气气浮法、电解气浮法和溶解空气气浮等形式。

一、分散空气气浮法

分散空气气浮法是靠高速旋转叶轮的离心力所造成的真空负压状态将空气吸入，并使其成为微细的空气泡而扩散于水中。气泡由池底向水面上升并黏附水中的悬浮物一起带至水面，达到固-液分离的目的。形成的浮渣不断地被缓慢旋转的刮渣板刮出池外。水流的机械剪切力与扩散板产生的气泡较大(直径达 1mm 左右)，不易与细小颗粒和絮凝体相吸附，反而易将絮体打碎，因此，散气气浮不适用于处理含颗粒细小与絮体的污水。散气气浮设备气浮时间一般约为 30min，溶气量达 0.51m³/m³(气/水)。污水处理常用的形式主要是叶轮气浮。

1. 叶轮气浮基本原理与应用

叶轮在电机的驱动下高速旋转，在盖板下形成负压吸入空气，污水由盖板上的小孔进入，在叶轮的搅动下，空气被粉碎成细小的气泡，并与水充分混合成水气混合体，经整流板稳流后，在池体内平稳地垂直上升，进行气浮。形成的泡沫不断地被缓慢转动的刮板刮出槽外。叶轮直径一般多为 200~400mm，最大不超过 600~700mm。叶轮的转速多采用 900~1500r/min，圆周线速度则为 10~15m/s。气浮池充水深度与吸气量有关，一般为 1.5~2m，不超过 3m。叶轮与导向叶片间的间距也能够影响吸气量的大小，实践证明，间距超过 8mm 将使进气量大大降低。叶轮气浮设备的构造示意图见图 11-1，叶轮气浮的叶轮转子与定子设备见图 11-2。

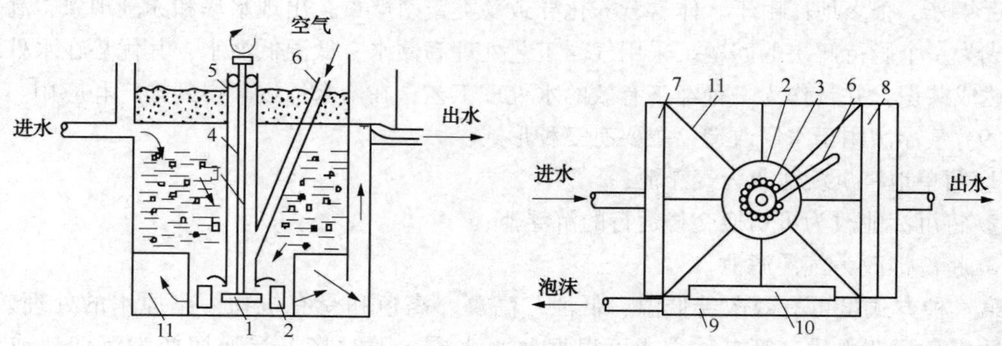

图 11-1　叶轮气浮设备构造示意图

1—叶轮；2—盖板；3—转轴；4—轴套；5—轴承；6—进气管；7—进水槽；8—出水槽；9—泡沫槽；10—刮板；11—整流板

转子

定子

图 11-2　叶轮气浮的叶轮转子与定子设备图

叶轮气浮式污水处理装置在油田污水处理中应用最广泛，它具有以下优点：

(1) 溶气量大。叶轮气浮式污水处理装置的溶气率多数都在 600%以上，为全流加压式溶气气浮率的 50 倍。

(2) 停留时间短、处理速度高。叶轮气浮装置的总停留时间仅为 4~5min，而溶气气浮的停留时间则为 20~30min。

(3) 除油效率高，造价低。四级叶轮气浮式污水处理装置的除油效率相当于或高于单级溶气气浮装置，而造价仅为后者的 60%。

(4)适应于处理油田污水，适应油田来水含油量的变化。如美国 Wemco 公司生产的叶轮气浮式污水处理装置，当来水含油 71000mg/L 时，可保证出水含油小于 10mg/L。

目前国外在含油污水处理中广泛应用了叶轮浮选技术，前苏联给水排水设计院的油田含油污水处理定型设计中采用了叶轮浮选技术，美国油田含油污水处理中大部分都采用叶轮浮选法，我国中原油田、河南油田、胜利油田等含油污水处理站引进的全套处理设施，也都采用了叶轮浮选机，且这几年其在炼油厂污水处理装置中的应用也有不断推广的趋势。该技术的关键设备为高效涡凹气浮机，主要用于去除污水中的悬浮物、油类物质、COD、BOD 等。

布气气浮设备适用于处理水量小，污染物质浓度高的污水。其优点是设备简单，易于实现。但其主要的缺点是形成的气泡粒度较大，一般都不小于 0.1mm，这样，在供气量一定的条件下，气泡的表面积小；而且由于气泡直径大，运动速度快，气泡与被去除污染物质的接触时间短，这些因素都使叶轮气浮达不到高效的去除效果。

2. 叶轮气浮池工艺设计

(1) 主要设计参数

① 叶轮直径 $D=200\sim400$mm，最大直径不宜超过 600mm；

② 叶轮转速 $\omega=900\sim1500$r/min，圆周线速度 $u=10\sim15$m/s；

③ 叶轮与导向叶片的间距应小于 7~8mm；

④ 气浮池水深一般为 $H=2\sim2.5$m，不宜超过 3m；

⑤ 气浮池应为方形，单边尺寸不宜大于叶轮直径 D 的 6 倍。

(2) 气浮池工艺设计

叶轮气浮池工艺设计计算见表 11-1。

表 11-1 叶轮气浮池工艺设计计算

设计项目	计算公式	参数说明
气浮池总容积	$W=\alpha Qt$	W——气浮池总容积，m^3； α——系数，一般取 1.1~1.2； Q——处理污水量，m^3/min； t——气浮分离时间，min，一般为 20~25
气浮池总面积	$F=\frac{W}{h}$ 其中 h 按公式 $h=\frac{H}{\rho}$ 计算； H 按 $H=\varphi\frac{u^2}{2g}$ 计算	F——气浮池总面积，m^2； W——气浮池总容积，m^3； h——气浮池的工作水深，m； H——气浮池中的静水压力，kPa； ρ——气水混合体的密度，kg/L，一般为 0.7； φ——压力系数，其值等于 0.2~0.3； u——叶轮的圆周线速度，m/s； g——重力加速度，m/s^2，取 9.8
气浮池数	$n=\frac{F}{f}$	n——池数(或叶轮数)，个； F——气浮池总面积，m^2； f——单台气浮池面积，m^2
叶轮气浮池长	$l=\sqrt{f}=6D$	l——叶轮气浮池边长，m； f——单台气浮池面积，m^2； D——叶轮直径，m
叶轮吸入的水气混合体量	$q=\frac{Q\times1000}{60n(1-\beta)}$	q——叶轮吸入的水气混合量，L/s； Q——处理污水量，m^3/min； n——池数，个； β——曝气系数，根据试验确定，一般可取 0.30
叶轮转速	$\omega=\frac{60u}{\pi D}$	ω——叶轮转速，r/min； u——叶轮的圆周线速度，m/s； D——叶轮直径，m
叶轮所需功率	$N=\frac{pHq}{102\eta}$	N——叶轮所需功率，kW； ρ——气水混合体的密度，kg/L，一般为 0.7； H——气浮池中的静水压力，kPa； q——叶轮吸入的水气混合量，L/s； η——叶轮效率，等于 0.2~0.3

3. 叶轮气浮的改进形式

(1) 涡凹气浮(CFA)

涡凹气浮机是一种主要用于去除工业或城市污水中的油脂、胶状物及固体悬浮物而设计的新型污水处理设备，系统主要由曝气装置、刮渣装置和排渣装置组成，其中曝气装置主要是带有专利性质的涡凹曝气机，刮渣装置主要由刮渣机和牵引链条组成，排渣装置主要为螺旋推进器，见图 11-3。涡凹曝气系统结构示意图见图 11-4。

图 11-3　涡凹气浮机

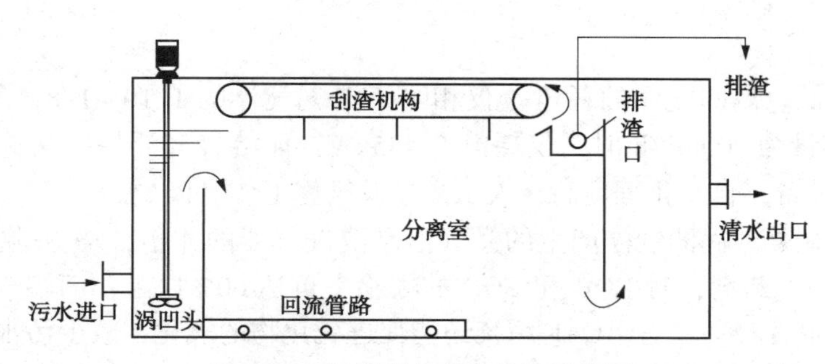

图 11-4　涡凹曝气系统结构示意图

其工作原理为：溶气设备由电机带动高速旋转(旋转速度一般控制在 1000～3000r/min)，利用底部扩散叶轮(该叶轮的叶片为空心状)的高速转动在水中形成一个负压区，使液面上的空气沿着“涡凹头”的中空管进入扩散叶轮释放到水中，并经过叶片的高速剪切而变成小气泡。小气泡在上浮的过程中黏附在絮凝体上而形成新的低密度絮凝体，靠水的浮力将水中的悬浮物带到水面，然后靠刮渣装置除去浮渣。其工艺流程如下：经过预处理后的污水流入装有涡凹曝气机的小型曝气段，涡凹曝气机底部散气叶轮的高速转动在水中形成一个真空区，从而将液面上的空气通过抽风管道输入水中，由叶轮高速转动而产生的三股剪切作用把空气粉碎成微气泡，空气中的氧气也随之溶入水中；固体悬浮物与微气泡黏附后上浮到水面，并通过呈辐射状的气流推动力将其驱赶到刮泥机附近。刮泥机由电机-齿轮传动装置驱动，齿轮传动装置装在槽的一边；刮泥机沿着整个槽的液面宽度移动，将漂浮的固体悬浮物刮到倾斜的金属板上，再将其从气浮槽的进口端推到出口端的污泥排放管道中。污泥排放管道内水平安装有螺旋输送器，将所收集的污泥送入集泥池中；螺旋输送器通常也由刮渣机的马达一同驱动。净化后的污水经由金属板下方的出口进入溢流槽，溢流堰用来控制整个气浮槽的水位，以确保槽中的液体不会流入污泥排放管道内。开放式的回流管道从曝气段沿气浮槽的底部伸展，涡凹曝气机在产生微气泡的同时，也会在有回流管的池底形成一个负压区，这种负压作用会使污水从池底回流至曝气段，然后又返回气浮段，这个过程确保了 30%～50%左右的污水回流，即整套系统在没有进水的情况下仍可工作。涡凹扩散叶轮见图 11-5。

与溶气气浮(DAF)工艺相比，涡凹气浮工艺具有以下优点：

① 节省投资。涡凹气浮系统通过涡凹曝气机来产生微气泡，不需要压力容气罐、空压机、循环泵等设备，因而设备投资少，占地面积小。处理量 $200m^3/h$ 的 CAF 系统占地面积

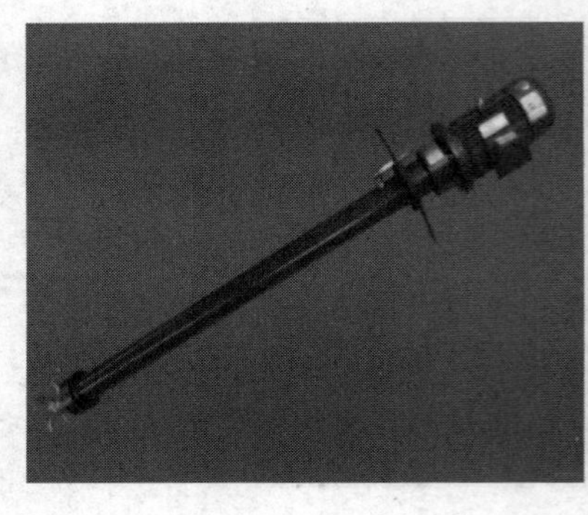
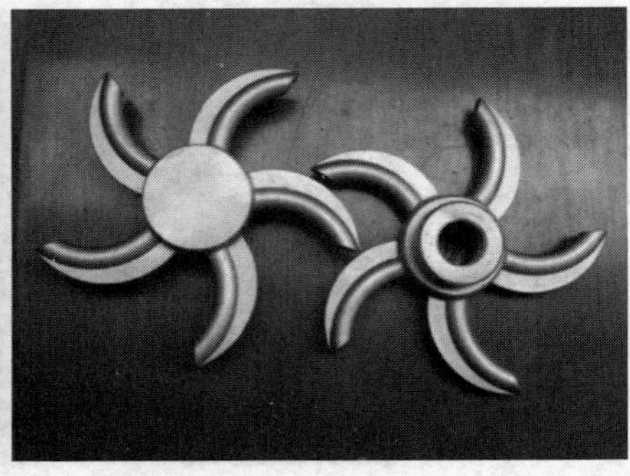

图 11-5 涡凹扩散叶轮图

仅为 36.15m^2。

② 运行费用低。涡凹气浮的耗电量仅相当于溶气气浮的 1/10~1/8，节约运行成本约 40%~90%。处理量为 200m^3/h 时，仅耗电 5.435kW，而溶气气浮耗电高达 65kW。涡凹气浮系统没有复杂设备，自动化程度高，人工操作及维修工作量极少。

③ 处理效果显著。涡凹气浮产生的微气泡是溶气气浮的 4 倍，SS 去除率可超过 90%；通过投加合适的化学药剂，对 COD 和 BOD 的去除率可达 60%以上；而溶气气浮对 COD 及 BOD 的去除率只能达 35%左右。CAF 系统还能促进硫化物的氧化，减少污水中的含硫量。

尽管该法设备具有很多的优点，但也有很多的缺点：

① 需要严格控制进气量。产生的气泡较大，且水中易产生大气泡。大气泡在水中具有较快的上升速度，巨大的惯性力不仅不能使气泡很好地黏附于絮凝体上，相反会造成水体的严重紊流而撞碎絮凝体，所以涡凹气浮要严格控制进气量。

② 动力消耗大。尽管溶气气浮比溶气气浮有了很大的提高，取消了溶气罐等附属设备，但是气泡的产生依赖于叶轮的高速切割，以及在无压体系中的自然释放，气泡直径大、动力消耗高，尤其对于高水温污水的气浮处理，涡凹气浮处理效果难如人意。表 11-2、表 11-3 为国内企业给出的 CAF 涡凹气浮设备规格型号。

表 11-2 JTAF 型涡凹气浮设备规格

型号	处理能力/(m^3/h)	功率/kW	外围尺寸($L\times B\times h$)/m
JTAF-5	5	2.5	2.44×0.93×1.26
JTAF-10	10	3.5	3.05×1.23×1.26
JTAF-20	20	4.6	4.57×1.23×1.26
JTAF-35	35	5	6.00×1.52×1.26
JTAF-50	50	5.5	5.33×1.8×1.26
JTAF-75	75	6.6	6.55×2.41×1.83
JTAF-100	100	8	7.71×2.41×1.83
JTAF-150	150	11.5	11.13×2.41×1.83
JTAF-200	200	15.5	15.09×2.41×1.83
JTAF-320	320	15.7	15.09×3.05×1.83
JTAF-400	400	17	16.60×3.5×1.83
JTAF-500	500	21	20.60×4.4×1.83

表 11-3　IAF 型涡凹气浮设备规格

型号	处理水量/(m^3/h)	外围尺寸(L×B×h)/m	总功率/kW	曝气机数量/台
IAF-5	5	2.5×1.0×1.3	2.0	1
IAF-10	10	3.0×1.3×1.4	2.0	1
IAF-20	20	5.0×1.3×1.4	2.0	1
IAF-30	30	6.0×1.3×1.7	3.0	1
IAF-40	40	7.0×1.6×1.7	3.0	1
IAF-50	50	7.0×1.8×1.7	3.0	1
IAF-75	75	7.0×2.5×1.7	3.0	1
IAF-100	100	8.0×2.4×1.7	3.0	1
IAF-125	125	10.0×2.4×1.7	3.0	1
IAF-150	150	12.0×2.4×1.7	3.0	1
IAF-200	200	15.0×3.0×1.7	5.4	2
IAF-250	250	16.0×3.2×1.7	5.4	2
IAF-320	320	18.0×3.2×1.7	8.1	3
IAF-400	400	18.0×4.5×1.7	10.3	4
IAF-500	500	23.0×4.5×1.7	10.3	4
IAF-600	600	23.0×4.8×1.8	12.5	5
IAF-700	700	27.0×4.8×1.8	12.5	5
IAF-800	800	28.0×5.5×1.8	15.0	6

从表 11-2、表 11-3 中的参数可以看出，同一处理规模的 CAF 涡凹气浮设备，不同企业的设备参数有差别，处理效果有可能不同，选择时应加以考量。

实际工程中，涡凹气浮的主要参数有：停留时间 15~20min；表面负荷 5~10m^3/(m^2·h)；池中工作水深不大于 2m，池的长宽比要求不小于 4。

(2) 旋切气浮(MAF)

旋切式气浮机是利用旋切叶轮在电机的驱动下高速旋转，离心力将叶轮内空气高速甩出，产生雾化气泡，在叶轮内形成负压，从进气管吸入空气，污水从罩板上的小孔进入，在叶轮的搅动下，空气被粉碎成细小的气泡，并与水充分混合后被导向叶片甩出，再经整流板稳流后，在池体内平稳地垂直上升，形成气浮。微细气泡将水中的悬浮物质黏附，形成密度小于水的浮体上浮水面分离，从而完成水的净化过程。旋切式气浮属于引气扩散气浮，它与溶气气浮、喷射引气气浮、多级扩散气浮及电解气浮机理相同，因而同样具有广泛的应用前景。其最大的优点是形成的气泡直径与溶气气泡直径相近，但其能耗却小得多。而且不需要空压机、溶气罐、减压释放器等设施，占地面积小，基建投资也不大。MAF-A 型旋切式气浮机结构如图 11-6 所示，旋切式气浮机使用的叶轮设备见图 11-7。

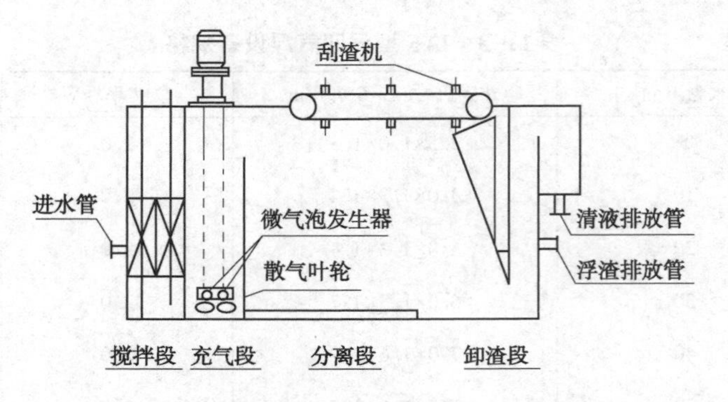

图 11-6 MAF-A 型旋切式气浮机结构示意图

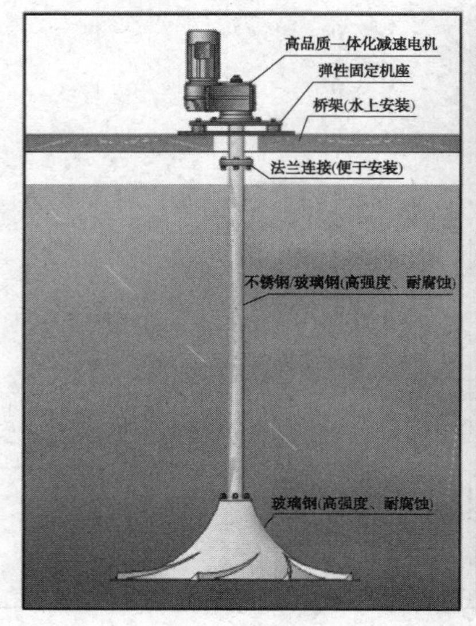

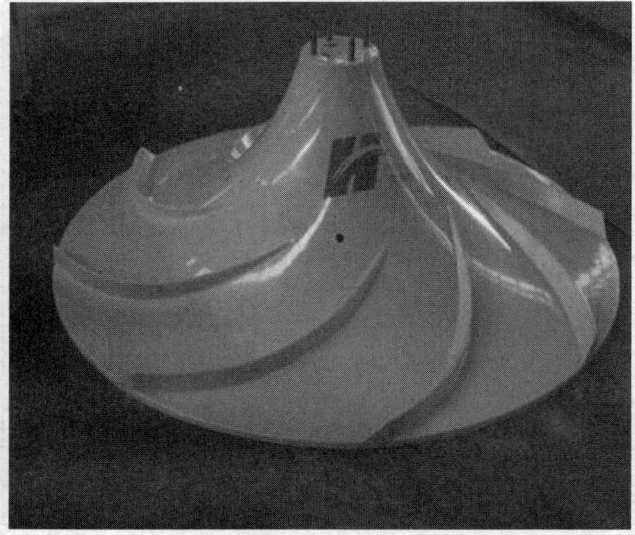

图 11-7 旋切式气浮机叶轮设备图

二、电解气浮器

(一) 原理

电解气浮处理污水的原理是：在电解槽中装有正负相同的多组惰性电极板。废水在直流电的作用下，在正极会释放出氧气，在负极会释放出氢气。污水中的微小油滴和悬浮颗粒黏附在气泡上，随其上浮而得到净化。电解时产生的气泡很小，具有很大的比表面积，密度也小，因此，污水电解产生的气泡截获微小油滴和悬浮颗粒的能力比溶气气浮、叶轮机械搅拌气浮要高，并且相应的浮载能力也大，容易将油滴和悬浮物与水分离。同时，电解时还发生一系列电极反应，有电化学氧化及还原等作用，具有降低 BOD 及 COD、脱色、脱臭的功能，阴极还具有沉积重金属离子的能力。

电解气浮采用的电极有钛板、钛镀钌板、石墨板等电极。电解气浮装置形式分竖流式及平流式，竖流式主要应用于较小水量的处理，竖流式电解气浮装置的示意图见图 11-8。平流式电解气浮装置见图 11-9。

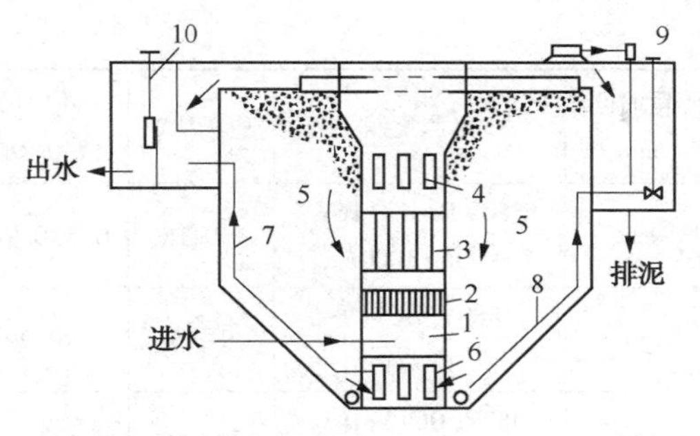

图 11-8 竖流式电解气浮装置的示意图

1—入流室；2—整流栅；3—电极组；4—出流孔；5—分离室；
6—集水孔；7—出水管；8—排泥管；9—刮渣机；10—水位调节器

图 11-9 平流式电解气浮装置

(二) 设备

目前市场上有成套的电解气浮设备供选用，见表 11-4。

表 11-4 电解气浮机选型

型号规格	处理量/ m^3	停留时间/ min	电源配制	功率/kW	外形尺寸 ($L×B×H$)/m	材质	
						箱体	电极
DF-JX-A-005/T	0.5	60	380V/DC12V 300A	1.5~2.5	1.7×0.7×2.1	碳钢、亚克力	钛合金
DF-JX-B-005/T	0.5~1	120	380V/DC12+16V 260A+330A	3~5	3×0.7×2.1	碳钢、亚克力	钛合金
DF-JX-A-01/T	1	60	380V/DC12V 400A	2~3	1.7×0.7×2.3	碳钢、亚克力	钛合金
DF-JX-B-01/T	1~2	120	380V/DC12+16V 350A+450A	3.6~7	3×0.9×2.3	碳钢、亚克力	钛合金
DF-JX-A-02/T	2	60	380V/DC12V 750A	4~6	2.6×0.9×3.2	碳钢、亚克力	钛合金
DF-JX-B-02/T	2~4	120	380V/DC12+16V 650A+750A	9~13	4.9×0.9×3.2	碳钢、亚克力	钛合金
DF-JX-A-03/T	3	60	380V/DC12V 1000A	6~9	3×0.9×3.5	碳钢、亚克力	钛合金

续表

型号规格	处理量/m^3	停留时间/min	电源配制	功率/kW	外形尺寸($L×B×H$)/m	材质	
						箱体	电极
DF-JX-B-03/T	3~6	120	380V/DC12+16V 900A+1000A	12~18	6.5×0.9×3.5	碳钢、亚克力	钛合金
DF-JX-A-04/T	5	60	380V/DC12V 1500A	9~13	4×0.9×3.5	碳钢、亚克力	钛合金
DF-JX-B-04/T	5~10	120	380V/DC12+16V 1350A+1500A	20~30	7.6×0.9×3.5	碳钢、亚克力	钛合金
DF-JX-A-05/T	8	60	380V/DC18V 2100A	18~25	5.3×0.9×3.5	碳钢、亚克力	钛合金
DF-JX-B-05/T	8~16	120	380V/DC16+20V 1800A+2000A	32~46	10×0.9×3.5	碳钢、亚克力	钛合金
DF-JX-A-06/T	12	60	380V/DC18V 3000A	25~35	5.7×1.1×3.5	碳钢、亚克力	钛合金
DF-JX-B-06/T	12~24	120	380V/DC16+20V 2800A+3000A	32~46	11×1.1×3.5	碳钢、亚克力	钛合金
DF-JX-A-07/T	16	60	380V/DC18V 4000A	32~50	6.5×1.1×3.5	碳钢、亚克力	钛合金
DF-JX-B-07/T	16~32	120	380V/DC16+20V 3800A+4000A	63~95	12.3×1.1×4.5	碳钢、亚克力	钛合金
DF-JX-A-08/T	20	60	380V/DC20V 5000A	45~65	8.2×1.1×4.5	碳钢、亚克力	钛合金
DF-JX-B-08/T	20~40	120	380V/DC16+20V 4800A+5000A	79~115	16×1.1×4.5	碳钢、亚克力	钛合金
DF-JX-A-09/T	25	60	380V/DC20V 6000A	55~80	9.3×1.2×4.5	碳钢、亚克力	钛合金
DF-JX-B-09/T	25~50	120	380V/DC16+20V 5800A+6000A	95~140	18×1.2×4.5	碳钢、亚克力	钛合金

A 系列适用 COD2000~5000mg/L，B 系列适用 COD5000~10000mg/L。

(三) 用途

高难度污水处理；多环、杂环物质的处理；生化工艺前期处理，提高污水的 B/C 比。

(四) 电解气浮装置工艺设计

电解气浮装置有关设计的规定：

(1) 极板厚度 6~10mm(可溶性阳极根据需要可加厚)，极板间净距 15~20mm；

(2) 电流密度一般应小于 150~200A/m^2；

(3) 澄清区高度应在 1~1.2m，分离区停留时间 20~30min；

(4) 渣层厚度应控制在 0.1~0.2m；

(5) 单池宽度不应大于 3m；

电解气浮装置工艺设计见表 11-5。

表 11-5　电解气浮装置工艺设计

设计项目	计算公式	参数说明
电极作用表面积	$S=\frac{EQ}{i}$	S——电极作用表面积，m^2； E——比电流，A·h/m^3； Q——污水设计流量，m^3/h； i——电极电流密度，A/m^2；电极作用表面积计算公式中 E、i 参数应通过试验确定，也可按表 11-6 取值
电极板块数	$n=\frac{B-2l+1}{\delta+e}$	n——电极板块数，个； B——电解池的宽度，m，当处理水量 $Q=50\sim100m^3/h$ 时，B 取 1.5~2m； l——极板面与池壁的净距，mm，取 50~100； δ——极板厚度，mm，取 6~10； e——极板净距，mm，取 15~20
单块极板面积	$A=\frac{S}{n-1}$	A——单块极板面积，m^2； S——电极作用表面积，m^2； n——电极板块数，个
极板长度	$L_1=\frac{A}{h_1}$	L_1——极板长度，m； A——单块极板面积，m^2； h_1——极板高度，m，取 1.0~1.5
电极室长度	$L=L_1+2l$	L——电极室长度，m； L_1——极板长度，m； l——极板面与池壁的净距，mm，取 50~100
电极室总高度	$H=h_1+h_2+h_3$	H——电极室总高度，m； h_1——极板高度，m，取 1.0~1.5； h_2——浮渣层高度，m，取 0.2~0.3； h_3——保护高度，m，取 0.3~0.5
电极室容积	$V_1=BHL$	V_1——电极室容积，m^3； B——电解池的宽度，m，当处理水量 $Q=50\sim100m^3/h$ 时，B 取 1.5~2m； H——电极室总高度，m； L——电极室长度，m
分离室容积	$V_2=Qt$	V_2——分离室容积，m^3； Q——污水设计流量，m^3/h； t——气浮分离时间，min，取 20~30
电解气浮池容积	$V=V_1+V_2$	V——电解气浮池容积，m^3； V_1——电极室容积，m^3； V_2——分离室容积，m^3

表 11-6　不同污水的 E、i 值

污水种类	E/(A·h/m^3)	i/(A/m^2)
皮革、毛皮污水	300~600	50~100
化工污水	100~400	150~200
肉类加工污水	100~270	100~200

续表

污水种类	$E/(\text{A}\cdot\text{h/m}^3)$	$i/(\text{A/m}^2)$
人造革污水	15~20	40~80
印染污水	15~20	100~150
含 Cr^{6+} 污水	200~250	50~100
含酚污水	300~500	150~300

三、加压溶气气浮法

压力溶气气浮(DAF)是国内气浮技术中应用比较早的一种技术，适用于处理低浊度、高色度、高有机物含量、低含油量、低表面活性物质含量或具有富藻的水，广泛用于造纸、印染、电镀、化工、食品、炼油等工业污水处理。相对于其他的气浮方式，它具有水力负荷高、池体紧凑等优点，但是它的工艺复杂、电能消耗较大、空压机的噪声大等缺点也限制着它的应用。

（一）加压溶气气浮溶气的方式

根据污水中所含悬浮物的种类、性质、处理水净化程度和加压方式的不同，基本方法有全流程溶气气浮法、部分溶气气浮法、部分回流溶气气浮法三种。

1. 全流程溶气气浮法

全流程溶气气浮法是将全部污水用水泵加压，在泵前或泵后注入空气。在溶气罐内，空气溶解于污水中，然后通过减压阀将污水送入气浮池。污水中形成许多小气泡黏附污水中的乳化油或悬浮物而逸出水面，在水面上形成浮渣。用刮板将浮渣连排入浮渣槽，经浮渣管排出池外，处理后的污水通过溢流堰和出水管排出。图 11-10 为全流程溶气气浮法工艺流程图。

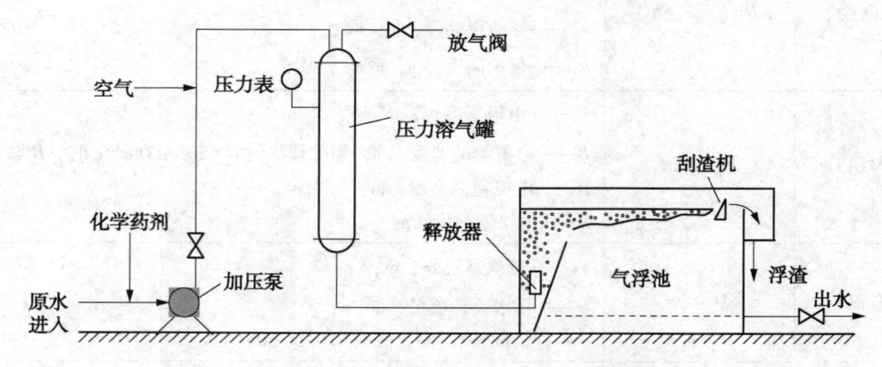

图 11-10 全流程溶气气浮法工艺流程图

全流程溶气气浮法的优点：溶气量大，增加了油粒或悬浮颗粒与气泡的接触机会；在处理水量相同的条件下，它较部分回流溶气气浮法所需的气浮池小，从而减少了基建投资。但由于全部污水经过压力泵，所以增加了含油污水的乳化程度，而且所需的压力泵和溶气罐均较其他两种流程大，因此投资和运转动力消耗较大。

2. 部分溶气气浮法

部分溶气气浮法是取部分污水加压和溶气，其余污水直接进入气浮池并在气浮池中与溶气污水混合。其特点为：较全流程溶气气浮法所需的压力泵小，故动力消耗低；压力泵所造成的乳化油量较全流程溶气气浮法低；气浮池的大小与全流程溶气气浮法相同，但较部分回流溶气气浮法小。图 11-11 为部分进水加压溶气气浮法工艺流程图。

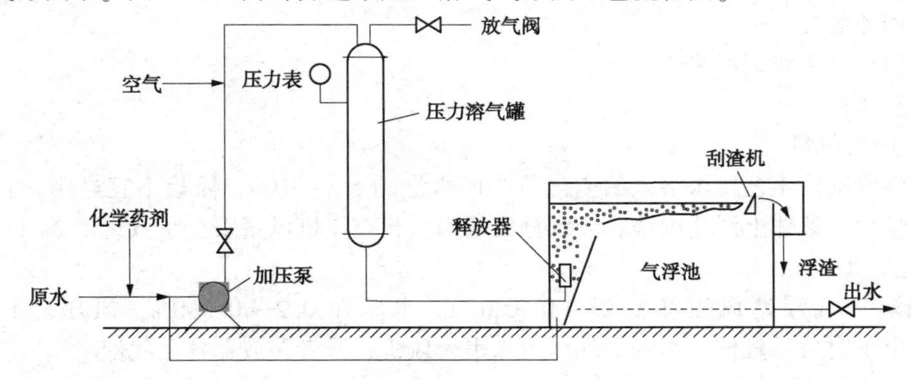

图 11-11　部分进水加压溶气气浮法工艺流程图

3. 部分回流溶气气浮法

部分回流溶气气浮法是取一部分除油后出水回流进行加压和溶气，减压后直接进入气浮池，与来自絮凝池的污水混合和气浮。回流量一般为污水的 25%～100%。其特点为：加压的水量少，动力消耗省；气浮过程中不促进乳化；矾花形成好，出水中絮凝也少；气浮池的容积较前两种流程大。为了提高气浮的处理效果，往往向污水中加入混凝剂或气浮剂，投加量因水质不同而异，一般由试验确定。图 11-12 为部分回流溶气气浮法工艺流程图。

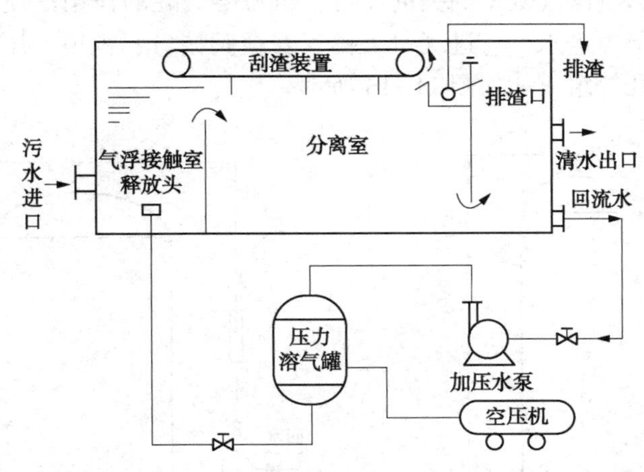

图 11-12　部分回流溶气气浮法工艺流程图

现代气浮理论认为，部分回流加压溶气气浮节约能源，能充分利用浮选剂，处理效果优于全加压溶气气浮流程。而回流比为 50%时处理效果最佳，所以部分回流加压溶气气浮工艺是目前国内外最常采用的气浮法。

（二）加压溶气气浮装置的组成

主要由溶气系统、溶气释放器、气浮池等三个部分组成。

1. 溶气系统

1）溶气系统的组成

对于气浮设备来说，溶气系统气浮设备的最主要的组成部分。用空压机供气方式的溶气系统是目前应用最广泛的压力溶气系统，加压溶气气浮系统一般包括了加压溶气泵、空压机、溶气罐及其他附属设备等。

(1) 回流泵

可采用立式多级离心泵。

(2) 空压机

① 空压机风量

回流溶气气浮工艺要求溶入的空气量为回水量的6%~10%，风量不宜过小，否则絮体附着空气量少，絮体上浮速度慢，渣水分离效果差，空压机风量安全系数为1.2~1.5。

② 空压机风压

回流溶气气浮选风压在0.25~0.35MPa，水压在0.2~0.3MPa，风压、水压差在0.05MPa上下时效果较佳。否则导致压力水串入风机，或者释放器冒大气泡。

③ 空压机选择

往复式空压机耗油过多，每小时均需加油，使气浮中气路带油过多，并且气量气压脉动。而螺杆空压机由于正常运行时不消耗润滑油，气路中不带油，且气量气压恒定，噪声小，因而更适用于作为压力溶气气浮的风源。但如果维护不当，造成机器故障，仍然会影响气浮。

(3) 溶气罐

① 溶气罐结构

压力溶液气罐是影响溶气效率的关键设备。压力溶气罐的作用是使水与空气充分接触，促进空气的溶解。外部由进水口、进气口、排气安全阀接口、视镜、压力表接嘴、排气口、液位计、出水口、人孔等组成，如图11-13所示。

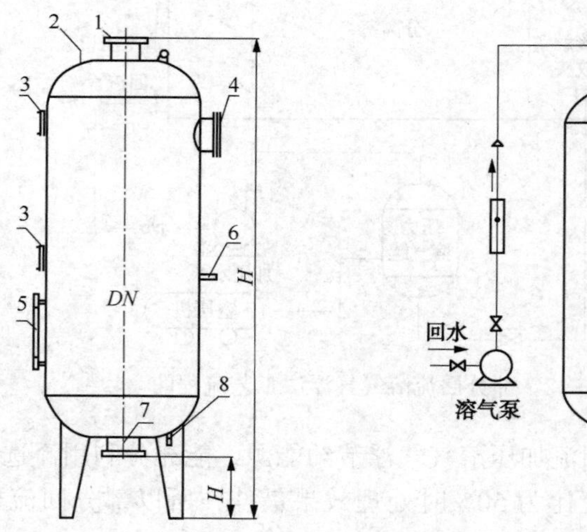

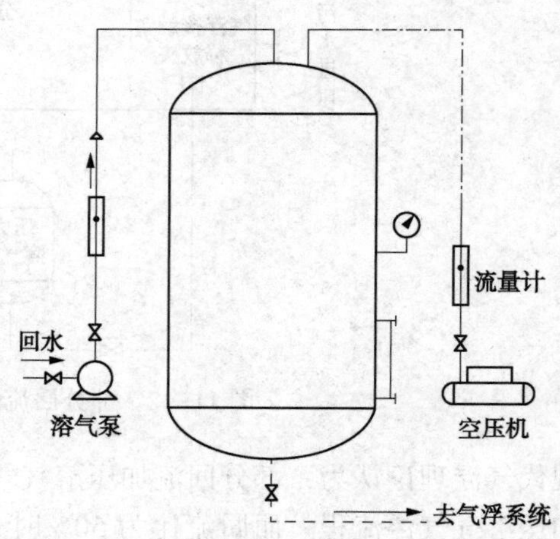

图11-13 溶气罐结构示意图

1—进水管；2—进气管；3，4—人孔；5—液位计；6—放空管；7—出水管；8—放空管

② 溶气罐形式

溶气罐的形式有很多种，如隔板式、花板式、填充式、涡轮式。填充式溶气罐如图11-14所示。

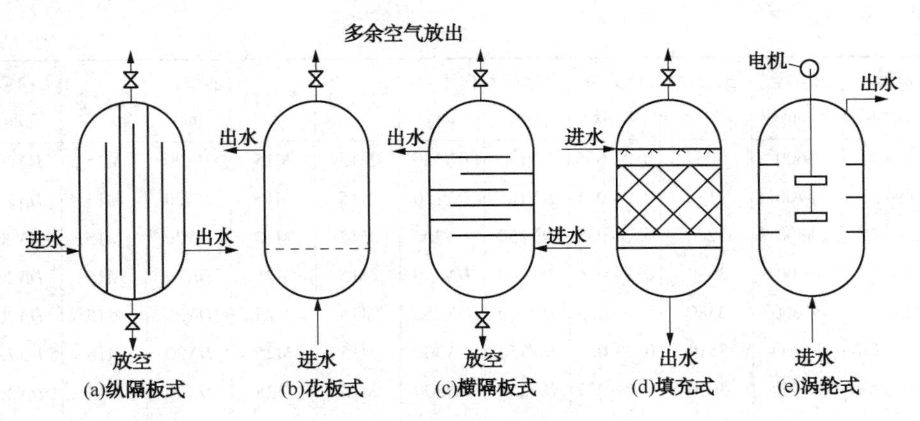

图 11-14　填充式溶气罐示意图

其中以罐内填充填料的溶气罐效率最高。因其装有填料可加剧紊动程度，提高液相的分散程度，不断更新液相与气相的界面，从而提高了溶气效率。填料有各种形式，研究表明，阶梯环的溶气效率最高，可达 90%以上，拉西环次之，波纹片卷最低。这是由于填料的几何特征不同造成的。

③ 影响溶气罐因素

影响填料溶气罐效率的主要因素有填料特性、填料层高度、罐内液位高、布水方式和温度等。

④ 设计参数

填料溶气罐的主要工艺参数为：

用气量：一般按 40~60L/m^3污水量设计；

过流密度：2500~5000m^3/(m^2 · d)；

填料层高度：0.8~1.3m；

污水在溶气罐内停留时间：应根据罐的型式确定，一般宜为 1~4min，罐内应有促进气水充分混合的措施；

液位的控制高度：0.6~1.0m(从罐底计)；

溶气罐承压能力：大于 0.6MPa；

溶气罐工作压力：0.3~0.4MPa；

溶气罐应设安全阀，顶部最高点应装排气阀。溶气水泵进入溶气罐的入口管道应设除污过滤器；溶气罐底部应装快速排污阀；溶气罐应设水位压力自控装置及仪表。

有关企业提供的技术参数分别见表 11-7、表 11-8。

表 11-7　溶气罐罐体主要参数

型号	流量/(m^3/h)	罐直径/mm	罐总高 H/mm	压力范围/MPa	进水管/mm	出水管/mm	进气口	放气口	液位计/mm	压力表	安全阀/mm	人孔/mm
TR-2	3~6	ϕ200	2550	0.2~0.5	DN40	DN50	M15	M15	DN15	M15	DN20	-
TR-3	7~12	ϕ300	2580	0.2~0.5	DN65	DN80	M15	M15	DN15	M15	DN20	-
TR-4	13~19	ϕ400	2680	0.2~0.5	DN80	DN100	M15	M15	DN15	M15	DN20	-
TR-5	20~30	ϕ500	3000	0.2~0.5	DN100	DN125	M15	M15	DN20	M15	DN20	-

续表

型号	流量/(m^3/h)	罐直径/mm	罐总高H/mm	压力范围/MPa	进水管/mm	出水管/mm	进气口	放气口	液位计/mm	压力表	安全阀/mm	人孔/mm
TR-6	31~42	ϕ600	3000	0.2~0.5	DN125	DN150	M15	M15	DN20	M15	DN20	DN450
TR-7	43~58	ϕ700	3180	0.2~0.5	DN125	DN150	M15	M15	DN20	M15	DN20	DN450
TR-8	59~75	ϕ800	3280	0.2~0.5	DN150	DN200	M15	M20	DN20	M15	DN20	DN450
TR-9	76~95	ϕ900	3330	0.2~0.5	DN200	DN250	M15	M25	DN20	M15	DN20	DN450
TR-10	96~118	ϕ1000	3380	0.2~0.5	DN200	DN250	M15	M25	DN20	M15	DN20	DN450
TR-12	119~150	ϕ1200	3510	0.2~0.5	DN250	DN300	M15	M25	DN20	M15	DN20	DN450
TR-14	151~200	ϕ1400	3610	0.2~0.5	DN250	DN300	M15	M25	DN20	M15	DN20	DN450
TR-16	201~300	ϕ1600	3780	0.2~0.5	DN300	DN350	M15	M25	DN20	M15	DN20	DN450

表 11-8 压力溶气罐配套设施

阶梯环填料			空压机					回流泵		
规格	填料高度/mm	填料体积/m^3	型号	气量/(m^3/min)	最大压力/MPa	功率/kW	数量	型号	流量/(m^3/h)	扬程/m
Φ25	1000	约0.03	Z-0.036/7	0.036	0.7	0.37	1台	CDL4-7	4	56
Φ25	1000	约0.07	Z-0.036/7	0.036	0.7	0.37	1台	CDL12-5	12	50
Φ25	1100	约0.14	Z-0.036/7	0.036	0.7	0.37	1台	CDL20-4	20	47
Φ25	1400	约0.27	Z-0.08/7	0.08	0.7	0.75	1台	CDL32-40-2	32	46
Φ50	1400	约0.40	Z-0.08/7	0.08	0.7	0.75	1台	CDL42-30-2	42	52
Φ50	1500	约0.58	Z-0.12/7	0.12	0.7	1.1	1台	CDL65-30-2	65	46
Φ50	1600	约0.80	Z-0.12/7	0.12	0.7	1.1	1台	CDL65-30-1	65	53
Φ50	1600	约1.02	Z-0.14/7	0.14	0.7	1.5	1台	CDL85-30-2	85	52
Φ76	1700	约1.33	Z-0.21/7	0.21	0.7	2.2	1台	CDL120-20	120	40
Φ76	1800	约2.03	Z-0.21/7	0.21	0.7	2.2	1台	CDL150-30-2	150	49
Φ76	1900	约2.92	V-0.36/7	0.36	0.7	1.1	1台	CDL85-30-2	85	52
Φ76	2100	约4.22	W-0.52/7	0.52	0.7	4	1台	CDL150-30-2	150	49

⑤ 设计参数与计算

溶气罐设计参数与设计计算见表 11-9。

表 11-9 溶气罐设计参数与设计计算

设计项目	计算公式	参数说明
压力溶气罐直径	$D_d=\sqrt{\frac{4\times Q_r}{\pi I}}$	D_d——压力溶气罐直径，m； Q_r——溶气水量，m^3/h； I——单位罐截面积的水力负荷，对填料罐一般选用100~200m^3/(m^2·h)
溶气罐高度	$H=2h_1+h_2+h_3+h_4$	H——溶气罐高度，m； h_1——罐顶、底封头高度，m(根据罐直径而定)； h_2——布水区高度，一般取0.2~0.3m； h_3——贮水区高度，一般取1.0m； h_4——填料层高度，当采用阶梯环时取1.0~1.3m

续表

设计项目	计算公式	参数说明
溶气罐体积与复核	$V_d=\frac{\pi D_d^2}{4}\times H$ $V_d=Q_r\times t_d$	V_d——溶气罐体积，m^3； D_d——压力溶气罐直径，m； H——溶气罐高度，m； Q_r——溶气水量，m^3/h； t_d——溶气水在溶气罐内停留时间，min。当无填料时 $t_d=3\sim4min$；当有填料时 $t_d=2min$。溶气罐 D_d、H 应同时满足以上公式的要求

2）溶气系统

溶气系统的回流比和需气量是关系到溶气系统合理性和气浮装置正常运行的关键参数。

（1）气固比的确定

确定回流比和需气量，首先要确定气固比。气固比就是溶气水中经减压释放的溶解空气总量与原水带入的悬浮固体总量的比值。气固比的选用涉及到设备、动力及出水水质等诸多因素。合适的气固比（α）应该达到释气量足以浮起原水中的全部悬浮物的要求，气固比与悬浮颗粒的疏水性有关，约为 0.005～0.06，通常由试验确定。当无资料时，用公式（11-1）计算。

$$\alpha=\frac{Q_g}{QS_a}=\frac{\gamma C_s(fp-1)R}{1000S_a} \tag{11-1}$$

式中　α——气固比；

Q_g——气浮池所需空气量，kg/h；

Q——气浮池处理水量，m^3/h；

S_a——污水中悬浮物浓度，kg/m^3；

γ——空气容重，g/L；

C_s——在一定温度下，一个大气压时的空气溶解度，mL/（L·atm）；

f——加压溶气系统的溶气效率，$f=0.8\sim0.9$；

p——溶气压力，绝对压力，atm；

R——回流比或溶气水回流比，%。

（2）回流量 Q_r 的确定

当气固比 α 确定后，由式（11-1）可得出式（11-2）：

$$R=\frac{Q_r}{Q}=\frac{1000\alpha S_a}{\gamma C_s(fp-1)} \tag{11-2}$$

（3）空压机需气量 V 的确定

根据亨利定律，推导出需气量 V 的公式为：

$$V=\frac{10^{-3}S_1K(fp-P_0)Q_r}{\gamma V} \tag{11-3}$$

式中　V——需气量，m^3/h；

S_1——空气裕量系数；

K——标准状体下的空气溶解度，29.3mg/L。

由以上推理，可以得出以下计算顺序：由出水 SS 的要求和出渣含固率的要求确定气固比；由原水 SS 的含量和溶气水溶气压力确定回流比；由亨利定律确定需气量。

（4）溶气系统设计实例

① 设计参数

设计温度 50℃，设计流量 $Q=900m^3/h$，悬浮物含量 $SS=1000mg/L$，40℃时空气密度 $\gamma=1.092g/L$，40℃空气溶解度 $C_s=14.2mL/L$，空气裕量系数 S_1 取 1.5，溶气罐效率 f 取=0.8，溶气罐压力 $p=4atm$(绝对压强)，悬浮物排放要求 $SS<100mg/L$。

② 确定气固比

根据经验值，a 取=0.016。

③ 确定回流比

$$R=\frac{Q_r}{Q}=\frac{1000\alpha S_a}{\gamma C_s(fp-1)}=0.47$$

则回流量 $Q_r=423m^3/h$。

④确定需气量 V

$$V=\frac{10^{-3}S_1K(fp-1)Q_r}{\gamma}=37(m^3/h)$$

气量确定后，根据 V 选定空压机。

⑤ 性能技术参数

主要性能技术参数见表 11-10。

表 11-10 主要性能技术参数

项目	参数	数量
处理量	900m³/h	
空压机	3W-1.6/10B	1 台
溶气水泵	IS200-150-400(90kW)	2 台
溶气罐	有效停留时间 2min，直径 2m	设填料
絮凝搅拌电机	XLD4-3-1/11(3kW)	1 台
助凝搅拌电机	XLD5-7.5-1/17	1 台
PAC 加药泵	单螺杆泵 G25-1	1 台
PAM 加药泵	单螺杆泵 G35-1	1 台

2. 溶气水减压释放装置

溶气水释放装置的功能是将压力溶气水减压，使水中的气体以微气泡的形式释放出来，并能迅速、均匀地与水中的颗粒物质黏附。溶气水减压释放设备一般要求微气泡的直径为 20~100μm。溶气释放器产品很多，其中效果较好的一般都有以下特点：在释放器的入口处水流方向会突然改变(常为 90°)；在喷嘴处能实现瞬间压降；释放器口径不超过 2.5mm；水在释放器中的停留时间<1.5ms；离开释放器的水流速度逐渐变小，同时能与挡板发生撞击。根据有关资料，国外使用较多的是宽流道释放器，其结构如图 11-15 所示。

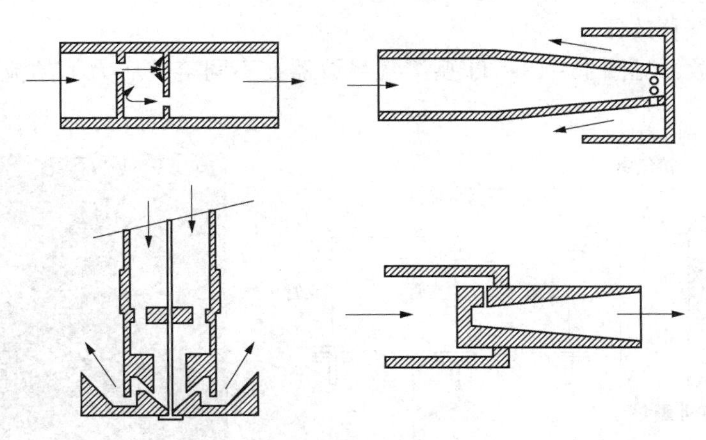

图 11-15 宽流道释放器结构示意图

国内使用较多的有减压阀以及有关专用释放器。其中减压阀主要有截止阀，实际运行中可能会出现每个阀门流量不同、气泡合并现象，阀芯、阀杆、螺栓易松动情况，运行不稳定，效果不好。专用释放器在国内应用较多的是 TS 型、TJ 型和 TV 型三种，为专利产品。

（1）TS 型溶气释放器

TS 型溶气释放器见图 11-16。TS 型溶气释放器有多种型号，它们在不同压力下的流量和作用范围见表 11-11。TS 型溶气释放器在使用时易堵塞，单个释放器出流量小，作用范围较小。

图 11-16 TS 型溶气释放器

表 11-11 TS 型溶气释放器在不同压力下的流量和作用范围

型号	不同压力下的流量/(m^3/h)					作用直径/mm
	0.1MPa	0.2MPa	0.3MPa	0.4MPa	0.5MPa	
TS-Ⅰ	0.25	0.32	0.38	0.42	0.45	250
TS-Ⅱ	0.52	0.70	0.83	0.93	1.00	350
TS-Ⅲ	1.01	1.30	1.59	1.77	1.91	500
TS-Ⅳ	1.68	2.13	2.52	2.75	3.10	600
TS-Ⅴ	2.34	3.47	4.00	4.50	4.92	700

TS 型溶气释放器应用示意图见图 11-17。

(2) TJ 型溶气释放器

TJ 型溶气释放器见图 11-18。TJ 型溶气释放器在不同溶气压力下的流量及作用范围见表 11-12。

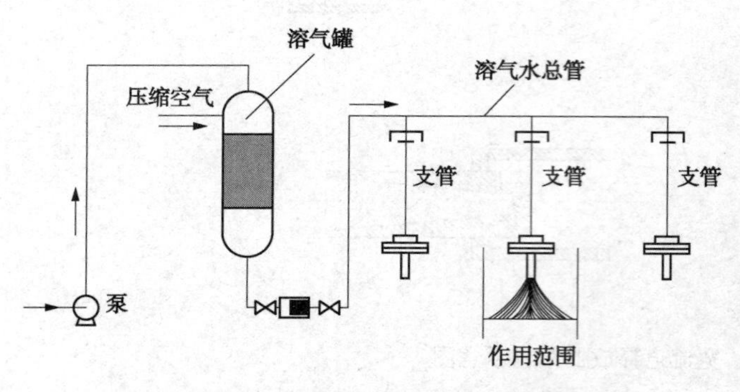

图 11-17 TS 型溶气释放器应用示意图

图 11-18 TJ 型溶气释放器

表 11-12 TJ 型溶气释放器在不同溶气压力下的流量及作用范围

型号	规格	不同压力下的流量/(m^3/h)								作用直径/mm
		0.15MPa	0.20MPa	0.25MPa	0.30MPa	0.35MPa	0.40MPa	0.45MPa	0.50MPa	
TJ-I	8×ϕ15	0.98	1.08	1.18	1.28	1.38	1.47	1.57	1.67	500
TJ-II	8×ϕ20	2.10	2.37	2.59	2.81	2.97	3.14	3.29	3.45	700
TJ-III	8×ϕ25	4.03	4.61	5.15	5.60	5.98	6.31	6.74	7.01	900
TJ-IV	8×ϕ32	5.67	6.27	6.88	7.50	8.09	8.69	9.29	9.89	1000
TJ-V	8×ϕ48	7.41	8.70	9.47	10.55	11.11	11.75	—	—	1100

TJ 型溶气释放器单个释放流量和作用相对于 TS 型释放器的范围要大。TJ 溶气释放器应用见图 11-19。TJ 型释放器也可以倒装，不管释放器正装或倒装，水射器及其控制闸门都应装在便于操作处。一般厂家规定每只水射器容许接 8~10 只 TJ 型释放器。

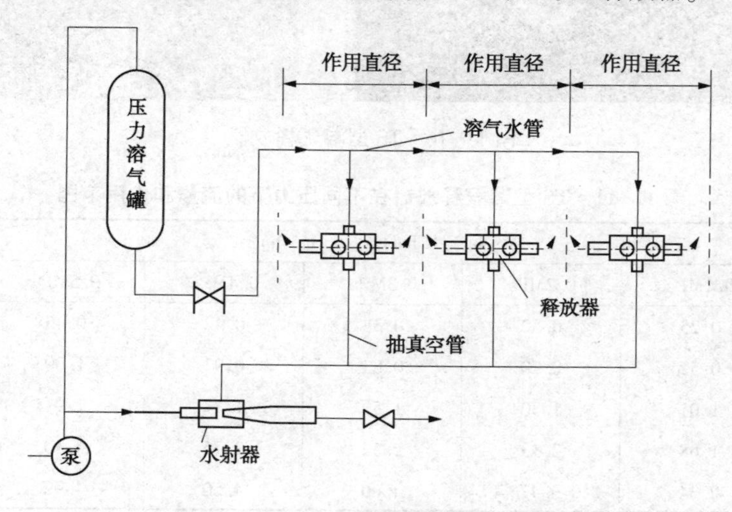

图 11-19 TJ 溶气释放器应用示意图

（3）TV 型溶气释放器

TV 型溶气释放器见图 11-20。TV 型溶气释放器在不同溶气压力下的流量及作用范围见表 11-13。

图 11-20　TV 型溶气释放器

表 11-13　TV 型溶气释放器在不同溶气压力下的流量及作用范围

型号	规格	不同压力下的流量/(m^3/h)								作用直径/mm
		0.15MPa	0.20MPa	0.25MPa	0.30MPa	0.35MPa	0.40MPa	0.45MPa	0.50MPa	
TV-Ⅰ	ϕ150	0.95	1.04	1.13	1.22	1.31	1.4	1.48	1.51	400
TV-Ⅱ	ϕ200	2.00	2.16	2.32	2.48	2.64	2.8	2.96	3.12	600
TV-Ⅲ	ϕ250	4.08	4.45	4.81	5.18	5.54	5.91	6.18	6.64	800

TV 型溶气释放器释出的微气泡密集，直径在 20~40μm，其单个释放器出流量和作用范围较大；堵塞时可用压缩空气使下盘移动，清除堵塞物；TV 型溶气释放器应用见图 11-21。

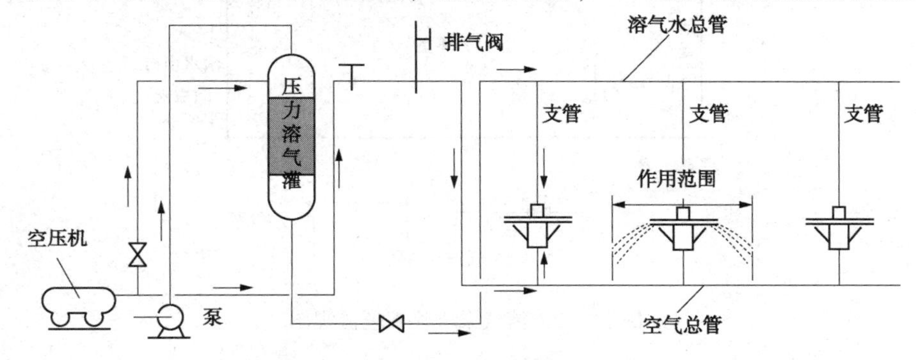

图 11-21　TV 型溶气释放器应用示意图

（4）溶气释放器的设计

释放器前管道水流速度在 1m/s 以下，出口流速以 0.4~0.5m/s 为宜；工作压力为 0.2~0.5MPa。

释放器有多种规格，在一定的回流量情况下，究竟选择只数多、水量小的释放器，还是选择只数少而出流量大的释放器，应综合考虑。一般情况下，推荐选用多个小释放器为佳。溶气释放器个数按照公式(11-4)计算。

$$n=\frac{Q_r}{q} \tag{11-4}$$

式中　n——溶气释放器个数，个；

Q_r——溶气水量，m^3/h；

q——选定溶气压力下单个释放器的出流量，m^3/h。

一般单个释放器的工作直径为0.3~1.1m，可根据设备定。

溶气水由溶气罐至释放器的管道上不应设截止阀，释放器应考虑快速拆卸装置。

第三节 其他气浮装置及其应用

一、溶气泵气浮

溶气泵气浮技术是近几年发展起来的新型气浮技术，有很广阔的市场前景。该技术克服了加压溶气气浮工艺附属设备多、能耗大和涡凹气浮工艺产生大气泡的缺点，并具有能耗低的特点。溶气泵采用涡流泵或气液多相泵，其原理是在泵的入口处空气与水一起进入泵壳内，高速转动的叶轮将吸入的空气多次切割成小气泡，小气泡在泵内的高压环境下迅速溶解于水中，形成溶气水然后进入气浮池完成气浮过程。溶气泵产生的气泡直径般在20~40μm，吸入空气基本能溶解在水中，溶气水中最大含气量可达到30%，泵的性能在流量变化和气量波动时十分稳定，为泵的调节和气浮工艺控制提供了好的操作条件，其工艺流程图见图11-22。

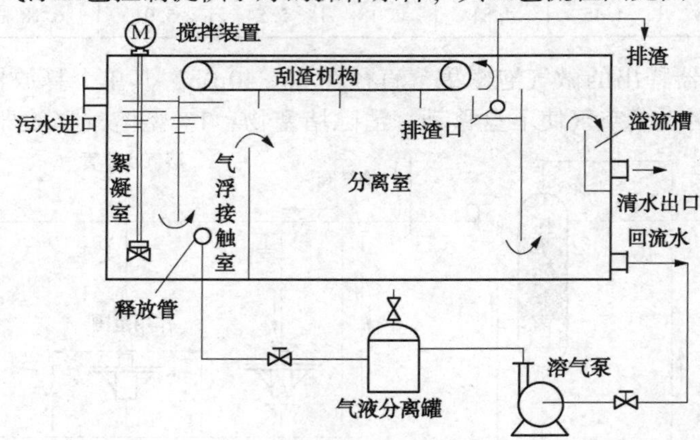

图11-22 溶气泵气浮工艺流程图

溶气泵气浮设备由絮凝室、接触室、分离室、刮渣装置、溶气泵、释放管等几部分组成。基本原理是：首先由溶气泵抽取出水作为回流水，产生溶气水(此时的溶气水中饱含大量的微细气泡)，溶气水通过释放管释放进入接触室的水中，小气泡缓慢上升并黏附于杂质颗粒上，形成密度小于水的浮体，上浮水面，形成浮渣，并随水流缓慢向前移动进入分离室，然后由刮渣装置将浮渣去除。清水经溢流调节排放，从而完成气浮的工作过程。

溶气泵气浮设备技术成熟应用较多的有EDUR型高效气浮装置。EDUR型高效气浮装置吸收了CAF切割气泡和溶气气浮(DAF)稳定溶气的优点，整套系统主要由溶气系统、气浮设备、刮渣机、控制系统和配套设备等组成。

(一) 基本原理

溶气系统采用德国EDUR泵业有限公司的气液多相流泵作为回流泵，气液多相流泵有不同于一般泵的特殊叶轮结构，在流量变化和气量波动时十分稳定，为泵的调节和气浮工艺的控制提供了良好的操作条件。气液多相流泵能将空气和回流水一起从泵进口管道直接吸入，高速旋转的多级叶轮将吸入的空气多次切割成小气泡，并将切割后的小气泡在泵内的高压环境中瞬间溶解于回流污水中。再经过减压阀释放成乳白色的溶气水，使絮凝颗粒上浮，从而达到净化的目的。

空气在水中的最大溶解度主要取决于压力、水温和水质，压力越高、水温越低，则空气在水中的饱和溶解度越大。对气浮而言，希望得到尽可能多的溶解空气，即达到饱和状态，但要避免过饱和。在气浮装置中采用 EDUR 气液多相泵作为溶气泵，气体在泵进口管道利用自身的真空直接吸入，EDUR 气液多相泵特殊的叶轮结构，使得泵在建立压力的过程中产生气液两相充分的溶解并达到高压饱和，EDUR 气液多相泵的最大含气量可以达到 30%。在减压释放时，溶解的气体以微气泡的形式逸出并弥散在气浮装置，通过这种方式产生的气泡直径可以小于 30μm。

传统气浮装置通过溶气罐静压溶气，必须配有一系列相关设备，如空压机、溶气罐、水泵、控制系统、释放器、阀等。由于不能做到气体在水中的饱和溶解，减压释放后容易产生大气泡，影响气浮处理效果。采用气液多相泵溶气，不但可省去其中的多数设备，降低投资和运行费用，而且由于气泡细微、弥散均匀，气浮处理效果得到大幅度改善。

与射流泵溶气系统管道溶气相比，EDUR 多相流泵的溶气是在泵的多级升压过程中完成的，气体溶解度容易控制，溶解效果更理想。采用 EDUR 多相流泵的气浮处理效率远远优于射流泵溶气系统。

（二）溶气系统结构及作用

图 11-23 为 EDUR 加压溶气气浮系统结构示意图。部分经气浮装置处理后的清水回流至多相流泵产生溶气水。溶气泵产生的溶气水的流量和压力可以通过截止阀来进行调节。溶气水的压力一般调节到≥0.45MPa，以保证溶气水中的气泡直径≤30μm。运行时，通过调节截止阀，使真空表显示溶气泵进口真空度为-0.01～-0.02MPa。由于泵入口真空的存在使空气自动吸入泵前管道，与水一起进入泵内。溶气泵实物见图 11-24。

调节截止阀，可控制泵的空气吸入量。在常规气浮装置中（水温 200C，溶气水压力 0.45MPa 条件下，空气饱和溶解度为 10%）控制气液比为 10%（气液比＝吸入空气量/泵吸入的回水水量）。吸气管的高度可略高于气浮池液面，这样当溶气泵停车时，气浮池内的污水不会从空气管反流溢出。

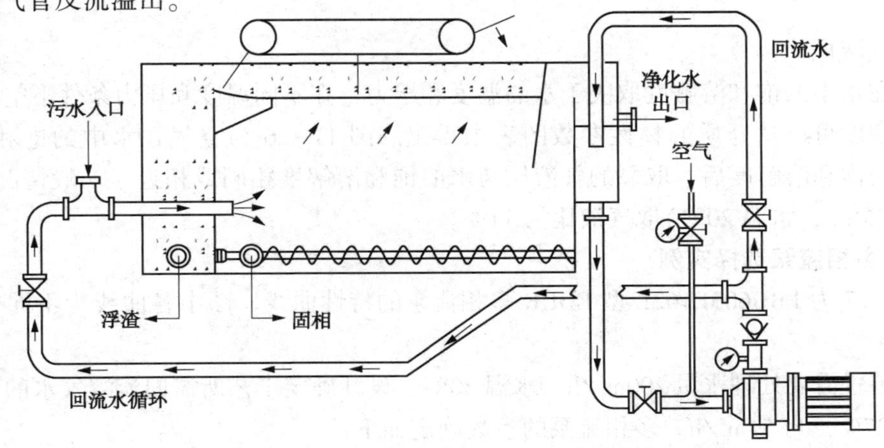

图 11-23　EDUR 加压溶气气浮系统结构示意图

图 11-24　EDUR 溶气泵实物图

气液多相流泵水平安装，泵和电机同轴，采用机械密封。开式叶轮结构使得在长时间停机或处于临界运行状况时，没有轴向力；导流器的使用则保证运行条件下良好动力学性能和高效率。

（三）EDUR 泵的性能参数

（1）流量

可根据工艺要求确定溶气水流量，一般可按气浮处理水量的 25%~35%考虑。

（2）压力

介质减压后的气泡大小与饱和压力的关系图见图 11-25。为保证释放气泡直径≤30μm，一般所选压力≥0.40MPa（表压），具体视工艺设计而定。

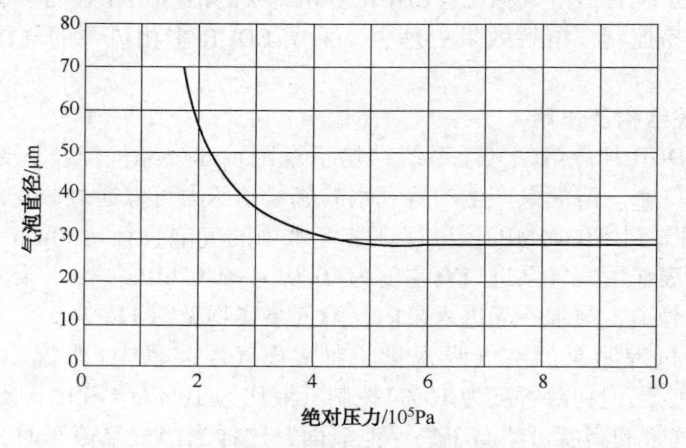

图 11-25　介质减压后的气泡大小与饱和压力的关系图

（3）气液比

空气在水中的饱和溶解度取决于水的温度和压力，在不同温度和压力条件下空气在水中的饱和溶解度可以从介质的物性参数图表中得出。图 11-26 为空气在水中的饱和溶解度。在得出水的饱和溶解度后，取泵的气液比与水的饱和溶解度相同或相近。一般情况下（溶气水压力 0.5MPa，水温 20℃）取气液比为 11%。

（四）多相流泵选择实例

图 11-27 为 LBU603E162L 型 EDUR 多相流泵的特性曲线。图中各曲线为不同气液比下泵的性能。

气浮装置需要处理水量 200m^3/h，水温 20℃。设计确定工艺所需回流溶气水的水量为处理水量的 27%，为 54m^3/h。多相流泵的参数确定如下：

（1）为确保释放的气泡直径小于 30μm，泵的出口压力应大于 0.4MPa（表压），选设计

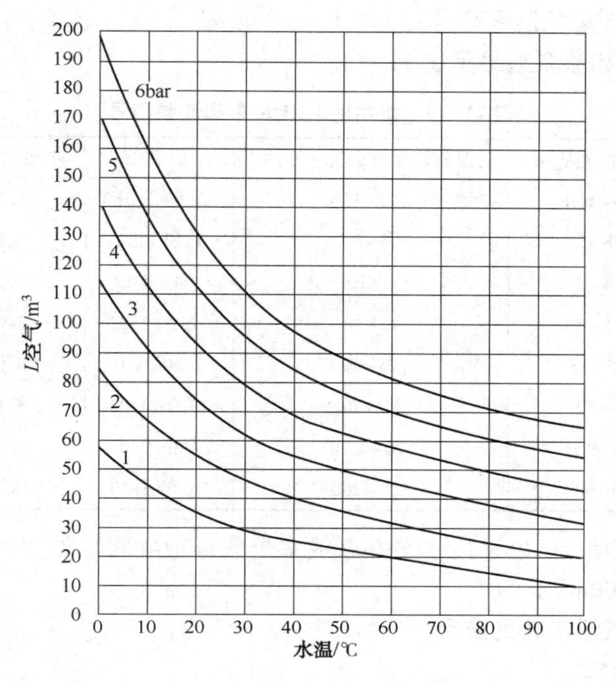

图 11-26 空气在水中的饱和溶解度

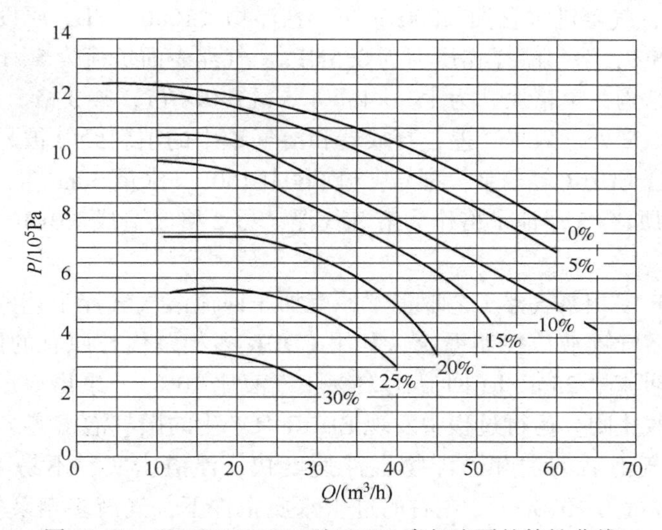

图 11-27 LBU603E162L 型 EDUR 多相流泵的特性曲线

点 0.5MPa(表压)。

(2) 查水温 20℃、压力 0.5MPa 条件下，空气饱和溶解度为 11%。选设计点气液比 11%。

(3) 考虑泵操作点的可调节性，应在如下范围满足气浮运行要求：流量调节范围 50~60m^3/h；压力 P=0.4~0.7MPa；气液比=7.5%~13%。

根据以上设计要求，确定泵的型号为 LBU603E162L。

（五）常用 EDUR 多相流泵型号

常用的 EDUR 多相流泵型号见表 11-14。

表 11-14 常用的 EDUR 多相流泵型号

泵型号	溶气水量/(m^3/h)	气浮装置处理水量/(m^3/h)	轴功率/kW	电机功/kW	进口/出口法兰
EB3u	0.5~1.0	2~3	1.0~1.01	1.5	*DN*32
EB4u	0.8~2	3~5	1.14~1.2	1.5	*DN*32
EB14u	1.5~3	5~10	1.4~1.45	2.2	*DN*40
EB16u	2.5~5	10~16	2.0~2.2	3.0	*DN*40
LBU403C120L	4.5~15	16~50	2.20~3.0	4.0	*DN*65/*DN*40
LBU404C120L	10~22	50~70	3.0~4.0	5.5	*DN*65/*DN*40
LBU603D150L	20~36	70~120	6.0~9.0	11.0	*DN*80/*DN*65
LBU603E162L	30~60	120~200	14.0~16.0	18.5	*DN*80/*DN*65

当处理水量较大时，可以采用多泵并联或多个气浮池并联，如两个 LBU603E162L 并联使用可以处理 300~500m^3/h 污水。

（六）EDUR 泵气浮工艺的应用

1. 油田污水的处理

辽河油田杜 84 区块超稠油污水处理站处理规模为 5000m^3/d，采用部分回流加压溶气气浮。进水水温 75℃，气浮进水含油≤200mg/L，悬浮物≤1000mg/L，原设计溶气水量（回流比）30%，气液比 15%，溶气罐操作压力为 0.5MPa，气浮表面负荷为 5~10m^3/(m^2·h)，气浮池为钢筋混凝土结构，单格尺寸为 15m×4m×4.5m（L×B×H），共 3 格。由于水温高溶气效果不好，投产运行以来处理效果较差，释放器和溶气罐中的填料经常被悬浮物和稠油堵塞。气浮改造时选用 1 台 EDUR 多相泵，型号：LUB603E150L，水量 30m^3/h，压力 0.5MPa，电机功率 15kW。保留原有气浮池 1 格作为溶气气浮，另 2 格改造成 EDUR 多相泵气浮，处理水量为 4000m^3/d。

改造后的 EDUR 多相泵气浮工艺取消了原有加压回流溶气气浮工艺的溶气罐、释放器、空压机、稳压罐、溶气罐液位控制系统，利用 EDUR 多相泵代替原有的回流泵，实际运行操作过程中，控制回流量 25m^3/h（回流比 15%、气液比 10%），泵出口压力为 0.6MPa，压力释放通过支管的截止阀。运行过程中发现 EDUR 泵产生的微气泡密实，2/3 池表面可见白色微气泡，黏附微气泡后的油和悬浮物上浮速度快，浮渣密实，不易下沉。在进水含油 200mg/L、悬浮物含量为 1000mg/L 左右的进水水质条件下，气液多相泵气浮的出水水质明显优于加压溶气气浮的出水水质，油和悬浮物的去除率达 95%以上。而且，EDUR 多相泵没有释放器、溶气罐等易堵塞部件，通过调节进气和进水阀门即可方便地调节气液比，操作管理方便。省去了溶气罐（Φ600mm，H=3.5m，P=0.5MPa，2 个），空压机（Z0.1/0.7，N=1.5kW，2 台），回流泵（IS65-40-200，N=7.5kW，2 台），释放器（TV-Ⅱ，20 个），储气罐（Φ1000mm，H=2m，P=1.0MPa，1 个）以及阀门和管路等配套设施。采用 EDUR 泵代替溶气气浮，可节约工程投资 40%，运行费用节约 30%。

2. 造纸污水的处理

某纸厂污水处理站处理水量为 800m^3/d，原工艺采用射流加压溶气气浮技术。气浮进水悬浮物≤800mg/L，原设计溶气水量(回流比)30%，溶气罐操作压力为0.3MPa(表压)，气浮表面负荷5~10$m^3/(m^2 \cdot h)$，气浮池为A3钢结构。由于溶气效果差，投产运行以来处理效果较差，浮渣量少，出水悬浮物多。

气浮改造时选用1台EDUR多相泵，型号：LUB403C120I，控制回流量5m^3/h(回流比15%)，压力0.6MPa。保留原有气浮池的溶气装置，处理水量为800m^3/d。改造后的EDUR多相泵气浮工艺取消了原有加压回流溶气气浮工艺的溶气罐、释放器、空压机、稳压罐、溶气罐液位控制系统，利用EDUR多相泵代替原有的回流泵。实际运行操作过程中，泵出口压力为0.6MPa，压力释放通过有支管的截止阀。

二、超效浅层气浮设备(Krofta气浮设备)

超效浅层气浮技术由Milos Krofta于20世纪70年代发明，简称为Krofta工艺，目前，超效浅层气浮被应用于水处理行业特别是造纸的白水处理与回用。

(一) 设备结构

图11-28为Krofta气浮装置的池体结构示意图。典型的Krofta气浮工艺系统整套装置由圆形浅池静止部分、中央旋转部分及溶气水制备系统等组成。中央旋转部分包括进水口、配水器、加压水入口、加压水配水器、出水口和螺旋污泥斗，这些组件都安放在旋转支架上；在支架外缘装有可调减速机，通过主动轮驱动，使支架绕中心沿池体外缘的圆形轨道以与进水流速一致的速度转动。行走部分和泥斗的转动由调速电机驱动，中心滑环供电。

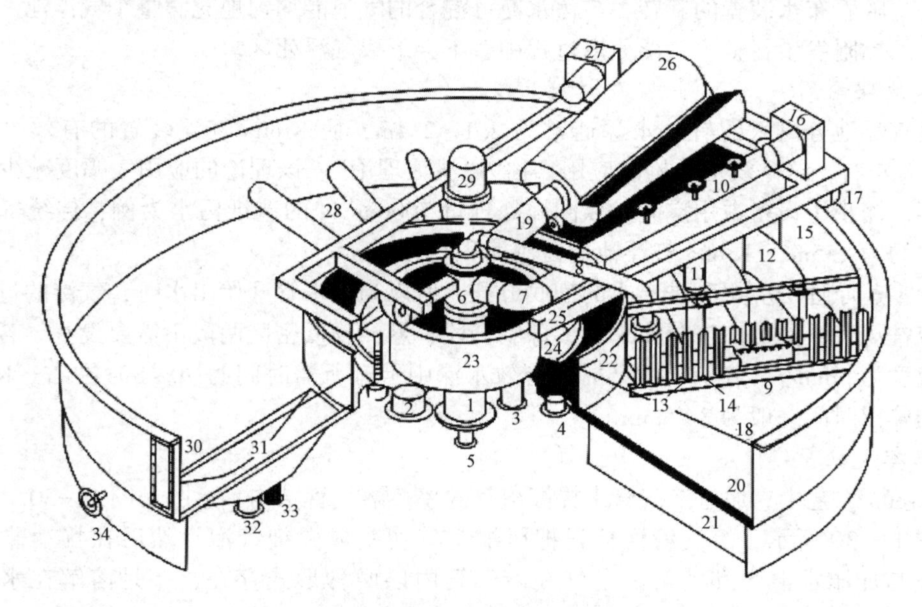

图11-28　Krofta气浮装置的池体结构示意图

1—原水进口；2—清水出口；3—浮渣排放管；4—回流水出口；5—回流水进口；6—旋转进水管；7—联接管；8—加压水管路；9—加压水旋转布水器；10—原水布水管；11—原水布水管；12—分水板；13—稳流挡板；14—池底刮板；15—分水板外壁；16—驱动电机；17—支架驱动轮；18—驱动轮支撑圈；19—螺旋泥斗轴；20—池壁；21—池底支撑结构；22—清水收集筒；23—污泥筒；24—溢流堰；25—旋转支架结构；26—旋转螺旋泥斗；27—螺旋泥斗驱动电机；28—清水出水管；29—集电装置；30—观察窗；31—沉淀物去除池；32—排空管；33—排泥管；34—水位控制调节手轮

图 11-29　浅层气浮设备图

气浮装置的螺旋泥斗可分别选用一斗、二斗或三斗的结构形式。螺旋泥斗自转周期 t 及斗子个数与螺旋泥斗公转周期 T 和浮渣厚薄之间有严格的匹配关系，可以通过调速电机灵活、机动地进行调节。浅层气浮装置见图 11-29。

（二）有关 Krofta 气浮工艺理论

1. 零速原理

在 Krofta 气浮装置中，除池体、溢流圈、污泥排放筒外，其他各部分原则上都以与进水流速相同的速度沿池体旋转。原水配水器转动时，在池体中腾出的空间由原水进水来补充；同时清水出水侧应挤走的水体空间，由清水排出管同步排出。池内的其他水体不会因进水和出水而引起扰动，而是保持零速，即所谓零速原理，该理论的应用是 Krofta 气浮装置的关键。

静态进水、静态出水可以使得絮凝体的悬浮和沉降在静态下进行。絮凝体在相对静止的环境中垂直上浮，不仅能使其的上浮速度达到或接近理论最大值，且出水流速在理论上可不受限制，这意味着气浮效率可以接近理论上的极限。

此外，随着布水装置的旋转，与污水充分混合的气泡能均匀地充满整个气浮池，微细气泡与絮粒的黏附发生在整个气浮分离过程中，不会形成气浮死区。

2. 浅池理论

传统气浮池分离区的有效水深通常为 2. 1～2. 4m，而 Krofta 气浮装置的有效水深只有 0. 4～0. 5m 左右，这一浅池结构的应用，称为“浅池理论”。该理论的应用大幅度减少了设备制造费用，缩小了设备占用空间。以同样处理量 $7000m^3/d$ 的造纸污水为例，传统气浮池的占用面积约为 $155m^2$，Krofta 气浮池的占用面积约为 $51m^2$。

因为零速原理的应用和进出水的彻底分开，所以当出水管开始出水时，气浮的过程已完成，对应常规气浮池的高度分布来看，即安全段、悬浮物低密区两段不需要设置。若按絮粒的上升速度为 6mm/s，在 0. 4～0. 5m 的有效水深中上升所需时间为 70～80s 左右。Krofta 气浮装置的停留时间一般为 3～5min。

3. 新溶气机理

在 Krofta 工艺中，通过溶气管来提高溶气效率。溶气管结构示意图见图 11-30。

如图 11-30 所示，溶气管格板先把压缩空气切割成微细气泡，然后在扰动非常剧烈的情况下与加压水混合和溶解。空气在溶气管内以两种形式存在，一是溶解在水中；另一种形式是微细气泡以游离状态夹裹、混合在水中。所形成的微细气泡数量远大于常规 DAF 工艺。溶气管的特殊结构使其没有填料堵塞的问题，也没有控制控制溶气罐内水位高低的问题。入口定位原水、溶气水和药剂在加入气浮池本体前，已在一段管道内充分混合，气泡及时均匀地弥散在悬浮颗粒中，避免了常规 DAF 工艺中因多个阀门或溶气释放器开启度不一而造成的气泡不均匀现象，也避免了因设置反应室而带来的浮浆腐烂问题。

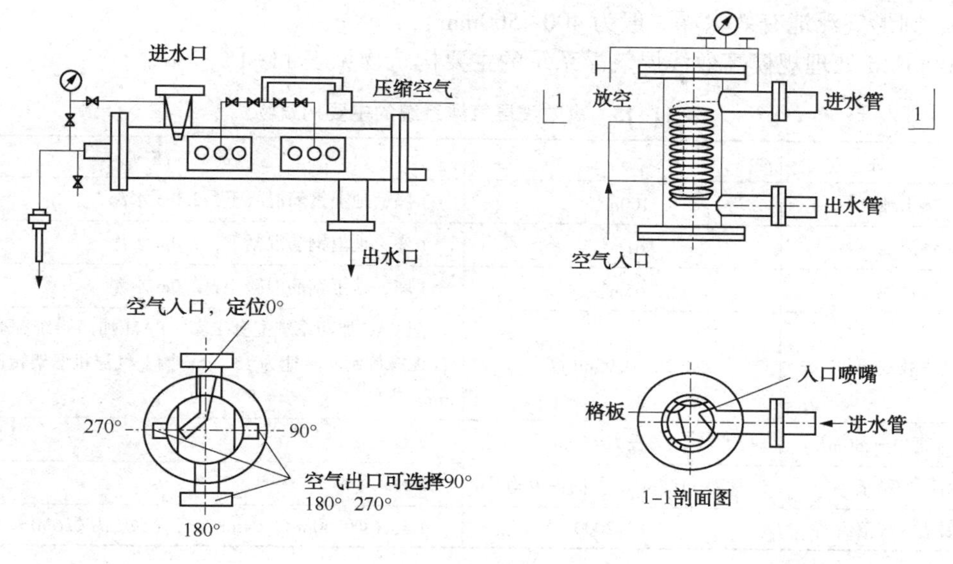

图 11-30 溶气管结构示意图

（三）浅层气浮与传统气浮装置的比较

（1）传统气浮装置中，池深一般为 2~2.5m，这是因为设备是静止的，水体是运动的。水体从反应室进入接触区时会产生流向的改变和流速的重新分布，即把水流转变成均匀向上的流动，这就需要有一定的时间和高度来完成这一变化，其高度一般不低于 1.5m。而浅层气浮由于“零速度”原理的应用，实现了设备是运动的，水体是静止的，消除了由于水体的扰动对悬浮颗粒与水分离的影响，降低了对高度的要求；另外在传统气浮装置中，难免有泥沙或絮粒沉于池底，为防止带出池底的泥沙，出水管一般悬高为 300mm，而在浅层气浮装置中，由于池底设置了刮泥装置，因此不需设置悬高段。浅层气浮装置的有效水深一般为 400~500mm。

（2）传统气浮装置中，水体的停留时间一般控制在 10~20min；而浅层气浮装置中，停留时间只需 3~5min。

（3）传统气浮装置中，溶气系统配备的是溶气罐，若按溶气罐的实际容积来计算，其水力停留时间为 2~4min；而浅层气浮装置中，溶气系统采用的是溶气管，取消了填料，使溶气管的容积利用率近 100%，其水力停留时间仅为 10~15s。

（4）在传统气浮装置中，刮渣器定期对浮渣层进行清除，无法根据浮渣的浮起时间进行有选择性的清理，因此不但对水体有较大的扰动，而且浮渣的含水率也较大；在浅层气浮装置中，螺旋撇渣器安装在配水系统的前部，清除的浮渣总是气浮池内浮起时间最长（2~3min）的浮渣，即固液分离最彻底、含水率最小的浮渣。

（四）基本设计参数与案例

（1）表面负荷：9.6~12$m^3/(m^2 \cdot h)$；

（2）池中污水水力停留时间：3~5min；

（3）回流比：30%~40%，用于溶气；

（4）溶气水压力：0.6~0.75MPa；

（5）圆形气浮池深：650~1000mm；

（6）圆形气浮池有效水深一般为400~500mm。

6000m³/d处理规模高效浅层气浮系统的主要构筑物见表11-15。

表11-15　高效浅层气浮系统的主要构筑物

名　称	规　格	备　注
集水池	$100m^3$	1座，地上钢筋混凝土，2.0m水深
浮渣池	$61m^3$	1座，地上钢筋混凝土，2.0m水深
清水池	$65m^3$	1座，地上钢筋混凝土，2.0m水深
浅层高效气浮机	Φ8.2m×0.95m（高）	配PAC加药系统配套1套，PAM加药系统配套1套；浮泥螺旋刮斗转速为15~26s/圈，气浮机框架转速为3~6min/圈
原水提升泵 $Q=250m^3/h$	扬程 $H=10m$	2台
回流加压泵	流量 $Q=108m^3/h$，扬程 $H=60m$	2台
克拉福达空气溶解管	ADT-2000	1套，Φ0.40m×3.04mL，溶气水压力0.6MPa

第十二章 厌氧消化器

第一节 概 述

一、厌氧生物处理工艺的发展历程

厌氧生物过程广泛地存在于自然界中。人类第一次有意识地利用厌氧生物过程来处理废弃物是在1881年，由法国的Louis Mouras所发明的“自动净化器”开始的，随后人类开始较大规模地应用厌氧消化过程来处理城市污水(如化粪池、双层沉淀池等)和剩余污泥(如各种厌氧消化池等)。这些厌氧反应器现在通称为“第一代厌氧生物反应器”，这些反应器共同特点有：

① 水力停留时间(HRT)很长，有时在污泥处理时，污泥消化池的HRT会长达90d，即使是目前在很多现代化城市污水处理厂内所采用的污泥消化池的HRT也还长达20~30d；

② 处理效率低，处理效果不好；

③ 有浓臭的气味。

以上这些特点使得人们对于进一步开发和利用厌氧生物过程的兴趣大大降低，而且同时利用活性污泥法或生物膜法处理城市污水已经十分成功。

20世纪50、60年代，特别是70年代的中后期，随着世界范围的能源危机的加剧，人们对利用厌氧消化过程处理有机污水的研究得以强化，相继出现了一批被称为现代高速厌氧消化反应器的处理工艺，厌氧消化工艺开始大规模地应用于污水处理，真正成为一种可以与好氧生物处理工艺相提并论的污水生物处理工艺。这些被称为现代高速厌氧消化反应器的厌氧生物处理工艺又被统一称为“第二代厌氧生物反应器”，这些反应工艺主要包括厌氧接触法、厌氧滤池(AF)、上流式厌氧污泥床(UASB)反应器、厌氧流化床(AFB)、厌氧生物转盘(ARBC)和挡板式厌氧反应器等。它们的主要特点有：

① HRT大大缩短，有机负荷大大提高，处理效率大大提高；

② HRT与SRT分离，SRT相对很长，HRT则可以较短，反应器内生物量很高。

以上这些特点改变了原来人们对厌氧生物过程的认识，因此其实际应用也越来越广泛。

进入20世纪90年代以后，随着以颗粒污泥为主要特点的UASB反应器的广泛应用，在其基础上又发展起来了同样以颗粒污泥为根本的颗粒污泥膨胀床(EGSB)反应器和厌氧内循环(IC)反应器。其中EGSB反应器利用外加的出水循环可以使反应器内部形成很高的上升流速，提高反应器内的基质与微生物之间的接触和反应，可以在较低温度下处理较低浓度的有机污水，如城市污水等；而IC反应器则主要应用于处理高浓度有机污水，依靠厌氧生物过程本身所产生的大量沼气形成内部混合液的充分循环与混合，可以达到更高的有机负荷。这些反应器又被统一称为“第三代厌氧生物反应器”。

二、厌氧生物处理器的主要特征

(一) 优点

与污水的好氧生物处理工艺相比，污水的厌氧生物处理工艺具有以下主要优点：

(1) 能耗大大降低，而且还可以回收生物能(沼气)。

厌氧生物处理工艺无需为微生物提供氧气，所以不需要鼓风曝气，减少了能耗。而且厌氧生物处理工艺在大量降低污水中有机物的同时，还会产生大量的沼气，具有一定的利用价值，可以直接用于锅炉燃烧或发电。

(2) 污泥产量很低。

这是由于在厌氧生物处理过程中污水中的大部分有机污染物都被用来产生沼气，用于细胞合成的有机物相对来说要少得多；同时，厌氧微生物的增殖速率比好氧微生物低得多，产酸菌的产率为0.15~0.34kgVSS/kgCOD，产甲烷菌的产率为0.03kgVSS/kgCOD左右，而好氧微生物的产率约为0.25~0.6kgVSS/kgCOD。

(3) 厌氧微生物有可能对好氧微生物不能降解的一些有机物进行降解或部分降解。因此，对于某些含有难降解有机物的污水，利用厌氧工艺进行处理可以获得更好的处理效果，或者可以利用厌氧工艺作为预处理工艺来提高污水的可生化性，提高后续好氧处理工艺的处理效果。

(4) 有机负荷高，占地面积少。

厌氧工艺的综合效益表现在环境、能源、生态三个方面。

(二) 缺点

与污水的好氧生物处理工艺相比，污水厌氧生物处理工艺也存在着以下的明显缺点：

(1) 厌氧生物处理过程中所涉及到的生化反应过程较为复杂。因为厌氧消化过程是由多种不同性质、不同功能的厌氧微生物协同工作的一个连续的生化过程，不同种属间细菌的相互配合或平衡较难控制，因此在运行厌氧反应器的过程中需要很高的技术要求。

(2) 厌氧微生物特别是其中的产甲烷细菌对温度、pH值等环境因素非常敏感，也使得厌氧反应器的运行和应用受到很多限制和困难。

污水厌氧生物技术由于其巨大的处理能力和潜在的应用前景，一直是水处理技术研究的热点。从传统的厌氧接触工艺发展到现今广泛流行的UASB工艺，污水厌氧处理技术已日趋成熟。随着生产发展与资源、能耗、占地等因素间矛盾的进一步突出，现有的厌氧工艺又面临着严峻的挑战，尤其是如何处理生产发展带来的大量高浓度有机污水，使得研发技术经济更优化的厌氧工艺非常必要。厌氧过程实质是一系列复杂的生化反应，其中的底物、各类中间产物、最终产物以及各种群的微生物之间相互作用，形成一个复杂的微生态系统，类似于宏观生态中的食物链关系，各类微生物间通过营养底物和代谢产物形成共生关系或共营养关系。因此，反应器作为提供微生物生长繁殖的微型生态系统，各类微生物的平稳生长、物质和能量流动的高效顺畅是保持该系统持续稳定的必要条件。如何培养和保持相关类微生物的平衡生长已经成为新型反应器的设计思路。

第二节　厌氧生物反应器介绍

一个成功的反应器必须是：①具备良好的截留污泥的性能，以保证拥有足够的生物量；②生物污泥能够与进水基质充分混合接触，以保证微生物能够充分利用其活性降解水中的基质。③研究人员基于对各类化合物厌氧降解机理研究的进展，从厌氧底物降解途径和动力学两方面入手，有提高和保持反应器内微生物活性的可靠措施，并与反应器的设计相结合，全面提高反应器的性能。

在我国已建成的沼气工程中，所采用的厌氧消化工艺，主要有折流式反应器、完全混合式厌氧消化器、升流式固体反应器，升流式厌氧污泥床和升流式厌氧复合床，内循环厌氧消化器(IC)也有介绍。

一、折流式厌氧反应器(ABR)

(一) 基本原理

折流式厌氧反应器是McCarty等于1982年前后提出的一种新型高效厌氧反应器。该工艺使用一系列折流板使反应器分隔成一定数目且串联的隔室，水流由导流板引导上下折流前进，逐个通过反应器内的污泥床层，进水中的底物与微生物充分接触而得以降解去除。每一个隔室内培养出与该室环境条件相适应的微生物群落，与不同阶段的进水相接触，从而确保相应的微生物相拥有最佳的工作活性，在一定程度上实现生物相的分离，从而可稳定和提高设施的处理效果；ABR还具有良好的生物固体的截留能力，延长水流在反应器内的流径，从而促进污水与污泥的接触。相对于其他厌氧反应器，ABR构造设计简单，不需气固液三相分离器以及启动容易，能在不同条件，能在不同隔室中形成性能不同的颗粒污泥。为了进一步提高ABR的性能，可在反应器内增设填料。

(二) 反应器类型

图12-1(a)是Fannin等设计的最初的ABR结构示意图，随后，ABR在设计上做了很多改进，一是为了延长污泥停留时间，另一目的是用于处理难降解或高浓度污水。Bachmann等将降流室缩窄并加入挡流板[图12-1(b)]，提高了甲烷产率和处理效率，但结果仍不够理想；图12-1(c)用于处理高浓度污水，隔室加大且放置了填料，在最后一个隔室增加了沉淀区；根据处理的污水类型，ABR器形还有其他改进型，其中图12-1(d)和图12-1(e)是装入不同类型填料的HABR(Hybrid anaerobic baffled reactor)，使得微生物的生长以3种形式进行：一是微生物自身固定方式，即厌氧颗粒污泥；二是悬浮生长的污泥；三是附着在填料上生长的生物膜。这种反应器成为复合折流板式厌氧反应器HABR，与ABR相比，它可以截流更多的生物量，提高了反应器的容积负荷和处理效率。HABR反应器的效果目前还没有工程实例验证，报道称东北某制药厂正将其用于咖啡因生产污水处理的小试研究。

(三) ABR反应器存在的问题

(1) 为了保证一定的水流和产气上升速度，反应器不能太深；

(2) 进水如何均匀分布；

(3) 与单反应器相比，反应器的第一格不得不承受远大于平均负荷的局部负荷，这可能会导致处理效率的下降。

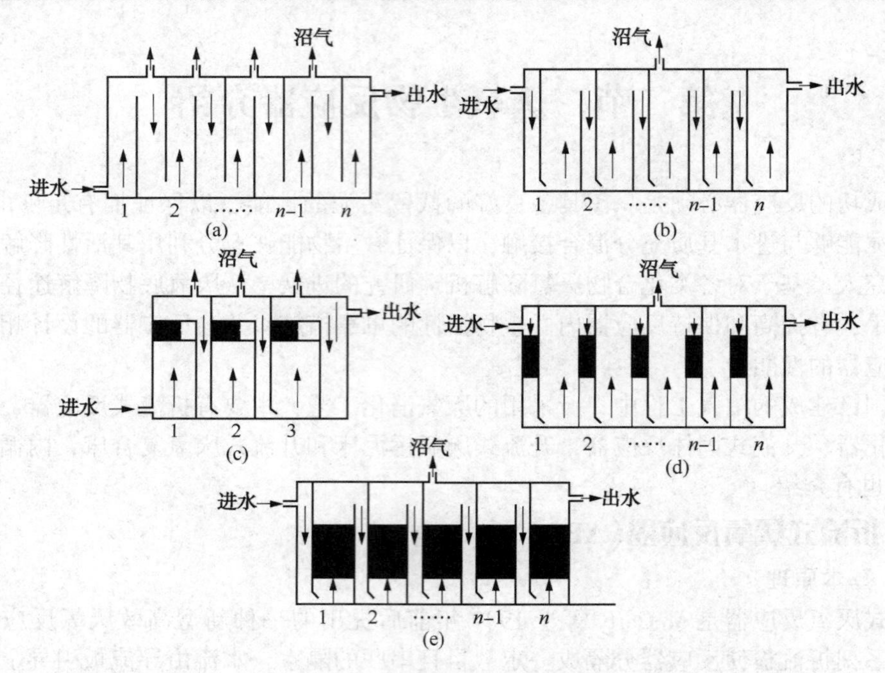

图 12-1 ABR 反应器类型

（四）ABR 工艺设计

1. 水力条件设计

反应器的水力流态及其优劣可用容积有效利用率或反应器的死区容积分数来描述，ABR 反应器的死区容积分数值范围为 7%~20%，其平均数为 9.8%。水力停留时间是厌氧反应器的重要控制指标，对浓度一定的污水，HRT 决定着反应器的处理能力，因此，应综合考虑 HRT 和 COD 去除率两个方面的因素来选择合适的 HRT。实验表明，当有机负荷一定时，反应器的 COD 去除率随着水力停留时间的下降呈现先上升后下降的趋势。对于 ABR 反应器来说，若水力停留时间过长，则升流区上升流速过低，微生物不能很好地接触到基质，因此去除率不高；停留时间太短，污水与微生物不能充分地接触，从而使得 COD 的去除率降低。

一般情况下，ABR 反应器的工作方式是上部进水，在降流区向下折流，再在升流区向上流动，完成一个工作单元。在升流区，水力搅动使污泥悬浮形成污泥悬浮层，污水中的底物与悬浮层中的厌氧生物菌群接触而被其净化。降流室水流速度很快，有利于厌氧污泥和污水的混合，增强传质效果；但若流速过大则会将污泥带出，故配水系统设计显得尤为重要。在沉淀器的设计中，一般经验是要求表面水力负荷小于 $1m^3/(m^2 \cdot h)$，即颗粒的沉淀速度小于 0.3mm/s，若高于此值则沉淀效果不好。因此在 ABR 设计中，为了既保证污泥充分悬浮又保证其不被带出反应器，理论上须确保升流速度大于 0.3mm/s 即可。但在实际运行中，由于生成厌氧颗粒污泥，水流速度必须大于 0.3mm/s 才可将污泥床浮起，但若升流速度超过 0.55mm/s，则有可能造成污泥流失。在 ABR 反应器工程的设计中，在底部设 45°倾角的斜板，使得平稳下流的水流速在斜板断面流速骤然加大，对底部的污泥床形成冲击，使其浮动达到使水流均匀通过污泥层的目的。

2. 反应器的尺寸

（1）隔室数量

在 ABR 中，置竖向导流板将反应器分隔成几个串联的反应室，每个反应室都是一个相对独立的上流式污泥床 UASB 系统，其中污泥可以以颗粒化形式或以絮状形式存在。由于导流板的阻挡和污泥自身的沉降性能，污泥在水平方向流速极其缓慢，从而大量污泥被截留在反应室中，避免污泥的损失。

ABR 反应器内的水力流态局部为完全混合型流态，整体为推流式流态，故反应分隔数越多，越接近推流式流态。前面反应室具有很高的有机负荷，起粗处理作用，后面反应室负荷较低，起精处理作用。一般来说，多级处理工艺比单级处理的稳定性好，出水稳定。但过多的隔室会增加占地面积和投资，通常设计为 5~7 个隔室。一般地，每格的升流室和降流室长度比值为 4∶1，这样上流室中水流上升流速缓慢，可以将大量微生物固体截留在各上流室内。根据所处理的污水水质，隔室长度也可以随水推流方向渐次增大，在最后的隔室里增加水力停留时间以提高出水水质。

（2）反应器结构计算

在计算反应器尺寸时，主要参数为容积负荷 N_v[kgCOD/(m^3·d)]，可根据经验或实验值选取，以此计算 ABR 有效容积，考虑填料、短流等问题。实际容积取有效设计值的 1.1~1.2 倍，计算的结果应进行水力停留时间和水力负荷的校核，以达到预期的处理效果。

（3）填料的选择

对于 HABR 反应器，其特点是生物相被固定在填料载体上形成生物膜，增加了生物量，有利于有机物的降解。该反应器对流体流速要求不是很高。可选择的填料有立体弹性填料和球形填料等。一般来说立体弹性填料处理效果比球形填料要好，立体弹性填料的立体空间比球形填料的大，附着于填料上的老化生物膜容易脱落至反应器底部，而球形填料内部的老化生物膜，尤其是位于球中心的生物膜，即使老化后，也不易脱落下来，这样使生物覆盖载体面积减小，也会影响反应器的活性。

立体弹性填料可采用半软性组合填料(厌氧转性填料)，这种填料由变性聚乙烯塑料制成，具有特殊的结构性质和水力性质，既具有一定的刚性又具有一定的柔性，无论在有无流体作用下，都能保持一定形状，并有一定的变形能力。这种填料具有较强的重新布水、布气能力，传质效果好，对有机物去除效率高，耐腐蚀、不易堵塞，安装方便灵活，还具有节能、降低运行费用的优点。

（五）工程实例

1. 处理生活污水

ABR 反应器在实际工程中的应用还比较少见，美国哥伦比亚城的 Tenjo 有一套常温下处理生活污水的装置。该装置由两个 ABR 反应器并联组成，每个体积是 197m^3，实际运行时的工作情况如下：进水 BOD_5为 314mg/L，COD 容积负荷为 0.85kg/(m^3·d)，水力停留时间为 10.3h，COD 去除率 80%；实际运行时发现，当 COD 容积负荷在 0.4~2kg/(m^3·d)范围内变动时，去除率基本上保持不变。但是在雨季，水力冲击负荷加剧了污泥的流失，导致处理效率下降。这套装置的投资比 UASB 节省了 20%，仅相当于一座同等规模城市二级污水处理厂投资的 1/16。

2. 处理制药污水

国内一家产品主要为维生素类及抗生素类药物的制药厂污水排放量为900m^3/d。其COD为3000mg/L，BOD_5为1220mg/L，SS为950mg/L；该ABR反应器对COD的去除率平均可以达到80%。ABR反应器的设计采取了以下的设计参数：

(1) 水力停留时间(HRT)为13h，容积负荷为5.65kgCOD/(m^3·d)，反应温度为常温。

(2) 折流区上升流速0.55mm/s，水力负荷2m^3/(m^2·h)，降流室导流板倒角为45°，底部距池底1650mm。折流口降流流速2mm/s，设计为5格室，第一隔室长度相对较小，第二第三隔室长度相等，第四和第五隔室长度相等，较第二、第三隔室长度大一倍。

(3) ABR设计为圆形结构，最中心为沉淀池，反应器深度为6.5m，每隔室间开有300mm×300mm预留孔，在第三隔室顶部安装一沼气收集罐。

(4) 填料采用厌氧专用半软性填料，填料层高度为3000mm，填料间距为200mm，底部距池底2000mm。

3. 处理化工污水

湖南某精细化工颜料厂排出的污水中含有苯、肼、镍盐分等大量有毒或抑制性物质，其中盐含量高达20%，处理难度极高。工艺上主要采用的是ABR厌氧+好氧；采用高效优势微生物菌种固定化技术。对ABR反应器的设计采取了以下的设计参数：

(1) 折流区上升流速0.55mm/s，水力负荷2m^3/(m^2·h)；

(2) 折流口冲击流速2.4mm/s；折流段0.7m，分为5个折流区；

(3) 容积负荷2.7kgCOD/(m^3·d)，水力停留时间24h；

(4) ABR反应器全钢结构，深度为7.5m，外形尺寸为5.2m×3.6m×7.5m；

(5) 底部的污泥悬浮层要求达到液体深度的2/3，使污水与高效复合微生物菌群充分接触。

在运行过程中发现，初始进水量未达到设计值时，接种的污泥层悬浮不起来，需要强制搅拌，因此在调整ABR装置的设计中，在底部加设穿孔曝气管，采用间歇气体推动来解决该问题。

二、完全混合式厌氧消化器(CSTR)

(一) 工艺原理

在常规的厌氧反应器内安装有搅拌器，使发酵原料和活性污泥处于完全混合状态。与常规的厌氧反应器相比，活性区增大，因此处理效率有明显的提高。在消化器内，新进入的原料由于搅拌作用，很快与发酵器内的全部发酵液混合，使发酵底物浓度始终保持相等，并且在出料时微生物也一起被排出，所以，出料浓度一般较高。该消化器具有完全混合的流态，其水力停留时间、污泥停留时间、微生物停留时间完全相等，即$HRT=SRT=MRT$，为了使生长缓慢的产甲烷菌的增殖和冲出速度保持平衡，要求HRT较长，一般要15d或更长的时间。

完全混合式厌氧消化器常采用恒温连续投料或半连续投料运行，适用于高浓度及含有大量悬浮固体原料的处理，如污水处理厂好氧活性污泥的厌氧消化过去多采用该工艺。德国的农业沼气工程所处理的有机废弃物比较广泛，如：畜禽粪便、青贮饲料、过期的残粮、厨余残渣、生活有机垃圾、动物屠宰的废弃物、农副产品加工的废弃物等，或由上述几种有机废物混合构成。当发酵料液 TS 浓度(总固体浓度)为 8%~10%，采用完全混合式厌氧消化工艺(CSTR)居多。

(二) 优缺点

1. 优点

(1) 可以进入高悬浮固体含量的原料；

(2) 消化器内物料均匀分布，避免了分层状态，增加了底物和微生物接触的机会；

(3) 消化器内温度分布均匀；

(4) 进入消化器的抑制物质，能够迅速分散，保持较低浓度水平；

(5) 避免了浮渣、结壳、堵塞、气体逸出不畅和短流现象。

2. 缺点

(1) 由于该消化器无法做到使 SRT 和 MRT 在大于 HRT 的状况下运行，所以需要消化器体积较大；

(2) 要有足够的搅拌，所以能量消耗较高；

(3) 生产用大型消化器难以做到完全混合；

(4) 底物流出该系统时未完全消化，微生物随出料而流失。

(三) 池型

好的消化池池形应具有结构条件好、防止沉淀、没有死区、混合良好、易去出浮渣及泡沫等优点。消化池的池形，各个国家采用的样式较多，但常用的基本形状有以下四种，见图图 12-2。

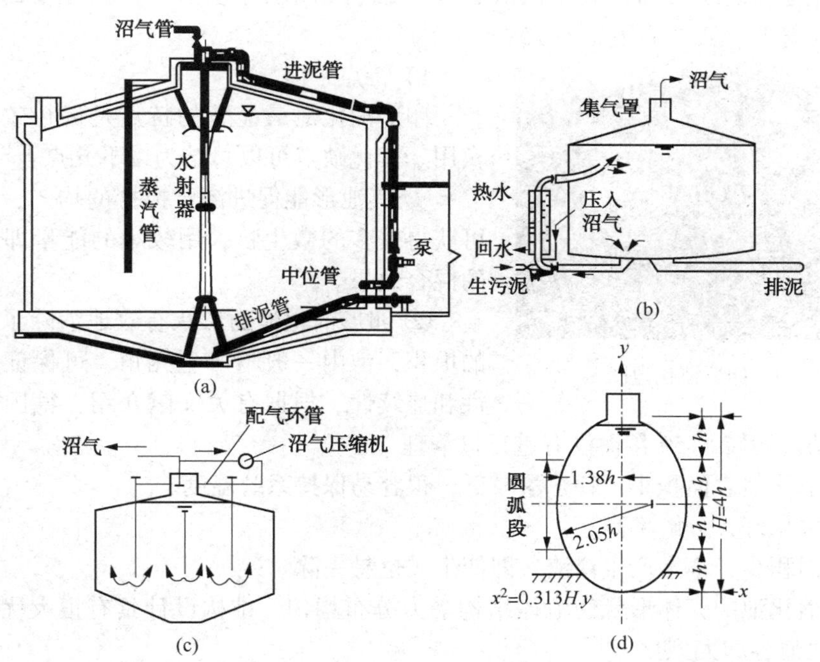

图 12-2 完全混合式厌氧消化器工艺的 4 种形式

1. 龟甲形

龟甲形[图 12-2(a)]消化池在英、美国家采用的较多，这种池形的优点是土建造价低、结构设计简单。但要求搅拌系统具有较好的防止和消除沉积物效果，因此相配套的设备投资和运行费用较高。

2. 平底圆柱形

平底圆形池[图 12-2(b)]是一种土建成本较低的池形。圆柱部分的高度/直径比≥1。这种池形在欧洲已成功地用在不同规模的污水厂。它要求池形与装备和功能之间要有很好的相互协调。当前可配套使用的搅拌设备较少，大都采用可在池内多点安装的悬挂喷入式沼气搅拌技术。

在我国，消化池的形状多年来大都采用传统的圆柱形，随着搅拌设备的引进，使我国污泥消化池的池形也变得多样化。施工技术和脚手架技术是成功建设卵形池的重要因素，随着施工经验的积累，这些技术已经取得了长足的进展，因此可以在建筑过程中节省可观的费用。

3. 传统圆形

在中欧及中国，常用的消化池的形状是圆柱状中部，圆锥形底部和顶部的消化池池形[图 12-2(c)]。这种池形的优点是热量损失比龟甲形小，易选择搅拌系统，但底部面积大，易造成粗砂的堆积，因此需要定期进行停池清理。更重要的是在形状变化的部分存在尖角，应力很容易聚集在这些区域，使结构处理较困难。底部和顶部的圆锥部分，在土建施工浇铸时混凝土难密实，易产生渗漏。

4. 卵形

卵形消化池[图 12-2(d)]在德国从 1956 年就开始采用，并作为一种主要的形式推广到全国，应用较普遍。其外形图见图 12-3。

图 12-3　卵形消化池图

1) 特点

卵形消化池最显著的特点是运行效率高，经济实用。其优缺点可以总结为以下几点：

① 其池形能促进混合搅拌的均匀，单位面积内可获得较多的微生物，用较小的能量即可达到良好的混合效果。

② 卵形消化池的形状有效地消除了粗砂和浮渣的堆积，池内一般不产生死角，可保证生产的稳定性和连续性。根据有关文献介绍，德国有的卵形消化池已经成功地运转了 50 年而没有进行过清理。

③ 卵形消化池表面积小，耗热量较低，很容易保持系统温度。

④ 生化效果好，分解率高。

⑤ 上部面积少，不易产生浮渣，即使生成也易去除。

⑥ 卵形消化池的壳体形状使池体结构受力分布均匀，结构设计具有很大优势，可以做到消化池单池池容的大型化。

⑦ 池形美观。

卵形消化池的缺点是土建施工费用比传统消化池高。然而卵形消化池运行上的优点直接提高了处理过程的效率，因此节约了运行成本。如果需要设置 2 个以上的卵形消化池，运行费用比较下来则更具有优势。节省下的运行费用，很容易弥补造价的差额，用户从高效的运行中受益更多。对大体积消化池采用卵形池更能体现其优势。

从20世纪60年代初期起，德国就开始在大中型城市污水处理厂使用卵形消化池，单池体积多在5500~10000m³之间。奥坡(Bottrop)污水处理厂4个卵形消化池的单池体积为15000m³，并且正在设计建造单池体积为17000m³的卵形池。

在日本，从20世纪70年代末开始设计建造预应力钢筋混凝土结构卵形消化池，单池体积为1600~12800m³，总体积约30×10⁴m³以上；美国也是在70年代末开始设计和建造卵形消化池，最大单池体积约11350m³。

卵形消化池的大小与建造费用存在着一定的关系，随着卵形消化池单池体积的增大，建造的单位费用也随之降低。根据有关文献，如果一个单池体积12000m³的卵形消化池的建造费用为1，那么建造2个同样形状单池体积6000m³消化池的费用在1.03左右；建3个单池体积4000m³的费用在1.09左右；建4个单池体积3000m³的费用为1.12左右。

2）卵形消化池的搅拌系统

消化池设计和运行中另一重要因素是搅拌系统的选择，良好的搅拌必须满足下列要求：

（1）维持进料污泥和池内活性生物菌落之间的均匀分配；

（2）稀释池内产酸生物反应的最终产物，防止对微生物生长不利因素的出现；

（3）有效稀释污泥基质中的有毒和抑制生物反应的有害物质；

（4）消化池的体积能够得到有效利用。

为了达到这些目标，技术人员多年来对搅拌系统和消化池的形状结构进行了广泛深入的开发和研究。虽然有时不同的搅拌方式可产生同样的搅拌效果，但是能耗和维修费用有较大的差异。污泥消化池常用的三种搅拌方式是沼气搅拌、机械搅拌(包括常规的单纯螺旋桨式搅拌和池中间带一垂直导流管的机械搅拌)和污泥循环搅拌。根据国内污水处理厂使用沼气搅拌的经验来看，沼气搅拌设备多，具有工艺复杂、能耗高、接口密封困难等缺点。卵形消化池独特的形状使其易于选择简单的机械搅拌系统，因此国内外大部分卵形消化池都使用机械搅拌，导流管式机械搅拌见图12-4。因其污泥流线形与卵形池结构接近一致，更适合于卵形池的搅拌。

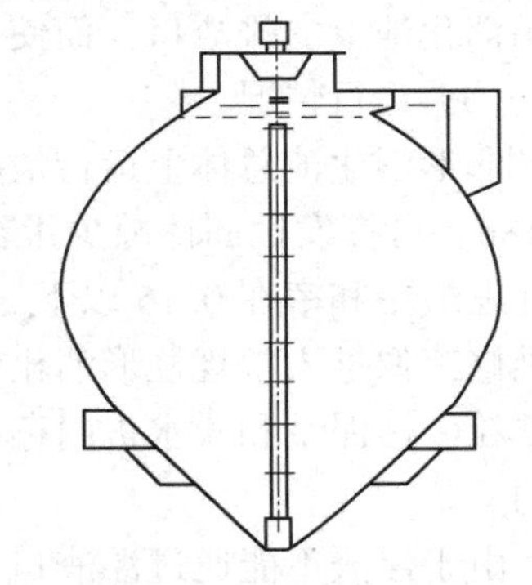

图12-4　导流管式机械搅拌器

3）实例

（1）洛杉矶终点岛污水处理厂概况

美国洛杉矶终点岛污水处理厂设计规模为114000m³/d，商业、生活污水和工业污水各占50%左右。此污水处理厂水处理部分包括粗格栅、曝气沉砂池、初沉池、生物曝气池、二沉池和过滤设备(1997年新增加)。从二沉池出来的活性污泥首先在气浮池内气浮浓缩，然后再与初沉池污泥混合进入卵形中温厌氧消化池，消化后的污泥经离心脱水后最终处置。

（2）消化池与搅拌系统

厂内建有4座预应力混凝土结构的卵形消化池，每一消化池体积为5200m³，总高为31m，最大内径20m。运行时通过变换进泥阀门的位置可以实现单级消化或两级消化，一般情况下，仅两座消化池运行，另外两座备用。

消化池采取了二级混合的方式。其中消化池的初级混合是通过周边沼气喷嘴喷射来实现的，来自消化池的沼气经压缩后，通过 28 个位于距消化池底 7m 的射流喷嘴喷入消化池的污泥中，气体混合系统运行和停止的时间约各一半；二级混合由一污泥循环泵来连续完成，它将污泥从池底打到池顶。

此卵形消化池的进排泥控制采用溢流方式，消化池内的污泥液面可通过排泥阀的开启保持恒定。一旦消化池内的污泥液面达到排污的高度，消化池内的加料量将与消化污泥从池底排到污泥槽的污泥量相同，排出的消化污泥被输送到污泥脱水离心机。但是，消化池运行液面比实际设计的低，产生的原因主要有两个：

① 消化池和脱水离心机之间缺少一中间污泥贮存池，这迫使污水处理厂的操作人员通过改变污泥液面来弥补消化池进泥量的波动。

② 在消化池中偶尔出现泡沫，沼气管线与泡沫收集器和喷射器之间安装位置不合适，泡沫和气体系统经常使在线气体处理设备(如流量计和火焰扑灭器)产生问题，所以，必须降低消化池污泥液面以阻止泡沫流出气体管线。

由于卵形消化池没采用内导流循环管机械搅拌系统而采用了常规的气体搅拌系统，因此池内易于产生浮渣和泡沫。卵形消化池顶部形成的浮渣是由浮渣破碎装置和沼气搅拌来清除的。气体搅拌不能有效去除浮渣；另外由于以下几个原因使排渣口也不能使用：

① 打开此口时，空气和沼气的混合可能导致爆炸；

② 沼气和浮渣的气味污染运行环境；

③ 排渣口的橡胶密封不一定很严密，容易发生沼气的泄漏。从设备运行时起，就没有使用消化池上的排渣口，而使用 U 形管排出浮渣，给运行带来很大不便。

(3) 运行情况

卵形消化池总体上运行情况良好，每天消化约 480m^{3}的初级和预浓缩污泥，水力停留时间 18d，可挥发性固体减少量在 50%以上，沼气产量大约为 1m^3/kg 挥发性固体，消化污泥中挥发酸中和率在 0. 15 以下。当消化池排空维修时，消化池没有发现砂粒在池内堆积，不需维修工像进入常规柱形消化池内那样到池里面维修。由于污泥中存在机械处理段没有除去的砂粒，污泥泵和脱水机内存在一定程度的磨损，所以机械处理段对沉砂的有效去除是很重要的。

由于浮渣不能通过浮渣口排出，气体搅拌和浮渣破碎装置也不能防止浮渣和泡沫的形成，使卵形消化池的浮渣达 15cm 高，所以操作工人不得不通过位于消化池边上的人工浮渣排放口来移出浮渣。虽如此，此浮渣层厚度比柱形消化池也要小得多(一般平底消化池内浮渣厚度可达 1m 以上)。

(四) 消化池污泥搅拌的作用与方式

在污泥消化池的过程中，进行污泥混合搅拌，对于提高分解速度和分解率，即增加产气量很重要。

1. 消化池中污泥搅拌的作用

(1) 通过对消化池中污泥的充分搅拌，使生污泥与消化污泥充分地接触，提高接种效果；

(2) 通过搅拌，调整污泥固体与水分的相互关系，使中间产物与代谢产物在消化池内均匀分布；

(3) 通过搅拌及搅拌时产生的振动能更有效地进行气体分离，使气体溢出液面；

(4) 消化菌对温度和 pH 值的变化非常敏感，通过搅拌使池内温度和 pH 值保持均匀；

(5) 对池内污泥不断地进行搅拌还可防止池内产生浮渣。

2. 消化池污泥搅拌方式的分类

消化池污泥搅拌的方式大致可分为如下几类：

(1) 气体搅拌法；

(2) 机械搅拌法；

(3) 泵循环法；

(4) 综合搅拌法。

现国内外常用的搅拌方法较多采用的是沼气搅拌和机械搅拌法。泵循环法因耗电量较大且搅拌效果不太好已不再使用。西安污水厂采用过泵循环加水射器的综合搅拌法，虽搅拌效果尚可，但也因耗电量大，不适于中、大容积消化池而不再使用。

根据设计经验，消化池污泥搅拌设备的选择应根据消化池的池形、池容积的大小、设备投资、运行管理等综合因素确定。

3. 几种常用搅拌方式

污泥搅拌方式有沼气搅拌、机械搅拌、射流器搅拌三种方式。有资料表明，搅拌方式与池型有关。

1) 沼气搅拌

(1) 悬挂喷嘴式沼气搅拌器

悬挂喷嘴式沼气搅拌器主要由悬挂在池顶部的沼气输送竖管和喷嘴组成，可以按需要在池内多点布置，并可分组运行，具有结构简单、设置和操作灵活、由于可分组搅拌使所需要的搅拌强度较小、对池的适应性强、不受液面控制等优点。此类形的搅拌器适合于上述的各种池形，用在平底或底部锥形较缓的消化池中更显示出其优势。搅拌器的能力，一般情况下，按照一天内将消化池全池完全搅拌一次的次数及搅拌系统的组数和完成搅拌一次的时间来选择。

(2) 多根束管式沼气搅拌器

多根束管式沼气搅拌器主要由多根沼气输送管(束管)和沼气释放口组成。束管由消化池顶部的中间位置进入池中，延伸至池底部的释放口。此搅拌器的特点是构造简单，易操作，但容易堵塞，需在池顶各束管端头增设观察球及高压水冲洗装置。因沼气释放口的设置聚集在池底中部，适合于小直径且带陡峭锥底的池形。搅拌器的选型根据整池的容积选择。

(3) 底部多根吹管式沼气搅拌器

底部多根吹管式沼气搅拌器主要由多根沼气输送管和沼气释放口组成。沼气输送管可从池顶部侧壁或池侧面进入，沿池底伸入到池中部与沼气释放口连接。与多根束管式沼气搅拌器类似，此方式搅拌器的特点是构造简单、易操作，但易堵塞。因沼气释放口的设置聚集在池底中部，适合于小直径且带陡峭锥底的池形搅拌器。

过去有的工程设计也采用沼气搅拌，但其沼气压缩机的进气来源于储气柜，缺点是冬季气柜的气体温度较低(4~5℃)，用低温沼气进行搅拌显然会产生不利影响。另外，一台沼气压缩机向多座消化池供气也不利于系统的控制。天津东郊污水处理厂的消化池设计，其沼气搅拌采用一台压缩机只为一座消化池服务，与产气管路完全分开，不通过储气罐。这样设计的优点是管路短、损失小、故障少，与产气管路及储气罐互不干扰，避免影响储气罐工作。

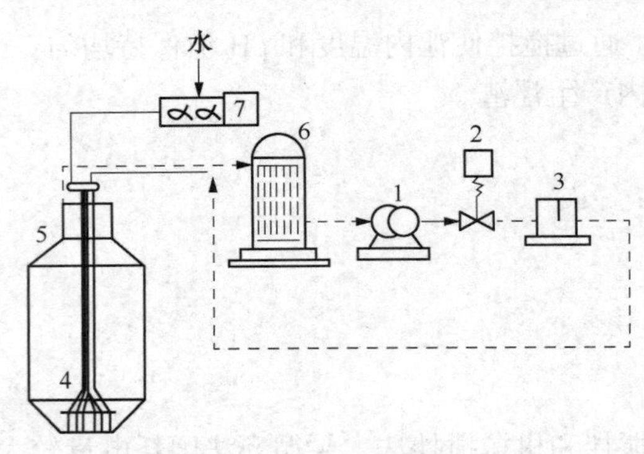

图 12-5　沼气搅拌系统示意图
1—沼气压缩机；2—压力阀；3—凝水器；
4—沼气搅拌器；5—消化池；6—过滤器；
7—高压冲洗泵

压缩机房内应每座消化池设 1 台沼气压缩机，其中 1 台二级消化池所用压缩机因开机时间少，可作备用。为了保障沼气压缩机组的工作安全，在其进口设置了过滤器，以截住沼气中的杂质，减少机械磨损；在进口上安装了压力计，对机组进口负压值进行检测保护；在机组出口上安装了气体温控阀和气体压力阀，并纳入计算机中显示和控制，可以保护设备本身和用气设备；出口上还安装了 1 个冷凝罐，当压缩沼气冷却时将冷凝水排除。沼气搅拌系统示意图见图 12-5。

天津东郊污水厂所用沼气搅拌器为 24 根不锈钢管，由消化池顶进入池底部，组成直径 3.65m 的搅拌圆环。这种搅拌器吃水深度大，气体压力大，能形成较强的上升速度，搅拌效果显著。该搅拌器是法国 Degremont 公司的定型产品，每台搅拌器 24 根管在消化池顶以上部分均安装了通气工作指标浮球，一旦发生阻塞等事故，浮球就会落下，提醒检修。搅拌器的检修可不中断运行。在控制室中安装了 1 台多级离心泵 D6-25，水泵流量为 $2m^3/h$，扬程为 3MPa，通过管道将高压水送到各消化池池顶，对各搅拌管进行高压清洗，排除阻塞故障。

上述设备及安全设施的安装和完善，对保证搅拌效果、提高消化池污泥消化速率和消化程度、多产沼气有着十分重要的作用。搅拌设施是否安装、调试成功，应在安装后进行清水试验。试验时在任意点投加示踪剂，用空气进行搅拌 30min，然后在任何点取样，其浓度应该均匀。

2）机械搅拌

（1）旋桨式搅拌器

由 2~3 片推进式螺旋桨叶构成，工作转速较高，叶片外缘的圆周速度一般为 5~15m/s。旋桨式搅拌器主要造成轴向液流，产生较大的循环量，适用于搅拌低黏度（<2Pa · s）液体、乳浊液及固体微粒含量低于 10%的悬浮液。搅拌器的转轴也可水平或斜向插入槽内，此时液流的循环回路不对称，可增加湍动，防止液面凹陷。

（2）涡轮式搅拌器

由在水平圆盘上安装 2~4 片平直的或弯曲的叶片所构成。桨叶的外径、宽度与高度的比例一般为 20∶5∶4，圆周速度一般为 3~8m/s。涡轮在旋转时造成高度湍动的径向流动，适用于气体及不互溶液体的分散和液液相反应过程。被搅拌液体的黏度一般不超过 25Pa · s。

（3）桨式搅拌器

有平桨式和斜桨式两种。平桨式搅拌器由两片平直桨叶构成。桨叶直径与高度之比为 4~10，圆周速度为 1.5~3m/s，所产生的径向液流速度较小。斜桨式搅拌器的两叶相反折转 45°或 60°，因而产生轴向液流。桨式搅拌器结构简单，常用于低黏度液体的混合以及固体微粒的溶解和悬浮。

3）射流搅拌

通常在池内设射流器，由池外水泵压送的循环消化液经射流器喷射，从喉管真空处吸进一部分池中的消化液或熟污泥，污泥和消化液一起进入消化池的中部形成较强烈的搅拌。

为了防止堵塞，循环混合液管道的管径不能小于150mm。射流器的选择必须与水泵的扬程相匹配，所采用污水泵的扬程一般为15~20m，引射流量与抽吸流量之比一般为1:(3~5)。射流器的工作半径一般在5m左右，当消化池的直径超过10m时，可设置多个射流器。

采用射流搅拌时，由于经过水泵叶轮的剧烈搅动和水射器喷嘴的高速射流，会将絮状污泥破坏，对消化污泥的泥水分离不利，会引起上清液悬浮物过大，同时能耗较高，这种搅拌方式适用于小型消化池。

搅拌器的选型根据整池的容积选择。上述常用的三种搅拌形式中，除螺旋桨机械搅拌器外，另外几种均利用消化池运行中产生的沼气。沼气搅拌法的优点是：由于沼气的气泡迅速上升造成的湍流可提高混合质量；污泥可以在内部循环；通过在污泥表面形成的湍流防止浮渣形成；改善脱气效果；与消化池的形状和污泥的液位无关。但沼气搅拌系统的组成较复杂，一般由沼气压缩机、沼气喷射管及沼气循环管及附属的冷凝水排放、沼气过滤器等组成，其运行管理复杂。由于沼气具有易燃和易爆的特性，因此，沼气搅拌工艺对设备的安装、所使用管件的制造材料和安全措施有特殊的要求，对运行和操作要求严格。

（五）设计

（1）完全混合式厌氧消化器可采用一级消化或两级消化，在发酵原料温度足够的条件下，宜采用两级消化。

（2）厌氧消化器的有效容积应根据水力滞留时间或容积负荷确定。完全混合式厌氧消化器常见的几种发酵原料的设计参数详见表12-1。

表12-1 完全混合式厌氧消化器的主要设计参数

原料	常温（15~25℃）		中温（33~35℃）	
	水力停留时间/d	容积负荷/[kgTS/(m³·d)]	水力停留时间/d	容积负荷/[kgTS/(m³·d)]
猪粪水	20~40	1.0~2.0	15	3.0~4.0
鸡粪水	20~60	1.0~2.0	15	3.0~4.0
牛粪水	20~60	1.3~2.0	15	3.0~4.0
酒精污水			6~15	3.0~5.0kg(COD)/m³
污泥	20~30		10~15	

一般认为固体负荷率L_v值与被处理物料的含固率、消化池内的反应温度等有关，表12-2中的数据可供参考。

表12-2 固体负荷率L_v值与被处理物料、消化池内的反应温度关系

污泥含固率/%	固体负荷率[kgVSS/(m³·d)]			
	24℃	29℃	33℃	35℃
4	1.53	2.04	2.55	3.06
5	1.91	2.55	3.19	3.83
6	2.30	3.06	3.83	4.59
7	2.68	3.57	4.46	5.36

(3) 消化池的结构尺寸

在确定了所需消化池的有效容积后，就可计算消化池各部的结构尺寸，其一般要求如下：

① 圆柱形池体的直径一般为6~35m；

② 柱体高径之比为1：2；

③ 池总高与直径之比为0.8~1.0；

④ 池底坡度一般为0.08；

⑤ 池顶部的集气罩，高度和直径相同，一般为2m；

⑥ 池顶至少设两个直径为0.7m的人孔。

三、厌氧接触法(AC)

(一) 工艺流程与特点

通过厌氧消化的研究，在发酵器内保留大量的活性污泥，是提高发酵速度的有效方法。厌氧接触工艺是由完全混合式厌氧消化器和消化液固液分离、污泥回流设施所组成的处理系统。即在高速消化器出料处增加上一个沉淀槽以收集活性污泥，反送回发酵器内，其工艺流程如图12-6所示。厌氧接触工艺适合处理悬浮物和COD高的污水，SS可达到50000mg/L，COD不低于3000mg/L。其挥发性悬浮物(VSS)一般为5~10g/L，容积负荷比完全混合式厌氧反应器高，耐冲击能力也较强。其COD容积负荷一般为1~5kgCOD/(m^3·d)，HRT约在10~20d，COD去除率为70%~80%；BOD_5容积负荷一般为0.5~2.5kgBOD_5/(m^3·d)，BOD_5去除率为80%~90%。

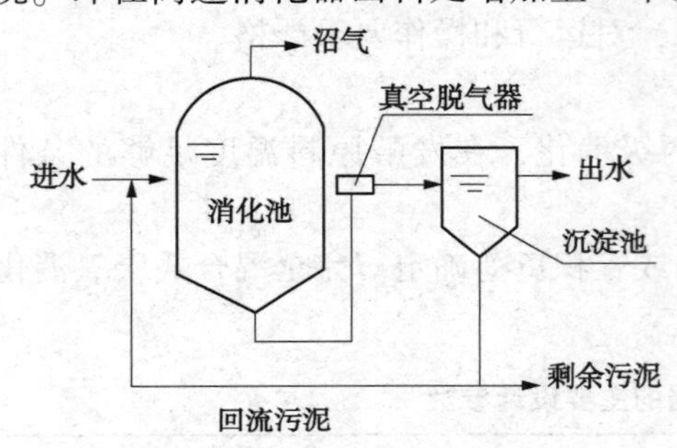

图12-6 厌氧接触工艺流程示意图

从其工艺流程图中可看出，厌氧接触法工艺的最大的特点是污泥回流，由于增加了污泥回流，就使得消化池的HRT与SRT得以分离，即整个系统的污泥龄可以用公式(12-1)进行计算：

$$\theta_c=\frac{VX}{(Q-Q_w)X_e+Q_wX_W} \tag{12-1}$$

式中 θ_c——污泥龄，d；

V——反应器容积，m^3；

X——反应器中污泥浓度；

Q——反应器日处理量，m^3/d；

Q_w——剩余污泥排放体积；

X_e——出水污泥浓度。

在厌氧生物处理工艺中，由于厌氧细菌生长缓慢，基本可以不从系统中排放剩余污泥，则Q_w近似为0，则有：

$$\theta_c=\frac{VX}{QX_e}=HRT\cdot\frac{X}{X_e} \tag{12-2}$$

对于普通厌氧消化池，由于其$X_e=X$，所以其$\theta_c=HRT$，因此在中温条件下，为了满足产甲烷菌的生长繁殖，*SRT*要求20~30d，因此普通厌氧消化池的*HRT*为20~30d。

对于厌氧接触法，由于 $X \gg X_e$，所以 $HRT \ll SRT$；而且 X 越大，X_e越小，则 HRT 可以越短。

与普通厌氧消化池相比，厌氧接触法的特点有：

① 通过污泥回流，保持消化池内污泥浓度较高，一般为 10~15gVSS/L，耐冲击能力强。

② 有机容积负荷高，中温时，COD 负荷为 1~6kgCOD/(m^3·d)，去除率为 70%~80%；BOD 负荷为 0.5~2.5kgBOD_5/(m^3·d)，去除率为 80%~90%；消化池的容积负荷较普通消化池高，水力停留时间比普通消化池大大缩短，如常温下，普通消化池为 15~30d，而接触法小于 10d。

③ 可以直接处理悬浮固体含量较高或颗粒较大的料液，不存在堵塞问题；混合液经沉降后，出水水质较好。

④ 增加了沉淀池、污泥回流系统、真空脱气设备，流程较复杂。

⑤ 适合于处理悬浮物和有机物浓度均很高的污水。

在厌氧接触法工艺中，最大的问题是污泥的沉淀，厌氧污泥上一般总是附着有小的气泡，且由于污泥在二沉池中还具有活性，还会继续产生沼气，有可能导致已下沉的污泥上浮。因此，必须采用有效的改进措施，主要有以下两种：

① 真空脱气设备(真空度为 500mmH_2O)。

② 增加热交换器，使污泥骤冷，暂时抑制厌氧污泥的活性；如图 12-7 所示。

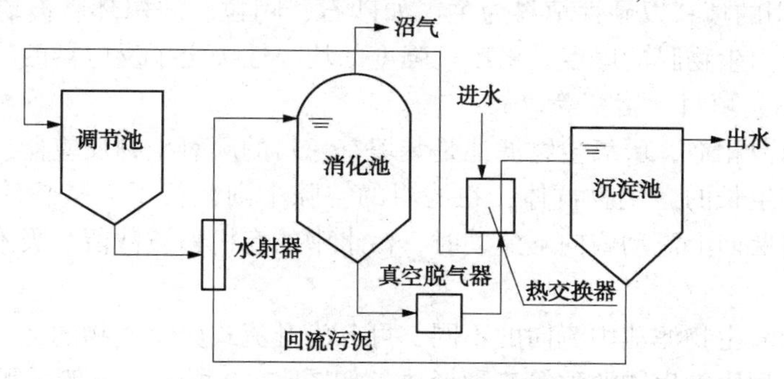

图 12-7 经过改进的厌氧接触工艺流程图

(二) 工艺设计

1. 设计要求

(1) 厌氧接触工艺适合处理悬浮物浓度和有机物浓度均高的有机污水。

(2) 厌氧接触工艺中的消化器容积按有机容积负荷或水力滞留时间计算。中温或近中温条件下，容积负荷宜为 2~5kgCOD/(m^3·d)，或根据发酵原料种类、特性及要求处理的程度，由试验及参照类似原料的厌氧消化器实际运行资料确定。

(3) 厌氧接触工艺中的固液分离装置的设计参照沉淀池规定。

(4) 回流污泥量根据消化器内污泥量、进料 pH 值以及温度等确定，以 50%~200% 为宜。

(5) 可采取真空脱气、冷冲击等，加速厌氧消化液的固液分离。

(6) 厌氧接触工艺中消化器的罐体几何尺寸、料液的加热、搅拌分别参照完全混合式厌氧消化器的规定。

2. 消化池容积的计算

消化池容积的计算采用有机容积负荷法，公式如下：

$$V=\frac{Q\cdot S_{\mathrm{i}}}{L_{\mathrm{vCOD}}} \tag{12-3}$$

式中 V——消化池容积，m^3

S_{i}——消化池中消化液 COD 浓度，kgCOD/m^3；

Q——反应器日处理量，m^3/d；

L_{vCOD}——有机容积负荷，kgCOD/(m^3 · d)。

（三）应用实例

① 美国：$HRT=12\sim13$h，$X=7\sim12$g/L，$SRT=3.6\sim6$d，$L_{\mathrm{v}}=2.5$kgCOD/(m^3 · d)；

② 日本：$T=52$℃，$COD_{进水}=11\sim12$g/L，$COD_{出水}=2100\sim2700$mg/L，$V=3000m^3$；

③ 国内：南阳酒精厂，$L_{\mathrm{v}}=9\sim12$kgCOD/(m^3 · d)，$HRT=4\sim4.5$d；COD 去除率为 83%；BOD_5去除率为 87%。

四、厌氧生物滤池（AF）

（一）工艺特征与主要形式

厌氧生物滤池设置有供厌氧微生物附着生长的载体（填料）的厌氧消化装置。填料是 AF 的主体，AF 所采用的填料以硬性填料为主：如砂石、陶粒、波尔环、玻璃珠、塑料球、塑料纹板等。过滤器内生物膜的厚度、密度、强度的均一性决定了反应器的稳定运行。运行影响因素有温度、pH、填料、堵塞等。

与好氧生物滤池相似，厌氧生物滤池是装填有滤料的厌氧生物反应器，在滤料的表面形成了以生物膜形态生长的微生物群体，在滤料的空隙中则截留了大量悬浮生长的厌氧微生物，污水通过滤料层向上流动或向下流动时，污水中的有机物被截留、吸附及分解转化为甲烷和二氧化碳等。

根据污水在厌氧生物滤池中流向的不同，可分为升流式厌氧生物滤池、降流式厌氧生物滤池和升流式混合型厌氧生物滤池等三种形式，如图 12-8 所示。一般采用降流式布水有助于克服堵塞。

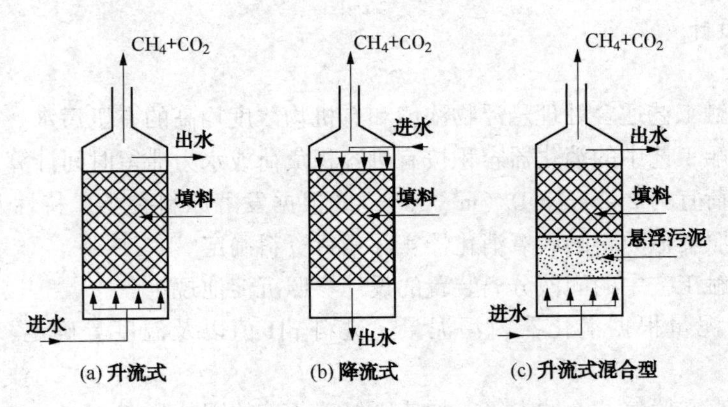

图 12-8 厌氧生物滤池的三种形式示意图

(二) 厌氧生物滤池的组成

厌氧生物滤池主要由以下几个重要部分组成的，即滤料、布水系统、沼气收集系统。厌氧生物滤池的沼气收集系统基本与厌氧消化池的类似，现将滤料、布水系统分述如下。

(1) 滤料

滤料是厌氧生物滤池的主体，其主要作用是提供微生物附着生长的表面及悬浮生长的空间，因此，应具备下列条件：

① 比表面积大，以利于增加厌氧生物滤池中的生物量；

② 孔隙率高，以截留并保持大量悬浮微生物，同时也可防止堵塞；

③ 表面粗糙度较大，以利于厌氧细菌附着生长；

④ 其他方面，如机械强度高、化学和生物学稳定性好、质量轻、价格低廉等。

很多研究者对多种不同的滤料进行过研究，但所得出的结论也不尽相同，如有人认为滤料的孔隙率更重要，即他们认为厌氧生物滤池中是悬浮细菌所起的作用更大；也有人认为滤料最重要的特性是：粗糙度、孔隙率以及孔隙大小。

在厌氧滤池中经常使用的滤料由多种，可以简单分为如下几种：

① 实心块状滤料：30~45mm 的碎块；比表面积和孔隙率都较小，分别为 40~50m^2/m^3 和 50%~60%；这样的厌氧生物滤池中的生物浓度较低，有机负荷也低，仅为 3~6kgCOD/(m^3·d)；易发生局部堵塞，产生短流。

② 空心块状滤料：多用塑料制成，呈圆柱形或球形，内部有不同形状和大小的孔隙；比表面积和孔隙率都较大。

③ 管流型滤料：包括塑料波纹板和蜂窝填料等；比表面积为 100~200m^2/m^3，孔隙率可达 80%~90%，有机负荷可达 5~15kgCOD/(m^3·d)。

④ 交叉流型滤料：由不同倾斜方向的波纹管或蜂窝管所组成，倾角一般为 60°。当水流经滤层时，呈交叉形(或称折流形)流向，其比表面积和孔隙率与管流型滤料的相近。

⑤ 纤维滤料：包括软性尼龙纤维滤料、半软性聚乙烯、聚丙烯滤料、弹性聚苯乙烯填料；比表面积和孔隙率都较大，偶有纤维结团现象，价格较低，应用普遍。

(2) 布水系统

在厌氧生物滤池中布水系统的作用是将进水均匀分配于全池，因此在设计计算时，应特别注意孔口的大小和流速。与好氧生物滤池不同的是，因为需要收集所产生的沼气，厌氧生物滤池多是封闭式的，即其内部的水位应高于滤料层，将滤料层完全淹没。其中升流式厌氧生物滤池的布水系统应设置在滤池底部，这种形式在实际应用中较为广泛，一般滤池的直径为 6~26m，高为 3~13m；而降流式厌氧生物滤池的水流方向正好与之相反；升流式混合型厌氧生物滤池的特点是减小了滤料层的厚度，留出了一定空间，以便悬浮状态的颗粒污泥在其中生长和累积。

(三) 厌氧生物滤池的特点

(1) 优点

典型的生产性 AF 呈筒状，常用直径和高度分为 6~26m 和 3~13m，滤池中可维持相当高的生物浓度，一般可达 5~15kgVSS/m^3，因此 AF 能滤池中的微生物量较高，可承受的有机容积负荷高，COD 容积负荷为 2~16kgCOD/(m^3·d)，且耐冲击负荷能力强；污水与生物膜两相接触面大，强化了传质过程，因而有机物去除速度快；微生物固着生长为主，不易流失，因此不需污泥回流和搅拌设备。

AF 的另一特点是反应器内污泥产率低，运行启动或停止运行后再启动时间短。

（2）缺点

滤料容易堵塞，尤其是下部。堵塞后，没有简单有效的清洗方法。因此，悬浮物高的污水不适用。厌氧微生物总量沿池高度分布是很不均匀的，在池进水部位高。

（3）改进堵塞的措施

① 出水回流；

② 部分充填载体；

③ 采用软性填料。

（四）厌氧生物滤池的工艺计算与设计

厌氧生物滤池的工艺计算与设计的主要内容包括：滤料的选择、滤料体积的计算、布水系统的设计、沼气系统的设计等。以上这些目前尚无定型的设计计算程序，仅主要介绍滤料体积的计算方法和某些关键设计参数的选取。

1. 滤料体积的计算

滤料体积的计算方法仍以有机负荷法为主，即：

$$V=\frac{Q(S_i-S_e)}{L_{vCOD}} \tag{12-4}$$

式中 V——反应器容积，m^3；

L_{vCOD}——有机容积负荷，需要根据具体的污水水质以及经验数据或直接的小试试验结果最终决定，一般取 0.5~12kgCOD/(m^3·d)；

Q——设计处理规模，m^3/d；

S_i——设计进水 COD 浓度，mg/L；

S_e——设计出水 COD 浓度，mg/L。

2. 常用设计参数

一般来说，厌氧生物滤池的有机容积去除负荷可达 0.5~12kgCOD/(m^3·d)，有机物去除率可达 60%~95%，一般采用的滤料层的高度为 2~5m，相邻进水孔口距离为 1~2m（不大于 2m），污泥排放口距离不大于 3m。

3. 具体设计要求

（1）厌氧滤器适合处理溶解性、浓度较低的有机污水。

（2）厌氧滤器的容积宜根据容积负荷确定。容积负荷应根据原料种类、特性、要求处理程度、填料性状以及消化温度，或由试验及参照类似污水工程的实际运行等资料确定。在中温消化条件下，容积负荷宜为 2~12kgCOD/(m^3·d)。

（3）当进水 COD 浓度高于 8000mg/L 时，应设置出水回流设施。

（4）厌氧滤器应布水均匀，可在底部设穿孔进料管或数个进水口，相邻孔口间距宜为 1~2m，不得大于 2m。

（5）厌氧滤器污泥排放口的间距应小于 3m。

（6）厌氧滤器滤料层高度宜为 1.2~1.5m。

（7）厌氧滤器宜设水力反冲洗设施。

（8）厌氧滤器填料选择应综合考虑填料的比表面、孔隙率、表面粗糙度、机械强度、重量、价格等因素，并宜采用多孔板或支架支撑填料。

(9) 厌氧滤器可采用穿孔管或溢流堰出水。

(五) 厌氧生物滤池的应用实例

厌氧生物滤池在美、加已被广泛应用。处理对象包括多种不同类型的污水，如生活污水及 COD 为 3000~24000mg/L 的各种工业污水；处理规模也大小不等，最大的厌氧生物滤池为 $12500m^3$，COD 的去除率在 61%~94%之间，有机负荷为 0.1~15kgCOD/(m^3·d)。厌氧过滤器目前已经成为厌氧处理的一种重要工艺，表 12-3 列出了厌氧过滤器处理污水的应用。

表 12-3　厌氧过滤器处理污水的应用

污水类型	COD/(g/L)	滤池类型	反应器容积/m^3	容积负荷/[kgCOD/(m^3·d)]	水力停留时间/d	温度/℃	COD 去除率/%
淀粉生产	16~20	升流式	1000	6~10		36	80
制糖	20~40	升流式	3000	5~17	0.5~1.5	35	55
土豆加工	7.6	升流式	205	11.6	0.68	36	60
化工污水	16	升流式	1300	16	1	35	65
化工污水	9.14	升流式	1300	7.25	1.2	37	60.3

五、升流式厌氧固体反应器

(一) 基本原理与构造

升流式厌氧固体反应器(USR)是 fannion 等参照 UASB 反应器的原理开发的，用于以海藻为原料进行厌氧消化制取沼气。因为被处理的对象是固体，所以称其为升流式厌氧固体反应器。该消化器不需要污泥回流和三相分离器，靠固体悬浮物(SS)的自然沉淀作用使 SRT 比 HRT 延长，从而提高了 SS 的消化率。USR 的最大特点是可处理含固体量很高的污水(液)，含固量可达 5%左右，甚至可处理含固量达 10%的废液，特别是经过分离后的城市有机垃圾。USR 反应器的基本构造如图 12-9 所示，USR 反应器实物见图 12-10。

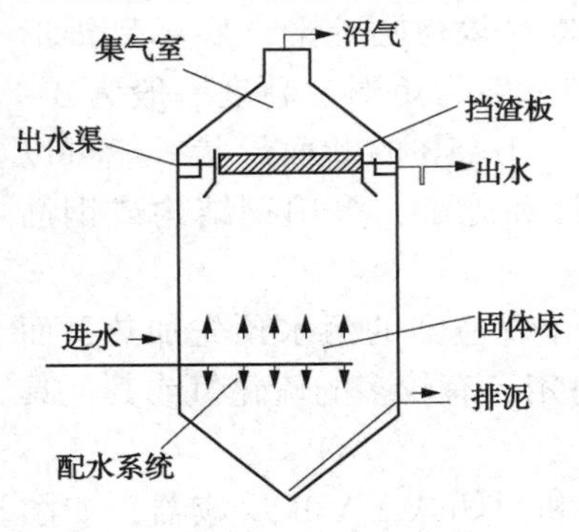

图 12-9　USR 反应器以及基本构造示意图

图 12-10　USR 反应器实物图

其工艺流程如下：含高有机固体含量>5%废液由池底配水系统进入，均匀地分布在反应器的底部，然后向上升流通过含有高浓度厌氧微生物的固体床，使废液中的有机固体与厌氧生物充分接触反应，有机固体被液化发酵和厌氧分解，被转化成沼气。而产生的沼气随水流上升具有搅拌混合作用，促进了固体与微生物的接触。由于重力作用固体床区有自然沉淀作用，密度较大的固体物被积累在固体床下部，使反应器内保持较高的固体量和生物量，可使反应器有较长的SRT和MRT(微生物滞留时间)。通过固体床的水流从池顶的出水渠溢出池外。在出水渠前设置挡渣板，可减少SS的流失，在反应器液面会形成一层浮渣层，在长期稳定运行过程中，浮渣层的厚度达到一定程度后趋于动态平衡。不断有固体被沼气携带到浮渣层，同时也有经脱气的固体返回到固体床区。

(二) 设计要求

(1) 升流式厌氧固体反应器适合处理高固体含量(TS≥5%)的有机废液。

(2) 容积应根据容积负荷确定。容积负荷应根据原料种类、特性、要求处理程度以及消化温度等因素确定。在中温或近中温消化条件下，处理畜禽粪便的容积负荷宜为3~6kgCOD/(m^3·d)。

(3) 升流式厌氧固体反应器罐体宜为立式圆柱形，有效高度、顶盖、底部的几何尺寸参照完全混合式厌氧消化器的规定。

(4) 进料由底部配水系统进入，宜采用多点均匀布水。

(5) 出料宜通过液面的出水堰溢流出池外。出水堰前应设置挡渣板。

(6) 反应器每周排泥一次，每次排泥量为有效池容量的0.5%~1%。

六、升流式厌氧污泥层(床)(UASB)反应器

(一) UASB反应器的形式

升流式厌氧污泥床(层)反应器是由荷兰Wageningen农业大学的Gatze Lettinga教授于20世纪70年代初开发出来的。

UASB反应器指污水通过布水装置依次进入底部的污泥层和中上部污泥悬浮区，与其中的厌氧微生物进行反应生成沼气，气、液、固混合液通过上部三相分离器进行分离，污泥回落到污泥悬浮区，分离后污水排出系统，同时回收产生沼气的厌氧反应器。由底部的污泥区和中上部的气、液、固三相分离区组合为一体的厌氧消化装置。由反应区、沉淀区和气室三部分组成。

上流式厌氧污泥床的池形有圆形、方形、矩形。小型装置常为圆柱形，底部呈锥形或圆弧形。大型装置为便于设置气、液、固三相分离器，则一般为矩形，高度一般为3~8m，其中污泥床1~2m，污泥悬浮层2~4m，在实际工程中，UASB的断面形状一般可以做成圆形或矩形，一般来说矩形断面便于三相分离器的设计和施工；多用钢结构或钢筋混凝土结构。

UASB反应器一般不在反应器内部直接加热，而是将进入反应器的污水预先加热，而UASB反应器本身多采用保温措施。因为在厌氧反应过程中肯定会有较多的硫化氢或其他具有强腐蚀性的物质产生，反应器内壁必须采取防腐措施。

UASB反应器主要有两种形式，即开敞式UASB反应器和封闭式UASB反应器，如图12-11所示。

(1) 开敞式UASB反应器

开敞式UASB反应器的顶部不加密封，或仅加一层不太密封的盖板，多用于处理中低浓度的有机污水；其构造较简单，易于施工安装和维修。

(2) 封闭式UASB反应器

封闭式 UASB 反应器的顶部加盖密封，这样在 UASB 反应器内的液面与池顶之间形成气室，主要适用于高浓度有机污水的处理。这种形式实际上与传统的厌氧消化池有一定的类似，其池顶也可以做成浮动盖式。

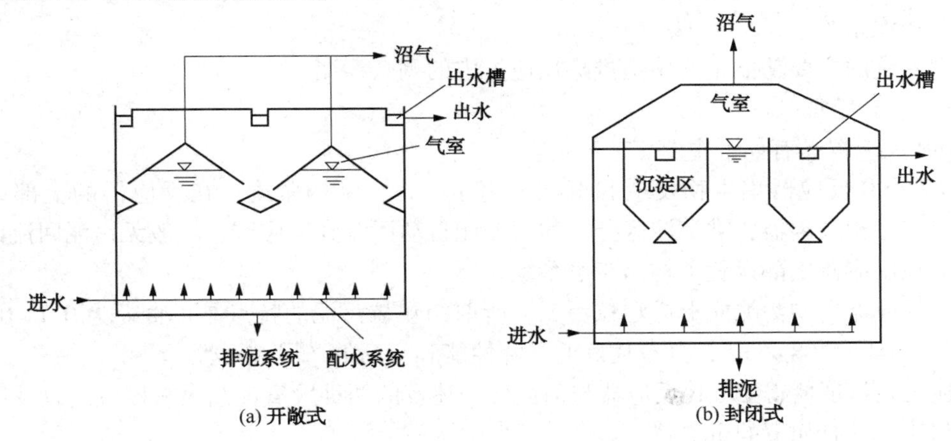

图 12-11　UASB 反应器的两种主要形式

（二）UASB 反应器的组成

UASB 反应器的主要组成部分包括：进水配水系统、反应区、三相分离器、出水系统、气室、浮渣收集系统、排泥系统等。

(1) 进水配水系统

进水配水系统兼有配水和水力搅拌的功能，一个有效的进水配水系统是保证 UASB 反应器高效运行的关键之一。因此设计时，进水配水系统应满足以下要求：

① 将污水均匀地分配到整个反应器的底部；

② 具有水力搅拌的功能，在底部实现与污泥充分混合；

③ 不易堵塞，发生后堵塞处理容易。

实际使用的布水器的布水方式主要有连续进水方式（一管一点）、脉冲式布水、一管多点配水方式、分支布水等。这些布水方式的出水口（或孔）均朝下，离池底约 0. 15m。

(2) 反应区

反应区是 UASB 反应器中生化反应发生的主要场所，又分为污泥床区和污泥悬浮区，其中污泥床区主要集中了大部分高活性的颗粒污泥，是有机物的主要降解场所；而污泥悬浮区则是絮状污泥集中的区域。

(3) 三相分离器

三相分离器由沉淀区、回流缝和气封等组成，其主要功能有：

① 将气体（沼气）、固体（污泥）和液体（出水）分开；

② 保证出水水质；

③ 保证反应器内污泥量；

④ 有利于污泥颗粒化。

(4) 出水系统

出水系统的主要作用是将经过沉淀区后的出水均匀收集，并排出反应器。

(5) 气室

气室也称集气罩，其主要作用是收集沼气。

（6）浮渣收集系统

浮渣收集系统的主要功能是清除沉淀区液面和气室液面的浮渣。

（7）排泥系统

排泥系统的主要功能是均匀地排除反应器内的剩余污泥。

（三）工艺特征

UASB 反应器具有如下主要工艺特征：

（1）UASB 反应器集生物反应和沉淀分离于一体，结构紧凑；在反应器的上部设置了气、固、液三相分离器，被沉淀区分离的污泥能自动回流到反应区，一般无污泥回流设备。

（2）在反应器底部设置了均匀布水系统。

（3）反应器内的污泥能形成颗粒污泥，所谓的颗粒污泥的特点是：直径为 0.1~0.5cm，湿密度为 1.04~1.08g/cm^3；具有良好的沉降性能和很高的产甲烷活性。

上述工艺特征使得 UASB 反应器与前面已经述及的两种厌氧工艺厌氧接触法以及厌氧生物滤池相比，具有如下的主要特点：

① 反应器内污泥浓度高，一般平均污泥浓度为 30~40g/L，污泥床中的污泥由活性生物量占 70%~80%的高度发展的颗粒污泥组成；污泥龄一般为 30d 以上；

② 反应器具有很高的容积负荷；中温消化，容积负荷一般为 10~20kgCOD/(m^3·d)；

③ 有机负荷高，反应器的水力停留时间相应较短；

④ 不仅适合于处理高、中浓度的有机工业污水，也适合于处理低浓度的城市污水；

⑤ 无需设置填料，节省造价及避免堵塞问题，提高了容积利用率；

⑥ 一般无需设置搅拌设备，靠上升水流和沼气产生的上升气流起到搅拌的作用。

同时 UASB 反应器也存在一些缺点：如反应器内有短流现象，影响处理能力；运行启动时间长，对水质和负荷突然变化比较敏感。

（四）UASB 反应器的设计

1. UASB 反应器的进水要求

（1）pH

pH 值一般在 6.0~8.0。

（2）进水温度

常温厌氧温度为 20~25℃，中温厌氧温度宜为 35~40℃，高温厌氧温度宜为 50~55℃。

（3）进水水质要求

营养组合比(COD：氨氮：磷)宜为 100~500：5：1；进水中 COD 浓度宜大于 1500mg/L，BOD_5/COD 的比值宜大于 0.3；进水中悬浮物含量应小于 1500mg/L，进水中氨氮浓度应小于 2000mg/L，进水中硫酸盐浓度宜小于 1000mg/L；严格控制重金属、氰化物、酚类等物质进入厌氧反应器的浓度。如果不能满足进水要求，宜采用相应的预处理措施。

2. UASB 反应器对污染物的去除效果

COD 的去除率一般在 80%~90%；BOD_5去除率一般在 80%~90%。

3. 预处理

预处理一般包括格栅、沉砂池、沉淀池、调节池、酸化池及加热池等。

（1）应根据需要设粗、细格栅或设细格筛。

（2）处理畜禽粪便、屠宰和酒糟等含砂较多污水时，应设置沉砂池。

（3）处理造纸、淀粉等含大量悬浮物的污水时，应设置沉淀池。

（4）应设置调节池。调节池的设计应满足以下要求：

① 调节池的容量应满足生产排水周期中水质水量均化的要求，停留时间宜为6~12h；如为间歇运行，调节池容量宜按1~2个周期设置。

② 根据具体情况可在调节池内投加酸、碱、营养源(氮、磷等)等药品，可兼用作中和池。

③ 调节池内宜设置搅拌设施，搅拌机动力宜为4~8W/m³池容；调节池出水端应设置去除浮渣装置，池底宜设置除沙和排泥装置。

④ 当进水可生化性较差时，可设置酸化池。酸化池设计应满足以下要求：

（a）宜采用底部布水上向流方式；

（b）宜根据地区气候条件不同，增加浮渣、沉渣、保温等处理设施；

（c）有效水深宜为4~6m；

（d）酸化池容积宜采用容积负荷计算法，如式(12-5)：

$$V_s=\frac{Q\times S_a}{1000N_s} \tag{12-5}$$

式中　V_s——酸化池容积，m³；

Q——设计流量，m³/d；

N_s——COD容积负荷，kgCOD/(m³·d)，取值为10~20kgCOD/(m³·d)；

S_a——酸化池进水COD浓度，mg/L。

⑤ 反应器宜采用保温措施，使反应器内的温度保持在适宜范围内。如不能满足温度要求，应设置加热装置。加热方式可采用池外加热和池内加热，池外加热有加热池和循环加热两种方式，池内加热宜采用热水循环加热方式。

（五）UASB反应器的设计

目前升流式厌氧污泥床已经有成熟的工艺与设备，广泛用于各种高浓污水的预处理。表12-4为国外部分UASB反应器的设计数据。

表12-4　国外部分UASB反应器的设计数据

污水类型	使用国家	反应器容积/m³	容积负荷/[kgCOD/(m³·d)]	温度/℃
制　糖	荷兰	200~1700	12.5~17	30~35
	奥地利	3040	8	30~35
土豆加工	荷兰	240~1700	5~11	30~35
	美国	2200	6	30~35
	瑞士	600	8.5	30~35
玉米淀粉	荷兰	900	10~12	30~35
小麦淀粉	荷兰	500	6.5	30~35
	爱尔兰	2200	9	30~35
	澳大利亚	4200	9.3	30~35
大麦淀粉	芬兰	420	8	30~35

续表

污水类型	使用国家	反应器容积/m³	容积负荷/[kgCOD/(m³·d)]	温度/℃
酒　精	荷兰	700	16	30~35
	德国	2300	9	30~35
	美国	2100	7	30~35
酵母污水	美国	5000	10.8	30~35
	沙特	950	10.5	30~35
啤　酒	荷兰	1400	5~10	23
	美国	4600	14	30~35
		1500	6.3	20
屠　宰	荷兰	600	3~5	24
牛　奶	加拿大	450	6~8	24
造纸污水	荷兰	1000	8~10	24
		740	4	20
		2200	5~6	25
城市污水	哥伦比亚	6600	3	常温

国内 UASB 反应器的设计数据可参考表 12-5。

表 12-5　国内部分 UASB 反应器的设计数据

污水类型	COD/(g/L)	反应器容积/m³	容积负荷/[kgCOD/(m³·d)]	COD 去除率/%	温度/℃
生猪养殖污水	2~3.42	608	1.5	80	常温
制　糖	34.06	130	13.6	81	常温
酿造污水	2~6	64.8	4.2	82.4	常温
黄酒污水	5.35	1440	4	80.2	常温
油脂污水	1.8	420	5	76	常温
糠醛污水	1.5~2	295/150(二级串联)	6.5/3	88/69	常温
赤霉素污水	0.5~0.65(硫酸根)	500	0.45(硫酸根)	0.1~0.15	常温
	5.5		3~5	1.8~2.2	35~37
木薯酒糟废液		1000	5	87	35~37
酒精糟液	20	712	7	90	35~37
屠宰污水	1	250	2.5	77	常温
制药污水	15	6000	2.5	80	35
化工污水	--	12000	3	80	常温
柠檬酸污水	10	380	10	80	常温
啤　酒	2	380	4.5	78	常温
	2.3	2000	14	78	常温

UASB 反应器设计计算的主要内容有：①池型选择、有效容积以及各主要部位尺寸的确

定；②进水配水系统、出水系统、三相分离器等主要设备的设计计算；③其他设备和管道如排泥和排渣系统等的设计计算。

1. 有效容积及主要构造尺寸的确定

(1) UASB 反应器的有效容积

一般将沉淀区和反应区的总容积作为反应器的有效容积进行考虑，采用有机负荷(q)或水力停留时间(HRT)设计 UASB 反应器是目前最为主要的方法，多采用进水容积负荷法确定，即：

$$V=Q\times S_i/L_v \tag{12-6}$$

式中 V——反应器有效容积，m^3；

Q——污水流量，m^3/d；

S_i——进水 COD 浓度，mg/L；

L_v——COD 容积负荷，kgCOD/(m^3·d)。

表 12-6 给出不同类型污水国内外采用 UASB 反应器处理的负荷数据，供设计人员参考。选用前必须进行必要的实验和进一步查询有关的技术资料。

表 12-6 国内外生产性 UASB 装置的设计负荷统计

序号	污水类型	负荷/[kgCOD/(m^3·d)](国外资料)			厂家数	负荷/[kgCOD/(m^3·d)](国内资料)			厂家数
		平均	最高	最低		平均	最高	最低	
1	酒精生产	11.6	15.7	7.1	7	6.5	20.0	2.0	15
2	啤酒厂	9.8	18.8	5.6	80	5.3	8.0	5.0	10
3	造酒厂	13.9	18.5	9.9	36	6.4	10.0	4.0	8
4	葡萄酒厂	10.2	12.0	8.0	4				
5	清凉饮料	6.8	12.0	1.8	8	5.0	5.0	5.0	12
6	小麦淀粉	8.6	10.7	6.6	6				
7	淀粉	9.2	11.4	6.4	6	5.4	8.0	2.7	2
8	土豆加工等	9.5	16.8	4.0	24				
9	酵母业	9.8	12.4	6.0	16	6.0	6.0	6.0	1
10	柠檬酸生产	8.4	14.3	1.0	3	14.8	20.0	6.5	3
11	味精					3.2	4.0	2.3	2
12	再生纸、纸浆	12.3	20.0	7.9	15				
13	造纸	12.7	38.9	6.0	39				
14	食品加工	9.1	13.3	0.8	10	3.5	4.0	3.0	2
15	屠宰污水	6.2	6.2	6.2	1	3.1	4.0	2.3	4
16	制糖	15.2	22.5	8.2	12				
17	制药厂	10.9	33.2	6.3	11	5.0	8.0	0.8	5
18	家畜饲料厂	10.5	10.5	10.5	1				
19	垃圾滤液	9.9	12.0	7.9	7				

UASB 反应器的容积负荷与反应温度、污水性质和浓度以及是否能够在反应器内形成颗粒污泥等多种因素有关，如果对于食品工业污水或与之性质相近的污水，一般认为是可以在

反应器内形成颗粒污泥的。在不同的反应温度下进水容积负荷的选择可参考表 12-7 中的数据。

表 12-7 不同反应温度下的进水容积负荷

反应温度/℃	设计容积负荷/[kgCOD/(m^3·d)]	反应温度/℃	设计容积负荷/[kgCOD/(m^3·d)]
高温(55~65)	20~30	常温(20~25)	5~10
中温(35~38)	10~20	低温(15 以下)	2~5

(2) UASB 反应器有效高度

从设计、运行方面考虑，高度会影响上升流速，高流速增加系统扰动和污泥与进水之间的接触，但流速过高会引起污泥流失。为保持足够多的污泥，上升流速不能超过一定的限值，而使反应器的高度受到限制。根据报道，最经济的反应器高度(深度)一般是在 4~6m 之间，目前也有采用碳钢做成的 UASB 反应器，高度达到 10m 以上。

(3) 反应器的截面积和反应器的长、宽(或直径)

在确定反应器的容积和高度(H)之后，可确定反应器的截面积(A)，从而确定反应器的长和宽，在同样的面积下正方形池的周长比矩形池要小，矩形 UASB 需要更多的建筑材料。以表面积为 600m^2的反应器为例，30m×20m 的反应器与 15m×40m 的反应器周长相差 10%，这意味着建筑费用要增加 10%。但从布水均匀性考虑，矩形在长宽比较大时较为合适。从布水均匀性和经济性考虑，矩形池在长宽比在 2∶1 以下较为合适，长宽比在 4∶1 时费用增加十分显著。

圆形反应器在同样的面积下，其周长比正方形的少 12%，但这一优点仅在采用单个池子时才成立。当建立两个或两个以上反应器时，矩形反应器可以采用共用壁。对于采用公共壁的矩形反应器，池型的长宽比对造价也有较大的影响。如果不考虑其他因素，这是一个在设计中需要优化的参数。

(4) 反应器升流速度

反应器内的上升流速一般为 0.5~1.5m/h，一般控制在 0.6~0.9m/h 之间。

(5) 单元反应器分格化

在 UASB 反应器的设计中，普遍采用分格化操作。分格化的单元尺寸不会过大，可避免体积过大带来的布水均匀性等问题。同时多个反应器对系统的启动也是有益的，如首先启动一个反应器，再用这个反应器的污泥去接种其他反应器；另外，有利于维护和检修，可放空一个反应器进行检修，而不影响系统的运行。从目前实践看，最大的单体 UASB 反应器为 1000~2000m^3。

(6) 单元反应器系列化

单元的标准化根据三相分离器尺寸进行，三相分离器的形式趋向于多层箱体的设备化结构。以 2m×5m 的三相分离器为例，原则上讲有多种配合形式，但从标准化和系列化考虑，要求具有通用性和简单性。所以，池子宽度是以 5m 为模数，长度方向是以 2m 为模数。

2. 进水配水系统设计

(1) 配水孔口负荷

有人建议每个进水点负担 2~4m^2的布水面积能获得满意的去除效率。而在温度低于 20℃或低负荷的情况，当产气率较低并且进水与污泥的混合不充分时，需要较高密度的布水点。对于城市污水，DeMan 和 VanderLast(1990)建议布水面积为 1~2m²/孔。表 12-8 为 Lettinga 等根据 UASB 反应器的大量实践推荐的进水管负荷与容积负荷(处理溶解性污水时)。

表 12-8　处理溶解性污水时推荐的进水管负荷与容积负荷

污泥典型	每个进水口布水面积/m^2	容积负荷/[kgCOD/(m^3·d)]
颗粒污泥	0.5~1	2.0
	1~2	2~4
	>2	>4
凝絮状污泥>40kg/m^3	6.5~1	<1.0
	1~2	1~2
	2~3	>2
中等浓度絮状污泥 120~40kg/m^3	1~2	<1~2
	2~5	>2

(2) 进水分配系统

在生产装置中采用的进水方式大致可分为间歇式(脉冲式)、连续流、连续与间歇相结合等方式；布水管的形式有一管多孔、一管一孔和分枝状等多种形式。

① 连续进水方式(一管一点)

为了确保进水均匀分布，每个进水管线仅与一个进水点相连接。可以采用如图 12-12 的配水器，此类布水器在实际应用中容易堵塞，最好不要采用。同时为防止堵塞，一般需采用较大的配水管径。

图 12-12　连续进水配水器

② 脉冲进水方式

脉冲方式进水能使底层污泥交替进行收缩和膨胀，有助于底层污泥的混合。实际使用效果良好。脉冲主要设计要点有：

a. 脉冲周期与充放比

脉冲周期是指完成脉冲全过程所需的时间，充放比指充水时间与放水时间的比值。考虑到 UASB 高效反应区高度在 4m 以上，兼顾 UASB 活性污泥的沉降速度，脉冲周期取 4~6min，充放比取(4~5)：1。

b. 脉冲水头

脉冲水头是指脉冲发生器最高水位与 UASB 出水槽水位之差。脉冲水头与放水时间相关，并影响脉冲流量和喷嘴出口流速。为控制喷嘴出口流速大于 3m/s，脉冲水头取 3~4m。

c. 配水系统

为保证 UASB 底部布水均匀性，配水系统采用大阻力配水系统。开孔比 α 取值大小与反应器污泥形态有关，若以絮状污泥为主的 UASB 反应器，α 取 0.05%~0.1%，这有利于保证均匀布水，防止沟流现象产生。对于反应器高度较大，以颗粒污泥为主的 UASB 反应器，α 取 0.1%~0.2%，这对于提高生化污泥膨胀率有利。出口喷嘴采用短管，控制最大喷流流速大于 3.0m/s。配水系统管材选用 PVC-U 或 ABS 管，这有利于防止管道腐蚀与堵塞。

d. 破坏供气系统

基于 UASB 反应器的绝氧要求，脉冲破坏供气气源宜选用沼气。系统由 UASB 贮气柜、连接气管和虹吸破坏管组成，贮气柜内沼气作为破坏虹吸的气源。贮气柜的气压对脉冲工况(主要是充放比)有一定影响。一方面，贮气压力对充水时间有影响，贮气压力越大，虹吸发生前抽吸密封空间内气体的时间越长，充水时间变长，反之亦然。另一方面，贮气压力越高，虹吸破坏速度越快，放水时间变短。两方面影响相比，前者是主要的。因此，贮气压力越大，充放比越大，但对脉冲周期影响较小。一般贮气水封水深取 0.2~0.4m，实际充放比比设计充放比提高 10%~20%。

③ 一管多点配水方式

采用在反应器池底配水横管上开孔的方式布水，为了配水均匀，要求出水流速不小于 2m/s。这种配水方式可用于脉冲进水系统。一管多孔式配水方式的问题是容易发生堵塞，因此应该尽可能避免在一个管上有过多的孔口，如图 12-13 所示。

图 12-13 一管多点配水图

④ 分枝式配水方式

这种配水系统的特点采用较长的配水支管增加沿程阻力，以达到布水均匀的目的。有关专家给出的最大的分枝布水系统的负荷面积为 $54m^2$。大阻力系统配水均匀度好，但水头损失大。小阻力系统水头损失小，如果不影响处理效率，可减少系统的复杂程度。

3. 三相分离器的设计

三相分离器的基本原理与构造如图 12-14 所示。

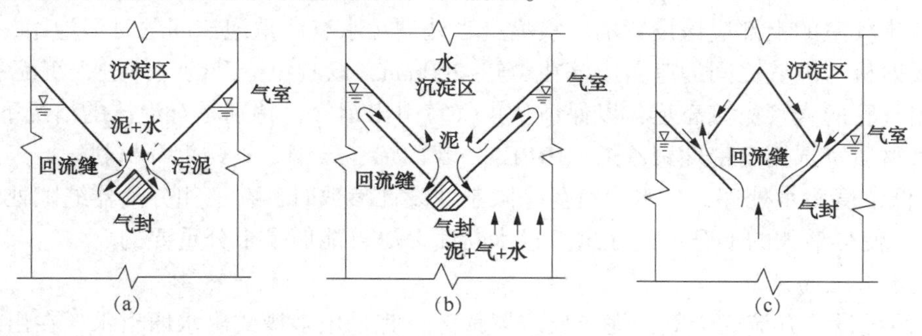

图 12-14　三相分离器的基本原理与构造

其实际应用的三相分离设施如图 12-15 所示。

图 12-15　三相分离设施

一般来说，在 UASB 反应器中三相分离器可以有以下几种布置形式，如图 12-16 所示。

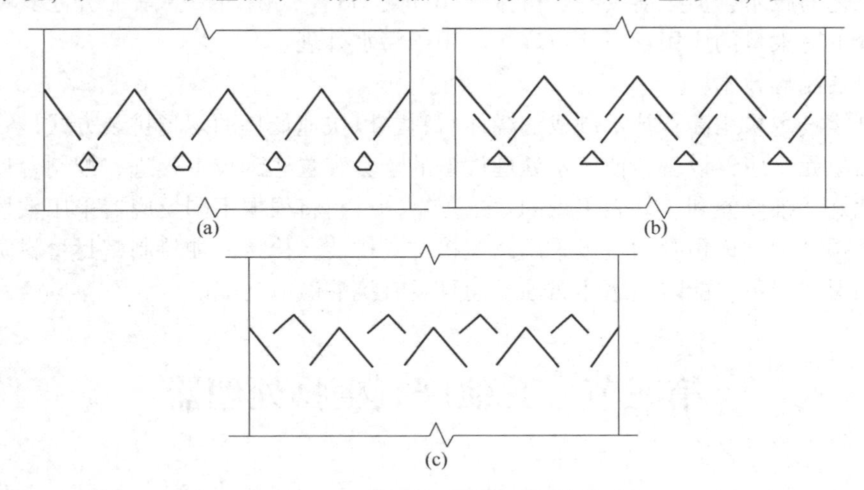

图 12-16　三相分离器布置形式

三相分离器设计要点汇总如下：

① 沉淀器的斜角应在 45°~60°，集气室隙缝部分的面积应该占反应器全部面积的 15%~20%；

② 在反应器高度为5~7m时，集气室的高度在1.5~2m；

③ 在集气室内应保持气液界面以释放和收集气体，防止浮渣或泡沫层的形成；

④ 在集气室的上部应该设置消泡喷嘴，当处理污水有严重泡沫问题时消泡用；

⑤ 反射板与隙缝之间的遮盖应该在100~200mm，以避免上升的气体进入沉淀室；

⑥ 出气管的直管应该充足，以保证从集气室引出沼气，特别是有泡沫的情况下；

⑦ 其材质宜选用高密度聚乙烯(HDPE)、聚丙烯、碳钢、不锈钢等材料。

对于低浓度污水处理，当水力负荷是限制性设计参数时，在三相分离器缝隙处保持大的过流面积，使得最大的上升流速在这一过水断面上尽可能低是十分重要的。

4. 出水系统的设计

出水系统设在升流式厌氧污泥床反应器顶部，宜采用多槽式出水堰出水，在出水堰之间应设置浮渣挡板。出水堰最大表面负荷不宜大于1.7L/(m·s)，出水堰上水头应大于25mm。

5. 排泥系统设计

配水管可兼作排泥管，也可在反应器底部以及中部(反应器高1/2处)另设排泥管，用于排泥。

6. 其他设计中应考虑的问题有加热和保温、沼气的收集、贮存和利用、防腐等。

对于防腐，厌氧反应器应该尽可能避免采用金属材料。混凝土结构也需要采用环氧树脂防腐。

7. UASB反应器结构和材料的开发

(1) Lipp技术

Lipp罐制作时，薄钢板在成型机上薄钢板上部被折成h形而下部被折成n形，在咬合机上薄钢板上部与上一层薄钢板的下部被咬合在一起。Lipp制罐技术是一种具有世界先进水平的制罐工艺与技术，但是需要特殊机械，20世纪80年代国内粮食系统引进多套加工机械并且在粮仓上有大量的应用，目前也逐步应用于污水处理。

(2) 拼装制罐技术

拼装制罐技术采用高新技术制成的罐体材料，以快速低耗的现场拼装方式最终成型，组成成套化的单元反应器设备，使污水处理设备的全套装置达到技术先进、配制合理、性能优良、耐腐性好、维修便利、外表美观的效果。罐体材料将根据不同反应器采用软性搪瓷或其他防腐形式预制钢，板预制的钢板采用以栓接方式拼装，栓接处加特制密封材料防漏，预制钢板形成的保护层不仅能阻止罐体腐蚀，而且具有抗酸碱的功能。

第三节 其他厌氧生物处理器

一、厌氧内循环(IC)反应器

(一) 基本情况

1985年，内循环厌氧消化器(IC)由荷兰PAQEUSE公司研究并用于中试生产，1989年，在荷兰的DenBdsch建造了第一座IC反应器，其容积达970m^3，处理啤酒废水，进水容积负荷率达 20.4kgCOD/(m^3·d)，反应器高 22m。

IC 处理技术从问世以来已成功应用于土豆加工、菊苣加工、啤酒、柠檬酸和造纸等废水处理中。1985 年荷兰首次应用 IC 反应器处理土豆加工废水，容积负荷高达 35~50kgCOD/(m^3·d)，停留时间 4~6h；而处理同类废水的 UASB 反应器容积负荷仅有 10~15kg/(m^3·d)，停留时间长达十几到几十个小时。

在啤酒废水处理工艺中，IC 技术应用得较多，目前我国已有多家啤酒厂引进了此工艺。从运行结果看，IC 工艺的 COD 容积负荷可达 15~30kgCOD/(m^3·d)，停留时间 2~4.2h，COD 去除率大于 75%；而 UASB 反应器 COD 容积负荷仅有 4~7kgCOD/(m^3·d)，停留时间近 10h。

对于处理高浓度和高盐度的有机废水，IC 反应器也有成功的经验。位于荷兰 Roosendaal 的一家菊苣加工厂的废水，COD 约 7900mg/L，SO_4^{2-} 为 250mg/L，Cl^- 为 4200mg/L。采用 22m 高、1100m^3容积的 IC 反应器，容积负荷达 31kgCOD/(m^3·d)，COD 去除率大于 80%，平均停留时间 6.1h。

无锡罗氏中亚柠檬有限公司的 IC 厌氧处理系统，进水 COD 一般在 8000mg/L 以上，pH 值 5.0 左右，COD 容积负荷可达 30kgCOD/(m^3·d)，出水 COD 基本在 2000mg/L 以下，每 kgCOD 产沼气 0.42m^3。

(二) IC 反应器的构造

IC 反应器是目前效能很高的厌氧消化器，可以看成是两个 UASB 反应器串联。其构造特点是具有较大的高径比，可达 4~8，反应器的高度可达 16~25m。

IC 反应器构造示意图见图 12-17。由图可知，进水通过泵由反应器底部进入第一反应室，与该室内的厌氧颗粒污泥均匀混合。污水中所含的大部分有机物在这里被转化成沼气，所产生的沼气被第一反应室的集气罩收集，沼气将沿着提升管上升。沼气上升的同时，把第一反应室的混合液提升至设在反应器顶部的气液分离器，被分离出的沼气由气液分离器顶部的沼气排出管排走。分离出的泥水混合液沿着回流管回到第一反应室的底部，并与底部的颗粒污泥和进水充分混合，实现第一反应室混合液的内部循环。内循环的结果是，第一反应室不仅有很高的生物量、很长的污泥龄，并具有较大的升流速度，使该室内的颗粒污泥完全达到流化状态，有很高的传质速率，使生化反应速率提高，从而提高第一反应室的去除有机物能力。经过第一反应室处理过的污水进入第二反应室继续处理。水中的剩余有机物可被第二反应室内的厌氧颗粒污泥进一步降解，使废水得到更好的净化，产生的沼气由第二反应室的集气罩收集，通过集气管进入气液分离器。第二反应室的泥水混合液进入沉淀区进行固液分离，处理过的上清液由出水管排走，沉淀下来的污泥可自动返回第二反应室。

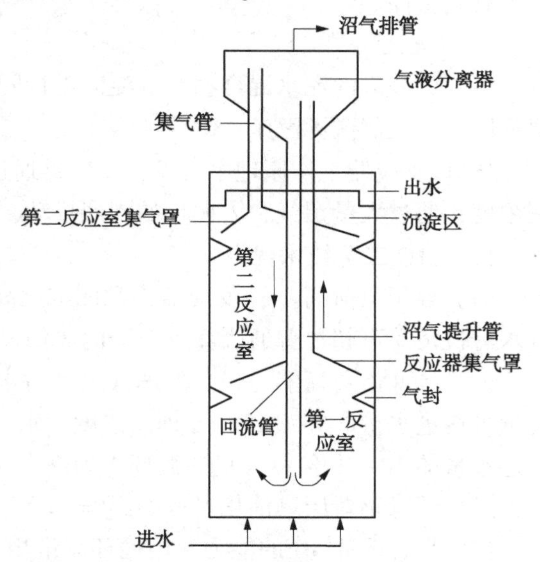

图 12-17　IC 反应器构造示意图

IC 反应器实际上是由两个上下重叠的 UASB 反应器串联组成的。由下面第一个 UASB 反应器产生的沼气作为提升的内动力，使升流管与回流管的混合液产生密度差，实现下部混合液的内循环，使废水获得强化预处理。上面的 UASB 反应器对污水继续进行后处理(或称精处理)，使出水达到预期的处理要求。

1. 混合区

反应器底部进水、颗粒污泥和气液分离区回流的泥水混合物在此区有效混合。

(1) 第一厌氧区

混合区形成的泥水混合物进入该区，在高浓度污泥作用下，大部分有机物转化为沼气。混合液上升流和沼气的剧烈扰动使该反应区内污泥呈膨胀和流化状态，加强了泥水表面接触，污泥由此而保持着高的活性。随着沼气产量的增多，一部分泥水混合物被沼气提升至顶部的气液分离区。

(2) 气液分离区

被提升的混合物中的沼气在此与泥水分离并导出处理系统，泥水混合物则沿着回流管返回到最下端的混合区，与反应器底部的污泥和进水充分混合，实现了混合液的内部循环。

(3) 第二厌氧区

经第一厌氧区处理后的污水，除一部分被沼气提升外，其余的都通过三相分离器进入第二厌氧区。该区污泥浓度较低，且污水中大部分有机物已在第一厌氧区被降解，因此沼气产生量较少。沼气通过沼气管导入气液分离区，对第二厌氧区的扰动很小，这为污泥的停留提供了有利条件。

2. 沉淀区

第二厌氧区的泥水混合物在沉淀区进行固液分离，上清液由出水管排走，沉淀的颗粒污泥返回第二厌氧区污泥床。

从 IC 反应器工作原理中可见，反应器通过 2 层三相分离器来实现 $SRT>HRT$，获得高污泥浓度；通过大量沼气和内循环的剧烈扰动，使泥水充分接触，获得良好的传质效果。

(三) IC 工艺技术优点

(1) 容积负荷高。IC 反应器内污泥浓度高，微生物量大，且存在内循环，传质效果好，进水有机负荷可超过普通厌氧反应器的 3 倍以上。

(2) 抗冲击负荷能力强。处理低浓度污水(COD 在 2000~3000mg/L)时，反应器内循环流量可达进水量的 2~3 倍；处理高浓度污水(COD 在 10000~15000mg/L)时，内循环流量可达进水量的 10~20 倍。大量的循环水和进水充分混合，使原水中的有害物质得到充分稀释，大大降低了毒物对厌氧消化过程的影响。

(3) 具有缓冲 pH 的能力。内循环流量相当于第一厌氧区的出水回流，可利用 COD 转化的碱度对 pH 起缓冲作用，使反应器内 pH 保持最佳状态，同时还可减少进水的投碱量。

(4) 内部能实现自动循环，不必外加动力。IC 反应器以自身产生的沼气作为提升的动力来实现混合液内循环，不必设泵强制循环，节省了动力消耗；

(5) 节省投资和占地面积。IC 反应器容积负荷率高出普通 UASB 反应器的 3 倍左右，其体积仅相当于普通反应器的 1/4~1/3，降低了反应器的基建投资。而且 IC 反应器高径比很大(一般为 4~8)，占地面积省，适合用地紧张的工矿企业。

（四）IC 反应器存在的问题

COD 容积负荷大幅度提高，使 IC 反应器具备很高的处理容量，同时也带来了一些新的问题：

（1）IC 反应器内部结构比普通厌氧反应器复杂，设计施工要求高。反应器高径比大，增加了进水泵的动力消耗，提高了运行费用；加快了水流上升速度，使出水中细微颗粒物比 UASB 多，加重了后续处理的负担。另外，内循环中泥水混合液的上升还易产生堵塞现象，使内循环瘫痪，处理效果变差。

（2）IC 反应器较短的水力停留时间会影响不溶性有机物的去除效果。

（3）在厌氧反应中，有机负荷、产气量和处理程度三者之间存在着密切的联系和平衡关系。一般较高的有机负荷可获得较大的产气量，但处理程度会降低。因此，IC 反应器的总体去除效率相比 UASB 反应器来讲要低些。

（4）缺乏在 IC 反应器水力条件下培养活性和沉降性能良好的颗粒污泥关键技术。目前国内引进的 IC 反应器均采用荷兰进口的颗粒污泥接种，增加了工程造价。

上述问题有待在对 IC 厌氧处理技术内部规律进行更深入探讨的基础上，结合工程实践加以克服，使这一新技术更加完善。

（五）IC 处理技术应用现状及发展前景

表 12-9 列出了 IC 反应器和 UASB 反应器处理典型污水的对照结果，从表中数据可以看出，IC 反应器在一定程度上解决了 UASB 反应器的不足，提高了反应器单位容积的处理容量。

表 12-9　IC 反应器与 UASB 反应器处理同类污水的对比结果

对比指标	IC 反应器		UASB 反应器	
	啤酒污水	土豆加工污水	啤酒污水	土豆加工污水
反应器体积/m^3	6×162	100	1400	2×1700
反应器高度/m	20	15	6.4	5.5
水力停留时间/h	2.1	4.0	6	5.5
容积负荷/[kgCOD/(m^3·d)]	24	48	6.8	10
进水 COD/(mg/L)	2000	6000~8000	1700	12000
COD 去除率/%	80	85	80	95

由表 12-9 可知，在处理同类污水时，IC 反应器的高度一般为 UASB 反应器的 3~4 倍，IC 反应器的容积负荷一般为 UASB 反应器的 4 倍左右。

随着生产的发展，经济高效、节能省地的厌氧反应器越来越受到水处理工作者的青睐。IC 反应器的一系列技术优点及其工程的成功实践，是现代厌氧反应器的一个突破，值得进一步研究开发。而且由于反应器容积小，生产、运输、安装和维修都十分方便，产业化前景也很乐观。

（六）基本设计参数

IC 反应器主要设计参数有：

（1）COD 去除率。对于易降解如啤酒、淀粉等废水，COD 的去除率一般可达 80%~85%。其中第一厌氧反应室去除 COD 的能力约占反应器总去除 COD 能力的 80%左右，其产气量也为反应器总产气量的80%。

（2）反应器的进水容积负荷。一般可采用的范围为15~25kgCOD/（m^3·d）；对于易降解的有机废水可取高限，为了留有余地可取低限。不同温度条件下IC反应器的COD容积负荷可参照表12-10选取。

表12-10 不同温度条件下IC反应器的COD容积负荷

温度/℃	COD容积负荷/[kgCOD/（m^3·d）]	温度/℃	COD容积负荷/[kgCOD/（m^3·d）]
10	5~10	30	20~30
15	10~15	40	20~30
20	15~120		

（3）反应器的有效水深。一般为5~25m，一般可采用16~20m。对浓度较低的废水可取低限，为了节省动力消耗，设计时反应器的高度不宜太高。

（4）混合液上升流速。第1反应室的混合液的上升流速控制在10~20m/h，第2反应室的混合液的上升流速控制在2~10m/h；

（5）升流管的管径。不能大于150mm，反应器规模大时可设多根升流管。

（6）IC反应器的运行温度。一般在30~35℃，每去除1kgCOD能产生0.5m^3左右沼气。

（7）高径比与横截面积。国外的生产装置，其高径比一般为4~8，反应器的直径和高度的关系主要通过选择适当的表面负荷或水力停留时间来确定。根据反应器的高度、容积以及表面负荷，便可以确定反应器的横截面积。

二、厌氧膨胀颗粒污泥床（EGSB）反应器

EGSB反应器为一种改进型的UASB反应器。根据载体流态化原理，EGSB反应器中装有一定量的颗粒污泥载体，当有机污水及其所产生的沼气自下而上地流过颗粒污泥床层时，载体与液体间会出现不同的相对运动，导致床层呈现不同的工作状态。在污水液体表面上升流速较低时，反应器中的颗粒污泥保持相对静止，污水从颗粒间隙内穿过，床层的空隙率保持稳定，但其压降随着液体表面上升流速的提高而增大。当流速达到一定数值时，压降与单位床层的载体重量相等；继续增加流速，床层空隙便开始增加，床层也相应膨胀，但载体间依然保持相互接触；当液体表面上升流速超过临界流化速度后，污泥颗粒即呈悬浮状态，颗粒床被流态化；继续增加进水流速，床层的空隙率也随之增加，但床层的压降相对稳定；再进一步提高进水流速到最大流化速度时，载体颗粒将产生大量的流失。

从载体流态化的工作状况可以看出，EGSB反应器的工作区为流态化的初期，即膨胀阶段（容积膨胀率约为10%~30%），在此条件下，进水流速较低，一方面可保证进水基质与污泥颗粒的充分接触和混合，加速生化反应进程，另一方面有利于减轻或消除静态床（如UASB）中常见的底部负荷过重的状况，增加反应器对有机负荷，特别是对毒性物质的承受能力。

（一）EGSB反应器特点

（1）颗粒污泥床层处于膨胀状态，使进水能与颗粒污泥能充分接触，提高了传质效率，有利于基质和代谢产物在颗粒污泥内外的扩散、传送，保证了反应器在较高的容积负荷条件下正常运行。

（2）高COD负荷，可达到20kgCOD/（m^3·d）。

(3) 液体上升流速在2.5~6m/h(最高可达10m/h)。

(4) 厌氧颗粒污泥活性高，沉降性能好，粒径和强度较大，抗冲击负荷能力强。

(5) 适用范围广，可用于SS含量高和对微生物有抑制性的污水处理。

(6) 反应器为塔式结构，高径比(H/D)较大，占地面积小。

(7) 在处理低温和低浓度有机污水时，有一定优势。

(二) EGSB反应器的结构

EGSB反应器的结构主要包括进水与布水部分、反应区部分、出水与出水循环部分、三相分离器部分等，EGSB反应器构造示意图见图12-18。

1. 进水配水系统

进水配水系统主要是将污水尽可能均匀地分配到整个反应器，并具有一定的水力搅拌功能，它是反应器高效运行的关键之一。布水装置宜采用一管多孔式布水，孔口流速应大于2m/s，穿孔管直径大于100mm。配水管中心距反应器池底宜保持150~250mm的距离，可配置卵石作为承托层，卵石直径宜为8~16mm，厚度宜为200~300mm。

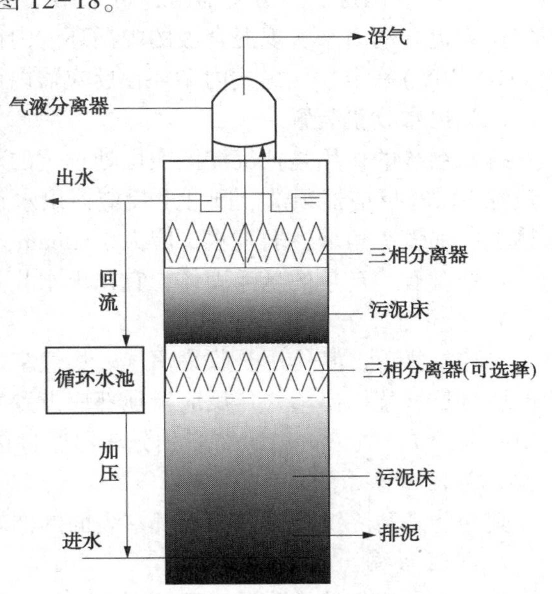

图12-18　EGSB反应器构造示意图

2. 反应区

反应区包括污泥床区和污泥悬浮层区，有机物主要在这里被厌氧菌所分解，是反应器的主要部位。

3. 三相分离器

三相分离器由沉淀区、回流缝和气封组成，其功能是把沼气、污泥和液体分开。污泥经沉淀区沉淀后由回流缝回流到反应区，沼气分离后进入气室。三相分离器的分离效果将直接影响反应器的处理效果。三相分离器沉淀区的表面负荷宜小于3.0$m^3/(m^2 \cdot h)$，停留时间为1~1.5h。EGSB反应器可采用单层三相分离器，也可采用双层三相分离器；设置双层三相分离器时，下层三相分离器宜设置在反应器中部，上层三相分离器设置在反应器上部。三相分离器宜选用高密度聚乙烯(HDPE)、碳钢、不锈钢等材料，如采用碳钢材质应进行防腐处理。因为EGSB反应器内的液体上升流速要比一般升流式反应器大得多，因此必须对三相分离器进行特殊改进。改进可以有以下几种方法：

(1) 增加一个可以旋转的叶片，在三相分离器底部产生一股向下水流，有利于污泥的回流；

(2) 采用筛鼓或细格栅，可以截留细小颗粒污泥；

(3) 在反应器内设置搅拌器，使气泡与颗粒污泥分离；在出水堰处设置挡板，以截留颗粒污泥。

4. 出水循环系统和排水系统

(1) 出水循环系统

出水循环部分是EGSB反应器不同于UASB反应器之处，其主要目的是提高反应器内液体的上升流速，使颗粒污泥床层充分膨胀，污水与微生物之间充分接触，加强传质效果，还可以避免反应器内死角和短流的产生。

反应器的循环装置有出水外循环和气提式内循环两种方式。

① 当出水外循环是由水泵加压实现时，需消耗一部分动力；出水外循环的回流比宜在100%~300%之间，应单独设置循环水池，循环水池停留时间为5~10min，为回收颗粒污泥宜在循环水池内设细格筛。外循环进水点宜设置在原水进水管道上，与原水混合后一起进入反应器，出水回流可采用低扬程管道泵直接加压。

② 当设置两层三相分离器时，可采用气提式内循环方式，气提式内循环以自身产生的沼气作为提升动力来实现混合液的内循环。内循环的流量根据下层三相分离器的产气量(进水COD浓度)确定。气提式内循环在反应器内设回流管，回流点应设置在反应器底部。

（2）出水收集装置

排水系统的作用是把沉淀区表层处理过的水均匀地加以收集，排出反应器出水收集装置应设在EGSB反应器顶部。圆柱形反应器出水宜采用放射状的多槽或多边形槽出水方式。集水槽上应加设三角堰，堰上水头应大于25mm，出水堰口负荷宜小于1.7L/(m·s)。处理后的污水中含有一定量的悬浮固体，宜在出水收集装置前设置挡板。

5. 气室

也称集气罩，其作用是收集沼气。集气室的上部应设置消泡喷嘴，集气罩出气管的直径应保证从集气室引出沼气。反应器顶部应设置气液分离罐，分离罐的容积宜为沼气小时流量的10%~20%；气液分离罐与三相分离器通过集气管相连接。

6. 浮渣清除系统

其功能是清除沉淀区液面和气室表面的浮碴，如浮渣不多可省略。

7. 排泥系统

其功能是均匀地排除反应区的剩余污泥。EGSB反应器处理污水一般不加热，利用污水本身的水温。如果需要加热提高反应的温度，则采用与对消化池加热相同的方法。但反应器一般都采用保温措施，方法同消化池。反应器必须采取防腐蚀措施。

反应器宜采用重力多点排泥方式，排泥点宜设在污泥区的中上部和底部，中上部排泥点距出水堰口宜为0.5~1.5m。排泥管管径应大于150mm；底部排泥管可兼作放空管。

(三) 设计

1. EGSB反应器进水要求

(1) pH值为6~9。

(2) 常温厌氧温度宜为20~25℃，中温厌氧温度宜为30~35℃，高温厌氧温度宜为50~55℃。

(3) 进水COD浓度宜为1000~30000mg/L；悬浮物含量小于2000mg/L；氨氮小于2000mg/L；废水中硫酸盐浓度宜小于1000mg/L或COD/SO_4^{2-}比值大于10。

(4) 严格控制重金属、氰化物、酚类等物质进入厌氧反应器的浓度或通过高回流比(20~30倍)来实现处理有毒及难降解废水。

(5) 如果不能满足上述进水要求，宜采用相应的预处理措施。

2. 容积

多采用进水容积负荷法确定，计算公式可参照式(12-7)。

$$V=Q\times S_i/L_v \tag{12-7}$$

式中 V——反应器有效容积，m^3；

Q——污水流量，m^3/d；

S_i——进水 COD 浓度，mg/L；

L_v——COD 容积负荷，kgCOD/(m^3·d)。

容积负荷 L_v 值可参考表 12-11。

表 12-11 EGSB 反应器容积负荷 L_v 参考值

温度/℃	反应器的容积负荷/[kgCOD/(m^3·d)]	
	水解酸化后的废水	未水解酸化废水
20~25	7~15	5~10
30~35	10~25	10~18

3. 池的布置与有关参数

(1) 为使反应器具有灵活调节的运行方式，且便于污泥培养和启动，一般设置两个系列，反应器的最大单体体积应小于 1500m^3；

(2) 反应器的有效水深应在 16~24m；

(3) 反应器内污水的上升流速宜在 3~7m/h；

(4) 反应器宜为圆柱状塔形，反应器的高径比为 3~8；

(5) 反应器宜采用不锈钢、碳钢加防腐涂层等材料，也可采用钢筋混凝土结构。

(四) 发展趋势

随着国民经济的快速发展，城市生活污水和工业污水的总量也迅速增加。为了达到可持续性发展的要求，必须不断地开发和利用新型高效的反应器。在过去的 20 年里，UASB 反应器已经发挥了重要的作用，而作为对 UASB 反应器改进的 EGSB 反应器，在处理低温低浓度的污水以及高浓度或有毒性工业污水方面具有其他厌氧反应器不可比拟的优势，但由于目前国内对 EGSB 在这些方面的应用研究不多，尚未有生产规模的 EGSB 出现。国外在 EGSB 反应器处理中、高浓度污水方面的研究较多，国内学者也在这方面作了一些研究，并已投入应用，取得了较好的效果，发展前景较好。EGSB 利用回流系统将硫酸盐或有毒、难降解物质的浓度稀释，在处理含硫酸盐污水和有毒性、难降解污水方面具有一定的优势，将是今后高浓度难降解有机污水高效处理工艺的发展趋势。

参 考 文 献

[1] 马志毅. 工业污水的厌氧生物技术[M]. 北京：中国建筑工业出版社，2001.

[2] NY/T 1220.1—2006，沼气工程技术规范[S]. 中华人民共和国农业部，2006.

[3] 葛玫，王红磊，杨平. IC 厌氧反应器的研究与应用进展[J]. 环境与可持续发展，2008，(6)：13-16.

[4] 北京水环境技术与设备中心. 三废处理技术手册[M]. 北京：化学工业出版社，2000.

[5] HJ 2013—2012，升流式厌氧污泥床反应器污水处理工程技术规范[S]. 中华人民共和国环境保护部，2012.

第十三章 膜生物反应器(MBR)

本章根据相关膜设备生产商提供的资料和文献报道，对膜生物反应器就以下几个方面的内容进行了总结：①膜生物反应器类型与工艺；②所用膜的分离机理、结构及有关性能指标；③MBR 工艺运行的影响因素与膜污染控制；④介绍了 MBR 的设计参数与应用。

第一节 分 类

膜生物反应器是利用相关设施将生化工艺和膜过滤工艺组合在一起，用以处理污水的装置系统。在装置中，主要利用生化工艺降解和去除污水中的相关污染物，利用膜过滤工艺分离污水中的悬浮物等，以满足有关排水标准的要求。可以看出，一般所谈到的膜生物反应器主要由生化系统和膜过滤系统两部分组成。

久保田 MBR 设备在污水处理领域得到广泛的应用，在全世界范围内有着较大的影响力，其膜生物反应器商业资料中提供的一种模型示意图见图 13-1。

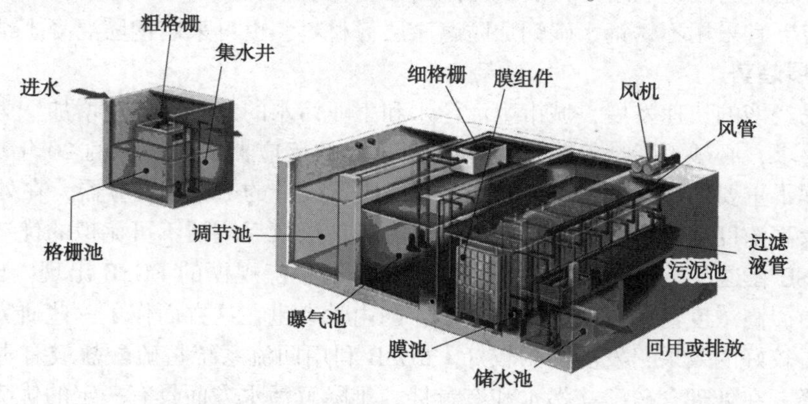

图 13-1 久保田膜生物反应器模型示意图

文献对膜生物反应器有多种分类方式，如按膜元件结构形式、按膜组件的作用、按系统是否需氧、按膜的类型等，不同的分类，膜生物反应器的结构与用途存在不同。

一、按膜元件结构形式

膜元件是构成膜组件的要素，按膜元件结构形式的分类主要针对的是膜组件。

膜生物反应器中的膜过滤系统单元为膜组件，膜组件由多个膜元件组合而成。按膜元件结构形式分类，膜组件形式有中空纤维膜组件、平板膜组件、管型组件及螺旋型组件等。目前污水处理工程应用较多的膜组件有中空纤维膜组件、平板膜组件、管型组件。

(一) 中空纤维型膜组件

浸没式组件中，中空纤维膜组件应用比较广泛。膜组件所使用的中空纤维膜丝一般为不对称(非均向)、自身支撑的滤膜。膜丝可根据工艺和相关使用的要求设计成帘式、束式等形式。中空纤维膜的这些几何设计形式能使膜丝的填充密度最大化，增大处理能力，同时又结构紧凑，有利于长时间的稳定运行。相关中空纤维型膜元件以及组件产品见图 13-2。

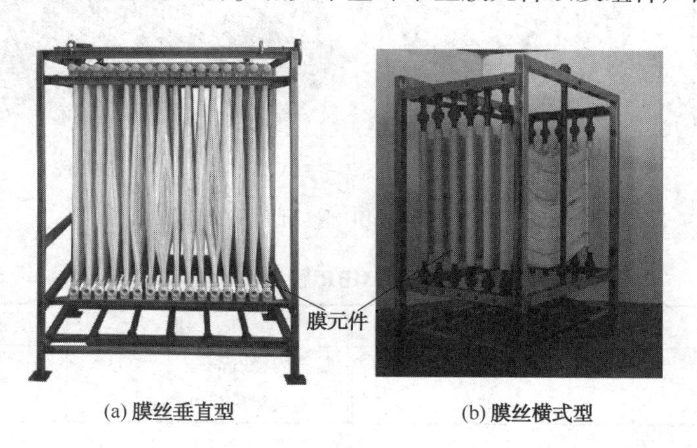

图 13-2　中空纤维型膜组件产品图

(二) 平板型膜组件

平板型膜元件主要由过滤膜片和支撑板构成。一定数量平板型膜元件通过组合形成平板型膜组件。平板型膜元件以及组件产品见图 13-3。

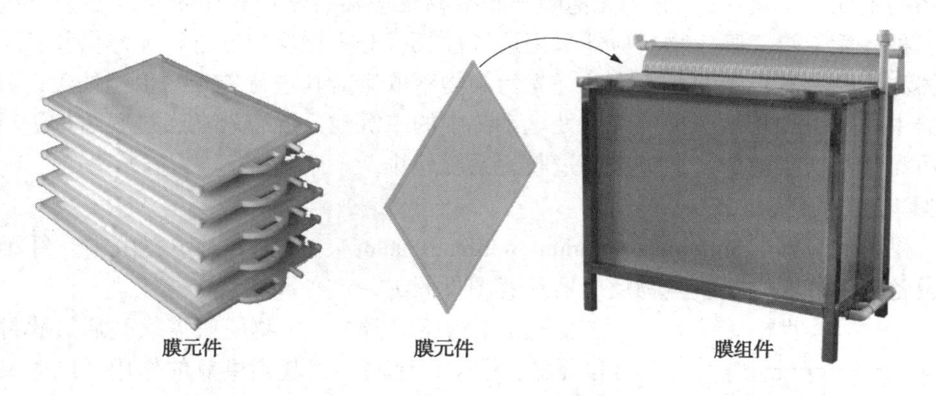

图 13-3　平板型膜元件以及组件产品

平板型膜组件在污水处理工程中也有广泛的应用，相比于中空纤维膜，平板膜的膜通量大，没有断丝问题，具有较强的抗污染性，不易结垢，膜清洗周期长，运行中无需反冲洗，能长期稳定地运行。但平板膜的填充密度一般不大，容积利用率较低，在大型项目的应用中，需要对膜组件的填充方式进行改进，提高膜组件的填充密度。

(三) 管型膜组件

管式膜元件是把滤膜和支撑体均制成管状，使二者组合；或将滤膜直接刮制在支撑管的内侧或外侧。将数根膜管元件(直径 10~20mm)组装在一起构成管式膜组件。

管型膜有内压型和外压型两种运行方式，实际中多采用内压型，即进水从膜管中流入，渗透液从管外流出。外置式 Airlift-MBR 管式膜与膜组件见图 13-4。

AirLift-MBR 膜组件的基本参数见表 13-1。

图 13-4 Airlift-MBR 管式膜元件与膜组件

表 13-1 AirLift-MBR 膜组件的基本参数

项　目	参数值	项　目	参数值
材质	PVDF	膜管内径/mm	5.2
膜孔径/μm	0.025	单支膜组件尺寸/mm	$\phi200\times H3000$

管式膜优点是：料液可以控制湍流流动，不易堵塞，易清洗，压力损失小。缺点是：装填密度小，能耗大，管型膜一般用于小型分散式污水处理厂。

二、按膜组件的作用

膜生物反应器主要由生化系统和膜过滤系统两部分组成。根据膜组件在膜生物反应器中所起作用的不同，可将 MBR 分为无泡曝气膜生物反应器、萃取膜生物反应器、分离膜生物反应器三种。无泡曝气膜生物反应器采用透气性膜，对生物反应器进行无泡供氧；萃取膜生物反应器利用膜将有毒工业污水中的优先污染物萃取后对其进行单独的生化处理；分离膜生物反应器中的膜组件相当于传统生物处理系统中的二沉池，混合液在通过膜组件进行固液分离，将污泥截留在膜池中，透过水通过收集系统外排。

1. 曝气膜生物反应器

曝气生物反应器(Membrane Aeration Biofilm Reactor)，简称 MABR，由中空纤维膜组件和供气设备等组成。曝气膜生物反应器示意图见图 13-5。

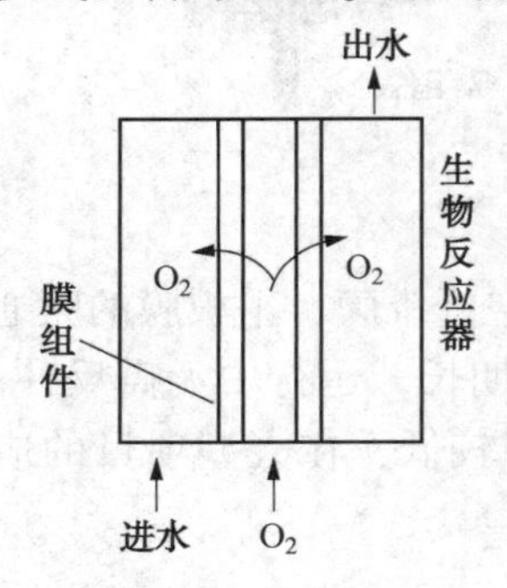

图 13-5 曝气膜生物反应器示意图

在曝气膜生物反应器中，生物膜所需氧气通过膜纤维束来供给和分配，中空纤维膜不仅起到供氧的作用，同时又是生物膜固着的载体。纯氧或空气通过中空纤维膜的微孔为固着的生物膜进行曝气供氧，而中空纤维膜外侧具有活性的生物膜与污水通过充分的接触，污水中所含的有机物被生物膜吸附和氧化降解，从而使污水得到净化。图 13-6 为曝气膜生物反应器处理污水原理示意图。

MABR 主要适用于处理可生化性较高的污水，对高浓度污水处理效果良好，并可用于同时处理污水中的 NH_3-N。

(1) 供氧方式

曝气膜生物反应器所使用的纤维膜微孔直径在 0.1~0.5μm，微孔直径小。气体通过纤维膜微孔后，产生的是肉眼难以观察到的气泡，因此称为无泡供氧。

中空纤维膜供氧方式有贯通式和闭端式两种。贯通式 MABR 内中空纤维膜两端分别固

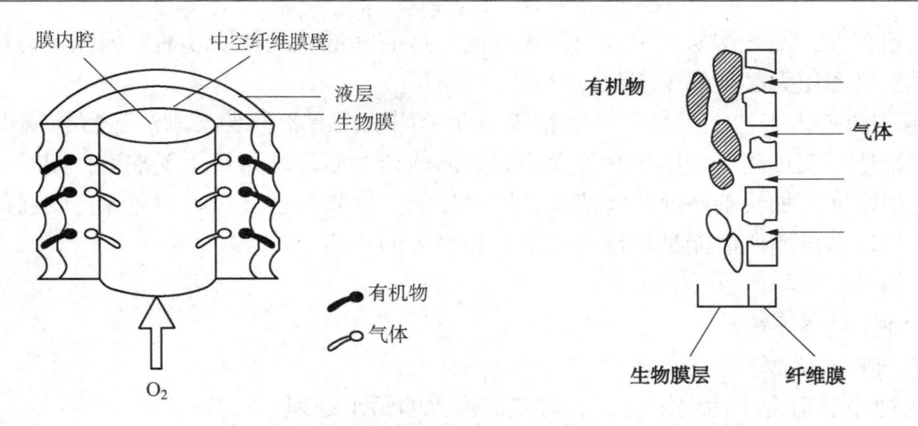

图 13-6 曝气膜生物反应器原理示意图

定在与风管相连接的树脂槽中，气体由膜一端的风管持续通入膜丝内腔，一部分气体被生物膜消耗，剩余部分从另一端的风管排出。由于该方式中有气体剩余，适用于空气源供氧。闭端式 MABR 内中空纤维膜一端固定在与风管相连接的树脂槽中，膜丝的另一端密封，气体经风管从纤维膜开口端通入，在压力作用下全部进入反应器，该方式适用于纯氧源供氧。闭端式膜纤维束呈流化态，反应器不易堵塞。两种反应器结构如图 13-7 所示。

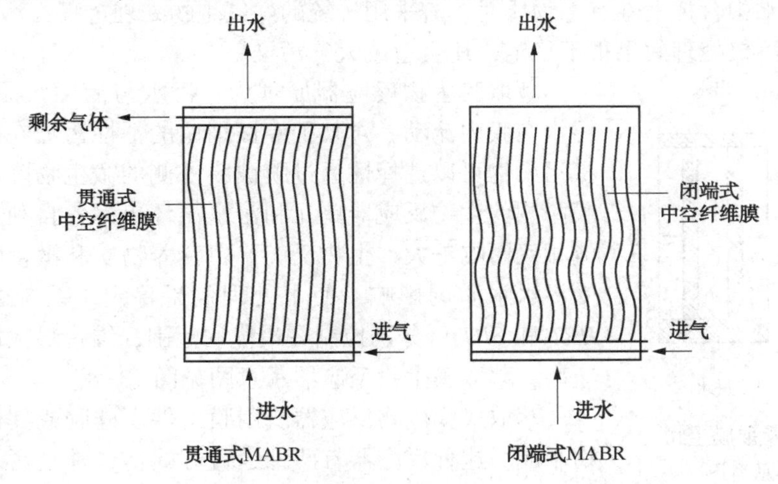

图 13-7 贯穿式与闭端式曝气膜生物反应器示意图

（2）影响 MABR 运行的因素

影响 MABR 反应器正常运行的主要因素有膜污染、气源压力、液相流速等方面。

① 膜污染。MABR 反应器运行一段时间后，膜组件会被污染物堵塞，反应器处理效果下降，同时，膜使用寿命大大缩短。膜污染根据发生的位置可以分成两种类型：一种是外部堵塞，即污染物吸附沉积在膜的表面，增加了底物传递阻力；另一种是内部堵塞，即污染物在中空纤维膜壁上的微孔内吸附沉积，减小了膜孔径，从而降低了氧的传递速率。这两种膜污染都会严重影响 MABR 的正常运行，为了使 MABR 能够高效运行，经常需要对膜进行反冲洗。

② 气源压力。透过中空纤维膜的气体在表面张力作用下而吸附在膜表面，此时如果气

液两相压差较大，则气体易在膜表面形成气泡，从而降低氧的传质效率。因此，为达到无泡曝气效果，气源压力必须低于起泡点气压。

③ 液相流速。工艺运行过程对液相流速在不同阶段有不同的要求。运行前期即挂膜阶段，液相流速不宜过高，否则生物膜受到较大的剪切力而很难生长。正常运行期间，为减小液相边界层厚度，加快基质的传递速率，同时控制生物膜的过度积累，应保持较高的液相流速，而维持较高流速所需能量在反应器中占相当大的比例。

（3）特点

① 氧利用效率高。

② 有机物去除率高。

③ 占地小，适合于污泥浓度大、对氧需求大的污水处理。

④ 操作复杂，基建费用高。

到目前为止，曝气膜生物反应器未有实际运行工程案例报道。

2. 萃取膜生物反应器

萃取膜生物反应器又称为EMBR（Extractive Membrane Bioreactor）。为解决以下两个方面的污水处理技术难题，英国学者Livingston研究开发了EMBR。

（1）高酸碱度或对生物有毒物质的存在，污水不宜采用与微生物直接接触的方法处理.

（2）当污水中含挥发性有毒物质时，若采用传统的好氧生物处理过程，污染物容易随曝气气流挥发，不仅处理效果很不稳定，还会造成大气污染。

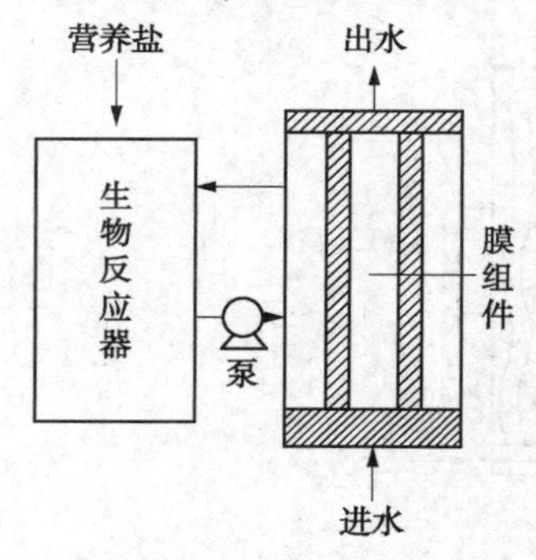

图13-8 萃取膜生物反应器示意图

萃取膜生物反应器原理为：污水与活性污泥被膜隔开来，污水在膜内流动，含某种专性细菌的活性污泥在膜外流动，有机污染物可以选择性透过膜被膜外侧的微生物降解。由于萃取膜两侧的生物反应器单元和污水循环单元各自独立，各单元水流相互影响不大，生物反应器中营养物质和微生物生存条件不受污水水质的影响，使水处理效果稳定。系统的运行条件如 *HRT* 和 *SRT* 可分别控制在最优的范围，维持最大的污染物降解速率。萃取膜生物反应器示意图见图13-8。

萃取式膜生物反应器所用膜组件由硅胶或其他疏水性聚合物制成。这种反应器有两种运行方式：一种是污水流和生物膜被硅橡胶膜隔开，易挥发的有机污染物可很快通过硅橡胶膜，在生物反应器中进行生物降解，而污水中的无机质不能通过硅橡胶膜，因此污水中的有害离子组分对微生物的降解作用就没有影响。另一种是由一个传统的生物反应器连接一个具有萃取作用的管式膜组件组成，膜管外侧为生物介质流，管内为污水流，硅橡胶膜按束排列于管内，选择性地将有毒污染物从污水中转移至一个经过曝气的生物介质相，并在其中进行分解。在萃取式膜生物反应器中，污水中的污染物通过膜进入生物反应器，膜外侧流动的营养介质不受膜管内污水的影响，从而使生物降解速率保持在较高水平。另外，萃取膜生物反应器一般存在特征污染物，如果向反应器中投加降解特征污染物的专性细菌，可以提高污染物降解的针对性和效率，还可通过添加无机营养成分来促进降解。

3. 固液分离型膜生物反应器

固液分离型膜生物反应器即膜生物反应器（MBR）。MBR工艺将分离工程中的膜分离技术与传统污水生物处理技术有机结合，提高了固液分离效率，并且由于曝气池中活性污泥浓度的增大，提高了生化反应速率。

表 13-2 列出了不同膜生物反应器的主要优点和缺点，可以明显看出，膜技术与生物污水处理工艺相结合来处理污水与单纯的污水生化处理工艺或者膜过滤工艺相比，有其独到之处，特别是占地面积小、设备集中、模块化，并且具有升级改造的潜力。

表 13-2　不同膜生物反应器的主要优点和缺点

反应器	优点	缺点
膜分离生物反应器	(1) 占地面积小； (2) 高负荷率； (3) 系统不受污泥膨胀的影响； (4) 模块化、改造与升级容易	(1) 膜易污染； (2) 膜价格高
膜曝气生物反应器	(1) 氧利用率高； (2) 能量利用效率高； (3) 占地面积小； (4) 氧需要量可以在供氧时控制； (5) 模块化、改造与升级容易	(1) 膜易被污染； (2) 基建投资大； (3) 工艺复杂； (4) 目前无实际工程实例
萃取膜生物反应器	(1) 微生物与污水隔离，处理有毒工业污水； (2) 出水流量小； (3) 模块化、改造与升级容易	(1) 基建投资大； (2) 工艺复杂

三、其他分类

(1) 按膜材料

按照生物反应器系统中膜材料的不同可分为微滤膜 MBR、超滤膜 MBR 等，微滤膜一般在平板型膜器中使用较多，而真空纤维膜器既可使用超滤膜作为过滤膜，又可使用微滤膜作为过滤膜。

(2) 按是否需氧

按生物反应器是否需氧可分为好氧型 MBR 和厌氧型 MBR，其中厌氧型 MBR 主要用于高浓度有机污水的预处理。

第二节　工艺类型

膜生物反应器工艺(简称 MBR 工艺)将生化降解和膜分离过程相结合，水中的污染物首先在经过生化降解得到去除，活性污泥混合液在压力差的作用下，水和小于膜孔径的小分子溶质透过膜，即为处理出水，微生物及大分子溶质被膜截留，从而替代沉淀池完成污泥与处理出水的分离。MBR 工艺与生化工艺和膜过滤工艺的关系如图 13-9 所示。

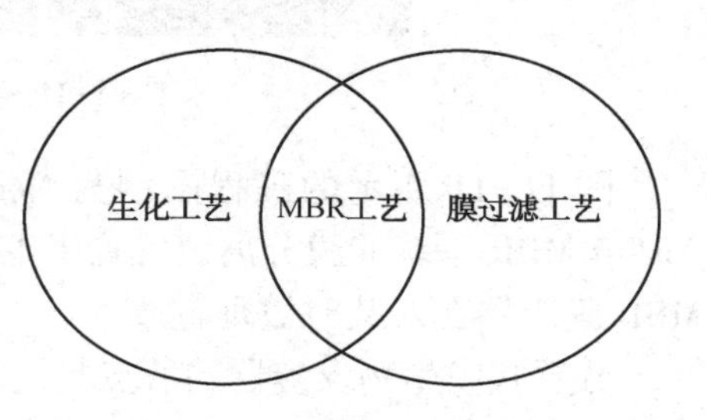

图 13-9　MBR 工艺与生化法及膜过滤关系图

污水处理中常用的膜生物反应器工艺分两种，即浸没式膜生物反应器工艺和外置式膜生物反应器工艺。

一、浸没式膜生物反应器工艺

浸没式膜生物反应器工艺简称 S-MBR，是把膜组件浸没在生化反应池或者单独的膜池中，污染物在系统中先进行生化反应得以降解去除，然后利用膜过滤进行固液分离。在浸没式 MBR 工艺里，微滤或超滤膜组件直接浸没于生化反应池，并安置在曝气器的上方，借助曝气流引起的上升气水混合流擦洗膜表面以去除滤饼层。浸没式膜生物反应器工艺可采用负压产水，也可利用静水压力自流产水，其工艺示意图与相关工程图见图 13-10。

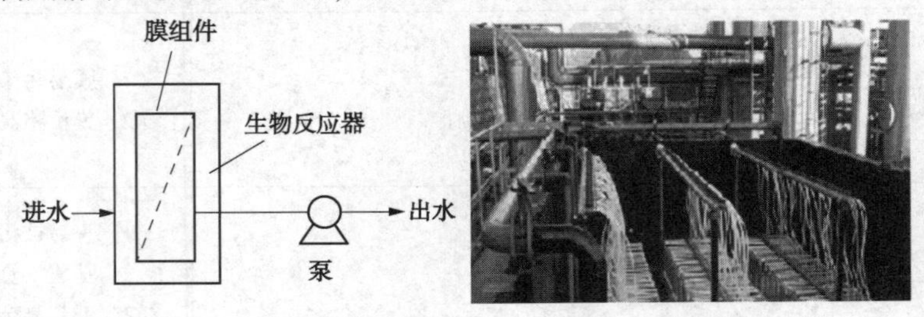

图 13-10　浸没式 MBR 工艺示意图与相关工程图

浸没式膜生物反应器工艺近年来在水处理领域应用较多，受到了越来越多的关注。其特点为出水水质好、系统耐冲击负荷、运行较稳定，但膜通量一般相对较低，容易发生膜污染，不容易清洗和更换，膜丝也容易发生断丝现象。浸没式工艺的能耗主要来自曝气，占运行总能耗的 90%以上。

二、外置式膜生物反应器工艺

外置式膜生物反应器工艺把膜组器和生物反应系统分开布置，污染物在系统中先进行生化处理得以降解去除，生物反应系统中的活性污泥混合液泵入膜组器，在压力作用下混合液中的液体透过膜，成为系统处理水；固形物、大分子物质等则被膜截留，随浓缩液回流到生物反应器内，简称 R-MBR。外置式 MBR 工艺工程与示意图见图 13-11。

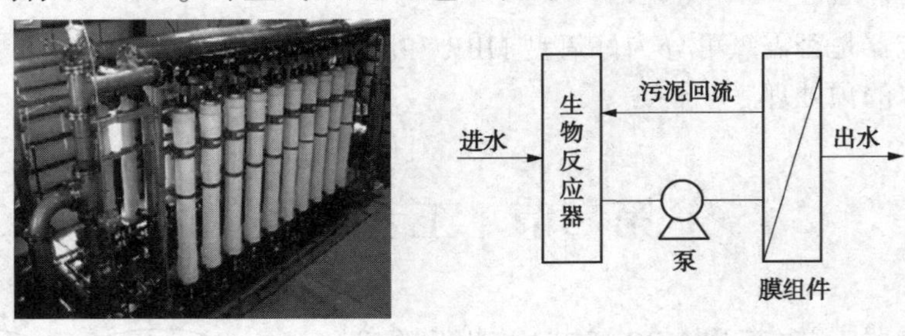

图 13-11　外置式 MBR 工艺工程与示意图

图 11-11 所示的工程图例为 Norit 公司的 MBR 膜组器(被命名为 AirLift MBR 系统)，AirLift MBR 系统的膜分离装置置于生物反应器之外，并与生物反应器组成一个回路，AirLift MBR 膜组器在安装时被垂直放置。

分置式膜生物反应器的特点是运行稳定可靠，易于膜的清洗、更换及增设，而且膜通量普遍较大。一般条件下，为减少污染物在膜表面的沉积，延长膜的清洗周期，需要用循环泵提供较高的膜面错流流速，水流循环量大、动力费用高，有人还认为泵的高速旋转产生的剪切力可能会导致某些微生物菌体产生失活现象的发生。

外置式工艺需要较高的能耗，达2~10kW·h/m³污水，其能耗主要在两方面消耗：一方面是因为污染物容易在膜表面沉积，运行中需要较高的错流速度，因此在循环上需要消耗的能耗增大；另一方面，操作压力大，较高的操作压力也带来较大的能耗。外置式工艺中曝气仅占总能耗的20%左右。

三、浸没式与外置式膜系统的比较

浸没式与外置式膜系统的有关指标比较见表13-3。

表13-3　浸没式与外置式膜系统的有关指标比较

指标	浸没式膜	外置式膜
系统	开放式系统设计	密闭式系统设计
过滤方式	外压式过滤设计，为直流式过滤	内压式或外压式设计，为直流式和错流式过滤
常用膜材料	PVDF、PVC	PES、PS、PVDF、PVC
预处理要求和抗污染能力	单根膜组件装填密度中等，过流通道宽，只要求简单的预处理，抗污堵能力强	单根内压式膜组件装填密度高，过流通道小，要求复杂的预处理，抗污堵能力差
操作压力	采用虹吸或低压真空抽吸(0.02~0.03MPa)，能耗较低	采用较高压力过滤(0.2~0.4MPa)，能耗高
膜寿命	膜的使用寿命相对较长，视不同膜材料和制造方法而定	膜的使用寿命相对较短，视不同膜材料和制造方法而定
安装方式	浸没式膜安装在构筑物中，只需要少量的连接件及阀门，方便增容或提标改造	压力式膜需要安装在密封的压力容器内，系统需要更多和复杂的连接件及阀门
占地面积	小	较大
适用处理规模	根据膜组件类型不同，适合各种规模的处理设施	适合中、小型处理规模的水厂，单套系统最多仅能达到4000~8000m³/d的处理规模，对于大型水厂，系统会变得比较复杂

第三节　工艺设计的基本要求

一、设计需要解决的问题

MBR工艺一般包括生物处理系统和膜过滤系统两个主要单元，对应的设计应解决以下两个问题：一是根据所需处理污水的水质和有关出水水质的标准，选择合理的预处理以及生化处理工艺，保证膜系统的稳定运行；在水质和水量异常的条件下，系统能耐冲击负荷，受冲击负荷影响后能较快地恢复。二是选择合适的膜组件设备，满足过滤工艺的稳定运行。

二、设计原则

采取类比的原则进行设计。

(1) 对于生化系统，应根据有关设计规范合理放大处理能力；根据水质指标选取合理的工艺流程，设计参数可类比同类工程来选取。

(2) 对于膜系统，在膜供货商提供的设计参数基础上，选取一定合理的安全系数进行设计，以减少膜的污染，确保膜过滤系统能稳定运行。

三、工艺设计需要考虑的因素

MBR 工艺包含了生化、过滤膜、流体力学三个方面的技术要求，因此工艺设计需要考虑生化系统、过滤系统、其他配套设备三个方面的因素。

(一) 生化系统

通过设计选择合适的生化处理技术，以获得良好的微生物环境，提高污水中污染物的降解能力处理效果，生化系统设计需要考虑的具体因素如下。

1. 水量

污水设计处理量是污水管道系统及构筑物大小、设备选型与设计的依据，首先需要了解和掌握。

2. 水质条件

进水水质与排水水质涉及处理工艺的选择，也应首先需要了解和获取。

(1) 进水水质

一般情况下，过滤膜上附有油脂成分(动植物油)时，油脂成分会覆盖膜表面，从而有可能堵塞微细孔；在含有矿物油的情况下，有可能对膜产生更恶劣的影响，因此原水中不要含有过多油脂成分，石油类物质应小于 3mg/L。当进水中动植物油含量大于 50mg/L，或者石油类大于 3mg/L 时，应设置除油装置；除油装置(工艺)可采用隔油池或气浮。污水中的毛发、尖锐的固体物质对膜损伤大，需要采取预处理措施加以去除。

同时，C/N 与 C/P 是影响生物脱氮除磷的重要因素，一般来讲，C/N 值>4 时反硝化反应才能正常运行；而生物除磷要取得理想的效果，要求 C/P 值≥20。

(2) 排水水质标准

当出水水质对氨氮或总氮、磷等指标有严格限制时，因膜系统对氮、磷无去除作用，因此系统应具备脱氮功能或应考虑合适的脱氮除磷工艺；如生化系统采用 A^2/O、改良 A^2/O 等，使有机物、氮、磷等污染物在生化池中得以有效去除，同时在系统中还应设有化学除磷设施，辅助生物除磷，提高磷的去除率。

有关污染物水质指标与对应的 MBR 系统设计见表 13-4。

表 13-4 污染物指标以及对应的 MBR 系统设计要求

指标项目	对应设计的内容
日最大水量(一年中的日最大水量)	对生化池、膜池容积、水泵、风机、膜组器的规格、数量确定必不可少
日设计处理能力	作为确定膜组器数量设计的参考
BOD、COD	用于确定生化池、膜池容积以及鼓风机、污泥处理系统
SS	超过 500mg/L 时可能需要进行预处理
N、P	确定是否需要脱氮除磷工序、回流系统，以及是否需要添加营养物质
动植物油、石油类	确定前处理是否有必要性
温度	确保过滤安全性
出水水质	确定处理工艺

不同的 TN 出水水质要求与脱氮工艺的选择见表 13-5。

表 13-5　不同的 TN 出水水质要求对脱氮工艺的选择

出水对 TN 的要求/(mg/L)	脱氮工艺	出水对 TN 的要求/(mg/L)	脱氮工艺
8~12	所有单级活性污泥系统	≤6	多级生物脱氮系统
6~8	A^2/O、改良 A^2/O		

生物除磷工艺所需 BOD_5或 COD 与 TP 之间有一定的比例要求，生物除磷工艺所需 BOD_5或 COD 与 TP 的比例要求见表 13-6。

表 13-6　生物除磷工艺所需 BOD_5或 COD 与 TP 的比例要求

生物除磷工艺		BOD_5/TP/($mgBOD_5$/mgTP)	COD/TP/(mgCOD/mgTP)
高效除磷工艺	无硝化 A/O、改良 A^2/O	15~20	26~34
中效除磷工艺	硝化 A/O、A^2/O	20~25	34~43

（二）过滤膜系统

通过选择合适的过滤膜，膜元件、膜组件，以达到提高过滤传递效率和处理能力的目的。

1. 过滤膜

需要考虑的因素有：膜材料、膜孔径、孔隙大小分布、膜的亲/疏水性等。

2. 膜元件、膜组件

需要考虑的因素有：过滤有效面积，膜元件、膜组件构型与数量，膜组件的布置。

3. 配套设备

(1) 曝气系统

考虑的因素有曝气量大小。通过合适曝气系统的设计，提供给过滤膜适当的扰流操作、剪力作用，为膜过滤提供合适的流体环境，获得稳定的生物环境。

(2) 抽吸与清洗系统

抽吸与清洗系统考虑的因素包括抽吸与停止的时间、反冲洗的频率与反冲洗量、药剂清洗频率和药剂浓度等。通过合适的抽吸与清洗系统设计，获得最佳的透膜压力和膜通量，以达到降低膜污染、延长膜的寿命、系统能长时间的稳定运行、降低运行费用的目的。

四、工艺的选择

（一）脱氮为主

以脱氮为主时，可以采用缺氧/好氧/膜过滤工艺，基本工艺流程如图 13-12 所示。以除氮为主的混合液回流比应大于 300%。

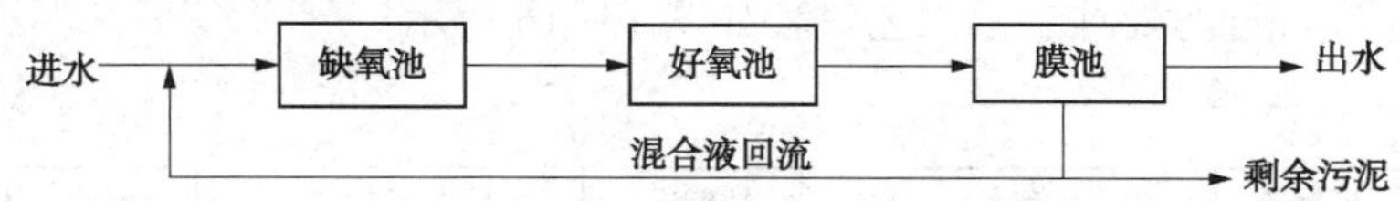

图 13-12　脱氮为主的缺氧/好氧/膜过滤工艺流程图

（二）除磷为主

当以除磷为主时，可采用缺氧/厌氧/好氧/膜过滤工艺，基本工艺流程如图 13-13 所示。以除磷为主的混合液回流比应小于 100%。

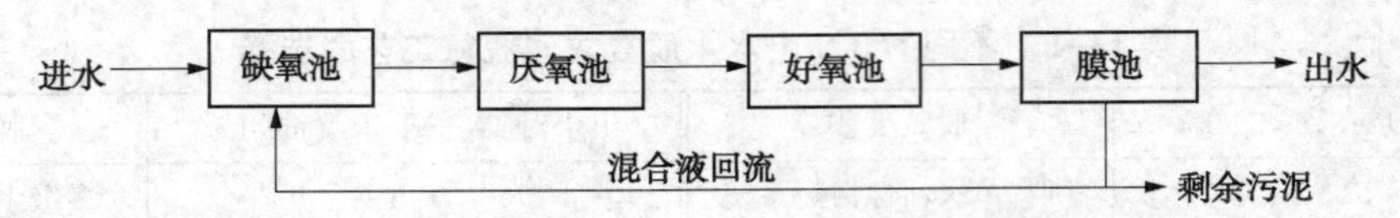

图 13-13 以除磷为主的缺氧/厌氧/好氧/膜过滤工艺流程图

(三) 脱氮除磷

需要同时脱氮除磷时，可采用 A^2/O/膜过滤工艺，基本工艺流程如图 13-14 所示。

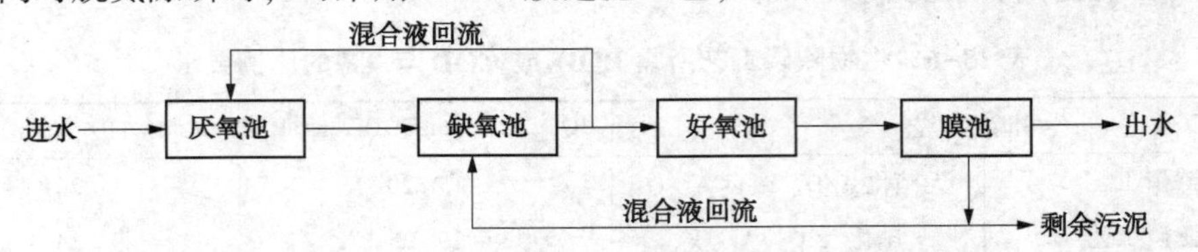

图 13-14 A^2/O/膜过滤工艺脱氮除磷工艺流程图

其中缺氧池回流到厌氧池的回流比可控制 100%以下，膜池回流到缺氧池的回流比一般在 300%~400%，但应根据水中的氮进行调节。

生化处理段也可以进行工艺的改进，如可以单独设置一个缺氧段，将膜池回流的混合液在缺氧池中停留一段时间，进行脱氧反硝化后，进入厌氧池。A^2/O/膜过滤工艺脱氮除磷改进工艺流程如图 13-15 所示。

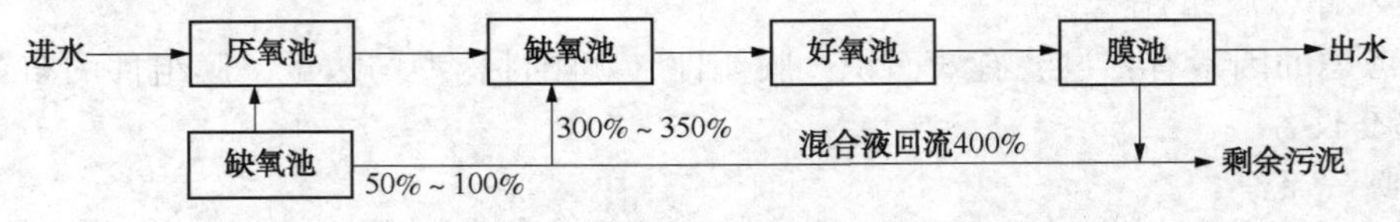

图 13-15 A^2/O/膜过滤脱氮除磷改进工艺流程图

(四) 其他脱氮除磷工艺

随着城镇污水处理厂对出水中 N、P 排放标准的越来越严，在 N、P 的去除工艺特别是 N 的处理工艺上，出现了有不少好的生化处理组合工艺，目前这些生化工艺中的一部分已与膜过滤工艺实现组合，应用到了实际的工程中。由于其中涉及的具体工艺参数有的并没有在 MBR 工艺中得到具体的应用与验证，给出的参数仅作为参考。

1. 厌氧/缺氧/缺氧/好氧活性污泥/膜过滤工艺(MUCT/膜过滤工艺)

(1) 工艺流程

MUCT 工艺是 A^2/O 工艺的改良工艺。MUCT 工艺将缺氧段一分为二，使之形成两套相对独立的混合液内回流系统，从而有效地克服了 A^2/O 工艺的上述缺点，经过 MUCT 处理后的水再进入膜池进行过滤处理。其工艺流程如图 13-16 所示。

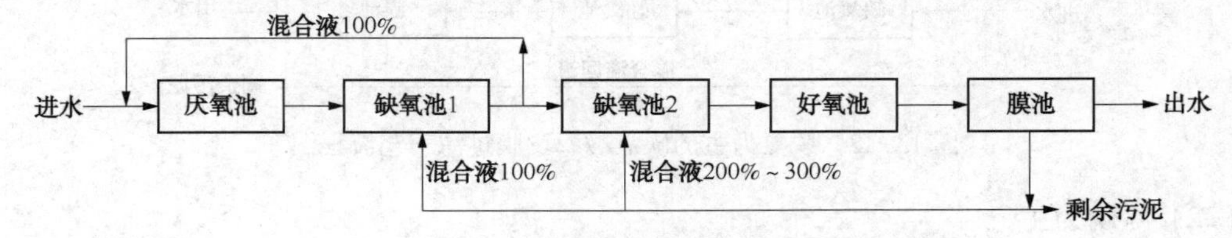

图 13-16 MUCT/膜过滤工艺流程图

在 MUCT 工艺中缺氧池分为两段，第一段缺氧反应池接纳小部分膜池的混合液，然后由该反应池将混合液回流至厌氧池；而大部分硝化混合液回流到第二段缺氧池，使大部分NO_x^-回流至第二段缺氧池进行反硝化。也有的MUCT工艺将好氧池分为两段，便于混合液回流的布置。MUCT工艺工艺最大限度地消除了向厌氧段回流液中的硝酸盐量对聚磷菌所产生的不利影响。由于工艺增加了回流系统，使其运行费和工程投资费比A^2/O工艺有所提高。

(2) 供参考的工艺参数

① 污泥负荷：0.05~0.15kgBOD_5/(kgMLVSS·d)。

② 污泥龄：10~16d。

③ 膜池混合液回流比为200%~400%，缺氧池混合液回流比为100%。

④ 厌氧池(区)水力停留时间：1~2h；缺氧池1的水力停留时间：0.5~1h；缺氧池2的水力停留时间：1~2h；好氧池水力停留时间：6~14h。

2. 缺氧/厌氧/缺氧/好氧活性污泥/膜过滤工艺(JHB/膜过滤工艺)

(1) 工艺流程

JHB工艺在A^2/O工艺到厌氧区的污泥回流线路中增加了一个缺氧池，来自二沉池的污泥可利用33%左右进水中的有机物作为反硝化碳源去除硝态氮，以消除硝酸盐对厌氧池厌氧环境的不利影响，好氧池硝化液进入膜系统过滤处理。缺氧/厌氧/缺氧/好氧活性污泥/膜过滤工艺流程如图13-17所示。

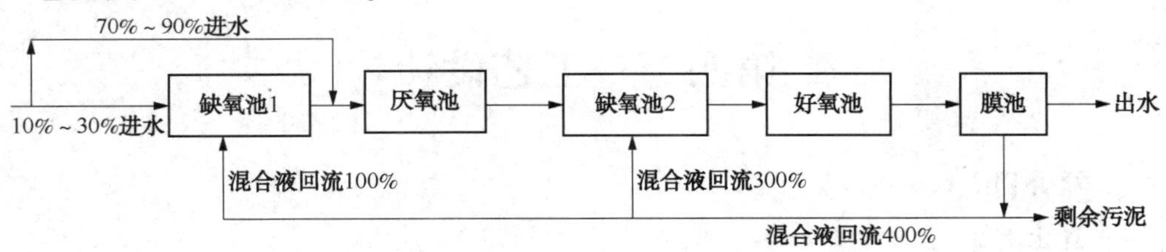

图13-17　JHB/膜过滤工艺流程图

(2) 工艺参数

① 污泥负荷：0.05~0.15kgBOD_5/(kgMLVSS·d)；

② 污泥龄：10~16d；

③ 混合液回流比为400%，其中回流到缺氧池2的为300%，回流到缺氧池1为100%；

④ 进水分配比例：进缺氧池(区)10%~30%，进厌氧池(区)70%~90%；

⑤ 缺氧池1的水力停留时间：0.5~1h，厌氧池水力停留时间为1~2h，缺氧池2的水力停留时间为2~4h，好氧池水力停留时间为6~14h。

3. Bardenpho/膜过滤工艺

(1) Bardenpho工艺

Bardenpho工艺由两级A/O工艺共四段组成，各项反应都能在系统内反复进行了两次以上，在进行硝化、反硝化的同时，具有良好的除磷效果。与其他工艺相比，具有停留时间长，剩余污泥的含磷量高的特点，含磷量可达4%~6%。

(2) Bardenpho/膜过滤工艺流程

Bardenpho/膜过滤工艺流程如图13-18所示。

(3) Bardenpho+膜过滤工艺的应用

澳大利亚Magnetic岛淡水回收处理厂采用Bardenpho与膜过滤工艺结合处理生活污水，使用的膜组件为久保田平板式膜组件，膜孔径为0.4μm。在运行中，由于C:N的比值不能

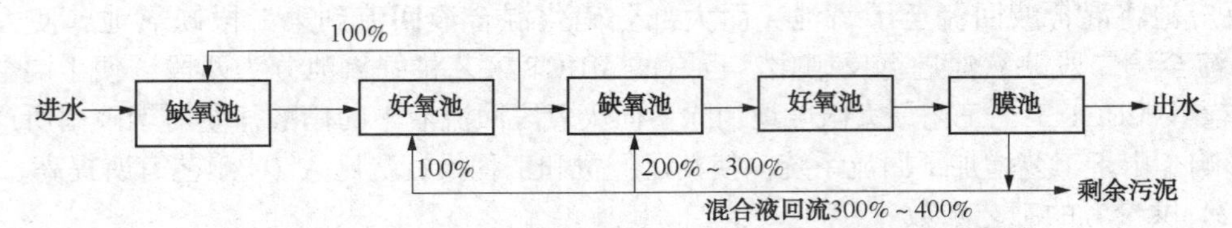

图 13-18 Bardenpho/膜过滤工艺流程

满足脱氮的要求，添加了多糖物质以增加微生物增殖所必需的碳源。

4. 其他组合工艺

为了满足不同工艺的需求，进一步提高产水的水质，更好地利用水资源，往往将膜过滤工艺与其他传统生化工艺组合起来联用，形成新型的 MBR 集成工艺。如对出水臭味或色度有严格要求时，后处理装置可采用活性炭或化学氧化处理工艺，也可以采用 MBR+PAC(颗粒活性炭)工艺，该工艺能很好地降低运行过程中的膜污染；MBR+高效菌种工艺可以用于处理难降解有机污水；MBR 工艺+RO(NF)工艺或者其他除盐技术的工艺，可以从污水中直接生产高质量的纯水，提高水的重复利用率等，其中的 MBR 工艺在有效除去污水中有机物的同时，也能起到作为后续处理工艺的预处理作用。

第四节 工艺设计

一、预处理

(一) 基本要求

1. 设置格栅

所有的膜生物反应器工程在污水进入膜池前，应设置超细格栅，保证毛发、尖锐的固体悬浮物等物质不进入膜池，以免给膜组件造成危害。

对于真空纤维膜，有的膜提供商要求原水先经过 8~10mm 的细格栅后，由进水提升泵提升到沉砂池；其出水需再经一道 1mm 的超细格栅过滤后进入膜池；对于平板膜，有的膜提供商要求原水先经过 8~10mm 的细格栅后，由进水提升泵提升到沉砂池，其出水需经 3mm 的膜格栅过滤后进入膜池。膜格栅的布置有两种方式，一种是直接布置在沟渠，另一种是布置在沟渠中，格栅的一部分加上箱体。膜格栅的两种布置方式见图 13-19。

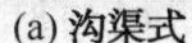
(a) 沟渠式

(b) 箱体式

图 13-19 膜格栅布置方式

2. 设置沉砂池

城镇污水处理厂应设置沉砂池，沉砂池可以选择曝气沉砂池、旋流沉砂池等。

(二)预处理设计案例

设计处理规模为 $1.5\times10^4 m^3/d$。细格栅井与曝气沉砂池合建，细格栅井进水渠宽为 1.3m。曝气沉砂池停留时间为 5min 左右，需要空气量为 $6.1m^3/min$。其主要设备及参数如下，供参考。

1. 细格栅

可设置回转格栅除污机 2 台(栅宽 = 1.2m，栅隙 = 5mm，高 H = 1.2m，α = 75°，功率 N = 2.2kW)。两条渠道前分别设置闸门并配套手电两用启闭机，格栅的启停通过时序控制。

2. 无轴螺旋输送机

细格栅配套无轴螺旋输送机 1 套(直径 D = 260mm，长 L = 4.2m，功率 N = 1.5kW)。输送机的运行与格栅联动，早于格栅开启前开启，迟于格栅停止。

3. 桥式吸砂机

沉砂池配套桥式吸砂机 1 套(包括桥架和吸砂泵等装置)。

4. 膜格栅池

设置膜格栅池的目的是进一步去除污水中粒径大于 1mm 的悬浮物。膜格栅池按总变化系数 1.46 设计，为钢筋混凝土结构，1 座 2 格，池的平面尺寸为 $L\times B$ = 13m×4.1m。膜格栅池主要设备及参数如下：

(1) 膜格栅

设备数量：2 套；规格：直径 D = 1800mm，功率 N = 1.5kW，栅隙 B = 1mm；配套相应的高压冲洗设施；过栅流速：0.5m/s。

(2) 栅渣输送机(与转鼓格栅配套)

设备类型：螺旋输送机；设计数量：1 套；设计参数：直径 D = 260mm，长 L = 5.0m，功率 N = 1.1kW；控制方式：与格栅除污机和螺旋输送机联锁，由 PLC 自动按顺序控制开停，亦可现场操作。

(3) 插板闸门

为便于设施的维修，在膜池前后分别设置插板闸门，其规格为 $B\times L$ = 1800mm×1500mm，每格设两套，共 4 套。

二、生化系统

根据运行的污泥浓度、水质要求与有机物负荷等参数确定生化系统的设计。

(一)一般规定

进入系统的污水应符合下列要求：

(1) 脱氮、除磷时，污水中的五日生化需氧量(BOD_5)与总凯氏氮(TKN)之比宜大于 4；污水中的 BOD_5 与总磷(TP)之比宜大于 17。

(2) 好氧池(区)剩余碱度宜大于 70mg/L(以碳酸钙 $CaCO_3$ 计)。

(3) 当工业污水进水 COD 超过 1000mg/L 时，前处理可采用升流式厌氧污泥床反应器(UASB)等厌氧处理措施。

(4) 当工业污水进水的 BOD_5/COD 小于 0.3 时，前处理需采用水解酸化等预处理措施。

（5）MBR 工艺中的好氧段污泥浓度一般控制在 6~8g/L；膜池污泥浓度一般根据供货商的要求定，真空纤维膜一般控制在 8~10g/L，平板膜控制在 10~15g/L。

（6）生物曝气池与膜池一体设计时，反应器的供气量必须满足按活性污泥法的需要量，并同时满足膜表面清洗所需空气量。

（7）生物曝气池与膜池分建设计时，生物曝气池的供气量需按照按活性污泥法的需要量设计；膜池则需要在满足膜表面清洗所需空气量的同时，满足池中的合适溶解氧。

（二）工艺设计

1. 设计参数

处理城镇污水或水质类似城镇污水的工业污水时主要设计参数，A^2/O/膜过滤工艺可参考表 13-7 取值。工业污水的水质与城镇污水水质差距较大时，设计参数应通过试验或参照类似工程确定。

表 13-7　A^2/O/膜过滤工艺主要设计参数（水温 20℃）

项　目		参数值
五日生化需氧量污泥负荷 L_s/[$kgBOD_5$/(kgMLVSS·d)]		≤0.1
总氮负荷/[kgTKN/(kgMLSS·d)]		≤0.05
反硝化池 S-BOD_5/NO_x-N		≥4（反硝化池进水溶解性 BOD_5 浓度与 NO_x-N 浓度之比值）
污泥浓度(MLVSS)/(g/L)		好氧生化池一般控制在 6~8g/L
		膜池（真空纤维膜）一般控制在 8~10g/L
		膜池（平板膜）控制在 10~15g/L
污泥龄 θ_C/d		10~20
污泥产率 Y/($kgVSS/kgBOD_5$)		0.2~0.7
活性污泥需氧量 O_2/($kgO_2/kgBOD_5$)		1.0~1.8
膜擦洗供气量		按照供货商的要求设计，满足池中的合适溶解氧
水力停留时间 HRT/h		厌氧 1~2
		缺氧 1~3
		好氧 4~11
		膜池 2~3
回流比 R_i/%	膜池回流到缺氧区	300~500
	缺氧区回流到厌氧区	100~200
	好氧区回流到缺氧区	根据具体工艺定，一般不设回流
出水水质/(mg/L)		生活污水 COD<50mg/L；工业污水<100mg/L
		SS<10mg/L
		NH_3-N<10mg/L
		TN<5mg/L

2. 反应池容积的计算

厌氧池（区）、缺氧池（区）、好氧区容积可以参考生物脱氮除磷工艺中给出的有关计算公式与要求。

3. 曝气方式

可以采用曝气器、射流曝气、穿孔曝气管等各种形式。一般采用大孔径曝气管形式，孔径在2~3mm，更有利于膜的清洗。

(1) 曝气方式的选择

① 曝气方式应结合供氧效率、能耗和维护检修等因素进行综合比选后确定；

② 大、中型污水处理厂宜选择鼓风式中、微孔曝气系统等水下曝气系统；

③ 鼓风式中微孔曝气系统宜选择共用鼓风机的供气方式。

(2) 鼓风机与鼓风机房

① 应根据风量和风压选择鼓风机。大、中型污水处理厂宜选择单级高速离心鼓风机、多级低速离心鼓风机、螺杆风机等，小型污水处理厂和工业污水处理站可选择罗茨鼓风机。

② 鼓风机房设置的常用鼓风机的供气总量应符合设计供气量(G_s)的要求，并保持10%的富余供气能力，设计风机台数应考虑备用。

(3) 曝气器的数量与布置

① 曝气器的数量应根据曝气池的供气量和所选曝气器的参数要求确定；

② 曝气器一般布置均匀，不留有死角和空缺区域。

(4) 推流器

① 缺氧池(区)和厌氧池(区)应采用推流器，推流器功率宜采用5~8W/m^3，应选用安装角度可调的推流器；

② 推流器器布置的间距、位置，应根据试验确定或由供货厂方提供；

③ 推流器应对称布置，搅拌器的轴向有效推动距离应大于反应池的池长；

④ 每个反应池内应设置2台以上的推流器，反应池若分割成若干廊道，每条廊道至少应设置1台推流器。

4. 加药系统

(1) 外加碳源

当进入反应池污水的BOD_5/TKN小于4时，或BOD_5/P不足时，应在缺氧池中投加碳源。投加碳源量可按公式(13-7)确定。

$$BOD_5 = 2.86 \times \Delta N \times Q \tag{13-7}$$

式中 BOD_5——投加的碳源相当于BOD_5的量，mg/L；

ΔN——硝态氮的脱除量，mg/L；

Q——设计污水流量，m^3/d。

有机营养物一般为甲醇、乙醇、醋酸、其他易溶解低碳有机物或多糖有机物。

(2) 碱度补充系统

当进水中碱度不能保证硝化的进行和氨氮、总氮的设计去除率时，必须补充碱，一般投加碳酸钠或者碳酸氢钠、碳酸钙。其中1mg碳酸钠相当于0.94mg碳酸钙的碱度，1mg碳酸氢钠相当于1.19mg碳酸钙的碱度。

(3) 除磷

对于除磷而言，MBR和传统工艺是相同的，因为对于除磷来说，膜分离的优势很小。生物法处理的污水大部分都是碳源限制型的，对磷的去除不利。磷的去除主要依靠微生物的过量吸磷并通过排泥来实现。但对于一般污水，基于缺氧/好氧的MBR工艺可达到良好的除磷效果。对于含磷较高的污水，更常用的方法是通过投加化学品(如无机絮凝剂或石灰石)使磷形成不溶性的沉淀物而去除。

① 当出水总磷不能达到排放标准要求时，宜采用化学除磷作为辅助手段。

② 最佳药剂种类、投加量和投加点宜通过试验或参照类似工程确定。化学药剂储存罐容量应为理论加药量的4~7d投加量，加药系统应不少于2套，应采用计量泵投加。

③ 化学除磷时应考虑产生的污泥量，污泥增量可参照表13-8设计。

表13-8 化学除磷污泥增量

絮凝剂	投加位置	污泥增量/%
铝盐或铁盐作絮凝剂	前置投加	40~75
铝盐或铁盐作絮凝剂	后置投加	20~35
铝盐或铁盐作絮凝剂	同步投加	15~50

④ 接触铝盐和铁盐等腐蚀性物质的设备和管道应采取防腐措施。

5. 设计案例

设计处理规模为$1.5\times10^4m^3/d$。生物脱氮工艺采用倒置A^2/O工艺，其工艺流程为：进水→缺氧池→厌氧池→缺氧池→好氧池。倒置A^2/O工艺将传统A^2/O法的厌氧池和缺氧池倒置，采用多点进水的方式，通过这个方式，可以根据需要对厌氧池和缺氧池的进水碳源分配进行优化调整，优化脱氮除磷效果，回流污泥采用双回方式流。该工艺自身变化调整的余地大，可以根据进出水水质优化运行方式。

(1) 缺氧池

设计缺氧池2格；停留时间为2.56h；构筑物总体积$1600m^3$，出水边设计成椭圆弧形状。池内设潜水搅拌器2台，功率$N=6kW$；控制方式为连续运行，现场手动控制开停。

(2) 厌氧池

设计厌氧池2格；停留时间$H=2.75h$；构筑物总体积$V=1692m^3$，池子局部成椭圆弧的形状。设潜水搅拌器2台，功率$N=6kW$；控制方式：连续运行，现场手动控制开停。

(3) 缺氧池

半地下式钢筋混凝土结构，2格；池内设置曝气管和搅拌机。停留时间为2.21h；构筑物总体积$1380m^3$，池局部做成椭圆弧的形状；混合液回流比为200%；池内设潜水搅拌器2台，功率$N=6.0kW$；控制方式：连续运行，现场手动控制开停。设潜水循环泵2台，功率$N=6.0kW$，流量$Q=625m^3/h$，扬程$H=1.0m$。

(4) 好氧池

好氧池设计水力停留时间为3.5h；BOD_5污泥负荷为$0.12kgBOD_5/(kgMLSS\cdot d)$；混合液污泥浓度7.2g/L；产泥率$0.6kgSS/kgBOD_5$；构筑物尺寸：$L\times B\times H=15.0m\times12.8m\times6m$；采用微孔曝气，微孔曝气设备及参数如下：数量450m，通气量$15m^3/h$，阻损≤300mm。

三、膜组件(器)的选取与设计

(一) 膜组件(器)选取原则

在MBR工艺中，通过膜组件过滤的是含较高污泥浓度的混合污水，膜易受到污染，因此，选择合适的抗污染性强的膜及膜组件成为膜生物反应器的关键因素。膜组件的选择主要依循以下要求：

（1）性能良好。足够的强度、通量、抗污染性、寿命。

（2）稳定。清洗恢复性好，长期运行中能保持出水通量稳定。

（3）膜组件结构、膜池的流态与曝气方式节能。

（4）易维护。膜组器的结构应简单，便于安装、清洗和检修。膜组器的支撑材料应防腐，宜选用不锈钢或其他耐腐蚀材料。

（二）膜组件所用膜材料要求

（1）所用膜的机械强度好，延伸率小于10%；

（2）所用膜的膜孔分布均匀，孔径范围窄；

（3）所用膜的稳定性好，抗氧化，pH值范围越宽越好；

（4）所用膜对被截留溶质的吸附性小；

（5）膜材料宜选用聚偏氟乙烯(PVDF)或聚乙烯(PE)，也可选用聚丙烯(PP)、聚砜(PS)、聚醚砜(PES)、聚丙烯腈(PAN)以及聚氯乙烯(PVC)等；膜的孔径应在0.04~0.4μm之间。

（三）膜通量的确定

（1）应确定合适的膜通量。在具体的设计中，应兼顾膜系统的投资成本、工艺运行的稳定性、运行成本。

（2）膜生物反应器生产厂家都会提供膜通量，一般以供货商提供的参数为依据。

（3）在厂家提供的数据基础上，选择膜通量也可以参考以下数据：

① 中空纤维膜的膜通量设计参数一般选取15~50L/(m^2·h)，即360~1200L/(m^2·d)；

② 平板膜的膜通量设计参数一般选取14~20L/(m^2·h)，即376~480L/(m^2·d)。

③ 当污水生化性能较高时选取上限值，当污水难生化处理时，选取下限值。

（4）最终的运行膜通量还需要根据实际工程的运行来进行调整和确定。

（四）膜组件设计

膜系统设计主要内容有确定膜组件、计算所需膜面积。

1. 确定膜组件

（1）确定膜组件构型

膜组件构型包括帘式、束式以及平板等；有业内人士认为在处理规模较大的城镇污水处理与回用方面使用帘式、束式的真空纤维膜组件较好，因为城镇污水处理厂在运行管理方面会比一般的小规模处理单位有更好的条件；在分散型工业污水处理方面使用平板膜可能会更好，虽然一次投资较大，但需要的运行管理要求会相对低一些。

（2）确定膜组件品牌与型号

膜组件是MBR工艺的关键组成，其设计参数膜面积和处理能力决定投资成本。膜组件的来源有国产与进口的品牌，选择进口的有利于运行和管理，但投资成较国内的大，需要从投资成本上考虑；也需要从工程用地、运行管理要求等条件确定膜组件。

2. 确定膜组件膜面积

根据工程处理规模和膜通量确定所需膜面积

（1）确定处理规模

根据目前处理设计与运行的污水处理厂的情况，在设计的处理规模上采取按照变化系数的要求适当放大进行设计，预留部分处理能力以满足水质与水量的变化对系统的冲击。

（2）根据处理规模和膜通量确定所需要的膜面积(A)

$$A=Q/F \tag{13-8}$$

式中　A——膜组件总有效面积，m^2；

Q——处理设计能力，m^3/d；

F——膜组件膜通量，$m^3/(m^2 \cdot h)$，或 $m^3/(m^2 \cdot d)$。

（3）根据单个膜组件膜面积来确定所需膜组件的数量(N)

若已知膜组件制造厂家给定的单个膜组件面积基本参数，所需的膜组件总数可根据式(13-9)计算。

$$N=A/A_0 \tag{13-9}$$

式中　N——膜组件总数量，组；

A——膜组件总有效面积，m^2；

A_0——单个膜组件有效面积，m^2。

3. 设计案例

阿曼污水处理厂污水处理量为 76000t/d，2006 年工程运行，其膜组件设计参数见表 13-9。

表 13-9　阿曼污水处理厂膜元件和膜组件设计参数

参　数	参数值	参　数	参数值
处理水量/(m^3/d)	76000	总的膜有效面积/m^2	97920
膜组件型号	EK400	膜元件数/片	122400
设计膜通量/[$m^3/(m^2 \cdot d)$]	0.8	膜组总数/组	306(每组 400 片)

四、膜池

膜组件数量确定后，需要设计膜池和合理布置膜组件。

（一）膜池设计的基本要求

膜池为膜组件放置处，膜池的设计要求满足以下条件：

（1）设计时要考虑处理能力的预留，使整个系统能有效缓冲负荷变化的冲击。

（2）膜池进水端能与曝气池有效连接，能均匀布水。

（3）满足膜组件的设计要求，便于膜组件以及配套设施的安装。

① 要求每个膜池单元选同类型膜组件。

② 双排布置时选择双数组件对称布置。

③ 单排布置时单排膜组件数不超过 10 组。

（4）要设计有混合液回流设施，要有排空设施。

（5）便于膜系统的运行与管理。

（6）膜组件单元在维护与保养时，整个系统能保证稳定运行。

（二）膜池设计的内容

膜池的设计主要有以下几个方面的内容：

1. 膜组件的布置

一般根据膜组件的数量以及设备供货商对自己产品的布置求，确定膜组件在膜池中合理的布置形式。

(1) 东丽膜组件

东丽膜组件在膜池中的布置要求如图 13-20、图 13-21 所示。

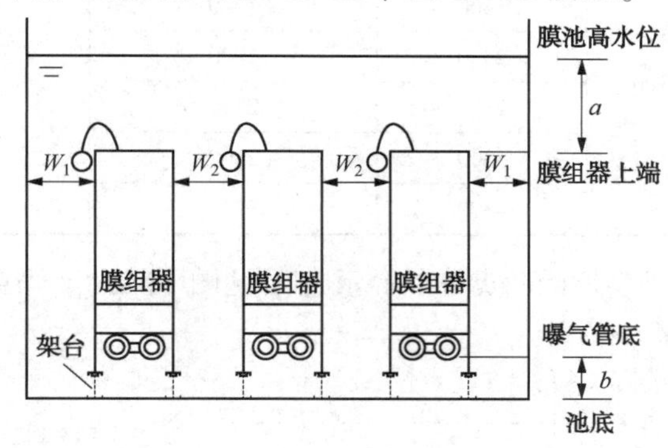

图 13-20　膜组器沿池深方向布置图

图中，a 为池内膜组器上部水位淹没距离，最小要求为 500mm；b 为曝气管底距池底的距离，距离最小为 400mm。

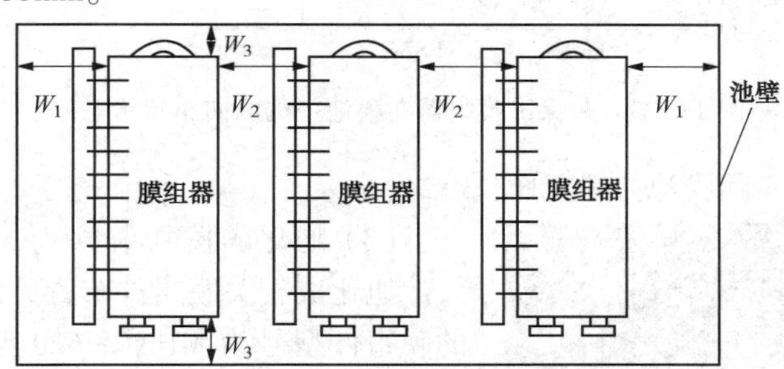

图 13-21　膜组器沿池平面方向布置图

图中，W_1 为膜组件距膜池宽度一边的距离，要求在 380~680mm；W_2 为膜组件之间的间距，要求在 430~730mm；W_3 为膜组件距离膜池长度一边的距离，要求大于 400mm。

(2) 久保田膜组件

久保田膜组件在膜池中的平面布置要求如图 13-22 所示。

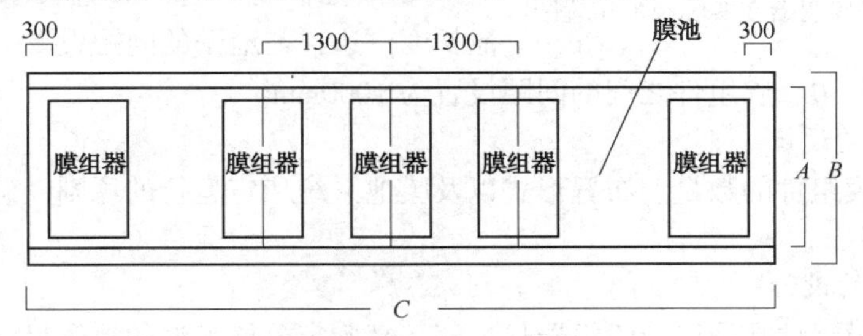

图 13-22　久保田膜组器在膜池中的平面布置尺寸要求图

久保田膜组件具体尺寸见表 13-10。

表 13-10　久保田膜组件在膜池中的布置尺寸

膜组器型号	池长（C）/mm	池宽（B）/mm	池上部开口宽（A）/mm	膜组器距池体边有效空间距离/mm
FS50	1300n+300	1300	1100	≥300
ES75、FS75		1800	1450	
ES100		2300	1800	
ES125		2800	2150	
ES150、EK300		3300	2500	
ES150、EK300		4300	3200	

久保田相关膜组件在膜池中的纵向布置示意图见图 13-23。当鼓风机风压允许的条件下，还可以适当加大水深。

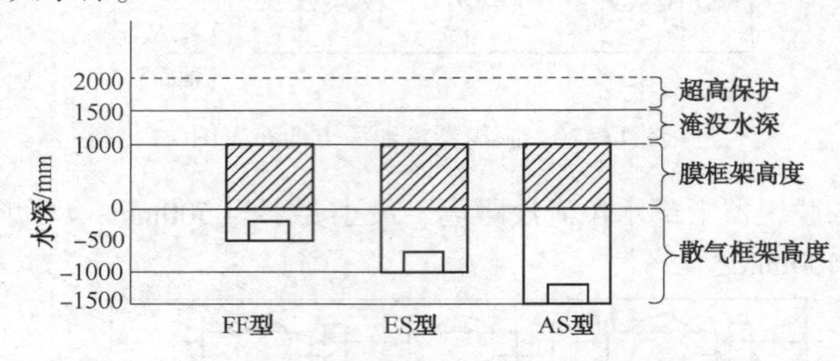

图 13-23　久保田膜组器在膜池中的纵向布置示意图

久保田膜组器在实际膜池布置见图 13-24。

图 13-24　久保田膜组器在实际膜池布置图

（3）旭化成膜组件

旭化成相关膜组件布置见图 13-25。图中所示的膜组件型号为 MUNC-620 型，膜池中共设置有 35 套膜组件，分 5 个列布置，每列 7 套。

从该图中可以看出：

① 沿池宽度一边的布置要求为：膜组件在膜池宽度一边，与池壁的间距设置为 300mm；在膜池宽度一边，膜组件之间的间距设置为 300mm；

② 沿池长度一边的布置要求为：膜组件在膜池长度一边，与池壁的间距设置为 500mm；在膜池长度一边，膜组件之间的间距设置为 1000mm。

2. 膜池的数量设计

根据工程中膜组件的数量、布置形式以及膜池系统稳定运行的原则，确定膜池的组数或者膜池的单元格数。

3. 膜池尺寸的设计

根据布置的膜组件数量以及膜组器长、宽、高确定分格膜池的池体尺寸。

① 每格膜池中应布置同系列的膜组器，膜组器在池中的分布应均匀，不同池中膜组器分布应对称；

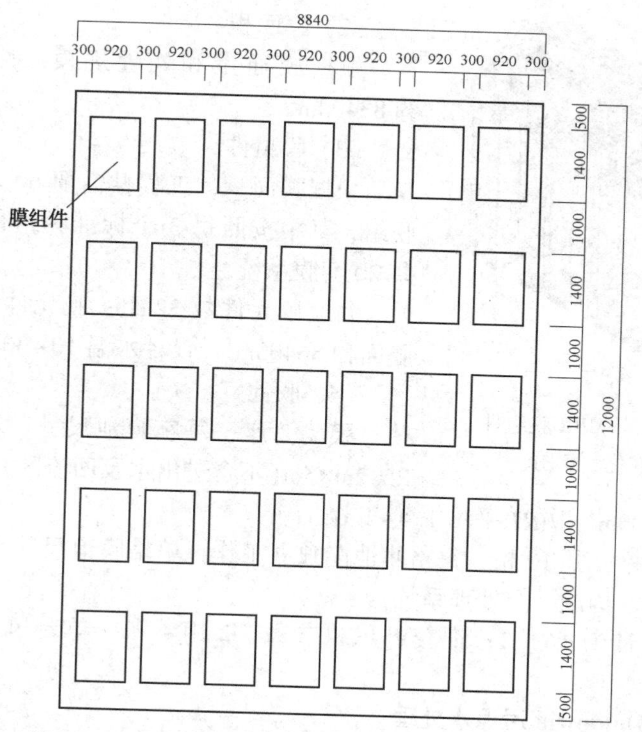

图 13-25　旭化成膜组件膜组器在膜池中平面布置图

② 池体的尺寸有利于膜组器的维护与管理；

③ 膜组器之间的间隙应有利于旋回流的产生。

(三) 膜池池容设计

1. 合建式

合建式即好氧池和膜池在一起的情况，池容采用的设计参数有水力停留时间(T)和污泥有机物负荷。水力停留时间(T)一般为经验数据，可以根据相类似的工程类此取得，根据水力停留时间设计的池容还需要通过污泥有机物负荷来核算。

2. 分建式

好氧池和膜池分开的情况，一般采用水力停留时间(T)进行池容设计。选取膜池水力停留时间在 2~3h 左右，同时还需要根据膜组件布置要求最终确定有效的池容。

五、设计案例

(一) 案例 1

设计处理规模为 30000m^3/d，考虑 20%的设计余量，系统高峰设计流量为 36000m^3/d。工程采用 Saveyor SVS40-60-B 膜组件，单支膜元件有效膜面积为 45m^2，尺寸为宽×高 = 1m×1.5m。Saveyor MBR 膜通常采用集成式标准化设计，即 32 支柱式膜元件构成 1 个标准膜组，其构造示意图见图 13-26。

其膜池设计如下：

(1) 膜通量

设计膜通量<18L/(m^2 · h)。

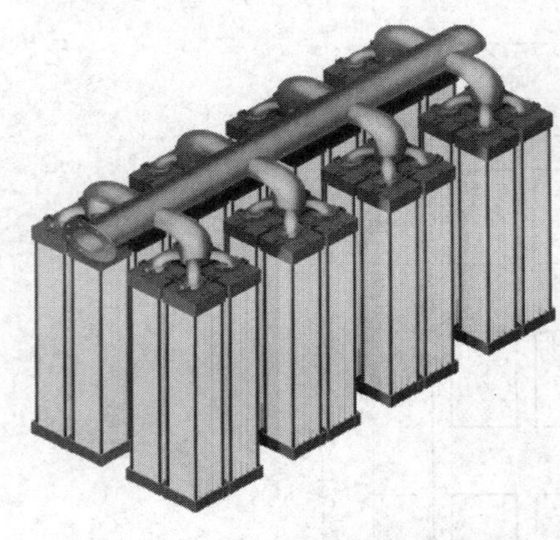

图 13-26 Saveyor MBR 膜组件集成式标准化示意图

(2) 膜面积

根据膜通量和处理规模，计算得到的膜面积约 $83400m^2$。

(3) 膜组件

根据膜面积，工程共需要 60 套 Saveyor SVS 标准膜组，其中按照每 3 个标准膜组件构成一套膜系统，共 20 套膜系统。

每套膜元件数 32 组；膜元件总数 1920 支；总的膜面积 $86400m^2$；设计水温 10~30℃。

(4) 膜池

膜池 2 座；每座膜池尺寸：长×宽×深 = 20.4m×26.2m×5m(不含进出水及回流区)；有效水深：4.1m；池总有效容积：$2100m^3$；*HRT* 平均 1.4~1.68h；

每座膜池设 5 格，共 10 格；每格膜池能独立工作；单格膜池尺寸为 20.4m×5.4m×5m，每格设 2 个膜组件，构成一个处理系统，

膜池气水比设计为 16∶1；配套鼓风机参数：2 用 1 备，单台风量 $168m^3/min$，风压 4.5m 水柱。

(二) 苏格兰 Daldowie 污泥水处理

(1) 基本情况

Glasgrow 污泥处理厂共安装有 6 台污泥干燥机和 12 台污泥脱水机。污泥污水主要包括脱水机的滤出液和干化的冷凝水。污水中的平均 NH_3-N 为 280mg/L，BOD 为 1500mg/L，COD 为 2600mg/L。

其处理工艺流程为：污泥污水首先进入斜管沉淀池沉淀，然后进入缺氧池，再进入曝气池，再进入膜池。膜池的污泥回流液返回至缺氧池，膜池的出水直接排放。苏格兰 Daldowie 污泥水处理设计参数见表 13-11。

表 13-11 苏格兰 Daldowie 污泥处理设计参数

参　数	参 数 值	参　数	参 数 值
处理水量/(m^3/d)	最大 12800	膜组件数/组	128(每组 200 片)
	平均 9000	总的膜有效面积/m^2	20480
膜组件型号	J200	曝气池数量/个	4
模元件数/片	25600	每个曝气池池容/m^3	2000

(2) 工艺布置

苏格兰 Daldowie 污泥水处理工艺布置如图 13-27 所示。

六、膜池配套工艺与设计

(一) 混合液回流设计

1. 混合液回流的作用

(1) 可以确保污水处理池中有足够数量和稳定的污泥存在，增加池内的搅拌，可提高污水处理效率；

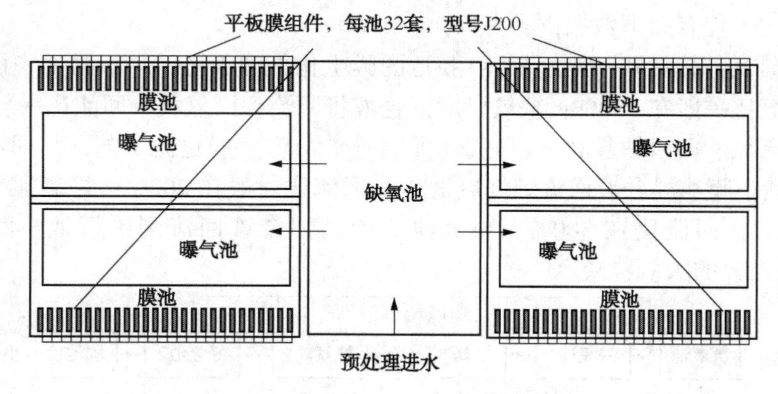

图 13-27　苏格兰 Daldowie 污泥水处理工程工艺布置示意图

(2) 混合液回流为反硝化提供足够的硝态氮底物，保证氮的脱除效率；

(3) 磷的处理需要进行污泥回流。

2. 回流设计主要考虑的因素

MBR 工艺的生化系统中，各反应器内的污泥浓度取决于混合液回流的比例和回流的分配方式，因此需要设置污泥回流系统，混合液回流设计主要考虑的因素有回流比以及回流的分配方式。

具有脱氮除磷功能的 MBR 工艺本质上与传统的脱氮除磷活性污泥工艺相同，且工艺设计原理差别不大，但 MBR 工艺由于省去二沉池，因此使得膜池的硝化液以及污泥回流比一般生化工艺变得复杂一些。如在膜系统中，各反应池中的污泥浓度不同，膜池中的污泥浓度最高。如果膜池的回流流量比进水流量高，则前面反应池中的污泥浓度接近于膜池的污泥浓度。此外，反应池中的污泥浓度随进水流量或回流比而变化。

MBR 工艺的回流设计必须考虑由于回流(污泥和混合液)和污水流量变化造成的污泥混合液浓度在不同反应器中的差别，以及不同反应器中 MLSS 分布的变化，以保证系统运行中污泥在厌氧池、缺氧池和好氧池的合理分配。

有学者建议膜系统的总回流比设计为 400%～600%。回流比越高前端反应器的 MLSS 值就越高，越接近于膜池的污泥浓度，因此，高回流比系统的优点是采用较小的生物反应器容积就能满足要求的污泥量分配。回流比高也有其缺点，如膜系统中膜池的 DO 浓度高，如果将膜池中的混合液直接回流到非曝气段，则高含量的 DO 及硝酸盐会降低脱氮除磷的效率，投资也大，运行和管理难度大。

3. 回流量与分配设计

膜池回流量可根据公式(13-10)计算，计算值作为设计的参考。

$$Q_{Ri}=\frac{1000V_nK_{de(T)}X}{N_1-N_{ke}} \tag{13-10}$$

式中　Q_{Ri}——混合液回流量，m^3/d；

V_n——缺氧池(区)容积，m^3；

$K_{de(T)}$——T℃时的脱氮速率，$kgNO_x$-N/(kgMLSS·d)，应根据试验资料确定；

X——好氧池内污泥平均浓度，gMLSS/L；

N_1——原水总氮浓度，mg/L；

N_{ke}——膜池出水总氮浓度，mg/L。

实际运行的工程有如下数据供参考。

（1）设有厌氧、缺氧和一段好氧池+膜池的膜生化处理工艺，一般膜池中的混合液回流到缺氧池，回流比一般在300%；缺氧段的混合液将回流到厌氧段，回流比一般在100%；

（2）设有厌氧、两段缺氧和两段好氧（即MUCT工艺）+膜过滤工艺，其回流的设计如图13-28所示。其中膜池混合液回流到好氧池1的回流比一般在200%；好氧池2中的硝化液回流到缺氧池1，回流比在300%。缺氧池2中的混合液回流到厌氧池，回流比应小于100%，以保证充分的厌氧释磷。

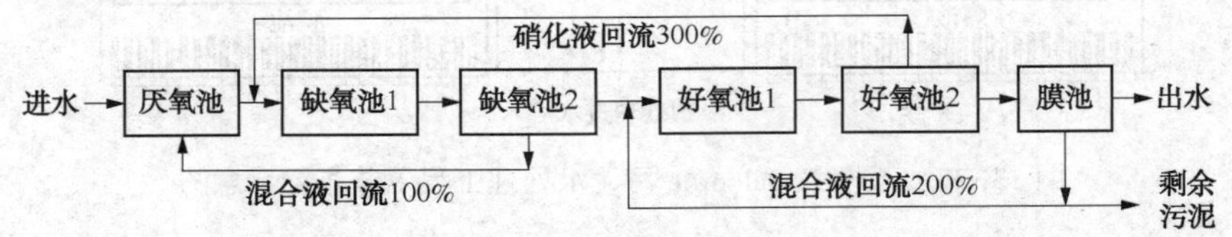

图13-28 MUCT/膜过滤工艺回流设计图

该例中设计的混合液流量是平均进水流量的6倍，增加了额外的混合液提升泵和提升管路成本。

（3）Zenon公司根据TN的出水水质要求与混合液回流，提供的总回流比数据如下：当进水TN=40mg/L，出水TN<10mg/L时，$R>4$；出水TN<6mg/L时，$R>8$；出水TN<3mg/L时，$R>20$。

（4）工程案例

美国乔治亚州Cauley Creek回用水厂的污水处理工艺以及污泥回流图见图13-29。

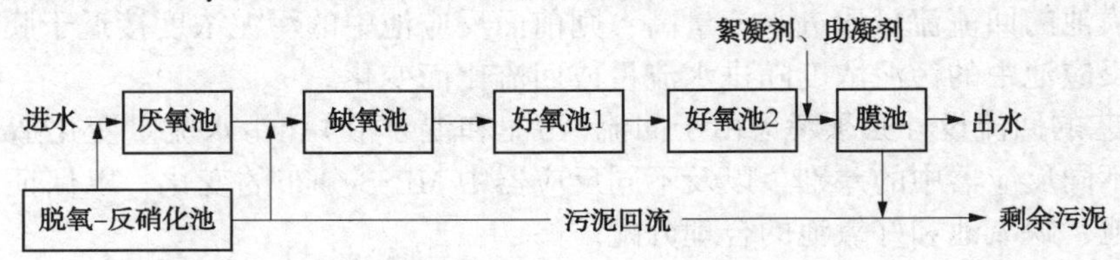

图13-29 Cauley Creek回用水厂的污水处理工艺以及污泥回流图

该工艺从膜池中回流的污泥比例为400%，其中85%回流到缺氧池，15%回流到脱氧-反硝化池后进入厌氧池。其各池的污泥浓度如图13-30所示。

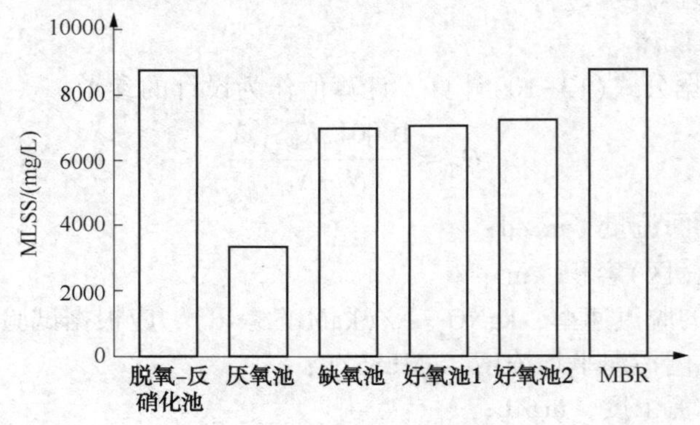

图13-30 工艺运行中各池的污泥浓度

P. L. Dold 等还在《脱氮除磷膜生物反应器设计和运行种种问题的分析》一文中，将 CauleyCreek 回用水厂的倒置 A^2/O 与 MUCT 工艺的工艺做了比较，如表 13-12 所示。

表 13-12　不同生化工艺的 MBR 参数比较

<table>
<tr><th>项　目</th><th>倒置 A²/O 工艺</th><th>MUCT 工艺</th></tr>
<tr><td colspan="3">水量与进水指标</td></tr>
<tr><td>进水量/(m^3/d)</td><td colspan="2">5000</td></tr>
<tr><td>进水 COD/(mg/L)</td><td colspan="2">500</td></tr>
<tr><td>进水 TKN/(mg/L)</td><td colspan="2">40</td></tr>
<tr><td>进水 TP/(mg/L)</td><td colspan="2">8.9</td></tr>
<tr><td colspan="3">工艺参数</td></tr>
<tr><td>脱氮-反硝化池/m^3</td><td>175</td><td></td></tr>
<tr><td>厌氧池/m^3</td><td>500</td><td>725</td></tr>
<tr><td>缺氧池 1/m^3</td><td>450</td><td>500</td></tr>
<tr><td>缺氧池 2/m^3</td><td></td><td>500</td></tr>
<tr><td>好氧池 1/m^3</td><td>425</td><td>500</td></tr>
<tr><td>好氧池 2/m^3</td><td>425</td><td>500</td></tr>
<tr><td>膜池/m^3</td><td>225</td><td>500</td></tr>
<tr><td>总容积/m^3</td><td>2200</td><td>2900</td></tr>
<tr><td>膜池回流比/%</td><td>400(340 到缺氧池；60 到脱氧-反硝化池)</td><td>200</td></tr>
<tr><td>好氧池到缺氧池的回流比/%</td><td></td><td>300</td></tr>
<tr><td>缺氧池到厌氧池的回流比/%</td><td></td><td>100</td></tr>
<tr><td colspan="3">出水指标</td></tr>
<tr><td>出水 NH_3-N/(mg/L)</td><td>0.1</td><td>0.1</td></tr>
<tr><td>出水 NO_x-N/(mg/L)</td><td>8.4</td><td>7</td></tr>
<tr><td>出水 TP/(mg/L)</td><td>0.2</td><td>0.1</td></tr>
</table>

(二) 膜池空气擦洗系统设计

1. 曝气装置

膜组件下方设置曝气管路，在保证污泥供氧的同时还会对膜表面进行充分的冲刷，减轻膜表面的污染，使其不易堵塞，延长膜清洗间隔。曝气装置设计要求如下：

对于合建式 MBR 工艺，曝气的风量应同时满足生物处理需氧量和减缓膜组器污染的要求；对于分建式 MBR 工艺，膜池曝气的风量主要用于满足减缓膜组器污染的要求。

设备选型原则：

(1) 中、小型污水处理厂风机选用

在日处理量低于 3 万 t 的中、小型污水处理厂的选型中，风机建议选用罗茨风机。

(2) 大、中型污水处理厂风机选用

对于日处理量 3 万~10 万 t 的城镇大、中型污水处理厂，随着污水处理厂设计规模的增加，价格因素可能不再是首要因素，需综合考虑风机性能、效率以及调控方式的选择，建议选用多级低速离心鼓风机、螺杆风机等。

(3) 曝气设备也可选根据具体工艺选用射流曝气、鼓风潜水曝气等。射流曝气器应符合 HJ/T 263 的规定；鼓风潜水曝气器应符合 HJ/T 260 的规定。

设计风机台数应考虑备用。

2. 曝气方式

可以采用大孔曝气器、射流曝气、穿孔曝气管等各种形式。孔径要求在 2~3mm，有利于膜的清洗。

3. 供气量

膜系统擦洗供气量按照供货商的要求设计。

(1) 真空纤维膜

不同的供货商有不同的要求，设计时根据其所要求的值选取，如有的真空纤维膜系统冲洗气量要求曝气量为 12~15L/(片·min)，折合气水比为(20~25)：1。有的清洗膜的气量需求为 100~150m^3/(m^2·h)，其中的面积以膜组件的投影面积计算。

① Zenon 系列膜：设计按照气水比，一般气水比在(15~20)：1。

② 美能膜：吹扫最大空气流量一般通过实验确定大小的量不易使膜丝抖动，而太大的量会造成能耗太大。表 13-13 为建议的吹扫空气量。

表 13-13 吹扫空气量

产品型号	建议气量/[m^3/(h·片膜)]	产品型号	建议气量/[m^3/(h·片膜)]
SMM1010	0.5~3	SMM1520	1~5
SMM1013	0.6~3	SMM1525	1~5

③ 三菱丽阳膜：三菱丽阳膜吹扫空气量要求见表 13-14。

表 13-14 三菱丽阳膜吹扫空气量

膜组件型号	SUN21034AAD7 (SUN10534AD7)	SUN21034LAN (SUN21034LN)	SUN21034LAP (SUN10534LP)	SUNAAD7 (SUNAD7)
膜元件型号	SUR334LA * (SUR34L)			
曝气量/(m^3/h)	66~99(57~84)			

④ 旭化成膜：旭化成 MBR 膜组器 MNUC-620AⅡ的曝气量为 7m^3/(h·组件)。

(2) 平板膜

不同的供货商有不同的要求，设计时根据其所要求的值选取，一般按照每片膜设计曝气量。如高 1m、宽 0.5m 的平板膜，其面积一般在 0.8m^2(双面)，有的膜提供商给出的供气量在 7~10L/(min·片)。

① 久保田膜：久保田膜吹扫空气量要求见表 13-15。

表 13-15 久保田膜吹扫空气量

型号	供气量/[L/(min·片)]		型号	供气量/[L/(min·片)]	
EK	7	最大 10	FS	12.5	最大 20
ES	10	最大 15	FF	15	

② 东丽膜：东丽膜吹扫空气量要求见表 13-16。

表 13-16　东丽膜吹扫空气量

膜组件型号	TMR140-050S	TMR140-100S	TMR140-200W	TMR140-200D
曝气量/[L/(min·片)]	650~1000	1300~2000	2600~4000	1800~2000

③ 斯纳普膜：斯纳普膜吹扫空气量要求见表 13-17。

表 13-17　斯纳普膜吹扫空气量

膜型号	曝气量/[L/(min·片)]	膜型号	曝气量/[L/(min·片)]
SINAP150	>12	SINAP25	>9
SINAP80	>12		

④ Bio-Cel®膜：单个组件需要曝气量为 0.6~0.8$m^3/(m^2 \cdot h)$，如 BC-100-100 膜器的膜面积为 100m^2，需要的曝气量最高可达 80Nm^3/h。设计曝气泵流量时，应考虑组件曝气头所处的水深以及由此引起的水压。

4. 运行案例

(1) 无锡硕放污水处理厂

污水处理规模为 $2\times10^4 m^3/d$，过滤膜采用真空膜丝，膜有效面积 30000m^2，膜池配备鼓风机 3 台(2 用 1 备)，风量 $Q=75m^3/min$，风压 $H=55kPa$，功率 $N=110kW$；气水比约 10.8：1，按照膜的有效面积计算，膜的曝气强度约为 300$L/(m^2 \cdot h)$。

(2) 无锡梅村污水处理厂

污水处理规模为 $3\times10^4 m^3/d$，过滤膜采用真空膜丝，膜有效面积 59520m^2，膜池配备 3 台多级低速离心鼓风机，2 用 1 备，用于膜擦洗，单台风量 $Q=9343m^3/h$，风压 $H=4.9m$，气水比约 15：1，按照膜的有效面积计算，膜的曝气强度约为 310$L/(m^2 \cdot h)$。所用 Zenon 膜系统曝气管路布置如图 13-31 所示。

图 13-31　Zenon 膜系统曝气管路布置图

(三) 产水系统

膜组件可采用抽吸水泵负压出水，也可利用重力自流出水，但应保持出水流量相对稳定。采用抽吸水泵负压出水的方式时，产水系统一般包括产水产水泵、阀门、管道、其他控制件等。

1. 产水系统运行原理

在产水状态下，从生化池来的混合液首先进入膜池配水渠，再通过闸板阀进入各膜池，然后抽吸泵通过产水支管和总管将产水从膜组件中抽吸出来，送到产水收集母管中。每个膜列的流量设定值由主 PLC 根据进水流量计算，或者由操作员人工输入。产水流量根据生化池或膜池的液位进行调节，保持液位在设定的运行范围内。

产水期间，PLC 连续监控透膜压差的控制回路，流量和透膜压差的控制回路同步运行。PLC 同时采用这两个控制回路的输出值，来控制每个膜列透过液泵的转速。如果膜发生污堵或透膜压差太高，则 PLC 采用透膜压差控制输出，直至透膜压差值降低。这种控制方案能够使 PLC 在不超过透膜压差设定值的条件下调节抽吸泵的转速。

2. 产水泵

(1)设计要求

① 应本着高效、节能的原则，选配产水泵；

② 产水泵可以选取任何形式的带吸程的泵，如离心泵、自吸泵等，但是需要考虑一定的保险系数；

③ 为了减缓污染，产水泵间歇运行，因此需要设定泵的运行频率，即泵间歇运行的开、停时间，开停比应通过调试设定，由此计算出膜组器每天实际运行小时数。不同厂家提供运行时间如下，供参考：

久保田：出水运行 9min，停 1min。

GE 膜：一般 1h 内过滤液抽吸时间运行 57min，反冲洗 3min。即每一个运行周期内，过滤运行时间为 12~15min，反冲洗的时间为 15~30s，反冲洗时抽吸停止运行。

BIO-CEL 膜：过滤阶段 8.5min，间歇阶段 30s；反冲阶段 30s(<15kPa)，间歇阶段 30s。

(2) 流量设计

泵按膜池日均设计处理水量的 1.2~1.5 倍选型，即膜系统设计流量÷每天实际运行小时数×安全系数(取值 1.2~1.5)。

(3) 吸程设计

吸程根据产水泵的安装位置确定，吸程应包括最大工作膜压+管路损失+高位差(膜区水面到水泵轴线或管道最高点距离)+水泵系统损失(2~3m)。一般取吸程 5~8m，如泵高度低于 MBR 池液位，需注意停泵时的虹吸问题。

(4) 扬程

主要视设计排水的具体高度确定，同时考虑输水管长短、管道配件。

(5)抽吸泵数量

每台抽吸泵应对应一格膜池里的全部膜组件(膜组器)。4 台抽吸泵及以下宜备用 1 台泵，4 台以上时宜备用 2 台泵。如一座处理规模为 20000t/d 的城市污水处理厂，水抽吸泵设计 4 台，流量 $Q=240\text{m}^3/\text{h}$，扬程 $H=10\text{m}$，功率 $N=11\text{kW}$。

(6) 泵型

小型 MBR 工程宜采用自吸泵；大、中型 MBR 工程宜用真空泵、气水分离罐和离心泵。

3. 出水管路设计要求

出水管路主要考虑管路气密性。膜组器通过负压出水，集水管路存在一定的负压，因此出水装置需要有较好的气密性。就目前市场上所应用膜组器调研情况来看，其运行负压均不超过60kPa，部分膜组器最大能够承受负压达到80kPa。为保证系统在特殊情况下也能稳定运行，整体系统如果在100kPa压力条件下保持3min，掉压不超过3kPa，则可认为气密性达到要求。Zenon膜系统出水管路布置如图13-32所示。

图13-32　Zenon膜系统出水管路布置图

(四)真空纤维膜反洗系统

1. 反冲洗

(1) 设计要求

反冲洗可以单独设置反冲泵，一般较大规模的污水处理厂单独设置反冲洗泵，反冲洗管网与过滤水抽吸管网共用。也可以与过滤水共用一套设备，抽吸泵与反冲泵的设置方式见示意图13-33。反冲泵的流量按照膜系统小时处理能力的1.5倍左右选取，系统一般设置2台反冲洗泵，1用1备；反冲水压力选取1.5~2atm。

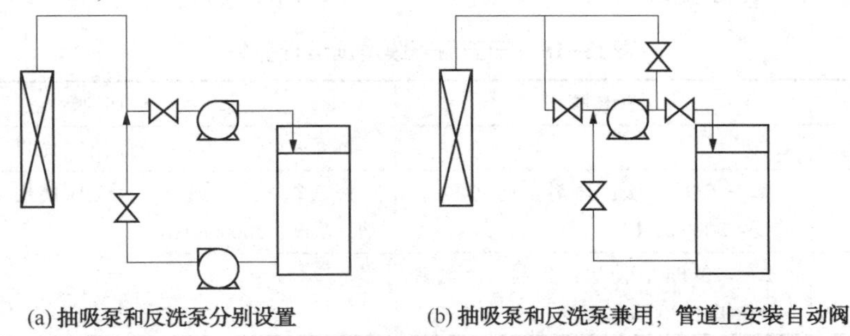

图13-33　MBR系统抽吸泵与反冲泵设置方式示意图

在实际中发现，每次清洗反冲洗都会使膜的抽吸压力下降3~5kPa，且反冲洗方便可行，强度小，清洗水量对产水成本影响小。因此，既可以通过反冲洗来增加膜的寿命与膜的通量，降低工程产水成本，又可以减少损害大的、不方便的化学清洗。

(2) 设计案例

① 无锡硕放污水处理厂

无锡市硕放污水处理厂MBR工艺处理规模为$2\times10^4m^3/d$。离心反洗水泵2台，流量$Q=280m^3/h$，扬程$H=14m$，功率$N=15kW$。反冲洗时的水流量约为膜系统设计过滤水流量的1.2~1.4倍。

② 北京北小河污水处理厂

设计处理能力为6万m^3/d，MBR池共设计10格，每格可单独运行。其MBR系统的反冲洗流量为140L/s，反冲洗时的膜通量为22L/(m^2·h)，约为膜系统设计过滤水流量的1.5倍。反冲洗频率为12min一次，整个反冲洗历时40s，其中包括15s的松歇、20s的反冲洗和5s的延迟。

2. 在线清洗

(1) 设计要求

① 在线清洗系统包括加药泵、药液罐、管路系统、计量控制系统。

② 清洗频次：根据实际情况确定，每月不宜少于一次。

③ 在线清洗药剂：通常采用NaClO以及其他，药剂用量应根据供货商的要求选取，在调试和运行中进行修正。如有的供货商给出的NaClO量为1~2L/(m^2·次)，药剂浓度为1‰~3‰。

(2) 案例

① 北京北小河污水处理厂

一般超滤膜运行1~2周，需进行一次维护性清洗(也称之为化学反冲洗)，采用含次氯酸的过滤液对膜组件进行反冲洗，耗时约30min。维护性清洗在鼓风曝气且停止进混合液的状态下进行。

每隔3个月进行一次次氯酸钠在线清洗，每隔6个月进行一次柠檬酸在线清洗，分别去除有机与无机污染物。清洗过程：清空膜池后，在膜池内加入稀释的化学药剂进行循环和浸泡清洗。

② 三菱丽阳膜在线清洗案例

三菱丽阳膜清洗运行参数见表13-18。

表13-18 三菱丽阳膜清洗运行参数

清洗方式	SUR膜	SADF膜
在线清洗(低浓度)		每周一次；药剂：次氯酸钠，浓度：300mg/L
在线清洗(高浓度)	每三个月一次；药剂：次氯酸钠，浓度：3000mg/L	每三个月一次或$\Delta P>15$kPa使用；药剂：次氯酸钠，浓度：3000mg/L
系统浸泡清洗	$\Delta P>20$kPa时使用；药剂：次氯酸钠，浓度：3000mg/L	

(五) 平板膜清洗

1. 重力加药

与中空膜的清洗不同，平板膜的清洗为在线冲洗，即无需将膜组件从膜池中提出，直接在膜池内清洗。对于小数量的膜组器采用重力加药，久保田平板膜池内重力注入药液清洗示意图见图13-34。

久保田平板膜对清洗加药的要求如下：

(1) 清洗药剂

清洗时，一般采用0.5%次氯酸钠和0.5%草酸两种药液，分两次清洗。

(2) 清洗程序

① 清洗前，首先关闭抽吸泵和鼓风机；

② 将药液通过安装在膜组件上部的进药口缓缓注入膜组件中，注入药液的量一般为每片膜每种药剂的用量约 3L 左右；

③ 注入药液后，静止浸泡 1.5h 左右，然后用抽吸泵将药液排出，排出的药液视情况可回到调节池中；再注入另一种药剂，静止浸泡 1.5h 左右后，用抽吸泵将药液排出，整个清洗过程持续 4~5h，排出的药液视情况可回到调节池中。

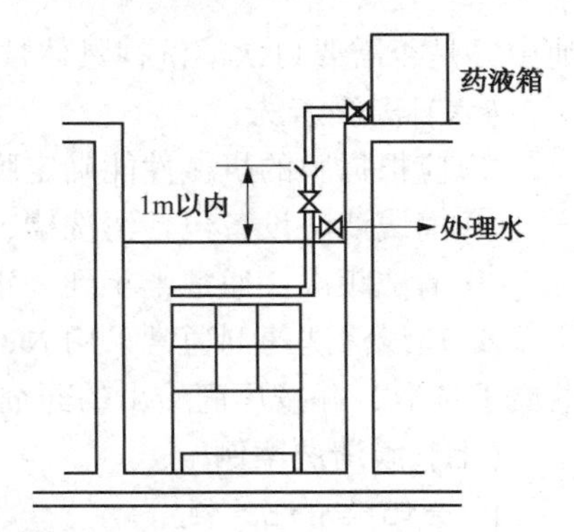

图 13-34　久保田平板膜池内重力注入药液清洗示意图

对于微滤膜，由于生物膜层对过滤也有一定的作用，在线清洗的时候，由于清洗液会对膜表面的生物膜造成破坏，因此刚清洗后膜的过滤效果将降低，需要恢复 6~12h。在恢复期间，膜的运行与正常运行时完全相同，只是流量需要控制。开始时的通量应降至正常运行的 50%以下，以后逐渐升高，直至完全正常为止。

2. 加药泵加药

当膜组器数量较多时，需要采用泵加入的方式。久保田平板膜药液泵加入的方式如图 13-35 所示。

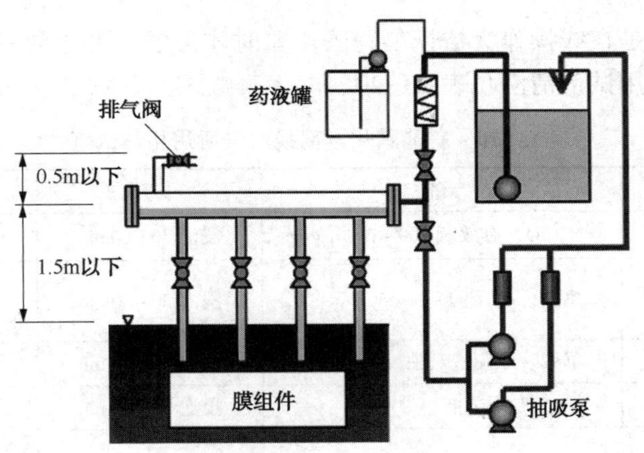

图 13-35　久保田平板膜药液泵加入方式示意图

而斯纳普膜一般要求采用在线化学清洗的方式，清洗周期与清洗药液视膜污染情况确定。斯纳普膜清洗药液与使用量见表 13-19。

表 13-19　斯纳普膜清洗药液与使用量

膜型号	药剂量/(L/片)	清洗药液	药液浓度
SINAP150	3	碱液	2000 ~ 5000mg/L 的次氯酸钠 + 1000mg/L 的 NaOH 的混合液
SINAP80	2	草酸	1000mg/L
SINAP25	0.5		

清洗时，往膜中注入如表 13-22 所示的药液量后，碱液浸泡的时间一般为 2~5h，酸液浸泡的时间一般为 1h。清洗完毕后，开启抽吸泵将清洗剂排出，清洗剂视情况可进入调节

池中，是否需要再次清洗视具体情况定。

（六）离线清洗

① 应根据膜的机械性能确定膜组器的离线清洗工艺；

② 离线清洗设备包括清洗槽、吊装设备、曝气系统；

③ 清洗频次：通常半年到一年一次；

④ 离线清洗药剂通常采用 NaClO+NaOH（配合使用）、柠檬酸，药剂用量应根据供货商的要求选取，并按厂商给出的药剂浓度配置。

（七）膜清洗案例

1. 美能膜清洗案例

（1）水反洗

水反洗时，用过滤水从反洗罐中泵入抽水管中，一般每 10min~24h 反洗一次。

（2）在线化学反洗

反洗周期可通过在线检测跨膜压差确定，一般当跨膜压差增加量大于 20kPa 时，就需反洗。美能公司推荐以下化学反洗的程序为：先用 1000μg/g 有效氯的次氯酸钠溶液清洗，再用美能膜专用清洗剂（如 MOL），清洗用量为 $2L/m^2$膜+反洗管道体积。

（3）化学离线清洗

化学离线清洗只是在线操作无法恢复跨膜压差时才考虑，可能会在 3 个月到 1 年进行一次。离线化学清洗所用试剂清洗见表 13-20。

表 13-20 美能膜化学离线清洗所用化学试剂

污染物	试剂	方法	其他配用药剂
微生物	NaClO，有效氯 500~1000μg/g	浸泡 30~60min	1.5%H_2O_2
无机结垢物（氧化物、氢氧化物、不溶盐）	草酸，pH 值 1~2	浸泡 30~60min	2% 柠檬酸、0.07mol 盐酸、酒石酸
酸不溶氧化物	草酸、亚硫酸氢钠	浸泡 30~60min	其他还原剂
油脂	MHO 专用试剂	浸泡 30~60min	功能试剂+助剂
不溶性离子（Fe、Ca、Mg、Ba 等）	1%~2%EDTA，pH 值约 10~11	浸泡 30~60min	其他络合剂
胶体，蛋白质	NaOH，pH 值 10~12	浸泡 30~60min	其他变性剂

表 13-21 总结了美能膜 SMM 膜件的一般清洗方式与参数。

表 13-21 SMM 膜清洗方式与参数

清洗方式	周期	频率
空气吹扫（在线）	每 10min 停止抽水泵 1min	一直
水反洗（在线）	用泵抽过滤水 5~2min	30min~24h
化学反洗（在线）	每一组件注入 20L 清洗药液	1~12 周
化学离线清洗	浸入溶液 30~60min	3 个月到 1 年

2. 旭化成膜清洗方式

表 13-22 总结了旭化成膜的一般清洗方式。

表 13-22　旭化成膜清洗参数

清洗方式	频　率	清洗方法
在线清洗	每周一次，或者过滤压力超过限定值(与初始压力相比超过20kPa)	将1000mg/L的次氯酸钠水溶液50L，从每个膜组器产水端注入，时间为90min
		被无机盐污染时，将1%草酸或者柠檬酸水溶液50L从每个膜组器产水端注入，时间为5min
浸泡清洗	1年1次	在3000mg/L的次氯酸钠水溶液+1%的NaOH中浸泡8h；被无机盐污染时，在1%草酸水溶液中浸泡2h

(八) 其他仪器仪表

MBR设备必配仪器仪表主要包括出水真空压力表、出水流量计和液位计等，其他的如在线pH计、在线浊度仪等依需要配置。

(1) 出水真空压力表

出水真空压力表量程为-0.1～0MPa，最好选用带报警的电接点压力表，主要用于监控膜组件的污堵情况。出水真空压力表一般安装在抽吸泵的入口，与液面的高度最好不要超过1m。如果管路比较长，最好在靠近膜生物反应器膜组件的地方再装一只就地出水真空压力表，以方便观察。膜生物反应器正常运行时出水真空压力表值为-20～-50kPa，当超过-50kPa时，需要进行化学清洗。

(2) 出水流量计

出水流量计主要用于监测膜生物反应器的出水量，并按照恒流量设计来调节抽吸泵的变频器或抽吸泵的回流阀开关大小。

(3) 液位计

液位计主要用于监测膜生物反应器池内的液位状况，并控制原水泵和抽吸泵等的联动操作。液位计一般设计有高、中和低三个液位，具体联动控制为：水位低于低液位时抽吸泵停运，水位低于中液位时原水泵运行，水位高于中液位时抽吸泵运行，水位高于高液位时原水泵停运。

(4) 浊度仪

在大型的污水处理厂，每个膜列应配备专用的在线浊度仪。通过连续监测透过液的浊度来在线检查膜的完整性。

(九) 剩余污泥处理系统

1. 剩余污泥量的确定

可按式(13-11)计算污泥泥龄。

$$\Delta X=\frac{V\cdot X}{\theta_c} \tag{13-11}$$

式中　ΔX——剩余污泥量，kgSS/d；

V——好氧池的容积，m^3；

X——好氧池混合液悬浮固体平均浓度，gMLSS/L；

θ_c——污泥泥龄，d。

也可按(13-12)中污泥产率系数、衰减系数及不可生物降解和惰性悬浮物计算剩余污泥量。

$$\Delta X=YQ(S_0-S_e)-K_d VX_v+fQ(SS_0-SS_e) \tag{13-12}$$

式中 ΔX——剩余污泥量，kgSS/d；

V——生物反应池的容积，m^3；

Y——污泥产率系数，$kgVSS/kgBOD_5$，20℃时取0.4~0.8；

Q——设计平均日污水量，m^3/d；

S_0——生物反应池进水BOD_5量，kg/m^3；

S_e——生物反应池出水BOD_5量，kg/m^3；

K_d——衰减系数，d^{-1}；

X_v——生物反应池内混合液挥发性悬浮固体平均浓度，gMLVSS/L；

f——SS的污泥转换率，gMLSS/gSS，宜根据试验资料确定，无试验资料时可取0.5~0.7；

SS_0——生物反应池进水悬浮物浓度，kg/m^3；

SS_e——生物反应池出水悬浮物浓度，kg/m^3。

当维护性清洗和恢复性清洗需要膜池排水时，剩余污泥泵应在最低转速下运行。

2. 污泥的处置

需要根据污泥产生量设置污泥浓缩池；污泥的脱水只需根据具体的脱水要求设计脱水设施，小型的污水处理厂根据污泥的具体情况，建议采用板框压滤机或者其他清洗水量的设备如离心过滤机、叠螺式污泥脱水机、隔膜式压滤机等；大型的污水处理厂采用带式压滤机或隔膜式压滤机。

第五节 应 用

一、大中型污水处理厂

(一) 城市污水处理厂尾水深度处理

1. 工程规模及进出水水质

再生水建设规模为45000m^3/d，再生水厂水源为污水处理厂二级处理后的尾水，回用于景观用水补水。再生水厂的出水水质标准执行《城市污水再生利用城市杂用水水质》中的城市杂用以及《城市污水再生利用景观环境用水水质》中的观赏性环境景观用水河道类、水景类的水质要求。再生水厂设计进水、出水水质指标见表13-23。

表13-23 再生水厂设计进水、出水水质指标

指 标	进水水质	排水水质
pH值	6~9	6~9
色度/倍	50	30
浊度/NTU		5
COD/(mg/L)	≤100	
BOD_5/(mg/L)	≤40	≤6

续表

指　标	进水水质	排水水质
NH_3-N/(mg/L)	≤25	≤5
TP/(mg/L)	≤1.5	≤0.5
SS/(mg/L)	≤80	≤10
石油类/(mg/L)	≤5	≤1
阴离子表面活性剂/(mg/L)	≤5	≤0.5
总大肠杆菌/(个/L)		≤3

2. MBR 工艺流程

MBR 工艺制取再生水的工艺流程如图 13-36 所示。

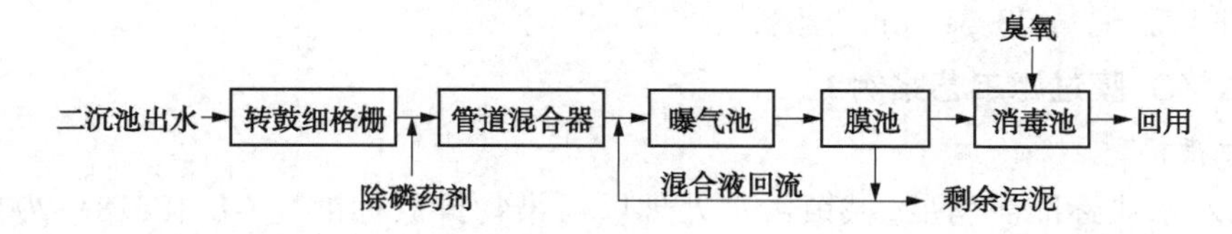

图 13-36　再生水厂 MBR 工艺流程

具体工艺流程为：污水处理厂二级处理尾水接入提升泵房的集水池，经潜水泵提升后进入超细格栅间，通过 0.5mm 的转鼓网状细格栅过滤去除毛发等纤维状物质，细格栅过滤后的出水经管道混合器加药后，进入曝气池进行生化处理，再进入膜池，混合液在抽吸泵抽吸作用下经膜过滤形成出水，出水经臭氧消毒脱色后回用。

(1) 膜格栅

膜格栅采用转鼓型超细格栅。格栅间内设置两道超细格栅。流道宽度 2000mm，膜格栅距 0.5mm。膜格栅设置油脂泵和反冲洗泵，根据时间周期或栅前后水位自动控制反冲洗，反冲洗水源采用栅后出水。

(2) 曝气池与膜池

曝气池与膜池工艺设计参数如表 13-24 所示。

表 13-24　曝气池与膜池工艺设计参数

设施名称	设计指标	参数指标
好氧曝气池	水力停留时间/h	2.3
	有效容积/m^3	4320
膜池	水力停留时间/h	1.7
	膜池有效容积/m^3	3240
膜组件	膜组件号	三菱浸没式 PVDF 中空纤维膜组件
	膜孔径/μm	0.4
	膜组件数/套	42
	膜通量/[L/(m^2·h)]	30[0.714m^3/(m^2·d)]
	单个膜箱产水量/(m^3/d)	1071.4

(3) 膜污染控制

① 间隙抽吸与曝气。抽吸出水泵连续运行 7min，停止运行 1min；停止抽吸运行的时间内，保持鼓风机继续运行。

② 维护性在线清洗。膜组件采用加药化学反冲洗清，一般每周一次，加药化学反冲洗设计成自动控制。

3. 运行效果

进水 COD 平均浓度 226.3mg/L，约为设计进水的 2.3 倍，出水 COD 浓度平均值 41.4mg/L；实际进水 NH_3-N 平均浓度值 61.6mg/L，约为设计进水的 2.5 倍，实际出水 NH_3-N 平均值 1.07mg/L。通过采用气、水二相紊流吹扫以及膜系统每周在线化学清洗等控制手段，MBR 系统的膜污染可有效控制在一个比较稳定的水平，压差（*TMP*）平均值 18.2kPa，平均膜通量 28.3L/(m^2·h)。

(二) A^2/O/膜过滤工艺案例 1

1. 设计指标

工程出水水质标准需满足《城镇污水处理厂污染物排放标准》(GB 18918—2002) 一级 A 标准和《水污染物排放限值》(DB 4426—2001) 二时段的一级标准的要求，具体水质指标设计见表 13-25。

表 13-25 工程设计进、出水质指标 mg/L

项目	COD	BOD_5	SS	NH_3-N	TN	TP
进水	≤270	≤160	≤220	≤30	≤40	≤4.5
出水	≤20	≤10	≤10	≤5	15	≤0.5

2. 工艺流程与具体工艺

污水处理厂 A^2/O/膜过滤工艺处理流程见图 13-37。

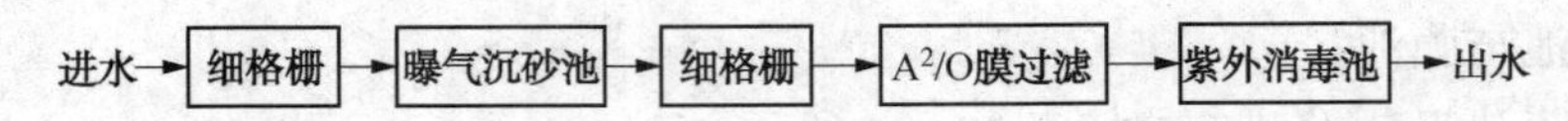

图 13-37 污水处理厂 A^2/O/膜过滤工艺处理流程

3. 污水处理厂膜系统平面与工艺参数

污水处理厂 A^2/O/膜过滤工艺平面布置示意图与膜组件在膜池中的布置分别见图 13-38、图 13-39。

(1) 细格栅、曝气沉砂池与膜格栅

细格栅、曝气沉砂池与精细格栅合建，设计规模为 10 万 t/d；尺寸为 48.2m×2.35m×6.2m。

① 细格栅。在细格栅渠设 3 台转鼓式细格栅，鼓栅直径 2m，栅隙 5mm，栅前水深 1.3m，过流速 0.9m/s。

② 曝气沉砂。设曝气沉砂池 1 座，分 2 格，停留时间 3.75min，水平流速 0.1m/s；曝气量为气水比 0.2∶1，采用罗茨鼓风机 2 台，1 用 1 备，单台气量 $20m^3$/min，H=35kPa。

③ 膜格栅。膜格栅设置 6 台，栅隙 1mm，鼓直径 2.4m。

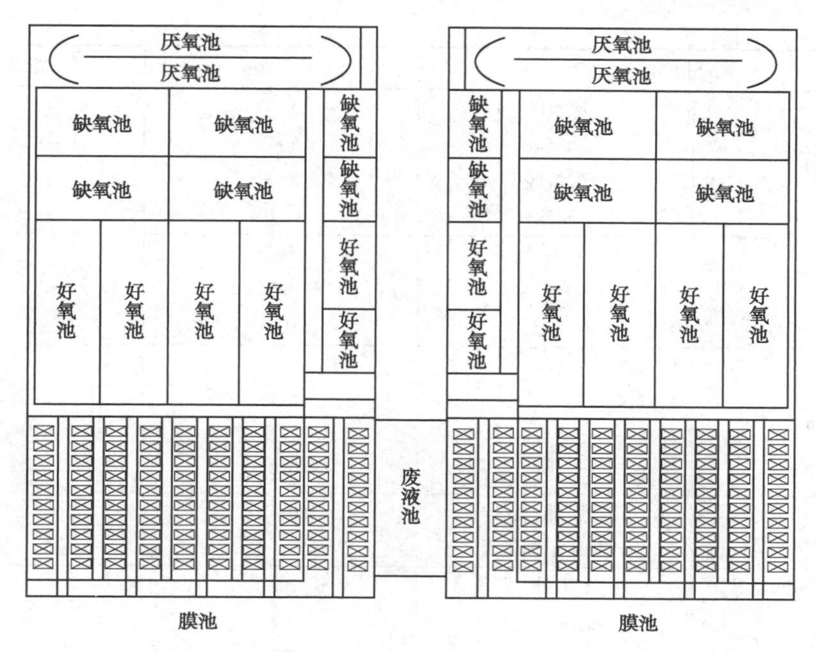

图 13-38　污水处理厂 A^2/O/膜过滤处理工艺平面布置示意图

图 13-39　膜组件在膜池中的布置图

（2）A^2/O/膜过滤工艺

A^2/O/膜过滤工艺设计与运行指标见表 13-26。

表 13-26　A^2/O/膜过滤工艺设计与运行指标

设计指标	设计值	实际运行值
流量变化系数 K_z	1.2	
设计最大处理流量/(m^3/d)	10×10^4	
污泥负荷/[kgBOD_5/(kgMLSS・d)]	0.07~0.1	
容积负荷/[kgCOD/(m^3・d)]	0.76	

续表

设计指标		设计值	实际运行值
污泥浓度/(g/L)	厌氧区	5~7	
	缺氧区	5~7	
	好氧区	6~8	
	膜池	8~10	8~10
污泥泥龄/d		15~20	20
水温/℃		12	
污泥产率系数		0.5	
水力停留时间/h	厌氧区	0.9	
	缺氧区	1.99	4
	好氧区	4.45	5.3
	膜池	1.6	
回流比/%	膜池至缺氧区	150~300	300
	缺氧区至厌氧区	150~400	100
膜　箱	型号	美能膜	
	膜组数量/个	200	
	每池膜箱数	10个	
	平均孔径/μm	0.1	
	材质	PVDF	
	膜面积/m^2	14360	
	设计膜通量/[L/(m^2·h)]	平均通量14.5	

(3) 配套设备

MBR生化系统配套设备见表13-27。

表13-27　A^2/O/膜过滤工艺配套设备

设备名称	规格/型号	数量/台	备注
转鼓细格栅	鼓直径=2m，栅隙=5mm	3	
超细格栅	鼓直径=2.4m，栅隙=1mm	6	
产水泵	流量$Q=320m^3/h$，扬程$H=14m$，功率$N=22kW$	22	2台备用
反洗泵	流量$Q=360m^3/h$，扬程$H=12m$，功率$N=18.5kW$	2	1台备用
循环泵	流量$Q=350m^3/h$，扬程$H=10m$，$N=18.5kW$	2	
剩余污泥泵	流量$Q=100m^3/h$，扬程$H=15m$，功率$N=7.5kW$	2	
真空泵	抽气量$3.4m^3/min$，真空度700mm水柱		
好氧区鼓风机	离心鼓风机，风量$Q=158m^3/min$，$H=59kPa$	4	3用1备
膜池鼓风机	离心鼓风机，风量$Q=171m^3/min$，$H=59kPa$	4	3用1备
储药罐	$V=20m^3$	3个	分别储备酸、碱、NaClO
在线清洗计量泵	流量$Q=1m^3/h$，扬程$H=40m$，功率$N=0.37kW$	6	3用3备
离线清洗泵	流量$Q=20m^3/h$，扬程$H=0.12MPa$，功率$N=4kW$	2	1用1备

4. 经济指标

污水处理厂工程项目总投资5.96亿元，其中工程费用3.27亿元，单位总成本1.705元/m^3，经营成本0.843元/m^3，厂区用地面积1.7hm^2，占地指标为0.17m^2/m^3水。

(三) A^2/O/膜过滤工艺案例2

1. 项目基本情况

梅村污水处理厂二期工程30000t/d污水处理项目由北京市政设计研究院设计，总投资0.92亿元，采用A^2/O/膜过滤工艺，设计出水指标达到《城镇污水处理厂污染物排放标准》(GB 18918—2002)的一级A标准，膜组件采用GE公司的ZeeWeed®500型膜组件。

进水中，工业污水占60%，生活污水为40%，可生化性较差。调试过程中，通过分配碳源，改变厌氧池、缺氧池、好氧池水力停留时间，缩小回流比与减小曝气强度等方式，使出水水质优于GB 18918—2002中的一级A排放标准。运行过程中，通过控制清洗药剂浓度与清洗频率、优化曝气方式等手段，使系统运行稳定，运行成本得到降低。该项目主要出水指标平均值为：COD26mg/L、TN12mg/L、TP0.3mg/L、NH_3-N0.7mg/L，均达到国家一级A排放标准，出水已部分回用于工业冷却、绿化浇灌、道路冲洗。

2. 设计水质

出水水质达到《城镇污水处理厂污染物排放标准》(GB 18918—2002)的一级A标准，设计进、出水质指标见表13-28。

表13-28　梅村水处理厂二期工程设计水质指标　mg/L

项目	COD	BOD_5	SS	NH_3-N	TP	TN
进水水质	400	100	300	35	5.6	50
排水水质	50	10	10	5(8)	0.5	15

3. 工艺流程

工程工艺流程见图13-40。该项目没有单独设置尾水消毒系统，大肠杆菌等指标一般为未检出，符合排放标准的要求。运行表明，大肠杆菌排放指标与膜孔径有关。

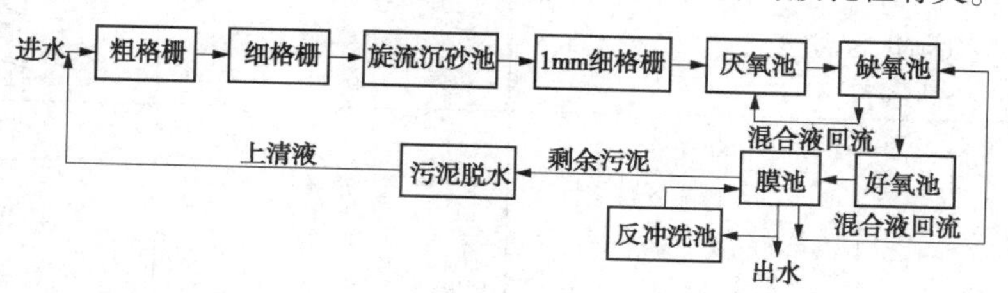

图13-40　A^2/O/膜过滤工程工艺流程图

污水经粗格栅截留大的漂浮物和悬浮物后，进入进水泵房，由泵提升依次经细格栅、旋流沉沙池、超细格栅去除固体颗粒后，进入生化反应池(厌氧、缺氧、好氧)，进行脱氮除磷反应，然后进入膜池进行泥水分离，通过抽吸泵将产水抽吸排出，达标排放。活性污泥被截留在膜池中，再由污泥回流泵输送到生化反应池，剩余污泥输送至污泥脱水机房，污泥上清液及脱水残液回流至提升泵房继续处理。

4. 工艺构筑物设计

(1) 膜格栅池

设膜格栅池 1 座，以降低进入膜池的尖锐物质对膜丝的损害。膜格栅池设计规模为 $3\times10^4 m^3$，平面尺寸为 13.5m×4.7m。池内设置两道直径为 1.8m、滤孔孔径为 1mm 的膜格栅，膜格栅从德国进口，采用箱体安装方式。膜格栅配置中压、高压冲洗系统各一套。低压水泵冲刷附着在格栅上的颗粒物与污泥，压力 0.6~0.8MPa，每 6min 启动一次；高压泵能切割缠绕在格栅上的丝状物，压力 12MPa，每 12h 启动一次。膜格栅及安装见图 13-41。

图 13-41　膜格栅及安装图

(2) A^2/O/膜过滤工艺系统

A^2/O/膜过滤工艺系统设计规模 3 万 m^3/d，平面尺寸 66.75m×55.45m，集厌氧区、缺氧区、好氧区、膜池、设备间、化学除磷加药区、配电室、控制室于一体，工程设计与运行参数见表 11-29，布置形式参见图 13-42、图 13-43、图 3-44。

表 13-29　A^2/O/膜过滤工艺设计与运行参数

设计指标		设计值	实际运行值
流量变化系数 K_z		1.2	
设计最大处理流量/(m^3/d)		3.6×10^4	
污泥负荷/[kgBOD_5/(kgMLSS·d)]		0.038	
容积负荷/[kgCOD/(m^3·d)]		0.89	0.42
污泥浓度/(g/L)	厌氧区	6~7	
	缺氧区	7~8	
	好氧区	8~9	
	膜池	8~10	8~10
污泥泥龄/d		22.1	20
水温/℃		12	
污泥产率系数		0.5	
水力停留时间/h	厌氧区	1.6	1.6
	缺氧区	3.3	4
	好氧区、膜池	6	5.3

续表

设计指标		设计值	实际运行值
回流比/%	膜池至缺氧区	300	300
	缺氧区至厌氧区	100	100
膜　箱	型号	ZeeWeed®500	
	膜箱数量/个	40	
	平均孔径/μm	0.04	
	材质	PVDF	
	膜面积/(m^2/膜箱)	1516.8	
	膜箱尺寸(长×宽×高)/m	3.2×1.4×2	
设计膜通量/[L/(m^2·h)]	最大通量	30	28
	平均通量	24	22.28

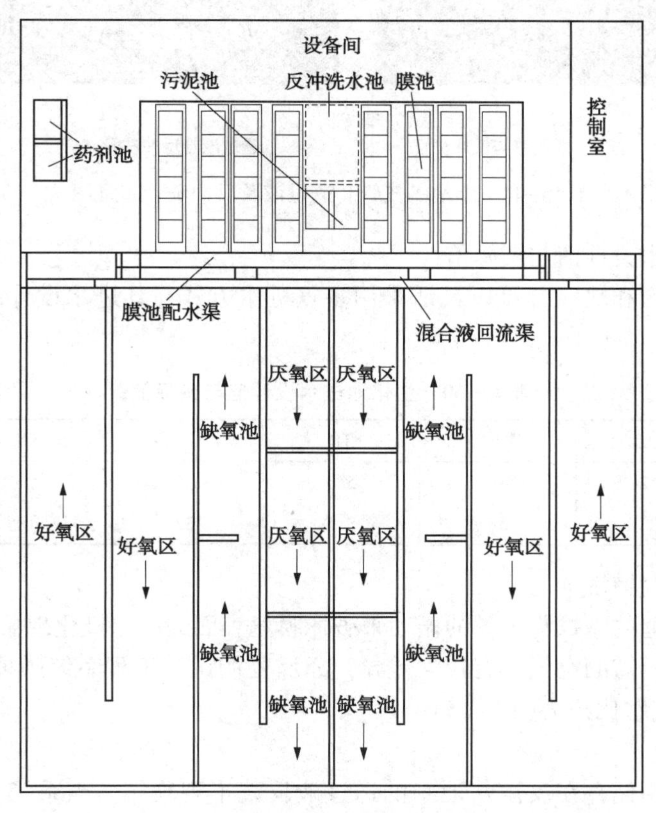

图 13-42　A^2/O/膜过滤工艺系统布置图

图 13-43　设备间主要设备布置现场

图 13-44　膜池曝气管、透过液及反冲洗管布置图

（3）生化池进水设计值与实际值

生化池的厌氧区和缺氧区可以灵活采用多点进水方式，其进水设计参数与运行参数见表13-30。

表 13-30　生化池进水设计值与实际值　mg/L

指　标	COD	BOD_5	TP	NH_3-N	TN	SS
设计值	412	105	5. 6	35	50	300
实际值	202	58	3. 5	32	48	102

（4）膜丝的空气擦洗

膜丝是利用气泡的摩擦与膜丝的振动来破坏膜丝表面的浓差极化现象，达到清洗膜丝目的。不同曝气方式所需的空气量有较大差异，经反复调试，工程系统膜擦洗空气量为 200～300m^3/min，折合气水比约为(10～15)：1。

（5）反洗

反洗时，每次用储存在反洗水池中的透过液反洗半列膜箱。当系统在反洗模式下运行时，反洗频率为每 12min 进行一次，时间为 30s。反冲洗泵采用抽吸泵，反冲洗强度为 34L/(m^2·h)，不需加药。

（6）停歇操作

当系统在停歇方式下运行时，各抽吸泵每过 10～12min 按顺序停运 30～45s，停歇阶段只进行空气擦洗而不进行过滤。在停歇过程中不用透过液反洗，也不用加药。

（7）膜丝化学清洗

膜丝化学方式与清洗数据见表 13-31。

表 13-31　膜丝化学清洗方式与清洗数据

清洗方式	所需药剂	药剂浓度/(mg/L)	清洗频次	清洗持续时间/h
维护性清洗	次氯酸钠	200	2 次/周	1(每格)
	柠檬酸	2000	2 次/周	1(每格)
恢复性清洗	次氯酸钠	1000	2 次/年	6(每格)
	柠檬酸	2000	2 次/年	6(每格)

5. 经济指标

本工程总投资为 9200 万元，其中工程直接费为 9144 万元，吨水投资额为 3074 元左右；污水处理厂总运行成本为 1.1 元/m^3(包括污泥焚烧处理费用)，直接处理费用为 0.74 元/m^3。

二、工业污水

(一) 啤酒污水

1. 处理水量与水质

啤酒生产污水水量 500m^3/d，污水水质为：COD2000～2300mg/L、BOD_5 1000～1200mg/L、NH_3-N35～65mg/L、TN30～70mg/L、pH 值 5.5～6，出水执行《污水综合排放标准》(GB 8978—1996)一级标准。

2. 工艺

工程以 UASB+MBR 工艺为主体工艺，工艺流程为：污水→集水池→细格栅→曝气沉砂池→UASB 反应器→水解酸化池→MBR 系统→排水。

3. 构筑物以及参数设计

构筑物以及参数设计情况见表 13-32。

表 13-32　构筑物参数设计

工艺	设计参数
细格栅	钢结构，圆形，尺寸 1.1m×2m
曝气调节池	1 座，钢筋混凝土结构，尺寸 15m×4m×3.7m，设有 2 台罗茨鼓风机(1 用 1 备)，采用微孔曝气器；旁边并设加药池，投加 NaOH 调节进水的 pH，UASB 进水对 pH 值有严格要求，控制在6.8～7.2
UASB 反应池	4 座，地上式钢筋混凝土结构，分 2 组串联；第一级 2 座，单池尺寸 4.2m×9m×6.75m，有效水深 6.25m，反应区容积为 236m^3；第二级 2 座，单池尺寸 4.2m×9m×5.3m，有效水深 4.8m，反应区容积为 182m^3，*HRT*24h；三相分离器为碳钢材质；容积负荷为 6～15kgCOD/(m^3·d)。其集气室隙缝部分的面积占反应器总面积的 15%；集气室的高度为 1.5m；在集气室内应保持液界面以释放和收集气体，防止浮渣或泡沫层的形成；在集气室的上部设置消泡喷嘴，当处理污水有严重泡沫时进行消泡；反射板与隙缝之间的遮盖为 200mm，以避免上升的气体进入沉淀室
水解酸化池	1 座，地下式，3.4m×4m×4.5m，有效高度为 4m，*HRT*13h，采用弹性组合填料，填料直径为 150mm，有效体积为 60%
MBR 反应池	COD 容积负荷为 0.625kg/(m^3·d)，*HRT*21.6h； MBR 反应池 2 座，尺寸 5m×4m×4.5m，有效水深 4m，由罗茨风机曝气； 膜组件为 PVDF 中空纤维膜，膜通量为 0.1m^3/(m^2·d)，MLSS 保持在 8～12g/L

4. 经济指标

工程总投资150万元，吨水投资3000元。其中土建60万元，设备90万元。污水处理运行成本为2.05元/m³，药剂0.85元/m³，电费0.5元/m³，人工费0.26元/m³。MBR全套投资约12万元，其中膜为10万元，膜使用寿命约3a，膜处理污水的费用约0.7元/m³。

(二) 印染污水

(1) 水质、处理规模设计

水质指标见表13-33。

表13-33 工程设计进水、出水水质指标

项目	COD/(mg/L)	BOD_5/(mg/L)	SS/(mg/L)	色度/倍	pH值	温度/℃
进水水质	1000~1500	250~375	300~500	300~500	10~12	大于55
排水水质	100	20	70			

设计处理规模为5000m³/d。

(2) 工艺流程

工艺流程为：污水→人工筛网→集水井沉砂池→调整池→水解酸化池→电解絮凝池→冷却塔→好氧池→接触氧化池→膜池→出水。

(3) 工艺设计

处理工程主要工艺设计情况见表13-34。

表13-34 处理工程主要工艺及其参数

工艺		设计参数	池体尺寸
水解酸化		水力停留时间：5h； 水力负荷：1m³/(m²·h)； 水温：50~60℃	Φ16m×6m
电解絮凝		电压为12V，电流为4500A	絮凝池尺寸长×宽×高为14.2m×7.4m×2.3m，1台； 电极为钢板、铝板
好氧池		水力停留时间：8h； 污泥浓度：6g/L	好氧池长×宽×高为14.4m×16.4m×7.0m
接触氧化池		水力停留时间：3.5h	接触氧化池长×宽×高为15.6m×7.3m×6.0m
膜池	膜材质	PDVF膜片	膜池长×宽×高为14.8m×7.3m×6.0m
	模组数	20组	
	膜面积	18000m²	
	设计膜通量/[L/(m²·h)]	10	
	污泥浓度/(g/L)	8	
	膜擦洗曝气气水比	(20~30):1	

(4) 运行

抽吸泵采用卧式离心泵，$Q=222m^3/h$，扬程$h=16m$，功率$N=15kW$，1用1备；抽真空采用真空泵，抽吸能力 $Q=14.4m^3/h$，极限真空-0.08MPa，功率 $N=1.5kW$。

膜正常运行模式为出水 4min，停止出水 1min。每 10 天作为一个清洗周期，化学反洗 1 次化学药剂为柠檬酸(2000~4000mg/L)和次氯酸钠(200~400mg/L)。运行模式为交替运行即每 3 个周期中 2 个周期用柠檬酸反洗，1 个周期用次氯酸钠反洗。

每半年将膜取出清洗，化学药剂为柠檬酸(2000~4000mg/L)和次氯酸钠(200~400mg/L)。

(三) 化工污水

(1) 水量与水质

设计处理规模为 $25000m^3/d$。项目由诺卫环境安全工程技术(广州)有限公司设计，污水经处理后水质需达到《广东省水污染物排放限值》(DB 4426—2001)第二时段一级标准，并可根据需要直接排放或作进一步深度处理后回用，设计水质指标见表 13-35。

表 13-35　项目设计水质指标

项　目	COD/(mg/L)	BOD_5/(mg/L)	SS/(mg/L)	石油类/(mg/L)	pH 值	氨氮/(mg/L)	TP/(mg/L)
进水水质	≤1400	≤420	≤200	≤20	6~9	≤45	≤3
排水水质	60	20	60	5	6~9	10	0.5

(2) 工艺流程

进水→格栅→曝气沉砂池→水解酸化池→生物选择区→A/O 池→膜池→回用或排放。

(3) 膜系统

膜池共设 8 个单元，每池内安装有共 7 套膜组件，每套膜组件有 24 根膜柱，每根膜柱有 3000 根膜丝；膜丝采用的是孔径为 0.1mm 的聚偏氟乙烯(PVDF)中空纤维膜。

(4) 运行

由于运行期间水量偏小，达不到设计要求。为提高污水处理率、降低生产成本、减少资源浪费，污水处理厂对工艺进行了适当调整。

系统设有在线清水反洗、在线化学反洗及离线化学清洗装置。在线清水反洗是按一定周期、以膜组件为单位由 PLC 自控系统控制依次进行自动反洗。在线化学反洗根据跨膜压力(大于 30kPa)或按一定周期(一般每月一次)进行，清洗药剂为 0.3%~0.5%的 NaC1O 溶液或 1%~2%的柠檬酸溶液。当在线清洗无法恢复初始通量或运行半年以上时进行离线化学清洗，清洗药剂根据具体情况选择：有 0.5%~1.5%的 NaOH 溶液，0.3%~0.5%的 NaClO 溶液以及 1%~2%的柠檬酸溶液。

(四) 广州小虎岛精细化工区工业污水

1. 处理规模、工艺流程与水质

小虎岛污水处理厂设计规模为 $6000m^3/d$，主要用于处理园区内的工业污水。其主体处理工艺为：进水→粗格栅→细格栅→曝气沉砂池→水解酸化→接触氧化池→中间沉淀池→膜池→活性炭吸附→排水，其中中间沉淀池和膜池的污泥或硝化液回流到水解酸化和接触氧化池，设计水质指标见表 13-36。

表 13-36 工程设计进、出水质指标

项目	pH 值	COD/(mg/L)	BOD_5/(mg/L)	SS/(mg/L)	石油类/(mg/L)	氨氮/(mg/L)	TP/(mg/L)
进水水质	6~9	600~800	320	200	20	25	7
排水水质	6~9	40	60	60	5	10	0.5

2. 工艺流程与设计参数

(1) 水解酸化及接触氧化池

水解酸化池与接触氧化池合建，每池分两组，以隔墙分开，呈对称布置。

① 水解酸化池设计停留时间为 18.5h，每组水解酸化池分两格，单格尺寸为 16.2m×12m×6.6m。水解酸化池设潜水搅拌机，潜水搅拌机(M471A1-6)共 6 套，不锈钢材质，潜水搅拌机直径为 250mm，功率 N=2.2kW，从德国进口。

② 接触氧化池容积负荷为 0.65kgBOD_5/(m^3·d)；有效容积为 4644m^3；每组接触氧化池分两格，单格尺寸为 16.05m×12m×6.5m，有效水深 6m；曝气风量 Q=41m^3/min，风压 H=7m；曝气器采用进口的膜片式曝气管系统(MS1000 型)，规格为 70mm×100mm，共 384 套，材质为 SILICOM，工作空气量为 6.5m^3/(h·m 曝气管)。

③ 填料

水解酸化池与接触氧化池设塑料半软性填料，填料直径为 180mm，长为 3000mm，共 2250m^3。

(2) 膜池

① 设计参数

膜池污泥设计负荷为 0.1kgBOD_5/(kgMLSS·d)，尺寸 L×B×H=33.4m×32.7m×7m，有效水深 6m。膜池设置放空管，用于调试及检修；设消泡系统。

② 膜组件

膜池设置 48 组型号为 MUNC-620A 旭化成膜组件，每组 12 支膜，共 576 支。

③ 抽吸泵与真空泵

抽吸泵流量 Q=32m^3/h，扬程 H=23m，功率 N=4kW，共 9 台，1 台备用；抽吸管路设真空泵 2 台，1 用 1 备，流量 Q=0.45m^3/min，功率 N=1.1kW。

④ 管路阀门控制设备

管路阀门采用气动阀控制，其控制系统为空压机 1 台，流量 Q=0.8m^3/min，压力 H=1MPa，功率 N=7.5kW；储气罐 1 座，V=1m^3。

⑤ 反洗泵

反洗泵 1 台，流量 Q=32m^3/h，扬程 H=23m，功率 N=4kW。

⑥ 混合液回流泵

混合液回流泵 3 台(2 用 1 备)，流量 Q=96m^3/h，扬程 H=13m，功率 N=11kW。

⑦ 其他配套设备

设清洗循环泵 1 台，流量 Q=25m^3/h，扬程 H=5m，功率 N=0.75kW；电动单梁悬挂起重机 1 套，T=2t，S=4.5m，H=15m，L=36m，功率 N=4.2kW。

(3) 活性炭吸附罐与监测池

活性炭吸附罐采用固定床式。活性炭吸附可去除水中用常规处理工艺难以去除的某些有机或无机污染物。如果监测池监测的水质未达到排放标准，则需启动活性炭吸附罐，再进一步进行深度处理后排放。

设活性炭吸附罐 4 台，单台 $Q=62.5m^3/h$，直径 $\Phi 3m$；反洗水泵 1 台，流量 $Q=188m^3/h$，扬程 $H=200kPa$，$P=18.5kW$；碱储罐 1 套，$V=6m^3$；碱投加泵 1 台，流量 $Q=4m^3/h$；冲洗水提升泵 2 台，1 用 1 备，流量 $Q=25m^3/h$，扬程 $H=10m$，功率 $N=2.2kW$。

监测池尺寸为 10m×7m×4.5m；设回用水泵 2 台，1 用 1 备，流量 $Q=20m^3/h$，扬程 $H=30m$，功率 $N=5.5kW$。

(4) 鼓风机

接触氧化池、膜池及曝气沉砂池所需的空气均来自鼓风机。主要设备有 D60-1.7 多级离心式鼓风机 2 台，流量 $Q=60m^3/min$，功率 $N=110kW$，配变频器；D60-1.5 多级离心式鼓风机 1 台，流量 $Q=60m^3/min$，功率 $N=75kW$；D80-1.7 多级离心式鼓风机两台，1 用 1 备，流量 $Q=80m^3/min$，功率 $N=160kW$。

参 考 文 献

[1] 郭春禹，曹兵，杜启云，等．浸入式中空纤维膜元件的优化设计[J]．膜科学与技术，2007，27(3)：67-70.

[2] 刘玉君，丁中伟，刘丽英，等．浸没式中空纤维膜污染控制措施比较[J]．北京化工大学学报(自然科学版)，2010，37(1)：19-21.

[3] 阐忠慧．新型组合工艺城镇污水深度处理 MBR 膜的化学清洗[J]．内蒙古石油化工，2009(11)：37-40.

[4] 孙莹．浸没式中空纤维超滤膜在 MBR 工程中的应用实例[J]．广西轻工业，2010(6)：25-27.

[5] 陈贻龙．地下式 MBR 工艺在广州京溪污水处理厂的应用[J]．给水排水，2010，36(7)：50-54.

[6] 胡邦，蒋岚岚，张万里．MBR 工艺在城市污水处理厂中的工程应用[J]．给水排水，2009，35(11)：22-24.

[7] 范学军，蒋岚岚，刘学红．一体化 MBR 工艺处理城镇污水的工程设计[J]．中国给水排水，2010，26(10)：47-50.

[8] DoldPL，胡志荣，甘一萍，等．脱氮除磷膜生物反应器设计和运行种种问题的分析[J]．中国给水排水，2010，26(22)．18-22.

[9] 李艺，李振川．北京北小河污水处理厂改扩建及再生水利用工程介绍[J]．给水排水，2010，36(1)：27-31.

[10] 杨昊，杭世珺，钱明达．无锡市梅村污水处理厂 MBR 工艺优化运行研究[J]．给水排水，2010，34(12)．32-35.

[11] 陈贻龙，地下式 MBR 工艺在广州京溪污水处理厂的应用[J]．给水排水，2010，36(7)：50-54.

[12] 王阿华．城镇污水处理厂提标改造的若干问题探讨[J]．中国给水排水，2010，26(2)：19-22.

[13] 韩晓宇，顾剑，艾冰，等．北小河污水厂 MBR 工艺运行与膜清洗方案分析[J]．中国给水排水，2010，26(17)：40-43.

[14] 冯超群，魏强，王锋．MBR 工艺在含油污水处理中的应用[J]．中外能源，2011，16(5)：115-117.

[15] 陈雪，张建强，张华．MBR 法在峨眉山垃圾填埋场渗滤液处理工程中的应用[J]．水处理技术，2009，35(5)：114-115.

[16] 杜昱，林伯伟，李洪君．MBR 工艺处理垃圾渗滤液的设计参数探讨[J]．中国给水排水，2011，27(10)：43-46.

[17] 张旭．MBR+双膜法(NF/RO)处理垃圾渗滤液的工程实例[J]．水处理技术，2009，35(5)：114-115.

第十四章 膜 设 备

一、反渗透

反渗透(RO)最早应用于海水淡化，自20世纪70年代进入海水淡化市场之后，发展十分迅速。RO用膜和组件已相当成熟，组件脱盐率可高达99.8%以上。功交换器和压力交换器的开发成功使能量回收效率都高达90%以上，从而使应用反渗透膜海水淡化的能耗低至3kW·h/m^3淡水以下，成为从海水制取饮用水最廉价的方法。

除应用于海水淡化之外，RO广泛用于苦咸水淡化以及纯水和超纯水的制备，并成为其最经济的制备工艺过程。纯水和超纯水的制备在电子、电力、化工、石化、医药、饮料、食品、冶金等各行业广泛采用；同时RO反渗透技术已应用于电镀、矿山、放射、垃圾渗滤液等废水的浓缩处理以及水的达标排放或回用等。

(一) 膜元件的组成

膜元件(膜组件)的基本组成包括膜、膜的支撑物或连接物、水流通道、密封、外皮、进水口和出水口等。

(1) 膜

膜是构成膜元件乃至反渗透系统的核心部分。

(2) 支撑物或连接物

反渗透膜在组装成膜元件过程中，为了固定膜使其具有一定形状和强度，需要支撑物。卷式膜一般将隔网夹在两膜之间，隔网既是支撑物又是水流通道。由于支撑物兼有搅拌功能，所以选择合适的支撑物，对于改善水流状态、防止浓差极化非常重要。

(3) 水流通道

水流通道是从盐水进入到浓水和淡水流出器件的全部水流空间。大多数水流通道是通过膜与膜之间的支撑体、导流板或隔网来实现。

(4) 密封

反渗透需要在一定压力下才能进行，为防止浓淡水互窜，必须采取密封措施，让这两股水流各行其道。密封位置主要在膜与膜之间、膜与支撑物之间、膜元件之间，以及与外界接口处等。卷式膜元件主要是将重叠的两张膜的三边密封形成膜袋，以及串联膜元件中心管之间的密封。密封损坏导致脱盐率下降是反渗透装置运行中的常见故障之一。

(5) 外皮

外皮是卷式膜元件的最外层壳体，膜袋被卷成像布匹样的圆柱体后再包上外皮。外皮材料一般为玻璃钢(FPI)

(6) 进水口与出水口

膜元件主要有三个外接口：进水口、浓水出口和淡水出口。卷式反渗透膜元件的中心管的一端为淡水出口，膜元件两头的多孔端板或涡轮板的一头为进水口，另一头为浓水出口。

该多孔板具有均匀布水、防止膜卷突出的作用。

（一）反渗透膜的主要性能参数与运行工况条件

1. 膜的化学稳定性

膜的化学稳定性主要指膜的抗氧化性和抗水解性。膜材料都是高分子化合物，如果水溶液中含有次氯酸钠、溶解氧、双氧水、六价铬等氧化剂，这些氧化剂会造成膜的氧化，影响膜的性能和寿命。因此在分离含氧化剂的水溶液时，应尽量避免用含有键能很低的 O—O 键或 N—N 键的膜，以提高膜的抗氧化能力，如芳香聚酰胺膜中因有一定的 N—N 键，在氧化剂含量较高时易断裂，故其抗氧化性不如醋酸纤维膜。

膜的水解和氧化是同时发生的。当制备膜的高分子化合物中含—CONH—、—COOR—、—CN—、—CN_2O—等时，在酸或碱的作用下，易发生水解反应，使膜破坏；而聚砜、聚苯乙烯、聚碳酸酯、聚苯醚等材料的抗水解性能优越，但由于其缺少亲水基团，故透水性差，常用来制作膜表面有孔的超滤膜和微孔滤膜。

2. 膜的耐热性和机械强度

反渗透膜有时需在较高温度下使用，故需耐热；膜的机械强度是高分子材料力学性质的体现，其中包括膜的耐磨性。在压力作用下，膜的压缩和剪切蠕变以及表现出的压密现象，会导致膜的透过速度下降，如能将膜直接制作在高强度的支撑材料上，会增加膜的机械强度。

3. 膜的理化指标

膜的理化指标包括膜材质、允许使用的压力、适用的 pH 范围、耐 O_2 和 Cl_2 等氧化性物质的能力、抗微生物与细菌的侵蚀能力、耐胶体颗粒与有机物及微生物的污染能力等。

（1）运行压力

渗透压与原水中的含盐量成正比，与膜无关。提高运行压力后，膜被压密实，盐透过率会减少，水的透过率会增加，水的回收率提高。但当压力超过一定限度时会造成膜的老化，膜的变形加剧，透水能力下降。

（2）进水 pH

对于醋酸纤维膜运行时，水以偏酸性为宜，pH 值一般控制在 4～7 之间，在此范围外，会加速膜的水解与老化，目前认为 pH 值在 5～6 之间最佳。膜的水解不仅会引起产水量的减少，而且会造成膜对盐去除能力的持续性降低，直至膜损坏。

（3）进水温度

进水温度对产水量有一定的影响，温度增加 1℃，膜的透水能力增加约 2.5%。反渗透膜的进水温度低限为 5～8℃，此时的渗滤速率很慢。当温度从 11℃升至 25℃时，产水量提高 50%。但当温度高于 30℃时，大多数膜变得不稳定，膜的水解速度加速。一般醋酸纤维膜运行与保管的最高温度为 35℃，宜控制在 25～35℃之间。

4. 膜的分离透过特性指标

膜的分离特性指标包括脱盐率（或盐透过率）、产水率（或回收率）、水通量及流量衰减系数（或膜通量保留系数）等。

（1）脱盐率与盐透过率

脱盐率指给水中总溶解固体物（TDS）中的未透过膜部分的百分比，脱盐率＝（1－产品水中总溶解固体物/给水中总溶解固体物）×100%；盐透过率＝（1－脱盐率）×100%。

(2) 产水率

产水率指渗透水流的比率，也可表示为回收率，即产水流量与给水流量之比，产水率=(产品水流量/给水流量)×100%。

① 产水率随温度的升高而增加，随工作压力的增加成比例上升；

② 产水率随进水盐浓度的增加而下降；

③ 产水率随水回收率的增加而下降。

(3) 水通量

水通量又称透水量，指单位面积膜的产品水流量，是设计和运行都要加以控制的重要指标，它取决于膜和原水的性质、工作压力、温度。对于地表水为13~23L/(m^2·h)，经过反渗透的出水为23~30L/(m^2·h)，对于海水为11.5~13L/(m^2·h)。

(4) 通量衰减系数

通量衰减系数指反渗透装置在运行过程中水通量衰减的程度，即运行一年后水通量与初始运行水通量下降的比值。如Hydranautics的膜以井水为原水时，每年衰减4%~7%。

(5) 膜通量保留系数

膜通量保留系数指运行一定时间后水通量与初始水通量的比值。

(6) 最大给水流量、最大压降、最低浓水流量

设定最大给水流量用，来保护容器中的第一个反渗透元件，使其给水与浓水压力降不会太大，否则，压力降高就可能使膜组件变形，损坏膜元件。

设定最小浓水流量，以保证在容器末端的膜元件有足够的横向流速，从而减少了胶体在膜表面上的沉淀，并且减少浓差极化对膜表面的影响。浓差极化指在膜表面上的盐浓度高于主体流体浓度的现象，易产生盐浓缩。因为横向流速低，膜表面的盐的反向扩散速度就低，结果难溶盐沉淀的机会增多，而且更多的盐会透过膜表面，导致产水量和脱盐率下降。

5. 反渗透膜的除盐分离特性

(1) 有机物比无机物容易分离。

(2) 电解质比非电解质易分离。

对电解质来说，电荷高的分离性好，例如去除率大小顺序为：$Al^{3+}>Mg^{2+}>Ca^{2+}>Na^+$；$PO_4{}^{3-}>SO_4{}^{2-}>Cl^-$。

(3) 无机离子的去除率受该离子的水合离子数及水合离子半径的影响。水合离子半径越大的离子(一般离子半径小的离子，其水合离子半径大)，则越容易被去除。例如，某些阳离子的去除率大小顺序为：$Mg^{2+}>Ca^{2+}>Li^+>Na^+>K^+$，而阴离子的去除率大小顺序为：$F^->Cl^->Br^->NO_3^-$。

(4) 对非电解质来说，分子愈大的愈易去除。

(5) 气体容易透过膜。例如氨、氯、碳酸气、硫化氢、氧等气体的去除率很低。氨的分离性较差，但调pH值使之成为铵离子后，分离性就变好。

(二) 影响反渗透运行参数的主要因素

膜的水通量和脱盐率是反渗透过程中关键的运行参数，这两个参数将受到压力、温度、回收率、给水含盐量、给水pH值等因素的影响。

1. 压力

给水压力升高使膜的水通量增大，压力升高并不影响盐透过量。在盐透过量不变的情况

下，水通量增大时，产品水含盐量下降，脱盐率提高。

2. 温度

温度对反渗透的运行压力、脱盐率、压降影响最为明显。温度上升，渗透性能增加，在一定水通量下要求的净推动力减少，因此实际运行压力降低。同时溶质透过速率也随温度的升高而增加，盐透过量增加，直接表现为产品水电导率升高。

温度对反渗透各段的压降也有一定的影响，温度升高，水的黏度降低，压降减少，对于膜的通道由于污堵而使湍流程度增强的装置，黏度对压降的影响更为明显。

3. 回收率

回收率对各段压降有很大的影响，在进水总流量保持一定和回收率增加的条件下，由于流经反渗透高压侧的浓水流量减少，总压降降低；而回收率减少，则总压降增大。实际运行表明，回收率即使变化很小，如1%，也会使总压差产生0.02MPa左右的变化。回收率对产品水电导率的影响取决于盐透过量和产品水量，一般说来，系统回收率增大，会增加浓水中的含盐量，并相应增加产品水的电导率。

4. 进水含盐量

对同一系统来说，给水含盐量不同，其运行压力和产品水电导率也有差别。给水含盐量每增加100μg/g，进水压力需增加约0.007MPa。同时由于浓度的增加，产品水电导率也相应增加。

5. pH值

各种膜组件都有一个允许的pH值范围，既使在允许范围内，pH值对产品水的电导率也有一定的影响，这是因为反渗透膜本身大都带有一些活性基团，pH值可以影响膜表面的电场进而影响到离子的迁移，另一方面pH值对进水中杂质的形态有直接影响，如对可离解的有机物，其截留率随pH值的降低而下降。

6. 浓差极化

工作压力差越大，极化程度也越严重。反渗透出现严重极化时，则由于溶质浓度过高，会导致沉淀析出。

(三) 膜选型

设计反渗透系统时，应考虑设备投资和运行成本的平衡，既能保证产水量和产水水质，又能减少投资、降低能耗。选型时应考虑的主要因素如下。

1. 膜材质类型

目前较常用的膜类型有：

(1) 醋酸纤维膜(CA膜)

CA膜又可以分为平膜、管式膜和中空纤维膜。CA膜具有反渗透膜所需的三个基本性质：高透水性、对大多数水溶性组分的渗透性相当低、具有良好的成膜性能。对于难处理的地表水或者废水系统，经常选CA膜。CA膜膜的优点是：膜表面光滑、不带电荷，在使用时可减小污染物(例如带电荷的有机物)沉积，并且微生物不易在其表面黏滞。

(2) 聚酰胺膜(PA膜)

聚酰胺膜又可以分为脂肪族聚酰胺膜、芳香族聚酰胺膜(成膜材料为芳香族聚酰胺、芳香族聚酰胺-酰肼以及一些含氮芳香族聚合物)。

(3) 复合膜

这是近些年来开发的一种新型反渗透膜，由很薄而且致密的复合层与高空隙率的基膜复合而成的，它的膜通量在相同的条件下比非对称膜高约50%~100%。目前复合膜有以下几种：

① 交联芳香族聚酰胺复合膜(PA)；

② 丙烯-烷基聚酰胺和缩合尿素复合膜；

③ 聚哌嗪酰胺复合膜；

④ 氧化锆-聚丙烯酸复合膜。

目前，国内外膜的供应主要有聚酰胺复合膜和醋酸纤维膜两种。醋纤膜虽较便宜，但因脱盐率低(95%~97%)，且膜易被细菌侵蚀，因此使用较少。复合膜脱盐率高(≥99%)、使用寿命长，因此被广泛采用。目前市场上用得较多的是美国海德能公司产的CPA和ESPA型，CPA型操作压力为15.5kg/cm^2，ESPA型操作压力10.5kg/cm^2，可节省能耗，但价稍贵，小系统采用ESPA型较多，中、大型基本上采用CPA型。

2. 水通量

水通量是单位有效膜表面的产水量，水通量低，污染速度就低，要想降低水通量可选择膜面积较大的膜元件或采用更多数量的膜元件，但成本相应会增加。观察表明，一旦超过一定量的水通量，其污染速度将呈指数上升，对不同水质和不同污染物含量的水源膜供应商均给出了建议的水通量范围，当然这些设计数据是以有足够的预处理为前提的。

3. 横向流速

为了控制地表水反渗透系统中的污染速度，选择最佳膜面横流速度与选择水通量同样重要，给水和其产生的浓水在膜表面的横向流速越高，膜污染速度就越低。高横向流速可增加湍流程度，从而减少颗粒物质在膜表面上的沉淀或在隔网空隙处的堆积，也提高了膜表面上的高浓度盐分向主体溶液的扩散速度，从而减少了难溶盐沉淀在膜表面上的机会。严格按照设计规范来设计每支膜的水利用率(单支膜水利用率≤15%)，从而确定整个装置的水利用率，以确保膜的横向流速。

(四)膜的清洗和维护

反渗透系统最终是需要进行清洗的，在RO系统表现出污染的倾向、长时间停运之前或按计划进行常规保养时，应清洗RO系统。当出现下列污染特征时，表明RO系统需要清洗：

(1) 标准化后产水水质下降10%~15%；

(2) 给水与浓水间的压降增加10%~15%。

由于RO系统出现污垢而需要清洗的频率随地点的不同而不同，一般清洗频率是3~12个月一次。如果每个月不得不清洗一次以上，就应该改善RO的预处理系统，调整RO系统的运行参数；如果每1~3个月需要清洗一次，则需要在提高当前设备的运行水平上做工作，也可以考虑采取改进预处理系统的措施。

膜系统常见的污染物种类有：碳酸钙垢、硫酸钙、硫酸钡、硫酸锶垢，铁、锰、铝等金属氧化物，二氧化硅胶状沉积物(无机或无机、有机混合物)，自然或合成有机物生物质(生物污泥、霉菌或真菌)。通常需按特定的次序使用各种不同的清洗药品清洗，以获得最佳的清洗效果。基本的清洗步骤是：

（1）用给水或产品水进行低压冲洗，以去除设备运行时的浓水和污染物。

（2）按制造商的说明配制清洗液。

（3）将清洗液加入到第一段中并保持60min（对小系统不分段，可一次性清洗），此时可能需要调节流量使之缓慢增加，防止清除出来的污染物将给水通道堵塞。在将清洗液回流到RO清洗箱之前，应排放掉从系统中顶出的水和刚开始的20%的清洗液。当pH值变化超过0.5单位时，重新调到目标值。

（4）可选择浸泡和再循环步骤。浸泡时间为1～12h，浸泡时应注意控制合适的温度与pH值。

（5）用产品水进行低压冲洗，以去除在清洗系统和各反渗透系统中的所有残存药品。

（6）设备的所有各段均清洗完成后，RO装置可以重新投入运行。通常RO的产水水质要用数小时甚至几天的时间才能稳定下来，尤其是经过高pH溶液清洗的。

（五）反渗透装置类型

1. 基本要求

（1）对膜能提供合适的支撑；

（2）处理溶液在整个膜面上必须均匀分布，在最小能耗情况下，对处理溶液提供良好的流动状态；

（3）单位体积膜的有效面积比率高；

（4）便于膜的拆卸和组装；

（5）在运行压力下，安全与可靠性高；

（6）外部泄漏能尽可能从压力的变化上发现。

2. 反渗透装置形式

反渗透装置常用的形式有螺旋卷式和中空纤维式、管式等。

（1）螺旋式反渗透装置

螺旋式反渗透装置结构示意图见图14-1。

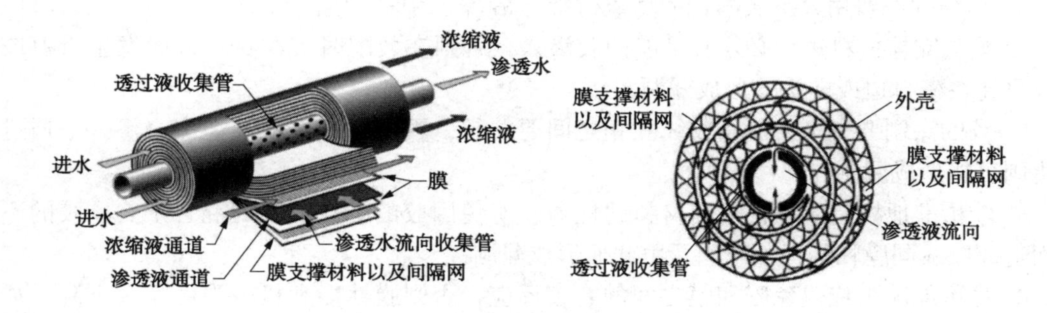

图14-1　螺旋式反渗透膜装置结构示意图

螺旋卷式装置由膜、能弯曲的多孔性支撑材料、膜叠、导流隔网等依次叠合，组成一“叶”，再沿“叶”的三边把两层膜用黏合剂密封，使浓水侧与淡水侧完全隔开，另一开放边与一根多孔的中心淡水收集管密封联接，最后以中心管为轴，把“叶”螺旋卷起，装入圆柱形耐压筒中，再由装配端联接和密封，构成螺旋卷式膜组件。螺旋式反渗透膜装置实物见图14-2。

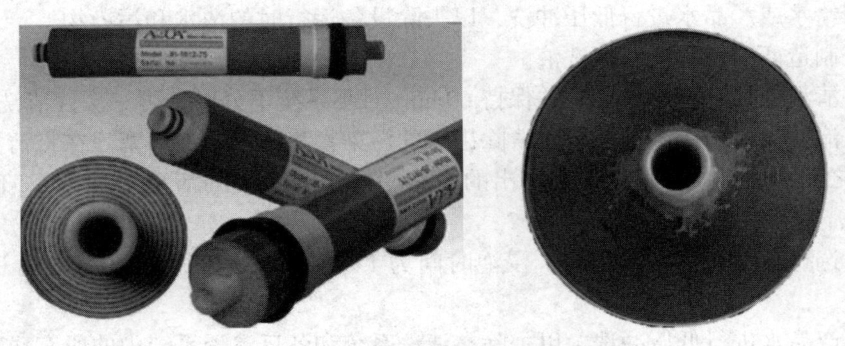

图 14-2 螺旋式反渗透膜装置实物图

运行时，处理液由组件一端入口进入，经导流隔网于另一端流出，淡水则沿螺旋方向在膜间的多孔性支撑材料中流动，最后汇集到中心管中而被引出。把许多组串联或串联后几组并联，即成螺旋卷式反渗透淡化装置。螺旋卷式装置在使用中常因下述原因造成膜组件的破裂和发生泄漏：

① 中心管主要褶皱处的泄漏；

② 膜及支撑材料在粘结线上发生皱纹；

③ 胶线太厚可能会产生张力或压力不均匀；

④ 支撑材料的移动会使膜的支撑不合理，导致平衡线移动；

⑤ 膜上的小孔洞，这是由于膜的质量不合格所致。

因此，对于螺旋卷式装置主要是选择合适的支撑材料及膜的边缘与多孔性支撑材料间的粘结密封问题。

① 作为多孔性支撑材料，现常用的是一种采用玻璃微粒层，中间颗粒较大，表面颗粒较小，在表面再加一层增强的微孔涤纶织品的组合材料。也可采用阻力小、厚度薄的用密胺甲醛树脂增强的菱纹编织品制成的材料。

② 粘结剂一般用聚酰胺固化的环氧树脂。粘结密封时，应注意以下几点：

a. 膜与支撑材料边缘必须有足够的胶渗入，否则在装配时支撑材料或膜发生折痕或皱纹，可能在密封边或端头处形成漏洞；

b. 胶的涂刷要完全，两条胶线互相之间要并行，否则粘结剂就不能完全渗入，通过密封边则可能形成漏洞；

c. 较精准地控制所用粘结剂材料的性质，避免因胶的老化、胶的混合不匀、胶的不充足而造成胶线同膜粘结得不牢固及由此而形成漏洞；

d. 尽可能减少或避免胶和膜之间的有害反应，否则膜性能和机械强度将会下降。如有的粘结剂，在未固化时具有较高的 pH 值(8~9)，而醋酸纤维素膜在这 pH 值下会发生水解，结果使膜性能、柔软性和机械强度均降低。

③ 淡水收集管可采用铜管、不锈钢管或聚氯乙烯管。

④ 导流隔网则可采用聚乙烯、聚丙烯等单丝编织网。

⑤ 为了增加膜有效面积和膜堆密度，可以增加膜的长度，但膜长度的增加有一定限度，因随着膜长度的增加，淡水流入中心管的阻力就会相应增加，为避免这一弊病，可采用二“叶”、四“叶”、直至更多的“叶”一起缠卷在组件内的方式。

目前制作螺旋式组件已实现机械化，采用一种滚压机，连续喷胶将膜与支撑材料粘结密封在一起，并滚转成螺旋式组件，牢固后不必打开即可使用。

螺旋式组件的主要优点：

① 单位体积中膜的表面积比率大；

② 压力导管设计简单，安装和更换容易，结构可以紧密放在一起。

缺点：

① 料液含悬浮固体时不适宜使用；

② 料液流动路线短；

③ 压力高；

④ 再循环浓缩困难。

(2) 中空纤维式反渗透装置

中空纤维反渗透装置通常用内径为42~45μm，外径约为84~100μm的芳香聚酰胺材料的膜组成U形管束，然后将U形管束装入耐压容器中，纤维开口端用环氧树脂粘合，形成管板，以O型密封，成为中空纤维式反渗透元件。产品水通过中空的纤维管壁流入集水总管中，收集起来。浓水则从围绕中空纤维管束的外缘处收集排出。中空纤维膜及其扫描电镜图见图14-3。

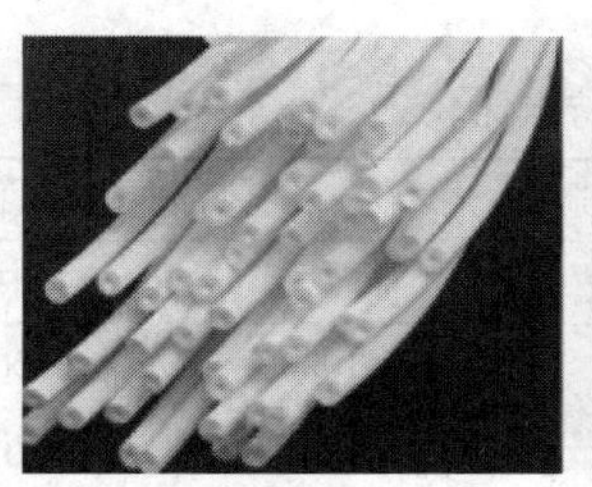

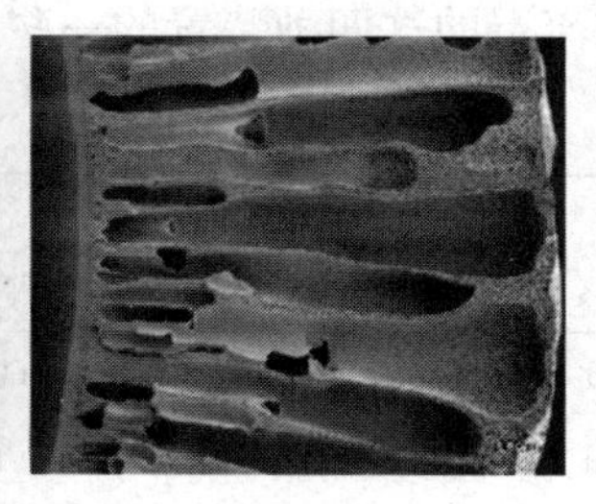

图 14-3 中空纤维膜及其扫描电镜图

中空纤维式反渗透装置示意图见图14-4，一般有壳流程与芯流程两种方式。

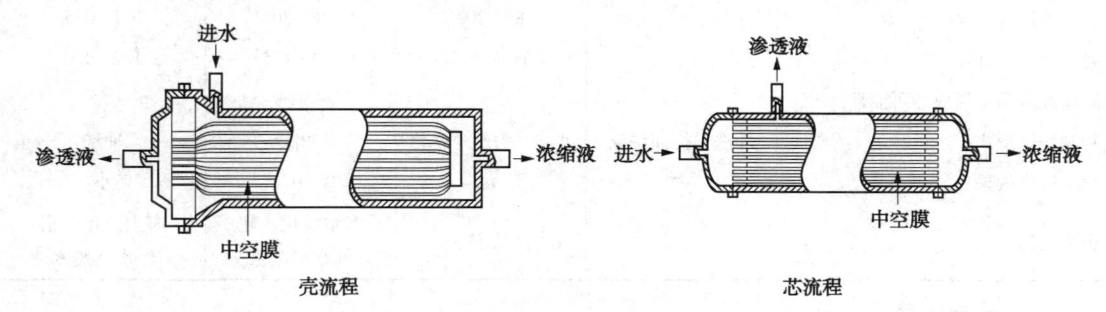

图 14-4 中空纤维式反渗透装置示意图

① 壳流程(外压式)

中空纤维超滤膜的进水经压力差沿径向由外向内渗透过中空纤维成为透过液，而截留的物质则汇集在中空丝的外部。

壳流程进水走壳方，流动容易形成沟效应(由于不均匀的流动，流体打开了一条阻力很小的通道，形成所谓沟，以极短的停留时间通过反渗透元件，这种现象称为沟流)，凝胶吸附层的控制比较困难。

② 芯流程(内压式)

即进水先进入中空丝内部，经压力差驱动，沿径向由内向外渗透过中空纤维成为透过液，浓缩液则留在中空丝的内部，由另一端流出。芯流程容易造成膜的堵塞，不容易反洗，为防止堵塞，需要进行有效的预处理去除微粒。

中空纤维膜组件是装填密度最高的一种膜组件，中空纤维式反渗透装置的主要优缺点如下：

优点：

① 单位体积中膜的表面积比率高，一般可达到16000～30000m^2/m^3，因此组件可以小型化；

② 膜不需支撑材料，中空纤维本身可以受压而不破裂。

缺点：

① 膜表面去污困难，料液需经严格预处理；

② 中空纤维膜一旦损坏是无法更换的；

③ 透过水侧的压力损失大，如透过膜的水是从内径的中心部位引出，压力损失能达到数个大气压。

目前流行的这四种装置的一些主要特性比较见表14-1。

表14-1 几种反渗透装置的构造、特点比较

项　目	构造形式			
	平板式	管式	卷式	中空式
膜装填密度/(m^2/m^3)	160～500	33～330	650～1000	16000～30000
透水量/[$m^3/(m^2 \cdot d)$]	0.2	1.02	1.02	0.073
单位体积产水量/[$m^3/(m^3 \cdot d)$]	98.6	336	673	673
操作压力/MPa	≥5.6	≥5.6	≥5.6	≥2.8
膜面流速/(m/s)	-	86～200	10～20	0.1～0.5
膜面浓度上升比	-	1.1～1.5	1.1～1.5	1.2～2.0
残渣和水污染形成的可能性	中	小	中	大
物理洗涤形式	冲洗、拆卸洗涤	冲洗、海绵球洗涤	冲洗	冲洗
化学洗涤效果	中	大	中	小
主要用途	食品	食品废水	海水淡化、超纯水、废水	海水淡化、超纯水、废水

(3) 碟管式反渗透装置

碟管式反渗透装置也是反渗透的一种形式，是专门用来处理高浓度污水的膜组件，其核心技术是碟管式膜柱，膜柱由碟片式膜片、导流盘、O型橡胶垫圈、中心拉杆和耐压套管所组成。碟管式反渗透装置反渗透装置示意图以及组件见图14-5。

碟管式膜柱有大膜柱和小膜柱两种。小膜柱直径为200mm，长1000mm，有170个导流盘和169个膜片；大膜柱直径为214mm，长1400mm，一般由210个导流盘和209个膜片构成。膜片和导流盘间隔叠放，O型橡胶垫圈放在导流盘两面的凹槽内，用中心拉杆穿在一起，置入耐压套管中，两端用金属端板密封。导流盘及膜片见图 14-6。

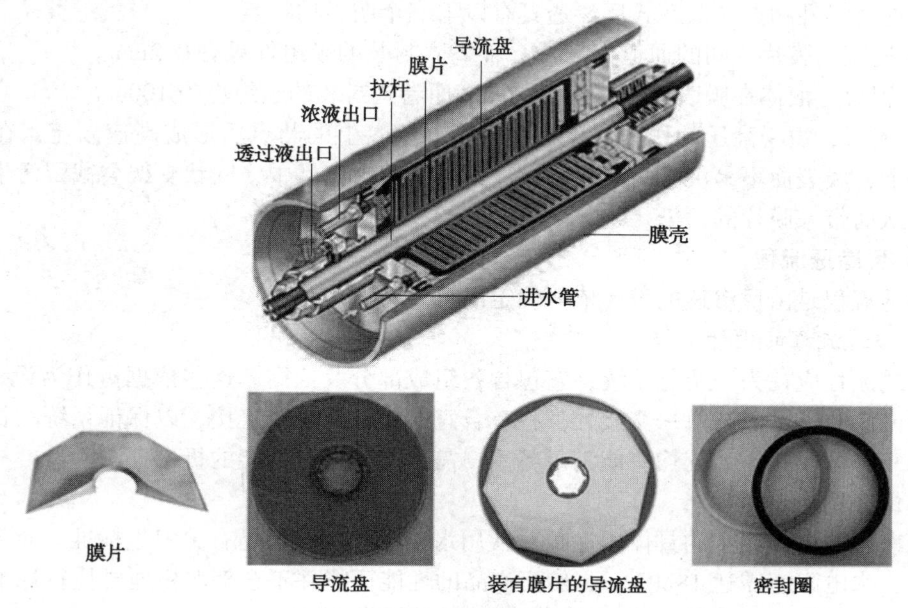

图 14-5　碟管式反渗透装置反渗透装置示意图以及组件

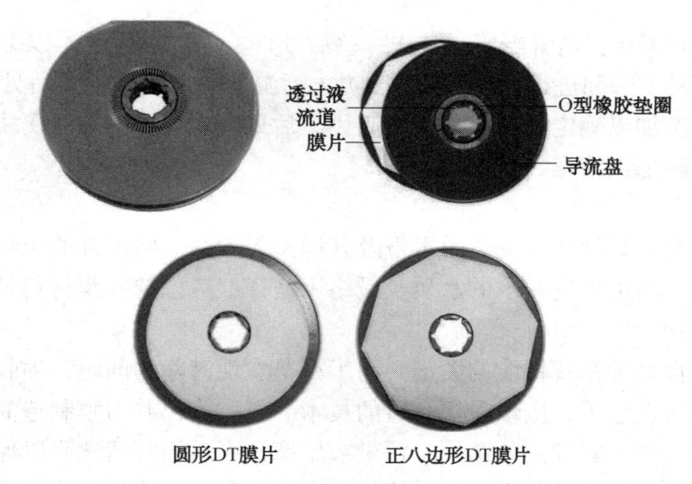

图 14-6　导流盘及膜片图

① 膜片

膜片由两张同心环状反渗透膜组成，膜中间夹着一层丝状支架，这三层环状材料的外环焊接，内环开口，为净水出口。

② 导流盘

将膜片夹在中间，但不与膜片直接接触，加宽了流体通道；导流盘表面有一定方式排列的凸点，在高压下使渗滤液形成湍流，增加透过速率和自清洗功能。

③ O 型橡胶垫圈套

O 型橡胶垫圈套在中心拉杆上，置于导流盘两侧的凹槽内，起到支撑膜片、隔离污水和净水的作用。净水在膜片中间沿丝状支架流到中心拉杆外围，通过净水出口排出。

和其他膜组件相比，碟管式反渗透具有以下三个明显的特点：

① 通道宽，膜片之间的通道为2mm，而卷式封装的膜组件只有0.2mm。

② 流程短，液体在膜表面的流程仅7cm，而卷式封装的膜组件为100cm。

③ 湍流行，由于高压的作用，渗滤液打到导流盘上的凸点后形成高速湍流，在这种湍流的冲刷下，膜表面不易沉降污染物。在卷式封装的膜组件中，网状支架会截留污染物，造成静水区从而带来膜片的污染。

（六）反渗透流程

反渗透流程是由反渗透的设计依据确定的。

1. 反渗透流程的设计依据

反渗透流程应视为一个总系统，它包含各组成部分及依据。这些依据可作为设计RO系统时的指南。每一部分与每一交接处都将有合宜的操纵开关及连接，以保证系统的长期使用性能。每一部分及每一系统均有能满足各用户需要的经济、性能的折中办法。

（1）最终用途

首先考虑的是产品水的具体用途。对饮用水，通常要求满足有关卫生标准。对超纯电子工业用水，水电阻率需达18MΩcm。然而产品的性能可能并不全部严格地要执行标准值，因为严于产水水质将增加产品水的运行费用，会产生负面影响。

（2）后处理

在RO透过液使用前，通常需要对其作一些后处理。如需要脱气，以去除为控制结垢对进料水酸化而产生的CO_2和进行pH调节，以防止下游系统发生腐蚀。后处理的要求取决于应用，需按具体情况加以确定，对许多工业应用，后处理包括采用树脂除盐和紫外线消毒；对城市回用水，要附加氯消毒。

（3）膜

膜为系统的心脏，其性能可受与膜本身及其构型无关的一些因素的影响，例如预处理及系统的操作与维护，需根据进料水的水质及最终用途仔细考虑选择膜材料及膜构型。

（4）操作与维护

操作与维护是良好的系统性能的关键。为了尽早发现潜隐的问题，须收集系统性能数据并定期分析。若问题发生了，应该采用合适的技术寻找故障，并与膜制造商或系统设计者切磋消除问题的措施。对不能控制的结垢、污染或堵塞，则需经常清洗膜以保持膜的性能。在膜装置中，这些物质不可逆的积累将导致流体分布不均和产生浓差极化，进而将造成膜通量与盐截留率的减退，有时会使膜材料发生降解，这些都会导致昂贵的膜单元的更换。目前已开发出的用于恢复因结垢或污染造成的不良的膜性能的技术，若能及早地识别出膜需清洗，则这些技术是非常有效的。

（5）高压泵

高压泵提供膜生产所需产水流量及水质的压力。常用泵的类型是单级、高速离心泵、柱塞泵、多级离心泵。通常单级离心泵效率最低，柱塞泵效率最高。对于小系统宜采用高速离心泵，对于大系统宜采用多级离心泵为佳。

（6）预处理

预处理（即垢的控制）方法有pH值的调节、缓蚀剂软化、微生物控制、脱氯以及对悬浮固体、胶体、金属氧化物、有机物等的去除。

2. 预处理过程

预处理过程是指被处理的料液在进入膜分离过程前需采用的预先处理措施，一般有物理处理、化学处理和光化学处理三种。在预处理过程中可使用各种单元操作，也可以将几种方法组合使用，预处理过程的好坏是反渗透膜的分离过程成败的关键，因此必须严格认真地做好预处理工作。目前流行的方法主要有以下几种。

（1）物理法

物理方法包括：

① 沉淀或气浮法；

② 砂过滤、预涂层(助滤剂)过滤、滤筒过滤、精过滤等；

③ 活性炭吸附法；

④ 冷却或加热。

（2）化学法

化学方法包括：

① 氧化法，即利用空气、氧、臭氧、氯等氧化剂进行氧化；

② 还原法；

③ pH 值调节。

（3）光化学法

光化学预处理方法主要指紫外线照射。

具体采用哪一种预处理方法，不仅取决于料液的物理、化学和生物学性质，而且还要根据在膜分离过程中所用组件的类型构造作出判断。实际运行中的故障，一方面是由于膜表面上的分离所带来的直接污染，另一方面与膜组件本身的构造有关。预处理所需要达到的标准，因所用膜件的不同也可能不一致。

(七) 污水膜分离系统设计

1. 一般要求

（1）根据原水水量、原水水质及产水水质要求、回收率等资料，经技术经济比较后选用膜工艺；

（2）自控一般要考虑到实际可行，在线检测系统应确保膜组件运行时能及时做出相应反应；

（3）采用接触过滤工艺处理低浊度污水时，絮凝剂应溶解性良好，投药点与过滤器入口应有 1m 距离；

（4）采用活性炭吸附工艺时，活性炭过滤器的进口处须投加杀菌剂；

（5）还原剂、阻垢剂宜投加在保安过滤器之前；

（6）防腐要求：预处理中的加酸、加氯会造成管道、设备的腐蚀，在纳滤/反渗透系统的低压侧(高压泵进水侧)应采用 PVC 管材及管件，在高压侧(高压泵出水侧)应采用不锈钢管材及管件。

2. 反渗透膜(纳滤)分离系统设计

一般的设计步骤为：

① 获取设计水源的水质分析报告；

② 选择合理有效的预处理方案；

③ 选择合适的膜元件，并根据系统产水量计算膜元件使用数量；

④ 根据系统回收率设计合适的排列方式；

⑤ 校验设计参数。

1）工艺参数

（1）级与段

① 级

级是指原水的渗透次数，即产水透过反渗透膜元件的次数。多级系统可以提高最终产水水质，但降低了系统回收率。多级反渗透系统可以实现高脱盐率（>99.5%），膜元件使用量大，每一级需要设计单独的高压泵，能耗较大。目前的多级反渗透系统以二级反渗透居多。

一级反渗透的脱盐率可达98%~99%，因而多级反渗透可实现99.5%以上的脱盐率。除第一级反渗透的回收率与普通反渗透系统相当，不超过75%，此后的每一级反渗透进水均为前一级反渗透的产水，只含有少量单价离子和气体，故可以采用高回收率（可达90%）。第二级、第三级反渗透的浓水可以回流到前一级，以降低前一级的进水含盐量，同时也降低了产水含盐量，提高产水水质。

② 段

段是指原水流经压力容器的次数，即浓缩水流经不同压力容器的次数。采用多段系统可以提高系统回收率，但产水水质较差。段的层次有时不像级那么清晰，流经了数个压力容器，但未必是多段，如某些场地条件下无法使用较长的压力容器，就采用多个短容器串联，所以确定 RO 系统段数时可以留意，进水分成几部分分别进入压力容器后是否重新混合，每次进水（浓水）的重新混合就标志每一段的结束。

段数的多少直接影响系统对水的回收率，段数越多，水的回收率越高。因此普通以脱盐为目的的反渗透系统采用两段或三段工艺居多，可以实现的最高回收率约为75%；以浓缩为目的的反渗透系统，可以采用三段以上的排列方式，实现85%以上的回收率。

同段数正比于系统回收率类似，每根压力容器内串联的元件数量也正比于系统回收率。通常，单支膜元件的回收率在8%~15%之间，6 支串联的单段系统回收率可达50%，两段的系统回收率可达75%左右，三段可达85%，如表14-2 所示。

表 14-2 反渗透系统水的回收率与元件数量和段数关系

系统回收率/%	串联元件数量	含6支元件压力容器的段数
40~60	6	1
70~80	12	2
85~90	18	3

（2）工艺流程形式

① 一级一段法

一级一段法有一级一段连续式和一级一段循环式两种工艺流程。其中连续式是料液进入膜组件后，浓缩液和产水被连续引出，这种方式水的回收率不高，工业应用较少，通常可以用在一些水源水质较好、含盐量不太高的场合；另一种形式是循环式工艺，它是将浓水一部分返回料液，这种工艺可以提高水的回收率，但出水水质有可能下降。一级一段法工艺的两种形式分别见示意图 14-7、图 14-8。

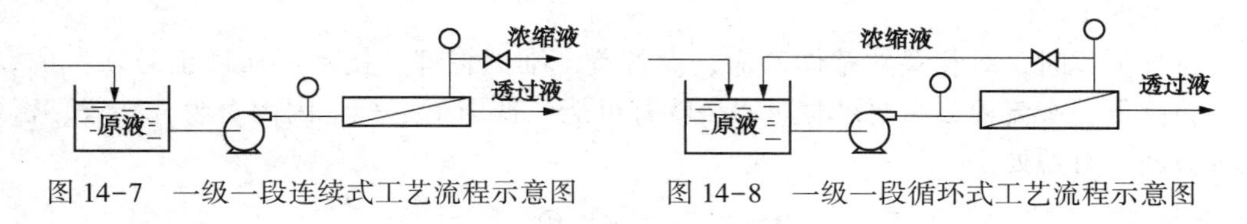

图 14-7　一级一段连续式工艺流程示意图　　图 14-8　一级一段循环式工艺流程示意图

② 一级多段法

当反渗透用作浓缩且一次浓缩达不到要求时，可以采用这种多段式方式。这种方式浓缩液体体积可减少而浓度提高，产水量相应加大，每段的有效横截面积递减，其有利于回收有用的物料，但出水水质有可能下降。其工艺流程分别见示意图 14-9、图 14-10、图 14-11。

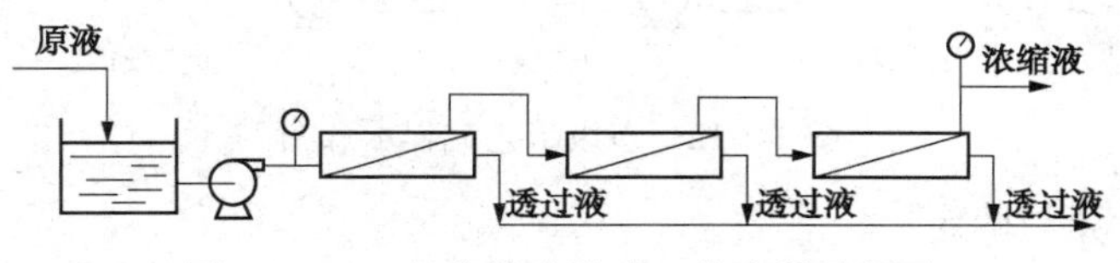

图 14-9　一级多段连续式工艺流程示意图

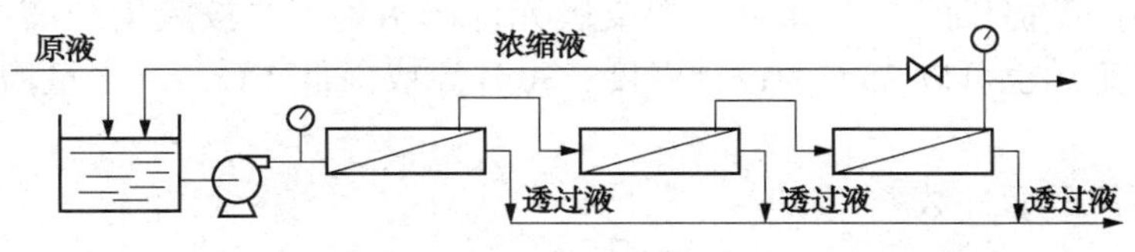

图 14-10　一级多段循环式工艺流程示意图

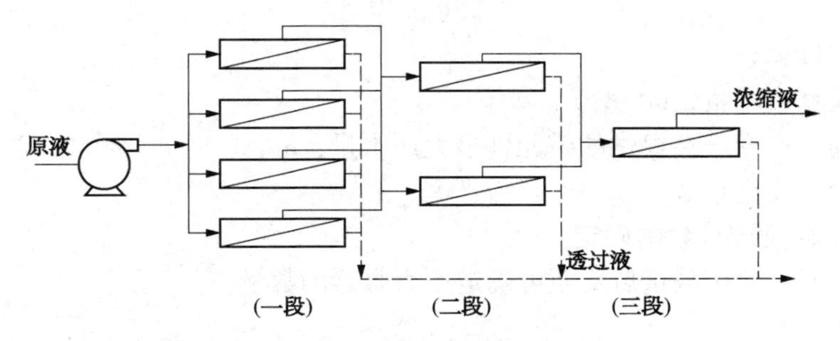

图 14-11　一级多段塔形排列工艺流程示意图

③ 两级一段法

这种系统通常使用在源水中含盐量较高，同时对反渗透装置的出水水质的要求也比较高的情况下。

当海水除盐率要求把 NaCl 含量从 35000mg/L 降至 500mg/L 时，则要求除盐率高达 98.6%，如一级达不到时，可分为两步进行，即第一步先除去 NaCl 90%，而第二步再从第一步出水中去除 89%的 NaCl，即可达到要求。当膜的除盐率低，而水的渗透性又高时，采用两步法比较经济，同时在低压低浓度下运行时，可提高膜的使用寿命。

④ 多级反渗透流程

在此流程中，将第一级浓缩液作为第二级的供料液，而第二级浓缩液再作为下一级的供料液，此时由于各级透过水都向体外直接排出，所以随着级数增加水的回收率上升，浓缩液体积减少浓度上升。为了保证液体的一定流速，同时控制浓差极化，膜组件数目应逐渐减少，见示意图14-12。

在选择流程时，对装置的整体寿命、设备费、维护管理、技术可靠性也必须考虑。例如，需将高压一级流程改为两级时，那么就有可能在低压下运行，因而对膜、装置、密封、水泵等方面均有益处。

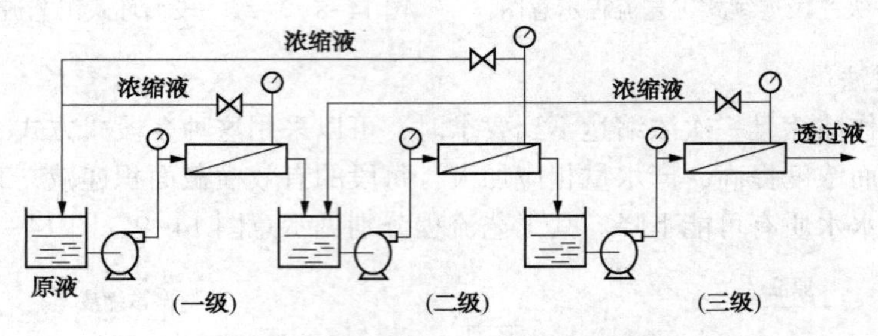

图14-12 多级工艺流程示意图

2）基本设计计算与确定

（1）单支膜元件产水量

按膜生产商产品提供的25℃条件下单支膜元件产水量，并按膜生产商产品提供的温度修正系数进行修正。也可以25℃为设计温度，每升高或降低1℃，产水量增加或减少2.5%计算。

（2）计算所需的元件数

$$N_e = \frac{Q_p}{q_{max} \times 0.8} \tag{14-1}$$

式中 N_e——元件数；

Q_p——设计产水量，m^3/d；

q_{max}——膜生产商产品提供的膜元件最大产水量，m^3/d；

0.8——设计安全系数。

（3）压力容器（膜壳）数的确定

在确定了膜元件使用数量后，便可确定压力容器的数量。

$$N_v = \frac{N_e}{n} \tag{14-2}$$

式中 N_v——压力容器数；

N_e——设计元件数；

n——每个容器中的元件数。

一级二段膜系统中一、二段压力容器排列比宜为2∶1或3∶2或按比例增加；一级三段膜系统一、二、三段压力容器排列比宜为4∶2∶1或按比例增加。

（4）排列方式的确定

通常为了提高系统回收率和经济效益，多采用多段工艺，此时所用压力容器至少需要3个以上。4in膜元件的压力容器一般可以串联1~4支膜元件，8in膜元件的压力容器一般可以串联2~6支膜元件。对于产水超过20t/h的系统，采用8in膜元件和串联6支元件的压力容器，由于串联数量同系统回收率成正比，串联过多的膜元件，回收率将上升，会导致增加最后一段膜元件发生无机盐结垢的风险，所以一般很少采用能串联 6 支以上膜元件的压力容器。对于产水小于 20t/h 的反渗透系统，设计时可根据实际情况，选择排列方式及合适的压力容器，调整压力容器和膜元件的使用数量。

正常运行时，由于进水流经每根膜元件都会有部分透过膜元件成为产水，使得进入下一支膜元件的水流量降低，因此为了保证每一段的进水流量足够大，防止污染物在膜表面的沉积，后一段压力容器数量都比前一段的压力容器数量少，前后相邻两段的压力容器数量的比值一般在 4∶3 到 3∶1 之间，较高的比值可以有效增加后段的进水流量，较低的比值可以降低前一段中各支膜元件的回收率。一般在 3∶2 到 2∶1 之间较为常见。

（5）组合方式的确定

确定组合方式时，先根据要求计算所需脱盐率，如果超过 99.5%，就必须考虑两级脱盐，第一级采用反渗透，第二级可采用反渗透、离子交换、EDI 等多种深度除盐法。若采用两级反渗透，先设计第二级，回收率可取 85%～90%，再设计第一级；也可先设计第一级，再设计第二级，因为后级浓水回流到前级，所以多级反渗透系统的回收率等于第一级的回收率。每一级之间必须设计单独的中间水箱和高压泵，只有两级海水淡化可以采用一级产水憋压法，因为海水膜运行压力高，承压范围也大，但设计时必须采取必要措施防止背压的产生（如 VONTRONTM 膜元件能承受的最大背压为 34.5kPa）。其他多级反渗透系统不建议采用产水憋压法。

（6）膜壳选择

无论何种膜元件都必须装入压力容器中方可使用，膜壳本身除了要具有良好的机械稳定性、化学稳定性和热稳定性、造价成本要合适外，还需注意以下几个方面的要求：

① 在选择压力容器的压力规格时，除需满足系统计算分析中所需的给水压力外，也要考虑到运行中由于污染所需提高的压力（一般在设计上按照允许 3 年的污染下降 15%，即压力应考虑增加 15%）。

② 压力容器

目前市面上常见的压力容器有不锈钢和玻璃钢两种材质。玻璃钢的承压范围较大，密封精度高，形变小，不锈钢容器加工成本低廉，但承压较低。低压及海水淡化系统可以选用玻璃钢容器，超低压系统可以选用不锈钢容器。不锈钢膜壳有如下的缺点：一是同心度达不到要求，二是如果原水氯根含量较大，容易造成点蚀穿孔，导致膜壳渗水。因此在使用较长的不锈钢压力容器时，要均匀分布支点，并且保证各支点的水平度和同轴度，避免膜管弯曲。压力容器见图 14-13。

图 14-13　压力容器图

(7) 管道设计(配水、集水)

① 对于大型纳滤/反渗透装置(产水量≥50m³/h)，依据均匀配水原则，合理选择进水干管的管径和壁厚，让每只压力容器进水压力相近，实现均匀配水。

② 产水支管和干管的流速宜取 $V \leqslant 1.0$m/s。

③ 各段产出淡水宜用各自独立的管线输送至淡水箱。

④ 如果纳滤/反渗透装置与淡水箱距离较远，或受现场等条件限制，各段淡水出口必须并联到一根总管时，则应在每段出水支管上设置止回阀。

⑤ 应将浓水排放管、产水管以及产水排放管等垂直向上引出，使其高于纳滤/反渗透装置。

⑥ 加药系统将药剂配制成一定浓度的溶液后投加。加药系统需配置专门的药剂配置箱，配置箱应设温度计和可移动箱盖。投加方式可以采用计量泵输送，也可使用安装在供水管道上的水射器直接投加。

⑦ 自控系统、仪表

自控系统的监控项目包括：进料水的 pH 值、温度、压力、电导率；产水流量和电导率；浓水流量和压力。

a. 高压泵之前的进水管设置余氯监测器。

b. 高压泵的低压侧(进水口)设置低压保护开关，高压侧(出水口)设高压保护开关。

c. 在保安过滤器、膜系统进、出水口设置压力表。

d. 膜组件浓水出口设置调节阀，调节浓水排放流量，控制装置的回收率和进料水压力。

e. 若加酸调节进水 pH 值，则需设置 pH 值上、下限切断开关。若进水设有升温措施，则需设置高温切断开关。

(八) 具体设计案例一

1. 基本数据

(1) 原水

① 进水水质：生化出水；

② 进水温度：常温；

③ 进水水量：≥50m³/h。

(2) 产水

① 产水能力：37.5m³/h；

② 工作时间：24h/d；

③ 产水回收率：75%；

④ 产水水质：达到生产工艺用水水质指标。

2. 工艺流程

设计处理工艺流程如下：

杀菌剂添加系统 ↓ 阻垢剂添加系统 ↓

原水 → 机械过滤器 → 活性炭过滤器 → 保安过滤器 → 高压泵 → 一级反渗透 → RO产水贮罐 → 用水点

3. 系统部件组成

(1) 预处理部分

① 原水泵

数量1台；单台输送水量$50m^3/h$以上，输出压力0.4MPa，用于将原水从水井提升并作为机械过滤器的进水加压。

② 机械过滤器反冲洗泵

数量1台；单台输送水量$305m^3/h$以上，输出压力0.4MPa，用于将原水从水井提升并作为机械过滤器的反冲洗用；机械过滤器的反冲洗强度为$12L/(m^2 \cdot s)$。当过滤器两端压力超过0.15MPa时，需将原水泵与反冲泵并联对单台过滤器进行反冲洗。

③ 杀菌剂添加系统

数量1套，包括美国LMI计量泵和杀菌剂贮箱。为避免细菌、藻类与其他微生物在机械过滤器、管路、微滤过滤器等系统内繁殖，系统设计了一套在线式杀菌剂计量添加系统，安装在机械过滤器入口前的进水管路上。该系统定期间歇启动，往运行系统内添加杀菌剂。

④ 机械过滤器及活性炭过器

数量各1台，机械过滤器和活性炭过滤器是反渗透系统的重要预处理装置，采用粒径为4~32mm的卵石作为支承层，采用粒径为1~4mm的石英砂、0.8~1.8mm的无烟煤、20~40目的活性炭作为滤料，它的作用是滤除原水带来的悬浮物、胶体、有机物等物质，保证其出水SDI(污染指数)≤3。

根据反渗透产水量要求，设置1台直径3000mm的立式多介质过滤器和1台直径3000mm的立式活性炭过滤器，设备出力$50m^3/h$，运行流速8~9m/h，反洗强度为$12\sim15L/m^2 \cdot s$。当过滤器在进出口压差达到一定值或出水SDI大于3时，则运行反洗。

机械过滤器是否反洗根据运行压差和SDI值来判断，在多介质过滤器出水管路上设置SDI专用测试管，配备有恒压阀的SDI测定仪。过滤器前后设有压力表，根据前后所显示压力的差值，判断是否需要反洗。机械过滤器和活性炭过滤器的运行、反冲洗为手动操作方式。

(2) 反渗透主体部分

① 保安过滤器

数量2台，采用316SS不锈钢袋式微滤过滤器，内装5μm PEXL滤袋。原水经过机械过滤器后进入反渗透设备之前，为避免过滤器内泄漏的滤料以及未能完全滤除的悬浮物质进入膜系统，需在进膜系统之前设置一道安全过滤器，考虑到过滤效果、运行成本和便于更换滤袋等操作，采用袋式过滤技术，此过滤器为卡箍结构，更换滤袋快而方便，更换频率一般以月计。

② RO进水高压泵

数量1台。装置配备丹麦GRUNDFOS公司的304不锈钢立式多级离心泵，流量为$50m^3/h$，扬程为160m，功率为37kW。

③ 反渗透主体装置

数量1套，经过预处理后合格的预处理出水进入膜组件，水分子通过膜层，经收集管道集中后，通往产水管再注入中间水箱。不能通过的则由另一组收集管道集中后通往浓水排放管，排出系统之外。系统的进水、产水和浓水管道上都装有一系列的控制阀门、监控仪表及程控监视操作系统，以保证设备能长期保质、保量的系统化运行。

反渗透膜组件均采用进口的抗污染反渗透膜，单根膜标准脱盐率达 99.7%，设备配置 48 根 8040 的膜组件，每根膜组件有效膜面积为 $400ft^2$，分别安装在 8 根玻璃钢压力容器内(耐压 2.0MPa)，每支压力容器内装 6 支膜芯。

④ CIP 清洗系统

数量 1 套。无论预处理如何彻底，反渗透经过长期使用后，反渗透膜表面仍会受到结垢的污染。所以本系统设置一套清洗系统，当膜组件受到污染后，可进行化学清洗。它包括一台不锈钢清洗泵，一台清洗箱及一批配套仪表、阀门、管道、接头等附件。

(3) 设备框架

设计采用工业标准厚壁不锈钢方管，管材外表面抛光处理。

(4) RO 产水贮罐

数量 1 只，PE 水罐，体积 $50m^3$，带高低液位控制开关，与反渗透设备和产水泵联动。

当贮罐液位高于上限液位时，RO 系统自动关闭，并在液位低于上限液位(或高液位状态解除时)自动恢复运行。当系统停机时，为防止高硬度原水在 RO 设备中沉积而污染膜，所以 RO 设备停机后，必须用贮罐中纯净的 RO 产水正冲 RO 设备，以冲走含高浓度离子的原水。RO 设备进行 CIP 清洗后，也必须用纯净的 RO 产水正冲 RO 设备中残余的清洗液。

(5) 现场在线监测仪表

为监测系统的正常运行状况并辅助系统实现一定条件下的自动运行，在系统中相应的控制点设计配备了相关的现场在线检测与控制仪表。为使所有现场检测数据均能通过 PLC 集中处理，现场监测仪表部分输出 4~20mA 标准信号，包括：

① 压力开关(PW)

数量 1 只，安装于微滤过滤器之后，用于检测 RO 系统高压泵之前的管路供水压力。通过 PLC 控制系统与 RO 系统联动，当此压力低于下限安全值时，系统报警提示原水供应不足。

② RO 进水电导率仪(CW)

数量 1 只，用于监测经过机械过滤预处理的 RO 进水电导率指标。根据显示数值，可以提示操作人员注意原水水质变化情况。

③ 在线压力传感器(PI)

数量 1 只，用于 RO 设备高压泵出口。用于检测并反向控制高压泵出口(膜进口)的运行压力，压力传感器将检测压力信号送往 PLC 控制器处理，PLC 控制器根据设定的压力值与实际检测值进行对比，并通过调节高压泵电机的变频器，从而使运行压力始终与设定压力相吻合。在系统清洗或冲洗时，只要在触摸控制屏上将工况选择为清洗或冲洗，则系统的工作压力可以根据清洗或冲洗要求的压力自动调节高压泵的运行压力。

④ RO 产水电导率仪(CW)

数量 1 只。安装于产水管上，用于检测 RO 产水指标。根据显示数值，可以提示操作人员检查系统或清洗膜组件。

⑤ 浓水、产水转子流量计

数量 2 只，用于检测 RO 设备的产水及浓水流量。

⑥ 液位开关(LW)

用于检测RO产水贮罐液位，并可在PLC控制程序中与设定值进行比较计算。当液位低于设定的下限值时，反渗透系统可以自动开机；当液位达到设定的上限值时，反渗透系统可以自动关机。贮罐液压的上下限值可以根据生产运行的需要通过相关的权限进行调整。

⑦ 控制系统

RO高压变频控制器，数量1台，功率37kW；配备变频控制器系统，以实现柔性启动与柔性停止，因此不会在开停机时造成水锤现象，避免对膜元件和系统的冲击。

⑧ PLC程序控制系统

系统自动控制选用SIEMENS S7系列PLC程序控制器实现自动与手动结合的运行控制模式，对于现场在线检测仪表采集的标准信号予以集中处理，并输出控制信号及报警信号，当系统供水不足、进膜压力超标时系统均可自动报警。

⑨ 基础电气控制系统

电气控制系统中的基础元件均选用SIEMENS的元件，配合PLC控制模块控制系统中的高压泵及产水泵。

⑩ 现场控制柜

在设备操作面设有现场控制柜，现场控制柜采用彩钢板喷塑制成。触摸显示屏安装于RO系统现场控制柜上。

4. 运行成本分析

运行成本分析见表14-3。

表14-3 运行成本分析

1	基础数据	进水量/(m^3/h)	50
		产水量/(m^3/h)	37.5
		产水回收率/%	75
		设计工作时间/(h/d)	24
		设计年工作天数/(d/a)	330
预处理系统			
2	机械过滤器	年反冲洗成本/元	10000
反渗透系统			
3	电力消耗	年电力消耗成本/元	87912
4	换膜成本	年平均换膜成本/元	62400
5	清洗成本	年清洗消耗成本/元	324
6	预过滤滤袋更换成本	年预过滤袋更换成本/元	2400
7	合 计	设备年运行总费用/元	162653.14
		年处理水量/(m^3/a)	297000
		单位处理水量成本/(元/m^3)	0.55

5. RO设备技术参数

RO设备技术参数见表14-4。

表 14-4　RO 设备技术参数

序　号	参　　数	参　数　值	备　　注
1	温度	25℃	
2	压力	0.3~0.4MPa	
3	原水流量	$50m^3/h$	
4	产水流量	$37.5m^3/h$	
5	产水回收率	75%	
6	脱盐率	≥97%（产水/进水电导率）	
7	RO 级数	1 级	
8	pH 值	6.5~7.5	
9	RO 膜清洗周期	≥4 个月	
10	机械过滤器反冲洗频率	约 7 天/次	具体需根据压差判断
11	机械过滤器反冲洗时间	约 10min/次	

（九）具体应用

1. 印染废水处理

某公司印染废水采用反渗透膜处理，工程工艺流程如图 14-14 所示。工程设计处理规模为 5000t/d，回收率为 50%，处理成本为 1.51 元/t 废水。

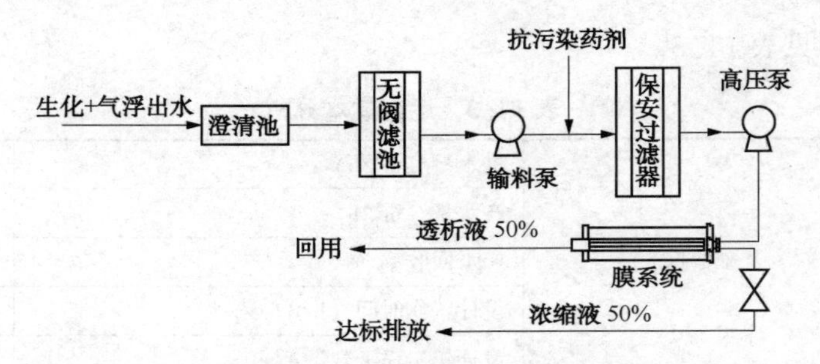

图 14-14　印染废水反渗透膜处理工程工艺流程图

其膜处理进水水质、回用水水质、浓水水质如表 14-5 所示。

表 14-5　膜处理进水水质、回用水水质、浓水水质

项　　目	COD/(mg/L)	硬度/(mg/L)	电导率/(μS/cm)	色度/倍	浊度/NTU	pH 值
进水						
设计进水要求	≤50	≤80	≤3200	≤25	≤1	5.8~8
实际数值	≤30	≤65	≤2500	≤20	0.45	6.5
回用水						
设计标准	≤10	≤30	≤130	2	≤0.2	6.5~7.5
实际数值	≤10	4.3	8.6	≤2	0.07	6.8
浓水						
排放水质	49	—	30	25	—	7.1

2. 电镀废水处理

电镀镍漂洗水采用两级反渗透(RO)膜分离技术，处理规模为24t/d，电镀废水浓缩5倍以上，镍得到回收，清水回用于工艺中。其处理工艺流程见图14-15。

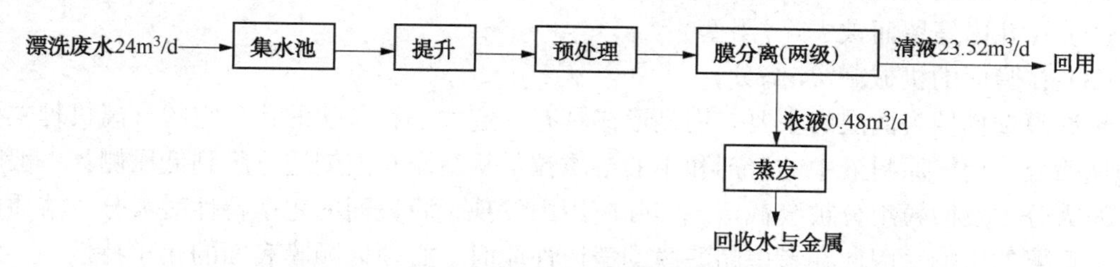

图14-15 电镀镍漂洗水两级反渗透工艺流程图

其膜处理系统参数如下：

(1) 一级RO系统

废水经过预处理后，由一级输送泵送入一级RO装置进行连续浓缩。一级浓缩系统的废水处理量为$1m^3/h$，废水镍离子的浓度约为320~350mg/L，pH值5~7，还有光亮剂等少量有机物。系统设计运行压力1.5MPa，膜组件通量800L/h。该系统采用8in聚酰胺抗污染膜元件4只，单支元件的有效膜面积为$32m^2$，脱盐率>99%。经过该系统的处理，废水中80%的水分被分离出来，浓缩倍数达到5，产水电导率≤150μS/cm，直接回用到电镀生产作漂洗用水。而绝大部分的金属离子被膜截留在浓缩液中，进入二级浓缩系统。

(2) 二级RO系统

一级RO系统的浓缩液由二级输送泵进入二级RO装置进行循环浓缩。二级浓缩系统的废水处理量为$0.2m^3/h$，废水镍离子的浓度约为1600~18000mg/L，pH值5~7。设计运行压力2.5MPa，通量200L/h。该系统采用4支进口的4in聚酰胺复合海水淡化膜元件，单支元件的有效膜面积为$7m^2$，脱盐率>99.5%。经过该系统的处理，二级浓缩液再浓缩10倍以上，并送至蒸发系统，两极RO产水均进入RO产水箱回用到生产线上。

二、超滤膜

超滤膜分离技术作为21世纪六大高新技术之一，以其常温低压下操作、无相变、能耗低等显著特点已成为一种分离过程的标准，在欧美等发达国家和地区得到了广泛的使用。随着制膜技术的发展和生产规模化，使超滤膜性能更加稳定，制膜成本大为降低。超滤膜已经广泛应用在各种净化、浓缩、提纯、澄清、回收、除菌的工艺中，涵盖水处理、食品饮料、酒类、医药工业、生物工程、金属加工、表面涂装等各个领域。超滤膜正越来越多地应用到反渗透的预处理中，构成所谓的集成膜处理系统(IMS)，用超滤代替传统的砂滤、活性炭、微滤，是今后水处理工艺的一个新的发展趋势。但超滤膜的选用需结合水源地的水质情况，若源水污染严重，超滤膜设备去除溶解性有机物存在很大局限性，必须与其他技术组合才能达到超滤的预定效果。

(一) 超滤膜的过滤原理

一般认为，超滤是一种筛分过程，超滤过程的原理如图14-16所示。在一定的压力作用下，含有大、小分子溶质的溶液流过超滤膜表面时，溶剂和小分子物质(如无机盐类)透过膜，作为透过液被收集起来；而大分子溶质(如有机胶体)则被膜截留而作为浓缩液被回收。

在超滤中，超滤膜对溶质的分离过程主要有：

(1) 在膜表面及微孔内吸附(一次吸附)；

(2) 在孔内停留而被去除(阻塞)；

(3) 在膜面的机械截留(筛分)。

超滤膜选择性表面层的主要作用是形成具有一定大小和形状的孔，它的分离机理主要是靠物理筛分作用。原料液中的溶剂和小的溶质粒子从高压料液侧透过膜到低压侧，一般称滤液，而大分子及微粒组分被膜截留。实际应用中发现，膜表面的化学特性对大分子溶质的截留有着重要的影响，因此在考虑超滤膜的截留性能时，必须兼顾膜表面的化学特性。

(二) 超滤膜的分类

按形态结构可分为对称膜和非对称膜，如图 14-17 所示为中空纤维超滤膜的结构，对称膜内外均有致密的皮层，中间为支撑层；而非对称膜具有单皮层结构，即在中空纤维的内表面或外表面只有一层致密层。商品化的超滤膜多为非对称膜，物理结构具有不对称性。

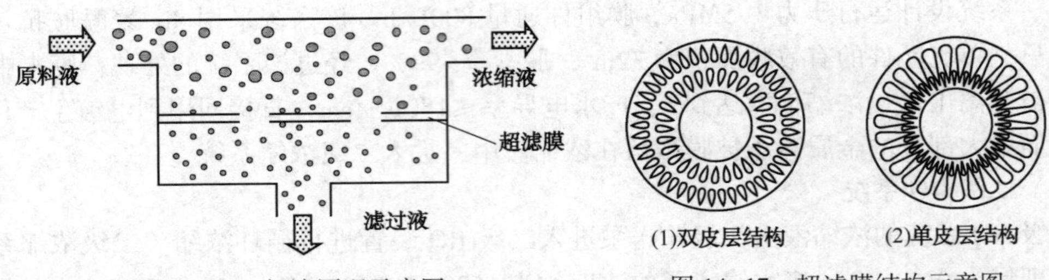

图 14-16 超滤原理示意图　　图 14-17 超滤膜结构示意图

膜实际上一般可分为两层，一层是超薄活化层，通常厚度为 0.1~1μm，孔径为 5~20nm，对物质的分离起主要作用；另一层是多孔层，约 75~125μm 厚，孔径约 0.4μm，具有很高的透水性，它只起支撑作用。

超滤膜的分离特性是指膜的透过通量和截留率，它们与膜的孔结构有关。膜孔结构的测试方法和所用仪器不同，所得结果差异很大，因此在提出数据时应标明测试条件。膜透过通量的测定应包括纯水透过通量和溶液透过通量两个值，纯水透过通量应通过计算和试验求得。因为超滤膜主要用于分离大分子物质，所以切割相对分子质量能够反映超滤膜孔径的大小和截留性能。一般用相对分子质量差异不大的溶质在不易产生浓差极化的条件下测定截留率，将表观截留率为 90%~95%的溶质相对分子质量定为切割相对分子质量。

用切割相对分子质量方法表示超滤膜的特性，对于像球蛋白这一类分子的同系物，是一种比较理想的方法。但事实上截留率不仅与相对分子质量有关，还受到分子形状、分子的可变性及分子与膜的相互作用等因素的影响。当相对分子质量一定时，膜对球形分子的截留率远大于线形分子。因此，用切割相对分子质量来表征膜的截留溶质特性并不十分准确。

临界截留率是指膜对某一最小相对分子质量的标准物质的截留率，该物质的相对分子质量为膜的切割相对分子质量。综合国外资料，给出切割相对分子质量与平均孔径的对应值，见表 14-6。

表 14-6　切割相对分子质量与膜平均孔径的关系

切割相对分子质量	近似平均孔径/nm	纯水透过通量/[L/(m² · h)]
500	2.1	9
2000	2.4	15
5000	3.0	68
10000	3.8	60
30000	4.7	920
50000	6.6	305
100000	11.0	1000
300000	48.0	600

(三) 超滤膜材料

目前，已经商品化的超滤膜材料有十几种，而处于实验室研究阶段的膜材料更是种类繁多。从大的方面来分，超滤膜材料可分为有机高分子材料和无机材料两大类。

1. 有机高分子材料

用于制备超滤膜的有机高分子材料主要来源于天然高分子和合成高分子材料。用作超滤膜的高分子材料主要有纤维素衍生物(例如：醋酯纤维或与其性能类似的高分子材料)、聚砜、聚丙烯腈、聚酰胺、聚砜酰胺、磺化聚砜、交链的聚乙烯醇、改性丙烯酸聚合物等。表14-7 列出了用于制造超滤膜的几种常见聚合物。

表 14-7　用于制造超滤膜的聚合物

聚合物	切割相对分子质量	pH 值范围	最高操作温度/℃	抗氯性能	抗有机溶剂性能	膜装置
醋酸纤维素	1000~50000	3.5~7.0	35	良好	差	平板、管式
聚　砜	5000~50000	0~14	100	良好	中等	平板、管式、中空纤维
芳香聚酰胺	1000~50000	2~12	80	差	中等	平板、管式、中空纤维
聚丙烯腈、聚氯乙烯共聚物	30000~100000	2~12	50	中等	中等	平板、管式、中空纤维

(1) 纤维素衍生物

纤维素是资源丰富的天然高分子材料，由于材料本身相对分子质量较大，不易加工，因此必须对其进行化学改性。其中最常用的纤维素衍生物有醋酸纤维素、三醋酸纤维素等，此类材料具有亲水性强、成孔性好、来源广泛、价格低廉等优点。醋酸纤维素超滤膜的孔径分布和孔隙率大小可通过改变铸膜液组成、凝固条件以及膜的后处理加以控制。

(2) 聚砜类

聚砜是在醋酸纤维素之后发展较快的一类超滤膜材料，分子主链中含有砜基结构，结构中的硫原子处于最高价态，醚键改善了聚砜的韧性，苯环结构提高了聚合物的机械强度，因此聚合物具有良好的抗氧化性、化学稳定性和机械性能，不易水解，可耐酸、碱的腐蚀。应用于超滤膜的主要有双酚 A 型聚砜(PSF)及其磺化产物(SPSF)、聚芳醚砜(PES)和聚砜酰胺(PSA)等。

（3）乙烯类聚合物

乙烯类聚合物的主链上包含了$-\!\left[\underset{H_2}{C}-\underset{R_2}{C}\right]\!-$结构，用于超滤膜的材料主要有聚丙烯腈、聚氯乙烯、聚丙烯等。其中，聚丙烯腈作为超滤膜材料，仅次于醋酸纤维素和聚砜。

（4）含氟类聚合物

含氟材料主要是指由含有氟原子的单体经过共聚或均聚得到的有机高分子材料，用于膜材料的主要是聚偏氟乙烯（PVDF）和聚四氟乙烯（PTFE），其中聚偏氟乙烯由于氟原子的分布不对称使其可溶于多种溶剂，有利于制备非对称多孔超滤膜。聚偏氟乙烯机械性能优良、冲击强度高、韧性好，抗紫外线和耐老化性能优异，化学稳定性好，不易被酸、碱、强氧化剂和卤素等腐蚀，是一种优良的膜材料。目前，天津工业大学膜天公司以聚偏氟乙烯为主要膜材料开发了多种品牌的中空纤维超滤膜。

2. 无机材料

无机膜材料主要分为致密材料和微孔材料两类。其中致密材料包括致密金属材料和氧化物电解质材料，其分离机理是通过溶解-扩散或离子传递机理进行，所以致密材料的特点是对某种气体具有较高的选择性；而微孔材料主要包括多孔金属、多孔陶瓷和分子筛等材料，具体情况如下：

（1）多孔金属

多孔金属膜主要采用Ag、Ni、Ti及不锈钢等材料，其孔径范围一般为200~500nm，厚度为50~70μm，孔隙率达60%。

（2）多孔陶瓷

常用的多孔陶瓷材料主要有氧化铝、二氧化硅、氧化锆、二氧化钛等，它们的突出优点是耐高温、耐腐蚀。

（3）分子筛

分子筛具有与分子大小相当且分布均匀的孔径、离子交换能、高温稳定性、优良的择优催化性，是理想的膜分离和膜催化材料。

（四）超滤膜分离技术的特点

超滤膜的分离过程具有以下几个显著特点：

（1）在常温和低压下进行分离，因而能耗低，从而使设备的运行费用低；

（2）设备体积小、结构简单，故投资费用低；

（3）超滤分离过程只是简单的加压输送液体，工艺流程简单，易于操作管理；

（4）超滤膜是由高分子材料制成的均匀连续体，纯物理方法过滤，物质在分离过程中不发生质的变化，并且在使用过程中不会有任何杂质脱落，保证超滤液的纯净。超滤膜具有的过滤效果见表14-8。

表14-8 超滤膜过滤效果

水中的成分	滤除效果	水中的成分	滤除效果
悬浮物（微粒>2μm）	100%	溶解性总固体（TOC）去除	>30%
污染密度指数（SDI）	出水<1	胶体硅、胶体铁、胶体铝	>99.0%
病原体	>99.99%	微生物	99.999%
浊度	出水<0.5NTU		

（五）超滤膜进水方式与运行方式

1. 进水方式

按进水方式的不同，超滤膜又分为内压式和外压式两种。

（1）内压式

即原液先进入中空丝内部，经压力差驱动，沿径向由内向外渗透过中空纤维成为透过液，浓缩液则留在中空丝的内部，由另一端流出。

（2）外压式

中空纤维超滤膜则是原液经压力差沿径向由外向内渗透过中空纤维成为透过液，而截留的物质则汇集在中空丝的外部。

2. 运行方式

超滤系统的运行方式可分为循环模式和死端模式两种，根据原水的水质情况选择不同的运行方式。

（1）死端过滤

原水以较低的错流流速进入膜管，浓缩水以一定比例从膜管另一侧排出，产水在膜管过滤液侧产出。死端过滤端的操作成本低，但回收率和系统的出水能力可能会受到限制，水回收率通常是90%~99%，由原水中微粒的浓度来决定。当原水悬浮物和胶体含量较低时选用死端过滤方式，例如水源为井水、自来水等，工业水系统很多按死端过滤模式设计。

（2）循环过滤

当原水中悬浮物含量较高时，就需要通过减少回收率来保持纤维内部的高流速，这样就会造成大量的废水。为了避免浪费，排出的浓水就会被重新加压后回到膜管内，这就称为循环模式。这会降低膜管的回收率，但整个系统的回收率仍然很高。在循环模式中，进水连续地在膜表面循环，循环水的高流速阻止了微粒在膜表面的堆积，并增强了通量。当原水悬浮物和胶体含量较高时选用循环过滤方式，例如水源为地表水。

（六）膜的运行参数与使用条件

超滤膜常用的运行工艺参数与使用条件见表14-9。

表14-9　超滤膜常用的运行工艺参数与使用条件

工艺参数	自来水（NTU<1）	地下水（NTU<5）	地表水（NTU<5）	地表水（NTU<25）	地表水（NTU>25）	深度处理工业废水（NTU<20）	中水（NTU<20）	海水（NTU<5）
设计通量（25℃）/[L/(m²·h)]	70~100	60~100	60~90	50~70	50~70	50~70	50~70	60~80
回收率/%	90~98	90~98	90~95	85~95	80~90	80~90	80~90	90~95
保安过滤/μm	50~100	100						
运行模式	死端或循环过滤	死端或循环过滤	死端或循环过滤	死端或循环过滤	循环过滤			
反冲洗频率/min	40~60	40~60	30~60	30~45	30	30~40	30~40	30~60
反冲洗时间/s	20~180							
反冲洗通量	2~3倍产水量							

续表

工艺参数	自来水（NTU<1）	地下水（NTU<5）	地表水（NTU<5）	地表水（NTU<25）	地表水（NTU>25）	深度处理工业废水（NTU<20）	中水（NTU<20）	海水（NTU<5）
反冲洗压/MPa	0.1~0.2							
正向冲洗频率	每次反冲洗后							
正向冲洗时间/s	10~30							
化学清洗周/d	6~180							
化学清洗时/min	15~120							
化学清洗药品	柠檬酸，NaOH/NaClO，H_2O_2							

（七）膜的污染与防治

1. 膜的污染主要因素

超滤膜的污染是被分离物质中某些成分吸附、留存在膜的表面和膜孔中造成的。在超滤过程中，由于浓差极化的产生，尤其是在低流速、高溶质浓度情况下，在超滤膜表面达到或超过溶质的饱和浓度时，便会形成凝胶层，导致膜的透过通量不再依赖于超滤操作压力。污染后的膜透液通量下降，超滤效果恶化，膜寿命缩短，清洗难度大，会严重影响超滤过程的工作效率。

2. 防治

超滤膜污染的主要原因是浓差极化形成凝胶层和膜孔的堵塞，因而污染的防治就应从减小浓差极化、消除凝胶层和防止膜孔堵塞开始。

（1）改变膜结构和组件结构，可有效地将颗粒截留在膜表面，避免了颗粒进入膜孔内部，从而减少了膜孔的堵塞。天津工业大学膜天公司采用双向流工艺，在超滤膜分离过程中，通过对料液的进出方向进行周期性倒换，在分离过滤的同时，利用料液对污染较重一端进行清洗，以保持膜的良好通透效果，持续稳定地进行料液分离浓缩。

（2）采用亲水性超滤膜可减少蛋白质颗粒在膜表面的吸附，从而减少对膜的污染；另外，由于待分离的料液多带有负电荷，采用荷负电的超滤膜可有效地减少颗粒在膜表面的沉积，有利于降低膜的污染。

（3）采用絮凝沉淀、热处理、pH 值调节、加氯处理、活性炭吸附等手段对料液进行预处理，可降低膜的污染程度。

（4）提高料液流速可防止浓差极化，一般湍流体系中流速为 1~3m/s，在层流体系中通常流速小于 1m/s。卷式组件体系中，常在层流区操作，可在液流通道上设湍流促进材料，或采用振动的膜支撑物，在流道上产生压力波等方法，以改善流动状态，控制浓差极化，从而保证超滤组件的正常运行。

（5）操作温度主要取决于所处理料液的化学、物理性质和生物稳定性，应在膜设备和处理物质允许的最高温度下进行操作，可以降低料液的黏度，从而增加传质效率，提高透过通量。例如，酶最高温度为 25℃，电涂料为 30℃，蛋白质为 55℃，制奶工业为 50~55℃，纺织工业脱浆废水回收 PVA 时为 85℃。

（6）随着超滤过程的进行，料液的浓度在增高，边界层厚度扩大，对超滤极为不利，因此对超滤过程主体液流的浓度应有一个限制，即最高允许浓度。不同料液超滤时的最高允许浓度见表14-10。

表14-10　不同超滤应用中允许达到的最高浓度

应用类别	允许最高质量分数/%	应用类别	允许最高质量分数/%
颜料和分散染料	30~50	植物、动物、细胞	5~10
油水乳状液	50~70	蛋白和缩多氨酸	10~20
聚合物乳胶和分散体	30~60	多糖和低聚糖	1~10
胶体、非金属、氧化物	不定	多元酚类	5~10

（八）超滤装置

超滤装置和反渗透装置相类似，主要膜组件有板框式、管式、螺旋卷式、毛细管式、条槽式及中空纤维式等。表14-11为几种超滤膜组件在膜比表面积、投资费用、运行费用、流速控制情况和就地清洗情况的比较。

表14-11　几种超滤膜组件基本情况比较

组件形式	膜比表面积/(m^2/m^3)	投资费用	运行费用	流速控制	就地清洗情况
管　式	25~50	高	高	好	好
板框式	400~600	高	低	中等	差
卷　式	800~1000	最低	低	差	差
毛细管式	600~1200	低	低	好	中等
条槽式	200~300	低	低	差	中等

（九）应用

1. 工业废水处理

超滤技术在工业废水处理方面的应用十分广泛，特别是在汽车、仪表工业的涂漆废水、金属加工业的漂洗水以及食品工业废水中回收蛋白质、淀粉等方面是十分有效的，而且具有很高的经济效益，国外早已大规模用于生产实际中。超滤在工业废水处理方面的主要应用见表14-12。

表14-12　超滤法处理工业废水情况

工业	废液	废液组成	浓度/%	回收物质	去除物质
汽车仪表	涂漆过程漂洗水	电泳涂漆	0.5~2.0	电泳涂漆、水	
金属加工	加工金属漂洗水	乳化油	0.2~1.0	乳化油、水	
金属加工	金属清洗槽漂洗水	洗涤剂、油等	1.0	水	洗涤剂，油
纺织工业	脱浆过程漂洗水	聚乙烯醇	0.2~2.0	聚乙烯醇	水
牛　奶	清洗水	蛋白质、乳糖等	0.5~1.0	蛋白质	水
饮　料	清洗水	蛋白质	0.5~1.0	蛋白质	水
淀　粉	加工水	淀粉	0.5~5.0	淀粉	水
酵　母	加工水	酵母	0.5~2.0	酵母	水
羊毛加工	洗涤水	羊毛脂	0.5~1.0	羊毛脂	水，洗涤剂
纸浆工业	漂白过程的洗涤水	磺化木质素	0.5~1.0	磺化木质素	水

(1) 纺织印染废水处理

纺织印染废水具有色度高、化学耗氧量(COD)高和排放大的特点，尤其是在化纤生产、纺织、印染加工过程中，大量使用表面活性剂、助剂、油剂、浆料、树脂、染料等，使纺织废水的COD越来越高。且由于这些合成物质难以被微生物所降解，使通常的生化处理无能为力，成为当前纺织废水治理中的一大难题。超滤膜可有效去除废水中的有机分子，采用一套过滤面积$10m^2/d$的超滤膜装置处理印染废水，一年可回收染料3.5t左右，约20万元。经回收染料后的染色废水COD去除率达80%左右，色度去除率达90%以上。

在化纤油剂废水处理方面，一般含油浓度2~4g/L的废水，经超滤可浓缩至40~45g/L。浓缩后的油剂，可实行闭路循环，回用于生产或降等级使用，如作毛条厂的洗毛剂等其他用途。油剂废水经超滤处理后，油剂及COD去除率达80%~90%。因此，只须进一步生化处理即可达标排放，并由于免除了大量污泥的生成，为工厂废水治理带来了极大的方便。

(2) 造纸工业废水处理

在造纸工业中，每生产1t纸浆约需$100\sim400m^3$的水，其中80%是用于洗净和漂白过程，由于造纸原料和工艺的不同，造纸废水的成分也相差较大，因此造纸废水的处理，至今尚属一大难题。用膜法处理造纸废水，主要是对某些成分进行浓缩并回收，而透过水又重新返回工艺中使用。主要回收的物质是磺化木质素，它可以再返回纸浆中被再利用，具有一定的环境效益和经济效益的。为了防止废水中胶体粒子、大相对分子质量的木质纤维、悬浮物以及钙盐在膜面的附着析出，造成浓差极化，要求水在膜表面具有较高的流速，一般要求在1m/s以上。当膜表面被污染时，可用间歇降压运行，海绵球冲洗、酶洗涤剂及EDTA络合剂清洗。

(3) 电泳涂漆废水处理

在汽车、仪表、家具等行业的电泳涂漆过程中，涂料的胶体带正电荷，以涂件为负极，涂料以电泳方式在涂件表面移动，使电荷中和形成不溶的均匀涂漆膜。然后在清洗过程中将黏附在涂件上的漆料洗掉，形成电泳涂漆废水。这种清洗液用超滤法处理后，可将涂料回收利用，膜透过液可返回作喷淋水用。为避免清洗水中盐分或其他杂质升高，滤液必须有一部分得到更新。国外汽车制造厂商都使用超滤法处理电泳涂漆废水，所用超滤组件大都是醋酸纤维素管式组件，膜寿命可超过两年。对任何电泳涂漆废水，都必须采用50目的过滤器进行过滤。

(4) 含油废水的处理

含油废水来自钢铁、机械、石油精制、原油采集、运输及油品的使用过程中。含油废水包括三种：浮油、分散油和乳化油。前两种比较容易处理，采用机械分离、凝聚沉淀、活性炭吸附等方法处理后，油分可降至几mg/L以下。而乳化油含有表面活性剂、有机物，油分以微米级大小的粒子存在于水中，重力分离和粗粒化法处理起来都比较困难。而采用超滤技术，可以使油分得到浓缩，使水和低分子有机物透过膜，从而实现油水分离。

2. 高纯水制备

许多工业用水都需要高纯水，例如在集成电路半导体器件的切片、研磨、外延、扩散、蒸发等工艺过程中，必须反复用高纯水清洗。要求高纯水无离子、无可溶性有机物、无菌体和大于0.5μm的粒子。高纯水制备流程如图14-18所示。从工艺流程图中可以看出，超滤工艺是作为预处理工艺使用的。

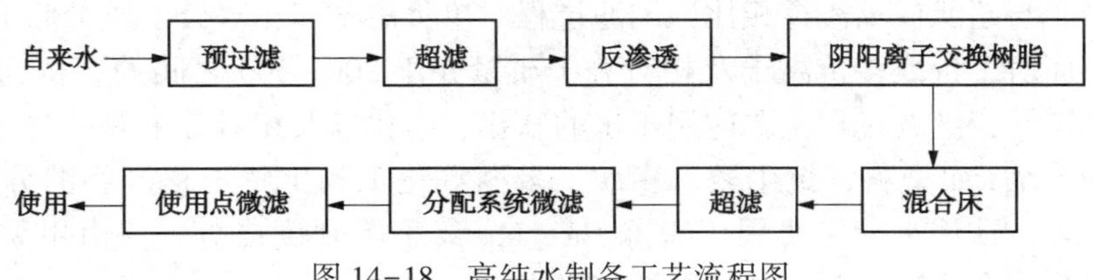

图 14-18　高纯水制备工艺流程图

3. 中水回用

某再生水回用工程按照以下进水条件进行工程设计：设计进水水量 88000m^3/d，设计水温为 13.1~25.4℃。核心处理单元为膜超滤膜池（ZeeWeed 1000 系列中空纤维，采用由外至内流动方式），出水可满足城市污水再生利用景观用水水质标准（GB/T 18921—2002）中娱乐性景观环境用水的要求。

三、纳滤膜

（一）纳滤膜的定义、特点

20 世纪 80 年代初期，美国科学家研究了一种薄层复合膜，它能使 90%的 NaCl 透析，而 99%的蔗糖被截留。显然，这种膜既不能称之为反渗透膜（因为不能截留无机盐），也不属于超滤膜的范畴（因为不能透析低相对分子质量的有机物）。由于这种膜在渗透过程中截留率大于 95%的分子约为 1nm，因而它被命名为“纳滤膜（Nanofiltration）”。NF 膜早期被称为松散反渗透（LooseRO）膜，是 20 世纪 80 年代初继典型的 RO 复合膜之后开发出来的。NF 膜适宜于分离相对分子质量在 200g/mol 以上、分子大小约为 1nm 的溶解组分。

纳滤膜的一个特点是具有离子选择性：具有一价阴离子的盐可以大量透过膜（但并不是无阻挡的），而膜对具有多价阴离子的盐（例如硫酸盐和碳酸盐）的截留率则高得多，因此，盐的渗透性主要由阴离子的价态决定。其技术要求与性能指标如下：

① 对于阴离子，截留率按下列顺序递增 NO_3^-，Cl^-，OH^-，SO_4^{2-}，CO_3^{2-}；

② 对于阳离子，截留率递增的顺序为 H^+，Na^+，K^+，Ca^{2+}，Mg^{2+}，Cu^{2+}；

③ 一价离子渗透而多价离子有滞留；

④ 截留相对分子质量在 100~1000 之间；

⑤ 脱盐率：50%~90%。

系统优点如下：

（1）膜结构绝大多数是多层疏松结构；

（2）与反渗透相比较，即使在高盐度和低压条件下也具有较高渗透通量。

因为无机盐能通过纳滤膜，使得纳滤的渗透压远比反渗透低，于是在保证一定膜通量的前提下，纳滤过程所需的外加压力比反渗透低得多。而在同等压力下，纳滤的膜通量则比反渗透大得多。此外，纳滤能使浓缩与脱盐的过程同步进行，所以用纳滤代替反渗透，浓缩过程能有效快速地进行，并达到较大的浓缩倍数。由于具备以上特点，使得纳滤膜可以同时进行脱盐和浓缩并具有相当快的处理速度。用纳滤膜对抗生素、合成药进行浓缩具有常温无破坏、低成本、收率高的特点。

纳滤分离愈来愈广泛地应用于电子、食品和医药等行业，诸如超纯水制备、果汁高度浓缩、多肽和氨基酸分离、抗生素浓缩与纯化、乳清蛋白浓缩、纳滤膜-生化反应器耦合等实际分离过程中。与超滤或反渗透相比，纳滤过程对单价离子和相对分子质量低于200的有机物截留较差，而对二价或多价离子及相对分子质量介于200~500之间的有机物有较高脱除率，基于这一特性，纳滤过程主要应用于水的软化、净化以及相对分子质量在百级的物质的分离、分级和浓缩(如染料、抗生素、多肽、多醣等化工和生物工程产物的分级和浓缩)、脱色和去异味等。饮用水中主要用于脱除Ca、Mg离子等硬度成分、三卤甲烷中间体、异味、色度、农药、合成洗涤剂以及可溶性有机物。

(二) 纳滤膜的应用

(1) 软化水处理

对苦咸水进行软化、脱盐是纳滤膜应用的最大市场。在美国目前已有超过40万t/d规模的纳滤膜装置在运转，大型装置多数分布在佛罗里达半岛，其中最大的两套装置规模分别为3.8万t/d(1989年)和3.6万t/d(1992年)。在国内，纳滤膜在火电厂循环冷却水处理中已得到应用，处理规模为3×10^4t/d，出水水质达到循环冷却水补充水的要求。

(2) 饮用水中有害物质的脱除

传统的饮用水处理主要通过絮凝、沉降、砂滤和加氯消毒来去除水中的悬浮物和细菌，而对各种溶解性化学物质的脱除率低。随着水源的环境污染加剧和各国饮水标准的提高，可脱除各种有机物和有害化学物质的饮用水深度处理工艺日益受到人们的重视。目前的深度处理方法主要有活性炭吸附、臭氧处理和膜分离。膜分离中的微滤和超滤因不能脱除各种低分子物质，故单独使用时不能称之深度处理。纳滤膜由于本身的性能特点，适用于此用途的应用。美国食品与医药局曾用大型装置证实了纳滤膜脱除有机物、合成化学物的实际效果。

(3) 中水、废水处理

在中水领域，日本作了很多的工作，纳滤膜在各种工业废水的应用也有很多实例，如造纸漂白废水处理等。生活废水中，纳滤膜与活性污泥法相结合也已进入实用阶段。

(4) 食品、饮料、制药行业

此领域中的纳滤膜应用十分活跃，如各种蛋白质、氨基酸、维生素、奶类、酒类、酱油、调味品等的浓缩、精制。

(5) 化工工艺过程水溶液的浓缩、分离，如化工、染料的水溶液脱盐处理。

(三) 应用

某石化公司采用美国海德能公司的纳滤膜元件处理炼油废水并实现了对该废水的回用，该项目是目前国内规模最大的工业废水回用的纳滤膜系统。

1. 纳滤膜系统

(1) 工艺流程

处理装置采用了以混凝气浮+生物活性炭+纳滤为核心的炼油污水深度处理组合工艺，工艺流程为：原水→浅层浮选级多介质过滤→臭氧接触氧化→生物活性炭→二级多介质过滤→纳滤脱盐→外输至循环水系统。污水深度处理装置共有两套产水量皆为60m^3/h的纳滤膜脱盐系统，采用96支ESNA1系统膜元件和96支ESNA1-LF系统膜元件，两套系统均按两段11∶5的方式排列。

(2) 进水水质情况

运行期间系统进水中的COD平均达到了73.5mg/L，最高甚至达到148.2mg/L。油含量的平均值也在2.39mg/L。电导率平均值都在2298μS/cm以上，最高值达到了2860μS/cm。

2. 污染膜的因素

（1）微生物

微生物包括细菌、藻类、真菌和病毒等。造成微生物污染的原因有：

① 进水中含有较高数量的微生物；

② 系统的停用、保护冲洗等没有严格按照技术手册要求进行；

③ 没有对进水进行杀菌或者杀菌剂投加量过小；

④ 进水水质含有容易滋生微生物的营养物质从而导致微生物的大量滋生。

纳滤膜系统预处理以臭氧+生物活性炭为核心工艺，精度虽然达到1μm，但是对于更小粒径的细菌却无能为力，因此纳滤膜会受到微生物的污染。当进水中的氨氮超标时，管路和膜元件会内大量微生物滋生，如果只对膜系统进行化学清洗而不对系统进行杀菌消毒，当系统再次启运时，在管路中存留的大部分微生物颗粒会随水流全部进入膜端，导致系统产水率严重下降，膜段间压降急剧上升。

（2）有机物及矿物油

有机物及微量油污染是导致膜系统性能下降的主要原因之一，有机物造成的膜系统故障占全部系统故障的60%～80%。由于炼油厂废水成分复杂，水中有机物浓度较高，且含有微量油，超出膜厂家建议的<50mg/L的指标值。

（3）絮凝剂

污水回用装置在投运之初使用的是高纯聚合氯化铝和阴离子型聚丙烯酰胺作为絮凝剂，但在系统的调试过程中发现SDI一直无法达到<5的进水要求，且一级多介质过滤器堵塞严重。原因是阴离子型聚丙烯酰胺影响了系统的预处理效果。停用阴离子型聚丙烯酰胺之后，解决了SDI不达标和一级多介质过滤器的堵塞问题。当原水的水质恶化时，为保证预处理效果，需要提高聚铝的投加质量浓度，一般由15mg/L左右提高到80mg/L。随着进水水质的好转，聚铝的投加质量浓度又可以回到原来的浓度。

（4）结垢

污水电导率在夏季达到2500μS/cm以上，因此结垢污染是纳滤膜系统的主要污染原因之一。在纳滤膜系统中析出的垢主要以碳酸钙为主，除此以外，还包括硫酸钙、硫酸钡、硫酸锶及部分氢氧化物等。为了防止纳滤膜结垢，一般在保安过滤器之前要加入适量的膜用阻垢剂，投加质量浓度一般控制在412mg/L。但投加的药剂不当会发生药剂之间相互作用，从而导致难溶物质析出，进而污染膜元件。如当聚合有机阻垢剂与多价阳离子如铝或残留的聚合阳离子絮凝剂相遇时，将会形成胶体沉淀，严重污染前端的膜元件。

（5）胶体

废水中常见的胶体污染物有氢氧化铁、氢氧化铝、二氧化硅胶体等。系统的胶体污染一般是由于加药量过大、管路的腐蚀以及大分子的有机物进入膜系统所导致的。

3. 纳滤系统长周期运行管理

（1）保持预处理效果的稳定。

根据污水处理系统的工艺流程特点，需要定期对一级多介质过滤系统、二级多介质过滤器、生物活性炭塔进行反冲洗，并要保证冲洗效果；定期更换保安过滤器滤芯和检查保安过滤器，防止过滤器内出现短流现象和滋生生物而对膜元件造成污染；严格控制进水浊度和SDI，控制进水浊度<0.5NTU，SDI<5；对预处理流程及膜系统进行间歇性杀菌和连续性杀

菌处理。

（2）选用较低的运行压力和回收率。

（3）对膜进行物理清洗。

为了尽量减少水中污染物对膜表面的污染，每日对系统进行两次物理冲洗。冲洗时使用纳滤产水，每次冲洗 10~15min。

（4）规范系统启停操作及停运保护措施

系统启动和停止时，流量和压力会有波动。过大、过快的流量和压力波动可能会导致系统发生极限压降现象，形成水锤作用，从而导致膜元件破裂，故在进行启停操作时需缓慢增加或者降低压力及流量。系统在开机前和停运时，应确保压力容器内没有真空，否则当再次启运膜元件的瞬间会出现水锤或者水力冲击。系统应保持较低的背压（产水侧压力），当产水侧压力高于原水侧压力 0.05MPa 以上时，膜元件会受到物理性损伤。系统启动和停止运行前，要确认阀门的开和关以及压力的变动，杜绝运行过程中背压现象的发生。膜系统长时间停运，需要向系统内通入保护液或者定期通水来保证膜元件的正常备用。

（5）定期对膜元件进行在线化学清洗

当产水量下降15%左右，或进水和浓水之间的系统压降升高到初始值的 1.5 倍，或产水水质有明显下降时，就需要对膜元件进行化学清洗。在线化学清洗时可采用如下方法：首先进行碱洗，去除微生物污染、有机物污染和油污染。然后再进行酸洗，消除垢类污染及金属氢氧化物污染。

（6）对膜元件进行离线化学清洗

膜元件的重度污染是指污染后的单段压差大于系统投运初期单段压差值的 2 倍以上、反渗透系统产水量下降 30%以上或者单支反渗透膜元件质量超过正常数值 3kg 以上的情况，此时需要对膜元件进行离线化学清洗。膜元件的离线化学清洗一般由专业公司完成，清洗时需用备用膜元件替换系统上的待清洗膜元件，以保证系统不停止运行，保证整个生产工艺的持续稳定。

参考文献

[1] 许振良．膜法水处理技术[M]．北京：化学工业出版社，2001.

[2] 邵刚，膜法水处理技术及工程实例[M]．北京：化学工业出版社，2003.

[3] 胡冬娜，田秀君，宋锦．混凝+UF 作为 RO 进水前处理的适用性研究[J]．水处理技术，2007，33(6)：53-55.

[4] 侯钰，桑志军，李本高．反渗透膜污染成因与防治[J]．工业用水与废水，2008，39(1)：23-26.

[5] 张胜昔．全膜水处理系统的运行管理[J]．江苏电机工程，2007，26(1)：81-84.

[6] 常向真．印染废水反渗透膜处理工程设计及效益分析[J]．针织工业，2010(2)：31-33.

[7] 胡齐福，吴遵义，黄德便．反渗透膜技术处理含镍废水[J]．水处理技术，2007，33(9)：71-73.

[8] 冉祥军，杜海波，刘建军．纳滤膜污染原因分析及运行管理[J]．工业水处理，2009，(1)：86-89.

第十五章　污水处理高级氧化设备

高级氧化技术又称深度氧化技术，一般是利用活性很强的自由基(如·OH)在一定的条件下氧化分解水中有机污染物的新型氧化除污染技术，这种技术一般针对难降解有机污水，如医药、化工、染料工业污水以及含有难处理的有毒物质物质如重金属污水等。本章介绍了电化学技术、超临界水氧化技术、湿式氧化技术、湿式催化氧化技术的基本情况。

第一节　电化学处理设施

电化学水处理技术就是利用外加电场作用，在特定的电化学反应器内，通过一系列设计的化学反应、电化学过程或物理过程，达到预期的去除废水中污染物或回收有用物质的目的。根据电极反应发生方式的不同，电化学法可分为铁炭内电解、电絮凝、电解浮选、电催化氧化等。

一、基本原理与特点

电化学水处理技术的基本原理是使污染物在电极上发生直接电化学反应或间接电化学把水中污染物去除，或把有毒物质变成无毒或低毒物质，包括直接电解和间接电解。

1. 直接电解

直接电解是指污染物在电极上直接被氧化或还原而从污水中去除。直接电解可分为阳极过程和阴极过程。阳极过程就是污染物在阳极表面氧化而转化成毒性较小的物质或易生物降解的物质，甚至发生有机物无机化，从而达到削减、去除污染物的目的，如在生物难降解污染物的处理如苯酚、含氟有机染料、氰化物等污染物的处理中，直接阳极氧化能发挥有效的降解作用。阴极过程就是污染物在阴极表面还原而得以去除，主要用于卤代烃的还原脱卤和重金属的回收。

2. 间接电解

间接电解是指利用电化学产生的氧化还原物质作为反应剂或催化剂，使污染物转化成毒性小的物质。间接电解分为可逆过程和不可逆过程。可逆过程(媒介电化学氧化)是指氧化还原物在电解过程中可电化学再生和循环使用。不可逆过程是指利用不可逆电化学反应产生的物质，如具有强氧化性的氯酸盐、次氯酸盐、H_2O_2和O_3等氧化有机物的过程，还可以利用电化学反应产生强氧化性的中间体，包括溶剂化电子、·HO、·HO_2、O_2^-等自由基。阳极直接和间接氧化反应示意图见图15-1。

3. 电化学水处理技术的特点

(1) 电化学方法既可以单独使用，又可以与其他处理方法结合使用，如作为前处理方法，可以提高污水的生物降解性；

(2) 一般电化学处理工艺只能针对特定的污水，处理规模小，且处理效率不高；

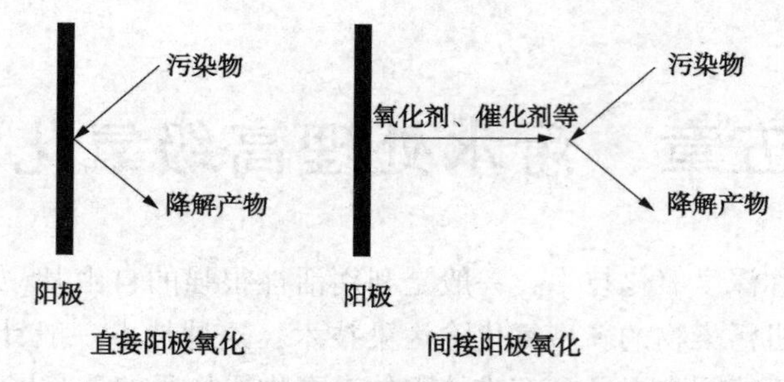

图 15-1 阳极直接和间接氧化反应示意图

(3) 有的电化学水处理工艺需消耗电能，增大运行成本。

二、电化学反应器分类与电极类型

按照去除对象以及产生的电化学作用来区分，可分为电化学氧化、电化学还原、电气浮、电凝聚等法。

按结构可分为箱式、筒式、板框式、特殊结构等形式。

按反应器的工作方式分类可分为间歇式电化学反应器、置换流式电化学反应器、连续搅拌箱式电化学反应器。

按反应器中工作电极的形状分类可分为二维电极反应器、三维电极反应器。二维电极呈平面或曲面状，电极的形状比较简单，如平板、圆柱、棒等形状；二维电极反应发生于电极表面上，其电极表面积有限，比表面积小，但电势和电流在表面上分布比较均匀。

三维电极有多孔材料、纤维网、粒子等。在二维或者三维电化学反应器中，填充的粒子或者纤维处于流动状态时，则称为流化床电极；填充的粒子或者纤维处于固定状态时，则称为固定床电极。在三维电极中，常用的填充材料主要有金属导体、铁氧体、镀有金属的玻璃球或塑料球、石墨以及活性炭等，其中以活性炭效果最佳。实际应用中，仅填充以上这些物质，很难达到理想的工作条件，使去除效果受到限制，因此，常采用添加绝缘物质的方法，如填充石英砂、玻璃珠、有机玻璃片等。

近年来，用于三维电极的新型碳电极材料相继出现，包括有高孔隙率的碳-气凝胶电极(固体基质由相互连接的胶体碳组成，比表面积为 $400 \sim 1000m^2/g$，正常孔尺寸小于 50nm；金属-碳复合电极(由金属纤维和碳纤维组成，比表面积达 $750m^2/g$)；碳泡沫复合材料、网状玻碳材料、导电陶瓷电极材料等；导电陶瓷电极材料的导电性能与石墨相当，化学惰性优异，可作为阳极或阴极材料。三维电极技术的特点有：

(1) 三维电极的结构复杂，通常是多孔状；比表面积大，床层结构紧密，但电势和电流分布不均匀。

(2) 电极反应发生于电极内部，整个三维空间都有反应发生。与二维电极相比，三维电极的面体比大幅度增加，且因粒子间距小，物质传质效果得到改善，因此它具有较高电流效率与处理效率。三维电极电化学反应器的反应区域不再局限于电极的简单几何表面上，而是在整个床层的三维空间表面上进行，尤其适用于降解反应速率低或系统中极限电流密度小的反应体系。

(3) 不使用或较少量使用化学药品，后处理简单，占地面积小，处理能力大。

(4) 易于实现连续操作，可以在不同电流密度下进行操作。

表15-1列出了常见电化学反应器的电极类型。

表15-1　常见电化学反应器的电极类型

电极	二维电极反应器		三维电极反应器	
固定电极	平行板电极	容器（板式）	多孔电极	网式
		压滤式		布式
		堆积式		泡沫式
	同心圆筒	容器（柱式）	固定床电极	糊状/片状
		流通式		纤维/金属毛
				球状
				棒状
移动电极	平行板电极	互给式	活性流动床电极	金属颗粒
		振动式		炭颗粒
	旋转电极	旋转圆筒式电极	流动床电极	浆状电极
		旋转圆盘式电极		倾斜床
		旋转棒		滚动床
				旋转颗粒床

三、电絮凝反应器

电絮凝器主要由电源、极板、后续分离装置等组成。其中电源可以分为直流电源和交流电源两种形式；极板主要为铁板和铝板，其连接方式包括单极式、双极式和组合式三类。电絮凝具有凝聚、吸附、氧化还原、气浮等作用，可以有效地用于脱色、杀菌、除重金属离子、去除有机物以及放射性物质和其他污染物，加上电絮凝设备结构紧凑，可以小型化，占地面积小，无需设置复杂的加药系统，易于实现自动化。

1. *原理*

电絮凝技术去除污染物的过程较复杂，其反应机理如图15-2所示。包括以下几个方面的作用。

（1）絮凝作用

阳极溶解产生的金属离子在水中水解、聚合，生成一系列多核水解产物。这类新生态氢氧化物活性高、吸附能力强，是很好的絮凝剂，能与原水中的胶体、悬浮物、可溶性污染物、细菌、病毒等结合生成较大絮状体，经沉淀或气浮而被去除。

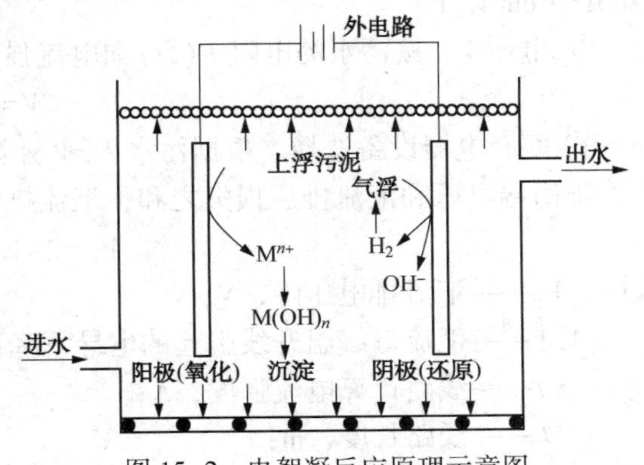

图15-2　电絮凝反应原理示意图

（2）气浮作用

电解过程中生成的气体以微小气泡的形式出现，与原水中的胶体、乳状油等污染物黏附在一起浮升至水面而被去除。

（3）氧化、还原作用

在电流作用下，原水中的部分有机物可

被氧化为低分子有机物。同时，阴极产生的新生态氢还原能力很强，可与污水中的污染物发生还原反应，从而使污染物得到降解。

2. 电解槽与电极

(1) 电解槽形式

电解法处理污水所用电解槽，按水流方向可分为翻腾式、回流式及竖流式三种。

回流式电解槽：水流沿极板水平折流前进。

翻腾式电解槽：用隔板将电解槽分成数段，在每段中水流顺着板面前进，并以上下翻腾方式流过各段隔板。污水处理中最常采用的是翻腾式电解槽。

(2) 电解槽设计

① 电解槽有效容积 V。有效容积用式(15-1)计算。

$$V=\frac{QT}{60} \tag{15-1}$$

式中 V——电解槽有效容积，m^3；

Q——设计流量，m^3/h；

T——电解历时，min；

② 阳极面积 F。根据水板比 n 确定。

$$F=1000Vn \tag{15-2}$$

式中 F——阳极面积，dm^2；

V——电解槽有效容积，m^3；

n——水板比，dm^2/L；对含氰铬污水可取 $2\sim3dm^2/L$。

③ 电流强度 I。按电流密度 i 与 F 计算。

$$I=iF \tag{15-3}$$

式中 I——电流强度，A；

i——电流密度，A/dm^2；处理含铜废水，当废水含铜浓度大于 700mg/L 时，阴极电流密度为 $0.5\sim1.0A/dm^2$；废水含铜浓度小于 700mg/L 时，阴极电流密度为 $0.1\sim0.5A/dm^2$；破氰电流密度为 $10\sim13A/dm^2$；

F——阳极面积，dm^2。

④ 食盐投加量。当污水的电阻率大于 1200Ω · cm 时，应投食盐使污水电阻率下降到 1200Ω · cm 以下。

⑤ 电压 V。按污水的电阻 $R(\Omega)$ 和电流强度 $I(A)$ 计算，公式如下：

$$V=RI \tag{15-4}$$

⑥ 配套电器设备选择。根据污水 I、V 计算值选择电器设备。电器设备的额定工作电压应大于槽端电压和汇流排压损失之和，汇流排电压损失按式(15-5)计算。

$$V_1=2\times1.1\times ILKF \tag{15-5}$$

式中 V_1——汇流排电压降，V；

1.1——汇流母线温升线引起的电导下降系数；

I——线路计算电流强度，A；

L——线路长度，m；

K——导线导电系数，铜线 K 取 53，铝线 K 取 32；

F——汇流母线截面积，mm^2。

⑦ 电能消耗量。可按式(15-6)计算。

$$N=\frac{IV}{1000Q} \tag{15-6}$$

式中　N——电能消耗量，$kW \cdot h/m^3$；

I——电流强度，A；

V——工作电压，V；

Q——设计流量，m^3/h。

⑧ 压缩空气量 q。

$$q=q_0T \tag{15-7}$$

式中　q——压缩空气量，m^3(气)/m^3(水)；

q_0——搅拌 $1m^3$污水所需的空气量，一般 q_0取 0.2~0.3m^3/min；

T——电解历时，min。

⑨ 翻腾式电解槽。

其平面尺寸应满足　$L/B=4\sim6$，$H/B=1$

式中　L——槽长，m；

B——槽宽，m；

H——有效水深，m。

⑩ 其他。

a. 导线与极板焊接，接线电阻就较小，耐腐蚀较好；

b. 螺栓联接和活动搭接，易松动，接线电阻大，耐腐蚀差；

c. 布置直流电源要尽量靠近电解槽，母线短，线路电压降就小，同时要设置转向开关。

(3) 电极与电极连接方式

① 电极材料。电解过程与电极材料见表 15-2。

表 15-2　电解过程与电极材料

电 解 过 程	电极材料与布置方式
电凝聚	选用可溶性铝或铁作阳极，电极布置应充满整个电解槽。其电流密度较小，电解以电凝聚为主导过程，同时也发生电气浮和氧化还原过程
电气浮	选用可溶性石墨为阳级。石墨电极布置在电解槽底部，不产生电凝聚过程
电凝聚+电气浮	电凝聚选用可溶性铝或铁为阳极。电极部分布置在电解槽底部，不但产生过程电凝聚，电气浮过程也较为明显
电解氧化	选用不溶性石墨为阳极。其电流密度要求较大，主要表现为阳极氧化过程
电解还原	选用铁板为阴极。当处理物质在阴极析出时，阴极总是发生还原过程

② 电极形式。电絮凝电极除球形、片状、棒状等传统的形式外，还有絮凝床、絮凝槽、同轴电絮凝极板在使用。电极形式如图 15-3 所示。

③ 电极连接方式。

在电絮凝器中，按照电极板两侧的电极极性分，电絮凝器可分为单极式、双极式和组合式三类，电絮凝器电极连接方式见图 15-4。对于单极式电絮凝器，电势高低交错，电流总是从某一阳极流向相邻的阴极，而不可能绕过几块极板流向其他阴极，每块极板表现出一种电性且相邻的电极表现为不同的电性，这类电絮凝器不存在电流的泄漏问题；双极式与组合式的情况则有所不同，部分电流可以绕过几块极板，从靠近电源正极的一些极板直接流向靠近电源负极的一些极板，除了与电源两极相连的极板外，每块极板表现出不同的电性，双极式和组合式都存在着电流泄漏的现象。实际应用中双极板较普遍，双极板电路极板腐蚀较均匀，相邻极板接触的机会少，即使接触也不会因短路而发生事故，因此双极板电路便于缩小极板间距，提高极板利用率，减少投资和节省运行费用。

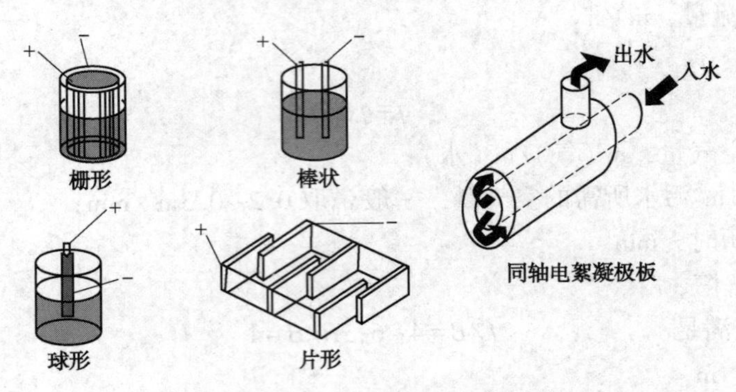

图 15-3　电絮凝极板的几何形状

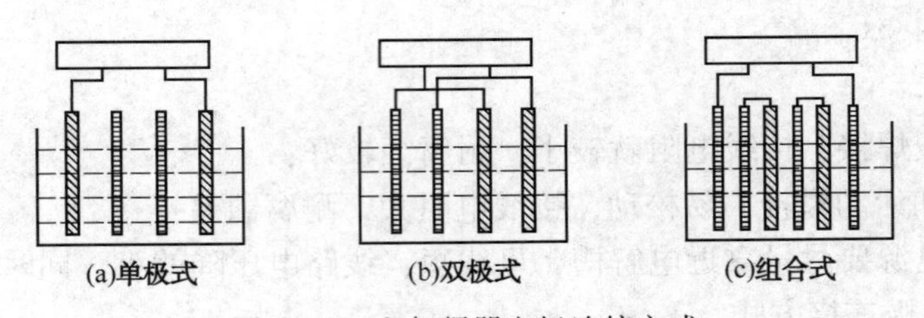

图 15-4　电絮凝器电极连接方式

3. 影响电解的因素

(1) 极板材料

对于印染污水，主要利用电凝聚和电气浮过程，应选择可溶性铝或铁作阳极、铁板作阴极。对含氰污水，以石墨为阳极，铁板为阴极。含铬污水以铁板作阳极和阴极。

(2) 极板间距

极板间距的大小直接影响电解消耗和电解历时。间距过大，电解历时、电压和电解消耗都要增大，而且处理效果也会受影响；间距小，电解消耗低，电解历时也相应缩短，但所需电极板组数太多，一次投资大，且安装与维护管理都较困难。对于含氰、含铬污水极板净距一般为 30~50mm，对印染污水极板净距应采用大些为宜。

(3) 阳极电流密度

阳极电流密度即阳极工作面积上通过的电流，单位为 A/dm^2。阳极工作面是指阳极和阴极相对应之面。如两块阴极间的阳极，则工作面以二面计，电解槽二侧的阳极工作面以一面计，在双电极极组上，阳极工作面是指接阳极导线与阴极相对应的工作面数计算。

$$IF=\frac{I}{0.8F} \tag{15-8}$$

式中　IF——电流密度，A/dm^2；

I——用电安培数，A；

F——阳极工作面积，dm^2；

0.8——系数，即在阳极面积减少至80%时仍能继续使用。

电流密度的大小与电化学反应要求、电极接线和污水性质有关，常用0.2～0.5A/dm^2，一般来说采用低电流的电解法，电耗往往比较少。

(4) 电压

电压是指电解时阳极与阴极间的槽电压，以伏特计，包括平衡电压、过电位和导线、极板和溶液电压降。处理含银废水的槽电压可采用1.8～2.2V；处理含氰废水的槽电压可采用3～4V。电解时投加少量NaCl可降低电压，减少用电量，但污水中增加Cl^-和Na^+是否会影响水的重复使用应加以考虑。加NaCl可以提高污水的电导能力，降低电压和电能消耗，一般当污水电阻率大于1200Ω·cm时，就必须投加NaCl，投加量一般为1～2g/L。

(5) 搅拌

多采用压缩空气搅拌，搅拌强度一般为0.2～0.3m^3(气)/[m^3(水)·min]。

(6) 电解历时

电解历时指污水进入电解槽到污水排出电解槽停留的时间，由几分钟到几十分钟。极距、电流密度和电解时间三者互为影响。极板距愈小，电流密度愈大，电解历时就愈大，但很不经济。一般认为较低的电流密度和较长的电解历时是较合理的，一般控制在10～30min之间。

(7) 水板比

水板比系指电解槽中污水的容积与阳极板总有效面积之比，即浸泡在单位容积污水内的阳极面积，以dm^2/L表示。水板比与极板间距离有关，含氰、铬污水可取2～3。

(8) 温度

温度在5～35℃范围内时，对处理效果和电解历时无明显影响。

(9) pH值

pH值要求控制在5～6之间，pH值过大，会使阳极发生钝化，阻止金属电极的溶解。

(10) 电耗

电解时要析出物质消耗电能。理论值按法拉第电解定律计算：

$$W=\frac{q\varepsilon}{F} \tag{15-9}$$

式中　W——电解析出的物质，g；

q——通过的电量，A·h；

ε——电解析出物质的物质的量；

F——法拉第电解常数，26.8A·h。

由于电解过程中存在着其他副反应的情况，所以实际电耗比理论值大，电解除铬的电量一般取3.8～4A·h/g(Cr^{6+})；电解除氰化物的电量一般取10～15A·h/g(氰)；电解处理毛废染整污水取40～100A·h/m^3污水的电量。

4. 特点

由于电絮凝过程中电解反应的产物只是离子，不需要投加任何氧化剂或还原剂，对环境不产生或很少产生污染，被称为是一种环境友好水处理技术。电絮凝法具有很多的优点，如：

（1）设备简单，占地面积少，设备维护简单；

（2）电絮凝过程中不需要添加任何化学药剂，产生的污泥量少，且污泥的含水率低，易于处理；

（3）操作简单，只需要改变电场的外加电压就能控制运行条件的改变，很容易实现自动化控制。

5. 存在的问题

电絮凝可以一次完成氧化、还原、絮凝、气浮的过程，是污水处理的一个很好的选择。但是一般电絮凝还存在以下几个问题：

（1）处理污水时，若要达到较好的处理效果，则需要较长的停留时间，这对于水量比较大的污水处理工程难以适用，而且水样本身的理化性质对电絮凝处理效果有明显的影响；

（2）极板易形成氧化膜而钝化，影响电絮凝的处理效率；

（3）对高浓度的有机污水进行处理时，电极消耗比较大，造成运行成本较高；

（4）该技术在很大程度上依赖水溶液的化学特性，尤其是传导性；

（5）与其相关的诸多理论还不成熟，尤其缺乏对电絮凝反应器成型设计的理论，因此对于某一特定水质，采用何种结构的反应器、工艺参数、如何优化等，仍凭经验或试验来确定，不能完全从理论上推断。上述这些局限性在一定程度上制约了电絮凝技术的广泛应用。

6. 应用情况

电絮凝水处理系统主要用于去除污水中的重金属、悬浮固体、乳化有机物等，现已被广泛用于石油石化行业、电镀业、有色金属冶炼行业、船底污水处理。工艺对污染物的处理效果如表 15-3 所示。

表 15-3 电絮凝系统对污染物的处理效果

污染物种类	入水水质/(mg/L)	出水水质/(mg/L)	去除率/%
输油管污水			
石油烃	2900	31.7	99
油脂	2180	<5.0	99.78
船底水			
浊度	455	12	97.36
钢材涂料			
铬	36.63	<0.005	99.98
冷却塔循环水			
铜	1.96	<0.005	
锌	6.921	<0.005	
压铸污水			
铁	1520	1.5	90.13
镍	>25	0.12	99.52

续表

污染物种类	入水水质/(mg/L)	出水水质/(mg/L)	去除率/%
锌	12	未检出	100
锰	200	未检出	100
电镀污水			
磷酸盐	135	25	81.48
铜	14.1	0.2	98.59
铅	377.6	0.8	99.79
浊度	2737	57	97.92

(1) 处理高浓度有机污水

用传统的工艺处理高浓度的可生化、不可生化的有机污水，流程长，运行成本高，负荷高，效果不明显，如屠宰业和养殖业的高浓度有机废水、食品厂高浓度污水、石油业含烷烃污水、纺织印染污水等。某毛巾厂采用高压脉冲电絮凝装置处理印染污水，其 COD 和 BOD_5 的去除率均在 80%以上，色度的去除率高。

(2) 处理高氨氮污水

有关资料报道，在处理高 NH_3-N 污水中，电絮凝也有很好的处理效果，已经将其应用在垃圾渗漏液的处理中，在日处理 150t 垃圾渗滤液处理工程中的运行效果见表 15-4。

表 15-4　电絮凝处理垃圾渗滤液效果

污染物	处理前/(mg/L)	处理后/(mg/L)
COD	6430	<25
BOD	540	<18
SS	1980	<10
NH_3-N	1070	<10
重金属	高含量，多种	达排放要求

(3) 处理电镀污水

水口山有色集团第四冶炼厂锌冶炼污水电絮凝深度处理工程，工程设计处理规模为 4000t/d，工程采用美国 ETIG 公司的电絮凝处理装置，两个电絮凝反应器串联使用，以钢板为阳极。其总停留时间为 64min，输出电压为 12～19V，输出电流为 4500A。

(4) 除氟

在一些发展中国家，如中国、埃及、印度等，氟中毒是一种比较常见的地方病。因此，饮用水的除氟问题便成为一个流行的方向，除氟的方法包括石灰沉淀法、混凝沉降法、吸附与离子交换法及电凝聚法、电渗析法、反渗透法等，其中电凝聚法是比较有竞争力的一种方法。

7. 电絮凝设备的有关参数

根据有关文献，对其中的 CJH 型含铬污水处理装置以及 CURE 装置(进口)进行了有关参数的比对，为设计和应用提供参考，分别见表 15-5、表 15-6、表 15-7。

表 15-5 电絮凝设备处理污水参数比对

设 备	处理污水类型	处理规模/[m^3/(h·台)]	污染物/(mg/L)		去除率/%	pH 值		电解时间/s	处理成本/(元/m^3)
			处理前	处理后		适应值	出水值		
CJH 型含铬污水处理装置	含铬污水	<6	Cr^{6+}≤60	≤0.5	99.16	4~6.5	7~8	300~600	0.404(1989 年数据)
			Cr^{6+}≤100		99.5			600~1200	
CURE 装置	含多种重金属污水处理	3.42	Pb<1000	≤0.1	99.99	1~10	中性	80	0.84
			Cu<1000	≤1	99.9				
			Zn<1000	≤2	99.8				
			Cr^{6+}<2000	≤0.1	99.995				
	含铬污水	13.63	Cr^{6+}<400	≤0.5	99.87	1~10	6~9	80	0.94

表 15-6 电絮凝设备耗电参数对照表

设 备	处理污水类型	电源		容量/kW		电解电压/V	电解电流/A	电流效率/%	电流换向时间
		电压/V	电流/A	装机	运行				
CJH 型含铬污水处理装置	含铬污水	380				36 实际极板间电压 30~50	300 实际 0.15~0.35A/dm^2	80(整流效率)	15min 实际 30~60min
CURE 装置	含多种重金属污水处理	380	70	6.5	5.6	10	36	86	20ms
	含铬污水	380	200	19.11	17.51	10	144	86	20ms

表 15-7 极板参数对照表

设 备	处理污水类型	电极型式	电极材质	电极间距/mm	电极板(管)厚/mm	电极板(管)数	年消耗电极板数
CJH 型含铬污水处理装置	含铬污水	板型	碳素钢板	10(设计规范要求的极板) 实际 5~20	3~5(设计规范要求的极板)	按计算	还原 1gCr^{6+}消耗极板 4~5
CURE 装置	含多种重金属污水处理	管型	钛、铝、镍、铁、锑、石墨	按计算		8(二组)	36
	含铬污水	管型	钛、铝、镍、铁、锑、石墨	按计算		8(二组)	18

第二节 超临界水氧化装置

一、超临界水氧化技术机理及工艺流程

1. 机理

超临界(SCW)是指流体物质的一种特殊状态。当把处于汽、液平衡的流体升温升压时,

热膨胀引起液体密度减小，而压力的升高又使汽液两相的相界面消失，成为均相体系，这就是临界点。当流体的温度、压力分别高于临界温度和临界压力时就称为处于超临界状态，水的超临界状态如图 15-5 所示。超临界流体具有类似气体的良好流动性，但密度又远大于气体，因此具有许多独特的理化性质。

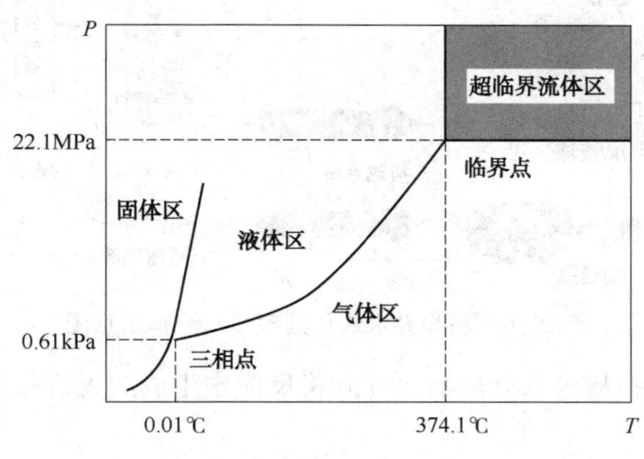

图 15-5 水的各种状态图

水是一种最普通和最重要的溶剂，水的临界点温度为 374. 3℃、压力为 22. 1MPa，临界密度是 0. 322g/cm^3。如果将水的温度、压力升高到临点以上，即为超临界水，其密度、黏度、电导率、介电常数等基本性能均与常态下的水有很大差异，表现出类似于非极性有机化合物的性质，因此超临界水能与非极物质(如烃类)和其他有机物完全互溶。而无机物特别是盐类，在超临界水中的电常数和溶解度较小，也可以和空气、氧气、氮气和二氧化碳等气态物质互溶。

超临界水氧化反应是基于自由基反应机理，该理论认为 · HO_2是反应过程中重要的自由基，在没有引发物的情况下，自由基由氧气攻击最弱的 C-H 而产生，有机自由基与氧气生成过氧自由基，进一步反应生成的过氧化物不稳定，有机物则进一步断裂生成甲酸或乙酸。其中含有一个碳的甲酸有机物经自由基氧化过程一般生成 CO 中间产物，在超临界水中 CO 被氧化为 CO_2，其途径主要为：$CO+O_2 \longrightarrow 2CO_2$，$CO+H_2O \longrightarrow H_2+CO_2$。在温度<430℃时，$CO+H_2O \longrightarrow H_2+CO_2$起主要作用，产生大量的氢经氧化后成为 H_2O。

2. 基本工艺流程

超临界水氧化处理污水工艺最早是由美国的 Modell 提出的，基本工艺流程如图 15-6 所示。

其工艺流程如下：

(1) 用高压泵将污水压入反应器，污水在反应器里与一般循环反应物直接混合加热，提高温度。目前，工程上使用的超临界水氧化反应器基本上有三类：管式反应器、蒸发壁和罐式反应器(MODAR 罐式反应器)。

(2) 用压缩机将空气/氧气增压，并通过循环用喷射器把反应物(污水)一并带入反应器。有机物与氧在超临界水相中迅速反应而被氧化，氧化释放出的热量被利用为反应器加热。污水及氧化剂进入反应器之前，需要在加热器中预热到一定温度(300~450℃)，以确保超临界水氧化反应能够顺利进行。

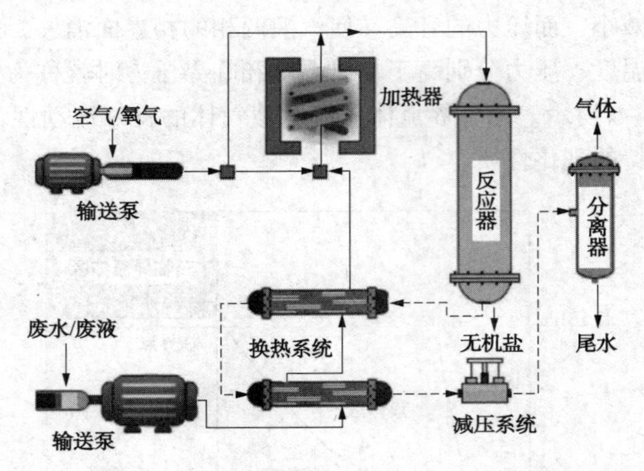

图 15-6 超临界水氧化处理污水流程示意图

(3) 离开反应器的物料进入分离器，在此将反应中生成的无机盐等固体物料从液相中沉淀析出。

(4) 离开分离器的高温高压流体通过换热器后，再经阀减压排出，进入低压气液分离器，分离出的气体(主要是 CO_2)进行排放，液体则为洁净水。减压系统一般需要把容器的压力从 23MPa 降至常压。可以采用降压组件和闪蒸降压相结合的方法，如利用降压组件将系统压力从 23MPa 先降低到 2.7MPa，降压后产物流体进入气液分离罐，系统压力降低到 0.3MPa。

目前，根据此工艺流程设计了各种规模的反应系统，反应系统基本上分成 7 个主要步骤完成反应：①进料及加压；②预热；③反应；④盐的形成和分离；⑤淬冷，冷却和能量/热循环；⑥减压和相分离；⑦如果有必要，处理后出水需要进一步处理。

采用超临界水氧化法处理有机废水，实现无需系统外供热和自热是有条件的，当处理的有机物的浓度高于 20%时，有盈余的热量可以回收和利用，但是要实现热量的回收和利用是需要更多技术支持的；如果有机物含量低于 1%，则要加入辅助燃料。

二、氧化剂来源

一切富含且较易释放氧的物质均可作为氧化剂，较多的是纯氧和空气，H_2O_2 与 $KMnO_4$ 也被用作氧化剂。

三、特点

超临界水氧化反应具有如下特点：

(1) 水中几乎所有的有机物在较短试剂时间内与氧气或空气中的氧进行氧化、分解，被转化成无害的 CO_2、水、氮气等；

(2) 无机盐类溶解度小，以固体形式被分离出来或回收利用，例如造纸黑液经处理后可回收碱；

(3) 当被处理的污水或废液中的有机物浓度在 3%~10%以上时，就可以依靠反应过程中释放的反应热来维持反应所需的热量平衡，不需外界加热。

表 15-8 为超临界水氧化法和其他处理方法的对比。

表 15-8　超临界水氧化法和其他处理方法的对比

参　数	超临界水氧化	湿法氧化	焚烧法
温度/℃	400~650	150~350	≥1000
压力/MPa	30~40	2~20	不需要
催化剂	可不添加	需要	不需要
停留时间/min	≤5	15~20	≥10
去除率/%	≥99	7~90	≥99
自热	是	是	不是
后续处理	不需要	需要	需要
排出物	无毒、无色	有毒、有色	二噁英、NO_x等
适用性	普适	有限制	普适

四、存在的问题

1. 催化剂问题

研究表明，催化剂的使用可以提高反应速度，减少反应时间，降低反应温度，控制反应路线及反应产物。表 15-9 是不同的有机物在使用催化剂与不使用催化剂的超临界水中氧化反应速率的比较。

表 15-9　在超临界水氧化工艺中有无催化剂对不同有机物反应速度的影响

催化物	化合物	反应温度/℃	反应压力/MPa	反应速度/[mg/(kg·s)]	
				无催化物	有催化物
Al_2O_3	乙酸	418	27.6	7.3	116.7
	吡啶	418	27.6	1.9	4.3
	2，4-二氯苯酚	418	27.6	3.0	449.7
Pt/Al_2O_3	乙酸	418	27.6	7.3	326
	吡啶	418	27.6	1.9	7
Cr_2O_3	苯	390	24.1	148.0	499.0
	苯酚	390	24.1	94.8	76.7
	1，3-二氯苯	390	24.1	233.5	47.3
MnO_2/CeO_2	乙酸	418	27.6	7.3	503.5
	氨	450	27.6	0	23.2
	苯	390	24.1	148.0	600
T_iO_2	乙酸	418	27.6	7.3	462.4
	吡啶	418	27.6	1.9	223.3
Pt/T_iO_2	乙酸	418	27.6	7.3	98.3
	吡啶	418	27.6	1.9	326.6
ZrO_2	乙酸	418	27.6	7.3	499.0
	吡啶	418	27.6	1.9	253
V_2O_5	苯	390	24.1	148.0	26.3
	苯酚	390	24.1	94.8	263.6
	1，3-二氯苯	390	24.1	233.5	465.3

现在超临界水氧化法采用的绝大部分催化剂是湿法氧化法使用的。但超临界水这一剧烈的反应环境对这些催化剂的稳定性和活性的影响正逐渐引起人们的注意。研究发现，在超临界水氧化处理后的流出液中，V_2O_5/Al_2O_3和Cr_2O_3/Al_2O_3的溶出离子有增多的现象，Pt/Al_2O_3在多数实验中失活，其部分原因是Pt粒子晶体长大引起的，另外还发现在超临界水中，由于表面张力变化导致催化剂Ni/AI_2O_3发生膨胀和变得松散。因此在该技术中对所采用催化剂的研究，应朝优化催化剂方向发展，以降低反应压力和温度，并控制反应产物。

2. 腐蚀问题

由于超临界水氧化需较高的温度(>374℃，实际反应温度≥500℃)和较高的压力(>22MPa,实际反应压力≥25MPa)，因而在反应过程中对普通耐腐蚀金属如不锈钢及非金属碳化硅、氮化硅等有很强的腐蚀性，造成对反应设备材质要求过高；另外对于某些化学性质较稳定的物质，反应需要时间较长，超临界水氧化技术的运行费用也较高。以上原因，特别是反应器防腐问题的存在限制了该技术的大规模工业化。

3. 盐沉积

污水中的无机盐类，在超临界水中的溶解度小，其中某些黏度大的盐类，能沉积下来，可能会引起反应器或管路的堵塞。解决堵塞的途径除了优化反应器(采用蒸发壁反应器)外，还可以采用加压(如加压到110MPa)来改善无机盐在超临界水中的溶解性；也可以通过向反应器中加入某种盐与反应器中生成的易沉积盐共熔，从而保持流体状态，避免反应器的堵塞。

五、装置

1. 蒸发壁反应器(Transpiring-Wall SCWO Reactor)

蒸发壁反应器是借鉴蒸汽轮机的原理设计的，蒸发壁式一般由承压外壳和多孔内壳组成，如图15-7所示。

其外壳一般采用无孔的合金钢材料；蒸发壁能让清洗水通过圆柱形反应器多孔壁进入，在反应器内壁表面形成一个气膜以避免内壁接触到腐蚀性物质和防止盐的沉积。内壳主要有两种结构：一种是层板衬里结构，这种结构通过蚀刻技术在多层不锈钢板上蚀刻出具有一定规则的小孔，每一层薄板上小孔形状都不相同；另一种是多孔材料，如多孔烧结不锈钢多孔陶瓷。

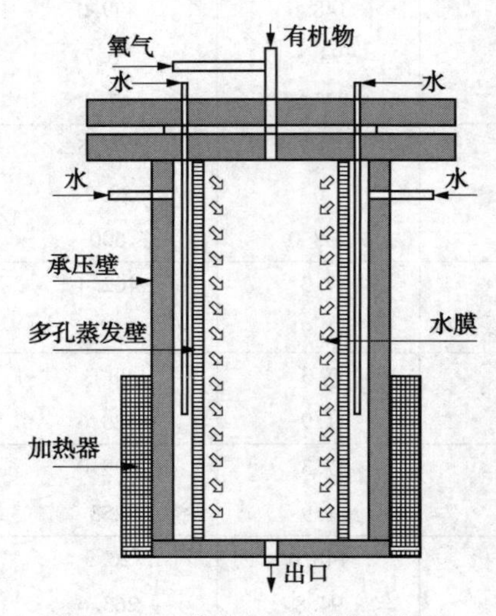

图15-7 蒸发壁反应器示意图

实际操作时，有机物和氧化剂从反应器顶部注入，进行氧化反应，产生高温流体；低温蒸发水从反应器侧面注入到外壳与内壳的空隙，平衡反应流体对内壳的压力，同时通过内壳渗入到反应器并在内壳壁形成一层临界水膜。该水膜能阻止无机酸与壁面的接触，并能溶解在超临界温度反应区析出的无机盐，从而减轻反应器内壁的腐蚀与盐分的沉积。蒸发壁反应器采用双壳结构，可以实现反应器内承压和承温部分的分离，即内壳承温不承压，外壳承压不承温，从而可以减少反应器的制造成本。

有关试验用蒸发壁反应器的结构及操作特点见表15-10。

表 15-10　有关试验用蒸发壁反应器结构及操作条件

反应器		处理物及效果	操作条件
Aerojet 衬里：AISISS304	直径：27.9mm； 长度：914mm； 氧化剂：空气	异丙醇、军工烟雾及燃料；TOC 去除率 > 99.9%，无 Na_2SO_4 沉淀在蒸发壁	废液：36kg/h； 蒸发水：37.8kg/h； 压力：25.5MP； 反应温度：450~550℃； 蒸发水温度：450℃
Aerojet 衬里：AISISS304	直径：121mm； 长度：3000mm； 氧化剂：氧气	异丙醇、糖、Na_2SO_4 溶液、军事烟雾及染料；TOC 去除率>99.9%	废液：150kg/h； 压力：24.8MPa； 反应温度：400~725℃； 蒸发水温度：450℃
多孔材料：烧结不锈钢（30μm 孔径）	直径：60mm； 长度：950mm； 氧化剂：空气	乙醇、Na_2SO_4、造纸废水；TOC 去除率>99.9%	废液：5~20kg/h； 空气：40kg/h； 蒸发水：80kg/h； 压力：32MPa； 反应温度：630℃； 蒸发水温度：550℃

蒸发壁反应器工艺流程示意图见图 15-8。

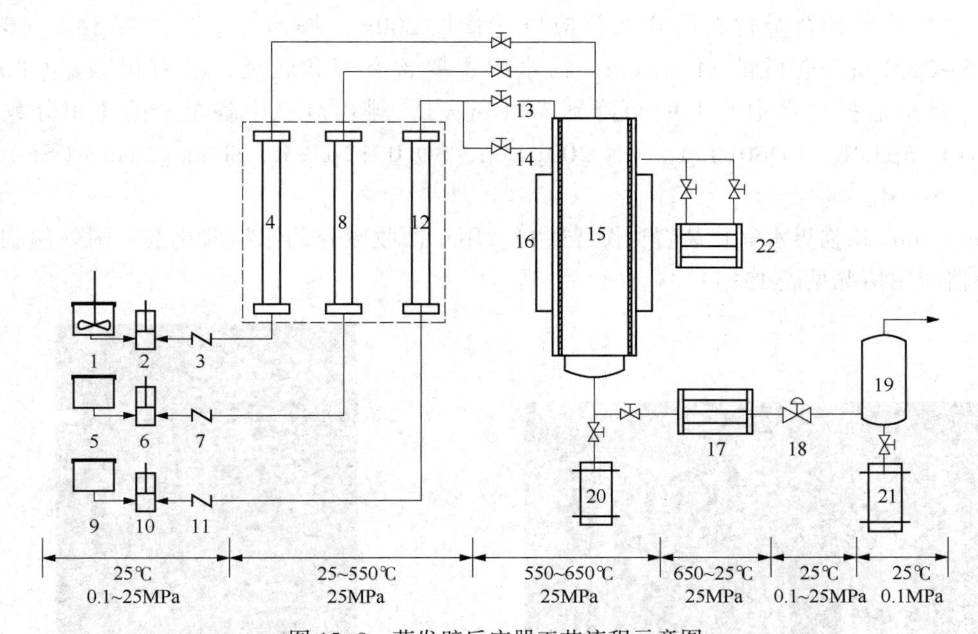

图 15-8　蒸发壁反应器工艺流程示意图

1—待处理液；2—高压泵；3，7，11—止回阀；4，8，12—加热器；5—氧化剂罐；6—泵；9—蒸发壁用水储罐；10—泵；13，14—冷却水进口管道；15—反应器；16—加热器；17，22—冷却器；18—减压阀；19—气液分离器；20，21—尾水收集设备

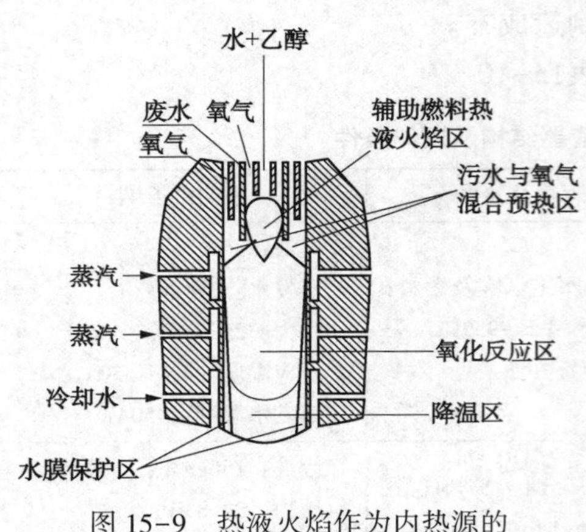

图 15-9　热液火焰作为内热源的蒸发壁反应器示意图

有机废液及氧化剂在进入蒸发壁反应器之前，需要预热到 300~450℃，以确保超临界水氧化反应能够顺利进行。物料在预热过程中，会发生初步的热解及氧化反应。对于一些含有黏度大、易热分解的有机物废水，物料在经过换热器或电加热器等加热元件时，有机物极易发生热解，在预热阶段热解结焦，生成焦炭及焦油等。此外，实际废水中一般会含有无机盐，无机盐也会在预热段中发生盐沉积现象。因此物料在流速较低或管径较小的情况下，容易造成管路的堵塞。针对物料在预热过程中存在阻塞的问题，国外开发了一种以热液火焰作为内热源的蒸发壁反应器，如图 15-9 所示。辅助燃料预热到反应温度后，和相应的氧化剂一起从反应器中心喷嘴注入反应器，并快速进行氧化反应，从而产生高温热液火焰，热液火焰将中心喷嘴外环注入的低温有机废液预热到超临界水氧化温度，从而可以在反应器中上部完成超临界氧化降解反应。蒸发水从反应器侧面注入形成保护膜保护反应器。

2. 管式反应器

管式反应器是较为常见的连续式超临界水氧化系统所采用的工艺，形式有单管或多管串并联。1994 年，Huntsman 公司在 Texas 建立了第一套利用 SCWO 技术的污水处理装置，采用非特种合金材料的管式反应器，管长 200m；操作参数为温度 540~600℃，压力 25~28MPa，进料量 1100kg/h。污水中主要含有醇和胺类，总有机碳量（TOC）>50g/L。反应后排出水中的 TOC 可降到 3~10mg/L。排出废气中各组分的体积分数分别为：NO_x0.6μL/L，CO60μL/L，$CH_4$200μL/L，$SO_2$0.12μL/L。Shinko Pantec（SP）反应器见图 15-10。

Aquacritox 超临界水氧化装置见图 15-11，用于回收废弃的铂族催化剂。国外超临界管式反应器应用情况见表 15-11。

图 15-10　Shinko Pantec（SP）反应器图

图 15-11　Aquacritox 超临界水氧化装置

表 15-11 国外超临界管式反应器应用情况

国家	公司名称	工艺特点	处理规模及运行情况
韩国	韩华石油化学株式会社	管式反应器及容器式反应器兼用	20t/d2，4-二异氰酸甲苯酯残留物处理装置
美国	通用原子公司	管式反应器	为美国军方建设 3 套 10t/d 装置用于处理军用化学废弃物
	Super Water Solutions	管式反应器	完成奥兰多 60t/d 污泥处理装置建设；计划进行 120t/d 商业装置建设
欧盟	英国 SCFI	管式反应器	6t/d 装置用于市政污泥处理及重金属回收；与 ParsonsRockwellAutomation、Air Products 形成联盟，进行技术推广；在爱尔兰建成 60t/d 废弃物处理联产发电设备
	法国 Innovoex	管式反应器	24t/d 商业装置

六、技术的应用

1. 技术应用的主要国家

(1) 美国

美国已有多家公司从事 SCWO 技术开发研究，如 Modar、MODEC(Modell Environmental Corp)、General Atomics、EWT(ECO Waste Technologies)、Foster Wheeler 等公司。

(2) 德国

德国是除美国外最主要的研究国家之一，研究方向为工业废水与废弃物的处理，如纸浆厂与制药厂的废水以及电子工厂的下脚料等。目前已开发出多种具抗腐蚀的反应器，如 Forschungszentrum Karlsruhe 公司。

(3) 法国

主要研究放射性废水及油墨废水的处理，如 CEA 公司与 CNRS 公司。

(4) 瑞典

以工业应用于处理含胺废水，如 Chematur Engineering AB 公司等。

(5) 瑞士、西班牙

相关机构已开发出抗腐蚀反应器。

(6) 日本

主要研究危险性废弃物或废水的处理，以 PCBs、Dioxin 的去除研究为主，为目前少数拥有工业化技术与经验的国家之一。有 Shinko Pantec(SP)公司、Kobe Steel 公司、Organo 公司、Mitsubishi Heavy Ind 公司、Hitachi 公司等。

2. 应用的主要方面

(1) 军事方面

美国 Sandia、Los Alamos 等国家实验室以及 MIT、Texas-Austin、Delaware 等大学，最先对 SCWO 技术进行了大量基础性研究与应用，处理的废物主要来自于国防领域，包括推进剂、炸药、有色毒烟、化学毒品、核废料等。SCWO 技术在处理航空、航海领域空间工作站和核潜艇污水、废物时，能实现闭路循环，可以解决因载荷限制导致的资源不足问题。General Atomics 公司已与美国国防研究规划局和美国空军签订合同，采用 SCWO 技术处理海军舰艇废物以及战争化学品。Modar公司向美国国家航空和宇宙航行局(NASA)提交了用于空间站应用的SCWO装置，用于处理人体排泄物等，得到美国能源部(DOE)授权。当前，超临界水氧化技术已不限于最初的国防领域应用，在其他方面也有大量的应用。

(2) 环保方面

在环保方面的应用主要为降解有害废弃物。如处置含卤素塑胶、火焰抑制剂、塑化剂等塑胶及其衍生物；处置杀虫剂、医药、容积、染料等有机物质；处置炸药、烟雾弹药、气体推进剂等高能量物；处理纺织或纸浆工厂废水、漂白废水、切削废液、皮革废液等废水，尤其是有机污染物浓度在3%~10%的废水处理；处理城市污泥、工业污泥；处置受污染土壤等；也可应用于食品工业、化学工业、半导体清洗等。

1985年，美国的Modar公司建成了第一个SCWO中试装置，用来分解胺、长链醇等有机物，该装置能处理950L/d含10%有机物的废水或190L/d有机物，处理效果良好。Modar公司SCWO超临界水中试装置流程如图15-12所示。

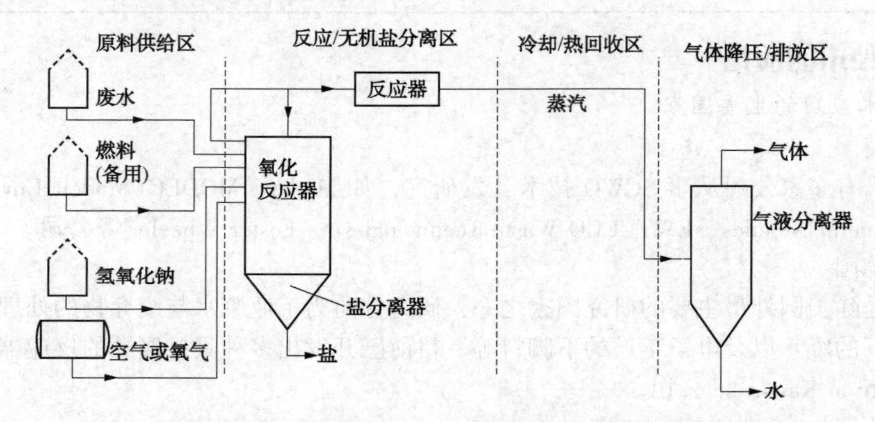

图15-12 Modar公司SCWO超临界水中试装置流程图

美国在1993年建造了商业化的企业处理废纸浆装置，其设计处理量为5t/d，比焚烧少1/3操作成本。日本神钢的SCWO系统是于1997年引进美国技术，并与瑞典合作开发，于2000年建成，最大处理量为1.1t/h。日本污水处理部门建造了一座处理量为10t/d的实验工厂，针对处理含有1%的污泥，用此种方式处理活性污泥可以减少20%~30%的成本。瑞典1998年在国内完成了一套SCWO设备，处理量为0.4t/h。英国2002年开始运转SCWO设备，设计处理量为3t/h，用来处理触媒、回收金属、破坏有机物，其排放水COD<20mg/L。台湾地区于2001年开始实验室研究，并于2005年7月投产第一套SCWO设备，最大处理量为72t/d。

目前已经处理的物质有：二噁英、多氯联苯、苯、硝苯、尿素、氰化物、酚类、醋酸、醇类、氨等，已证实的超临界水氧化法对一些有机物质的去除率如表15-12所示。

表15-12 超临界水氧化法对一些有机物质的去除率

污染物	温度/℃	停留时间/min	去除率/%
二噁英	574	3.7	99.9995
氯甲苯	600	0.5	99.998
2，4-二硝基甲苯	457	0.5	99.7

续表

污染物	温度/℃	停留时间/min	去除率/%
三氯乙烷	495	3.6	99.99
二氯化物	495	3.6	99.99
4-氯乙烯	495	3.6	99.99
6-氯环戊二烯	488	3.5	99.99
邻氯甲苯	495	3.6	99.99
多氯代联苯	550	0.05	99.99
2-氯，2-苯-三氯乙烷	505	3.7	99.997

(3) 能源领域的应用

① 超临界水中生物质的水解

生物质是重要的可再生原料，主要包括纤维素、木质素、淀粉等，它们在一定条件下可转化为能源、化工原料、食品、饲料等，因此进行生物质转化的研究具有重要意义。近年来，利用高温的超临界水进行生物质转化的研究受到了人们的广泛重视。开展了许多有意义的工作，研究了玉米秆、淀粉、木头粉末等生物质在超临界水中的分解反应，在高温的超临界水中生物质的有机成分分解为氢气、二氧化碳、一氧化碳、甲烷等气体。通过这些研究可知，在超临界水中由生物质转化产生 H_2能源是一条环境友好的制氢途径。

② 超临界水中聚合物的降解

在塑料回收中，以废旧塑料为原料回收得到燃料和化学物质是重要的研究领域。很多聚合物在高温水中可以降解为液体物质甚至是它们的单体，而这种转化在超临界水中则更为有效。迄今为止，已经研究了 PET、尼龙、聚苯乙烯、聚乙烯等在超临界水中的降解，他们在一些条件下完全可以转化为有用的化学原料，因此超临界水中废旧塑料的降解为废旧塑料的回收利用提供了新方法。

同时，超临界水氧化技术和超临界二氧化碳萃取以及亚临界水萃取等技术结合，为发展有机废物和生物质废物回收，然后部分氧化合成有机化学品开辟了新的途径。

(4) 国内情况

2009 年，国内首台 3t/d 城市污泥超临界水氧化处理示范装置投入运行，由西安交通大学研制，如图 15-13 所示。该装置采用撬装式结构形式，系统集有机物去除、脱盐除渣、余热利用、制取氢气、防堵塞、防腐蚀等功能于一体。城市污泥经过示范装置处理后出水的 COD 为 25mg/L、氨氮为 2mg/L，能实现达标排放；反应后的清洁液体作为装置的蒸发壁水进行循环利用。装置能实现脱盐处理和泥渣分离。

2014 年，某农药厂建成了日处理量 100t 的农药废水超临界水氧化处理装置，如图 15-14 所示。经过装置处理后，废水污染物能达到《太湖地区城镇污水处理厂及重点工业行业主要污染物排放限值》(DB 32/1072—2007)标准。装置实现了高有机物浓度、高含盐量和难降解农药废水的无害化处理。

廊坊的 240t/d 超临界污泥处理项目已实现稳定运行。其基本的操作流程是：污泥首先进行预处理，配置成泥浆并将浓度调整至设计值(含固量在 10%左右)。配置好的泥浆经过高效预热系统与来自高温反应后物料进行换热，达到反应温度后进入超临界反应装置。在超临界水状态下物料与氧气充分接触，物料中有机质与氧气在短时间内完成氧化反应。反应后产物作为热源给冷物料换热，多余热量可通过蒸汽回收，整个反应过程可实现自热平衡。

图 15-13　3t/d 城市污泥超临界水氧化处理示范装置图

图 15-14　农药废水(100t/d)超临界水氧化处理装置图

七、成本

SCWO 应用于处理不同废弃物，处理成本随处理量增大而有所减少，其中氧气是重要的成本之一，如果工艺使用空气作为氧源，成本将比纯氧高 10%~20%。运行中的收入部分主要是产生的蒸汽。

荷兰某 SCWO 实验工厂处理量为 $1m^3/h$，设备占地面积为 $100m^2$(10m×10m)，设备投资成本估计为 120 万英镑，操作成本为 200~500 英镑/m^3废液。

美国德州 GNI 集团公司在德州 DeerPark 建造了一座 SCWO 工厂，1995 年 1 月完工，设计处理量为 5000gal 废液/d，主要处理废水中的含氯物质，使用 Modar 公司技术，造价 6 百万美元；当 SCWO 处理量为 5000~100000gal/d 时，其处理成本为 0.75 美元/gal。

日本 Organo 公司与日本户田市污水局合作处理含有的污泥(1%)，设计建造一座处理量为 $10m^3/d$ 的装置，用此方式处理活性污泥可以减少 20%～30%的成本。表 15-13 为国外其他超临界水氧化工艺装置处理不同污染物的成本情况。

表 15-13　国外超临界水氧化处理装置成本

应 用 项 目	处理量/(t/h)	收入/(英镑/t)	运行成本/(英镑/t)
污泥处理	6	4	20
胺类污水处理	3	4	31
化学污水处理	2.5	2	25
脱墨污泥处理	6	16	6
工业污泥处理	1	3	53
油墨污水处理	2	4	30

第三节　湿式氧化技术与应用

湿式氧化(WAO)是指在高温(150～320℃)和高压(0.5～20MPa)条件下，以空气中的氧气或臭氧、过氧化氢等为氧化剂，在液相中将有机污染物氧化为二氧化碳和水等无机物或小分子有机物的化学过程。

一、湿式氧化技术作用机理

湿式氧化主要包括传质和化学反应两个过程，目前的研究结果普遍认为 WAO 反应属于自由基反应，通常分为三个阶段，即链的引发、链的发展或传递、链的终止。

(1) 链的引发

为反应物分子生成自由基的过程。主要反应有：

$$RH+O_2 \longrightarrow R\cdot + \cdot HO_2 \text{(RH 为有机物)}$$

$$2RH+O_2 \longrightarrow 2R\cdot + H_2O_2$$

$$H_2O_2 \longrightarrow 2\cdot OH$$

(2) 链的发展与传递

自由基与分子相互作用、交替进行，使自由基数量迅速增加的过程。主要反应有：

$$RH+\cdot OH \longrightarrow R\cdot + H_2O$$

$$R\cdot + O_2 \longrightarrow ROO\cdot$$

$$ROO\cdot + RH \longrightarrow ROOH + R\cdot$$

(3) 链的终止

若自由基之间相互碰撞生成稳定的分子，则链的增长过程终止。主要反应有：

$$R\cdot + R\cdot \longrightarrow R—R$$

$$ROO\cdot + R\cdot \longrightarrow ROOR$$

$$ROO\cdot + ROO\cdot \longrightarrow ROH + R_1COR_2 + O_2$$

二、保证湿式氧化过程的必要条件

湿式氧化反应过程主要包括传质和化学反应两个过程，前段受氧的传质控制，后段受反应动力学控制，包括高温、高压及液相条件。

（1）温度

温度是 WAO 过程的关键影响因素，温度越高，化学反应速率越快；温度升高可以增加氧气的传质速度，减小液体的黏度。

（2）压力

压力的主要作用是保证氧的分压维持在一定的范围内，确保液相中有较高的溶解氧浓度。

（3）液相（水）

液相保证有机物和氧能良好地混溶。

三、湿式氧化技术的特点

与常规的处理方法相比，湿式氧化技术的特点如下：

（1）应用范围广，可以有效氧化各类高浓度有机污水，特别是毒性大、常规方法难降解的污水；

（2）处理效率高，在合适的温度和压力条件下，其对 COD 的处理效率可达到 90%以上；

（3）氧化速度快；

（4）C 被转化为 CO_2，N 被转化为 NH_3、NO_3^-、N_2，卤化物和硫化物被氧化为相应的无机卤化物和硫化物，二次污染较少；

（5）能耗少，可以回收能量和有用物料。系统的反应热可以用来加热进料，系统中排出的热量可以用来产生蒸汽或加热水，反应放出的气体可以用来产生机械能或电能等。

四、影响处理效果的主要因素

1. 污水中有机物的结构

研究表明，有机物氧化与物质的电荷特征和空间结构有很大的关系，不同的污水有各自的反应活化能和不同的氧化反应过程，因此相应的湿式氧化的难易程度不同。

2. 温度

温度为湿式氧化反应的决定性因素。

（1）反应温度低，即使延长反应时间，反应物的去除率也不会显著提高；

（2）当温度 $<100℃$时，氧的溶解度随着温度的升高而降低；温度 $T>150℃$时，有机物的溶解度随着温度的升高而增大，氧在水中的传质系数也随着温度的升高而增大；

（3）温度升高使液体的黏度减小，因此温度升高有利于氧在液体中的传质和有机物氧化。温度越高，有机物的氧化越完全。

但是，温度升高，总压力增大，动力消耗增加，且对反应器的要求越高，因此，从经济的角度考虑，应选择合适的温度，既要满足氧化的效率，又要合理地设计能量消耗等费用。

3. 压力

有研究认为，系统压力的主要作用是保持反应系统内液相的存在，对氧化反应的影响并不显著。如果压力过低，大量的反应热会消耗在水的蒸发上，这样不但反应温度得不到保证，而且反应器有蒸干的危险。因此，在一定温度下，总压不应低于该温度下水的饱和蒸气压。表 15-14 给出了湿式氧化装置内反应温度与压力的经验数据。

表 15-14　湿式氧化装置内反应温度与压力的经验数据

反应温度/℃	230	250	280	300	320
反应压力/MPa	4.5~6	7~8.5	10.5~12	14~16	20~21

4. 污水 pH 值

污水的 pH 值对湿式氧化的影响有三种情况：

（1）pH 值越低，氧化效果越好，例如有机磷农药污水。

（2）pH 值对 COD 去除率的影响存在极值点，如含酚污水在 pH 值为 3.5~4.0 时，COD 的去除率最大。

（3）pH 值越高，处理效果越好，例如酒厂污水。

调节污水到适宜的 pH 值，有利于加快反应的速度和有机物的降解。低 pH 值会增加反应设备腐蚀，对反应设备的材质要求高，材料使用费用增加；低 pH 值也易使催化剂活性组分溶出和流失，造成二次污染。

5. 停留时间

（1）达到处理效果所需要的时间随反应温度的升高而缩短；

（2）去除率越高，所需的反应温度越高或反应时间越长；

（3）氧分压越高，所需的温度越低或反应时间越短。

根据污染物被氧化的难易程度以及处理的要求，可确定最佳反应温度和反应时间。一般而言，湿式氧化处理装置的停留时间在 0.1~2h 之间。

6. 搅拌强度

在高压反应釜内进行反应时，氧气从气相向液相中传质与搅拌强度有关。搅拌强度影响传质速率，搅拌强度越大，液体的湍流程度越大，氧气在液相中的停留时间越长，传质速率就越大；但当搅拌强度增大到一定程度时，搅拌强度对传质速率的影响很小。

7. 反应产物

一般条件下，大分子有机物经湿式氧化处理后，大分子断裂，然后进一步被氧化为小分子有机物。如乙酸是一种常见的中间产物，由于其进一步氧化较困难，往往会积累下来，因此需要进一步提高反应温度或选择适宜的催化剂和优化工艺条件，才能将乙酸等中间产物氧化为 CO_2 和 H_2O 等最终产物。

五、主要工艺与流程

1. 主要工艺

目前应用的主要工艺有：美国 Zimpro 公司开发的 Zimpro 工艺（高温、高压），日本石化公司（NPC）开发的仅氧化硫化物而不氧化烃类有机物为处理目标的 NPC 工艺；德国 Bayer 公司开发的 LOPROX 工艺（低温、低压），美国 MODAR 公司开发的超临界湿式氧化工艺、NKT/RISO 工艺（温度、压力比 Zimpro 工艺稍低）。

在各种湿式空气氧化工艺中首推 Zimpro 工艺，其技术最为成熟，应用最广。目前在欧美各国已运行的多套处理废碱液的 WAO 处理装置中，采用 Zimpro 工艺的占了大多数。但 Zimpro 工艺反应过程需要高温高压，工程造价昂贵，阻碍了其进一步推广。

NPC 工艺是专门为废碱液处理而开发的，经济上较为合理，但出水中有机污染物基本上保留，需进一步后续处理。

图 15-15　LOPROX 工艺装置图

德国 Bayer 公司开发的 LOPROX 工艺目前已在化工、印染、制药等行业得到应用，处理量为 7~75m^3/h，工作压力为 5~30MPa，温度在 120~220℃。其在西班牙的装置见图 15-15。

2. 基本流程

（1）将被处理废物用高压泵送入反应系统中，与空气(或纯氧)混合后进入热交换器，换热后的液体经预热器预热后送入反应器内。

（2）在氧化反应器中进行氧化反应，反应器是湿式氧化的核心设备。随着反应器内氧化反应的进行，释放出来的反应热使混合物的温度升高，达到氧化所需的最高温度。

（3）氧化后的反应混合物经过控制阀减压后送入换热器，与进水换热后进入冷凝器。液体在分离器分离后分别排放。

（4）反应尾气处理

WAO 系统排出的氧化气体成分，随着燃烧物质和工艺条件的变化而不同。WAO 氧化气体的主要成分见表 15-15。

表 15-15　湿式氧化技术氧化气体的主要成分

成分	烃	H_2	N_2	O_2	Ar	CO_2
含量/%	≤0.02	0.02	82.8	2.0	0.9	13.9

WAO 氧化气体的主要成分是 N_2和 CO_2，但氧化气体一般具有刺激性臭味，需进行脱臭处理。

（5）尾水的处理

各种湿式空气氧化工艺未能完全去除污染物，仍然需要用其他方法处理尾水。

六、主要设备组成

（1）反应器

反应器是湿式氧化技术设备中的核心部分。由于工作条件是高温、高压，且所处理的废物通常有一定的腐蚀性，因此对反应器的材质要求较高，需有良好的抗压耐腐蚀。

（2）热交换器

废物进入反应器之前，需要通过热交换器与出水的液体进行热交换，因此要求热交换器有较高的传热系数、较大的传热面积和较好的耐腐蚀性，且保温良好。悬浮物较多的废水采用立式逆流管套式热交换器，悬浮物少的废水采用多管式热交换器。

（3）空气压缩机

为了减少费用，常采用空气作为氧化剂。当空气进入高温、高压的反应器之前，需要使空气通过热交换器升温和通过压缩机提高空气压力，以达到需要的温度和压力。通常使用复式压缩机，根据压力要求选定段数，一般选 3~4 段。

（4）气液分离器

使用的气液分离器为压力容器。氧化后的液体经过热交换器后温度降低，使液相中的O_2、CO_2及易挥发的有机物从液相进入气相分离，分离器内的液体再经过生物处理或直接排放。

第四节　湿式催化氧化技术与应用

一、基本原理与工艺流程

应用催化剂的湿式氧化工艺能显著降低温度与压力，便于推广应用，是目前的研究热点。湿式催化氧化法主要原理是在一定压力(2~8MPa)和温度(200~280℃)下，将污水通过装有高效氧化性能催化剂的反应器，可将其中的有机物及含N、S等物质催化氧化成CO_2、H_2O及N_2、SO_4^{2-}等无害物排放。湿式氧化系统工艺流程如图15-16所示。

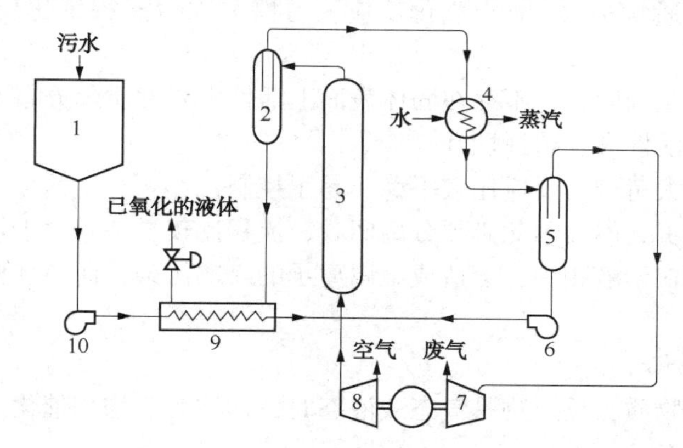

图15-16　CWAO法工艺流程示意图

1—贮存罐；2—分离器；3—催化反应器；4—再沸器；5—分离器；6—循环泵；7—透平机；8—空压机；9—热交换器；10—高压泵

其工艺过程为：污水通过贮存罐由高压泵打入热交换器，与反应后的高温氧化液体换热，使其温度上升到接近于反应温度后进入反应器。反应所需的氧由压缩机打入反应器。在反应器内，污水中的有机物与氧发生放热反应，在较高温度下将污水中的有机物氧化成二氧化碳和水，或低级有机酸等中间产物。反应后气液混合物经分离器分离，液相经热交换器预热进料，回收热能。高温高压的尾气首先通过再沸器(如废热锅炉)产生蒸汽或经热交换器预热锅炉进水。其冷凝水由第二分离器分离后通过循环泵再打入反应器，分离后的高压尾气送入透平机产生机械能或电能。

催化湿式氧化技术(CWAO)具有以下特点：

（1）在传统的湿式氧化处理体系中加入催化剂，降低反应的活化能，从而在不降低处理效果的情况下，降低反应的温度和压力，提高氧化分解的能力，缩短反应的时间，提高反应效率，并减少了设备的腐蚀和降低了成本；

（2）具有净化效率高，无二次污染，流程简单，占地面积小等优点；

（3）催化剂有选择性，并且污水中含有许多种类和结构不同的有机物，需要对催化剂进行筛选。

二、主要工艺类型与设备

根据湿式催化氧化技术中使用的催化剂在反应中存在的状态，可将湿式氧化分为两类：均相湿式氧化和非均相湿式氧化。

催化湿式氧化（CWAO）研究的重点是开发高活性和高稳定性的催化剂。催化反应通常根据体系中催化剂和反应物相分类，当催化剂与反应物形成均一相时，为均相催化反应，反之则为多相催化或非均相催化。虽然多相催化有其更为复杂的特点，但均相和多相的催化本质是相同的。均相催化可作为多相催化的模型反应，是研制负载型多相催化剂的基础。

1. 均相湿式氧化

如果催化剂和反应物同处于气态或液态，即为均相催化。均相催化剂为可溶性的催化剂，以分子或离子水平对反应过程起催化作用，如：Cu、Co、Ni、Fe、Mn、V、Zn、Cr、Mo 等可溶性盐催化剂以及 Fenton 试剂等。

在金属有机化学发展的推动下，均相催化氧化过程以其高活性和高选择性引起了人们的关注。均相催化氧化通常指气-液相氧化反应，习惯上称为液相氧化反应，一般具有以下特点：

（1）反应物与催化剂同相，不存在固体表面上活性中心性质及分布不均匀的问题，作为活性中心的过渡金属活性高、选择性好；

（2）反应条件不太苛刻，反应比较平稳，易于控制；

（3）催化剂多为贵金属，因此必须分离回收，流程比较复杂，由于均相催化湿式氧化的催化剂以离子状态存在于液相中，会造成金属离子的二次污染，而附加催化剂回收装置则需额外的费用。

2. 非均相湿式氧化

若催化剂为固态物质，反应物是气态或液态时，即称为非均相催化。

3. 设备

湿式催化氧化工艺按设备结构来分，主要有固定床和流动床两类，固定床又分为气相固定床和液相固定床两种，而流动床要考虑解决催化剂分离和回收的问题。

（1）气相固定床

气相固定床催化氧化工艺系在反应器中进行气液分离。该工艺的优点是：反应压力低，可减少高压容器费用，可避免设备堵塞，增加反应物同催化剂的接触，转化率一般可达 90%以上。处理废气的固定床工艺主要有常规 claus 工艺、Scot 工艺、Clinsuft 工艺、superclaus 工艺、MCRC 工艺。

（2）液相固定床

液相固定床催化氧化工艺是常见的处理污水的反应装置。液相流动床的催化氧化工艺能使催化剂与污水均匀混合，设备利用率高，催化剂的分离回收可得到解决。对流动床而言，最好将催化剂负载到载体上，在污水中呈浆状，便于形成流动床。用于固定床载体上的催化剂粒径为 3~50mm，最好为 2~25mm；催化剂使用量为 50~1000mg/L，质量分数为 0.1%~20%。操作压力为 0.5~10MPa，温度 T 为 50~300℃，反应时间 t 为 80~120min。液相催化氧化工艺的关键是催化剂的分离回收，通常采用离子交换树脂可以较好地解决这个问题。用固定床处理污水时，污水在塔内的停留时间一般为 15~90min，其优点主要是工艺简单、操作简便。

三、催化剂

1. 催化剂种类与形状

催化剂是湿式催化氧化技术的核心，该工艺常用的催化剂可分为可溶性和不溶性两类，可溶性催化剂以分子或离子形式对反应过程起催化作用；不溶性固体催化剂通过催化剂表面对有机物进行氧化分解。催化剂可采用 TiO_2、LaO 和 Mn、Fe、Co、Ni、W、Cu、Ag、Au、Pt、Pd、Rh、Ru、Ir 等金属及金属氧化物或其水溶液化合物。这些金属和金属化合物一般附载在氧化铝、二氧化硅、硅—铝分子筛等载体上，催化剂活性成分质量分数常为 0.05%~25%，最好是 0.5%。目前投入工业化应用的催化剂主要是贵金属类，但是贵金属的价格昂贵、耗量较大、易发生中毒，使催化剂的使用成本太高而不易推广。催化剂的形状有球形、网状、矩形、圆柱形、蜂窝状、粉末状等。

2. 影响催化剂的因素

（1）待处理物

有机物的氧化效果因催化剂的种类不同而异，也与不同的有机物密切相关。在同类催化剂的作用下，不同有机物的氧化难易程度不同，就苯酚、丙烯腈、丙烯醛、丁酮、醋酸、醋酸联苯胺、对硝基酚、吡啶等有机物而言，酚最易氧化，吡啶最难。

（2）其他

影响催化剂催化作用的其他因素主要有 pH 值、反应周期、反应温度、进料速度和压力等，其中温度是主要影响因素，进料速度与压力次之，而进料速度与压力又受温度影响。在相同的反应周期下，每一种催化体系都存在 COD 去除率随温度上升而陡增的现象，并存在其最后接近完全去除的温度范围，因此，在利用湿式催化氧化法处理高浓度有机污水时应通过试验，选择出高活性催化剂，并确定最佳反应条件。

3. 催化剂的回收

（1）离子交换法

该工艺是把催化剂和污水均匀地混合在一起，通过泵连同空气一起送入反应器，在高温高压下进行催化氧化，反应混合物经相分离得到液相，液相经冷却后，进入离子交换塔进行催化剂的分离回收。

（2）水力旋流分离法

水力旋流法是把催化剂制成颗粒状，采用液-固分离的方法回收催化剂，回收的催化剂可循环使用。

四、催化剂载体

由于催化剂使用的都是比较贵重的金属，为了减少其使用量并使其有很好的分散性，一般需要将催化剂附载于一定的载体上。可以使用的催化剂载体有陶瓷、活性炭、沸石、分子筛以及其组合等。

（1）陶瓷

国内外几乎都采用陶瓷作为催化剂的载体材料，常见的有 TiO_2、CeO_2、ZrO_2、Al_2O_3、Al_2O_3与 TiO_2组合等，这些材料作为催化剂载体虽然具有机械强度好、能经受反应过程中温度、压力、相变等变化的影响、本身也具有一定催化作用等优点，但在制备催化剂过程中，活性金属在陶瓷载体上分散不佳。

(2) 活性炭

活性炭既是优良的吸附剂，也是良好的催化剂载体。由于活性炭本身具有较高的比表面、丰富的孔结构、特殊的电子性能和耐酸耐碱的性质，用其作为贵金属催化剂的载体，可使活性金属在载体上充分地分散，不仅能节省贵金属用量，还能防止金属粒子烧结。但是活性炭本身存在机械强度低、磨耗率高、表面易掉粉末的缺点，一般很少用作催化剂载体。

(3) 陶瓷-活性炭材料

以多孔陶瓷为骨架，活性炭以涂层形式存在于多孔陶瓷内表面，以增强机械强度和提高活性炭分布。陶瓷-活性炭材料中活性炭质量含量为总质量的5%~15%左右，可满足流体介质与活性炭之间的传质要求，有效发挥活性炭材料的功能。

五、应用领域

湿式催化氧化技术适用于治理焦化、染料、农药、印染、石化、皮革等工业中含高COD(COD大于5000mg/L)或含生化法难处理以及不能降解的化合物(如氨氮、多环芳烃、Bap等)的各种工业有机污水，对这类污水的处理结果见表15-16。而对一些排放量较大的有机污水，可以在低温、低压、大空速下进料，先采用此工艺对污水进行预处理，然后结合生化法处理。

表15-16 湿式催化氧化技术处理效果情况

污水种类	反应条件			处理效果			去除率/%
	温度/℃	压力/MPa	气量/(m^3/h)	污染物	处理前/(mg/L)	处理后/(mg/L)	
焦化污水	280	8.0	1	COD	6305	32	99.5
				NH_3-N	3775	5	99.9
				BaP	29.4	0.7	97.6
石化污水	275	7.0	2	COD	320000	24000	92.5
炼油污水	260	6.0	2	COD	91274	8800	90.4
印染污水	280	8.0	2	COD	1293	65	95.0
农药污水	245	4.2	2	COD	14352	1245	91.3
化肥厂污水	220	3.0	2	COD	2452	262	89.3
				NH_3-N	1265	41	96.8
染料污水	250	5.0	2	COD	14735	1005	93.2
机械加工污水	250	5.0	2	COD	26082	915	96.5

湿式催化氧化法处理超高浓度难生化降解有机污水技术目前被列入国家《先进污染治理技术示范名录》(第一批)，适合于小水量的超高浓度有机污水和含氮污水的处理，可以有效解决超高浓度有机污水和超高浓度氨氮污水的处理难题。

湿式催化氧化(CWO)技术已应用于城市危险废弃物处理中心和排放含高浓度氰化物污水的处理，具有成本低、流程短、运行稳定、处理过程中对操作车间以及周边环境无污染、安全可靠等特点。

六、应用案例

(一)废碱渣的处理

1. 条件

使用湿式催化氧化(CWO)法处理污水时，污水中不得含有大量的可导致污染催化剂的物质(如金属)及易造成设备或管道堵塞的物质(加高浓度盐类)。如果存在此类物质，在进行反应前需作相应的处理(如脱盐、蒸馏等)。

2. 碱渣处理

中石化广州分公司电精制及脱硫醇装置中每年排出碱渣约7000t(其中催汽碱渣3000t，混合碱渣4000t)，碱渣中含有一定量的游离碱、酚钠盐、环烷酸盐及多种硫化物，企业采用了高温湿式催化氧化工艺对催汽碱渣和混合碱渣污水进行处理，使污水中的酚、有机物和硫化物等得到充分的降解，排放的污水达到厂内现有生化污水处理站的要求后，排放进入全厂生化污水处理站一同生化处理，达标外排。

其碱渣污水处理工程的工艺过程由空塔系统和催化塔系统组成。整个项目共有60多台设备，其中两台反应器为空塔系反应器及催化系反应器。在两个系统的整个工艺过程中，反应器均起至关重要的作用。其主要工艺过程如下：

(1) 升温

系统启动时，先在反应器中通入3.5MPa的高压过饱和蒸汽，待系统温度升高到230℃时，再利用已加热的高温导热油在加热器内将气液混合物升温至所需的反应温度(反应器底部为240℃)；系统正常运行时，污水和空气的混合物在预热器内由从反应器顶部流出的高温气液混合物加热至氧化分解反应所需的温度(240℃)后，进入反应器。

(2) 反应

当气液混合物被加热到起始反应温度时，在反应器内污染物被氧化分解，污水中的COD、NH_3-N污染物被氧化分解，最终生成CO_2、N_2及H_2O等，同时分解反应放出热，致使反应器顶部的温度升高至275℃。

(3) 热回收

将反应器顶部排出的气液混合物引入预热器，利用分解反应放出的热对进入系统的气液混合物进行加热。

3. BGAO技术

(1) 基本情况

从20世纪80年代中期开始，英国天然气公司一直致力于催化湿式氧化技术及其催化剂的开发、设备的更新和制造，开发出了专门处理高浓度炼油废碱渣油的湿式氧化和催化湿式氧化技术(BGAO)，这项技术常被用在化工和军事上。目前BGAO设备的处理范围已达到0.1~30m^3/h，设备能长期连续运行。

(2) 工艺参数

BGAO工艺和设备是根据相似组分的废碱渣油的运行参数而设计的，或者根据中试实验结果获取参数。设计参数可以通过处理要求和出水参数优化。废碱渣油的有机物和碱的含量、它的pH缓冲能力、HS^-/S^{2-}和HCO_3^-/CO_3^{2-}的平衡以及H_2S气体的分压对工艺和设备的优化尤其重要。主要工艺参数有温度、压力、停留时间、气量和催化剂用量。有关废碱渣油处理的工艺条件如下：

① 反应釜温度：200~270℃；

② 压力：35~80 个大气压；

③ 停留时间：10~60min；

④ 气量：0.05~2.5m^3/h(处理能力为 1m^3/h 时)；4~12m^3/h(处理能力为 10m^3/h)。

(3) 预处理

对于特种废碱渣油，需要定量加酸(H_2SO_4或 HNO_3)或者碱(NaOH)预处理。

(4) 设备与工艺控制

BGAO 设备主要由反应釜、开机设施、控制关机设施和紧急关机设施构成。设备的大小可按照用户的要求变化，一般设备都安装在室外的硬质地面上运行，其设备见图 15-17。

图 15-17　BGAO 废碱液处理设备

BGAO 设备一般为全自动控制，能对处理后尾水组分的变化进行自动调节，也能对尾气组分的变化进行自动调节，无需专人照看和管理。

(二) 高浓度工艺废水的处理

糖精生产过程中原料种类多、工艺复杂，其排出的废水成分复杂，COD 高、色度深，属于高浓度难降解有机工业废水。催化湿式氧化装置针对北方食品有限公司的高浓度难降解糖精生产废水(COD1 万~3 万 mg/L)开发，处理能力为 3 万 t/a，设施主要由储送单元、换热单元、反应单元、尾气吸收单元组成。其中催化剂及工艺技术由中国科学院大连化学物理研究所开发，工艺设计由大连大化工程设计有限公司承担，是目前国内最大的采用自主研发催化剂处理高浓度难降解有机工业废水的装置。运行效果表明 COD 去除率高达 90%~95%。其催化湿式氧化装置见图 15-18。

图 15-18　高浓度工艺废水催化湿式氧化装置

（1）储送单元

储送单元主要功能为废水与空气的储存及输送、反应后液体和气体的分离及输送。储送单元将高浓度废水收集、预处理，经检测达到处理条件后，进入废液储罐中储存，储罐出水经过滤后经计量泵增压至反应压力。空气经空压机增压与废水混合器混合后送入换热单元。储送单元同时将反应后的气液混合物进行气液分离，而后气体送往尾气吸收单元。

（2）换热单元

换热单元是催化湿式氧化反应的关键单元，是反应器出口热物料与进口冷物料的换热设备，其换热效果影响反应器内的COD转化率。换热单元中的换热器采用适用于高压反应的套管式换热器，其主要功能为开车时的物料预热及反应阶段的热能利用。开车时，通过导热油系统给物料进行预热，物料达到反应条件后进入反应器进行放热反应；反应阶段，导热油系统停止加热，反应器出口的热物料与储送单元来的冷物料在换热器中进行换热，达到热物料的冷却及冷物料的加热双重功能，实现高效的能量回收利用。

（3）反应单元

反应单元是催化湿式氧化降解工业废水的主要单元，在反应器内催化剂的作用下将高温废水中的COD氧化，转化为低浓度的废水。废水中的有机物在催化剂的作用下经空气中的氧气氧化分解为小分子酸、CO_2和H_2O，降低废水的COD，并使有机氮转化为氮气。

（4）尾气吸收单元

尾气吸收单元采用喷淋塔吸收尾气，塔顶加入碱液，吸收塔底通入的反应器尾气中的小分子物质，碱液通过泵进行循环利用。

该装置已成功运用在深圳市危险废物处理站有限公司作为预处理工艺，处理规模为0.8万t/a，具体工艺为脱气+紫外催化湿式氧化+脱重金属离子交换+絮凝沉淀+活性炭吸附。万华化学集团股份有限公司在进行高附加值新产品开发时，产生了大量含氨氮、高盐量的高浓度废水，无法直接生化处理。鉴于此，万华与中科院大连化学物理研究所合作，开发出了具有自主知识产权的、稀土Ce改性的Ru/TiZrO4CWAO催化剂及高浓废水处理成套技术，建成了年处理能力达16000t的工业化装置，用于处理其TPU、水性涂料、特种胺、高吸水丙烯酸树脂等生产过程的废水（COD含量最高达40000mg/L），COD去除率达90%以上，处理后废水不需水解酸化，可直接生物降解，且通过系统能量集成换热，整个废水处理系统达到能量自给，吨废水处理装置运行成本约为78元，具有较强的竞争力。

该装置适用于炼焦、石油、化工和化学合成等工业园区的高浓度污水处理。

七、湿式氧化工艺的性能比较

有关湿式氧化工艺的性能比较见表15-17。

表15-17　湿式氧化工艺的性能比较

指标	BGAO工艺（英国）	Zimpro（Siemens）	云南高科（日本大阪煤气）	Loprox工艺（瑞士Bertrams）
COD去除率/%	99	75	80	80
氨氮去除情况	80%～90%转化为氮气，10%～20%转化为硝酸盐	不能去除氨氮	不能去除氨氮	
硫化物去除率/%	99.99	99.9	91.2	99

续表

指标	BGAO 工艺(英国)	Zimpro(Siemens)	云南高科 (日本大阪煤气)	Loprox 工艺 (瑞士 Bertrams)
温度/℃	200~270	150~320	200~300	
压力/(kg/cm^2)	35~80	10~207	15~100	
停留时间/min	10~60	10~120	10~120	10~120
运行成本	较高	较高(没有使用催化剂,反应釜内压力较高,致使运行成本提高),碱用量大	较高	较高(纯氧作氧化剂,危险性大)
运行稳定性	好	较好	差,管容易被堵塞	设备腐蚀较为严重

参 考 文 献

[1] 张莹,龚泰石.电絮凝技术的应用与发展[J].安全与环境工程,2009,16(1):38-39.

[2] 崔延峰.催化氧化脱硫醇固定床反应器的工艺计算方法探讨与应用[J].中国石油和化工,2012(9):43-44.

[3] 李强,梁永锋.CWO 法处理高浓度难降解医药化工污水的工业化应用研究[J].浙江化工,2012,43(3):33-34.

第十六章　其 他 设 备

第一节　药剂的投加与混配设备

一、药剂投加设备

（一）计量泵

污水处理中，需要添加或输送处理药剂到污水中，使药剂与污水中的某些污染物发生反应，以达到去除污染物的目的，这一过程一般由计量泵来完成。计量泵是一种流量可以在0~100%范围内无级调节、用来输送液体(特别是腐蚀性液体)、可以满足各种工艺流程需要的容积泵。污水处理常用的计量泵有电磁计量泵、机械隔膜计量泵、液压隔膜计量泵、气动隔膜泵、机械驱动柱塞计量泵等。

1. 泵的基本结构

计量泵的结构一般主要由驱动机构(电机)、传动箱、缸体三部分组成。其中传动箱部件由凸轮机构、行程调节机构、速比蜗轮机构组成；行程调节机构一般为调节手轮，通过旋转调节手轮来实行调节挺杆行程，从而改变膜片伸缩距离来达到改变流量的目的。也有是通过变频器调节电机转速来调节流量；远程控制的比较少，一般远程控制要根据实际距离设计控制方法。缸体部件由泵头、吸入阀组、排出阀组、膜片等组成。

2. 分类

根据泵头形式可分为柱塞式、活塞式、机械隔膜式、液压隔膜式等类型，根据驱动方式可以分为电磁驱动式、机械驱动式、气动式等类型。

3. 常用计量泵介绍

(1) 电磁计量泵

电磁计量泵是利用电磁推杆带动隔膜在泵头内往复运动，引起泵头膛腔体积和压力的变化，从而引起吸液阀门和排液阀门的开启和关闭，实现液体的定量吸入和排出。电磁计量泵以电磁力为驱动力，为输送小流量、低压力管路液体而设计的一种计量泵，此类泵的功率、流量、扬程较小，具有结构简单、能耗小、计量准确以及调节方便等优点。电磁计量泵实物图见图16-1，其液端结构示意图见图16-2。

电磁计量泵的组成可分为三大部分，包括电磁驱动装置、信号发生器和液力端。电磁驱动装置是设备的核心，它根据输入信号的变化产生变化的电磁引力带动隔膜在泵头内往复运动，引起泵头膛腔体积和压力的变化，压力的变化引起吸液阀门和排液阀门的开启和关闭，实现液体的定量吸入和排出。电磁计量泵省却了电机和变速机构，使得系统小巧紧凑，是小量程低压计量泵的重要分支。电磁计量泵在实际应用中的安装方式与配件见图16-3，电磁计量泵的有关参数见表16-1。

图 16-1　电磁计量泵实物图

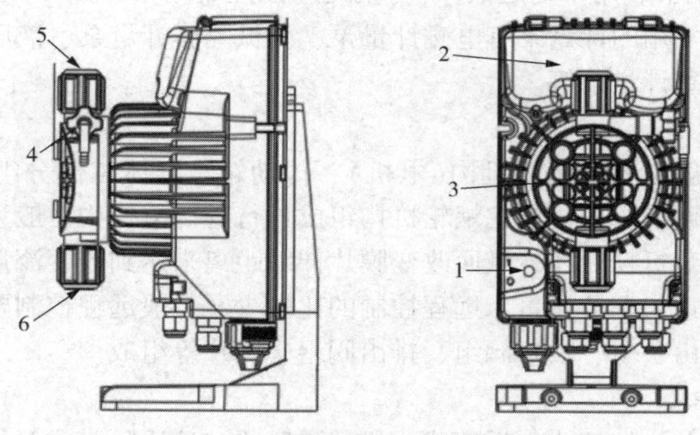

图 16-2　电磁计量泵液端结构示意图

1—电源开关；2—调节部位；3—泵头；4—排气阀；5—排液管接头；6—吸液管接头

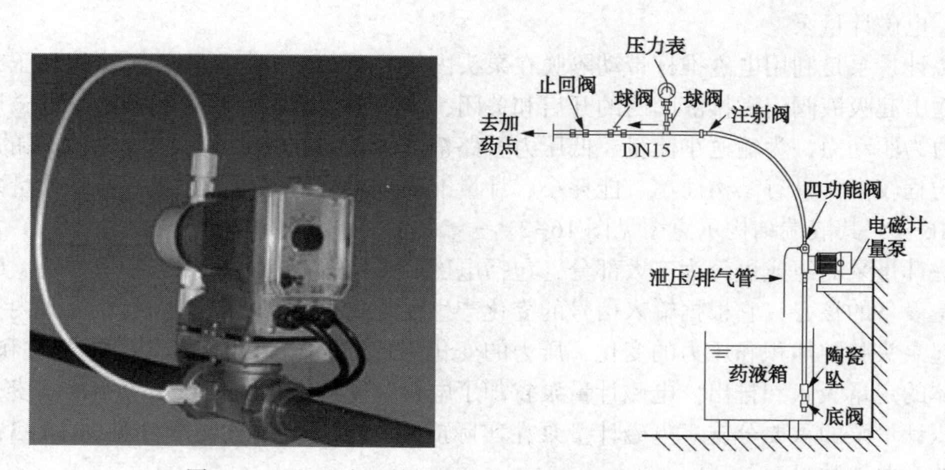

图 16-3　电磁计量泵在实际应用中的安装方式与配件图

表 16-1　电磁计量泵的有关参数

产品型号	流量/(L/h)	压力/MPa	冲程频率/(冲次/min)	电压/V	功率/W	连接管尺寸(内/外)/mm
0.5/12	0.5	1.2			35	
01/12	1	1.2			35	
3/8	3	0.8			46	
05/4	5	0.4			46	
07/4	7	0.4			46	
10/3	10	0.3	0~120	220	50	6/9
12/2	12	0.2			50	
14/2	14	0.2			50	
18/2	18	0.2			50	
20/1.2	20	0.12			50	
25/1.2	25	0.12			50	

(2) 机械隔膜计量泵

机械隔膜计量泵采用电机通过直联传动带动蜗轮蜗杆作变速运动，并在曲柄连杆机构的作用下，将旋转运动转变为往复直线运动。其曲柄连杆机与膜片直接连接，工作时，曲柄连杆机作往复运动时直接推(拉)动膜片张吸运作，并将介质送出。机械驱动隔膜计量泵由机械驱动装置和泵头组成，适用于市政水、废水、工业用水及树脂再生水等的处理。机械驱动隔膜计量泵见图 16-4，液力端部分结构示意图见图 16-5，有关计量泵产品参数见表 16-2。

图 16-4　机械驱动隔膜计量泵实物图

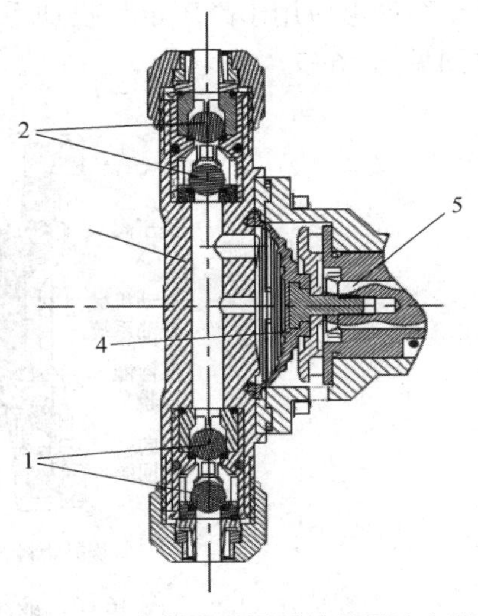

图 16-5　机械驱动隔膜计量泵液力端部分结构示意图

1—吸入阀；2—排液阀；3—泵头；4—隔膜；5—驱动部分

表 16-2 机械驱动隔膜计量泵产品参数

型号	泵头规格	流量/(L/h)	压力/MPa	冲程频率/(次/min)
0080		82		36
0180		167		72
0250	40	237	1.0	102
0350		337		144
0450		416		180
0500	60	464	0.7	144
0600		583		180
0700		656		102
1000	80	946	0.35	144
1200		1200		180
1500	80	1500	0.3	180
1800		1800		215

(3) 液压隔膜计量泵

液压隔膜计量泵也叫柱塞隔膜计量泵，由机械驱动装置、液压传动系统和泵头组成，其隔膜为多层复合结构压制而成，是液压油和输送液体之间可移动的分割物。

液压隔膜计量泵工作原理是：泵的柱塞以一定的行程作往复运动，往复运动的柱塞首先造成工作腔中液体(通常是油)的压力变化。当柱塞向前运动时推动液压油，液压油作用在隔膜上，产生的压力使输送介质通过出口止回阀排出。在吸入时，泵柱塞将油带出隔膜从而移动隔膜，将液体通过入口止回阀吸入，完成液体连续不断的输送。液压传动系统的引入，使计量泵能够应用于高压定量投加系统。液压驱动隔膜计量泵泵头结构示意图见图 16-6，实物图见图 16-7。

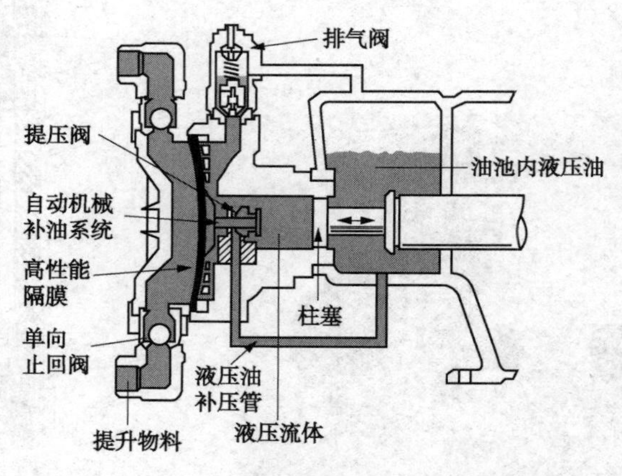

图 16-6 液压驱动隔膜计量泵泵头结构示意图

有关液压驱动隔膜计量泵产品提供参数有：最大流量 2616L/h；最大吸入压力 200kPa，最高排出压力 25MPa；最大吸程为 3m 水柱；调节比为 10：1；功率为 0.25～1.5kW；输送物料最高温度 150℃；泵头材料有 PVC、316SS、20#合金、哈氏合金；隔膜材质采用 PTFE；控制方式有手动调节冲程长度、手动调节冲程长度及变频器调节冲程频率。电动冲程控制器

图 16-7　液压驱动隔膜计量泵实物图

调节冲程长度，接收 4~20mA 控制信号。

（4）气动隔膜泵

气动隔膜泵是一种由膜片往复变形造成容积变化的容积泵；其利用压缩空气作为动力，压缩空气通过气阀的控制交替驱动气动隔膜泵两端的膜片，使得膜片与进出口阀及泵体组成的密闭腔体发生容积变化，完成介质由进口到出口的输送。气动隔膜泵适合于计量各种腐蚀性液体，带颗粒的液体，高黏度、易挥发、易燃、剧毒的液体等；其缺点是输送压力不高，流量受出口压力影响大。气动隔膜泵外壳有塑料(偏四氟乙烯)、铝合金、铸铁、不锈钢等材质。隔膜泵根据不同液体介质，可分别采用丁腈橡胶、氯丁橡胶、氟橡胶、聚四氟乙烯等材料。气动隔膜泵实物图见图 16-8。

有关气动隔膜泵产品提供参数有：进出口径为 10~100mm；流量为 0.8~30m^3/h；最大扬程为 50m；最大吸程为 5m 水柱；供气压为 2~7 个大气压。

（5）机械驱动柱塞计量泵

机械驱动柱塞计量泵是较早使用的计量泵之一，分为有阀和无阀两种。柱塞式计量泵因其结构简单和耐高温高压等优点而被广泛使用。但因被计量介质和泵内润滑剂之间无法实现完全隔离这一结构性缺点，在高防污染要求流体计量应用中受到诸多限制，已逐渐被隔膜计量泵所取代。但柱塞计量泵易于维护的特性和独特的高压性能，使其仍有一定的应用市场。机械驱动柱塞计量泵见图 16-9。

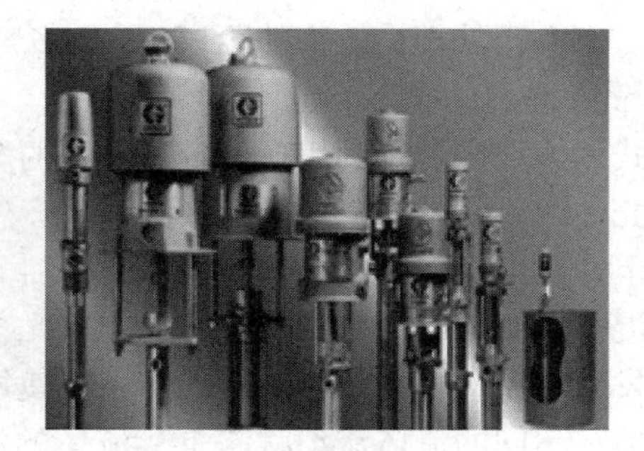
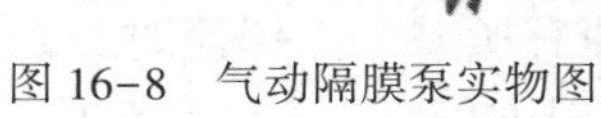

图 16-8　气动隔膜泵实物图

图 16-9　机械驱动柱塞计量泵

相关机械驱动柱塞计量泵产品提供的参数有：单头最大流量为 940L/h；最高排出压力为 50MPa；调节比 10∶1，稳态精度可达±1%；吸入提升高度可达 2.5m 水柱；介质温度的范围为-10~100℃。

4. 容积泵的工作特点

① 理论流量与管路特征无关，只取决于泵本身；

② 泵提供的压力只决定于管路特征，与泵本身无关；

③ 泵的流量不能采用出口调节阀来调节，采用的方法有旁路调节、转速调节和行程调节；

④ 泵的轴功率随排出压力的升高增大，效率也随之提高；

⑤ 泵启动前需打开出口阀。

5. 选型

(1) 确定压力

所选取计量泵的额定压力要略高于所需要的实际最高压力，一般高出 10%~20%。不要选择过高，压力过高会浪费能源，增加设备的投资和运行费用。

(2) 确定流量

所选取的计量泵流量应等于或略大于工艺所需流量。计量泵流量的使用范围在计量泵额定流量范围的 30%~100%较好，此时计量泵的重复再现精度高。考虑到经济实用，建议计量泵的实际需要流量选择为计量泵额定流量的 70%~90%。

(3) 确定泵头(液力端)材质

计量泵的具体型号规格确定后，再根据过流介质的属性选择过流部分的材质；若选择不当，将会造成介质腐蚀损坏过流部件或介质泄漏污染系统等，严重时还可能造成重大事故。

二、药剂混合设备

药剂的混合方式有泵混合、管式混合器混合和机械混合。不论采用何种混合方式，应根据所采用的混凝剂品种，使药剂与水进行恰当的急剧、充分混合，在很短时间内使药剂均匀地扩散到整个水体，也即采用快速混合方式。

1. 泵混合

将药剂溶液加于泵(各种污水提升泵)的吸水管中，通过水泵叶轮的高速转动以达到混合效果。采用泵混合方式一般应注意以下几个方面：

(1) 为防止空气进入水泵吸水管内，需加设一个装有浮球阀的水封箱；

(2) 不宜投加腐蚀性强的药剂，防止腐蚀水泵叶轮及管道；

(3) 水泵距处理构筑物的距离不宜过长，一般应小于 60m。

2. 管式静态混合器

管式静态混合器是利用在管道内设置的多节固定分流板，这种混合器的内件是刚性的，可焊在壳体内，使水流成对分流，同时又产生交叉旋涡起反向旋转作用，实现快速混合。目前市场上开发出很多种类的管式静态混合器。工作时，静态混合器的内件保持静止状态，流体通过混合器时依靠组装在管内的混合单元，使不同的流体在混合器内流动时受混合单元的作用，发生分流、合流、旋转等运动，促使每种流体都达到良好的分散，流体间达到良好的混合。但在不同的流体流动状态下，流体的混合原理有所差别：层流时，是利用“分割-位置移动-重新汇合”三要素对流体进行有规则而反复作用达到混合；湍流时，除以上三要素外，由于流体在流动的横断面上产生剧烈湍流，有很强的剪切力作用于流体，使流体再进一步被分割而达到混合。

在水处理过程中，管式静态混合器具有高效混合、节约用药、设备小等特点，它由一组组混合元件组成，而混合元件组数的确定应根据水质、混合效果而定。在选择管式静态混合器时，其管内流速应控制在经济流速范围内，当水流量较大所选管径大于 500mm 时，速度范围可以适当地放宽。混凝剂的入口方式以较大的速度，射流进入混合器管道内为佳。实际应用中管式静态混合器的水头损失一般在0.4~0.6m范围内，条件允许时可将管径放大50~100mm，可以减少水头损失。

管式静态混合器已有系列产品，在水处理中被广泛应用。

（1）凯尼斯型静态混合器

凯尼斯型静态混合器由美国凯尼斯公司研制，它是由1根管子作托架，在管中装入一连串由薄金属板（或其他材料）交错地向左和向右扭转180°的螺旋片首尾成90°相接而成，元件间位置固定，元件的长径比在1.5~2。加药的污水经过静态混合器时，不断地被分割后又混合，从而达到混合的目的。图16-10为凯尼斯型静态混合器示意图，具体设备见图16-11。

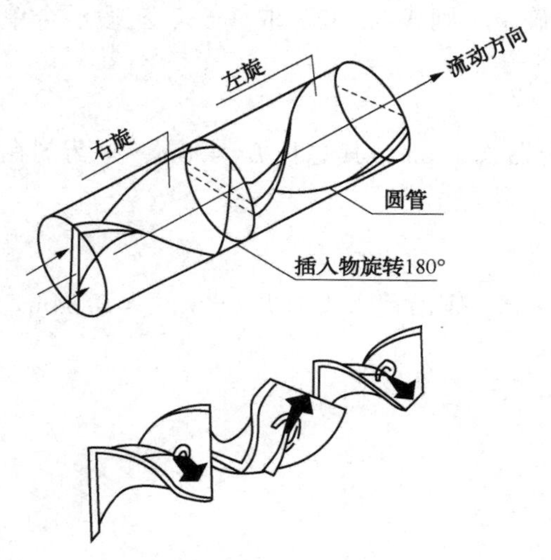

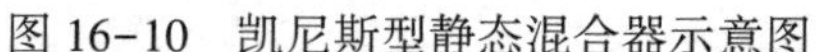

图16-10　凯尼斯型静态混合器示意图　　图16-11　凯尼斯型静态混合器实物图

凯尼斯型静态混合器用为数不多的元件就能达到好的混合效果，料流的混合度主要由元件的数量来决定，而与速度、黏度或压力基本无关，其对流体的分割混合作用关系式以$N=2^{(n+1)}$表示。管内通道形态使流体有4个基本运动：

① 分割流体。首尾相接的2个元件相交90°，流体在此处被分割。

② 改变方向。每个元件由原平板扭转了180°而成螺旋形，首尾相接的2个元件左右旋交错，迫使料流不断地改变方向。

③ 径向混合。由于每个元件都为螺旋形，能使进入管道中元件中心部位的料流向外壁迁移，又从外壁向中心移动，从而达到径向混合的效果。

④ 交换再混合。在每个元件连接处，其速度剖面被分割，最大速度变为最小速度，最小速度变为最大速度。所有的颗粒不断地改变相对速度，沿流动轴线与邻近的颗粒不停地在交换而再混合。

采用管式混合器应注意以下几个方面：

① 混合器的混合效果与管中液体流速及混合器节数有关，管中流速取1.0~1.5m/s，分节数为2~3段。

② 重力投加时，管式混合器投加点应设在文丘里管或孔板的负压点。

③ 投药点后的管内水头损失不小于0.3~0.4m。

④ 投药点至管道末端絮凝池的距离应小于60m。

混合设备的设计案例，主要是进行混合器的计算、选型与混合水力参数的核算。

① 基本设计参数

处理流量 $Q=0.6\mathrm{m^3/s}$，管道设计流速 $v=1.5\mathrm{m/s}$。

② 管径与流速的确定

静态混合器设在进水管中，则 $D=\sqrt{\frac{4Q}{\pi V}}=0.71\mathrm{m}$，实际采用管径为800mm，管道中的实际流速 $v=1.2\mathrm{m/s}$。

③ 混合单元数 N 的确定

混合单元数 N 按照公式 $N\geqslant 2.36V^{-0.5}D^{-0.3}$ 确定，则 $N=2.32$，取 $N=3$，三段混合单元串联使用。

④ 混合器长度(L)与混合时间(t)

选用管径800mm的静态混合器，单个混合器长1.6m，其总长 $L=4.8\mathrm{m}$，则药剂在混合器中混合的总时间 $t=L/v=4.8/1.2=4\mathrm{s}$。

⑤ 水头损失(h)

管道混合器水头损失系数按 $\zeta=1.43/D^{0.4}$ 估算，则沿程水头损失 $h=3\zeta\frac{v^2}{2g}=0.34\mathrm{m}$。

⑥ G 与 G_t 值校核

G 值按照公式 $G=\sqrt{\frac{\gamma h}{\mu t}}$ 计算。

式中　G——速度梯度，1/s；

γ——水的重度，$\gamma=\rho g$，$\mathrm{N/m^3}$；

h——沿程水头损失，m；

μ——水的动力黏性，Pa·s，取 $1.005\times10^{-3}\mathrm{Pa\cdot s}$；

t——水流在混合器中的混合时间，s。

则 $G=\sqrt{\frac{\gamma h}{\mu t}}=\sqrt{\frac{9800\times0.34}{1.005\times10^{-3}\times4}}=910(\mathrm{s^{-1}})$，处于700~1000s^{-1}范围内，符合要求。

$G_t=910\times4=3640\geqslant2000$，符合要求。

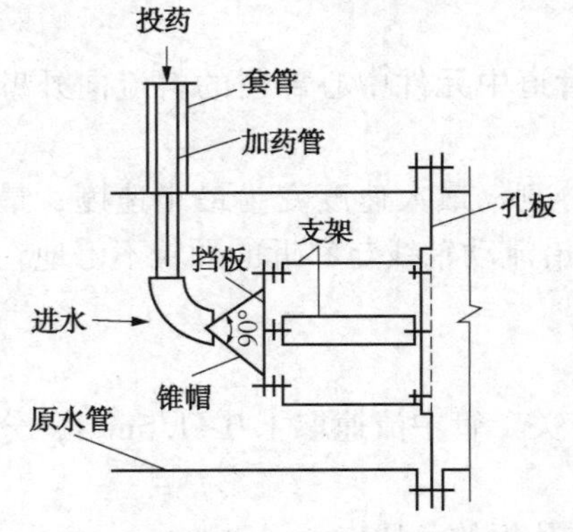

图16-12　扩散混合器示意图

管式静态混合器除了美国Kenics产品外，著名的产品还有Komax公司、Systems公司、瑞士Sulzer公司、日本东利等公司设计的混合器。

(2) 扩散混合器

扩散混合器由中国市政工程中南设计院研制出来的，示意图见图16-12。其结构为：在混合器管内投药口处安装一个絮凝剂投配锥帽(喇叭扩散器)，与后段孔板组成一个阻流结构，从而实现增强管内水流紊动流态，使药剂溶液瞬时均匀扩散。其锥帽喇叭扩散面积为进水管断面积的1/4，而孔板的孔口面积为进水管断面积的3/4。这种装置用于给水处理厂，投药量可节省

10%~30%，且絮凝沉降性能好、能耗小、用材省、造价低，也可以用于污水加药混合。

扩散混合器在使用时的有关要求如下：

① 一般进水管管径 400~800mm，最大可达 1200mm，长度大于 500mm。

② 药剂与进水在混合器内的混合时间控制在 2s 以内，管中流速取 1~1.5m/s，分节数 2~3段。

③ 投药点后的管内水头损失不小于 0.3~0.4m。

④ 投药点至管道末端絮凝池的距离应小于 60m。

3. 机械混合设备

机械混合装置一般有桨板式、螺旋桨式和透平式(空气搅动混合)几种形式。桨板式搅拌器结构简单，加工容易，适用于中小水量混合。

螺旋桨式混合设备是通过叶片搅拌来完成药剂混合过程的，螺旋桨式搅拌机适用于给水、排水工程中的混合池，反应池原水与各种药剂的混合及反应过程的搅拌，搅拌转数一般在 30~1400r/min。搅拌器的材质一般分为很多种，包括不锈钢、碳钢、碳钢衬胶。其叶片可以作旋转运动，也可以作上、下往复运动，目前国内多采用旋转方式，螺旋桨式可用于大水量混合。

机械搅拌一般认为效率高，不因水量变化而影响效果而受到欢迎。也有资料认为，在反应池中，水流具有返混的现象，在返混的条件下，处于不同反应阶段的药剂混合在一起，打乱了反应的自然过程，使得返混反应器成为一种效率最差的混合设备；另外，由于存在短路水流和水体的整体运动现象，使某一部分水中的药剂浓度高，另一部分的低，而没有达到药剂充分混合的目的。

相关参数与设计：

(1) 混合搅拌强度与搅拌器功率

① 混合搅拌强度，常采用搅拌速度梯度 G 表示，可按式(16-1)计算，一般混合搅拌池的 G 值取 500~1000s^{-1}。

$$G=\sqrt{\frac{1000N_Q}{\mu Qt}} \tag{16-1}$$

式中　G——速度梯度，s^{-1}；

N_Q——混合功率，kW；

μ——水的动力黏度，Pa·s；

Q——混合搅拌池流量，m^3/s；

t——混合时间，s。

② 搅拌器功率，按式(16-2)计算。

$$N=nC_S\frac{\rho\omega^3LR^4\sin\theta}{8g} \tag{16-2}$$

式中　N——搅拌器功率，kW；

n——搅拌器桨叶数，片；

C_S——阻力系数，C_S 取值为 0.2~0.5；

ρ——水的密度，kg/m^3。

ω——搅拌器旋转角速度，rad/s；

L——搅拌器桨叶长度，m；

R——搅拌器半径，m；

g——重力加速度，$9.8m/s^2$；

θ——桨板折角，(°)。

③ 电动机功率，按式(16-3)计算。

$$N_A = \frac{KN}{\eta} \tag{16-3}$$

式中 N_A——电动机功率，kW；

N——搅拌器运行功率，kW；

K——电动机工况系数，连续运行时取1.2；

η——机械传动总效率，%，$\eta = 50\% \sim 70\%$。

(2) 搅拌池有效容积

搅拌池有效容积 V 按式(16-4)计算。

$$V = Qt \tag{16-4}$$

式中 V——有效容积，m^3；

Q——混合搅拌池流量，m^3/s；

t——混合时间，一般可采用10~30s。

(3) 搅拌池当量直径

当搅拌池为矩形时，其当量直径 D 可按式(16-5)计算。

$$D = \sqrt{\frac{4lB}{\pi}} \tag{16-5}$$

式中 D——搅拌池当量直径，m；

l——搅拌池长度，m；

B——搅拌池宽度，m。

(4) 搅拌器

搅拌器直径 d 按式(16-6)计算。

$$d = \left(\frac{1}{3} - \frac{2}{3}\right)D \tag{16-6}$$

式中 d——搅拌器直径，m；

D——搅拌池当量直径，m。

(5) 搅拌器外缘线速度

搅拌器外缘线速度取2~3m/s。

第二节 滗 水 器

由于SBR工艺周期排水，且排水时池中水位不断变化，为保证排水时不扰动池中已经沉淀好的处理水，防止水面上的浮渣溢出，工艺要求使用滗水器。滗水器按其结构形式分类主要有机械旋转式、虹吸式、套筒式、浮筒式等。

一、旋转式

旋转式滗水器由滗水堰槽、支管、干管、可 360°旋转的回转支撑、滑动支撑、驱动装置、自动控制装置等组成。滗水器工作时，在驱动装置的作用下，滗水堰口以滗水器底部回转支撑中心线为轴向下作变速圆周运动，在此过程中，SBR 反应池中的上清液将通过滗水堰口流入支管，再经干管排出。滗水工作完成后，滗水堰口以滗水器底部的回转支撑中心线为轴向上作匀速圆周运动，使滗水堰口停在待机位置，待进水、生化反应、沉淀等工序完成后再进行下一次滗水过程。旋转式滗水器结构及实物如图 16-13 所示，其基本结构如下：

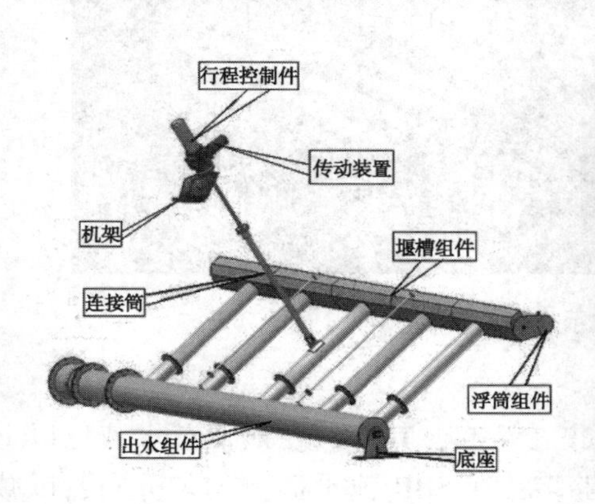

图 16-13　螺杆传动旋转式滗水器结构示意图与实物图

(1)撇水堰槽

起收水作用，堰槽前壁是保持上沿水平的薄壁堰，将活性污泥沉淀后的上清水从水面表层撇入堰槽。清水经过多根下降管向下汇入水平管，最后从排水管流出。撇水堰槽在 SBR 反应池水面上，水平管在反应池下部。撇水堰槽随水平管转动而升降，其移动轨迹是绕水平管中心线的柱形弧面，上下移动的垂直距离以每周期的排水量而定。

(2) 滗水支管与干管

滗水器堰槽靠滗水支管支撑，并与干管连成一体，起收集与排水的作用。一般情况下，在干管的两端适当位置各固定一个环形的不锈钢轴套，安装有滑动轴承，整个滗水器绕转轴旋转。

(3) 电动执行器

电动执行器能将螺杆的旋转运动转变为滗水器的上下旋转。旋转式滗水器一般在水平管中央位置设置有旋转曲柄，旋转曲柄和电动执行器、传动杆相连。执行器驱动传动杆上下移动，传动杆推动曲柄使水平管在滑动轴承内转动。

(4) 可转动密封接头和可挠曲柔性橡胶接头

滗水器的干管与出水管相连，中间设置有一可转动密封接头和可挠曲柔性橡胶接头。干管与排水管之间用可转动密封接头和可挠曲柔性橡胶接头相连，可解决可旋转管和固定出水管的连接以及可转动接头与水平管保持轴线同心的问题。

可转动密封接头可选用定型的管道伸缩器，其密封效果好，转动阻力小。可挠曲橡胶接头可选用橡胶软接头；橡胶接头与伸缩器联接的法兰盘需用一个固定架固定在基础上，以限制法兰盘有较大的转动。

二、虹吸式

虹吸式滗水器一般由数根垂直或倾斜的排水短管、横管、U 形管及电磁阀、排水总管构成。总管在水平方向与 U 形管连在一起，可放在池内，也可放在池外。虹吸式滗水器结构示意图见图 16-14。

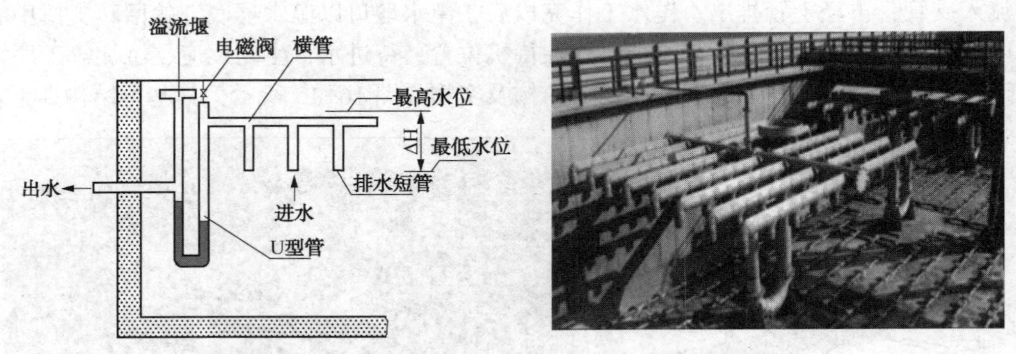

图 16-14 虹吸式滗水器结构示意图与实物图

（1）排水短管

虹吸式滗水器由数根垂直或倾斜的排水短管汇集在一起，其下口在最低滗水液位以上（2cm），上端汇接在横管上。排水短管的数量应足够多，在 SBR 池平面上均匀分布，以减少进口流速，使排水均匀，防止沉泥层的搅动。

（2）U 型管

U 型管起到水封的作用。U 型管一侧与横管相连，另一侧与出水总管相连，U 型管同排水总管连接部分设有溢流堰。与横连接的一侧设有放气管，放气管上设有电磁阀，阀门的开启与关闭用于形成或破坏虹吸状态。

（3）排水总管

同 U 型管在水平方向上连接在一起，可放在池内，也可放在池外。排水总管一般低于最低水位 10cm。

虹吸式滗水器的工作原理是：在进水与曝气阶段，池内水位不断上升，短管内的水位也上升，但由于 U 型管中水封作用，管内空气被阻留而且受压。当池内水位到达设计的最高水位时，短管内的水位也达到最高；此时，U 型管中上升管部分与下降管部分中的水位差达到最大，管内被阻留的空气的压力使短管内水位保持在横管管底以下，能避免水流出池外。沉淀阶段过后，进入排水阶段，此时打开放气电磁阀门，管内空气被压出，池内上清液在水位差的压力作用下，从短管进入收集横管并通过 U 型管排出，直至到达最低水位。

优点：结构简单，维护方便，运行费用低。

不足之处：①设计精度要求高；②滗水能力调整困难，滗水深度固定；③虹吸要求条件高，反应池内液位必须高于汇水横管才能形成虹吸；破坏虹吸液位时必须保证排水短管中存有足够的气量，使下一周期注水过程进行时，短管中的水不进入汇水横管而破坏虹吸条件。

三、套筒式

套筒式滗水器一般由启闭机、滗水堰槽及伸缩导管等组成。运行时，启闭机带动可升降的堰槽运转，由可升降的堰槽引出管将水引至池外，其结构示意图见图 16-15。

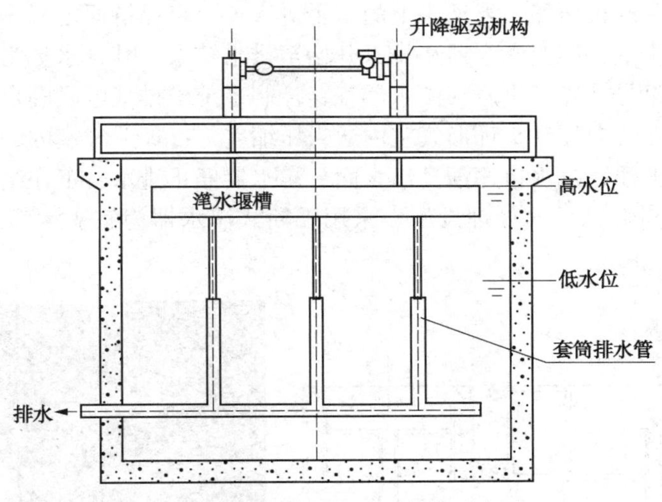

图 16-15　套筒式滗水器结构示意图

套筒式滗水器有丝杠式和钢绳式两种。其基本原理都是在一个固定的平台上通过电机的运动，带动丝杠(或滚筒)上钢绳连接的浮动式水堰上下运动。堰的下端连接着若干条一定长度的直管，直管套在一个带有橡胶密封的套筒上，直管可随堰槽一起运动。套管的末端固定在池底，与底板下的排水管相连。上清液由堰槽流入，经套管导入排水管后排出。

某污水处理厂处理量为 $7200m^3/d$，采用 CASS 工艺，污水排放采用丝杠套筒式滗水器。滗水器以程序设定的速度由原始位置降至水面后滗水开始。滗水过程中，滗水器随水面缓慢下降，下降 10s，静止并滗水 30s；再下降 10s，静止并滗水 30s；经过几个循环后达到设计最低排水水位。运行时，控制滗水器下降速度与水位变化速率相当，滗出液始终是最上层的处理液，不会对污泥层造成扰动。滗水器的上升过程(滗水器的复位)是由最低排水水位连续上升至最高位置。

四、浮筒式

1. 结构

浮筒式滗水器主要由排水伸缩胶管、进水浮头、输气软管、导杆支座、浮头导杆、进气与排气控制电磁阀、出水弯管、限位支架等组成。

浮头的作用是保证排水进水口的升降，实现滗水器的排水。浮头导杆是保证浮头在上下升降时的准确运行。排水伸缩胶管的作用是保证浮头在升降范围内的排水管连通。进气排气控制电磁阀的作用是对浮头进行充气排气工作，以实现浮头的升降。限位支架是浮头下降的最低点限位。

2. 工作原理

SBR 池在经过沉淀的工序后就进入排水工序，此时池内水位处在最高位置，滗水器浮头上的进水口也高于水面，池内的污水不能流于池外。

当 SBR 池需排出上清水时，滗水器控制系统中的进气电阀自动关闭，排气电磁阀自动打开，滗水器浮动头环形气室内的空气排出，浮动头靠自重下降淹没进水口，开始排水。单位时间的排水量可在最大排水量以内，用调节螺栓调节，以控制排水时间。SBR 池内的上清水由浮动头进水口汇集于中心管，再进入伸缩管及排水弯管排出池外。浮动头随水位下降而下降，伸缩胶管逐渐被压缩，浮动头上的多个进水口一直保持原定的排水深度，进水口的堰上水头高度一直不变，因此滗水器从排水开始至排水结束，其排水量为定量。当到达池的最低水位时，水位讯号计发出讯号，滗水器气路控制系统中排气电磁阀自动关闭，进气电磁阀自动打开，气路系统向浮动头环形气室内通入压缩空气，环形气室内的空腔增大，在浮力的作用下，浮动头上浮，进水口逐渐高出水面，滗水器停止排水，工作结束。

对于小水量的SBR法污水处理设施以采用浮筒式滗水器为宜，浮筒式滗水器结构示意图及实物图见图16-16。

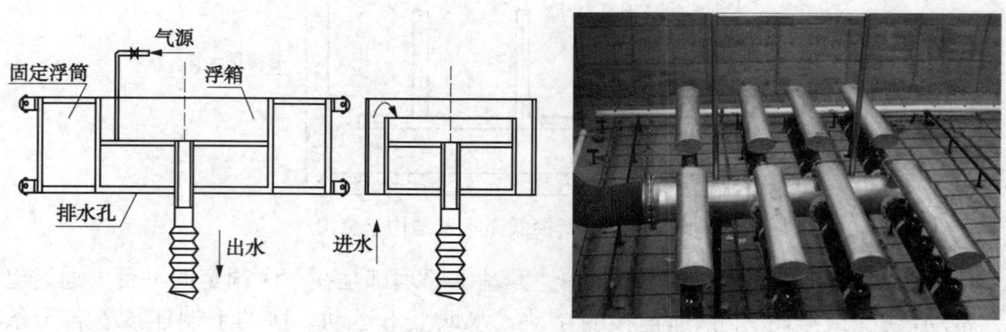

图16-16 浮筒式滗水器结构示意图及实物图

常用滗水方式的特点及相互比较见表16-3。

表16-3 常用滗水方式的特点及相互比较

型式	基本结构	工作原理	滗水范围/m	控制形式	主要优点
旋转式滗水器	回转接头、支架堰门、丝杆、万向导杆及减速机等组成	经过一个旋转臂上出水堰将水引至池外	1.1~2.4	PLC控制电动螺杆	运行可靠，负荷大，滗水深度较大
虹吸式滗水器	主要由管、阀构成	利用电磁阀排掉U型管与虹吸口之间的空气，通过U型管将水引至池外	0.4~0.6	电磁阀（可编程控制）	无运转部件，动作可靠，成本较低
套筒式滗水器	启闭机、丝杆出水槽堰及伸缩导管等组成	由可升降的堰槽（T部类似于可伸缩天线）引出管将水引至池外	0.8~1.2	钢丝绳卷扬或丝杆升降	水负荷量大，深度适中
浮筒式滗水器	浮筒、出水堰口、柔性接头、弹性塑胶软管及气动控制拍门组成	通过浮筒上的出水口将水引至池外	1.2~2.8	气动（可编程控制器）	动作可靠，滗水深度大，自动化程度高

第三节 结晶与蒸发设备

结晶与蒸发工艺一般用于含高盐废水的处理，以脱除水中的盐分，便于后续工艺的运行。

一、结晶

1. 结晶的原理

结晶是溶质（盐分）从溶液中析出的过程，分为晶核生成（成核）和晶体生长两个阶段，两个阶段的驱动力均是溶液的过饱和度，结晶过程只能在过饱和和饱和溶液里发生。在工业上，改变溶液的 pH 值也是常见的结晶方法。

2. 废水的处置结晶技术

固体废物的结晶技术包括蒸发溶剂法、冷却热饱和溶液法。蒸发法适用于将可溶于水的物质从溶液中分离出来；冷却热饱和溶液法法则特别适用于溶解度受温度影响大的物质。在废水处理中，蒸发结晶适用于水溶液或有机溶液的蒸发浓缩处理，尤其是热敏性废物；冷却结晶适用于对晶体粒度要求高且产量较大的固体废物分离。

3. 结晶设备

常用结晶设备——结晶器的种类繁多，有许多形式的结晶器专用于某一种结晶方法，但更有许多重要形式的结晶器，如 Oslo、DTB、DP 型等，可通用于各种不同的结晶方法。

(1) 奥斯陆(Oslo)型结晶器

奥斯陆(Oslo)蒸发式结晶器结构示意图和实物图见图 16-17，是一类典型的蒸发式结晶器，主要由蒸发器、分离结晶器、冷凝器、真空泵、料液泵、冷凝水泵、操作平台、电气仪表及阀门、管路等系统组成。Oslo 蒸发式结晶器具有生产能力大、能连续操作、劳动强度低等优点。

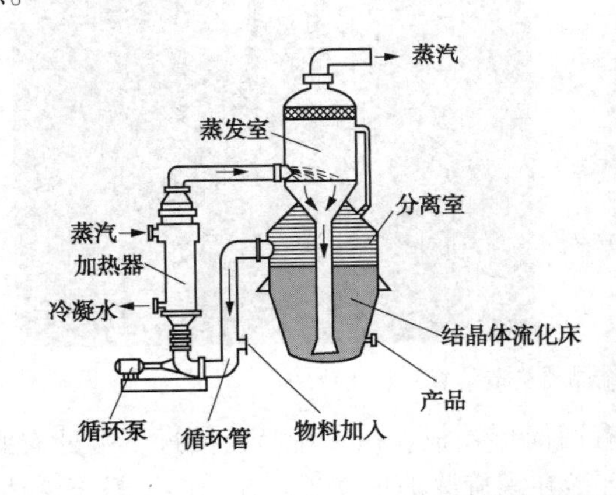

图 16-17　Oslo 型结晶器结构示意图与实物图

操作时，原料液经循环泵输送至加热器加热，加热后的过热溶液进入蒸发室蒸发，二次蒸汽由蒸发室顶部排出，浓缩的溶液达到过饱和，经中央管下行至晶粒分级区底部，然后向上流动并析出晶体。析出的晶粒在向上的液流中飘浮流动，小晶粒随液体向上，大颗粒向下，这样，在晶粒分级区内，从上至下晶粒越来越大，形成分级。在晶粒分级区的上部颗粒最小，从溢流管经外循环泵进入外置的加热器，加热后小晶粒被重新溶解，作为过热溶液返回到结晶器上部进口重新蒸发；晶粒分级区的底部晶粒最大，从底部出口排出进行固液分离。分离后，固体为产品，液体可根据母液中溶质的多少，通过循环泵再返回结晶器。通过调节外置循环泵出口流量可以改变过热溶液流回到结晶器的流量，从而改变液体从中心管底部向上流动的速度，进而改变晶粒分级区上下的晶体颗粒大小。比如，流回结晶器的过热溶液流量越大，晶粒分级区向上的液流速度越快，被向上流动的液流带走的颗粒越大，底部颗粒就越大，得到的晶体产品颗粒就越大，反之越小。

Oslo 结晶器分为蒸发式 Oslo 结晶器和冷却式 Oslo 结晶器两大类。蒸发式 Oslo 结晶器是由外部加热器对循环料液加热进入真空闪蒸室蒸发，达到过饱和后再通过垂直管道进入悬浮床使晶体得以成长，由于Oslo结晶器的特殊结构，体积较大的颗粒首先接触过饱和的溶液优先生长，依次是体积较小的颗粒。冷却式Oslo结晶器冷却器是由外部冷却器对饱和料液冷却达到过饱和，再通过垂直管道进入悬浮床使晶体得以成长，由于Oslo结晶器的特殊结构，体积较大的颗粒首先接触过饱和的溶液优先生长，因此Oslo结晶器生产出的晶体具有体积大、颗粒均匀的特点。

（2）DTB型结晶器

DTB型结晶器即导流筒—挡板蒸发结晶器，属于循环式结晶器的一种，由三段不同直径的筒体组成，其三个功能区分别为蒸发室、结晶室、淘析室。DTB型结晶器构造示意图与实物图见图16-18。

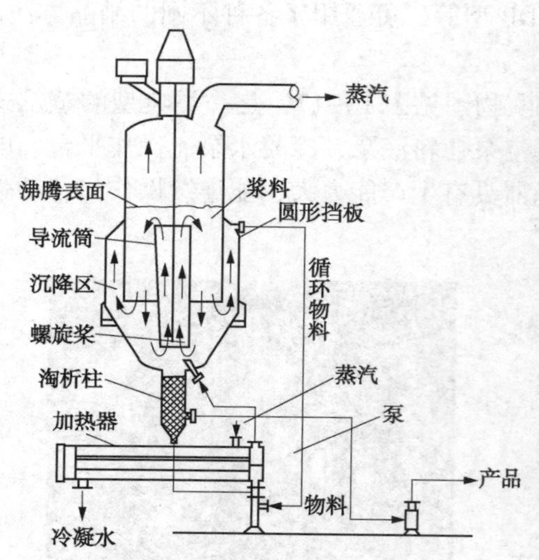

图16-18 DTB型结晶器构造示意图与实物图

在结晶器中部设有一导流筒，在四周有圆筒形挡板。在导流筒内接近下端处有螺旋桨（内循环轴流泵），以较低的转速旋转。悬浮液在螺旋桨的推动下，在筒内上升至液体表层，然后转向下方，沿导流筒与挡板之间的环形通道流至器底，又被吸入导流筒的下端，如此循环不已，形成接近良好混合的条件。圆筒形挡板将结晶器分割为晶体生长区和澄清区。挡板与器壁间的环隙为澄清区，使晶体得以从母液中沉降分离，只有过量的微晶可随母液在澄清区的顶部排出器外，从而实现对微晶量的控制。结晶器的上部为汽液分离空间，用于防止雾沫夹带。结晶器下部接有淘析柱，晶体于结晶器底部入淘析柱。为使结晶体的粒度尽量均匀，将沉降区来的部分母液加到淘析柱底部，利用水力分级的作用，使小颗粒随液流返回结晶器，而结晶体从淘析柱下部卸出。

DTB型结晶器能生产较大的颗粒，生产强度较高，器内不易结疤，已成为连续结晶器的主要形式之一，可用于真空冷却法、蒸发法、直接接触冷冻法及反应法的结晶操作。

与Oslo结晶机相比，其搅拌功率消耗低、结晶品质高；与DP型结晶器相比，设备制造简单，运行相对稳定，设备维护成本低。

（3）DP结晶器

DP结晶器是一种新型结晶器，由日本月岛公司开发，它是在DTB型结晶器基础上改良的，与 DTB 型结晶器在构造上相近。DTB 型结晶器只在导流筒内安装螺旋桨，向上推送循环液，而 DP 型则在导流筒外侧的环隙中也设置了一组螺旋桨叶，它们的安装方位与导流筒内的叶片相反，可向下推送环隙中的循环液。这种结晶器可在一定程度上降低二次成核速率，由于过量的晶核生产速率大为减少，使晶体产品的平均粒度增大，即在规定的产品粒度条件下，晶体在器内的平均停留时间可以减少，从而达到提高生产能力的效果。这种结晶器还具有循环阻力低、流动均匀的特点，并能很容易使密度较大的固体粒子悬浮。它的缺点是大螺旋桨的制造比较困难。DP 型结晶器和 DTB 型一样，也可使用各种不同的结晶方法。图 16-19 为 DP 型结晶器实物图。

图 16-19　DP 型结晶器实物图

4. *结晶法处置危废的有关要求*

结晶处理前应明确废物特性，应进行必要的预处理以保证废物的均匀性。蒸发设备必须具备观察孔、视镜、清洗和排净孔，必须对温度、液位、压力等参数进行实时监控，受压力容器（包括蒸发器、预热器等）不应超温、超压、超液位运行，不应在蒸发结晶器运行时用水冲洗目镜或带压紧目镜螺丝，更换目镜应在蒸发结晶器内压力降至常压后进行。应在运行 3～6 个月或蒸发效能下降时对蒸发器进行碱洗或酸洗除垢，清洗完的酸性（碱性）废水应倒入稀酸（碱）槽，经处理后循环利用。必须排放时，应满足相关排放标准的要求。固体废物蒸发结晶过程如产生有害气体，应采用密闭装置（应留有泄气孔）和气体收集设施，废气应进行必要的处理后满足相关排放标准。

二、蒸发

蒸发是化工操作单元之一，即用加热的方法使溶液中的部分溶剂汽化并去除，以提高溶液的浓度，或为溶质析出创造条件。蒸发浓缩可用于有关含盐废水的预处理。

1. *蒸发流程*

当液体受热时，靠近加热面的分子不断地获得动能，当一些分子的动能大于液体分子之间的引力时，这些分子便会从液体表面逸出而成为自由分子，此即分子的汽化。因此溶液的蒸发需要不断地向溶液提供热能，以维持分子的连续汽化；另一方面，液面上方的蒸汽必须及时移除，否则蒸汽与溶液将逐渐趋于平衡，汽化将不能连续进行。

图 16-20 为一类典型的单效蒸发操作装置流程示意图，其主体设备蒸发器由加热室和分离室两部分组成。它的下部是由若干加热管组成的加热室，加热蒸汽在管间（壳方）被冷凝，它所释放出来的冷凝潜热通过管壁传给被加热的料液，使溶液沸腾汽化。在沸腾汽化过程中，将不可避免地要夹带一部分液体，为此，在蒸发器的上部设置了一个称为分离室的分离空间，并在其出口处装有除沫装置，以便将夹带的液体分离开，蒸汽则进入冷凝器内，被冷却水冷凝后排出。在加热室管内的溶液中，随着溶剂的汽化，溶液浓度得到提高，浓缩以后的完成液从蒸发器的底部出料口排出。对于沸点较高溶液的蒸发，可采用高温载热体如导热油、融盐等作为加热介质。

蒸发操作可以在常压、加压或减压下进行，上述流程一般采用减压蒸发操作来完成。

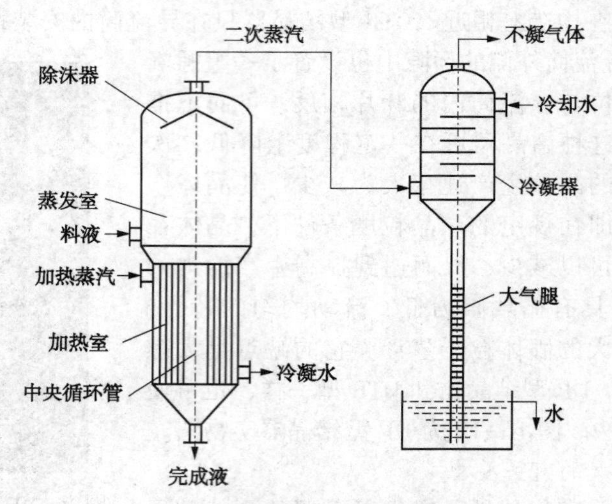

图 16-20 单效蒸发装置操作流程示意图

2. 蒸发分类

(1) 按蒸发操作压力

按蒸发操作压力的不同，可将蒸发过程分为常压、加压和减压(真空)蒸发。

对于大多数无特殊要求的溶液，采用常压、加压或减压操作均可。但对于处理量大、对热敏感的料液等的蒸发，需要在减压条件下进行。减压蒸发的优点是：

① 在加热蒸汽压强相同的情况下，减压蒸发时溶液的沸点低，传热温差可以增大，当传热量一定时，蒸发器的传热面积可以相应地减小；

② 可以蒸发不耐高温的溶液；

③ 可以利用低压蒸汽或废气作为加热剂；

④ 操作温度低，损失于外界的热量也相应地减小。

但另一方面，由于沸点降低，溶液的黏度大，使蒸发的传热系数减小。同时，减压蒸发时，造成真空需要增加设备和动力。

(2) 按蒸汽的使用次数

根据二次蒸汽是否用作另一蒸发器的加热蒸汽，可将蒸发过程分为单效蒸发和多效蒸发。若前一效的二次蒸汽直接冷凝而不再利用，称为单效蒸发。若将二次蒸汽引至下一蒸发器作为加热蒸汽，将多个蒸发器串联，使加热蒸汽多次利用的蒸发过程称为多效蒸发。图 16-21 所示为四效蒸发系统图。

3. 三效蒸发器

在实际生产中，三效蒸发器使用较多，以下介绍三效蒸发器的基本情况。

(1) 三效蒸发器及应用

三效蒸发器可应用于处理化工生产、食品加工厂、医药生产、石油和天然气采集加工等企业在工艺生产过程中产生的高含盐废水，适宜处理的废水含盐量为 3.5%~25%(质量分数)。实际使用中三效蒸发器系统见图 16-22。

(2)三效蒸发器组成

三效蒸发器主要由相互串联的三组蒸发器、冷凝器、馏出分分离器和辅助设备等组成。

三组蒸发器以串联的形式运行，组成三效蒸发器。整套蒸发系统采用连续进料、连续出料的生产方式。

图 16-21　四效蒸发器系统图

图 16-22　三效蒸发器系统图

（3）工艺过程分类

① 根据加料方式

根据加料方式的不同，多效蒸发操作的流程可分为 3 种，即并流、逆流和平流。

a. 并流加料蒸发流程

并流加料蒸发流程如图 16-23 所示，是工业上最常用的一种方法。原料液和加热蒸汽都加入第Ⅰ效蒸发，并顺序流过第Ⅰ效、Ⅱ效、Ⅲ效，从第Ⅲ效取出完成液。加热蒸汽在第Ⅰ效加热室中被冷凝后，经冷凝水排除器排出。从第Ⅱ效出来的二次蒸汽进入第Ⅱ效加热室供加热用；第Ⅱ效的二次蒸汽进入第Ⅲ效加热室；第Ⅲ效的二次蒸汽进入冷凝器中冷凝后排出。

并流加料流程的优点是：各效的压力依次降低，溶液可以自动地从前一效流入后一效，不需用泵输送；各效溶液的沸点依次降低，前一效蒸发的溶液进入后一效蒸发时将发生自蒸发而蒸发出更多的二次蒸汽。缺点是：随着溶液的逐效增浓，温度逐效降低，溶液的黏度则逐效增高，使传热系数逐效降低。因此，并流加料不宜处理黏度随浓度的增加而迅速加大的溶液。

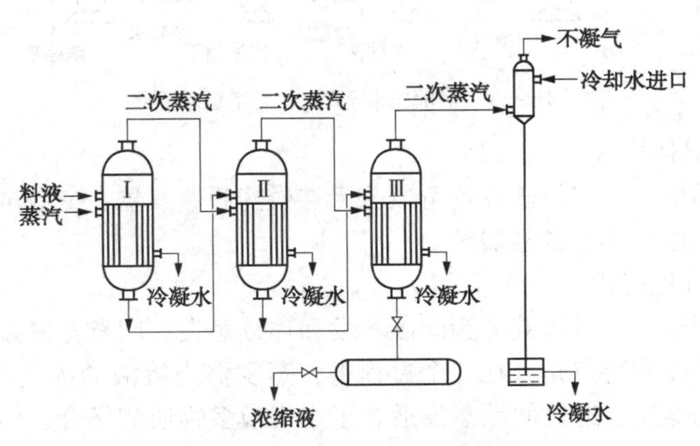

图 16-23　并流加料蒸发流程示意图

b. 逆流加料蒸发流程

逆流加料蒸发流程示意图见图 16-24。逆流加料法工艺流程从第Ⅱ效至第Ⅰ效，溶液浓度逐渐增大，相应的操作温度随之逐渐增高，由于浓度增大导致的黏度上升与温度升高导致的黏度下降之间的影响基本可以抵消，因此各效溶液的黏度变化不大，有利于提高传热系数，但料液均从压力、温度较低之处送入。在效与效之间必须用泵输送，因而能量耗用大、操作费用较高、设备也较复杂。逆流加料法对于黏度随温度和浓缩变化较大的料液的蒸发较为适宜，不适于热敏性料液的处理。

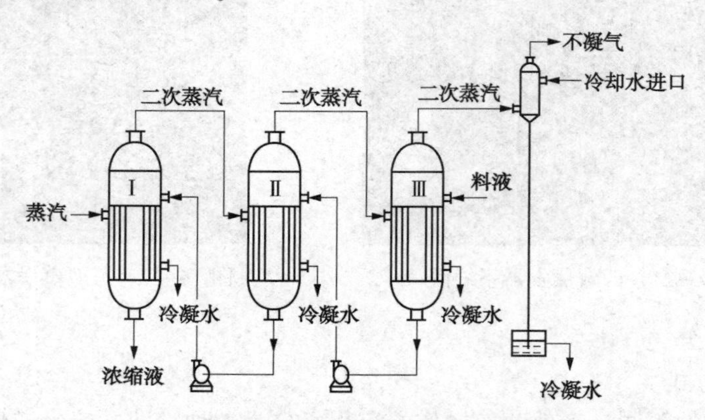

图 16-24　逆流加料蒸发流程示意图

c. 平流加料法

平流加料法工艺流程如图 16-25 所示。此法是将待浓缩料液同时平行加入每一效的蒸发器中，浓缩液也是分别从每一效蒸发器底部排出。蒸汽的流向仍然从一效流至末效。平流加料能避免在各效之间输送含有结晶或沉淀析出的溶液，适用于处理蒸发过程有结晶或沉淀析出的料液，例如氯化钠水溶液的处理。

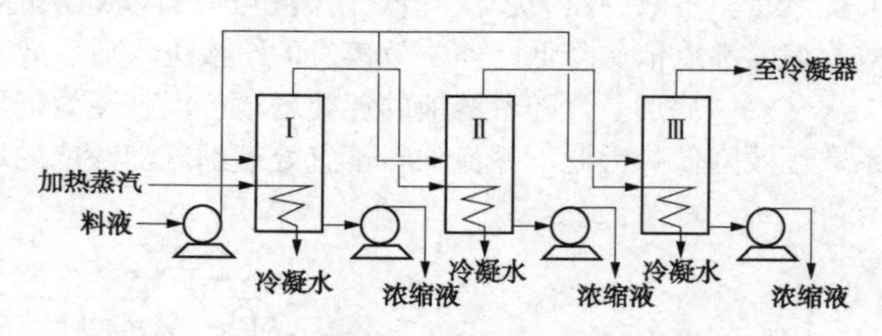

图 16-25　平流加料蒸发工艺流程示意图

② 根据设备的具体形式

根据设备的具体形式，三效蒸发器可以分为三效降膜蒸发器、三效浓缩器、三效强制循环蒸发器、三效强制循环蒸发结晶器等。

③ 根据蒸发的过程模式

根据蒸发的过程模式，可将其分为间歇蒸发和连续蒸发。间歇蒸发系指分批进料或出料的蒸发操作。间歇操作的特点是：在整个过程中，蒸发器内溶液的浓度和沸点随时间改变，故间歇蒸发为非稳态操作。通常间歇蒸发适合于小规模多物质的场合，而连续蒸发适合于大规模的生产过程。

常用的多效蒸发器的效数为 2～3 效，可根据蒸发水量的多少来选择。当蒸发水量为 500kg/h 以下时，可选用单效蒸发器；蒸发水量为 500～1500kg/h 应选用双效；蒸发水量为大于 1500kg/h 则选用三效。

（4）应用实例

高含盐废水的主要成分为15%氯化钠溶液，废水pH值为6~8，废水COD为50000mg/L，处理量为3t/h。根据高含盐废水的特性，工艺按照三效蒸发器进行设计，根据计算，确定三效蒸发器的主要技术参数如下：

蒸发量$Q=3000$kg/h；实际蒸汽耗量$Q=1200$kg/h（进气压力0.3~0.4MPa）；一效蒸发器换热面积$S=80\text{m}^2$，真空度$P=-0.03$MPa；二效蒸发器换热面积$S=80\text{m}^2$，真空度$P=-0.06$MPa；三效蒸发器换热面积$S=80\text{m}^2$，真空度$P=-0.085$MPa；循环冷却水耗量$Q=40$t/h；机组总功率$P=25$kW；机组占地面积为长10m×宽5m×高4m。蒸发器本体选择碳钢重防腐，可耐120℃以内酸、碱、盐溶液的腐蚀；加热器为钛管。

4. 蒸发操作的特点

蒸发操作是从溶液中分离出部分溶剂，而溶液中所含溶质的数量不变，因此蒸发是一个热量传递过程，其传热速率是蒸发过程的控制因素。蒸发所用的设备属于热交换设备。但与一般的传热过程比较，蒸发过程又具有其自身的特点，主要表现在：

（1）溶液沸点升高

被蒸发的料液是含有非挥发性溶质的溶液，由拉乌尔定律可知，在相同的温度下，溶液的蒸气压低于纯溶剂的蒸气压。换言之，在相同压力下，溶液的沸点高于纯溶剂的沸点。因此，当加热蒸汽温度一定，蒸发溶液时的传热温度差要小于蒸发溶剂时的温度差。溶液的浓度越高，这种影响也越显著。在进行蒸发设备的计算时，必须考虑溶液沸点上升的这种影响。

（2）物料的工艺特性

蒸发过程中，溶液的某些性质随着溶液的浓缩而改变。有些物料在浓缩过程中可能结垢、析出结晶或产生泡沫；有些物料是热敏性的，在高温下易变性或分解；有些物料具有较大的腐蚀性或较高的黏度等等。因此在选择蒸发的方法和设备时，必须考虑物料的这些工艺特性。

（3）能量利用与回收

蒸发时需消耗大量的加热蒸汽，而溶液汽化又产生大量的二次蒸汽，如何充分利用二次蒸汽的潜热，提高加热蒸汽的经济程度，也是蒸发器设计中的重要问题。

5. 蒸发设备

常用蒸发器主要由加热室和分离室两部分组成。加热室的型式有多种，最初采用夹套式或蛇管式加热装置，其后则有横卧式短管加热室及竖式短管加热室，继而又发明了竖式长管液膜蒸发器以及刮板式薄膜蒸发器等。根据溶液在蒸发器中流动的情况，大致可将工业上常用的间接加热蒸发器分为循环型与单程型两类。

（1）循环型蒸发器

这类蒸发器的特点是溶液在蒸发器内作循环流动。根据造成液体循环的原理的不同，又可将其分为自然循环和强制循环两种类型。前者是借助在加热室不同位置上溶液的受热程度不同，使溶液产生密度差而引起的自然循环；后者是依靠外加动力使溶液进行强制循环。目前常用的循环型蒸发器有以下几种：

① 中央循环管式蒸发器

中央循环管式蒸发器的结构如图16-26所示，其加热室由一垂直的加热管束（沸腾管

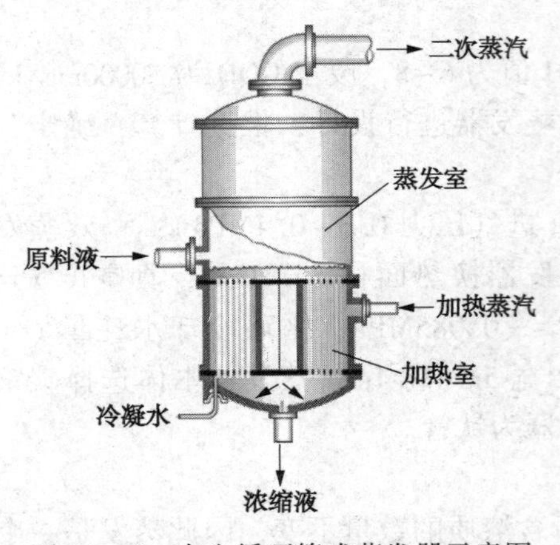

图 16-26 中央循环管式蒸发器示意图

束)构成，在管束中央有一根直径较大的管子，称为中央循环管，其截面积一般为加热管束总截面积的40%~100%。当加热介质通入管间加热时，由于加热管内单位体积液体的受热面积大于中央循环管内液体的受热面积，因此加热管内液体的相对密度小，从而造成加热管与中央循环管内液体之间的密度差，这种密度差使得溶液自中央循环管下降，再由加热管上升的自然循环流动。溶液的循环速度取决于溶液产生的密度差以及管的长度，其密度差越大，管子越长，溶液的循环速度越大。这类蒸发器由于受总高度限制，加热管长度较短，一般为1~2m，直径为25~75mm，长径比为20~40。

中央循环管式蒸发器的传热面积可高达数百平方米，传热系数约为600~3000W/(m·℃)，适用于黏度适中、结垢不严重及腐蚀性不大的场合。

中央循环管蒸发器具有结构紧凑、制造方便、操作可靠等优点，故在工业上的应用十分广泛。实际上，由于结构上的限制，其循环速度较低(一般在0.5m/s以下)；而且由于溶液在加热管内不断循环，使其浓度始终接近完成液的浓度，因而溶液的沸点高、有效温度差减小。此外，设备的清洗和检修也不够方便。

② 悬筐式蒸发器

悬筐式蒸发器的结构如图16-27所示，它是中央循环管蒸发器的改良。其加热室像悬筐，悬挂在蒸发器壳体的下部，可由顶部取出，便于清洗与更换。加热介质由中央蒸汽管进入加热室，而在加热室外壁与蒸发器壳体的内壁之间有环隙通道，其作用类似于中央循环管。操作时，溶液沿环隙下降而沿加热管上升，形成自然循环。一般环隙截面积约为加热管总面积100%~150%，因而溶液循环速度较高(约为1~1.5m/s)。由于与蒸发器外壳接触的是温度较低的沸腾液体，故其热损失较小。

悬筐式蒸发器适用于蒸发易结垢或有晶体析出的溶液。它的缺点是结构复杂，单位传热面需要的设备材料量较大。

③ 外热式蒸发器

外热式蒸发器的结构示意图见图16-28。这种蒸发器的特点是加热室与分离室分开，这样不仅便于清洗与更换，而且可以降低蒸发器的总高度。因其加热管较长(管长与管径之比为50~100)，同时由于循环管内的溶液不被加热，故溶液的循环速度大，可达1.5m/s。

④列文蒸发器

列文蒸发器的结构如图16-29所示。这种蒸发器的特点是在加热室的上部增设一沸腾室，这样加热室内的溶液由于受到这一段附加液柱的作用，只有上升到沸腾室时才能汽化。在沸腾室上方装有纵向隔板，

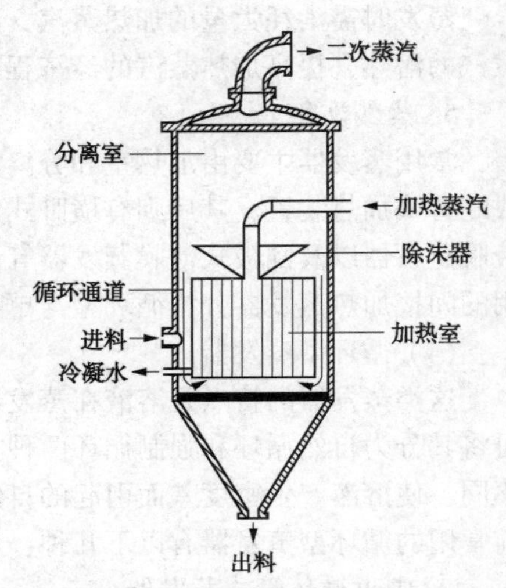

图 16-27 悬筐式蒸发器的结构示意图

其作用是防止气泡长大。此外，因循环管不被加热，使溶液循环的推动力较大。循环管的高度一般为7~8m，其截面积约为加热管总截面积的200%~350%，因而循环管内的流动阻力较小，循环速度可高达2~3m/s。

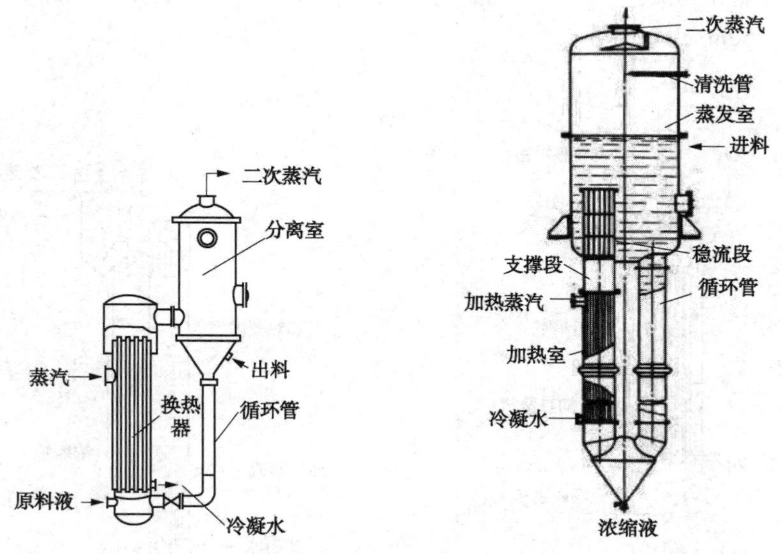

图 16-28　外热式蒸发器的结构示意图　　图 16-29　列文蒸发器的结构示意图

列文蒸发器的优点是循环速度大，传热效果好，由于溶液在加热管中不沸腾，可以避免在加热管中析出晶体，适用于处理有晶体析出或易结垢的溶液。其缺点是设备庞大，需要的厂房高。此外，由于液层静压力大，故要求加热蒸汽的压力较高。

上述各种蒸发器均为自然循环型蒸发器，即靠加热管与循环管内溶液的密度差引起溶液的循环，循环速度一般都比较低，不宜处理黏度大、易结垢及有大量析出结晶的溶液。

⑤ 强制循环蒸发器

对于处理黏度大、易结垢及有大量析出结晶之类溶液的蒸发，可采用图 16-30 所示的强制循环型蒸发器。这种蒸发器利用外加动力(循环泵)使溶液沿一定方向作高速循环流动。循环速度的大小可通过调节泵的流量来控制，一般循环速度在2.5m/s以上。

这种蒸发器的优点是传热系数大，对于黏度较大或易结晶、结垢的物料，适应性较好，但其动力消耗较大。

（2）单程型蒸发器

单程型蒸发器蒸发器的特点是：溶液沿加热管壁成膜状流动，一次通过加热室即达到要求的浓度，而停留时间仅数秒或十几秒钟；传热效率高，蒸发速度快，溶液在蒸发器内停留时间短，因而特别适用于热敏性物料的蒸发。

单程型蒸发器按物料在蒸发器内的流动方向及成膜原因的不同，可以分为以下几种类型：升膜蒸发器、降膜蒸发器、升-降膜蒸发器、刮板薄膜蒸发器。

① 升膜蒸发器

升膜式蒸发器的结构与工作流程如图 16-31 所示，其加热室由一根或数根垂直长管组成，通常加热管直径为25~50mm，管长与管径之比为100~150。原料液经预热后由蒸发器的底部进入，加热蒸汽在管外冷凝。当溶液受热沸腾后迅速汽化，所生成的二次蒸汽在管内高速上升，带动液体沿管内壁成膜状向上流动，上升的液膜因受热继续蒸发。溶液自蒸发器底部上升至顶部的过程中逐渐被蒸浓，浓溶液进入分离室与二次蒸汽分离后由分离器底部排出。常压下加热管出口处的二次蒸汽速度不应小于 10m/s，一般为 20～50m/s。减压操作时，有时可达 100～160m/s 或更高。

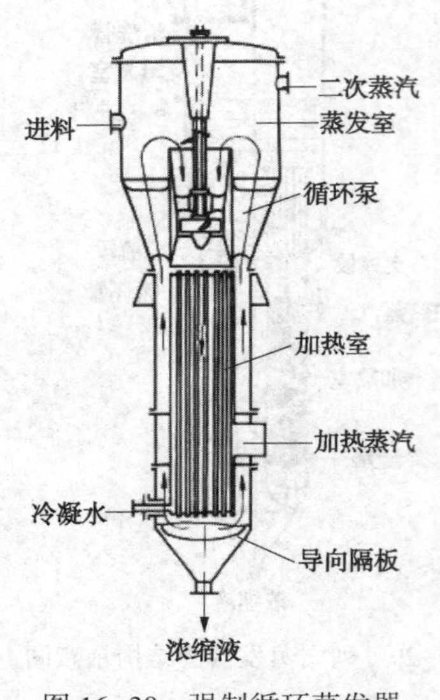

图 16-30 强制循环蒸发器（循环泵内置式）结构示意图

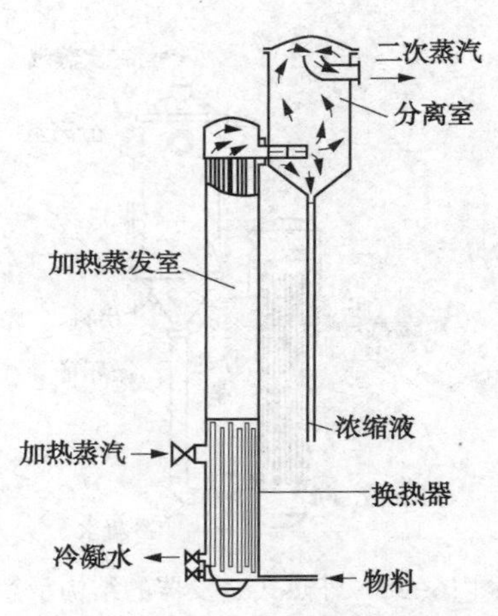

图 16-31 升膜蒸发器的结构与工作流程示意图

升膜蒸发器适用于蒸发量较大（即稀溶液）、热敏性及易起泡沫的溶液，但不适于高黏度、有晶体析出或易结垢的溶液。

② 降膜蒸发器

降膜式蒸发器的结构与工作流程如图 16-32 所示。它与升膜蒸发器的区别在于原料液由加热管的顶部加入。溶液在自身重力作用下沿管内壁呈膜状下流，并被蒸发浓缩，气液混合物由加热管底部进入分离室，经气液分离后，完成液由分离器的底部排出。

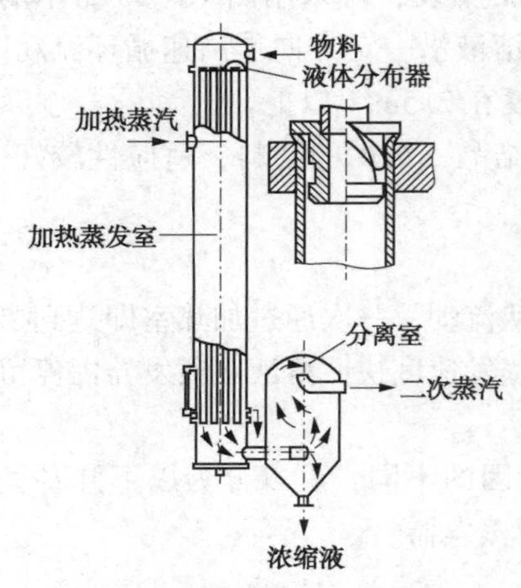

图 16-32 降膜蒸发器的结构与工作流程示意图

降膜蒸发器成膜的关键在液体流动的初始分布，如果分布不均，成膜厚度就会不匀，易发生干壁现象，影响浓缩液的质量，为此需要在每根加热管的顶部安装性能良好的料液分布器。布膜器的型式有多种，图 16-33 所示为其中较常用的四种。图 16-33（a）采用圆柱体螺旋型沟槽作为导流管，液体沿沟槽旋转流下分布到整个管内壁上；图 16-33（b）的导流管下部为圆锥体，锥体底面向下内凹，可避免沿锥体斜面流下的液体再向中央聚集；图 16-33（c）中，液体通过齿缝沿加热管内壁成膜状下降；图 16-33（d）是旋液式分布器，液体以切线方向进入管内，产生旋流，然后呈膜状落下。

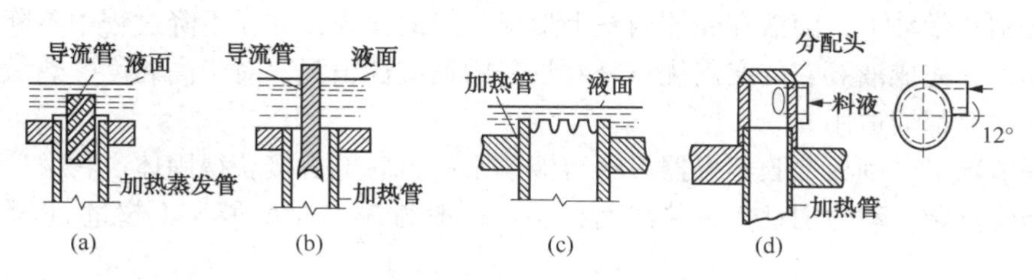

图 16-33 降膜蒸发器液体分布器示意图

降膜蒸发器可以蒸发浓度较高的溶液，对于黏度较大的物料也能适用；但对于易结晶或易结垢的溶液不适用。由于液膜在管内分布不易均匀，与升膜蒸发器相比，其传热系数较小。

③ 升膜与降膜式蒸发器的比较

料液在升膜与降膜式蒸发器中均以膜的形式沿着管壁边流动边与管外加热介质进行热的交换并蒸发。两者都不适合浓度较高的易结垢结焦或在蒸发过程中有结晶析出的料液的蒸发；不同点是升膜式蒸发器料液是在高速的二次蒸汽流及真空的作用下在管壁成膜并向上运动，蒸发后料液与二次蒸汽从蒸发器顶部进入分离器，实现蒸发后料液与二次蒸汽的分离；而降膜式蒸发器则是在料液分布器的作用下将来料均匀地分配给每根降膜管并以膜的状态沿着管壁在自身重力及二次蒸汽流的作用下自上而下流动，蒸发后的料液与二次蒸汽在蒸发器底部进入分离器中实现蒸发后料液与二次蒸汽的彻底分离。升膜式蒸发器要求加热温差较大，操作不易控制，易造成跑料等现象的发生，近些年来很少应用。

④ 刮板薄膜蒸发器

刮板薄膜蒸发器结构示意图与实物图见图 16-34。刮板薄膜蒸发器的壳体外部装有加热蒸汽夹套，其内部装有可旋转的搅拌刮片，刮板薄膜蒸发器是利用旋转刮片的刮带作用，使液体分布在加热管壁上。旋转刮片有固定的和活动的两种。前者与壳体内壁的缝隙为 0.75~1.5mm，后者与器壁的间隙随搅拌轴的转数而变。料液由蒸发器上部沿切线方向加入后，在

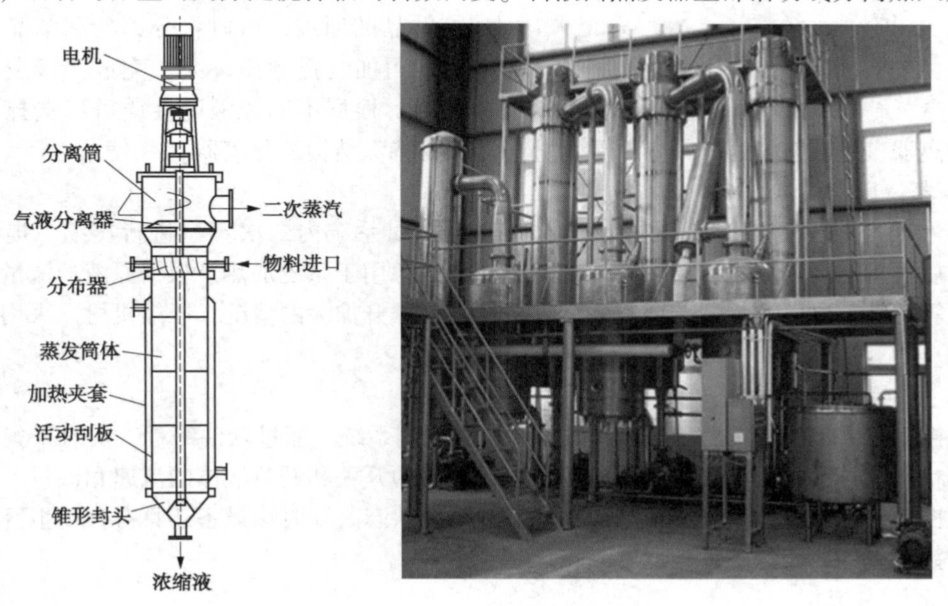

图 16-34 刮板薄膜蒸发器结构示意图与实物图

重力和旋转刮片带动下，溶液在壳体内壁上形成下旋的薄膜，并在下降过程中不断被蒸发浓缩，在底部得到完成液。它的突出优点是对物料的适应性很强，对于高黏度、热敏性和易结晶、结垢的物料都能适用。

在某些情况下，刮板薄膜蒸发器可将溶液蒸干而由底部直接获得固体产物。这类蒸发器的缺点是结构复杂，动力消耗大，传热面积小，一般为 3~4m²，最大不超过 20m²，故其处理量较小。

(3) MVR

MVR 是蒸汽机械再压缩技术的简称。其基本原理是：对蒸发过程中产生的废热蒸汽通过逆流洗涤及机械再压缩，提高废热蒸汽的清洁度及热焓，以便重新利用，从而减少对外界能源的需求。在化工、制药、环保行业中广泛使用蒸发器用于把溶液浓缩或结晶。

MVR 蒸发器一般由以下几个部分组成：预热器、蒸汽换热器、气液分离器、蒸汽压缩机、控制系统、清洗系统、真空系统，MVR 结构示意图见图 16-35。

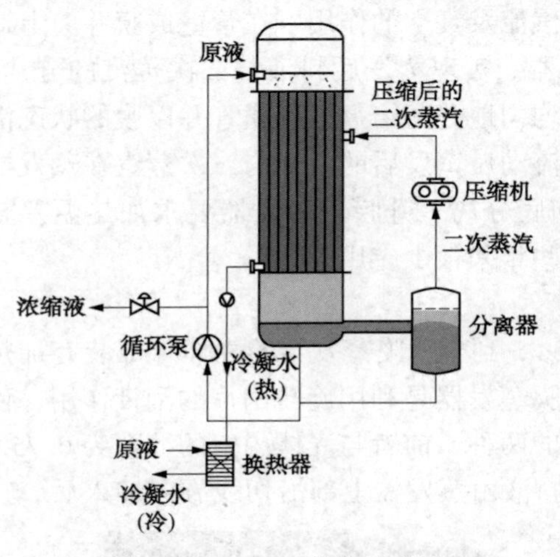

图 16-35 MVR 结构示意图

① 预热器

很多情况下，待处理的原液在进入蒸汽换热器之前的温度较低，为了充分利用系统内的热能，经常采用列管式或板式换热器对原液进行预加热。

② 蒸汽换热器

预热后的原液通过进料泵将其载入蒸汽换热器与经蒸汽压缩机压缩升温升压后的蒸汽进行换热，使其迅速汽化蒸发。根据原液的特性（黏度、是否有结晶和结垢等）选择换热器的形式。

③ 气液分离器

气液分离器是蒸汽和浓缩液进行分离的装置。对于有结晶的原液，可以将分离器和结晶器设计成一体，再加装强制循环泵，完成汽液分离、浓缩和结晶。根据不同原液的性质可以选择不同的气液分离器，一般有离心分离器、重力分离器和有特殊结构的分离器。

④ 蒸汽压缩机

蒸汽压缩机是 MVR 系统的核心部件，它通过对系统内二次蒸汽进行压缩，提高其热焓，然后再将温度和压力提高了的二次蒸汽作为热源用于系统加热。根据原液的流量和沸点升高值等特性，可以选择罗茨或离心压缩机。对于压升加大的情况，压缩机可以采用多级串联使用。

⑤ 控制系统

工控机和 PLC 等构成了 MVR 蒸发器的实时控制系统。通过软件编程，实时采集各种传感器的状态信号，从而自动控制马达的转速、阀门的开关和调节液体的流速和流量、温度和压力的控制和调节等，使系统工作达到动态平衡的状态。同时该设备还具有自动报警、自动记录参数和提供报表的各种功能。

⑥ 清洗系统

不同的溶液蒸发一段时间后，可能会发生结垢现象，大部分的结垢都是可以通过添加化学溶剂去除，可以使用 CIP 原位清洗或者拆分方式清洗。

⑦ 真空系统

真空系统的作用是维持整个系统的真空度，从装置中抽出部分空气、不凝气体以及溶液带入的气体，以达到系统稳定的蒸发状态。

MVR 蒸发器基本形式有：

① MVR 降膜蒸发器

在 MVR 降膜蒸发器中，液体和蒸汽向下并流流动。料液经预热器预热至沸腾温度，经顶部的液体分布装置形成均匀的液膜进入加热管，并在管内部分蒸发。二次蒸汽与浓缩液在管内并流而下，料液在蒸发器中的停留时间短，能适应热敏性溶液的蒸发。另外，降膜蒸发还适用于高黏度溶液。降膜蒸发器极易使管内的泡沫破裂，故亦适用于易发泡物料的蒸发。

由于降膜蒸发器是液膜传热，所以其传热系数高于其他形式的蒸发器；此外，降膜蒸发没有液柱静压力，传热温差显著高于其他形式的蒸发器，故可取的良好的传热效果，一次性投入最小。

② MVR 强制循环蒸发器

MVR 强制循环蒸发器主要特点是：

a. 蒸发过程不在加热表面而是在分离器中进行。因此，在列管中结壳和沉淀产生的结垢现象被降到最低限度。

b. 管内流速由循环泵决定。溶液在设备内的循环主要依靠外加动力所产生的强制流动。循环速度一般可达 15~35m/s。传热效率和生产能力较大。原料液由循环泵自下而上打入，沿加热室的管内向上流动。蒸汽和液沫混合物进入蒸发室后分开，蒸汽由上部排出经压缩机压缩，温度、压力提高，热焓增加，然后进入换热器冷凝，以充分利用蒸汽的潜热。流体受阻落下，经圆锥形底部被循环泵吸入，再进入加热管，继续循环。

应用范围：适用于易结垢液体、高黏度液体；适合用作盐溶液的结晶蒸发器。

③ MVR-FC 连续结晶器

带有 MVR 的强制循环结晶器简称 MVR-FC 结晶器，结晶室有锥形底，晶浆从锥形底排出后，经循环管，靠循环泵送入换热器，被加热后又重新进入结晶室，如此循环往复，实现连续结晶过程。晶浆排出口位于接近结晶室锥底处，而进料口则在排料口之下的脚底位置上。由结晶分离出来的二次蒸汽经过压缩机升温后输送到蒸发器的加热室中作为加热蒸汽使用。

④ MVR-OSLO 连续结晶器

带有 MVR 的 OSLO 结晶器简称 MVR-OSLO 结晶器。料液进入系统后由循环泵送入蒸发器，受热蒸发后进入蒸发室，分离的二次蒸汽后的溶液，由中央下行管直送到结晶器生长段底部，然后再向上方经结晶流化床、过饱和度得以消失，晶床中的晶粒得以生长，当粒子生长到要求的大小后，从产品出口排出。经蒸发室分离出的二次蒸汽经过压缩机升温后送到蒸发器的加热室当作加热蒸汽使用。这种结晶器主要特点为过饱和度产生的区域与晶体生长区域分别设置在结晶器两处，晶体的循环母液流中流化悬浮，为晶体的生长提供了良好的条件。

⑤ MVR-DTB 连续结晶器

带有 MVR 的强制循环 DTB 结晶器简称 MVR-DTB 连续结晶器，该种结晶器是一种效能较高的结晶器，其性能良好，能产生较大的晶粒(可达 600~1200μm)，生产强度较高，器内不易结晶疤。

DTB 型结晶器的内部有一根导流管，在四周有一圆筒形的挡板。悬浮液在螺旋桨的推动下，在筒内上升至液体表层，然后转向下方，沿导流筒与挡板之间的环形通道流至器底，重又吸入导流管的下端，如此循环不已，形成接近良好的混合条件。

第四节 连续电除盐设备

一、原理及基本组成

连续电除盐又称 EDI，其将电渗析技术和离子交换技术融为一体。EDI 的阳、阴离子膜是不允许水穿过的，因此，可以隔绝淡水和浓水水流；通过阳、阴离子膜对阳、阴离子的选择透过作用以及离子交换树脂对水中离子的交换作用，在电场的作用下实现水中离子的定向迁移，从而达到水的深度净化除盐，并通过水电解产生的氢离子和氢氧根离子对装填树脂进行连续再生。

（一）工作原理

EDI 实际上就是在电渗析的淡水室填装了阴、阳离子交换树脂。离子交换膜可以选择性地透过离子，其中阴离子交换膜只允许阴离子透过，不允许阳离子透过；而阳离子交换膜只允许阳离子透过，不允许阴离子透过。在一对阴阳离子交换膜之间充填混合离子交换树脂就形成了一个 EDI 单元。阴阳离子交换膜之间由混合离子交换树脂占据的空间被称为淡水室。将一定数量的 EDI 单元罗列在一起，使阴离子交换膜和阳离子交换膜交替排列，并使用网状物将每个 EDI 单元隔开，两个 EDI 单元间的空间被称为浓水室。

其工作原理是：在位于模组两端的阳极（+）和阴极（-）之间设置一直流电场，其电势能使交换到树脂上的离子沿着树脂粒的表面迁移并通过相应膜进入浓水室。阳极吸引负电离子（如 OH^-、Cl^-）这些离子通过阴离子膜进入相邻的浓水流却被阳离子选择膜阻隔，从而留在浓水流中。阴极吸引纯水流中的阳离子（如 H^+、Na^+、Ca^{2+}、Mg^{2+}）。这些离子穿过阳离子选择膜，进入相邻浓水流却被阴离子膜阻隔，从而留在浓水流中。当水流过这两种平行室时，离子在淡水室被除去并在相临的浓水流中聚积，然后由浓水流将其从模组中带走。EDI 工作原理见图 16-36。

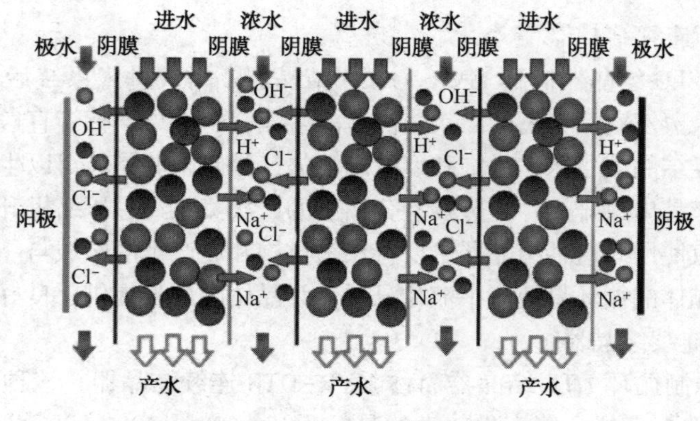

图 16-36 EDI 工作原理图

离子在浓水腔室的行为可以理解为四个过程：

① 离子在电场作用下向浓水室迁移；

② 离子与树脂的结合；

③ 水的电离和迁移，迁移到淡水腔室中的 H^+ 和 OH^- 离子又结合成水；

④ 由于电场作用，离子不断从树脂上离解，使树脂不断再生。

（二）组成

（1）电极

通过导线与外部直流电源连通而形成电场，由两块金属板分别充当阳极和阴极，在电场作用下，电化学反应发生及离子迁移去除得以顺利进行。

（2）淡水室

离子交换树脂充填在阴、阳离子交换膜之间形成单个处理单元，用以制造纯水的厚隔板层。一般宽式单元中淡水室的宽度为 8~10mm，相应流量为 550gfd；窄式单元的 EDI：淡水室宽度为 2~3mm，相应流量一般为 150gfd。

一般 EDI 的淡水室可分为两个部分，下部分为加强传递区，上部分为电离解区。在电离解区，电流的形成更多地依靠电解水分子形成的 H^+ 和 OH^- 的迁移，在加强传递区电流形成多依靠阴阳离子的迁移。所以下部树脂的再生程度更高，对弱离子的脱除能力更强。

（3）离子交换膜

离子交换膜分为阴膜和阳膜，分别含有阴阳离子交换基团，对阴离子或阳离子具有选择透过作用的薄膜，且不允许水通过。

（4）离子交换树脂

含有离子交换基团，对阴离子或阳离子具有吸附作用的树脂颗粒。离子交换树脂填充方式为：阴、阳离子交换树脂以一定混合比例填充于淡水室中，而浓水室为 100%阳离子交换树脂填充。

（5）浓水室

两个淡水室之间，用网状物隔开，用以收集和引导浓水的薄隔板层。

（6）极水室

电极板与相邻离子交换膜之间，形成极水室，一个膜堆中有正、负两个极水室。

（7）绝缘板和压紧板

（8）电源及水路连接

二、工作过程

（1）淡水进水淡水室后，淡水中的离子与混床树脂发生离子交换，从而从水中脱离。

（2）被交换的离子受电性吸引作用，阳离子穿过阳离子交换膜向阴极迁移，阴离子穿过阴离子交换膜向阳极迁移，并进入浓水室从而从淡水中去除。

离子进入浓水室后，由于阳离子无法穿过阴离子交换膜，因此其将被截留在浓水室；同样，阴离子无法穿过阳离子交换膜，被截留在浓水室，这样阴阳离子将随浓水流被排出模块。与此同时，由于进水中的离子被不断地去除，那么淡水的纯度将不断地提高，待由模块出来的时候，其纯度可以达到接近理论纯水的水平。

（3）水分子在电的作用下被不断地离解为 H^+ 和 OH^-，H^+ 和 OH^- 将分别使得被消耗的阳/阴树脂连续地再生。

EDI组件将给水分成三股独立的水流：

（1）纯水（最高利用率为99%）；产品水流量除以整个的给水流量。如果考虑到浓水返回前置RO，回收率一般为99%；如果浓水被排放，回收率可为90%~95%。

（2）浓水（5%~10%，可以回收利用）。

（3）极水（1%，可以回收利用或排掉）。

极水从电极区携带出电解产生的氯气、氧气和氢气体，必须安全排放。

三、分类

1. 按结构形式分类

按离子交换膜组装在EDI中的形状分，EDI模块可分为板框式和卷式两类，前者组装的是平板状离子交换膜，后者组装的是卷筒状离子交换膜。

（1）板框式EDI模块

板框式EDI模块简称板式模块，其内部为板框式结构，主要由阳电极板、阴电极板、级框、离子交换膜、淡水隔板、浓水隔板及端板等部件按一定的顺序组装而成，设备的外形一般为方形或圆形。板框式EDI模块结构示意图见图16-37，实物图见图16-38。

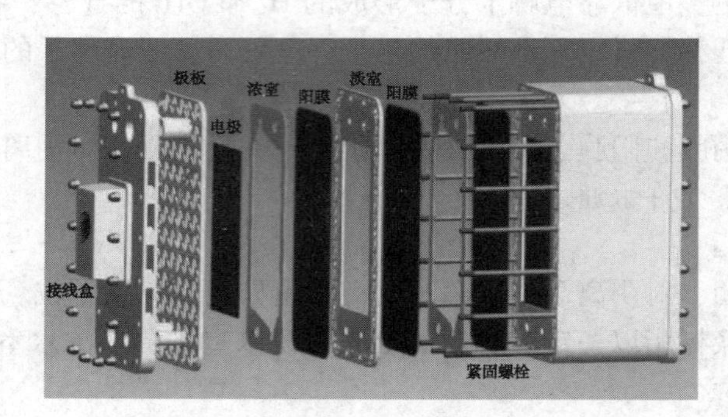

图16-37 板框式EDI模块结构示意图

图16-38 板框式EDI实物图

板框式结构易于操作，工艺简单；但板框式结构易结垢，易于被胶体和颗粒物质堵塞，所以一般需要对水进行预处理，保证板框式EDI结构的效率和正常工作。同时，板框式利用多层机械密封，容易发生渗漏。

（2）螺旋卷式 EDI 模块

螺旋卷式 EDI 模块主要由电极、阳膜、阴膜、淡水隔板、浓水隔板、浓水配集管和淡水配集管等组成。它的组装方式与卷式 RO 相似，按“浓水隔板→阴膜→淡水隔板→阳膜→浓水隔板→阴膜→淡水隔板→阳膜”的顺序将配件叠放后，以浓水配集管为中心卷制成型，其中浓水配集管兼作 EDI 的负极，膜卷包覆的一层外壳作为阳极。螺旋卷式 EDI 模块结构示意图见图 16-39，螺旋卷式 EDI 实物图见图 16-40。

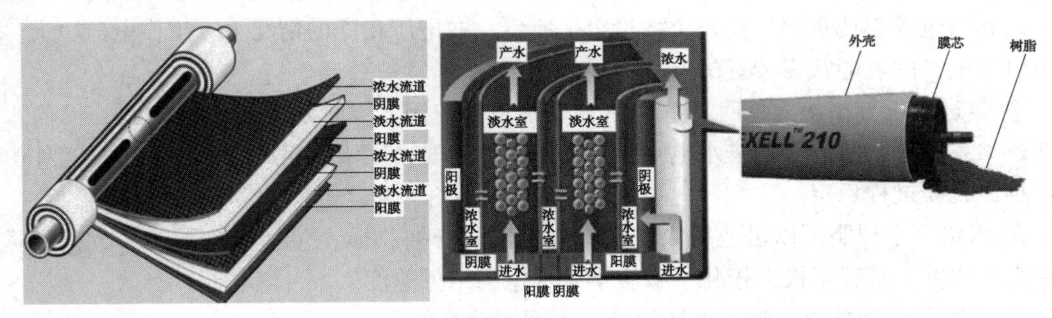

图 16-39　螺旋卷式 EDI 模块结构示意图

图 16-40　螺旋卷式 EDI 实物图

螺旋卷式结构采用了不同的流向设计，使装置中不易结垢，从而降低了对水进行前处理的要求，降低了处理成本。且螺旋卷式结构可利用顶盖和底盖实现可靠密封。由于此结构中阴极和阳极间的距离被大大缩短，去除离子所需的能耗被大大降低。

2. *按运行方式分类*

根据浓水处理方式，可将 EDI 模块分为浓水循环式和浓水直排式两种。

（1）浓水循环式 EDI 模块

浓水循环式 EDI 系统流程将进水一分为二，大部分水由模块下部进入淡水室中进行脱盐，小部分水作为浓水循环回路的补充水。浓水从模块的浓水室出来后，进入浓水循环泵入口，升压后送入模块的下部，并在模块内一分为二，大部分水送入浓水室内，继续参与浓水循环，小部分水送入集水室作为电解液，电解后携带电级反应的产物与热量而排放。为了避免浓水的浓缩倍数过高，运行中连续不断地排出一部分浓水。

与浓水直排式相比，浓水循环式有如下特点：①通过浓水循环浓缩，提高了浓水和极水的含盐量，从而提高了工作电流；②一部分浓水参与再循环，增大了浓水流量，亦即提高了浓水室的水流速度，因而膜面滞留层厚度减薄，浓差极化减轻，浓水系统结垢的可能性减少；③较高的工作电流使 EDI 模块中的树脂处于较多的 H 型和 OH 型状态，保证了 EDI 除去 SiO_2等弱电解质的有效性；④需要设置一套加盐装置。

（2）浓水直排式 EDI 模块

如果浓水室和极水室填充了离子交换树脂等导电性材料，则可以不设浓水循环系统。这种模块称为浓水直排式 EDI 模块。与浓水循环式相比，浓水直排环式有如下特点：

① 提高工作电流的方法不是靠增加含盐量，而是借助于导电性材料。因为在 EDI 模块中，树脂的电导率比水溶液高几个数量级，所以，在电压相同的情况下，工作电流更大，从而可以用较少的电能获得较好的除盐效果。

② 当进水电导率不太低时，浓水室和极水室的电阻主要取决于导电性材料，而与水的含盐量关系不大，所以，当进水电导率波动幅度不大时，膜堆电阻基本不变，这样工作电流变化小，脱盐过程稳定。

③ 浓水室中树脂可以迅速地吸收迁移进来的可交换物质，包括 SiO_2及 CO_2，这样降低了膜表面浓度，减轻了极差极化，减缓了浓水室的结垢速度。

④ 可以省掉加盐以及浓水循环设备，因而系统简单。

⑤ 浓水室的水流速度不高。

⑥ 进水电导率太低时，EDI 装置可能无法适应。在此种情况下，可采用浓水循环或加盐措施。

四、设备参数

EDI 装置属于精处理系统，一般多与反渗透(RO)配合使用，组成预处理、反渗透、EDI 装置的超纯水处理系统，可取代传统水处理工艺的混合离子交换设备。EDI 装置进水要求电阻率为 0.025～0.5MΩ·cm(40～2μS/cm)，反渗透装置完全可以满足要求。EDI 装置可生产电阻率高达 15MΩ·cm 以上的超纯水。结垢是浓水室存在的主要问题。Ca^{2+}和 Mg^{2+}进入浓水室后在阴膜表面富集，而淡水室阴膜极化产生的 OH^-透过阴膜，造成了浓水室阴膜表面有一个高 pH 值层面，这一特点导致浓水室结垢趋势明显增大。为了防止结垢生成，必须严格控制水的回收率和进水水质，尤其是硬度。

EDI 元件可以根据项目情况，由不同数量的元件组装成大小不同的系统，以满足各种规模项目要求。相关 EDI 运行参数见表 16-4。

表 16-4 相关 EDI 运行参数表

参 数	EDI-210	EDI-210U
产水量/(m^3/h)	1.5～2.2	1.5～2.2
产水电阻率/(MΩ·cm)	≥5	≥15
水回收率/%	80～95	95%
进水温度/℃	5～38	5～38
进水压力/kPa	250～700	250～700
产水压差/kPa	150～250	150～250
浓水循环流量/(m^3/h)	0.5～1.0	0.5～1.0
浓水压力/kPa	35～70	35～70

续表

参　数	EDI-210	EDI-210U
极水排放流量/(L/h)	50~70	50~70
浓水电导率/(μS/cm)	250~1000	250~600
工作电流/A	1~9	3~9
最大工作电压(DC)/V	180	160

EDI技术作为一种新的技术，在国外的应用领域已相当广泛，目前该技术在我国纯水制造、电厂锅炉补给水处理方面已有应用，但其在水处理应用方面仍处于研究阶段。寻找EDI技术在水处理其他领域的应用，拓宽EDI技术的应用渠道，使EDI技术得到更广泛的应用，将成为今后的一个重点。

第五节　污泥脱水设备

污水经过沉淀处理后会产生大量污泥，即使经过浓缩及消化处理，含水率仍高达96%，体积很大，难以消纳处置，必须经过脱水处理，提高泥饼的含固率，以减少污泥堆置的占地面积。一般大中型污水处理厂均采用机械脱水。脱水机的种类很多，按脱水原理可分为压滤、脱水及离心脱水三大类。

一、压滤脱水机

利用空压机、液压泵或其他机械形成大于大气压的压差进行过滤的方式称为加压过滤。压滤的压差一般在0.3~0.5MPa，其基本原理与真空过滤类似，含泥渣的废液通过压力流经过滤介质(滤布)，固体停留在滤布上，并逐渐在滤布上堆积形成过滤泥饼。而滤液部分则渗透过滤布，成为不含固体的清液。两者区别在于压滤使用正压，真空过滤使用负压。

压滤脱水机有板框压滤机、厢式压滤机、隔膜式压滤机、带式压滤机等。与真空过滤机比，压滤机具有过滤能力强，可降低调理剂的消耗量，可以不经预先调理而直接进行过滤脱水等优点。加压过滤经历了由间歇操作到连续操作的发展过程，以前使用较多的板框压滤机为人工间歇操作，与连续式真空过滤器相比，操作复杂，现在已有多种连续运行的压滤设备。

(一) 板框式压滤机

1. 基本结构

板框式压滤机主要由固定板、滤框、滤板、压紧板和压紧装置组成。多块滤板、滤框交替排列，板和框间夹过滤介质(如滤布)，滤框和滤板通过两个支耳架在水平的两个平行横梁上，横梁一端是固定板，另一端的压紧板在工作时通过压紧装置压紧或拉开。工作时，压滤机通过在板和框角上的通道或板与框两侧伸出的挂耳通道加料和排出滤液。在过滤过程中，滤饼在框内聚集。板框压滤机的滤板和滤框见图16-41。

板框压滤机对于滤渣压缩性大或近于不可压缩的悬浮液都能适用。适合的固体颗粒浓度一般为10%以下，操作压力一般为0.3~0.6MPa，特殊的可达3MPa或更高。过滤面积随所用的板框数目变化。板框通常为正方形，滤框的内边长在200~2000mm，框厚为16~80mm，

图 16-41　板框压滤机的滤板和滤框

过滤面积为 0.5～1200m^2。板、框可采用用手动、电动和液压等方式压紧。其中液压方式的板框压滤机结构示意图见图 16-42，实物图见图 16-43。

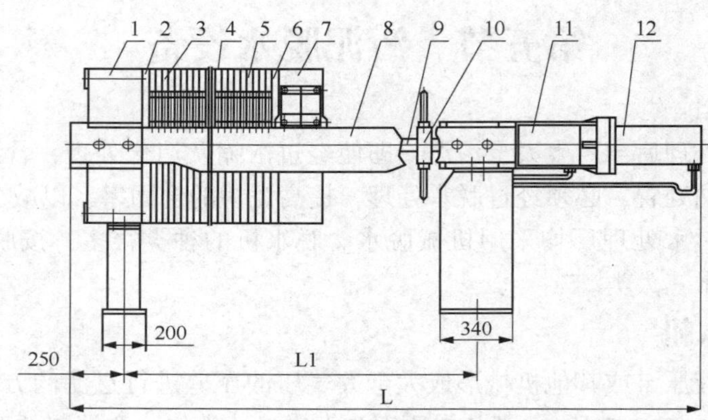

图 16-42　液压板框压滤机结构示意图

1—止推板；2—头板；3—滤框；4—滤布；5—滤板；6—尾板；7—压紧板；
8—横梁；9—活塞杆；10—锁紧螺；11—液压缸座；12—液压缸

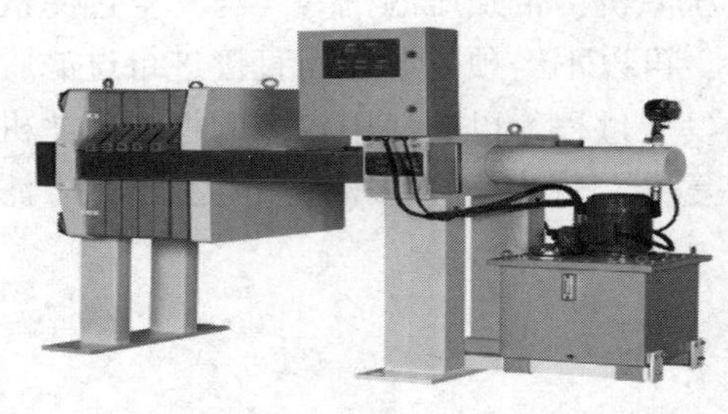

图 16-43　液压板框压滤机实物图

该图中的 2 是固定头板，6 是可移动的尾板。在 2、6 两个端板间排列着滤框 3、滤布 4 和滤板 5。所有的滤框、滤板都可以借助两侧的把手挂在横梁 8 上，并可沿横梁水平方向移动。活塞杆 9 的前端与可动压紧板 7 相连，当活塞在液压推力下推动压紧板，将所有框、板压紧在机架中，达到工作压力后，用锁紧装置锁紧而保压。液压站电机关闭后，即可进料过滤。

2. 过滤方式

压滤机的出液有明流和暗流两种形式，滤液从每块滤板的出液孔直接排出机外的称明流式，明流式便于观察每块滤板的过滤情况，发现某滤板滤液不清，即可关闭该板的出液口；若各块滤板的滤液汇合从一条出液管道排出机外的则称暗流式，暗流式用于滤液易挥发或滤液对人体有害的悬浮液的过滤。

3. 设备选型考虑的因素

设备选型时，应考虑以下几个方面：

（1）一般板框式压滤机与其他类型脱水机相比，泥饼含固率最高，可达35%，如果从减少污泥堆置占地因素考虑，板框式压滤机应为首选方案。

（2）框架、滤板的材质要求耐腐蚀。

（3）滤布。

滤布是过滤的介质，滤布的选用和使用对过滤效果有决定性的作用。选用时要根据过滤物料的pH值、固体粒径等因素选用合适的滤布材质和孔径，以保证低的过滤成本和高的过滤效率。滤布要具有一定的抗拉强度。压滤机使用的滤布材料见图16-44。其中的丙纶布具有质轻、强度高、弹性好、耐酸、耐碱、耐磨损、质地坚牢耐用且无毒等特点；涤纶滤布耐酸不耐碱，锦纶布耐碱不耐酸，可根据实际过滤要求而定。

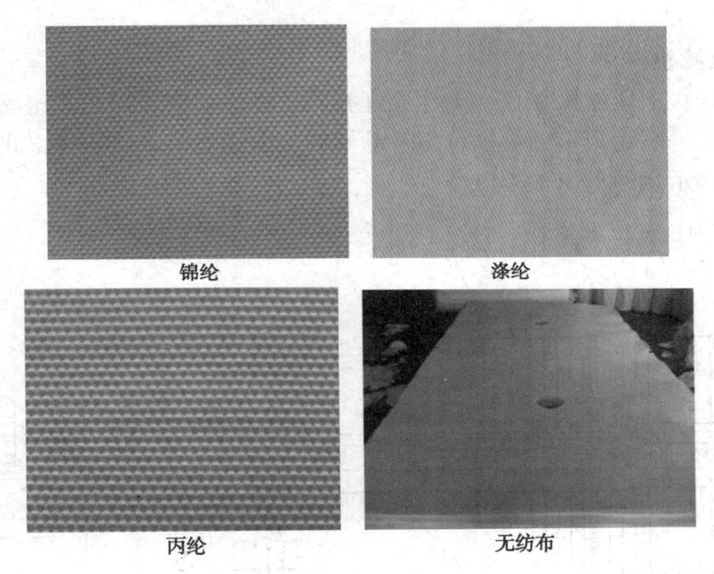

图16-44　滤布材料

在裁剪滤布时，孔距、孔径尺寸要比滤板的大一些，孔径不能太小，否则会堵塞进料孔，滤布上的尼龙扣要排列均匀，滤布要用电烙铁等专用工具烫料，以免滤布起毛边。

（4）滤板的移动方式。一般要求可以通过液压或气动装置全自动或半自动完成，以减轻操作人员劳动强度。

（5）滤布振荡装置，以使滤饼易于脱落。

4. 运行操作

压滤机设备在工作运行时，一般有压紧、进料、洗涤或干燥、卸料等四个步骤。

（1）压紧

液压方式的压滤机压紧的过程为：活塞推动压紧板压紧滤板，当滤室的压力达到设计点时，液压器就会自动暂停工作。在随后的运行中，压力会减小，当不能满足正常工作时，液压系统会自动开启。

（2）进料

当压滤机压紧后，即可进行进料操作。开启进料泵，并缓慢开启进料阀门，进料压力逐渐升高至正常压力。过滤一段时间后压滤机出液孔出液量逐渐减少，这时说明滤室内滤渣正在逐渐充满，当出液口不出液或只有很少量液体时，滤室内滤渣已经完全充满形成滤饼。如需要对滤饼进洗涤或风干操作，即可随后进行，如不需要洗涤或风干操作即可进行卸饼操作。

(3) 洗涤或风干

压滤机滤饼充满后，关停进料泵和进料阀门。开启洗涤泵或空压机，缓慢开启进洗液或进风阀门，对滤饼进行洗涤或风干。操作完成后，关闭洗液泵或空压机及其阀门，即可进行卸饼操作。

(4) 卸饼

先关闭进料阀，进行"松开"操作，活塞回程，滤板松开。活塞回退到位后，压紧板触及行程开关而自动停止。回程结束后，便可将滤饼从滤板卸下，卸料有人工和自动两种方式。

(二) 厢式压滤机

厢式压滤机与板框压滤机相比，工作原理相同，外表相似，但厢式压滤机的滤板和滤框的功能合二为一，一般为矩形，板框可用手动螺旋、电动螺旋和液压等方式压紧。液压方式的厢式压滤机结构示意图见图 16-45。

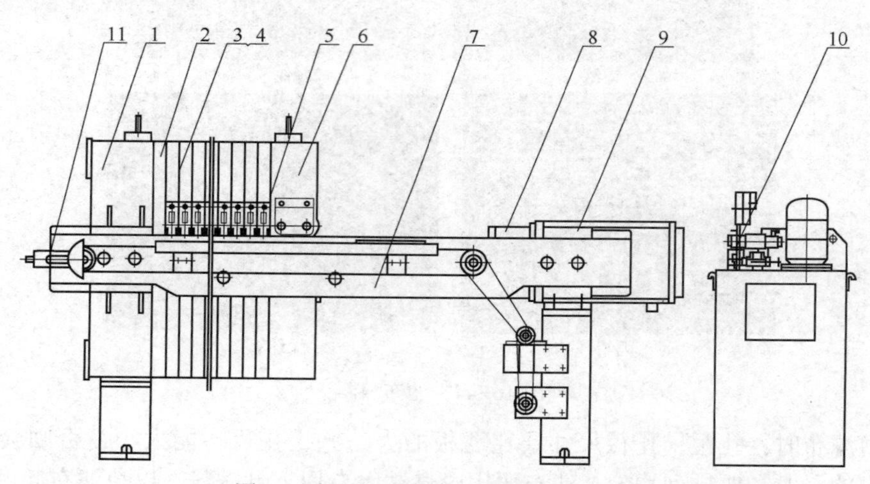

图 16-45 液压厢式压滤机结构示意图

1—止推板；2—头板；3—滤板；4—滤布；5—尾板；6—压紧板；
7—横梁；8—液压缸；9—液压缸座；10—液压站；11—滤板移动装置

该图中 2 为固定头板，固定在止推板 1 上，5 为可移动的尾板，固定在可移动的压紧板 6 上。在这两个端板间排列着滤板 3 和滤布 4。所有的滤板都可以借助自己两侧的把手搁在横梁 7 上，并可沿横梁水平方向移动。活塞杆的前端与可移动压紧板 6 铰接。活塞在液压推力下推动压紧板，将所有板和布压紧在机架中。达到液压工作压力后，旋转开关至动保压位置，即可进料过滤。电接点压力表会自动稳压在上、下限之间。

厢式压滤机每块滤板的两个表面都呈凹形，依进料口的位置不同有多种结构形式，图 16-46 为厢式压滤机滤板。

(三) 隔膜式压滤机

隔膜式压滤机与目前普通厢式压滤机的主要不同之处就是在滤板与滤布之间加装了一层弹性膜。运行过程中，当入料结束时，可将高压流体介质注入滤板与隔膜之间，这时整张隔

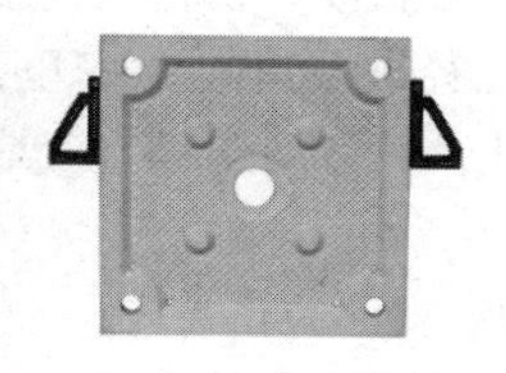

图 16-46　厢式压滤机滤板实物图

膜就会鼓起压迫滤饼。隔膜式压滤机及滤板见图 16-47。与厢式和板框式滤板相比，隔膜滤板有一个可前后移动的隔膜过滤面。当在隔膜一侧通入压榨介质时(如压缩空气或水)，这些可移动的隔膜就会向过滤腔室的方向鼓出，从而使过滤腔室中的滤饼在整个过滤面上均匀地受压，实现滤饼的进一步脱水。

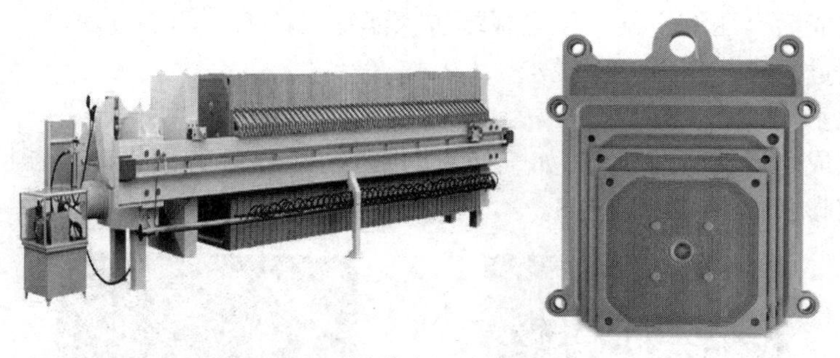

图 16-47　隔膜式压滤机及滤板图

1. 结构

隔膜式压滤机的结构主要由机架、压紧机构、过滤机构三部分组成。

(1) 机架

机架是压滤机的基础部件，两端是止推板和压紧头，两侧的大梁将二者连起来，大梁用以支撑滤板、滤框和压紧板。

① 止推板

它与支座连接将压滤机的一端坐落在地基上，厢式压滤机的止推板中间是进料孔，四个角还有四个孔，上两角的孔是洗涤液或压榨气体进口，下两角为出口(对于暗流结构还是滤液出口)。

② 压紧板

用以压紧滤板滤框，两侧的滚轮用以支撑压紧板在大梁的轨道上滚动。

③ 大梁

大梁是承重构件，根据使用环境防腐的要求，可选择硬质聚氯乙烯、聚丙烯、不锈钢包覆或新型防腐涂料等涂覆。

(2) 压紧机构

有手动压紧、机械压紧、液压压紧等方式。

(3) 过滤机构

过滤机构由滤板、滤框、滤布、压榨隔膜组成，滤板两侧由滤布包覆，需配置压榨隔膜时，一组滤板由隔膜板和侧板组成。隔膜板的基板两侧包覆着橡胶隔膜，隔膜外边包覆着滤布，侧板即普通的滤板。物料从止推板上的时料孔进入各滤室，固体颗粒因其粒径大于过滤介质(滤布)的孔径被截留在滤室里，滤液则从滤板下方的出液孔流出。滤饼需要榨干时，除用隔膜压榨外，还可用压缩空气或蒸汽，从洗涤口通入，气流冲去滤饼中的水分，以降低滤饼的含水率。

2. 脱水过程

其脱水过程一般包括进浆脱水、反吹脱水、挤压脱水等过程。

(1) 进料脱水

即一定数量的滤板在强机械力的作用下被紧密排成一列，滤板面和滤板面之间形成滤室，过滤物料在强大的正压下被送入滤室，进入滤室的过滤物料其固体部分被过滤介质(如滤布)截留形成滤饼，液体部分透过过滤介质而排出滤室。

(2) 反吹脱水

进浆脱水完成后，压缩空气从压紧板端进入滤室滤饼的一侧透过滤饼，携带液体水分从滤饼的另一侧透过滤布排出滤室而脱水。

(3) 挤压脱水

进浆脱水完成之后，压缩介质(如气、水)进入挤压膜的背面推动挤压膜使挤压滤饼进一步脱水。隔膜膨胀效果见图 16-48。

图 16-48 隔膜膨胀效果图

3. 设备特点

(1) 采用低压过滤、高压压榨，可以缩短整个过滤周期，生产效率得到提高；
(2) 压榨可选空气、惰性气体、水、油等流体介质，可满足不同行业的处理需要；
(3) 可有效降低滤饼含水率；
(4) 带有压榨安全保护系统，可避免误操作造成膜片损坏；
(5) 抗腐蚀能力强，基本适用于所有固液分离作业。

有关设备的参数如表 16-5 所示。

表 16-5 有关设备的参数

参数	PGB-150 型	PGB-210 型	PGB-270 型	PGB-310 型
过滤面积/m^2	154	210	262	310
滤板尺寸/mm	1300×1300	1500×1500	1500×1500	1500×1500
滤板材质/mm	聚丙烯/PP	聚丙烯/PP	聚丙烯/PP	聚丙烯/PP
滤板数量/块	56	56	71	81

续表

参数	PGB-150 型	PGB-210 型	PGB-270 型	PGB-310 型
滤腔容积/L	2688/3336	5000	5888	6729
滤腔厚度/mm	50	50	50	50
最大操作压力/MPa	0.8	0.8	0.8	0.8
设备空重/kg	20000	34000	38000	42000
设备满重/kg	25000	40000	45000	49000
外形尺寸/mm	9100×1860×4500	9100×2030×4800	10500×2030×4800	11400×2030×4800
洗水压力/MPa	0.5	0.5	0.5	0.5
过滤压力/MPa	≤0.45	≤0.45	≤0.45	≤0.45
压榨压力/MPa	<0.8	<0.8	<0.8	<0.8
过滤周期/min	25	25	25	25

4. *应用案例*

芦村污水处理厂污泥深度脱水采用重力浓缩+污泥调理+隔膜式板框污泥压滤机组合处理工艺，总处理规模为200t/d(按含水率80%计)。

共设置4台隔膜式板框污泥压滤机，3用1备(互为备用)。1台进料，另1台压榨，第3台卸泥，彼此交替进行。考虑机器故障、设备维护等情况，1台机器热备，同时，考虑远期发展规划，预留1台压滤机机位。设计选用有效过滤面积为800m^{2}的隔膜式板框污泥压滤机，具体设计参数见表16-6。隔膜式板框污泥压滤机主要配套设备情况见表16-7。

表16-6　单台隔膜式板框压滤机选型参数

设计参数	要　求	设计参数	要　求
过滤面积	800m^2	进料压力	1.2MPa
滤室容积	≥14m^3	压榨压力	2.0MPa
滤板数量	56片	反洗压力	8.0MPa
滤板尺寸	2000mm×2000mm×85mm	反吹压力	1.0MPa

表16-7　单台隔膜式板框压滤机配套设备情况

设 备 名 称	主要参数	备注
低压进料泵	Q=180m^3/h，扬程H=60m，功率45kW	变频控制
高压进料泵	Q=40m^3/h，扬程H=120m，功率30kW	变频控制
隔膜压榨泵	Q=20m^3/h，扬程H=200m，功率18.5kW	变频控制
水洗泵	Q=215L/min，扬程H=800m，功率45kW	1用1备
压榨水箱	13m^3	1个
清洗水箱	9m^3	1个
空压机	Q=11.5m^3/h，压力1.0MPa，功率75kW	
冷干机	Q=11.5m^3/h，压力1.0MPa，功率3.7kW	
反吹气罐	12.5m^3	

(1) 污泥浓缩与调理

污泥首先通过重力浓缩将污泥含水率由99.2%降至98%，可使污泥初步减容，减小后续调理的难度。然后将其与含水率为80%的脱水污泥按照10∶1的体积比用泵提升至调理池中。每次调理的量为1台压滤机使用的量，约110m^{3}污泥。通过对污泥加入絮凝剂和助凝剂进行调理，有效地改善了污泥脱水性能，减小水与污泥固体颗粒的结合力，加速污泥脱水。

调整投加3种药剂，分别为聚铝(PAC)、聚丙烯酰胺(PAM)、生石灰(CaO)。PAC药液(10%质量浓度)和PAM药液(1‰~3‰质量浓度)分别由设置于综合车间内的气动隔膜泵和加药螺杆泵进行投加，投加量分别为干污泥量的2%~5%和1‰~5‰(质量浓度)；CaO由成套石灰投加装置进行投加，投加量为干泥量的4%~7%(质量浓度)。化学药剂可在调理池进泥的同时或者进泥完成后进行投加，一般情况下，药剂应在10~15min内投加完毕，搅拌时间约30min。

(2) 压滤脱水

隔膜式板框污泥压滤机的工作流程主要分为5个步骤，流程为：进料过滤→反吹→隔膜压榨→拉板卸料→水洗，其中水洗步骤不是每个流程都运行，可根据压滤机实际工作情况决定。

① 进料过滤

污泥通过压力使滤液穿过滤布，固体被滤布截留形成滤饼。随着过滤的进行，过滤压力持续升高，滤室逐渐被滤饼填满，进料压力达到最高值(约为1.2MPa)，并长时间保持不变。因进料污泥含水率有差异，进料时间一般控制在1.5~2h，污泥进料由高、低压污泥螺杆泵进行。

② 反吹

反吹在每个完整的工作流程中需进行2次。第一次是在污泥进料完成后进行，可提高滤饼含固率，同时防止中心管堵塞；第二次是在压榨完成后，运行压缩空气系统，对压滤机中心进泥管中的残留污泥及膜腔内的滤液进行反吹洗，反吹污泥通过压滤机一端设置的*DN*100mm反吹污泥管回流至调理池中。两次空气反吹的过程均只需要5~10s即可完成。

因反吹的瞬时风压较大、时间较短，在条件允许的情况下，反吹污泥管可各自单独接入污泥调理池中，这样能有效避免某台压滤机反吹时影响其他压滤机的正常工作。

③ 隔膜压榨

关闭进料气动球阀，向隔膜板内注入高压水，最高水压2MPa，一般保持在1.5~1.8MPa。利用隔膜张力对污泥进行强力挤压脱水，一般隔膜压榨时间保持在1.5h左右。压榨水通过管道回流至压榨水箱，压榨滤液水透过滤布排出，固体物质被滤布阻隔，污泥含固率进一步提高。

④ 拉板卸料

当压榨完成后，进入卸料工序。首先，压紧板后退，至限位开关停止，拉板器前行取板，取到后拉板至卸料空间中间位置时，限位开关感应到滤板侧面的感应件，传送信号至PLC，气缸振打部分前移，至滤板正上方时停止，振打气缸下移，气缸端部的振打头迅速击打滤布支撑机构的顶端并快速回收上移，从而快速压缩、放开滤布撑持机构的压缩弹簧，使滤布在支撑机构的带动下产生振动，辅助卸下滤饼，整个卸泥过程在1.5h左右。

⑤ 水洗

压滤机在运行一段时间后，滤布会被堵塞，影响过滤效果。正常情况下，压滤机每工作7~15d需要进行1次水洗，由水洗泵供给水源。每台压滤机单次清洗周期为20~30min，此过程由设备自带的高压水洗架完成，水洗过程全部自动控制。

(四)立式压滤机

立式压滤机又称滤布全行走式自动压滤机，20世纪60年代出现于前苏联，后德国、芬兰、美国等国家也相继制造该种过滤机，广泛应用于镍精矿、氧化锌浸出液、酵素、淀粉、碱渣、沸石、铜精矿等产品的过滤。立式自动压滤机是利用高压挤压与高压气吹干的作用，将浆料中的滤液压出而达到固液分离，同时具备有洗涤、脱水和风干的三大功能。立式压滤机见图16-49。

图16-49　立式压滤机

国内外立式压滤机的基本机构和工作过程大同小异，其基本构造主要由上压板、下压板、滤板组、活塞杆、液压缸、液压阀、框架和控制柜等组成，其结构示意图见图16-50。

立式压滤机的特点有：

① 采用立式结构设计，立式压滤机滤板水平和上下叠置，形成一组滤室，占地面积较小。

② 集过滤、挤压(可多次)、风干、洗涤(可多次)、卸料于一体，采用一条连续滤带，完成过滤后，移动滤带进行卸渣和清洗滤带，操作自动化。

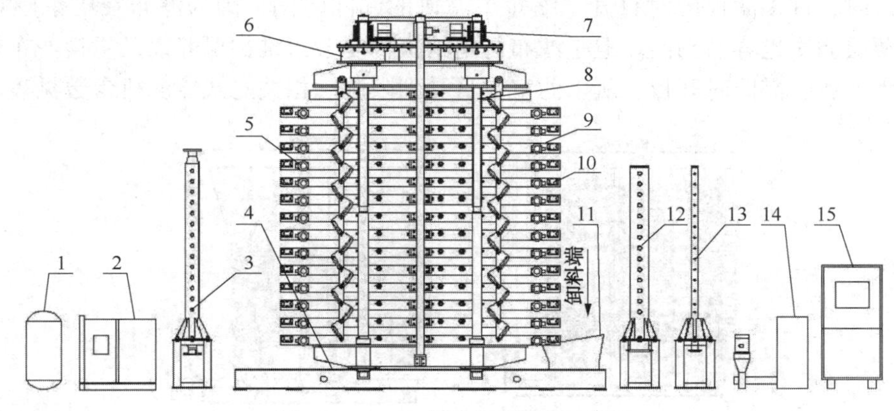

图16-50　立式压滤机结构示意图

1—风干系统；2—液压站；3—进料分配器；4—底座；5—滤板组件；6—顶座；7—丝杠液压驱动系统；8—丝杠；9—滤布；10—滤布驱动系统；11—接料斗；12—滤液分配器；13—高压水分配器；14—高压水站；15—控制系统

③ 压滤机的滤室中增设弹性橡胶隔膜后，可在过滤结束时用高压水或压缩空气借助橡胶隔膜压缩滤渣，使滤渣受到进一步压榨脱液，形成滤室容积可变，能够高效而均匀地进行过滤，滤饼含水率低。

④ 滤液和高压风以暗流形式排出，可减少对操作环境的污染。

立式压滤机程序控制工作模式一般有以下几个过程：

① 过滤

过滤板框关闭后，过滤物料通过进料管进入每个滤腔过滤。

② 隔膜挤压

高压水通过高压水管进入隔膜上方，隔膜向滤布表面挤压滤饼，将滤液挤出滤饼。如果一次挤压后物料的含水率偏高，还可以进行第二次挤压。

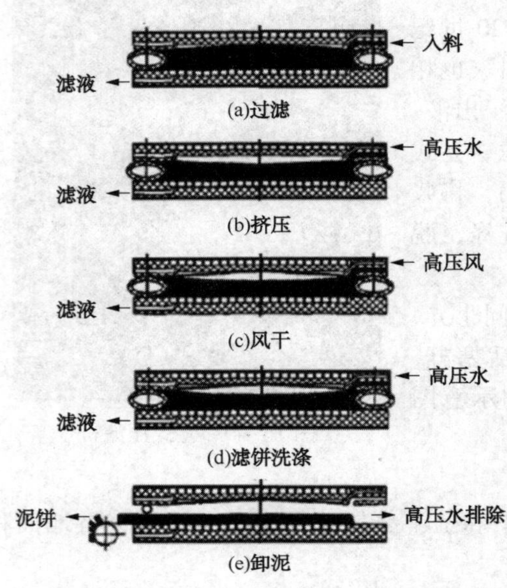

图 16-51　立式压滤机运行程序示意图

③ 滤饼风干

滤饼风干由压缩空气完成的。通过分配管进入的空气充满过滤腔，抬起隔膜，使物料的含水率进一步减少。

④ 滤饼洗涤

洗涤液经与物料相同的路径被泵送到滤腔；由于液体注满滤腔，隔膜被抬起，水被隔膜挤出。

⑤ 卸泥

过滤腔打开，滤布驱动机构开始运行，滤布上的滤饼从过滤机两边排出。同时，安装在压滤机里的洗涤装置冲洗滤布的两面，其过程见图 16-51。

立式压滤机过滤腔打开与闭合情形见图 16-52。

短程序控制工作模式有四个过程：过滤、隔膜挤压、滤饼吹干、滤饼排出与滤布洗涤。

立式压滤机是继固定式滤布之后采用的形式。卸滤饼时，许多滤板同时打开，缩短了滤饼的卸除时间，因为滤布在支承辊处曲折转向，即使薄层滤饼也容易剥离。但是滤布行走的机构复杂，维护保养以及更换滤布较固定式困难。因为卸泥时需同时开板，所以滤室数目受到限制。相关立式压滤机参数见表 16-8。

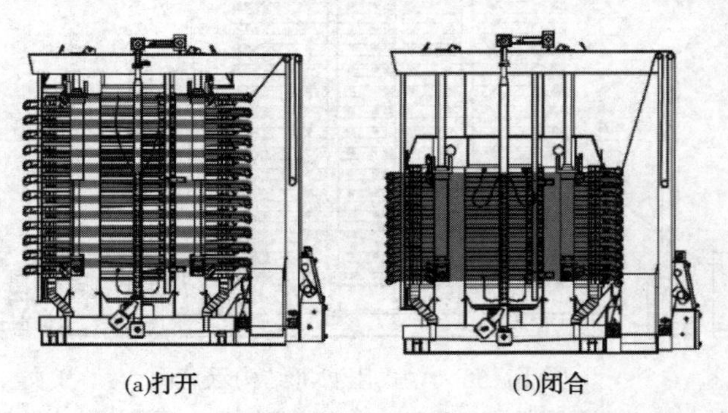

(a)打开　　(b)闭合

图 16-52　立式压滤机过滤腔打开与闭合示意图

表 16-8　相关立式压滤机主要参数

序号	参数内容	技术性能数据
1	过滤面积/m^2	2.5~50
2	滤板单元数量/套	1~20
3	滤板尺寸/mm	2730×1080

续表

序号	参数内容		技术性能数据
4	滤框高度/mm		40~70
5	主要尺寸/mm	长	4600
		宽	3000
		高	2000~4950
6	占地面积/m^2		30
7	滤布/mm		8300×1100
8	液压站电机/kW		18.5~30
9	高压水站水泵电机/kW		7.5~18.5
10	进料压力/MPa		0.4~1.3
11	隔膜挤压压力/MPa		1.3~1.6
12	压缩空气压力/MPa		0.5~15
13	滤布洗涤水压力/MPa		0.4~1.3
14	液压站压力/MPa		6.3~14
15	物料处理能力(折干)/[t/(h·m^2)]		0.3
16	台时产能(折干)/(t/h)		1.5~12

(五)带式压滤机

带式污泥脱水机又称带式压榨脱水机或带式压滤机，是一种连续运转的固液分离设备，分四个工作区：重力脱水区，加压脱水区，压榨脱水区，卸料区。污泥经过加脱水剂絮凝后进入压滤机的滤布上，依此进入重力脱水、低压脱水和高压脱水三个阶段，最后形成泥饼，泥饼随滤布运行到卸料辊时落下。

压滤机的工作原理是利用上下两条张紧的滤带夹带着污泥层，从一系列按规律排列的辊压筒中呈S形弯曲经过，依靠滤带本身的张力形成对污泥层的压榨力和剪切力，把污泥中的毛细水挤压出来，从而获得较高含固量的泥饼，实现污泥脱水。带式压滤脱水机受污泥负荷波动的影响小，但出泥含水率较高。带式压滤机及其工作原理如图16-53所示。

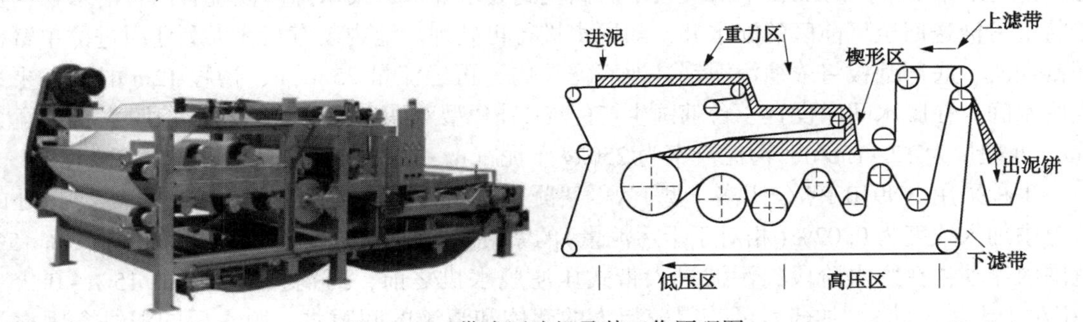

图16-53　带式压滤机及其工作原理图

一般带式压滤脱水机由机架(滤带、辊压筒、滤带张紧系统、滤带调偏系统)、滤带冲洗系统和滤带驱动系统构成。

(1) 机架

机架包括外部和内部主机架部分。外部包括支撑功能(所有辊子、滤带、滤带张紧装置、滤带洗涤装置等）的托架和构件，内部有过滤液不锈钢收集系统等。

（2）驱动装置

每台带式压榨机配备1套驱动装置，驱动装置减速机采用电磁调速减速机，滤带速度可以调节。驱动装置具有过载和过热保护功能，防护等级IP55，绝缘等级为F。

（3）滤带压榨装置

滤带压榨装置通过调节气囊压力来调节，气压通过气囊传递至对压辊，然后与上方挤压辊进行对压，使滤带压力变化。气囊工作压力为0.4~0.6MPa，可通过灵活调节气囊压力大小来调节对压辊挤压程度，使设备的压榨效果达到最好。气囊为优质橡胶材质。

（4）电气控制系统

电气控制系统具有联锁、开停、自保护等各种控制及显示功能，用户一般仅需提供一外接电源。设有自动/手动切换。

选型时，应从以下几个方面加以考虑：

（1）滤带。要求其具有较高的抗拉强度、耐曲折、耐酸碱、耐温度变化等特点，同时还应考虑污泥的具体性质，选择适合的编织纹理，使滤带具有良好的透气性能及对污泥颗粒的拦截性能。

（2）辊压筒的调偏系统。一般通过气动装置完成。所有辊子高低分散布置，网带的行走轨迹就形成了一个“S”形的排列，这样的排列正好达到了设备压榨的特性。由于滤带的张力所产生的单位面积压力直接与滤带张力成正比，而与这些辊的直径成反比，这些辊的直径沿压滤带的运行方向递减，因此，在最后一个辊处的压力达到最大值。辊尺寸基于最大允许偏差为辊面宽度的0.5mm/m以下。所有辊子均采用Q235无缝钢管，表面包胶10mm。

（3）滤带的张紧系统。一般也由气动系统来控制。滤带张力一般控制在0.3~0.7MPa，常用0.5MPa。

（4）带速控制。不同性质的污泥对带速的要求各不相同，即对任何一种特定的污泥都存在一个最佳的带速控制范围，在该范围内，脱水系统既能保证一定的处理能力，又能得到高质量的泥饼。

某水厂污泥浓缩池为钢筋混凝土结构的重力浓缩池，面积254m^2，直径18m，总高度6m。泥水停留时间为12h，上清液收集后回流到集水井内，集水井内设置有两台潜水泵，用于将上清液送回至厂前区的配水井，随原水进行再处理。池内装有从澳大利亚引进的单臂机械刮泥机，底部刮板将浓缩污泥刮进池底泥斗内，再经流量25m^3/h、扬程12m的螺杆泵送入脱水间。在脱水间内设置一台韩国生产的YC-SP型双滤布压滤脱水机，该脱水机带宽为3m，处理量为12~15t/d，污泥产率为250kg干泥/(m·h)。

工程采用AN910 PWG阴离子型PAM絮凝剂。在污泥的浓缩阶段，在浓缩池入口处的管道中加入浓度为0.02%（相对于干污泥量）的絮凝剂，加药浓缩后的污泥含固率在3%~5%范围内浮动；在脱水阶段，污泥进入带式压滤脱水机之前，药剂投加量为0.15%~0.25%（相对于干污泥计），加药后可获得较粗大的絮体和清澈的间隙水，脱水后的泥饼含固率为25%~50%。

二、卧螺离心机

1. 原理

利用固液两相的密度差，在离心力的作用下，加快固相颗粒的沉降速度来实现固液分离。具体分离过程为：转鼓与螺旋以一定差速同向高速旋转，污泥由进料管连续引入输料螺旋内筒，加速后进入转鼓，在离心力场作用下，较重的固相物沉积在转鼓壁上形成沉渣层。输料螺旋将沉积的固相物连续不断地推至转鼓锥端，经排渣口排出机外。较轻的液相物则形成内层液环，由转鼓大端溢流口连续溢出转鼓，经排液口排出机外。

一般情况下，污泥在脱水前需要先和絮凝剂进行充分混合。转鼓大的一端装有可调节高度的液位挡板，液相从液位挡板经分离液出口流出。固相则从转鼓小的一端的排渣口排出。

2. 分类

按固相和物料的流动方向可分为逆流卧螺离心机和顺流卧螺离心机。

(1) 顺流式

顺流式离心机进料为大端进料，其特点有：①固相流动方向和进料流动方向一致，可避免逆流式的湍流，保证沉渣不受干扰。②离心机全长都起到了沉降作用，扩大了沉降面积。悬浮液在机内停留时间增长，从而提高分离效果。没有干扰的沉降可有效地减少絮凝剂的使用量，使机内流体的流动状态得到很大改善，并且可通过加大转鼓直径来提高离心力。

顺流式离心机主要适用于固液密度差小、固相沉降性能差、固相含量低的难分离物料。顺流式离心机的滤液是靠返流管排除，此时的滤液含有分离出的固相颗粒，会在返流管内沉积，若不定期冲洗，易导致返流管堵塞。顺流式卧螺离心机结构示意图见图 16-54。

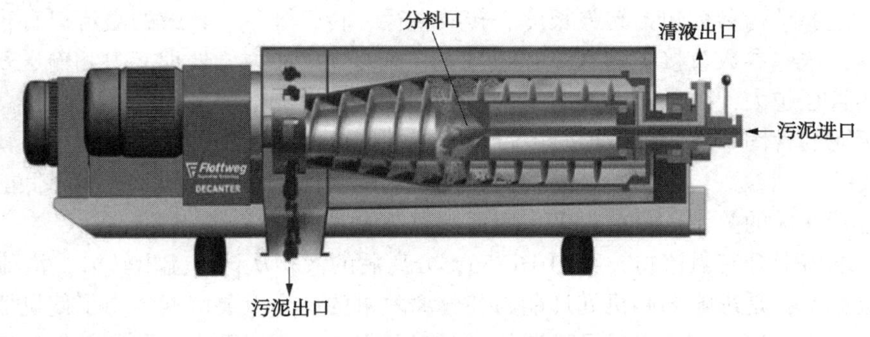

图 16-54　顺流式卧螺离心机结构示意图

(2) 逆流式

逆流式离心机进料为小端进料，固相流动方向和进料流动方向相反。分料口位于沉降区和干燥区之间，以确保液相有足够的沉降距离，但固相停留在圆锥部位的时间较短，因此要求离心机有较高的离心力。另外，物料由分料口进入转鼓内会引起已沉降的固体颗粒因扰动再度浮起，还会产生湍流和涡流，使分离效果降低。逆流式离心机主要适用于固液密度相差较大的物料，逆流式卧螺离心机工作结构图见图 16-55。

卧螺离心机按分离相数可分为两相分离型和三相分离型，按结构又可分为普通型、防爆型和密闭型三种。

3. 主要结构

卧螺离心机的部件主要包括机壳、转鼓、差速器、螺旋推进器、溢流挡板、轴承、机座、进料和排渣系统、驱动系统、控制系统等，其中转鼓、螺旋推进器和差速器是卧螺离心机的关键部件。

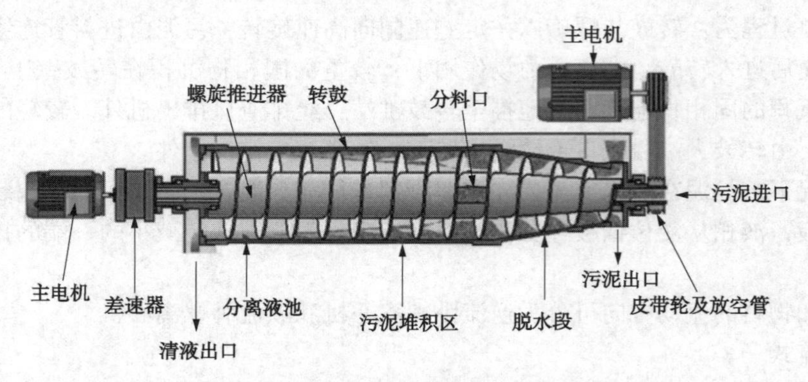

图 16-55　逆流式卧螺离心机工作结构图

（1）转鼓

离心脱水机最关键的部件是转鼓。转鼓的部件主要有筒体、大小端盖以及液位调节装置等，为了防止固相在筒壁内打滑及减少转鼓内壁的磨损，鼓筒内壁通常具有不光滑的表面。转鼓锥形一段为出渣孔，出渣孔通常有纵向、横向、半径半轴向三种结构。横向出渣孔的结构简单，纵向出渣孔避免固体沉渣在转鼓内积累，半径半轴向出渣孔则兼具前两者的优点。转鼓的两端固定在转鼓筒体上，中间由两个主轴承连接。这样既起到支撑转鼓的作用，又保证了转鼓与筒体的同心度。

转鼓的主要结构参数包括转鼓长度、转鼓直径、转鼓锥角、转鼓的溢流口直径及转鼓出渣口直径等，这些参数直接影响到螺旋卸料离心机的分离能力、处理能力和输送残渣能力。

转鼓的直径越大，脱水处理能力越大，但制造及运行成本都会提高，不经济。转鼓的长度越长，污泥的含固率就越高，但转鼓过长会使性能价格比下降。使用过程中，转鼓的转速是一个重要的控制参数，控制转鼓的转速，使其既能获得较高的含固率又能降低能耗，是离心脱水机运行好坏的关键。目前，多采用低速离心脱水机。

转鼓大端盖上开有溢流口，见图 16-56，分离后的液相从该口流出转鼓。溢流口的大小决定了液层深度，是影响离心机处理能力和分离效果的一个重要因素。为了使机器有较好的工艺适应性，澄清液的溢流半径是可调的，对于不同的污泥，需要不断调整溢流口位置，以达到最大的分离效果。溢流口调节装置主要有径向调节、偏心挡板、小直径调节等。

图 16-56　转鼓大端盖溢流口

径向移动调溢流挡板调节装置示意图见图 16-57，这种调节装置设置在转鼓大端盖的溢流口，能作径向移动并用螺钉定位，通过挡板向中心径向移动遮挡溢流口来调节液池深度。

偏心溢流挡板调节装置示意图见图 16-58。转鼓大端盖上有偏心孔和均匀分布的螺钉孔，该溢流挡板可调节多个液池深度。

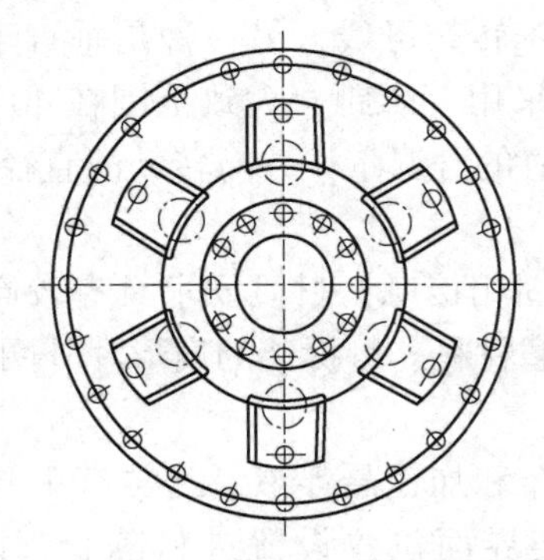

图 16-57　径向移动调溢流挡板调节装置示意图

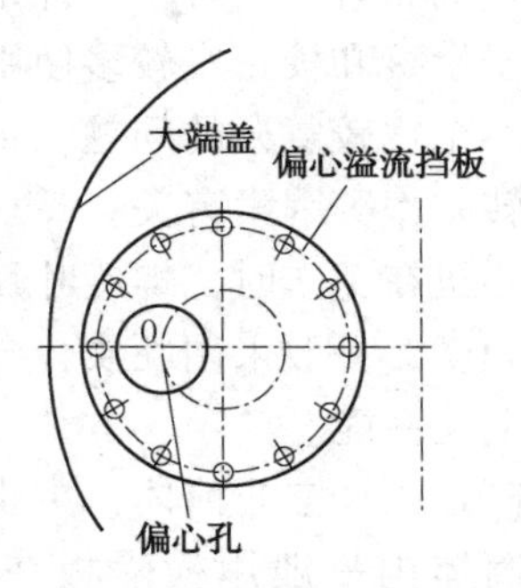

图 16-58　偏心溢流挡板调节装置示意图

以上两种调节方式适用于大直径的离心机。对于小直径的离心机，可以小直径溢流调节挡板，示意图见图 16-59。图中转鼓大端盖上有 4 个扇形孔；溢流挡板上设置有半径不同的两种圆弧长条形孔。当其中的一个孔和大端盖上的扇形孔重合时，溢流半径为 R；当挡板旋转一个角度，使另一个孔和大端盖上的扇形孔重合时，溢流半径为 R'；这样就能达到改变液池深度的目的。

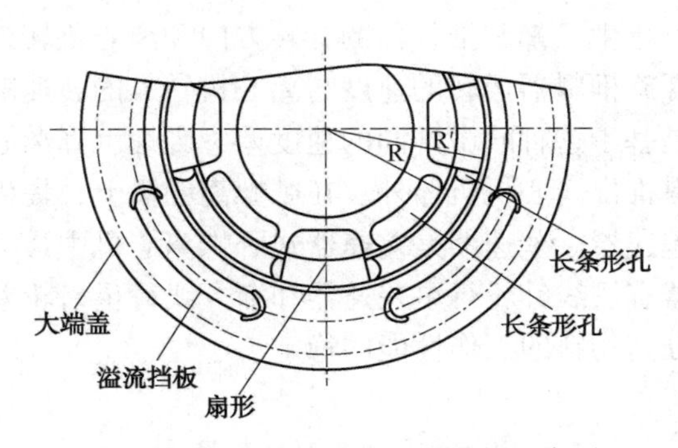

图 16-59　小直径溢流调节挡板示意图

以上装置的结构比较简单，在生产上大量使用，但都必须停车才能调节。

(2) 螺旋推进器

螺旋推进器是卧螺离心机的另一个主要部件，其结构、材质也影响着卧螺离心机的负荷能力、使用寿命以及分离效果。它的作用是利用螺旋和转鼓之间的转速差将沉降在转鼓壁上的沉渣输送到转鼓的出渣口排出。但是在沉降区和干燥区对其要求又有所不同。在沉降区悬浮液中的固体颗粒逐渐向转鼓壁形成沉渣层，螺旋应有利于移动沉渣而又不致剧烈地将沉渣搅起，造成已分离的沉渣和澄清液再混合。在干燥区螺旋不仅继续移动沉渣而且应为沉渣和水分分离创造有利条件。

螺旋推进器的部件主要包括螺旋叶片、螺旋内筒、进料隔仓和两端轴颈等。螺旋叶片形式通常有连续整体、连续带状、带附加叶片、断开式等几种，可根据不同的物料及分离要求进行选择。

螺旋叶片的头数，根据使用要求可以是单头螺旋、双头螺旋，也可以是多头螺旋。双头螺旋较单头螺旋的输渣效率高且便于加工，并有利于平衡，所以绝大多数是双头螺旋。

螺旋叶片的布置有两种，一种是螺旋叶片垂直于转鼓母线，另一种是垂直于回转轴线，由于前者便于衔接和校正，较多使用。螺旋一般多采用等螺距，大致范围在40~60mm。螺距的选定是一个比较复杂的问题，它涉及到产量、渣的含湿量，并与转鼓的直径、转速、螺旋与转鼓的转差率等因素有关。

卧螺离心机在工作时，螺旋叶片直接与物料的固相接触，材质要求具有较高的耐蚀性、耐磨性以及硬度，一般采用硬质合金、表面喷涂耐磨材料、可拆装的扇形片外圈等方法提高螺旋叶片的上述性能。

螺旋内筒是一个空心筒体，主要作用是接受分布和加速悬浮液，通常有单锥形、柱-锥形等形式。筒体内一般用横隔板在转鼓的柱-锥交界面位置设置进料隔仓，以提高分离效果。

悬浮液在内筒的出口处的径向速度越小，径向停留时间越长，越有利于悬浮液的沉降分离。螺旋与转鼓绕同轴同向旋转，但两者有一个转速差。采用正转差率时，物料所获得的离心惯性力为转鼓与差转速所产生的离心惯性力之和，有利于沉降分离。而采用负转差率时，有利于沉渣输送，而且可以减少由减速器传送的功率，所以现在螺旋沉降离心机多采用负转差速的左螺旋。

(3) 差速器

在卧螺离心机工作过程中，螺旋推料器的旋转方向和离心机转鼓的旋转方向相同，且围绕同一圆心高速旋转。螺旋推料器运转的速度与离心机转鼓的转速略微不同，进而产生的速度差，即为差速度。正是基于这种略微不同的速度差，卧螺沉降离心机的螺旋推料器将沉积在离心机转鼓内部的物料推出离心机机体外。在卧螺离心机上，提供差速度的结构形式和工作原理的设备，被称为差速器。差速器是差速器式卧螺离心机中最为精密、复杂，又极为重要的部件，常用的差速器有摆线针轮行星差速器和渐开线行星齿轮差速两类，差速器的性能往往决定着卧螺离心机分离物料的工作性能的稳定。

4. 选型考虑的因素

(1) 离心机的转速

一般卧螺离心机的转速在3000r/min以上，转速越高，离心机分离因数越高，分离效果就越好。但转速过大会使污泥絮凝体被破坏，反而降低脱水效果。同时较高转速对材料的要求高，对机器的磨损增大，动力消耗、振动及水平也会相应增加。

(2) 离心机的材质

不同的材质其耐磨性、耐蚀性等理化指标不一样，国外的卧螺离心机一般最低材质为316L或双相不锈钢，磨蚀元件须选用陶瓷合成材料。

(3) 离心机的差速

不同的差速器控制精度不同，且寿命及维修成本差距大。差速精度越高，对物料的适应性越好，宜选用差速精度高的设备。

差速度(差数比)直接影响排渣能力、泥饼干度和滤液质量，是卧螺离心机运行中重要的需要根据运行情况进行调节的参数之一。

提高差速度，有利于提高排渣能力，但沉渣脱水时间会缩短，脱水后泥饼含水率大，同时过大的差速度会使螺旋对澄清区液池的扰动加大，滤液质量相对差一些(俗称“返混”)。降低差速度，则会加大沉渣厚度，沉渣脱水时间增长，脱水后泥饼含水率降低，同时螺旋对澄清区物料的扰动小，滤液质量也相对好些，但会增大螺旋推料的负荷。应防止排渣量减小造成离心机内沉渣不能及时排出而引起的堵料现象，防止滤液大量带泥，这时就必须减小进料量或提高差速度。一些型号的设备具有自动加快排渣的功能，即当设定扭矩达到某一限定值后，设备会自动降低进泥量和进药量，增加差速度，将堆积的泥环层快速推出，待扭矩降低到某一数值后，流量和差速度再自动恢复正常。这是一种有效保护设备的措施，但在长期运行中，应避免频繁出现这种情况，因为这样容易使设备经常处于不稳定流量和不稳定差速度状况，过程中的波动会影响处理效果，使处理能力下降。

(4) 长径比

转鼓直径越大，有效长度越长，其有效沉降面积越大，处理能力也越大，物料在转鼓内的停留时间也越长；在相同的转速下，其分离因数就越大，分离效果越好。但受到材料的限制，离心机的转鼓直径不可能无限制地增加，因为随着直径的增加可允许的最大速度会随材料坚固性的降低而降低，从而离心力也相应降低。

转鼓全长同最大直径比(称长径比)是很关键的参数。通常转鼓直径在200~1000mm之间，对易分离的物料，长径比为1~2，一般为1.5；对难分离的物料，长径比为2.5~4，一般为3。卧螺离心机的发展有倾向于高转速的大长径比的趋势，这种设备更加能够适应低浓度污泥的处理，泥饼干度更好。另外，在相同处理量的情况下，大转鼓直径的离心机可以以较低的差速度运行，原因是大转鼓直径的螺旋输渣能力较大，要达到相同的输渣能力，小转鼓直径的离心机必须靠提高差速度来实现。

(5) 转鼓半锥角

沉降在离心机转鼓内侧的沉渣沿转鼓锥端被推向出料口时，由于离心力的作用而受到向下滑移的回流力作用。转鼓半锥角是离心机设计中较为重要的参数。转鼓半锥角是指母线与轴线的夹角，锥角的大小主要取决于沉渣输送的难易。从澄清效果来讲，要求锥角尽可能大一些；而从输渣和脱水效果来讲，要求锥角尽可能小些。由于输渣是离心机正常工作的必要条件，因此最佳设计必须首先满足输渣条件。对于难分离的物料，如活性污泥，半锥角一般在6°以内，以便降低沉渣的回流速度。对普通一般物料，半锥角在10°以内就能保证沉渣的顺利输送。

(6) 螺距

螺距即相邻两螺旋叶片的间距，是一项很重要的结构参数，直接影响输渣的成败。在螺旋直径一定时，螺距越大，螺旋升角越大，物料在螺旋叶片间堵塞的机会就越大。同时大螺距会减小螺旋叶片的圈数，致使转鼓锥端物料分布不均匀而引起机器振动加大。因此，对于难分离物料，如活性污泥，输渣较困难，螺距应小些，一般为转鼓直径的1/6~1/5。对于易分离物料，螺距可大些，一般为转鼓直径的1/5~1/2，以利于输送。

(7) 螺旋类型

螺旋的类型根据液体和固体在转鼓内相对移动方式的不同分为逆流式和顺流式。顺流式离心机主要适用于固液密度差小，固相沉降性能差，固相含量低的难分离物料。逆流式离心机主要适用于固液密度相差较大的物料。

(8) 污泥处理量

对一定规格的离心机，脱水效果随污泥处理量的增加而变化，为了达到预期目标，根据污泥量选择处理量大小合适的机型十分重要。

5. 卧螺离心机的优点

与带式压滤机相比，卧螺式离心脱水机具有如下优点：

（1）维护简单

卧螺式离心脱水机利用离心沉降原理进行固液分离，不使用滤网，减少了滤网冲洗工作，也不用定期更换滤网。

（2）操作简单，自动化程度高

卧螺离心脱水机在进行污泥脱水时，随着进泥浓度和进泥量的变化，离心机的差速和扭矩能够适时自动做出调整以适应进料量的变化，不需要操作人员进行调控。与之相反的是带式机在脱水过程中则需要有专人根据进泥情况进行调控。

（3）节省絮凝剂投加量

卧螺离心机利用离心原理进行脱水，细小的污泥也可以与水分离，所以絮凝剂的投加量较少，一般为 1.2kg/t；而带式压滤机由于过滤孔径的限制，需投加较多的絮凝剂使污泥形成较大的絮团才能避免污泥透过滤带，一般投加量为 3kg/t。

（4）占用面积小。

三、污泥电渗透脱水机

1. 技术原理

污泥电渗透脱水机系统结合了电泳和电渗原理来去除污泥中的自由水和结合水。在外电场作用下，表面带负电荷的污泥颗粒产生的定向移动称为电泳现象，而水分子透过污泥颗粒向相反方向的定向移动称为电渗现象。电渗透脱水机工作原理示意图见图 16-60。

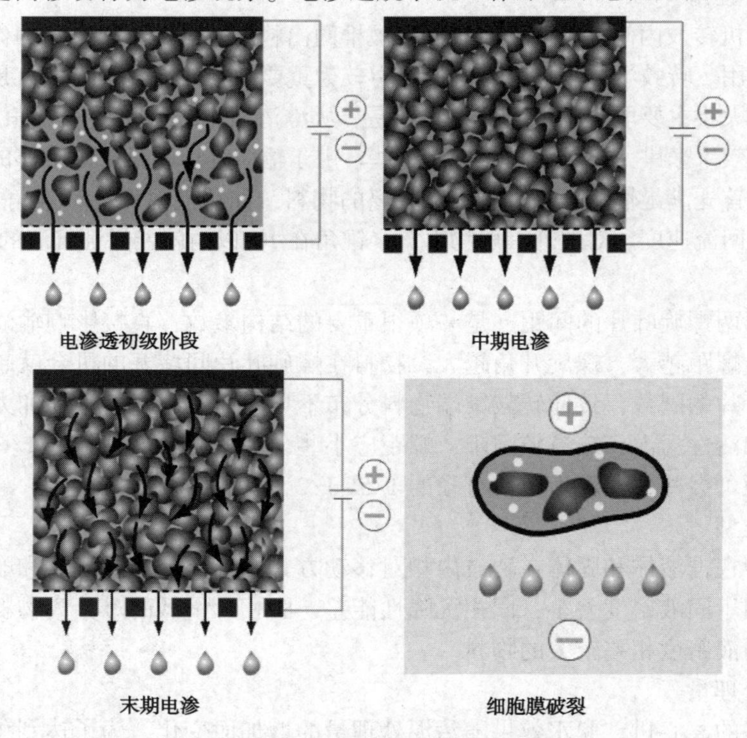

图 16-60　电渗透脱水机工作原理示意图

（1）电渗透初级阶段。发生电泳现象，污泥颗粒(-)被转鼓(+)吸附。

（2）中期电渗。水分子(+)向履带(-)移动，脱水现象发生。

（3）末期电渗。毛细压力迫使吸附水通过污泥的间隙向滤带(-)移动。

（4）细胞膜破裂。细胞膜破裂后，排出细胞内部分结合水。

2. 设备类型

在实际应用中，电渗透脱水大多是在传统的机械脱水工艺中引入直流电场，采用机械压榨力和电场作用力两种方式结合进行深度脱水。电渗透脱水较为成熟的方法有串联式和叠加式；串联式是先将污泥经机械脱水后，再将脱水絮体加直流电进行电渗透脱水。叠加式是将机械压力与电场作用力同时作用于污泥上进行脱水。电渗透脱水机实物见图16-61。

图16-61　电渗透脱水机实物图

3. 系统构成

系统一般主要由三部分组成，包括阳极转鼓、阴极滤带、滤布。经过初段污泥脱水的泥饼经传送带进入转鼓和履带之间的区域，通直流电后，阳极转鼓和阴极履带间产生电位差，使污泥颗粒向阳极转鼓移动，水分子向阴极履带移动。相关电渗透脱水机的主要组成部分见图16-62。

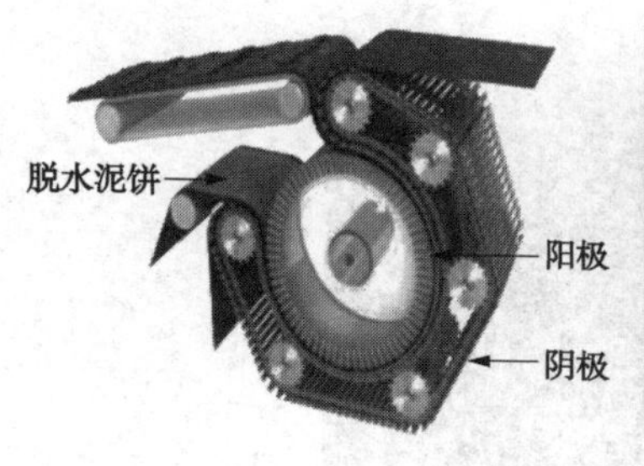

图16-62　电渗透脱水机电极部分

（1）电极

电渗透脱水装置中最重要的是电极材料和形状，首先是阳极材料，需要满足通电后的电解消耗和脱水使用状态，需电阻低、耐压、耐摩擦、不易破损、易加工成不同形状、无重金属溶出的材料。

（2）滤布

电渗透脱水后的泥饼含水率低，需选用过滤性能好(低含水率)、泥饼剥离性好、绝缘性高(干燥状态下)、耐热性(110℃)好、容易反冲洗、价格便宜的滤布。

(3) 电渗透电流发生装置

电流波形对脱水性影响不大，考虑到交流电源的变换效率和电源设备费用等因素，一般采用直流电；电流须通入污泥中，采用整流方式；电压一般为40~120V(DC)。

4. 主要影响因素

① 电场强度(电压)。随着电压的升高，电场强度加大，脱水速度加快，电渗透流量随着电场强度的增加而增大。

② pH值。pH值会影响生物污泥中细菌蛋白质氨基酸的电离，进而影响到污泥的ζ电位，而电渗透脱水速率与ζ电位直接相关。原污泥pH值一般在7.2~7.3。pH值升高或降低都导致污泥颗粒ζ电位绝对值减小，从而使得电渗流量降低，电渗透脱水效果变差。

③ 絮凝剂。加入絮凝剂后，电渗透脱水速度会有所提高，其原因在于加入絮凝剂促使污泥颗粒聚集成为更大的、较紧密的絮凝体，一部分水从毛细结构中释放出来变成自由水，从而加速了脱水过程。

④ 电极。一般认为不锈钢和碳素钢电极具有较好的实用性。

⑤ 滤布。一般以耐热尼龙最为实用。

⑥ 机械压力和滤渣厚度。在电渗透脱水中，污泥可视为一种电阻或电容器，而且其性质随脱水的进行而变化，对电力消耗的影响很大，因此滤渣的厚度是脱水的重要因素。脱水中必要的加压对电解脱水效果和组合的相乘效果影响极大。从装置的结构和制造费用，控制脱水滤渣的厚度为5~15mm，因此必要的压力(0.8~3kgf/cm^2)最为经济。

5. 用途

电渗透污泥干化系统处理效果稳定，占地面积小，建设费用低，同时具有杀灭病原微生物等作用，适用于建设用地有限的污水处理厂(站)等污泥需进一步脱水干化处理以达到国家相应标准要求的情况。电渗透脱水机污泥干化效果见图16-63。

图16-63 电渗透脱水机对污泥的脱水效果

参考文献

[1] 史勉. 电除盐装置的化学清洗[J]. 清洗世界，2014，30(8)：10-12.

[2] 孙路长，张书廷. 生物污泥的电渗透脱水[J]. 中国给水排水，2004，20(5)：32-34.